科学技术学术著作丛书

结构光场理论

崔志伟　李永旭　韩一平　著

西安电子科技大学出版社

内 容 简 介

结构光场由于其独特的物理性质、新颖的物理效应及极具潜力的应用前景而受到越来越广泛的关注，并成为近年来光学和光电子学领域的研究热点之一。

本书系统地阐述了结构光场的概念、分类及其基本理论。全书共10章，主要内容包括结构光场的概念、分类和描述，典型结构光场的实验产生，结构光场的标量衍射理论，结构光场的矢量表征理论，结构光场的反射和折射理论，结构光场的动力学理论，结构光场的部分相干理论，结构光场与微纳粒子的相互作用理论，结构光场与复杂介质的相互作用理论，结构光场与粗糙海面的相互作用理论。

本书主要面向光学工程、光电子技术和物理等相关领域的科研人员、学者、研究生与高年级本科生，也可作为本领域科学研究的参考资料。

图书在版编目(CIP)数据

结构光场理论/崔志伟，李永旭，韩一平著. --西安：西安电子科技大学出版社，2024.6

ISBN 978-7-5606-7269-4

Ⅰ. ①结… Ⅱ. ①崔… ②李… ③韩… Ⅲ. ①光学—研究 Ⅳ. ①O43

中国国家版本馆CIP数据核字(2024)第091072号

策　　划　刘小莉
责任编辑　刘小莉
出版发行　西安电子科技大学出版社(西安市太白南路2号)
电　　话　(029)88202421　88201467　　邮　　编　710071
网　　址　www.xduph.com　　电子邮箱　xdupfxb001@163.com
经　　销　新华书店
印刷单位　西安日报社印务中心
版　　次　2024年8月第1版　2024年8月第1次印刷
开　　本　787毫米×960毫米　1/16　印张　24.5
字　　数　429千字
定　　价　63.00元
ISBN 978-7-5606-7269-4/O
XDUP 7571001-1

前　言

PREFACE

近年来，结构光场由于其独特的物理性质、新颖的物理效应及极具潜力的应用前景而受到越来越广泛的关注。典型的结构光场包括高阶模式的厄米-高斯光束、携带轨道角动量的拉盖尔-高斯光束、传输过程中具有无衍射特征的贝塞尔光束、具有横向自加速效应的艾里光束、偏振态依赖空间分布的矢量光束等。更为广义的结构光场包括光束的聚焦场、微纳结构中的倏逝场以及多波干涉场等，表现为光场局域的振幅、相位或偏振分布特性。相比于传统的平面波光场，结构光场展现了一系列新颖的物理效应和现象，如光子轨道角动量、超衍射极限紧聚焦、无衍射自弯曲传播、自分裂自整形等，并在光学微操纵、大容量光通信、光学显微成像、非线性光学、精密测量和量子信息等领域有着诱人的应用前景。

本书内容共 10 章。第 1 章从光场满足的基本方程出发，阐述了结构光场的概念及分类，给出了基模高斯光束、厄米-高斯光束、拉盖尔-高斯光束、贝塞尔光束和艾里光束等几种典型结构光场的数学表达式。第 2 章首先介绍了高阶厄米-高斯光束、拉盖尔-高斯涡旋光束、无衍射贝塞尔光束和自加速艾里光束四种典型结构光场的产生方法；然后以涡旋结构光场为例，给出了单模、复合和阵列涡旋结构光场的实验产生方案。第 3 章首先介绍了光场标量衍射的理论基础，重点阐述了菲涅耳衍射积分公式、柯林斯积分公式、平面波角谱展开理论和标量衍射场的非傍轴近似理论；然后给出了典型结构光场的柯林斯积分公式、角谱展开公式和非傍轴近似公式。第 4 章介绍了结构光场的矢量表征理论，包括矢量势理论、矢量角谱展开理论、矢量瑞利-索末菲积分理论和 Richards-Wolf 矢量衍射理论。第 5 章介绍了结构光场的反射和折射理论，从平面光波的反射和折射出发，基于平面波角谱展开理论建立了结构光场反射和折射的全矢量理论模型，给出了典型结构光场反射和折射情形下的数学表达式。第 6 章介绍了结构光场的动力学理论，重点阐述了结构光场能量、动量、自旋/轨道角动量、螺旋度和手性等动力学参量的描述，分析了涡旋光束在几种典型情形下的动力学特性。第 7 章介绍了结构光场的部分相干理论，给出了基模高斯光束、厄米-高斯光束、拉盖尔-高斯光束、贝塞尔光束和艾里光束等几种典型结构光场的部分相干理论模型，着重阐述了部分相干光束的标量传输理论。第 8 章介绍了结构光场与微纳粒子的相互作用理论，包括结构光场与瑞利粒子相互作用的近似理论、结构光场与球形粒子相互作用的广义洛伦兹理论、结构光场与非球形粒子相互作用的矩量法理论。第 9 章介绍了结构光场与复杂介质的相互作用理论，包括结构光场与手性介质、湍流介质和等离子体介质相互作用的基本理论。第 10 章从构建粗糙海面模型的基本方法出发，介绍了重构海面的海谱函数和方向谱函数，给出了复杂海面的建立与离散步骤，着重阐述了结构光场入射下粗糙海面的反射和散射理论。

本书的编写分工如下：第 1 章、第 3～7 章和第 10 章由崔志伟执笔；第 2 章和第 9 章由李永旭执笔；第 8 章由韩一平执笔。全书由崔志伟统稿。

本书是在国家自然科学基金项目(No. 61308026)、陕西省自然科学基础研究计划项目(No. 2020JM-210，2023-JC-YB-536)、广东省基础与应用基础研究基金(No. 2022A1515011138)、西安电子科技大学基本科研业务费资助项目(No. QTZX22006)和西安电子科技大学研究生教育教学改革项目(No. JPJC2135)等研究成果的基础上撰写的，在此对国家自然科学基金委员会、陕西省科学技术厅、广东省基础与应用基础研究基金委员会、西安电子科技大学科学研究院和研究生院等表示衷心的感谢。本书的内容是作者及其所在科研团队集体研究的成果，惠元飞、宋攀、郭沈言、王举、马万琦、石逸宇、任帅帅、刘展飞等多位研究生参与了有关课题的研究及本书的整理工作。此外，在撰写本书的过程中，作者查阅了大量文献和资料，谨向这些文献和资料的作者致以崇高的敬意。

本书是作者对结构光场及其与物质相互作用的相关研究工作的归纳和总结，限于作者的学识和水平，书中难免存在不足之处，敬请广大读者批评指正。

作　者
2024 年 4 月

目　录

CONTENTS

第1章

结构光场的概念、分类和描述

本章从光场满足的基本方程出发，阐述了结构光场的概念及分类，给出了基模高斯光束、厄米-高斯光束、拉盖尔-高斯光束、贝塞尔光束和艾里光束等典型结构光场的数学表达式。

1.1 光场满足的方程

1.1.1 麦克斯韦方程组

麦克斯韦成功地把前人在电磁学领域的研究经验总结成了一组方程，预言了电磁波的存在，并把光学现象与电磁现象联系起来，指出光也是一种电磁波。麦克斯韦方程组既可写成积分形式，也可写成微分形式。对于一般的时变电磁场，积分形式的麦克斯韦方程组可写成

$$\oint_L \boldsymbol{E} \cdot \mathrm{d}\boldsymbol{l} = -\frac{\partial}{\partial t}\iint_S \boldsymbol{B} \cdot \mathrm{d}\boldsymbol{S} \tag{1-1}$$

$$\oint_L \boldsymbol{H} \cdot \mathrm{d}\boldsymbol{l} = \iint_S \left(\boldsymbol{J} + \frac{\partial \boldsymbol{D}}{\partial t}\right) \cdot \mathrm{d}\boldsymbol{S} \tag{1-2}$$

$$\oiint_S \boldsymbol{D} \cdot \mathrm{d}\boldsymbol{S} = \iiint_V \rho\, \mathrm{d}V \tag{1-3}$$

$$\oiint_S \boldsymbol{B} \cdot \mathrm{d}\boldsymbol{S} = 0 \tag{1-4}$$

其相应的微分形式为

$$\nabla \times \boldsymbol{E} = -\frac{\partial \boldsymbol{B}}{\partial t} \tag{1-5}$$

$$\nabla \times \boldsymbol{H} = \frac{\partial \boldsymbol{D}}{\partial t} + \boldsymbol{J} \tag{1-6}$$

$$\nabla \cdot \boldsymbol{D} = \rho \tag{1-7}$$

$$\nabla \cdot \boldsymbol{B} = 0 \tag{1-8}$$

其中，$\boldsymbol{E}$ 为电场强度，单位为伏特/米(V/m)；$\boldsymbol{D}$ 为电通量密度，单位为库仑/米^2(C/m^2)；$\boldsymbol{H}$ 为磁场强度，单位为安培/米(A/m)；$\boldsymbol{B}$ 为磁通量密度，单位为韦伯/米^2(Wb/m^2)；$\boldsymbol{J}$ 为电流密度，单位为安培/米^2(A/m^2)；ρ 为电荷密度，单位为库仑/米^3(A/m^3)。

微分形式的麦克斯韦方程组中的两个散度方程不是独立的，它们可以由两个旋度方程及守恒定律导出。要确定 $\boldsymbol{E}$、$\boldsymbol{H}$、$\boldsymbol{D}$ 和 $\boldsymbol{B}$ 四个未知量，还需要其他关系式，这便是介质的本构关系，可以写为

$$\boldsymbol{D} = \varepsilon \boldsymbol{E} = \varepsilon_r \varepsilon_0 \boldsymbol{E} \tag{1-9}$$

$$\boldsymbol{B} = \mu \boldsymbol{H} = \mu_r \mu_0 \boldsymbol{H} \tag{1-10}$$

其中，ε 表示介电常数，单位为法/米(F/m)；μ 表示磁导率，单位为亨/米(H/m)；ε_r 和 μ_r 分别为相对介电常数和相对磁导率，无量纲；ε_0 和 μ_0 分别为真空中的介电常数和磁导率。

对于随时间 t 以相同的角频率 ω 做正弦变化的时谐场，可用复数形式表示为

$$\boldsymbol{E}(\boldsymbol{r},\ t) = \boldsymbol{E}(\boldsymbol{r})\exp(-\mathrm{i}\omega t) \tag{1-11}$$

式中，$\boldsymbol{r}$ 为场的方位矢量；$\exp(-\mathrm{i}\omega t)$ 为约定的时谐因子，$\mathrm{i}=\sqrt{-1}$ 表示虚数。采用时谐场复数表示后，时间导数可以写为

$$\frac{\partial \boldsymbol{E}(\boldsymbol{r},\ t)}{\partial t} = -\mathrm{i}\omega \boldsymbol{E}(\boldsymbol{r},\ t) \tag{1-12}$$

所以，时谐场情形下的时间导数算子有以下对应关系

$$\frac{\partial}{\partial t} \rightarrow -\mathrm{i}\omega \tag{1-13}$$

于是，时谐场情形下麦克斯韦方程组的两个旋度方程可写为

$$\nabla \times \boldsymbol{E} = \mathrm{i}\omega\mu \boldsymbol{H} \tag{1-14}$$

$$\nabla \times \boldsymbol{H} = -\mathrm{i}\omega\varepsilon \boldsymbol{E} + \boldsymbol{J} \tag{1-15}$$

1.1.2　电磁场波动方程

微分形式的麦克斯韦方程组是一组联立的一阶方程组，如果已知空间某一区域中的电流分布 $\boldsymbol{J}$，欲求空间的电磁场 $\boldsymbol{E}$、$\boldsymbol{H}$，可分别将这组方程化为关于 $\boldsymbol{E}$ 和 $\boldsymbol{H}$ 的二阶方程，即波动方程。为了导出电磁场满足的波动方程，首先根据本构关系式(1-9)和式(1-10)，将式(1-5)～(1-8)改写为

$$\nabla\times\boldsymbol{E}=-\mu\frac{\partial\boldsymbol{H}}{\partial t}\tag{1-16}$$

$$\nabla\times\boldsymbol{H}=\varepsilon\frac{\partial\boldsymbol{E}}{\partial t}+\boldsymbol{J}\tag{1-17}$$

$$\nabla\cdot\boldsymbol{E}=\frac{\rho}{\varepsilon}\tag{1-18}$$

$$\nabla\cdot\boldsymbol{H}=0\tag{1-19}$$

将式(1-16)两端取旋度，并利用式(1-17)，可得电场 $\boldsymbol{E}$ 满足的矢量波动方程

$$\nabla\times(\nabla\times\boldsymbol{E})+\mu\varepsilon\frac{\partial^2\boldsymbol{E}}{\partial t^2}=-\mu\frac{\partial\boldsymbol{J}}{\partial t}\tag{1-20}$$

同样，将式(1-17)两端取旋度，并利用式(1-16)，可得磁场 $\boldsymbol{H}$ 满足的矢量波动方程

$$\nabla\times(\nabla\times\boldsymbol{H})+\mu\varepsilon\frac{\partial^2\boldsymbol{H}}{\partial t^2}=\nabla\times\boldsymbol{J}\tag{1-21}$$

将式(1-20)和式(1-21)作变换$\frac{\partial}{\partial t}\to-\mathrm{i}\omega$，便可得到时谐场情形下电磁场 $\boldsymbol{E}$ 和 $\boldsymbol{H}$ 满足的矢量波动方程

$$\nabla\times(\nabla\times\boldsymbol{E})-k^2\boldsymbol{E}=\mathrm{i}kZ\boldsymbol{J}\tag{1-22}$$

$$\nabla\times(\nabla\times\boldsymbol{H})-k^2\boldsymbol{H}=\nabla\times\boldsymbol{J}\tag{1-23}$$

其中，$k=\omega\sqrt{\mu\varepsilon}$ 和 $Z=\sqrt{\mu/\varepsilon}$ 分别为均匀介质中的波数和波阻抗。

利用矢量恒等式$\nabla\times(\nabla\times\boldsymbol{A})=\nabla(\nabla\cdot\boldsymbol{A})-\nabla^2\boldsymbol{A}$，并考虑式(1-18)和式(1-19)，可将式(1-22)和式(1-23)改写为

$$\nabla^2\boldsymbol{E}+k^2\boldsymbol{E}=\mathrm{i}kZ\boldsymbol{J}+\frac{1}{\varepsilon}\nabla\rho\tag{1-24}$$

$$\nabla^2\boldsymbol{H}+k^2\boldsymbol{H}=-\nabla\times\boldsymbol{J}\tag{1-25}$$

在无源区域内，$\boldsymbol{J}=\boldsymbol{0}$，$\rho=0$，则式(1-24)和式(1-25)可化简为电磁场 $\boldsymbol{E}$ 和 $\boldsymbol{H}$ 满足的齐次矢量亥姆霍兹方程。以电场 $\boldsymbol{E}$ 为例，矢量亥姆霍兹方程具有如下形式

$$\nabla^2\boldsymbol{E}+k^2\boldsymbol{E}=0\tag{1-26}$$

式(1-26)便是标准的电磁场波动方程。在标量场假设下，矢量亥姆霍兹方程可简化为标量亥姆霍兹方程

$$\nabla^2E+k^2E=0\tag{1-27}$$

容易证明，平面波是亥姆霍兹方程的一个特解。为简单起见，假设平面波在直角坐标系(x, y, z)中沿 z 轴正方向传播，此时平面波可表示为如下形式

$$E=E_0\exp(\mathrm{i}kz) \tag{1-28}$$

其中，E_0 为一常数，由边界条件确定。

1.1.3 傍轴近似方程

平面波作为亥姆霍兹方程的一个特解，是最简单的一种光场。但是，平面波不宜用来描述激光束。因为在激光应用中，经常处理的激光束是垂直于传播方向的空间截面的，而横向振幅分布是高斯函数的高斯光束。高斯光束不是电磁场波动方程的严格解，而是在缓变振幅近似下的一个特解。在直角坐标系(x, y, z)中，假设高斯光束沿 z 轴正方向传播，则此时高斯光束可表示为如下形式

$$E(x, y, z)=u(x, y, z)\exp(\mathrm{i}kz) \tag{1-29}$$

其中，$u(x, y, z)$为满足缓变近似条件的复振幅。

将式(1-29)代入式(1-27)，在缓变振幅近似下，忽略对 z 的二阶导数，得到

$$\frac{\partial^2 u}{\partial x^2}+\frac{\partial^2 u}{\partial y^2}+2\mathrm{i}k\frac{\partial u}{\partial z}=0 \tag{1-30}$$

式(1-30)便是研究激光束传输的傍轴近似方程。容易证明，满足傍轴近似方程的一个特解便是基模高斯光束的复振幅，它具有如下形式

$$u(x, y, z)=\frac{A_0}{1+\mathrm{i}z/z_R}\exp\left[-\frac{(x^2+y^2)/w_0^2}{1+\mathrm{i}z/z_R}\right] \tag{1-31}$$

式中，A_0 为一常数，w_0 为基模高斯光束的束腰半径，$z_R=kw_0^2/2$ 为光束的瑞利长度。式(1-30)在柱坐标系(r, φ, z)下的形式为

$$\frac{\partial^2 u}{\partial r^2}+\frac{1}{r}\frac{\partial u}{\partial r}+\frac{1}{r^2}\frac{\partial^2 u}{\partial \varphi^2}+2\mathrm{i}k\frac{\partial u}{\partial z}=0 \tag{1-32}$$

对旋转对称情况，u 与 φ 无关，式(1-32)简化为如下抛物线方程

$$\frac{\partial^2 u}{\partial r^2}+\frac{1}{r}\frac{\partial u}{\partial r}+2\mathrm{i}k\frac{\partial u}{\partial z}=0 \tag{1-33}$$

式(1-30)、式(1-32)和式(1-33)便是研究激光束传输问题的傍轴近似方程。

1.1.4 薛定谔方程

薛定谔方程(Schrödinger equation)，又称为薛定谔波动方程(Schrödinger wave equation)，是量子力学的基本方程，可以用来描述粒子和波的运动，其表达式为

$$\mathrm{i}\hbar \frac{\partial \psi}{\partial t}=\left(-\frac{\hbar^2}{2m}\nabla^2+V\right)\psi \tag{1-34}$$

其中，m 是粒子质量；ψ 为波函数；V 为势场；$\hbar=h/(2\pi)$，h 是普朗克常数。对于无势场中自由运动的粒子，薛定谔方程可改写为

$$\mathrm{i}\frac{\partial \psi}{\partial t}+\frac{\hbar}{2m}\nabla^2\psi=0 \tag{1-35}$$

其一维形式如下

$$\mathrm{i}\frac{\partial \psi(x,t)}{\partial t}+\frac{\hbar}{2m}\frac{\partial^2\psi(x,t)}{\partial x^2}=0 \tag{1-36}$$

理论上，该方程所描述的自由粒子可表示为如下所示的无衍射艾里波包的解

$$\psi(x,t)=Ai\left[\frac{1}{x_0}\left(x-\frac{1}{2}ct^2\right)\right]\exp\left[\mathrm{i}\frac{mat}{\hbar}\left(x-\frac{1}{3}ct^2\right)\right] \tag{1-37}$$

其中，x_0 是任意的横向距离；$c=\hbar^2/(2m^2x_0^3)$ 为一常数；$Ai(\cdot)$ 表示艾里(Airy)函数，其数学表达式为

$$Ai(x)=\frac{1}{2\pi}\int_{-\infty}^{\infty}\exp[\mathrm{i}(xz+z^3/3)]\,\mathrm{d}z \tag{1-38}$$

在光学领域，自由空间传输的光束所遵循的傍轴近似方程的一维形式可由式(1-30)得到，其表达式如下

$$\frac{\partial^2 u}{\partial x^2}+2\mathrm{i}k\frac{\partial u}{\partial z}=0 \tag{1-39}$$

式(1-39)可改写为

$$\mathrm{i}\frac{\partial u}{\partial z}+\frac{1}{2k}\frac{\partial^2 u}{\partial x^2}=0 \tag{1-40}$$

不难发现，式(1-36)与式(1-40)在数学形式上是相同的。所以薛定谔方程解的结构也符合傍轴近似方程，即薛定谔方程和傍轴近似方程有着相同形式的解，艾里函数满足的微分方程与量子力学薛定谔方程具有相似性。式(1-39)的解采用艾里函数可表示为

$$u(x,z)=Ai\left[\frac{1}{w_x}\left(x-\frac{1}{2}cz^2\right)\right]\exp\left[\mathrm{i}kcz\left(x-\frac{1}{3}cz^2\right)\right] \tag{1-41}$$

式中，w_x 是任意的横向距离，$c=1/(2k^2w_x^3)$ 为一常数。将 c 的表达式代入式(1-41)得到

$$u(x,z)=Ai\left(\frac{x}{w_x}-\frac{z^2}{4k^2w_x^4}\right)\exp\left(\frac{\mathrm{i}xz}{2kw_x^3}-\frac{\mathrm{i}z^3}{12k^3w_x^6}\right) \tag{1-42}$$

上面讨论的均是一维形式傍轴近似方程的艾里函数解。类似地，可以写出二维傍轴近似方程(式(1-30))的艾里函数解。

1.2 结构光场的概念及分类

1.2.1 光场的基本维度

麦克斯韦通过他建立的方程组预言了电磁波的存在，并确立了光也是一种电磁波。在光频域，通过对以光波导为边界条件的麦克斯韦方程组求解，可以发现光场包含多个物理维度：时间、波长/频率、振幅、相位、偏振和空间模式等。随着激光器的发明以及激光调控技术的发展，在光频域对这些维度资源的调控和利用成为可能。基于对光场频率的相关调控，光学频率梳、飞秒激光、啁啾等在精确计时、卫星定位、光纤通信等领域有广泛的应用。基于对光场振幅、位相和偏振态的调控可生成具有新颖物理效应的特殊光场，其具有应用于光学显微成像、光学微操纵、大容量光通信等众多技术领域的潜力。例如，利用振幅随空间变化的光场，可以对物体进行三维成像，其原理是结构性的振幅场被目标物体反射后会被扭曲变形；利用矢量偏振光场或涡旋光场等光场的奇点光学特性，能够突破衍射极限，实现超分辨显微成像。在光学微操纵方面，利用标量场的场强梯度分布以及电磁手性梯度分布能产生梯度力，能够制成光学扳手或光学镊子，实现对微粒的自由移动与控制；基于矢量涡旋光场横向相位梯度分布形成的横向动量分量以及轨道角动量，可以对微粒产生新的光学作用力，开发新的光力操控技术。

除了上述应用，光场的物理维度在光通信领域也有巨大的应用潜力。在光通信领域，携带轨道角动量的涡旋光场可以作为一组完备正交基，用于开发新型轨道角动量光复用技术。光场的基本物理维度还可以视为携带光场传输或运动路径上目标和环境的信息载体，从而衍生成为某种光学测量、成像与探测的工具。

1.2.2 结构光场的概念

随着激光调控技术的发展，人们希望能够准确地描述光场的存在形式，以便更精确地实现对激光的控制和利用。多年来，科研工作者提出了诸多模型来描述各种不同的激光场模式，具有新颖空间分布特性的光场也越来越多。目前，还没有统一的标准对这些新颖光场进行命名，因而各种称谓混杂。有文献称区别于基模高斯光束的各种激光场为结构光场。通常情况下，结构光场是指具有空间变化幅度、相位和偏振态分布的特殊光场。典型的结构光场包括携带轨道角动量的拉盖尔-高斯涡旋光场、传输过程中具有无衍射特征的贝塞尔光场、具有横向自加速效应的艾里光场、偏振态依赖空间分布的矢量光场等。更为广义的结构光场包括光束的聚焦场、微纳结构中的倏逝场以及多波干涉场等，表现为光场局域的振幅、相位或偏振分布特性。相比于传统的平面波和基模高斯光束，这些结构光场展现出了一系列新颖的物理效应和现象，如光子轨道角动量、超衍射极限紧聚焦、无衍射自弯曲传播、自分裂自整形等，并在光学微操纵、大容量光通信、光学显微成像、非线性光学、精密测量和量子信息等领域有着诱人的应用前景。

1.2.3　结构光场的分类

结构光场的命名方法很多，按照不同的命名方法，结构光场可划分为不同的类型。典型的分类方法有以下几种。

1. 根据光场满足的方程分类

根据光场满足的方程，结构光场可以划分为：满足自由空间波动方程或亥姆霍兹方程的直线传播无衍射光束、满足无势场中薛定谔方程解的自加速无衍射光束和满足自由空间傍轴近似方程的高斯型结构光束三种类型。

1) 直线传播无衍射光束

1987 年，美国罗彻斯特大学的 Durnin 等人提出了自由空间波动方程在圆柱坐标系下的零阶贝塞尔函数形式的解，随后通过实验近似产生了此解所对应的光束。此类光束的特点是在垂直于传播方向的横截面上其强度分布表现为一个中心亮斑和许多同心的圆环，由内向外递减呈现高度局域化，并且在传播过程中不会遭受到衍射扩展，因此 Durnin 将这类光束称为无衍射光束(non-diffracting beam)。需要指出的是，波动方程虽然可以在 11 种正交坐标系下分离变量，但只有在笛卡尔坐标系、柱坐标系、椭圆柱坐标系和抛物线坐标系下才可以求得无衍射解。这 4 种坐标系得到的解对应着不同的无衍射光束，分别是平面波(cosine)光束、贝塞尔(Bessel)光束、马丢(Mathieu)光束和抛物线(parabolic)光束，它们组成了无衍射光束家族。由于这类无衍射光束沿直线传播，因此称之为直线传播无衍射光束。

2) 自加速无衍射光束

1979 年，Berry 等人首次提出无势场中薛定谔方程解具有随时间不扩展的艾里波包形式的解。2007 年，美国中佛罗里达大学光电学院的 Siviloglou 等人在光学中实现了类似的艾里光束，这种特殊形貌的光束不仅能够在较长距离上无衍射传输，而且能够横向加速。相比于最具代表性的沿直线传输的无衍射贝塞尔光束，艾里光束除了具有无衍射和自愈特性外，还具有可控的自弯曲弹道轨迹传输等奇异特性。通常将艾里光束称为自加速无衍射光束。

3）高斯型结构光束

高斯光束是一种重要的电磁场空间分布形式，它是指在垂直于波束传播方向的空间截面上横向振幅分布是高斯函数的一种电磁波束。某些激光谐振腔腔内及其输出光束，具有特定折射率分布光波导的模场分布等都可以是某种类型的高斯函数。高斯光束不是电磁场方程的严格解，而是在缓变近似下的一个特解。通常将复振幅含有高斯函数且满足傍轴近似方程的一类光束称为高斯型结构光束，这类光束非常多，如厄米-高斯(Hermite-Gaussian)光束、拉盖尔-高斯(Laguerre-Gaussian)光束、贝塞尔-高斯(Bessel-Gaussian)光束、艾里-高斯(Airy-Gaussian)光束等。

2. 根据光场的调控手段分类

根据调控手段，结构光场可以划分为基于相位调控的涡旋光束、基于偏振态调控的矢量光束、基于相干性调控的部分相关光束等。

1）涡旋光束

相位是光场调控的一个重要参数。对光场相位进行调控得到的涡旋光束存在相位奇点，其光束中心的光强为零，光场强度呈现中心暗斑环形分布。此类光场复振幅表达式中存在螺旋相位项 $\exp(\mathrm{i}l\varphi)$，每个光子携带的轨道角动量是 $l\hbar$，l 表示拓扑荷数，φ 表示方位角。不同涡旋光束的振幅分布会形成不同的模式，常见的具有螺旋形波前的光束有拉盖尔-高斯光束和高阶贝塞尔光束。

2）矢量光束

偏振态作为光场调控的另一个重要参数，对研究光的特性有着重要的作用。常见的线偏振光、圆偏振光都属于标量光束，在光束横截面的电矢量方向上是均匀分布的，即偏振态分布均匀。而矢量光束是指同一时刻在同一波阵面上不同位置的偏振态分布各不相同的光场，偏振态方向随着空间位置不同而变化。与线偏振、圆偏振入射光相比，矢量光场具有更加复杂的偏振态空间分布。典型的矢量光场包括旋向偏振光、径向偏振光和杂散偏振光。

3）部分相干光束

除了相位和偏振态，相干性也是光场的一个重要的可调控参量，分为空间相干性和时间相干性，分别表示空间不同位置光场之间的相关性和空间点在不同时刻光场之间的相关性，这里特指空间相干性。研究发现，当适当降低光束的相干性时，光束会表现出一些奇特的光学性质，同时能较好地保持光束的准直性。低相干性的激光束通常称为部分相干光束，高斯-谢尔模(GSM)光束是最典型的部分相干光束，它的光强分布以及相干函数分布都满足高斯分布。实际上，部分相干光束是大量存在的，比如多模激光器出来的光束就是部分相干的，激光经过随机介质后也是部分相干的。

3. 根据光场横截面形状分类

根据光场横截面形状，结构光场包含花瓣状光束、针状光束、空心光束、叉形光束、瓶状光束、锥形光束、平顶光束、抛物线光束及正多边形光束等。

4. 根据描述结构光场的数学函数分类

根据描述结构光场的数学函数，结构光场包含厄米-高斯光束、拉盖尔-高斯光束、贝塞尔/贝塞尔-高斯光束、艾里/艾里-高斯光束、洛伦兹光束、超几何光束、马丢光束、Pearcey 光束、Lommel 光束、Weber 光束等。

以上的结构光场中，最具代表性的有三种：拉盖尔-高斯涡旋光束、无衍射贝塞尔光束和自加速艾里光束。

1.3　典型结构光场的数学描述

1.3.1　基模高斯光束

1. 高斯函数及其基本性质

高斯函数(Gaussian function)是以德国数学家约翰·卡尔·弗里德里希·高斯(Johann Carl Friedrich Gauss)的名字命名的，其广泛应用于统计学、信号处理和图像处理等领域。高斯函数的一维形式如下

$$f(x)=a\exp\left[-\frac{(x-b)^2}{2c^2}\right] \tag{1-43}$$

其中，a、b 与 c 为实常数，且 $a>0$。满足正态分布的一维高斯函数具有如下形式

$$f(x)=\frac{1}{\sigma\sqrt{2\pi}}\exp\left[-\frac{(x-\mu)^2}{2\sigma^2}\right] \tag{1-44}$$

其中，x 为随机变量，μ 为 x 的期望，σ 为 x 的标准差，即

$$\mu=\int_{-\infty}^{\infty}xf(x)\mathrm{d}x \tag{1-45}$$

$$\sigma^2=\int_{-\infty}^{\infty}(x-\mu)^2 f(x)\mathrm{d}x \tag{1-46}$$

满足正态分布的二维高斯函数的数学表达式为

$$G(x,y)=\frac{1}{2\pi\sigma^2}\exp\left[-\frac{(x^2+y^2)}{2\sigma^2}\right] \tag{1-47}$$

在光学领域，某些激光谐振腔内及其输出光束、具有特定折射率的分布光波导的模场分布等都可以是某种类型的高斯函数。

2. 基模高斯光束的数学表达式

基模高斯光束是一种重要的电磁场空间分布形式，它是在垂直于波束传播方向的空间截面上横向振幅分布是高斯函数的一种电磁波束，是研究结构光场的基础。基模高斯光束不是电磁场方程的严格解，而是在缓变近似下的一个特解。在直角坐标系(x, y, z)中，设基模高斯光束沿z轴正方向传播，满足傍轴近似方程的基模高斯光束的复振幅由式(1-31)给出。为简便起见，令$A_0=1$，得到

$$u(x,y,z)=\frac{1}{1+\mathrm{i}z/z_R}\exp\left[-\frac{(x^2+y^2)/w_0^2}{1+\mathrm{i}z/z_R}\right] \tag{1-48}$$

式中，w_0为基模高斯光束的束腰半径，$z_R=kw_0^2/2$为光束的瑞利长度。因此，在标量场假设下，基模高斯光束可表示为

$$E(x,y,z)=\frac{1}{1+\mathrm{i}z/z_R}\exp\left[-\frac{(x^2+y^2)/w_0^2}{1+\mathrm{i}z/z_R}\right]\exp(\mathrm{i}kz) \tag{1-49}$$

令$w_0\to\infty$，式(1-49)描述的基模高斯光束便退化为平面波。

在柱坐标系(r, φ, z)中，基模高斯光束的表达式为

$$E(r,z)=\frac{1}{1+\mathrm{i}z/z_R}\exp\left(-\frac{r^2/w_0^2}{1+\mathrm{i}z/z_R}\right)\exp(\mathrm{i}kz) \tag{1-50}$$

其中，$r=\sqrt{x^2+y^2}$。式(1-50)的另一种形式为

$$E(r,z)=\frac{w_0}{w(z)}\exp\left[-\frac{r^2}{w^2(z)}\right]\exp\left\{\mathrm{i}\left[\frac{kr^2}{2R(z)}-\Psi\right]\right\}\exp(\mathrm{i}kz) \tag{1-51}$$

式中：

$$w(z)=w_0\sqrt{1+\left(\frac{z}{z_R}\right)^2} \tag{1-52}$$

$$R(z)=z_R\left(\frac{z}{z_R}+\frac{z_R}{z}\right) \tag{1-53}$$

$$\Psi=\arctan\left(\frac{z}{z_R}\right) \tag{1-54}$$

分别称为高斯光束的束宽、等相面曲率半径和相位因子。

将式(1-52)～(1-54)代入式(1-51)中，利用关系式

$$\exp\left(-\mathrm{i}\arctan\frac{z}{z_R}\right)=\frac{1}{\sqrt{1+(z/z_R)^2}}\left(1-\mathrm{i}\frac{z}{z_R}\right) \tag{1-55}$$

$$1+\left(\frac{z}{z_R}\right)^2=\left(1+\mathrm{i}\frac{z}{z_R}\right)\left(1-\mathrm{i}\frac{z}{z_R}\right) \tag{1-56}$$

经整理可得到式(1-50)，从而可验证基模高斯光束两种表达式之间的一致性。

由式(1-52)～(1-54)知，高斯光束可由 $R(z)$、$w(z)$和 z 三个量中的任意两个确定。为了将三个参量联系起来，引入复参数 q，其定义为

$$\frac{1}{q}=\frac{1}{R}+\mathrm{i}\frac{\lambda}{\pi w^2} \tag{1-57}$$

利用式(1-52)和式(1-53)，得到

$$q=z-\mathrm{i}z_R \tag{1-58}$$

令 $z=0$，得到 $q_0=-\mathrm{i}z_R$。用复参数 q_0 和 q 可将式(1-51)简洁地表示为

$$E(r,q)=\frac{q_0}{q}\exp\left(\frac{\mathrm{i}kr^2}{2q}\right)\exp(\mathrm{i}kz) \tag{1-59}$$

式(1-59)便是基模高斯光束的复参数表达式。

图1.1给出了自由空间中基模高斯光束束腰中心处的横向截面光强分布图。其中，波长 $\lambda=632.8$ nm，束腰半径 $w_0=2.0\lambda$。由图1.1可知，基模高斯光束在横截面上的光强分布为一个圆斑，中心处的光强最强，向边缘方向光强逐渐减弱，呈高斯分布。图1.2给出了基模高斯光束的纵向截面光强分布图。由图1.2可知，基模高斯光束传播过程中，横截面上的光强始终保持高斯分布特性。

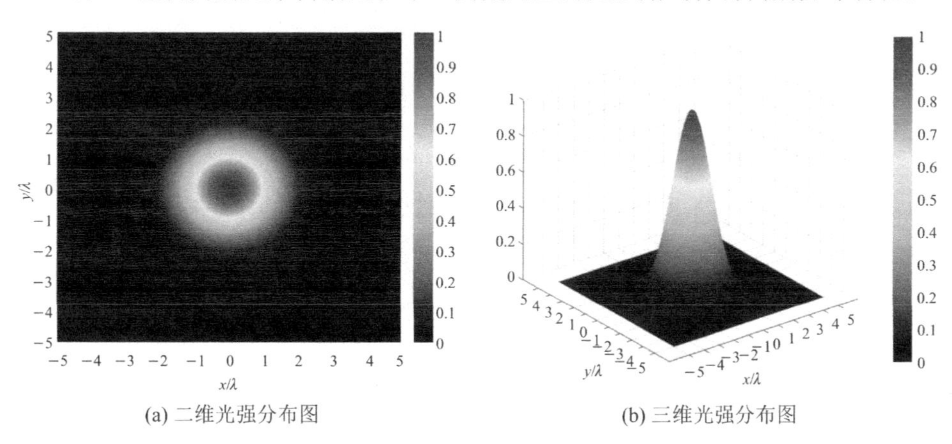

(a) 二维光强分布图　　(b) 三维光强分布图

图1.1　基模高斯光束横向截面归一化的光强分布图

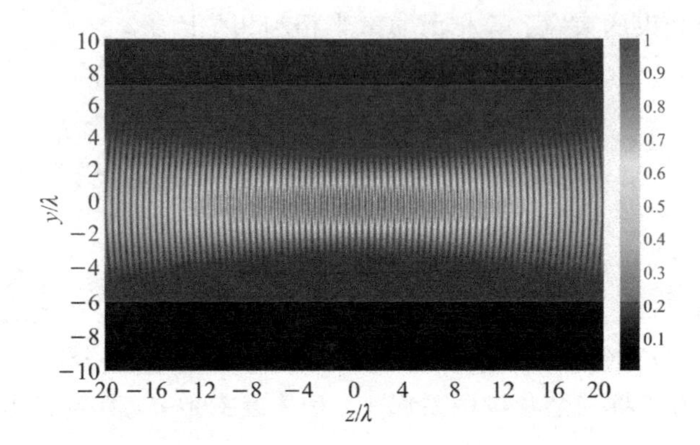

图 1.2 基模高斯光束纵向截面归一化的光强分布图

1.3.2 厄米-高斯光束

1. 厄米多项式及其基本性质

厄米多项式(Hermitian polynomial)得名于法国数学家夏尔·埃尔米特(Charles Hermite),是一种经典的正交多项式族。厄米多项式定义为厄米方程

$$\frac{d^2 y}{dx^2}-2x\frac{dy}{dx}+2ny=0 \tag{1-60}$$

的多项式解

$$H_n(x)=\sum_{k=0}^{[n/2]}\frac{(-1)^k n!(2x)^{n-2k}}{k!(n-2k)!},\ n=0,1,2,\cdots \tag{1-61}$$

根据式(1-61)可得到前几个厄米多项式的表达式为

$$\begin{cases} H_0(x)=1 \\ H_1(x)=2x \\ H_2(x)=4x^2-2 \\ H_3(x)=8x^3-12x \\ H_4(x)=16x^4-488x^2+12 \end{cases} \tag{1-62}$$

厄米多项式的微分形式如下

$$H_n(x)=(-1)^n\exp(x^2)\frac{d^n}{dx^n}[\exp(-x^2)] \tag{1-63}$$

它可以用如下递推关系表达

$$H_{2n+1}(x)=2xH_{2n}(x)-2nH_{2n-1}(x) \tag{1-64}$$

$$\frac{dH_n(x)}{dx}=2nH_{n-1}(x) \tag{1-65}$$

厄米多项式具有如下正交性质

$$\int_{-\infty}^{+\infty} \mathrm{H}_m(x)\mathrm{H}_n(x)\exp(-x^2)=0,\ m\neq n \tag{1-66}$$

$$\int_{-\infty}^{+\infty} [\mathrm{H}_n(x)]^2\exp(-x^2)=2^n n!\sqrt{\pi} \tag{1-67}$$

2. 厄米-高斯光束的数学表达式

厄米-高斯光束是一种典型的高阶模式激光束。在直角坐标系(x, y, z)中，设光束沿 z 轴正方向传播，满足傍轴近似方程的厄米-高斯光束的复振幅表达式为

$$u(x, y, z)=\frac{w_0}{w}\mathrm{H}_m\left(\frac{\sqrt{2}}{w}x\right)\mathrm{H}_n\left(\frac{\sqrt{2}}{w}y\right)\exp\left(-\frac{x^2+y^2}{w^2}\right)\times \exp\left\{\mathrm{i}\left[k\frac{x^2+y^2}{2R}-(m+n+1)\Psi\right]\right\} \tag{1-68}$$

式中，$\mathrm{H}_m(\cdot)$和 $\mathrm{H}_n(\cdot)$分别为 m 阶和 n 阶厄米多项式，w、R 和 Ψ 分别为厄米-高斯光束的束宽、等相面曲率半径和相位因子，由式(1-52)～(1-54)给出。厄米-高斯光束的横向场分布由函数

$$\mathrm{H}_m\left(\frac{\sqrt{2}}{w}x\right)\mathrm{H}_n\left(\frac{\sqrt{2}}{w}y\right)\exp\left(-\frac{x^2+y^2}{w^2}\right) \tag{1-69}$$

决定，它沿 x 方向有 m 条节线，沿 y 方向有 n 条节线。

将式(1-52)～(1-54)代入式(1-68)中，利用关系式

$$\exp\left[-\mathrm{i}(m+n+1)\arctan\frac{z}{z_R}\right]=\left[\frac{1-\mathrm{i}z/z_R}{\sqrt{1+(z/z_R)^2}}\right]^{m+n+1} \tag{1-70}$$

经整理可得到

$$u(x, y, z)=\mathrm{H}_m\left(\frac{\sqrt{2}}{w}x\right)\mathrm{H}_n\left(\frac{\sqrt{2}}{w}y\right)\left[\frac{1-\mathrm{i}z/z_R}{\sqrt{1+(z/z_R)^2}}\right]^{m+n}\times \frac{1}{1+\mathrm{i}z/z_R}\exp\left[-\frac{(x^2+y^2)/w_0^2}{1+\mathrm{i}z/z_R}\right] \tag{1-71}$$

在标量场假设下，厄米-高斯光束可表示为

$$E(x, y, z)=u(x, y, z)\exp(\mathrm{i}kz) \tag{1-72}$$

令 $m=n=0$，$\mathrm{H}_m(\cdot)=\mathrm{H}_n(\cdot)=1$，则厄米-高斯光束便退化为基模高斯光束。

图 1.3 给出了自由空间中不同阶数厄米-高斯光束束腰中心处横向截面的光强分布图，其中波长 $\lambda=632.8$ nm，束腰半径 $w_0=2.0\lambda$。由图 1.3 可知，厄

米-高斯光束横向截面的光强分布花样存在节线，沿 x 方向有 m 条节线，沿 y 方向有 n 条节线。

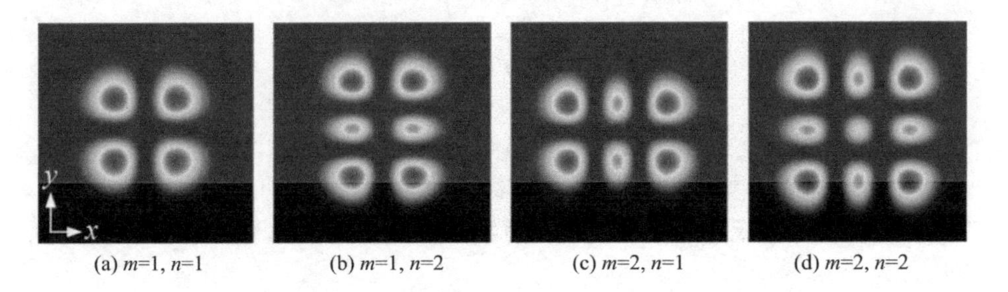

(a) m=1, n=1 (b) m=1, n=2 (c) m=2, n=1 (d) m=2, n=2

图 1.3 不同阶数厄米-高斯光束束腰中心处横向截面的光强分布图

1.3.3 拉盖尔-高斯光束

1. 拉盖尔多项式及其性质

拉盖尔多项式(Laguerre polynomial)是以法国数学家埃德蒙·拉盖尔(Edmond Laguerre)的名字命名的，是一列定义于非负实数集上的正交多项式，在量子力学、统计学、光学等领域有着重要的应用。拉盖尔多项式定义为拉盖尔方程

$$x\frac{\mathrm{d}^2y}{\mathrm{d}x^2}+(1-x)\frac{\mathrm{d}y}{\mathrm{d}x}+py=0 \tag{1-73}$$

的多项式解

$$\mathrm{L}_p(x)=\sum_{k=0}^{n}\frac{(-1)^k p!x^k}{(k!)^2(p-k)!},\ p=0,1,2,\cdots \tag{1-74}$$

根据式(1-74)可得到前几个拉盖尔多项式的表达式为

$$\begin{cases}\mathrm{L}_0(x)=1\\ \mathrm{L}_1(x)=-x+1\\ \mathrm{L}_2(x)=x^2-4x+2\\ \mathrm{L}_3(x)=-x^3+9x^2-18x+6\\ \mathrm{L}_4(x)=x^4-16x^3+72x^2-96x+24\end{cases} \tag{1-75}$$

拉盖尔多项式的微分形式如下

$$\mathrm{L}_p(x)=\exp(x)\frac{\mathrm{d}^p}{\mathrm{d}x^p}[x^p\exp(x)] \tag{1-76}$$

它可以用如下递推关系表达

$$\mathrm{L}_{p+1}(x)+(x-2p-1)\mathrm{L}_p(x)+n^2\mathrm{L}_{p-1}(x)=0 \tag{1-77}$$

此多项式在区间(0，+∞)上具有如下正交性质

$$\int_0^{+\infty} \mathrm{L}_p(x)\mathrm{L}_l(x)\exp(-x)\mathrm{d}x=0,\ p\neq l \tag{1-78}$$

$$\int_0^{+\infty} [\mathrm{L}_p(x)]^2\exp(-x)\mathrm{d}x=1 \tag{1-79}$$

2. 缔合拉盖尔多项式及其性质

常微分方程

$$x\frac{\mathrm{d}^2 y}{\mathrm{d}x^2}+(l+1-x)\frac{\mathrm{d}y}{\mathrm{d}x}+(p-l)y=0 \tag{1-80}$$

称为缔合拉盖尔方程。其中，l 是正整数。由拉盖尔多项式的定义可知，拉盖尔方程式(1-73)有多项式解 $\mathrm{L}_p(x)(p=0, 1, 2, \cdots)$。因此 $\mathrm{L}_p(x)$必须满足下面的方程

$$x\frac{\mathrm{d}^2 \mathrm{L}_p(x)}{\mathrm{d}x^2}+(1-x)\frac{\mathrm{d}\mathrm{L}_p(x)}{\mathrm{d}x}+p\mathrm{L}_p(x)=0 \tag{1-81}$$

我们发现，方程式(1-80)是方程式(1-81)逐项求导 l 次的结果。这样不难求得满足方程式(1-80)的多项式解为

$$\mathrm{L}_p^l(x)=\frac{\mathrm{d}^l}{\mathrm{d}x^l}\mathrm{L}_p(x) \tag{1-82}$$

其中，$\mathrm{L}_p^l(x)(p\geqslant l)$称为 $p-l$ 次缔合拉盖尔多项式，它可以用如下递推关系表达

$$\mathrm{L}_p^{l+1}(x)-p\mathrm{L}_{p-1}^{l+1}(x)+p\mathrm{L}_{p-1}^l(x)=0 \tag{1-83}$$

此多项式的导数为

$$\frac{\mathrm{d}}{\mathrm{d}x}\mathrm{L}_p^l(x)=-\mathrm{L}_{p-1}^{l+1}(x)=\frac{1}{x}[p\mathrm{L}_p^l(x)-(p+l)\mathrm{L}_{p-1}^l(x)] \tag{1-84}$$

根据式(1-84)可得到前几个缔合拉盖尔多项式的表达式为

$$\begin{cases}\mathrm{L}_0^l(x)=1\\ \mathrm{L}_1^l(x)=-x+l+1\\ \mathrm{L}_2^l(x)=\dfrac{1}{2}[x^2-2(l+2)x+(l+1)(l+2)]\\ \mathrm{L}_3^l(x)=\dfrac{1}{6}[-x^3+3(l+3)x^2-3(l+2)(l+3)x+(l+1)(l+2)(l+3)]\end{cases} \tag{1-85}$$

3. 拉盖尔-高斯光束的数学表达式

拉盖尔-高斯光束是一种典型的涡旋光束，即光波的相位或波前呈螺旋形

携带轨道角动量。在柱坐标系(r, φ, z)中，设光束沿z轴正方向传播，满足傍轴近似方程的拉盖尔-高斯光束的复振幅表达式为

$$u(r, \varphi, z)=\frac{w_0}{w}\left(\sqrt{2}\frac{r}{w}\right)^l \mathrm{L}_p^l\left(2\frac{r^2}{w^2}\right)\exp\left(-\frac{r^2}{w^2}\right)\times \exp\left\{\mathrm{i}\left[k\frac{r^2}{2R}-(2p+l+1)\Psi\right]\right\}\exp(\mathrm{i}l\varphi) \tag{1-86}$$

式中，$\mathrm{L}_p^l(\cdot)$是缔合拉盖尔多项式，p和l是光束的径向和角向的模数，l也称为拓扑荷数，根据缔合拉盖尔多项式的定义，这里l取值满足$l\geqslant 0$；w、R和Ψ分别为拉盖尔-高斯光束的束宽、等相面曲率半径和相位因子，由式(1-52)～(1-54)给出；$r=\sqrt{x^2+y^2}$，是场点与横向场源平面的径向距离；$\varphi=\arctan(y/x)$，是场点的相位角；$\exp(\mathrm{i}l\varphi)$为螺旋相位因子，也可以写为$\exp(-\mathrm{i}l\varphi)$。与基模高斯光束比较，拉盖尔-高斯光束的横向场分布由函数

$$\mathrm{L}_p^l\left(2\frac{r^2}{w^2}\right)\exp\left(-\frac{r^2}{w^2}\right)\exp(\mathrm{i}l\varphi) \tag{1-87}$$

决定，它沿径向r有p个节线圆，沿角向φ有l根节线。

将式(1-52)～(1-54)代入式(1-86)中，利用关系式

$$\left[\frac{1-\mathrm{i}z/z_R}{\sqrt{1+(z/z_R)^2}}\right]^{2p+l}=\exp\left[-\mathrm{i}(2p+l)\arctan\frac{z}{z_R}\right] \tag{1-88}$$

经整理可得到

$$u(r, \varphi, z)=\left(\sqrt{2}\frac{r}{w}\right)^l \mathrm{L}_p^l\left(2\frac{r^2}{w^2}\right)\left[\frac{1-\mathrm{i}z/z_R}{\sqrt{1+(z/z_R)^2}}\right]^{2p+l}u_0(r, z)\exp(\mathrm{i}l\varphi) \tag{1-89}$$

其中：

$$u_0(r, z)=\frac{1}{1+\mathrm{i}z/z_R}\exp\left(-\frac{r^2/w_0^2}{1+\mathrm{i}z/z_R}\right) \tag{1-90}$$

为柱坐标系下基模高斯光束的复振幅表达式。于是在标量场假设下，拉盖尔-高斯光束可表示为

$$E(r, \varphi, z)=u(r, \varphi, z)\exp(\mathrm{i}kz) \tag{1-91}$$

令$p=0$，此时$\mathrm{L}_0^l(\cdot)=1$，则式(1-91)退化为

$$E(r, \varphi, z)=\left(\sqrt{2}\frac{r}{w}\right)^l\left[\frac{1-\mathrm{i}z/z_R}{\sqrt{1+(z/z_R)^2}}\right]^l\exp(\mathrm{i}l\varphi)u_0(x, y, z)\exp(\mathrm{i}kz) \tag{1-92}$$

其中，$u_0(x, y, z)$为直角坐标系下基模高斯光束的复振幅表达式，由式(1-48)

给出。

根据关系式

$$x=r\cos\varphi,\quad y=r\sin\varphi,\quad \exp(\mathrm{i}l\varphi)=(\cos\varphi+\mathrm{i}\sin\varphi)^l \tag{1-93}$$

得到当 $p=0$ 时拉盖尔-高斯光束在直角坐标系(x, y, z)中的表达式

$$E(x, y, z)=\left(\frac{\sqrt{2}}{w_0}\right)^l\left(\frac{x+\mathrm{i}y}{1+\mathrm{i}z/z_R}\right)^l u_0(x, y, z)\exp(\mathrm{i}kz) \tag{1-94}$$

如上所述，式(1-86)～(1-94)中，拓扑荷数满足 $l\geqslant0$。当 $l<0$ 时，拉盖尔-高斯光束在柱坐标系(r, φ, z)中的数学表达式为

$$E(r, \varphi, z)=\frac{w_0}{w}\left(\sqrt{2}\frac{r}{w}\right)^{|l|}\mathrm{L}_p^{|l|}\left(2\frac{r^2}{w^2}\right)\exp\left(-\frac{r^2}{w^2}\right)\times \exp\left\{\mathrm{i}\left[k\frac{r^2}{2R}-(2p+|l|+1)\Psi\right]\right\}\exp(\mathrm{i}l\varphi)\exp(\mathrm{i}kz) \tag{1-95}$$

当 $p=0$ 时，综合考虑 $l\geqslant0$ 和 $l<0$ 时的情形，拉盖尔-高斯光束在直角坐标系(x, y, z)中的表达式为

$$E(x, y, z)=\left(\frac{\sqrt{2}}{w_0}\right)^{|l|}\left(\frac{x+\mathrm{i}\,\mathrm{sign}[l]y}{1+\mathrm{i}z/z_R}\right)^{|l|}u_0(x, y, z)\exp(\mathrm{i}kz) \tag{1-96}$$

式中，$\mathrm{sign}[l]=\begin{cases}1, & l\geqslant0\\-1, & l<0\end{cases}$为符号函数。在后面的章节中，如果没有说明，则 l 取值满足 $l\geqslant0$。

图 1.4 给出了自由空间中不同模式下拉盖尔-高斯光束束腰中心处横向截面的光强分布图，其中波长 $\lambda=632.8$ nm，束腰半径 $w_0=2.0\lambda$。由图 1.4 可知，拉盖尔-高斯光束横向截面的光强分布呈环形，中心为一个暗斑，光强分布图样存在节圆，节圆个数由径向的模数 p 和角向的模数 l 决定。

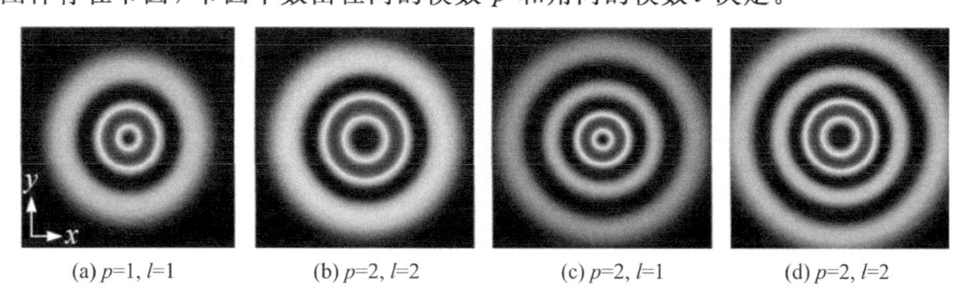

(a) $p=1, l=1$　(b) $p=2, l=2$　(c) $p=2, l=1$　(d) $p=2, l=2$

图 1.4　不同模式下拉盖尔-高斯光束束腰中心处横向截面的光强分布图

1.3.4 贝塞尔光束

1. 贝塞尔函数及其性质

贝塞尔函数(Bessel functions)是一类特殊函数的总称，包括第一类贝塞尔函数、第二类贝塞尔函数、汉克尔函数、修正贝塞尔函数、球面贝塞尔函数、球形汉克尔函数和黎卡提贝塞尔函数等。

贝塞尔函数由瑞士数学家丹尼尔·伯努利(Daniel Bernoulli)在研究悬链振动时首次提出。1817年，德国数学家贝塞尔(Bessel Friedrich Wilhelm)在研究三体引力的运动问题时系统地提出了贝塞尔函数的总体理论框架。贝塞尔方程是一个二阶微分方程，第一类贝塞尔函数和第二类贝塞尔函数是贝塞尔方程的标准解函数。贝塞尔函数在波的传播、有势场和信号处理领域有着广泛的应用。

如下形式的二阶常微分方程

$$\frac{\mathrm{d}^2 y}{\mathrm{d}x^2}+\frac{1}{x}\frac{\mathrm{d}y}{\mathrm{d}x}+\left(1-\frac{m^2}{x^2}\right)y=0 \tag{1-97}$$

称为贝塞尔方程。其中，m 为常数，称为方程的阶或其解的阶，可以是任何实数或复数。贝塞尔方程的解

$$y(x)=c_1\mathrm{J}_m(x)+c_2\mathrm{Y}_m(x) \tag{1-98}$$

可以由两个独立的函数来表示。其中

$$\mathrm{J}_m(x)=\sum_{k=0}^{\infty}\frac{(-1)^k}{k!}\frac{1}{\Gamma(m+k+1)}\left(\frac{x}{2}\right)^{2k+m} \tag{1-99}$$

称为第一类贝塞尔函数(Bessel functions of the first kind)，

$$\mathrm{Y}_m(x)=\frac{\mathrm{J}_m(x)\cos m\pi-\mathrm{J}_{-m}(x)}{\sin m\pi} \tag{1-100}$$

称为第二类贝塞尔函数，又称诺依曼函数(Neumann functions)。

由 $\mathrm{J}_m(x)$和 $\mathrm{Y}_m(x)$可线性组合成汉克尔函数(Hankel functions)，其定义为

$$\mathrm{H}_m^{(1)}(x)=\mathrm{J}_m(x)+\mathrm{i}\mathrm{N}_m(x) \tag{1-101}$$

$$\mathrm{H}_m^{(2)}(x)=\mathrm{J}_m(x)-\mathrm{i}\mathrm{N}_m(x) \tag{1-102}$$

$\mathrm{H}_m^{(1)}(x)$和 $\mathrm{H}_m^{(2)}(x)$也是 m 阶贝塞尔方程的两个线性独立解，分别叫作第一种汉克尔函数和第二种汉克尔函数，也称为第三类贝塞尔函数。本书仅介绍整数阶第一类贝塞尔函数 $\mathrm{J}_m(x)$的相关性质。

第一类贝塞尔函数 $J_m(x)$ 的图像类似于按照 $\sqrt{x}$ 速度衰减的正/余弦函数，且随着 x 的增大，零点之间的间隔逐渐具有周期性。若阶数为非整数，则 $J_m(x)$ 和 $J_{-m}(x)$ 线性无关；反之，如果为整数，则 $J_m(x)$ 和 $J_{-m}(x)$ 满足如下性质

$$J_{-m}(x)=(-1)^m J_m(x) \tag{1-103}$$

由式(1-103)可知，当 m 为奇数时，$J_m(x)$ 为奇函数；当 m 为偶数时，$J_m(x)$ 为偶函数。

第一类贝塞尔函数 $J_m(x)$ 满足如下递推关系

$$\frac{d}{dx}[x^m J_m(x)]=x^m J_{m-1}(x) \tag{1-104}$$

$$\frac{d}{dx}[x^{-m} J_m(x)]=-x^{-m} J_{m+1}(x) \tag{1-105}$$

$$J_{m-1}(x)+J_{m+1}(x)=\frac{2m}{x}J_m(x) \tag{1-106}$$

$$J_{m-1}(x)-J_{m+1}(x)=2J'_m(x) \tag{1-107}$$

当 $m=0$ 时，由式(1-106)和式(1-107)，得到

$$J'_0(x)=-J_1(x) \tag{1-108}$$

当 $x=0$ 时，具有如下特殊值

$$J_0(0)=1，J_m(0)=1，m>0 \tag{1-109}$$

2. 贝塞尔光束的数学表达式

贝塞尔光束是一种典型的无衍射光束，即光波在传播过程中不会受到衍射扩展，在与传播方向相垂直的任意空间截面上光强分布的形式相同，呈现同心环状，波束的能量具有高度局域化的特点。在柱坐标系 $(r，\varphi，z)$ 中，设光束沿 z 轴正方向传播，满足亥姆霍兹方程的贝塞尔光束的表达式为

$$E_m(r，\varphi，z)=J_m(k_r r)\exp(im\varphi)\exp(ik_z z) \tag{1-110}$$

其中，$J_m(\cdot)$ 是 m 阶第一类贝塞尔函数；$k_r=k\sin\theta_0$ 和 $k_z=k\cos\theta_0$ 分别是波数 k 的横向和纵向分量，θ_0 是光束的半锥角；$r=\sqrt{x^2+y^2}$ 为到横向源平面上一点的径向距离；$\varphi=\arctan(y/x)$ 为相位角；m 为拓扑荷数。

在傍轴近似条件下，$k_z=\sqrt{k^2-k_r^2}\approx k-\frac{k_r^2}{2k}$，由式(1-110)得到

$$E(r，\varphi，z)=\exp\left(-\frac{ik_r^2 z}{2k}\right)J_m(k_r r)\exp(im\varphi)\exp(ikz) \tag{1-111}$$

式(1-111)为满足傍轴近似方程的贝塞尔光束表达式。

图 1.5 给出了自由空间中不同阶数贝塞尔光束横向截面的光强分布图，其中波长 $\lambda=632.8\ \mathrm{nm}$，半锥角 $\theta_0=30°$。由图 1.5 可知，贝塞尔光束横向截面的光强分布呈环形，阶数 m 越大，圆环半径越大。当 $m=0$ 时，中心为一个亮斑；当 $m\neq0$ 时，中心为一个暗斑。

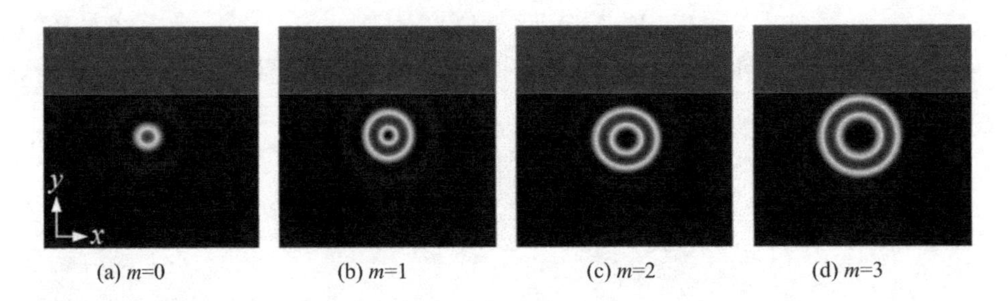

(a) m=0　(b) m=1　(c) m=2　(d) m=3

图 1.5　不同阶数贝塞尔光束横向截面的光强分布图

3. 贝塞尔-高斯光束

理想的贝塞尔光束携带无限能量，在实验中是无法产生真正的贝塞尔光束的。贝塞尔光束的近似是通过锥透镜将高斯光束聚焦产生的贝塞尔-高斯光束，通过使用轴对称衍射光栅，或通过在远场中放置窄环形光圈来实现。贝塞尔-高斯光束作为一种典型的准无衍射光场，其中心光斑强度减小较为缓慢且截面光场分布基本不发生变化。在柱坐标系(r, φ, z)中，设光束沿 z 轴正方向传播，满足傍轴近似方程的贝塞尔-高斯光束的复振幅表达式为

$$u(r, \varphi, z)=\mathrm{J}_m\left(\frac{k_r r}{1+\mathrm{i}z/z_R}\right)\exp\left(-\mathrm{i}\frac{k_r^2 z}{2k}\frac{1}{1+\mathrm{i}z/z_R}\right)\times \frac{1}{1+\mathrm{i}z/z_R}\exp\left(-\frac{r^2/w_0^2}{1+\mathrm{i}z/z_R}\right)\exp(\mathrm{i}m\varphi) \tag{1-112}$$

式中，$k_r=k\sin\theta_0$ 为波数 k 的横向分量，θ_0 为贝塞尔-高斯光束的半锥角；瑞利距离 $z_R=kw_0^2/2$，w_0 为光束的束腰半径。引入基模高斯光束中的复参数 $q=z-\mathrm{i}z_R$，$q_0=-\mathrm{i}z_R$，式(1-112)可写为

$$u(r, \varphi, z)=\mathrm{J}_m\left(\frac{q_0}{q}k_r r\right)\exp\left(-\frac{\mathrm{i}}{2k}\frac{q_0}{q}k_r^2 z\right)\exp(\mathrm{i}m\varphi)\frac{q_0}{q}\exp\left(\frac{\mathrm{i}kr^2}{2q}\right) \tag{1-113}$$

在标量场假设下，贝塞尔-高斯光束可表示为

$$E(r, \varphi, z)=u(r, \varphi, z)\exp(\mathrm{i}kz) \tag{1-114}$$

令 $m=0$，$\theta_0=0°$，则贝塞尔-高斯光束便退化为基模高斯光束。

1.3.5 艾里光束

1. 艾里函数及其性质

艾里函数(Airy function)是以英国天文学家、数学家乔治·比德尔·艾里(Sir George Biddell Airy)命名的特殊函数。艾里函数是以下微分方程的解

$$\frac{d^2 y}{dx^2}-xy=0 \tag{1-115}$$

该微分方程可以用拉普拉斯方法来求解，其级数解可以表示为

$$Ai(x)=c_1 f(x)-c_2 g(x) \tag{1-116}$$

其中，$c_1=Ai(0)$，$c_2=Ai'(0)$，$f(x)$和$g(x)$是两个线性独立的解，表达式为

$$f(x)=1+\frac{1}{3!}x^3+\frac{1\cdot 4}{6!}x^6+\frac{1\cdot 4\cdot 7}{9!}x^9+\cdots=\sum_{k=0}^{\infty}3^k\left(\frac{1}{3}\right)_k\frac{x^{3k}}{(3k)!} \tag{1-117}$$

$$g(x)=x+\frac{2}{4!}x^4+\frac{2\cdot 5}{7!}x^7+\frac{2\cdot 5\cdot 8}{10!}x^{10}+\cdots=\sum_{k=0}^{\infty}3^k\left(\frac{2}{3}\right)_k\frac{x^{3k+1}}{(3k+1)!} \tag{1-118}$$

式(1-117)、式(1-118)中，阶乘幂符号(Pochhammer symbol)定义为

$$(a)_0=1,\ (a)_n=\frac{\Gamma(a+n)}{\Gamma(a)}=a(a+1)(a+2)\cdots(a+n-1) \tag{1-119}$$

艾里函数的积分形式可以定义为

$$Ai(x)=\frac{1}{2\pi i}\int_{-i\infty}^{i\infty}\exp\left(xz-\frac{z^3}{3}\right)dz \tag{1-120}$$

常用的等价的积分形式如下

$$Ai(x)=\frac{1}{2\pi}\int_{-\infty}^{\infty}\exp\left[i\left(xz+\frac{z^3}{3}\right)\right]dz \tag{1-121}$$

式(1-121)的推广形式为

$$Ai(ax)=\frac{1}{2\pi a}\int_{-\infty}^{\infty}\exp\left[i\left(xz+\frac{z^3}{3a^2}\right)\right]dz \tag{1-122}$$

式(1-122)可用于计算指数项为一次和三次多项式的积分，而更广泛的指数形式为如下的三次项的积分

$$\int_{-\infty}^{\infty}\exp\left[i\left(\frac{z^3}{3}+az^2+bz\right)\right]dz=2\pi\exp\left[i\left(\frac{2a^3}{3}-ab\right)\right]Ai(b-a^2) \tag{1-123}$$

由于自然指数在光学中很常见，因此自然指数函数与艾里函数的积分也有

重要的应用。三个包含艾里函数与自然指数函数的积分如下

$$\int_{-\infty}^{+\infty} Ai(x)\exp(ax)\mathrm{d}x = \exp\left(\frac{a^3}{3}\right) \tag{1-124}$$

$$\int_{-\infty}^{+\infty} Ai(x)\exp\left(-\frac{x^2}{4a}\right)\mathrm{d}x = 2\sqrt{\pi a}\,Ai(a^2)\exp\left(\frac{2a^3}{3}\right) \tag{1-125}$$

$$\int_{-\infty}^{+\infty} Ai(x)\exp(bx^2 + cx)\mathrm{d}x = \sqrt{-\frac{\pi}{b}}Ai\left(\frac{1}{16b^2} - \frac{c}{2b}\right)\exp\left(-\frac{c^2}{4b} + \frac{c}{8b^2} - \frac{1}{96b^3}\right) \tag{1-126}$$

2. 艾里光束的数学表达式

艾里光束是一种典型的自加速光束，其自加速特性指的是在传播过程中具有横向加速现象，即其传播轨迹为抛物线型。在二维直角坐标系(x, z)中，设艾里光束沿z轴正方向传播，满足二维薛定谔方程或傍轴近似方程的艾里光束的复振幅由式(1-42)给出，该式可写为

$$u(s, \xi) = Ai\left[s - \left(\frac{\xi}{2}\right)^2\right]\exp\left[\mathrm{i}\left(\frac{s\xi}{2} - \frac{\xi^2}{12}\right)\right] \tag{1-127}$$

式中，$s = x/w_x$为归一化的横坐标，$\xi = z/(kw_x^2)$为归一化的纵坐标，z代表传输距离。显然，当$z=0$时，即在初始位置处，$\xi=0$，式(1-127)退化为标准艾里函数，可写为$u(s, 0) = Ai(s)$。式(1-127)表征了一个描述光子运动特性的波包，又称为艾里波包。满足式(1-127)的光束在传输过程中将发生横向加速，描述了艾里波包沿弯曲轨道传输的特性。除此之外，该光束还能保持在整个传输过程中波形不变，即表现为无衍射光束。

对艾里函数的平方积分发现，积分结果不收敛，即$\int_{-\infty}^{+\infty} Ai^2(s)\mathrm{d}s \to \infty$，意味着理想的艾里光束携带无限能量。无论传输距离多长，理想的艾里光束都可以保持无衍射的特性，如图1.6(a)所示，这在现实世界是无法实现的。所以，为了在实验中实现艾里光束，通常需要对艾里函数进行截趾处理，在初始位置

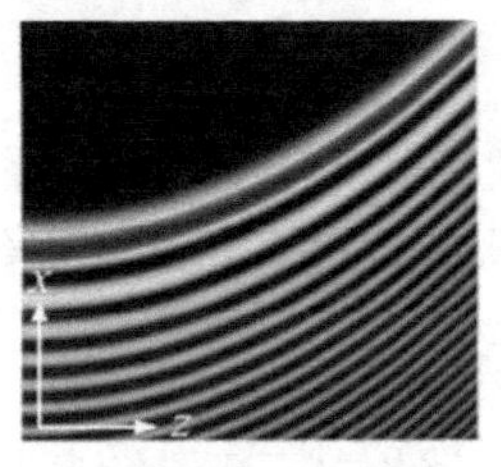

(a) 理想的艾里光束

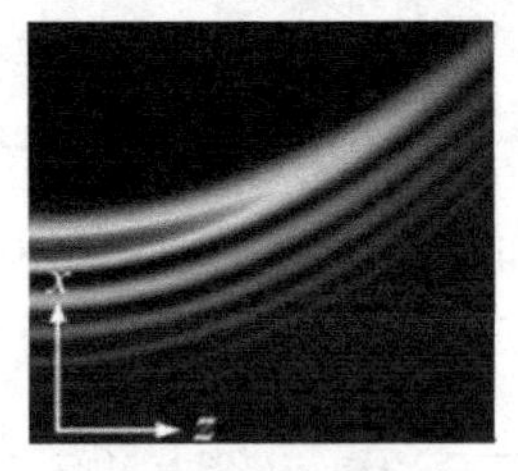

(b) 有限能量艾里光束

图1.6 艾里光束的光强分布

给理想的艾里光束乘以指数衰减项 exp(as)，即

$$u(s, 0)=Ai(s)\exp(a_0 s) \tag{1-128}$$

式中，a_0 被称为截趾因子或衰减系数，由光学系统的有效孔径决定。当 $a_0=0$ 时，式(1-128)还原成标准艾里函数；当 $0<a_0<1$ 时，对艾里函数的平方积分得

$$\int_{-\infty}^{+\infty} Ai^2(s)\exp^2(a_0 s)\mathrm{d}s=\sqrt{\frac{1}{8\pi a_0}}\exp\left(\frac{2a_0^2}{3}\right) \tag{1-129}$$

积分结果收敛，表明截趾因子起到了衰减作用，艾里光束的尾部被快速削弱，最终得到有限能量的、能真正实现的艾里光束，如图 1.6(b)所示。这种近似的有限能量的艾里波包既保持了较好的无衍射特性，又保留了横向自加速特性。

将式(1-128)作为基础解形式，再次求解傍轴衍射波动方程，得到有限能量艾里光束的复振幅为

$$u(s, \xi)=Ai\left[s-\left(\frac{\xi}{2}\right)^2+\mathrm{i}a_0\xi\right]\exp\left[a_0 s-\frac{a_0\xi^2}{2}-\mathrm{i}\frac{\xi^3}{12}+\mathrm{i}\frac{a_0^2\xi}{2}+\mathrm{i}\frac{s\xi}{2}\right] \tag{1-130}$$

将 $s=x/w_x$ 和 $\xi=z/(kw_x^2)$代入式(1-130)得到

$$u(x, z)=Ai\left(\frac{x}{w_x}-\frac{z^2}{4k_0^2 w_x^4}+\frac{\mathrm{i}a_0 z}{k_0 w_x^2}\right)\exp\left(\frac{a_0 x}{w_x}-\frac{a_0 z^2}{2k_0^2 w_x^4}-\frac{\mathrm{i}z^3}{12k_0^3 w_x^6}+\frac{\mathrm{i}a_0^2 z}{2k_0 w_x^2}+\frac{\mathrm{i}xz}{2k_0 w_x^3}\right) \tag{1-131}$$

上面讨论的均是一维艾里光束的复振幅。类似地，参考一维艾里光束，我们可以写出二维艾里光束的复振幅表达式

$$u(x, y, z)=Ai(T_x)\exp(M_x)Ai(T_y)\exp(M_y) \tag{1-132}$$

其中：

$$\begin{cases} T_x=\dfrac{x}{w_x}-\dfrac{z^2}{4k_0^2 w_x^4}+\dfrac{\mathrm{i}a_0 z}{k_0 w_x^2} \\ M_x=\dfrac{a_0 x}{w_x}-\dfrac{a_0 z^2}{2k_0^2 w_x^4}-\dfrac{\mathrm{i}z^3}{12k_0^3 w_x^6}+\dfrac{\mathrm{i}a_0^2 z}{2k_0 w_x^2}+\dfrac{\mathrm{i}xz}{2k_0 w_x^3} \end{cases} \tag{1-133}$$

$$\begin{cases} T_y=\dfrac{y}{w_y}-\dfrac{z^2}{4k_0^2 w_y^4}+\dfrac{\mathrm{i}a_0 z}{k_0 w_y^2} \\ M_y=\dfrac{a_0 y}{w_y}-\dfrac{a_0 z^2}{2k_0^2 w_y^4}-\dfrac{\mathrm{i}z^3}{12k_0^3 w_y^6}+\dfrac{\mathrm{i}a_0^2 z}{2k_0 w_y^2}+\dfrac{\mathrm{i}yz}{2k_0 w_y^3} \end{cases} \tag{1-134}$$

在标量场假设下，有限能量艾里光束可表示为

$$E(x, y, z)=u(x, y, z)\exp(\mathrm{i}kz) \tag{1-135}$$

图 1.7 给出了自由空间中不同衰减系数情形下二维艾里光束横向截面的

光强分布图。其中，波长 $\lambda=632.8$ nm，$w_x=w_y=0.5\lambda$。由图 1.7 可知，艾里光束横向截面的光强分布展现出多峰结构模式，且主瓣在横向平面的中心位置处。随着衰减系数的增大，光强分布的副波瓣强度将快速衰减，而主波瓣的衰减相对缓慢。

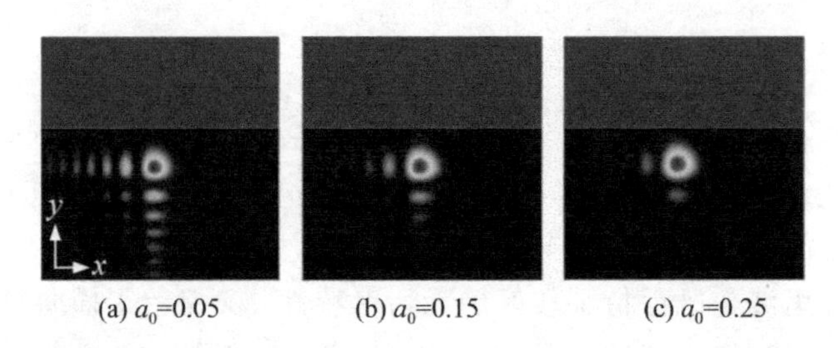

图 1.7 不同衰减系数情形下二维艾里光束横向截面的光强分布图

参考文献

[1] 崔志伟，韩一平，汪加洁，等. 计算光学：微粒对高斯光束散射的理论与方法[M]. 西安：西安电子科技大学出版社，2017.

[2] 盛新庆. 计算电磁学要论[M]. 2 版. 合肥：中国科学技术大学出版社，2008.

[3] 葛德彪，魏兵. 电磁波理论[M]. 北京：科学出版社，2011.

[4] 王一平. 工程电动力学[M]. 西安：西安电子科技大学出版社，2007.

[5] 陈军. 光学电磁理论[M]. 北京：科学出版社，2005.

[6] 吕百达. 激光光学：光束描述、传输变换与光腔技术物理[M]. 北京：高等教育出版社，2003.

[7] 孔红艳. Airy 波包及其自加速效应(续 1) [J]. 大学物理，37(1)：52-63，2018.

[8] 文伟. 自加速 Airy 相关光场的构建与传输特性研究[D]. 苏州：苏州大学，2016.

[9] 陈志刚，许京军，胡毅，等. 自加速光的调控及其新奇应用[J]. 光学学报，36(10)：1026009，2016.

[10] 王竹溪，郭敦仁. 特殊函数概论[M]. 北京：北京大学出版社，2012.

[11] 《常用积分表》编委会. 常用积分表[M]. 2 版. 合肥：中国科学技术大学出版社，2019.

[12] 郭本宏. 数学物理方法[M]. 太原：山西高校联合出版社，1994.

[13] WON R. Structured light spiralling up[J]. Nat. Photonics，2017，11(10)：619-620.

[14] RUBINSZTEIN-DUNLOP H，FORBES A，BERRY M V，et al. Roadmap on structured light[J]. J. Opt.，2017，19(1)：013001.

[15] FORBES A. Structured light from lasers[J]. Laser Photonics Rev.，2019， 13(11)：

1900140.

[16] ANGELSKY O V, BEKSHAEV A Y, HANSON S G, et al. Structured light: ideas and concepts[J]. Front. Phys. (Lausanne), 2020, 8: 114.

[17] FORBES A, DE OLIVEIRA M, DENNIS M R. Structured light [J]. Nat. Photonics, 2021, 15(14): 253-262.

[18] EFREMIDIS N K, CHEN Z, SEGEV M, et al. Airy beams and accelerating waves: an overview of recent advances[J]. Optica, 6(5), 686-701, 2019.

[19] SIVILOGLOU G A, CHRISTODOULIDES D N. Accelerating finite energy Airy beam[J]. Opt. Lett., 2007, 32(8): 979-981.

[20] SIVILOGLOU G A BROKY J, DOGARIU A, et al. Observation of accelerating Airy beams[J]. Phys. Rev. Lett., 2007, 99(21): 213901.

[21] OLIVIER V, MANUEL S. Airy functions and applications to physics[M]. London: Imperial College Press, 2004.

[22] ALLEN L, BEIJERSBERGEN M W, SPREEUW R J C, et al. Orbital angular momentum of light and the transformation of Laguerre-Gaussian laser modes[J]. Phys. Rev. A, 1992, 45(11): 8185-8189.

[23] DURNIN J. Exact solution for nondiffracting beams. I. The scalar theory[J]. J. Opt. Soc. Am. A, 1987, 4(4): 651-654.

[24] KOGELINK H. On the propagation of Gaussian beams of light through lenslike media including these with a loss or gain variation [J]. Appl. Opt., 1965, 4(12): 1562-1569.

[25] DAWIS L W. Theory of electromagnetic beams [J]. Phys. Rev. A, 1979, 19(3): 1177-1179.

[26] ANDREWS D L. Structured light and its applications: an introduction to phase-structured beams and nanoscale optical forces [M]. Burlington: Academic Press-Elsevier, 2008.

[27] SIEGMAN A E. Hermite-Gaussian functions of complex argument as optical-beam eigen-functions[J]. J. Opt. Soc. Am., 1973, 63(9): 1093-1094.

[28] ALLEN L, BEIJERSBERGEN M W, SPREEUW R J C, et al. Orbital angular momentum of light and the transformation of Laguerre-Gaussian laser modes[J]. Phys. Rev. A, 1992, 45(11): 8185-8189.

[29] GORI F, GUATTARI G T, PADOVANI C. Bessel-gaussian beams[J]. Opt. Commun., 1987, 64(6): 491-495.

第 2 章

典型结构光场的实验产生

结构光场的研究内容和研究范围非常广泛，其中具有特殊振幅、相位和偏振态分布的结构光场的实验产生是相关研究和应用的前提。本章首先介绍了高阶厄米-高斯光束、拉盖尔-高斯涡旋光束、无衍射贝塞尔光束和自加速艾里光束四种典型结构光场的产生方法；然后以涡旋结构光场为例，给出了单模、复合和阵列涡旋结构光场的实验产生方案。

2.1 结构光场的产生方法概述

2.1.1 高阶厄米-高斯光束的产生方法

厄米-高斯光束是一种典型的高阶模式激光束。目前常用的产生高阶厄米-高斯光束模的方法有三种：模式失配法、特殊结构相位片法和空间光调制器法。下面将三种方法给予介绍。

1. 模式失配法

模式失配是产生高阶厄米-高斯模较为简便的一种方式，其原理是基模高斯光束模式失配激发出高阶厄米-高斯模。利用模式失配的方式产生高阶厄米-高斯模需要锁定模式转换腔的腔长进行选模。如何从不同阶厄米-高斯模中选出所需厄米-高斯模并且稳定运转是关键问题。受到如地面振动、光源自身频率漂移与功率抖动以及周围人与仪器的声音等不同干扰因素的影响时，谐振腔实现稳定运转必须锁定腔长。此外锁定模式转换腔具有一定的难度，一是由于激发的高阶模式较多，容易跳模；再者对于更高阶模式，其误差信号的信噪比越小，锁定就相对困难。因此，该方案适用于产生低阶厄米-高斯模。

2. 特殊结构相位片法

相位片可以改变入射光场的相位分布，首先利用特殊结构的相位片可以将入射基模高斯光束的相位分布整形成目标高阶厄米-高斯模的相位分布；然后利用模式过滤器件，对出射光束的振幅分布与相位分布进行过滤，得到标准的高阶厄米-高斯模。不同阶厄米-高斯模具有不同的相位分布，对应不同结构的相位片。受限于目前的加工技术以及在玻片拼接处存在相位奇点，导致在出射光场可以观察到明显的衍射现象。因此，在使用该方式产生高阶厄米-高斯模时需要对入射的基模光场扩束，以减少对出射光束的影响。采用特殊结构的相位片产生高阶厄米-高斯模的方式在实际应用中存在三方面的问题：首先，通过相位片产生的光场不是标准的高阶厄米-高斯模；其次，不同波长对应不同的相位片，不能混用，并且每片相位片只能产生固定阶厄米-高斯模；最后，更高阶厄米-高斯模的相位分布更加复杂，对相位片的加工工艺要求较高，因此，不适用于产生阶数较高的厄米-高斯模。

3. 空间光调制器法

空间光调制器是产生结构光场最为简单有效的方法。通过空间光调制器可以对光场进行调整，并将信息加载于一维或者二维的光学数据场上，能有效地利用光场的固有物理维度达到光场调制的目的。目前，根据不同的应用场景已经开发出了多种系列的空间光调制器，如液晶空间光调制器、磁光空间光调制器、声光调制器等。图 2.1 给出了液晶空间光调制器的实物图。

(a) 液晶空间光调制器

(b) 空间光调制器液晶面板

图 2.1　空间光调制器实物图

在空间光调制器的构造上，像素作为最基本的独立单元在空间上排布为二维阵列，可以分别独立控制每个像素单元，即根据输入的光信号或电信号对每个像素单元进行控制，当入射光波照射这些像素阵列时，像素单元的信息会附加到光波中，最终实现对入射光波的调制。在使用调制器对入射光波进行调制的过程中，首先将调制器面板上的像素单元阵列按需进行排列，该过程控制像素分布规律的信号称为写入光信号或写入电信号；再用光波照射到空间光调制器面板，该光波被称为读出光；经调制器调制后，即得到了调制后的光波，也叫作输出光。显然，要想把需要调控的信息最终附加到输出光波上，就必须把这些信息提前加到像素单元上，把这些需要调控的信息上传到调制器相应像素单元的过程叫作寻址。依据使用的调制器是对光波的哪一种基本维度资源进行的调制，可将调制器分为纯相位型、振幅型和混合型三种类型；按照调制器读出光和输出光是否在调制面板同一侧，即入射光波以透射还是反射方式通过调制器，可将调制器分为透射型和反射型两种类型；按照控制像素单元排列分布的信号方式不同，可将调制器分为电寻址和光寻址调制器。图 2.2 给出了不同类型调制器的示意图。

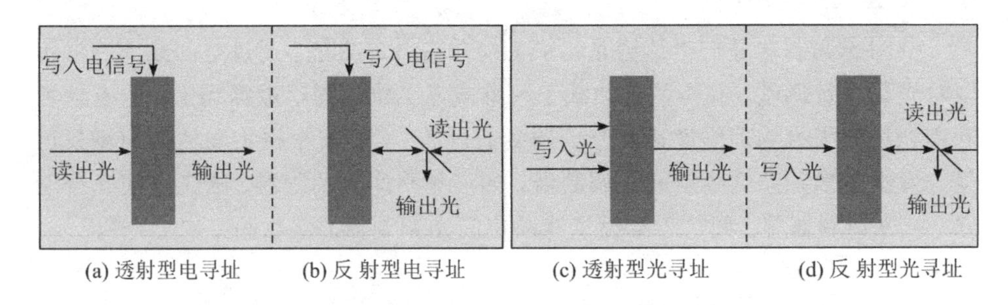

图 2.2　按读出光和输入控制信号空间光调制器分类示意图

采用空间光调制器产生高阶厄米-高斯光束，需要与相息图法相结合。空间光调制器通过加载相息图 $H(x, y)$，对入射光束 $E_{in}(x, y)$进行振幅和相位的空间调制，从而产生目标光场 $A_{des}(x, y)$，其过程可表示为

$$E_{in}(x, y)\exp(i\boldsymbol{k}_{in}\cdot\hat{\boldsymbol{r}})\exp[iH(x, y)]=E_{des}(x, y)\exp(i\boldsymbol{k}_{des}\cdot\hat{\boldsymbol{r}}) \tag{2-1}$$

式中，$E_{in}(x,y)=A_{in}(x,y)\exp[i\phi_{in}(x,y)]$，$E_{des}(x,y)=A_{des}(x,y)\exp[i\phi_{des}(x,y)]$，$A_{in}(x, y)$和 $\phi_{in}(x, y)$分别表示入射光场的振幅和相位，$A_{des}(x, y)$和 $\phi_{des}(x, y)$分别表示目标光场的振幅和相位；$\hat{\boldsymbol{r}}=(\hat{\boldsymbol{x}}, \hat{\boldsymbol{y}}, \hat{\boldsymbol{z}})$表示光场的空间坐标；$\boldsymbol{k}_{in}$ 和 $\boldsymbol{k}_{des}$ 为入射和目标光场的波矢。

根据式(2-1)，可得所需相息图 $H(x, y)$表达式为

$$\exp[\mathrm{i}H(x, y)] = A_{\mathrm{rel}}(x, y)\exp[\mathrm{i}\phi_{\mathrm{rel}}(x, y)] \tag{2-2}$$

$$\phi_{\mathrm{rel}}(x, y) = \phi_{\mathrm{des}}(x, y) - \phi_{\mathrm{in}}(x, y) + \phi_{\mathrm{g}}(x, y) \tag{2-3}$$

$$A_{\mathrm{rel}}(x, y) = \frac{A_{\mathrm{des}}(x, y)}{A_{\mathrm{in}}(x, y)} \tag{2-4}$$

式中，$\phi_{\mathrm{rel}}(x, y)$为相位函数，范围是$[-\pi, \pi]$；$A_{\mathrm{rel}}(x, y)$表示振幅信息，范围是$[0, 1]$；$\phi_{\mathrm{g}}(x, y) = \mathrm{mod}\left(\frac{2\pi x}{\Lambda}\right)$，$\Lambda = \frac{2\pi}{|\boldsymbol{k}_{\mathrm{des}} - \boldsymbol{k}_{\mathrm{in}}|}$表示光栅周期，利用这个相位光栅可以实现目标光场与输入光场空间位置的偏移。在相位函数 $\phi_{\mathrm{rel}}(x, y)$上叠加一个函数 $f[A_{\mathrm{rel}}(x, y)]$，通过调制整体相位分布的深度可以实现振幅调制。$f[A_{\mathrm{rel}}(x, y)]$是与所需振幅信息 $A_{\mathrm{rel}}(x, y)$相关的相位调制函数。最终的相息图形式可表示为

$$H(x, y) = \exp\{\mathrm{i}\phi_{\mathrm{rel}}(x, y) + \mathrm{i}f[A_{\mathrm{rel}}(x, y)]\sin[\phi_{\mathrm{rel}}(x, y)]\} \tag{2-5}$$

将高阶厄米-高斯光束作为目标光场，基模高斯光束作为入射光场，分别代入式(2-3)和式(2-4)，可得到 $\phi_{\mathrm{rel}}(x, y)$和 $A_{\mathrm{rel}}(x, y)$。

2.1.2　拉盖尔-高斯涡旋光束的产生方法

拉盖尔-高斯光束是一种携带轨道角动量且相位面呈螺旋状分布的涡旋光束。涡旋光束的产生方法按照原理和特点可以分为腔内直接法和腔外间接法两大类。腔内直接法包括腔内加调制元件直接输出带轨道角动量的涡旋光束和通过整形泵浦光来激发不同模式的携带轨道角动量的涡旋光束。腔内直接激发涡旋光束因受到谐振腔的限制，输出模式有限。相较于腔内直接法，腔外间接法的灵活性更高。通过折射与衍射光学器件对平面波或基模高斯光束进行调制，使其相位产生螺旋状变化，从而形成涡旋光束。常用的腔外间接法包括螺旋相位板法、计算全息法和空间光调制器法。下面主要介绍三种常用腔外间接法。

1. 螺旋相位板法

螺旋相位板是一种表面刻有螺旋形分布的光学衍射元件，通过设置螺旋相位板的高度分布，可以使入射光场通过螺旋相位板后，在传输方向上引入角向相位延迟即螺旋相位波前，从而产生携带轨道角动量的涡旋光束。图 2.3 给出了拓扑荷取值设置为 $l=+1$ 时的螺旋相位板空间三维结构。

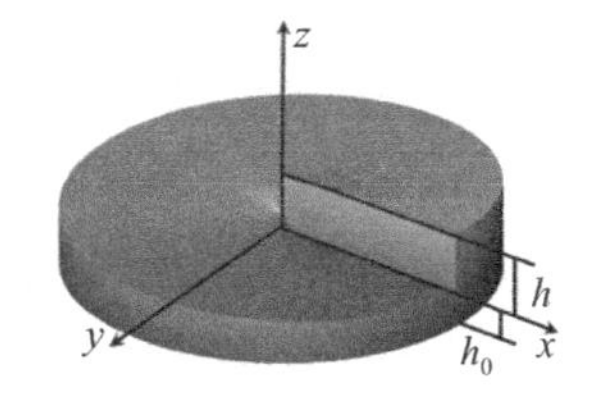

图 2.3　螺旋相位板厚度变化示意图

在极坐标系下，螺旋相位板的高度取

值表达式为

$$h=h_0+\frac{\lambda\theta l}{2\pi(n_{spp}-n_0)} \tag{2-6}$$

其中，h 和 h_0 表示螺旋相位板的高度和制作材料的基板厚度，n_{spp} 和 n_0 分别表示螺旋相位板材料和材料表面周围介质的折射率，λ 是设计元件有效的入射光波波长，l 表示相位板拓扑荷数，θ 代表极坐标系下的旋转方位角，且旋转方位角取值范围为 $\theta\in[0, 2\pi)$。由式(2-6)可知，螺旋相位板的高度 h 的数值是随着方位角 θ 取值的增加呈线性变化的。在真空环境中，螺旋相位板的总相位变化为

$$2\pi l=\frac{2\pi}{\lambda}(n_{spp}-1)h \tag{2-7}$$

图 2.4 给出了平面波通过拓扑荷数取值为 $l=+1$ 时螺旋相位板后，引入螺旋相位的过程。入射光场透过螺旋相位板后，光场在原始相位基础上重新叠加相位板相位延迟，实现光场相位调控。对于 $l>1$ 的高阶模式，螺旋相位板被分割为厚度周期性单调变化的区域模块，每个区域模块相位延迟变化为 $0\sim2\pi$，从而使平面波通过高阶螺旋相位板后，赋予螺旋相位因子。当拓扑荷 $l=+1$，$+3$，$+10$，$+20$ 时，对应的螺旋相位板形态如图 2.5 所示。

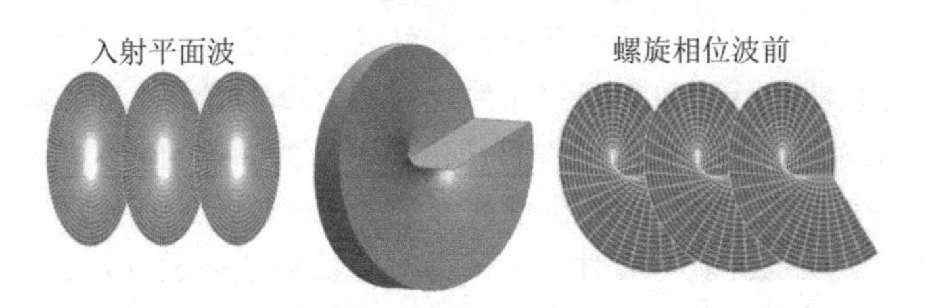

图 2.4　平面波照射螺旋相位板后被赋予螺旋相位的过程

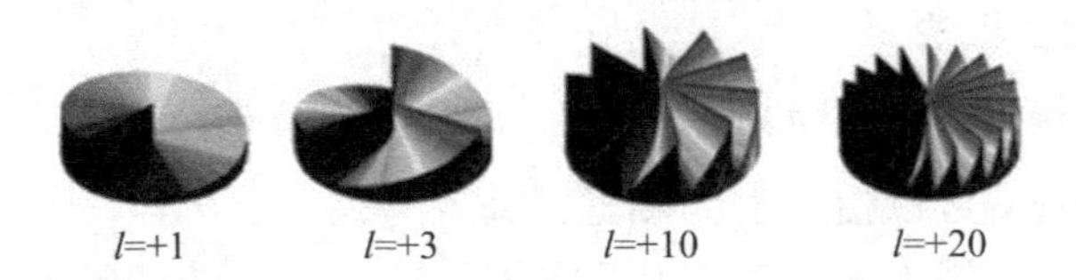

图 2.5　拓扑荷数取不同数值时得到的螺旋相位板形态

实验采用螺旋相位板法产生得到的涡旋光束横截面光强分布如图 2.6 所示。从图 2.6 中可以明显地观察到涡旋光束的光强中心呈现暗中空结构，说明入射平面波透过螺旋相位板后衍射光场附加了螺旋相位因子，实现了涡旋光束的产生。这个方法虽然简单高效，但对螺旋相位板的精度有比较高的要求，并

且螺旋相位板仅局限于产生特定拓扑荷的涡旋光束。

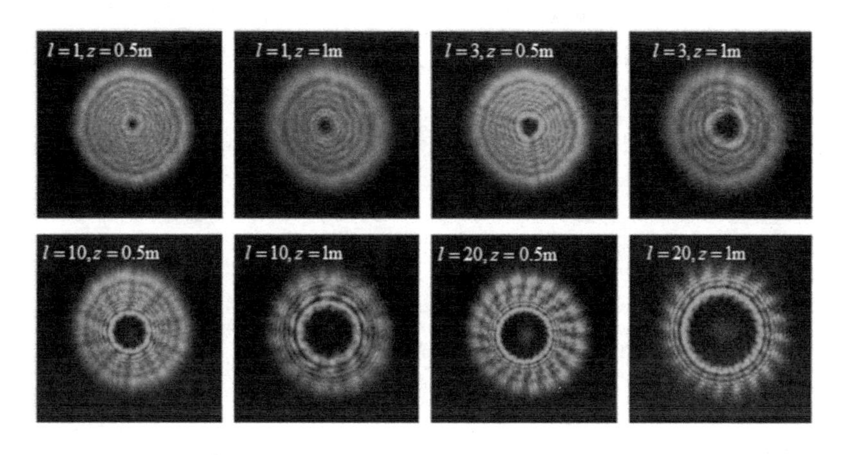

图 2.6　实验采用不同阶数螺旋相位板调控得到的结构光场横截面光强分布

2. 计算全息法

计算全息法是通过全息图来产生涡旋光束的。全息图通过平面波与涡旋光束干涉而产生，可以改变光束的拓扑荷数。如果将一束平面波入射到全息图上，就可以在一级衍射方向上得到涡旋光束。全息术是一种可以同时完整记录物光波振幅和相位信息的成像技术，可以分为两个步骤来实现：第一步，将具有振幅、相位信息的物光波和参考光波进行干涉，得到的干涉条纹以强度分布形式记录成全息图；第二步，用再现照明光波照射在第一步得到的全息图，光束通过全息图经衍射后衍射光场中包含了物光波，从而实现原始物光信息的再现。图 2.7 给出了干涉记录产生全息图以及衍射再现物光波的过程。

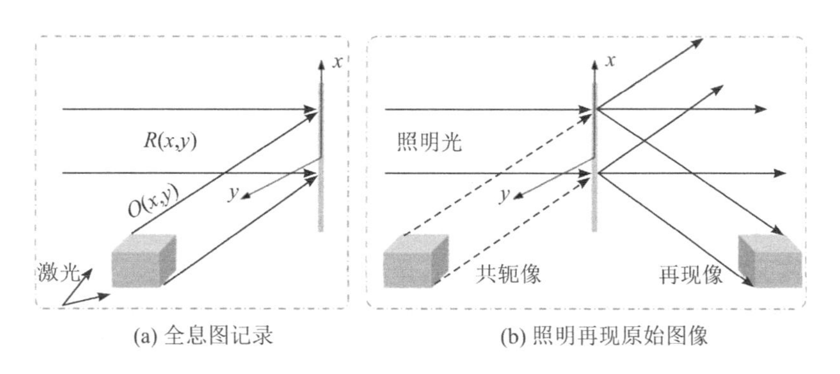

图 2.7　利用全息术记录与再现物光波原理示意图

从全息图记录的原理可知，全息图质量的好坏很大程度上取决于物光波与参考光波发生干涉的程度。为了得到清晰的干涉图，可以从设置物光波与参考光波相互之间具有比较高的相干性着手，而同一束光经分束镜分束后得到的两束光是完全相干的，因此可以采用将激光光源发射出的激光分束，分束后的两束光作为参考光波，照射物体后作为物光波，再进行干涉的方法，具体流程如图 2.8 所示。下面从理论上对相干光源干涉产生全息图的过程进行说明。

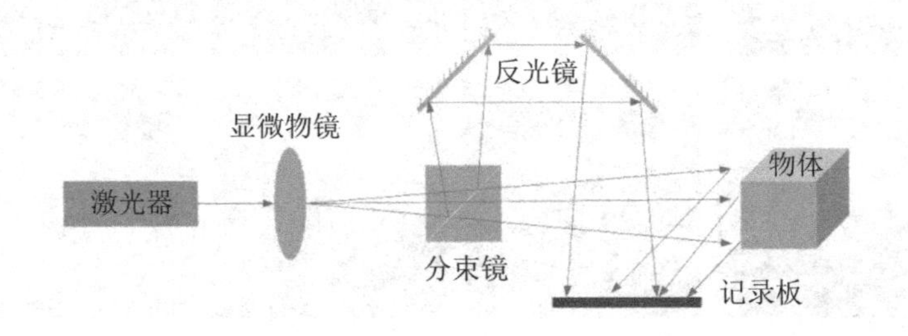

图 2.8　相干光源干涉产生全息图过程示意图

在记录介质所在平面建立平面直角坐标系，物光波 $O(x, y)$ 和参考光波 $R(x, y)$ 的复振幅分别可以写为下列形式

$$O(x, y)=O_0(x, y)\exp[\mathrm{i}\phi_O(x, y)] \tag{2-8}$$

$$R(x, y)=R_0(x, y)\exp[\mathrm{i}\phi_R(x, y)] \tag{2-9}$$

因为两束光都是由同一个光源得到的，因此具有完全相干特性，根据波的叠加原理，在记录板所在平面两束光叠加后的光强分布 $I(x, y)$ 为

$$I(x, y)=|O(x, y)+R(x, y)|^2 \tag{2-10}$$

将式(2-8)和式(2-9)代入式(2-10)，可以得到

$$I(x, y)=O_0^2(x, y)+R_0^2(x, y)+2O_0(x, y)\cdot R_0(x, y)\cos(\phi_O-\phi_R) \tag{2-11}$$

式中，前两项之和表示两束光干涉后背景光强度；最后一项表示两束光相干效应。从式(2-11)可以得知，干涉后光强分布是呈现周期性变化的，当两束光的相位差 $\phi_O-\phi_R$ 等于 2π 的整数倍时，发生干涉相长，得到强度最大的亮条纹；当相位差取 π 的奇数倍时，发生干涉相消，干涉条纹表现为暗条纹。将对光波敏感的高分辨率感光底板放置到记录板的光相干区域，经曝光后就完成了全息图的记录。

在提出全息术方法的早期，通常采取光刻、化学蚀刻等技术将记录的干涉图样转录到硅片等材质上，经过处理后干涉强度分布就被存储起来，这种记录后的图形就被称为全息图，在记录全息图的过程中需要有实体的物光波。全息图也可通过计算机计算得到，该方法记录全息图不需要有真实物体光波存在，且全息图包含了物光波完整的振幅和相位信息。因此，采用计算全息法获取全息图不再需要搭建复杂的光学干涉系统，极大地简化了记录全息图的操作流程。事实上，用计算机得到的全息图不仅可以刻录到特殊材料上，制作成光学衍射元件，还可以直接加载到空间光调制器上进行显示，再用相干光源照射直接重构得到物光波。

根据以上干涉记录制备全息图的原理，可以制作出用来产生涡旋光束的全息图。将平面波与涡旋光束发生干涉得到干涉图样；再将干涉图样转录到记录材料上，或者在计算机上产生计算全息图；最后用激光照射全息图，即产生了需要的涡旋光束。如图 2.9 所示，以平面波作为参考光波，涡旋光束作为物光波，发生干涉后记录的全息图。其中，图 2.9(a)是通过光刻技术在金属膜上制备得到的全息图；图 2.9(b)是通过计算得到的全息图。

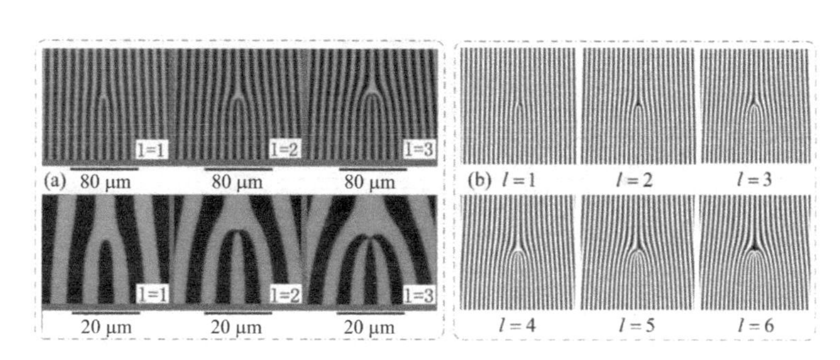

图 2.9　平面波与涡旋光束干涉得到的全息图

3. 空间光调制器方法

空间光调制器法产生涡旋光束与螺旋相位板法类似，将螺旋形相位分布通过空间光调制器的相位调制功能赋予光束。与螺旋相位板相比，空间光调制器具有可编程、高灵活性等优势，已被国内外研究者广泛使用。采用液晶空间光调制器加载相位图和计算全息图产生拉盖尔-高斯涡旋光束的实验方案将在 2.2 节中详细阐述。

2.1.3　无衍射贝塞尔光束的产生方法

贝塞尔光束是一类最为典型的无衍射光束，其横截面光场分布具有第一类贝塞尔函数形式，特点是在传输过程中保持光强分布不变。理想的无衍射贝塞尔光束是不存在的，因为其具有无限大的能量，在实际中是无法产生的，因此实际的无衍射贝塞尔光束是经强度调制的贝塞尔光束，在一定传播距离内具有无衍射特性，超出这个距离无衍射特性将不复存在。近似无衍射贝塞尔光束的产生方法有多种，主要包括环缝透镜法、轴棱锥法和全息法。下面将对这三种常用方法作一介绍。

1. 环缝透镜法

环缝透镜法是将一个环形狭缝置于透镜的前焦平面上，当一束平面波垂直照射环形狭缝时，则在透镜后方锥形区域内将形成近似零阶的贝塞尔光束，如图 2.10 所示。设狭缝的直径为 d，汇聚透镜的焦距为 f，半径为 R，透镜后方产生贝塞尔光束的有效区域是 $z_{\max}$。图 2.10 中圆锥角由下式给出

$$\tan\theta=\frac{d}{2f} \tag{2-12}$$

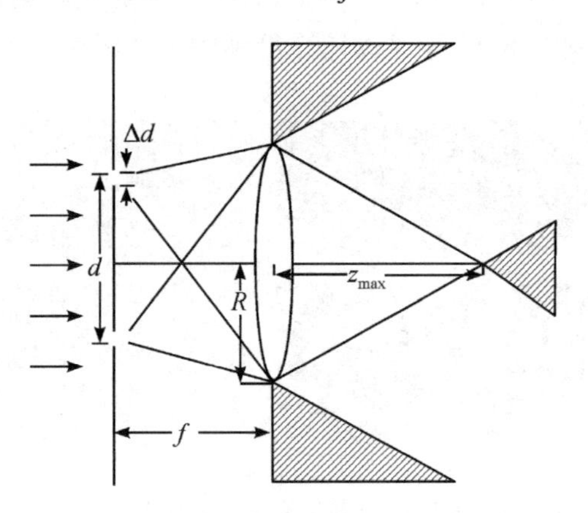

图 2.10　环缝透镜法产生贝塞尔光束示意图

由几何光学知，最大无衍射距离为

$$z_{\max}=\frac{R}{\tan\theta} \tag{2-13}$$

虽然环缝透镜法产生贝塞尔光束得到了证实，但是该方法的缺点是大部分能量在通过环缝时被遮挡，贝塞尔光束的转化效率极低。

2. 轴棱锥法

轴棱锥是一种圆对称的锥形元件，如图 2.11(a)所示。不同于普通的凸透镜将入射的平行光汇聚于焦点位置，轴棱锥具有线聚焦特性，使不同入射半径处的光线汇聚于光轴的不同位置上，如图 2.11(b)所示。设轴棱锥的底角为 γ，折射率为 n，入射光束的半径为 R。光束在轴棱锥后的 $ABCD$ 菱形区域内相干叠加，产生近似的无衍射贝塞尔光束，在这段区域内光束的环数先增加后减

少，但是中心光斑的半径始终保持不变，而中心光强极大，能量被高度集中到中心光斑上。

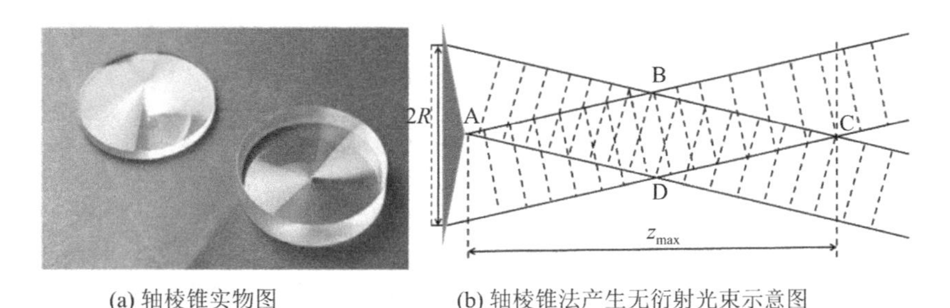

(a) 轴棱锥实物图　　(b) 轴棱锥法产生无衍射光束示意图

图 2.11　轴棱锥法产生贝塞尔光束示意图

由几何光学可知，当平行光入射轴棱锥时，出射光束的会聚角为

$$\theta=(n-1)\gamma \tag{2-14}$$

则传统轴棱锥法产生贝塞尔光束的最大无衍射距离表达式为

$$z_{\max}\approx\frac{R}{\theta}=\frac{R}{(n-1)\gamma} \tag{2-15}$$

由此可知，当 γ 和 n 不变时，R 越大则其无衍射距离越大。

通过对比轴棱锥法产生贝塞尔光束和环缝透镜法产生贝塞尔光束的装置，很容易看出轴锥体的作用近似于环缝的作用，都是光束经过光学系统后以相同的角度发生折射而产生焦线。通过对轴棱锥及轴棱锥对应光学系统的设计，可实现对轴上光强分布进行控制的光束。传统的轴棱锥法主要用于产生近似的零阶贝塞尔光束，将轴棱锥与螺旋相位板、全息片和空间光调制器相结合，可产生携带轨道角动量的高阶贝塞尔光束。以螺旋相位板为例，高斯光束通过螺旋相位板获得涡旋光束；采用不同拓扑电荷数的螺旋相位板，可得到不同拓扑电荷数的涡旋光束；涡旋光束经过轴棱锥聚焦，便可产生高阶贝塞尔光束，如图 2.12 所示。用轴棱锥产生贝塞尔光束的方法具有装置简单、转换效率高等优点，是目前最常用的方法。

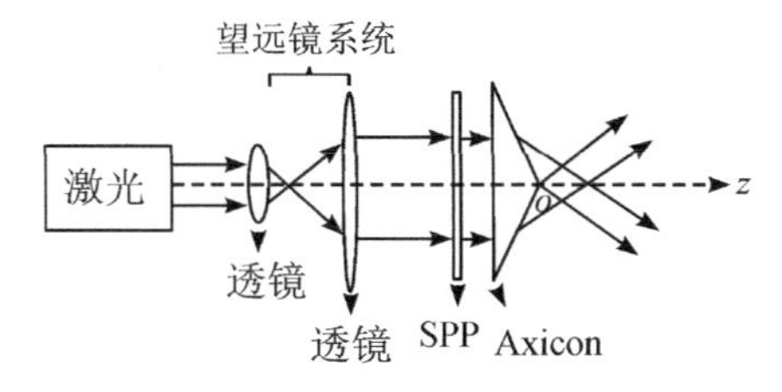

图 2.12　轴棱锥与螺旋相位板相结合产生高阶贝塞尔光束示意图

3. 空间光调制器法

空间光调制器法产生贝塞尔光束与产生拉盖尔-高斯涡旋光束的原理类似，把计算得到的全息图加载到空间光调制器上，即可获得近似的无衍射贝塞尔光束。全息图可采用单位振幅的均匀平面波入射到圆形有限孔径获得，其复振幅透过率函数为

$$T(r,\theta)=\begin{cases}A(\theta)\exp\left(-\dfrac{\mathrm{i}2\pi r}{r_0}\right) & r\leqslant D\\ 0 & r>D\end{cases}\tag{2-16}$$

这里(r, θ)是 $z=0$ 平面上的极坐标，r_0 是常数，$A(\theta)$是贝塞尔光束的复值角谱函数，$T(r, \theta)$的数值大小限于 0 和 1 之间。为了产生锥状光束，式(2-16)中引入了线性变化相位因子 $\exp(-\mathrm{i}2\pi r/r_0)$。利用柱坐标系下的菲涅耳衍射积分公式，可以计算出均匀平面波入射到全息图后沿 z 轴方向光场分布的传输表达式，基于稳相位原理，可近似地估算出含有快速振荡的被积函数的菲涅耳积分，最后得到

$$I(x, y, z)\propto z\left|\int_0^{2\pi}A(\theta)\exp\left[-\frac{\mathrm{i}2\pi(x\cos\theta_1+y\sin\theta_2)}{\gamma}\right]\mathrm{d}\theta_1\right|=zI(x, y, z=0)\tag{2-17}$$

由此可知，除了 z 因子外，光强的横向强度在传输过程中不会发生变化。对于无衍射光束的产生，该方法可以作为一种有效途径。

2.1.4 自加速艾里光束的产生方法

艾里光束是一类具有自加速特性的无衍射光束。自加速特性描述的是艾里光束在向 z 轴方向传播时，其光束的主瓣中心在 xy 平面会发生偏移，且其偏移的轨迹相对于 z 轴类似于一条抛物线。艾里光束的初始光强处，中心主瓣约占据整个光束能量的50%，旁瓣和尾部约占50%，且光强为直角分布，所以整个光束光强分布是非对称的，从而使得它在向前传播时能够自弯曲。无衍射性描述的是艾里光束主瓣的尺寸及强度随着传播距离增大而不发生变化。与贝塞尔光束类似，理想的艾里光束具有无限大的能量，在实际中是无法产生的，实际的艾里光束是给艾里函数乘上指数衰减函数进行截趾使其无限大的能量得到抑制，因此有限能量艾里光束是近似的无衍射光束。有限能量艾里光束的产生方法有多种，目前常用的方法有超表面法和空间光调制器法。下面将介绍这两种常用方法。

1. 超表面法

对于艾里光束，其复振幅函数由呈现高斯分布的振幅和呈现立方分布的相位组成，可以表示为

$$\Phi(k_x, k_y)=A(k_x, k_y)\exp[\mathrm{i}\varphi(k_x, k_y)] \tag{2-18}$$

式中，$A(k_x, k_y)$为高斯振幅；$\varphi(k_x, k_y)$为立方相位。为了得到高斯振幅，可直接采用高斯光束作为入射光束，也可以采用平面波作为入射光束，利用纯相位的编码方式将振幅的信息叠加到相位中。当振幅信息叠加到相位中，光束的复振幅函数可表示为

$$\Phi'(k_x, k_y)=\exp[\mathrm{i}M(k_x, k_y)\varphi(k_x, k_y)] \tag{2-19}$$

式中，$M(k_x, k_y)$是修正后的振幅，可通过解$A(k_x, k_y)=\mathrm{sinc}\{\pi[1-M(k_x, k_y)]\}$函数得到，其取值范围为$0\leqslant M(k_x, k_y)\leqslant 1$。最后加载到超表面器件上的相位为

$$\varphi_{\mathrm{total}}(k_x, k_y)=M(k_x, k_y)\varphi(k_x, k_y)+F_{\mathrm{fresnel}}(k_x, k_y) \tag{2-20}$$

式中，$F_{\mathrm{fresnel}}(k_x, k_y)=k(k_x^2+k_y^2)/(2f)$。产生准艾里光束的超表面器件可由优化得到的纳米柱周期排列而成，通过改变坐标为(k_x, k_y)的纳米柱的旋转角度来实现相位调制，不同位置对应的旋转角度是$\theta(k_x, k_y)=\varphi_{\mathrm{total}}(k_x, k_y)/2$。

2. 空间光调制器法

采用空间光调制器产生艾里光束的实验光路如图 2.13 所示。SLM 代表液晶空间光调制器，BE 代表扩束准直系统，M 代表平面反射镜，BS 代表光束分束器，L 代表傅里叶透镜，MO 代表放大镜。将满足立方分布的相位膜片加载到空间光调制器中，入射光经过空间光调制器的反射即可完成对其相位的调制，再经过傅里叶透镜即可在透镜焦点处观察到艾里光束的强度轮廓分布。

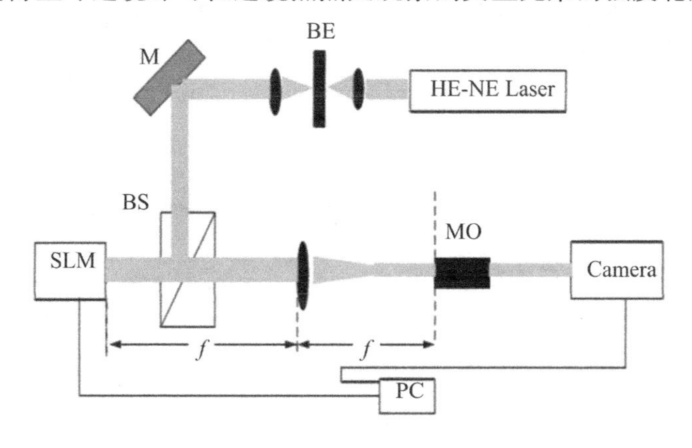

图 2.13　基于空间光调制器的艾里光束产生实验光路图

2.2 典型结构光场的实验产生

拉盖尔-高斯涡旋光束作为一种最为典型的结构光场，具有螺旋形相位结构，携带轨道角动量。本节以拉盖尔-高斯涡旋光束为例，介绍了单模、复合和阵列涡旋结构光场的实验产生方案。

2.2.1 单模涡旋结构光场的实验产生

1. 空间光调制器加载相位图产生涡旋结构光场

1) 相位图的产生

拉盖尔-高斯涡旋光束具有轨道角动量相位因子 $\exp(\mathrm{i}l\theta)$ 及拉盖尔多项式 $\mathrm{L}_p^l(\cdot)$，其位相结构可以写作

$$t(\xi, \eta)=\exp(-\mathrm{i}l\theta)\cdot \operatorname{sign}\left[\mathrm{L}_p^{|l|}\left(\frac{2r^2}{\omega_0^2}\right)\right] \tag{2-21}$$

根据式(2-21)可以仿真得到不同径向系数 p 和角向系数 l 对应的拉盖尔-高斯光束的相位图。图 2.14 给出了 $p=\{0, 1, 2\}$ 以及 $l=\{\pm1, \pm4, \pm8\}$ 组合模态对应的相位图。

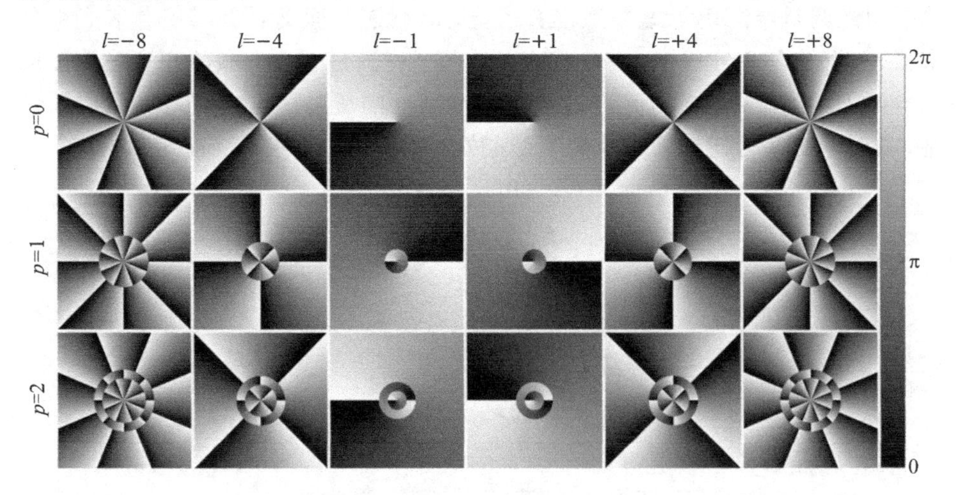

图 2.14　不同径向系数和角向系数取值得到的拉盖尔-高斯涡旋光束相位图

2) 光波经相位图衍射理论基础及调制仿真结果

将图 2.14 产生的相位图分别依次在空间光调制器上显示，入射光波照射

调制器面板，出射光波就是被调制后的光波，调制过程实质上就是入射光波经过相位图的衍射过程。在衍射过程中，若已知入射光的复振幅分布：

$$I(\xi,\ \eta)=A(\xi,\ \eta)\exp[\mathrm{i}\varphi_1(\xi,\ \eta)] \tag{2-22}$$

式中，$A(\xi,\ \eta)$为入射光的振幅，$\varphi_1(\xi,\ \eta)$为入射光的相位，则通过衍射光学元件后入射光场的复振幅变化为

$$I'(\xi,\ \eta)=I(\xi,\ \eta)t(\xi,\ \eta) \tag{2-23}$$

其中，$t(\xi,\ \eta)$为透过率函数。激光器出射的激光多为基模高斯光束，因此这里以基模高斯光束作为入射光波，推导高斯光束通过拉盖尔-高斯涡旋光束相位图后的衍射光场分布。在柱坐标系下，基模高斯光束光场的复振幅分布为

$$u(\xi,\ \eta,\ z)=\frac{w_0}{w}\exp\left(-\frac{\xi^2+\eta^2}{w^2}\right)\exp\left(-\mathrm{i}k\ \frac{\xi^2+\eta^2}{2R}\right)\exp\left[-\mathrm{i}\left(kz-\arctan\frac{\lambda z}{\pi w_0^2}\right)\right] \tag{2-24}$$

图 2.15 所示为基模高斯光束照射相位图的衍射过程。图(a)为入射基模高斯光束；图(b)为拉盖尔-高斯涡旋光束相位图；图(c)为衍射光场。假设相位图所在位置为衍射平面，记平面内任一点坐标为$(\xi,\ \eta)$，当基模高斯光束照射相位图时，光束发生衍射，沿光轴传播方向距离衍射平面 z 处放置一接收平面。根据基尔霍夫衍射理论，可得接收平面光场的复振幅分布为

$$E'(\xi',\ \eta',\ z)=\frac{1}{i\lambda}\iint E(\xi,\ \eta,\ z_0)\ \frac{\exp(\mathrm{i}kr)}{r}\ \frac{\cos(\boldsymbol{n},\ \boldsymbol{r})+1}{2}\mathrm{d}s \tag{2-25}$$

式中，$E(\xi,\ \eta,\ z_0)$和$E'(\xi',\ \eta',\ z)$分别表示衍射平面光场和接收平面光场的复振幅。

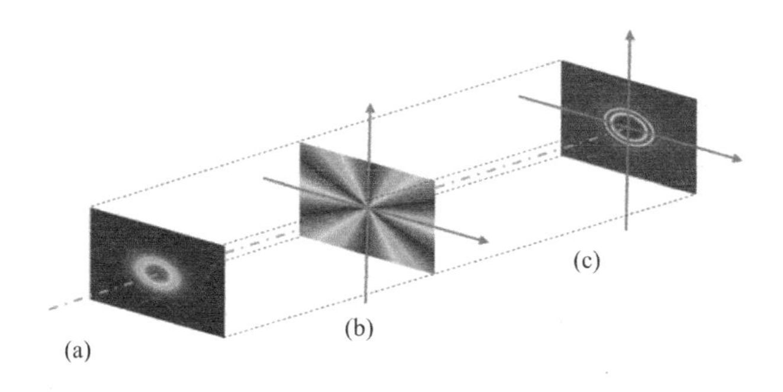

图 2.15　基模高斯光束照射拉盖尔-高斯涡旋光束相位图的衍射过程示意图

构造函数 $\phi(\xi,\ \eta)$

$$\phi(\xi,\ \eta)=\frac{\exp(\mathrm{i}k\sqrt{\rho^2+\xi^2+\eta^2})}{\mathrm{i}\lambda\sqrt{\rho^2+\xi^2+\eta^2}}\left(\frac{1}{2}+\frac{\rho}{\sqrt{\rho^2+\xi^2+\eta^2}}\right) \tag{2-26}$$

$$E'(\xi', \eta') = E(\xi, \eta) \otimes \phi(\xi, \eta) \tag{2-27}$$

其中，⊗表示卷积运算符号。在光波波长 λ 以及衍射距离 ρ 已知的情况下，得到观察平面光场分布

$$E'(\xi', \eta') = F^{-1}\{F[u(\xi, \eta, z)] \cdot F[\phi(\xi, \eta)]\} \tag{2-28}$$

图 2.16 给出了高斯光束照射拉盖尔-高斯涡旋光束相位图后的衍射光场横截面光强分布，其中光束波长 $\lambda = 632.8$ nm，观察平面与衍射平面之间距离 $\rho = 0.5$ m，光束束腰半径 $w_0 = 2$ mm。从图 2.16 中可以看出，衍射光强中心光强为零，出现单个亮环($p=0$)或同心嵌套亮环($p \neq 0$)结构，说明衍射光场被赋予了螺旋相位因子，经调制后携带了轨道角动量。

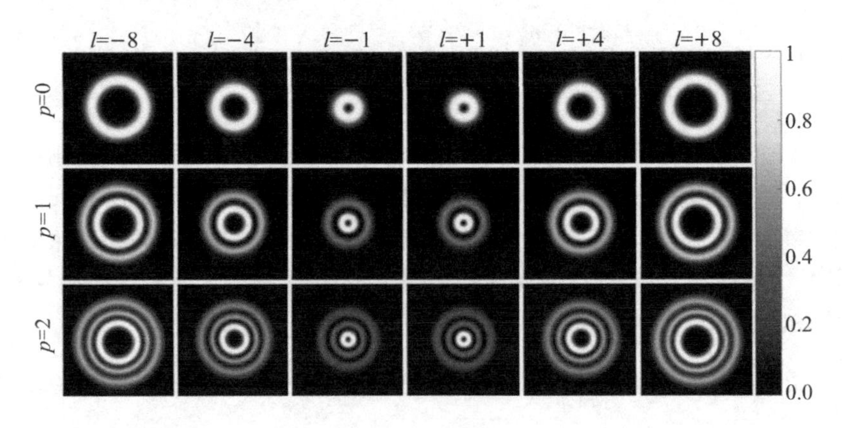

图 2.16　基模高斯光束照射拉盖尔-高斯涡旋光束相位图衍射光场仿真结果

3) 拉盖尔-高斯涡旋光束的实验产生

为了验证基模高斯光束照射拉盖尔-高斯涡旋光束相位图衍射仿真结果的正确性，搭建了如图 2.17 所示的光路图。实验中，He-Ne 激光器输出波长为 632.8 nm，功率为 50 mW。为了避免强光照射空间光调制器，在激光器端口放置一个中性密度滤波片对激光进行衰减，激光衰减后通过滤波器滤出部分杂散光。激光光束光斑半径较小，为了使光斑照射到整个空间光调制器液晶屏，达到更好的调制效果，须使用扩束器对光束进行扩束。扩束后的光束经偏振片得到水平偏振光，以满足空间光调制器只对水平偏振光束调制的要求。光束经分束器分束，垂直照射到空间光调制器液晶屏，避免了入射光束与空间光调制器液晶屏之间形成倾角，进而提高了空间光调制器对入射光束相位调制的衍射效率。调制后的光束经镜面反射，透镜聚焦后，在透镜后焦面处被 CCD 相机接收。实验中采用的空间光调制器型号为德国 Holoeye 公司生产的 PLUTO 系列反射式纯相位空间光调制器，调制器液晶屏面板像素尺寸为 1920×1080。

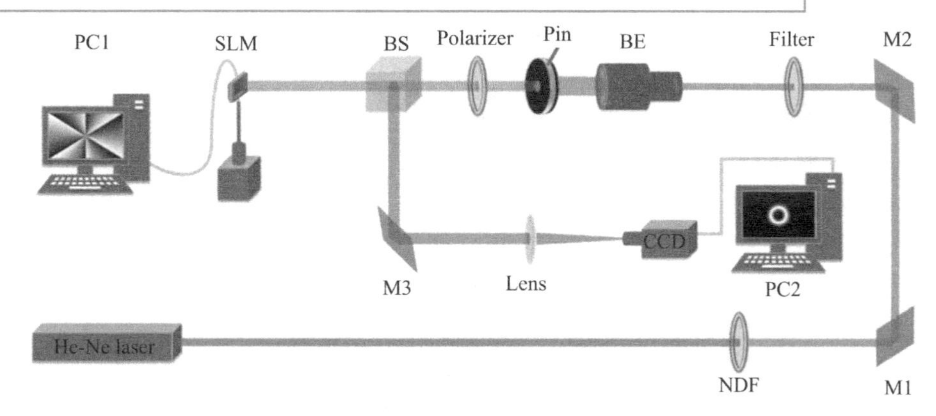

图 2.17　液晶空间光调制器加载相位图产生拉盖尔-高斯涡旋光束实验装置

向空间光调制器依次加载拉盖尔-高斯涡旋光束相位图时，CCD 捕获到如图 2.18 所示的衍射光场横截面光强分布图。观察发现光场中心光强分布为暗斑，说明成功实现了涡旋结构光场的产生，且随着加载到空间光调制器相位图拓扑荷 l 增大，衍射光斑中心区域半径逐渐增大，亮环的数目与径向参量 p 相关。比较图 2.16 与图 2.18 可以观察到，当拓扑荷取值变大时，生成的光场暗中空结构的周围环绕的条幅状结构变得越来越明显，直接影响了衍射光场的质量，这是由于未能实现完全相位调制而导致的。

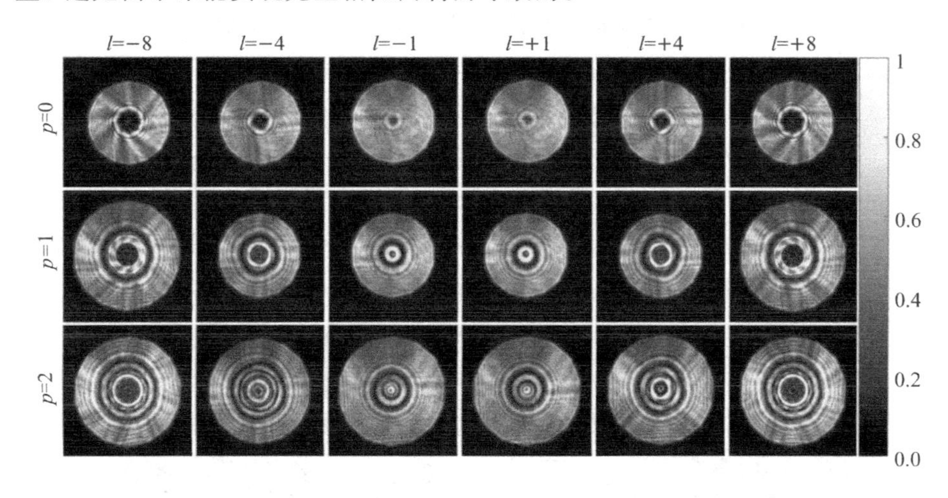

图 2.18　液晶空间光调制器加载相位图产生的拉盖尔-高斯光束实验结果

2. 空间光调制器加载计算全息图产生涡旋结构光场

1）计算全息图的产生

首先，产生需要使用的计算全息图须根据前述产生全息图的原理，此处用倾斜平面波作为参考光波，物光波为拉盖尔-高斯涡旋光束，让两者发生干涉并记录下干涉图样。取多种径向系数 $p=\{0, 1, 3\}$和角向系数 $l=\{+1, +3, +6\}$对应的拉盖尔-高斯涡旋光束与平面波干涉，通过计算机仿真模拟得到如图 2.19 所示的多个计算全息图。从图 2.19 中可以观察到，计算全息图呈现出叉形结构形态，因此又称之为叉形全息图；还可以注意到当 $p=0$ 时，全息图条纹不出现被分割的情形；当 $p\neq 0$ 时，全息图条纹中心位置出现圆环结构，且圆环个数等于拉盖尔-高斯涡旋光束径向系数的取值。

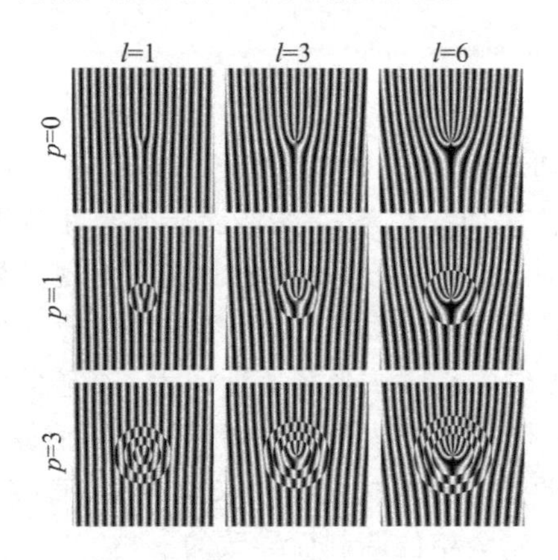

图 2.19 平面波与拉盖尔-高斯光束干涉的计算全息图

2) 拉盖尔-高斯涡旋光束的实验产生

采用图 2.17 所示实验装置来产生拉盖尔-高斯光束，首先向空间光调制器加载 $p=0$，$l=1$ 的计算全息图，CCD 捕获到图 2.20 所示的光斑，从图 2.20 可以观察到光斑是由多个光斑组成的，除中间零级衍射级次位置光斑中心光强为非零值，其他衍射级次均表现为亮环结构，说明衍射光场携带了螺旋相位因子，实现了结构光场的重构。

图 2.20 实验得到的高斯光束照射 $p=0$，$l=1$ 的计算全息图衍射光场分布

分别依次向空间光调制器加载模态 $p=0$，1，3 和 $l=1$，3，6 组合的计算全息图，经调控后拍摄到相应拉盖尔-高斯涡旋光束的光强分布如图 2.21 所示。从图 2.21 中可以很明显看到，激光器发射出的基模高斯光束照射计算全息图产生了类似于面包圈结构分布的衍射光场，随着拓扑荷 l 取值的增大衍射光场横截面的光强半径随之变大；当 p 取非零数值时，衍射光场表现为多环结构，且有 $p+1$ 个同心亮环，因此采用向空间光调制器加载计算全息图实现了结构光场的调控产生。此外，与采用加载相位图产生结构光场相比，经计算全息图衍射得到的光场亮环周围不会出现条幅状结构，说明通过计算全息图获取的结构光场质量更好。

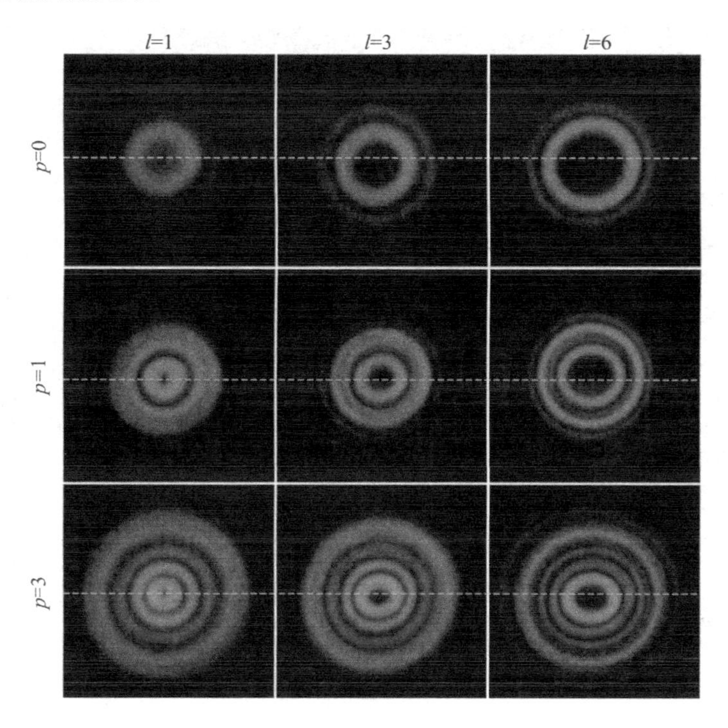

图 2.21　空间光调制器加载计算全息图调控的实验结果

2.2.2　复合涡旋结构光场的实验产生

1. 拉盖尔-高斯涡旋光束共轴叠加模态

以拉盖尔-高斯涡旋光束径向系数取零值为例，讨论多光束共轴叠加情况。假设 N 束拉盖尔-高斯光束相叠加，组成叠加光场的每一束光场拓扑荷取值分别为 l_1，l_2，…，l_N，得到叠加后的光场表达式为

$$u = \sum_{m=1}^{N} \alpha_m E_{l_m}(r, \theta, z) \tag{2-29}$$

式中，α_m 表示叠加光场中各组成成分的占比，$E_{l_m}(r, \theta, z)$代表叠加光场的第 m 个($1 \leqslant m \leqslant N$)拉盖尔-高斯涡旋光束分量的光场。

考虑两束、三束或四束拉盖尔-高斯涡旋光束共轴叠加时，可以模拟得到不同叠加情况下复合光场的光强分布，如图 2.22 所示。从图 2.22 中可以看出，叠加后复合光场的光强分布和单一拉盖尔-高斯涡旋光束的光强分布具有明显的区别，不同于单一拉盖尔-高斯涡旋光束只有一个光学奇点，复合涡旋结构光场呈现出多个奇点或者花瓣形状。

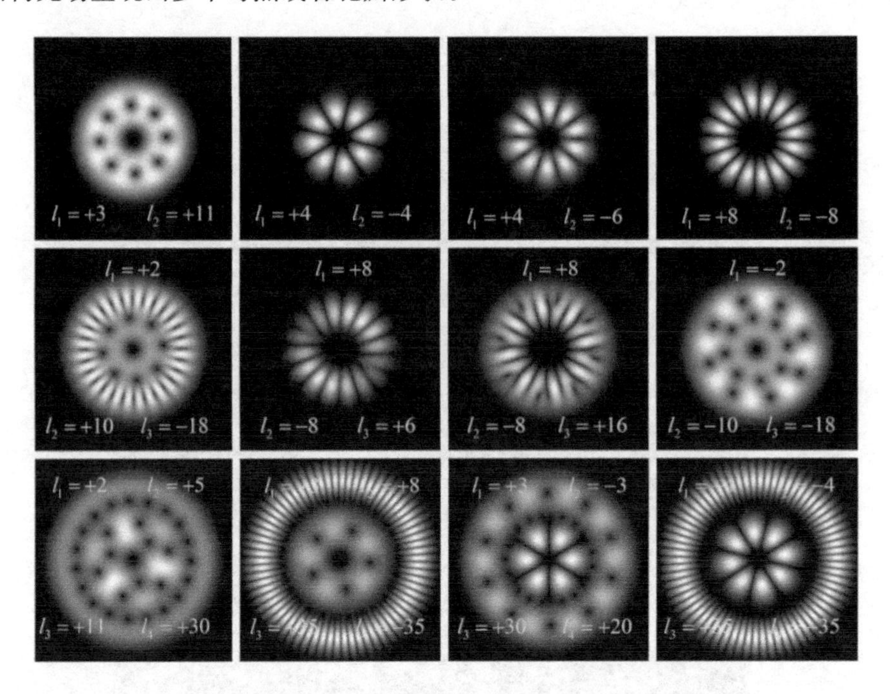

图 2.22　多束拉盖尔-高斯光束共轴叠加模拟的光强分布

2. 复合涡旋结构光场的实验产生

搭建如图 2.23 所示实验光路图，实现多个拉盖尔-高斯涡旋光束共轴叠加复合结构光场的产生。依次加载各复合结构光场全息图，经空间光调制器调制后，CCD 相机放置到透镜聚焦平面上，可拍摄到衍射光强。相应的各模态复合结构光场的横截面光强分布如图 2.24 所示。通过与图 2.23 复合结构光场仿真结果相对照，可以看到实验结果与理论结果相吻合，因此通过计算全息法生成了多模拉盖尔-高斯涡旋光束共轴叠加的复合结构光场。

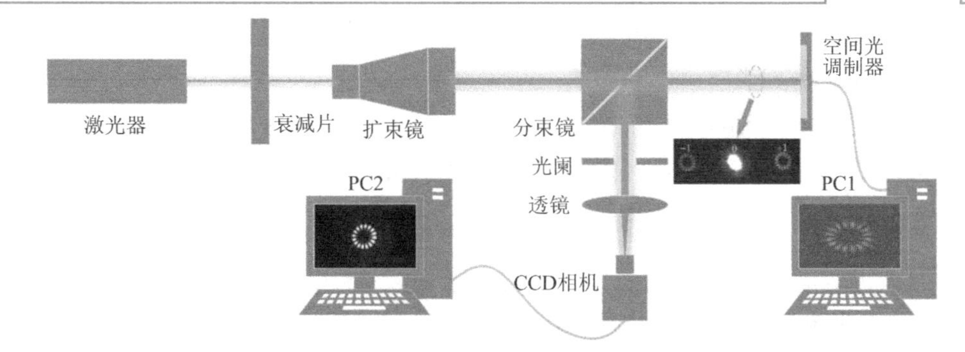

图 2.23　复合涡旋结构光场产生的实验光路示意图

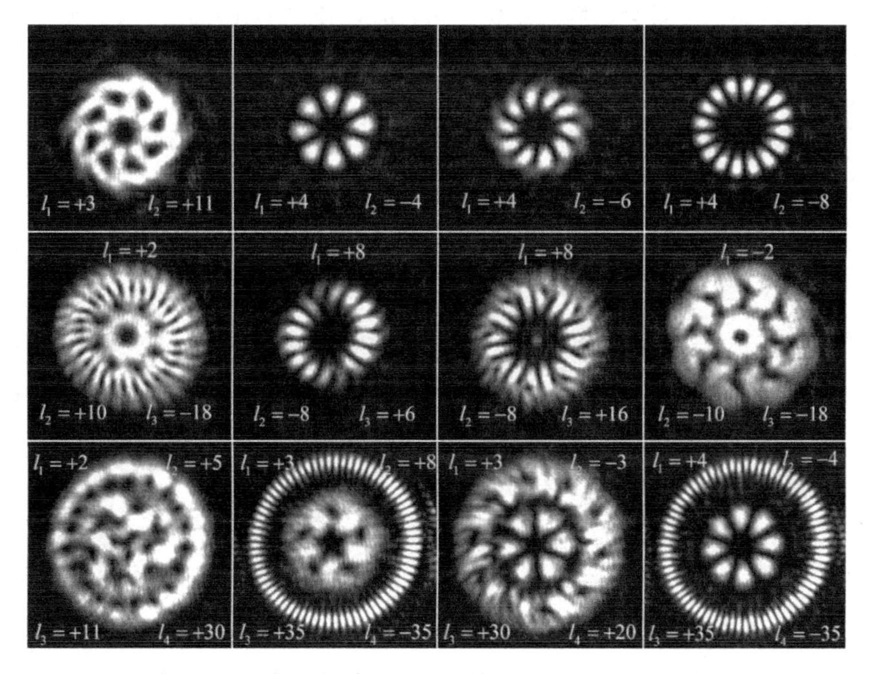

图 2.24　实验产生的多模拉盖尔-高斯光束共轴叠加的复合结构光场横截面光强分布

2.2.3　阵列涡旋结构光场的实验产生

本节设计了一种新型阵列结构光场的计算全息图，将该全息图加载到空间光调制器，用激光照射后，得到了一种中心旋转对称分布的阵列结构光场，该阵列结构光场的阵列数目和分布形态可以通过调节计算全息图参数进行控制；搭建光学实验平台，在实验上产生了该阵列结构光场，并对结构光场轨道角动量模态进行了检测；此外，通过功率计测量产生的结构光场能量分布情况，量化分析了阵列结构光场的衍射效率。

1. 阵列结构光场全息图设计

假设组成阵列结构光场的各单元光场的复振幅分布表达式为 $u_i(r_i, \theta_i; z)$，则阵列结构光场的复振幅分布 $E(r, \theta; z)$ 可以描述为如下形式

$$E(r, \theta, z)=\sum_{i=1}^{M} a_i u_i(r_i, \theta_i, z) \tag{2-30}$$

式中，a_i 表示第 i 个子单元光场占阵列结构光场的权重系数。考虑到在产生结构光场的过程中，各单元光场之间可能会发生相互干扰，因此设计一个截断因子 δ，确保各单元光场的光斑空间位置相互独立。

图 2.25 给出了设计的阵列结构光场，拉盖尔-高斯光束径向系数和角向系数分别取值为 $p=1$，$l=3$，第一行和第二行分别表示阵列数 $M=3$、$M=4$ 时阵列结构光场计算全息图的产生流程。在理论上，阵列结构光场各单元光场模态可分别设置任意值，这里只给出了阵列结构光场各单元光场模态取值完全相同的情况。

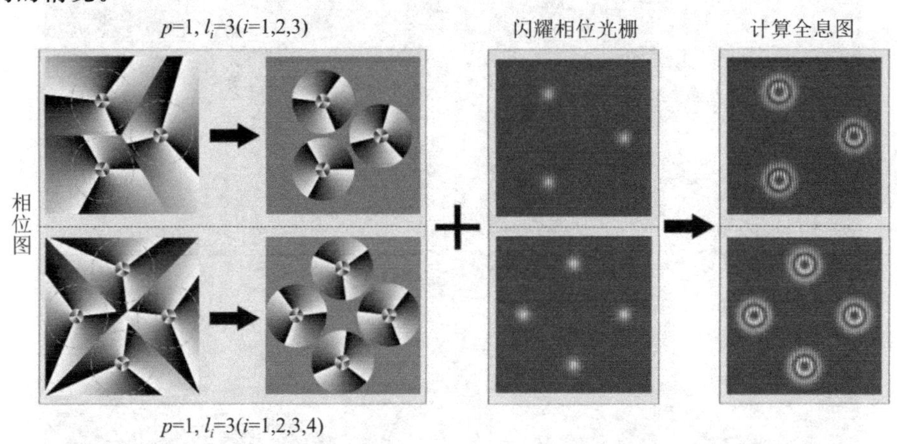

图 2.25 阵列结构光场计算全息图产生过程的示意图

2. 搭建阵列结构光场产生实验平台

图 2.26 展示了产生结构光场的实验光路，首先激光器出射的激光经滤波片(neutral density filter，NDF)对光强进行衰减；再经过扩束镜(beam expander，BE)，经准直扩束的光束通过第一个光阑(pinhole，PH_1)；然后光束通过偏振片(polarizer)与分束镜(beam splitter，BS)后垂直照射到加载了阵列光场计算全息图的空间光调制器上，光场经平面反光镜 M_1 反射后由透镜聚焦；最终在透镜后焦面由 CCD 相机捕获。另外，在实验光路中若放置虚线框内

的平面反光镜 M_2，则 CCD 相机拍摄到的图样将不再是调制后的结构光场的横截面光强分布，而是光场的干涉图样。

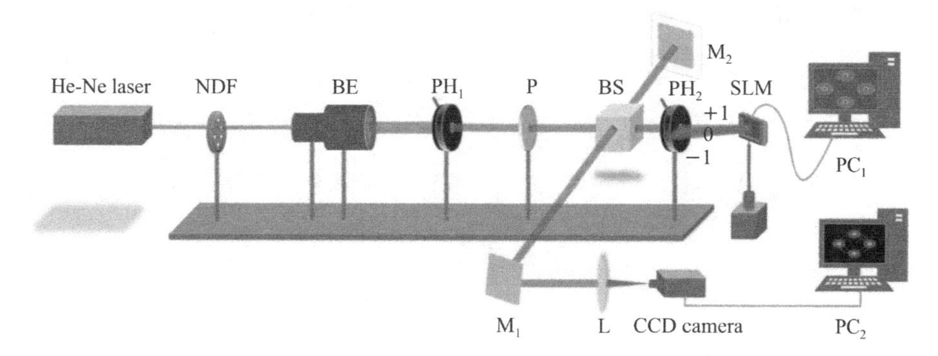

图 2.26　实验产生与检测阵列结构光场装置的示意图

3. 实验产生阵列结构光场

为了与实验产生的阵列结构光场图样进行比较，在实验操作产生阵列结构光场之前，先对阵列结构光场的横截面光强分布进行仿真模拟，得到如图 2.27 所示仿真结果。图 2.27 中，拉盖尔-高斯阵列结构光场模态取值为 $p=\{0, 1, 2\}$，$l=\{0, \pm1, \pm2, \pm3\}$。依据图 2.26 所示的实验装置图，搭建产生阵列结构光场的实验光学平台，向空间光调制器依次加载相应的全息图，CCD 拍摄到的光强图样如图 2.28 所示。将实验结果与仿真结果相比较，可以观察到产生的阵列结构光场与理论结果完全一致。为了便于观察光场的光强分布变化趋势，针对每个阵列结构光场，在图 2.28 中绘制了沿光斑中心位置水平方向和垂直方向的光强分布曲线。

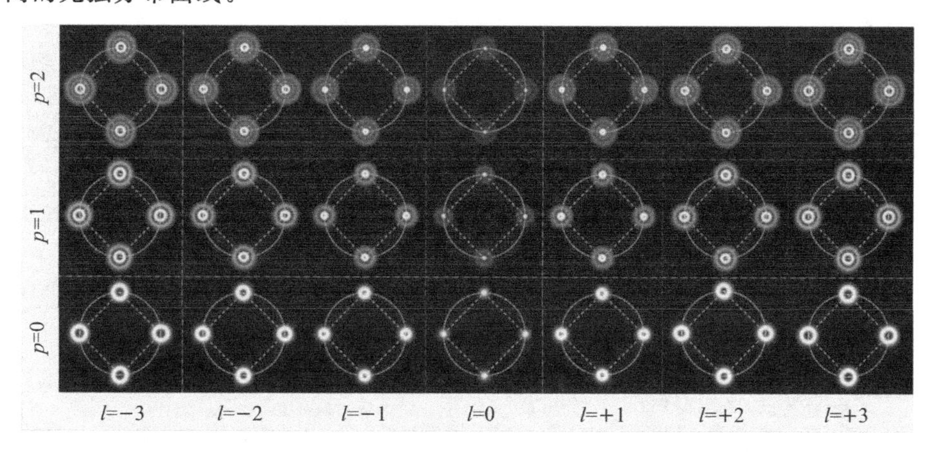

图 2.27　不同模态阵列结构光场横截面光强分布的仿真结果

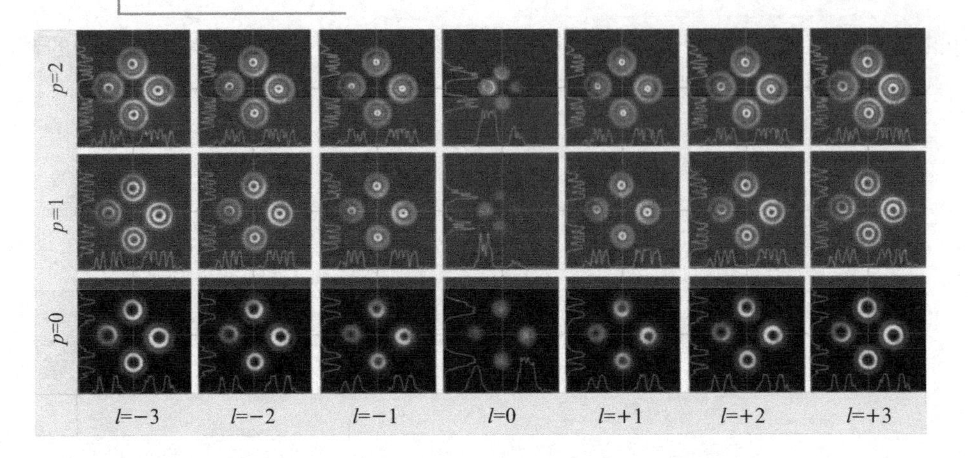

图 2.28　实验产生的不同模态阵列结构光场的横截面光强分布

参考文献

[1]　邵晓丽，马军山，侯乐鑫，等．气体激光器自激励产生各高阶厄米-高斯光束[J]．光学仪器，2013，35(5)：20-23.

[2]　孙恒信，刘奎，刘尊龙，等．自动锁定的高阶厄米-高斯模的产生[J]．激光与光电子进展，2016，51(6)：061406.

[3]　刘奎，李治，郭辉，等．使用空间光调制器产生高阶厄米-高斯光束[J]．激光杂志，2020，47(9)：0905004.

[4]　燕曼君，马龙．高阶厄米-高斯光束实验产生的研究进展[J]．激光杂志，2022，43(8)：8-12.

[5]　李丰，高春清，刘义东，等．利用振幅光栅生成拉盖尔-高斯光束的实验研究[J]．物理学报，2008，57(2)：860-86

[6]　任煜轩，吴建光，周小为，等．相位片角向衍射产生拉盖尔-高斯光束的实验研究[J]．物理学报，2010，59(6)：3930-3935.

[7]　施丽，李静，陶陶．利用计算全息产生的拉盖尔-高斯光束旋转微粒[J]．激光与红外，2012，42(11)：1226-1229.

[8]　郭帅凤．基于液晶空间光调制器产生高阶拉盖尔-高斯光束及其应用[D]．太原：山西大学，2015.

[9]　郭帅凤，刘奎，孙恒信，等．利用液晶空间光调制器产生高阶拉盖尔-高斯光束[J]．量子电子学报，2015，21(1)：86-92.

[10]　汪慧超，胡阿健，陈培锋．空间光调制器产生拉盖尔-高斯光束方法研究[J]．激光技术，2017，41(3)：447-450.

[11] 魏敦钊. 拉盖尔-高斯光束的产生及其轨道角动量探测[D]. 南京：南京大学，2018.
[12] 卢文和，吴逢铁，郑维涛. 透镜轴棱锥产生近似无衍射贝塞尔光束[J]. 光学学报，2010，30(6)：1618-1621.
[13] 马亮，吴逢铁，黄启禄. 一种产生无衍射贝塞尔光束的新型组合锥透镜[J]. 中国激光，2010，30(8)：2417-2420.
[14] 吴逢铁，张前安，郑维涛. 等效轴棱锥产生长距离无衍射贝塞尔光束[J]. 中国激光，2011，38(12)：21-25.
[15] 陈光明，林惠川，蒲继雄. 轴棱锥聚焦涡旋光束获得高阶贝塞尔光束[J]. 光电子.激光，2011，22(6)：945-950.
[16] 朱艳英，沈军峰，窦红星，等. 计算全息法获取高阶类贝塞尔光束的新设计[J]. 光电子·激光，2011，22(8)：1263-1268.
[17] 崔超涵，赵浩淇，朱睿，等. 用空间光调制器产生贝塞尔光束的实验研究[J]. 物理实验，2017，37(7)：49-52.
[18] 刘亮，黄秀军，徐红艳，等. 浸液式组合轴棱锥产生长距离无衍射贝塞尔光束[J]. 光子学报，2017，46(11)：145-149.
[19] 陈欢，凌晓辉，何武光，等. 基于 Pancharatnam-Berry 相位调控产生贝塞尔光束[J]. 物理学报，2017，66(4)：101-106.
[20] 王晓章. 基于相位空间光调制器的艾里光束产生和传输控制研究[D]. 哈尔滨：哈尔滨工业大学，2013.
[21] 程振，赵尚弘，楚兴春，等. 艾里光束产生方法的研究进展[J]. 激光与光电学进展，52(10)：030008，2015.
[22] 宋强强. 艾里光束的实验产生及特性研究[D]. 西安：西安理工大学，2017.
[23] 李绍祖，沈学举，王龙. 自加速艾里光束的生成及控制[J]. 中国激光，45(6)：0505003，2018.
[24] 曹炳松. Airy 涡旋光束的产生、传输、探测与应用研究[D]. 杭州：浙江大学，2021.
[25] 吴双宝，文静. 用介电质超表面产生准艾里光束[J]. 光学仪器，43(2)：1-7，2021.
[26] 吕浩然，白毅华，叶紫微，等. 利用超表面的涡旋光束产生进展(特邀)[J]. 红外与激光工程，2021，50(9)：20210283.
[27] 朱艳英，姚文颖，李云涛，等. 计算全息法产生涡旋光束的实验[J]. 红外与激光工程，2014，43(12)：3907-3911.
[28] 贺时梅，舒维星. 基于 Metasurface 的轨道角动量光束的产生与调控[J]. 光学学报，2015，35(8)：0826002.
[29] 李永旭. 结构光场的特性及其在光通信中的应用研究[D]. 西安：西安电子科技大学，2020.
[30] KONG W，SUGITA A，TAIRA T. Generation of Hermite-Gaussian modes and vortex arrays based on two-dimensional gain distribution controlled microchip laser [J]. Opt. Lett.，2012，37(13)：2661-2663.

[31] CHU S C, CHEN Y T, TSAI K F, et al. Generation of high-order Hermite-Gaussian modes in end-pumped solid-state lasers for square vortex array laser beam generation [J]. Opt. Express, 2012, 20(7): 7128-7141.

[32] MALYUTIN A A, ILYUKHIN V A. Generation of high-order Hermite-Gaussian modes in a flashlamp-pumped neodymium phosphate glass laser and their conversion to Laguerre-Gaussian modes [J]. Quantum Electronics, 2007, 37(2): 181-186.

[33] YAN M J, MA L. Generation of Higher-order Hermite-Gaussian modes via cascaded phase-only spatial light modulators [J]. Mathematics, 2022, 10(10): 1631.

[34] WANG M, MA Y Y, SHENG Q, et al. Laguerre-Gaussian beam generation via enhanced intracavity spherical aberration [J]. Opt. Express, 2021, 29(17): 27783-27790.

[35] REN Y X, LI M, HUANG K, et al. Experimental generation of Laguerre-Gaussian beam using digital micromirror device[J]. Appl. Opt., 2010, 49(10): 1838-1844.

[36] RUFFATO G, MASSARI M, ROMANATO F. Generation of high-order Laguerre-Gaussian modes by means of spiral phase plates [J]. Opt. Lett., 2014, 39(17): 5094-5097.

[37] BISSON J E, SENATSKY Y, UEDA K I. Generation of Laguerre-Gaussian modes in Nd: YAG laser using diffractive optical pumping [J]. Laser Phys. Lett., 2005, 2(7): 327-333.

[38] WANG Y M, FANG X Y, KUANG Z Y, et al. On-chip generation of broadband high-order Laguerre-Gaussian modes in a metasurface[J]. Opt. Lett., 2017, 42(13): 2463-2466.

[39] MUYS P, VANDAMME E. Direct generation of Bessel beams[J]. Appl. Opt., 2002, 41(30): 6375-6379.

[40] SUN Q, ZHOU K, FANG G, et al. Generation of spiraling high-order Bessel beams [J]. Appl. Phys. B, 2011, 104(1): 215-221.

[41] CAI B G, LI Y B, JIANG W X, et al. Generation of spatial Bessel beams using holographic metasurface[J]. Opt. Express, 2015, 23(6): 7593-7601.

[42] YU X M, TODI A, TANG H M. Bessel beam generation using a segmented deformable mirror[J]. Appl. Opt., 2018, 57(16): 4677-4682.

[43] GONG L, REN Y X, XUE G S, et al. Generation of nondiffracting Bessel beam using digital micromirror device[J]. Appl. Opt., 2013, 52(19): 4566-4575.

[44] XUE X J, XU B J, WU B R, et al. Generation of 2D Airy beams with switchable metasurfaces[J]. Opt. Express, 2022, 30(12): 20389-20400.

[45] JING L Q, LIAO D S, TAO J, et al. Generation of Airy beams in Smith-Purcell radiation[J]. Opt. Lett., 2022, 47(11): 2790-2793.

[46] ZHAO Z H, DING X M, ZHANG K, et al. 2-D Airy beam generation and manipulation utilizing metasurface[J]. IEEE T. Magn., 2022, 58(2): 2500605.
[47] FENG J L, SHI H Y, WANG L Y, et al. Generation of Airy beams with transmissive cross-polarization conversion metasurfaces[J]. J. Phys. D, 2022, 55(43): 435009.

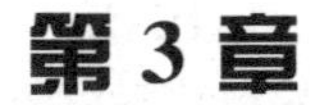

第3章

结构光场的标量衍射理论

波在传播过程中会发生衍射现象，即偏离原来直线传播规律的物理现象。光是一种电磁波，光的衍射问题可通过电磁场边界条件严格求解。然而，严格的电磁理论方法十分复杂，很难得出解析解。在实际应用中，一般采用标量衍射理论近似地分析光的衍射现象。本章介绍了惠更斯-菲涅耳原理、菲涅耳-基尔霍夫衍射积分和瑞利-索末菲衍射积分等标量衍射的理论基础，重点阐述了菲涅耳衍射积分公式、柯林斯积分公式、平面波角谱展开理论和标量衍射场的非傍轴近似理论，给出了典型结构光场的柯林斯积分公式、角谱展开公式和非傍轴近似公式。

3.1 标量衍射理论基础

3.1.1 惠更斯以及惠更斯-菲涅耳原理

为了解释波的传播现象，荷兰物理学家克里斯蒂安·惠更斯(Christiaan Huygens)提出次波的假设，从而建立了惠更斯原理：任何时刻波面上的每一点都可作为次波的波源，各自发出球面次波；以后的任何时刻，所有的这些次波波面的包络面形成了整个波在该时刻的新波面。

惠更斯原理可以定性地解释光波在均匀各向同性介质中的传播以及光的反射和折射定律，但是不能解释为什么当光波遇到边缘、孔径或狭缝时，会偏离直线传播，即衍射效应。为了弥补惠更斯原理的不足，法国物理学家奥古斯丁·菲涅耳(Augustin Fresnel)在惠更斯原理中次波假设的基础上，引入了次波相干叠加的思想，较为成功地解释了光的衍射现象，形成了后人所谓的惠更斯-菲涅耳原理：在光源 O 发出的波前 S 上，每个面元 $\mathrm{d}S$ 都可看成是发出球

面次波的新波源，空间某点 P 的振动是所有这些次波在该点的相干叠加结果。惠更斯-菲涅耳原理可以用数学式表示为

$$E_P = C\iint_S E_Q \frac{\exp(\mathrm{i}k\rho)}{\rho} K(\theta)\mathrm{d}S \tag{3-1}$$

式(3-1)又称为菲涅耳-衍射积分公式，式中的所用符号如图 3.1 所示。其中，C 为比例系数，$E_Q\exp(\mathrm{i}k\rho)/\rho$ 表示光源 O 发出的波前 S 上某次波源 Q 发出的复振幅为 E_Q 的球面次波，$k=2\pi/\lambda$ 为波数，λ 为波长，$\mathrm{d}S$ 为积分面元，$K(\theta)$为随着 θ 角增大而缓慢减小的函数，称为倾斜因子。

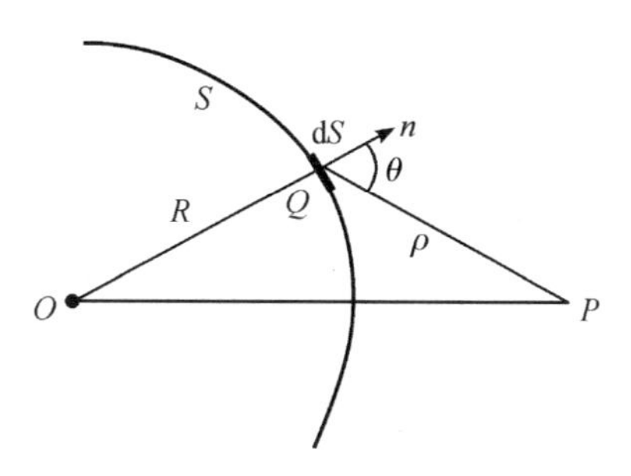

图 3.1　惠更斯-菲涅耳原理示意图

3.1.2　菲涅耳-基尔霍夫衍射积分公式

惠更斯-菲涅耳原理是以许多假设为基础的，所以在用其计算光的传播问题时，在振幅和相位上与实际情况是不相符合的。另外，关于倾斜因子，也没有给出具体的形式，子波和子波相干的假设也是独立于波动原理之外的假设，缺乏理论根据。为了解决惠更斯-菲涅耳原理的局限性，德国物理学家古斯塔夫·罗伯特·基尔霍夫(Gustav Robert Kirchhoff)从光场满足的亥姆霍兹方程出发，利用数学上的格林公式，推导出可严格求解衍射问题的公式，即菲涅耳-基尔霍夫衍射积分公式。

考虑一个严格的单色标量波

$$E(x, y, z, t) = E_0(x, y, z)\exp(-\mathrm{i}\omega t) \tag{3-2}$$

式中，与空间位置相关的复振幅 $E_0(x, y, z)$满足亥姆霍兹方程，即

$$\nabla^2 E_0 + K^2 E_0 = 0 \tag{3-3}$$

设 $E(x, y, z)$和 $G(x, y, z)$为两个具有空间变量的复函数，如果 E 和 G 以及它们的一阶及二阶偏导数在封闭曲面 S 及其所包围的体积 V 内都是连续的，则根据格林定理有

$$\iiint_V (G\,\nabla^2 E - E\,\nabla^2 G)\mathrm{d}V = \oiint_S \left(G\frac{\partial E}{\partial n} - E\frac{\partial G}{\partial n}\right)\mathrm{d}S \tag{3-4}$$

其中，$\partial/\partial n$ 表示在 S 上每个点向外法线方向的偏导数。

若将复函数 $E(x, y, z)$视为光场的复振幅，再选取适当的函数 $G(x, y, z)$，使得 E 和 G 均满足亥姆霍兹方程，则可利用格林定理，即式(3-4)将空间任一

点 P 的复振幅 E_P 用包围该点的任一封闭曲面上的 E 及其法向偏导数$\partial E/\partial n$ 求出。为此，基尔霍夫选择函数 G 为以点 P 为中心的向外辐射的单位复振幅的球面波

$$G=\frac{\exp(\mathrm{i}k\rho)}{\rho} \tag{3-5}$$

式中，ρ 为由点 P 到面元 dS 的距离。由于函数 G 在点 P 的值为无穷大，所以必须把 P 从讨论的范围中挖出，函数 G 才能满足格林函数的要求。为此，我们作一个以 P 点为中心，半径为 ρ_0 的小球面 S_{ρ_0}，如图 3.2 所示。将格林定律，即式(3-4)应用到由 S 和 S_{ρ_0} 所包围的体积 V 上，则有

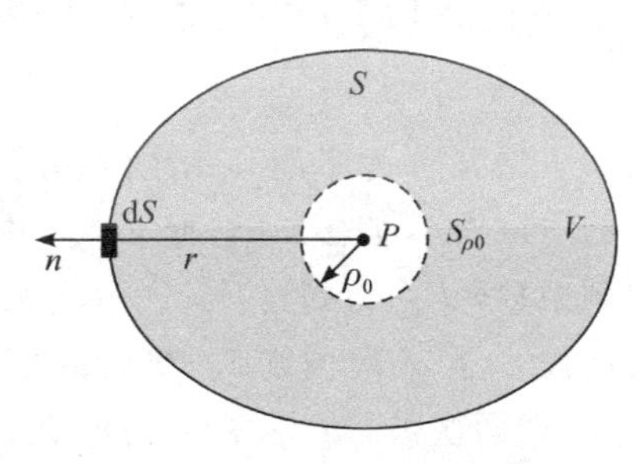

图 3.2　格林定律曲面选择的示意图

$$\iiint_V (G\,\nabla^2 E - E\,\nabla^2 G)\mathrm{d}V = \oiint_{S+S_{\rho_0}} \left(G\frac{\partial E}{\partial n} - E\frac{\partial G}{\partial n}\right)\mathrm{d}S \tag{3-6}$$

由于 E 和 G 均满足亥姆霍兹方程，即

$$\nabla^2 E + K^2 E = 0 \tag{3-7}$$

$$\nabla^2 G + K^2 G = 0 \tag{3-8}$$

将式(3-7)和式(3-8)代入式(3-6)的左边可得

$$\iiint_V (G\,\nabla^2 E - E\,\nabla^2 G)\mathrm{d}V = \iiint_V (-Gk^2 E + Ek^2 G)\mathrm{d}V = 0 \tag{3-9}$$

因此有

$$\oiint_S \left(G\frac{\partial E}{\partial n} - E\frac{\partial G}{\partial n}\right)\mathrm{d}S = -\oiint_{S_{\rho_0}} \left(G\frac{\partial E}{\partial n} - E\frac{\partial G}{\partial n}\right)\mathrm{d}S \tag{3-10}$$

对于小球面 S_{ρ_0}，其外法线方向从球面指向球心 P，与 P 点到 S_{ρ_0} 面上任一点的矢径指向恰好相反，且有 $\rho=\rho_0$，所以

$$\frac{\partial G}{\partial n} = -\frac{\partial G}{\partial \rho} = \left(\frac{1}{\rho} - \mathrm{i}k\right)\frac{\exp(\mathrm{i}k\rho)}{\rho} = \left(\frac{1}{\rho_0} - \mathrm{i}k\right)\frac{\exp(\mathrm{i}k\rho_0)}{\rho_0} \tag{3-11}$$

因为复振幅 E 及其一阶偏导数$\partial E/\partial n$ 在 P 点连续，所以当 $\rho_0\to 0$ 时，E 和 $\partial E/\partial n$ 均可用 P 点的值来代替。对于确定的点 P，它们均为常量，于是得到

$$\begin{aligned}
&\lim_{\rho_0\to 0}\oiint_{S_{\rho_0}} \left(G\frac{\partial E}{\partial n} - E\frac{\partial G}{\partial n}\right)\mathrm{d}S \\
&=\lim_{\rho\to 0} 4\pi\rho_0^2\left[\frac{\exp(\mathrm{i}k\rho_0)}{\rho_0}\frac{\partial E}{\partial n}\bigg|_P - E_p\left(\frac{1}{\rho_0} - \mathrm{i}k\right)\frac{\exp(\mathrm{i}k\rho_0)}{\rho_0}\right] \\
&= -4\pi E_P
\end{aligned} \tag{3-12}$$

式(3-10)的左边为

$$\lim_{\rho_0\to 0}\oiint_S\left(G\frac{\partial E}{\partial n}-E\frac{\partial G}{\partial n}\right)\mathrm{d}S=\oiint_S\left\{\frac{\exp(\mathrm{i}k\rho)}{\rho}\frac{\partial E}{\partial n}-E\frac{\partial}{\partial n}\left[\frac{\exp(\mathrm{i}k\rho)}{\rho}\right]\right\}\mathrm{d}S \tag{3-13}$$

将式(3-12)和式(3-13)代入式(3-10)，得到

$$E_P=\frac{1}{4\pi}\oiint_S\left\{\frac{\exp(\mathrm{i}k\rho)}{\rho}\frac{\partial E}{\partial n}-E\frac{\partial}{\partial n}\left[\frac{\exp(\mathrm{i}k\rho)}{\rho}\right]\right\}\mathrm{d}S \tag{3-14}$$

于是，空间任意点 P 的复振幅 E_P 即可由包围该点的封闭曲面 S 上各点的 E 及 E 沿外法线方向的偏导数 $\partial E/\partial n$ 通过积分求出，式(3-14)称为基尔霍夫定律。

基尔霍夫定律给出了衍射问题中空间任意点复振幅的计算方法，但是利用式(3-14)分析衍射问题时仍具有一定的困难。式(3-14)可进一步简化，从而得到更加便于计算的积分形式。为此考虑如图3.3所示的衍射问题：光波在传输过程中遇到一个具有开孔 Σ 的无限大不透明平面，利用基尔霍夫定律计算平面后任意空间点 P 的复振幅。为讨论这个问题，作以 P 点为中心，半径 R 趋于无穷大的球面，令在 P 点一侧球面被平面截出的部分为 S_2，在无限大屏上球面与平面交线围成的部分为 S_1，则 S_1 和 S_2 就构成所选择的封闭曲面 S。在所选定的曲面上应用基尔霍夫定律式(3-14)，则 P 点的光场可以表示为

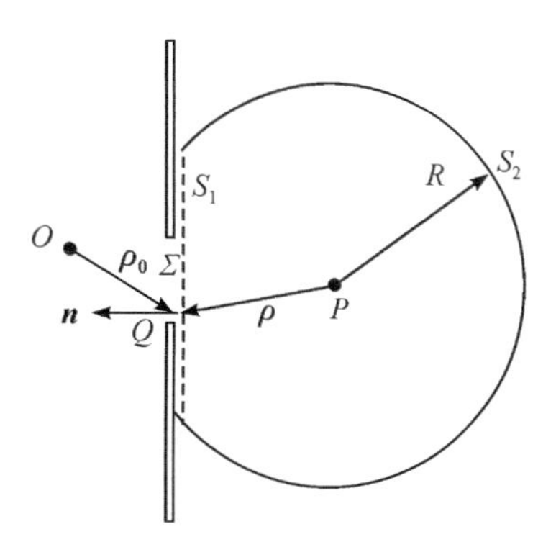

图3.3　点光源照明平面的衍射模型

$$E_P=\frac{1}{4\pi}\iint_{S_1+S_2}\left(G\frac{\partial E}{\partial n}-E\frac{\partial G}{\partial n}\right)\mathrm{d}S \tag{3-15}$$

对于 S_2 上的积分，由于其以 P 点为中心，且 $R\to\infty$，于是在球面 S_2 上有

$$G=\frac{\exp(\mathrm{i}kR)}{R} \tag{3-16}$$

$$\frac{\partial G}{\partial n}=\left(\mathrm{i}k-\frac{1}{R}\right)\frac{\exp(\mathrm{i}kR)}{R} \tag{3-17}$$

因此，式(3-15)在球面 S_2 上的积分为

$$\iint_{S_2}\left(G\frac{\partial E}{\partial n}-E\frac{\partial G}{\partial n}\right)\mathrm{d}S=\iint_{\Omega}\exp(\mathrm{i}kR)\left(\frac{\partial E}{\partial n}-\mathrm{i}kE\right)R\,\mathrm{d}S \tag{3-18}$$

式中，Ω 为曲面 S_2 对 P 点所张的立体角。当 $R\to\infty$时，S_2 面上的全部积分将

消失，于是得到

$$\lim_{R\to\infty} R\left(\frac{\partial E}{\partial n}-\mathrm{i}kE\right)=0 \tag{3-19}$$

式(3-19)也称为索莫非辐射条件。此时，式(3-18)等于零，则式(3-15)变为

$$E_P=\frac{1}{4\pi}\iint_{S_1}\left(G\,\frac{\partial E}{\partial n}-E\,\frac{\partial G}{\partial n}\right)\mathrm{d}S \tag{3-20}$$

其中，S_1 分为透明的孔 Σ 及不透明的屏两个部分，由于不透明屏的遮挡，所以对 E_P 的贡献主要来自 Σ 上的光振动。进一步考虑基尔霍夫边界条件：① 在孔 Σ 处，E 及 $\partial E/\partial n$ 由入射波的性质决定，完全不受屏 S_1 的影响；② 在屏 S_1 的右侧，E 及 $\partial E/\partial n$ 恒为零，完全不受孔 Σ 的影响。于是式(3-20)进一步简化为

$$E_P=\frac{1}{4\pi}\iint_{\Sigma}\left(G\,\frac{\partial E}{\partial n}-E\,\frac{\partial G}{\partial n}\right)\mathrm{d}S \tag{3-21}$$

从图 3.3 可以注意到，从孔径 Σ 上任一点 Q 到观察点 P 的距离 ρ 通常比波长大得多，即 $k\gg 1/\rho$，于是有

$$\begin{aligned}\frac{\partial G_Q}{\partial n}&=\left(\mathrm{i}k-\frac{1}{\rho}\right)\frac{\exp(\mathrm{i}k\rho)}{\rho}\cos(\boldsymbol{n},\ \rho)\\&\approx \mathrm{i}k\,\frac{\exp(\mathrm{i}k\rho)}{\rho}\cos(\boldsymbol{n},\ \rho)\end{aligned} \tag{3-22}$$

设光源 O 处的振幅为 A，O 点到孔 Σ 上任一点 Q 的距离为 ρ_0，则孔 Σ 上 Q 点处的复振幅 E_Q 及其一阶偏导数 $\partial E_Q/\partial n$ 为

$$E_Q=A\,\frac{\exp(\mathrm{i}k\rho_0)}{\rho_0} \tag{3-23}$$

$$\frac{\partial E_Q}{\partial n}=\mathrm{i}kA\,\frac{\exp(\mathrm{i}k\rho_0)}{\rho_0}\cos(\boldsymbol{n},\ \rho_0) \tag{3-24}$$

将式(3-5)、式(3-22)、式(3-23)和式(3-24)代入式(3-21)，得到

$$E_P=\frac{1}{i\lambda}\iint_{\Sigma}\left(\frac{A\exp[\mathrm{i}k(\rho_0+\rho)]}{\rho_0\rho}\,\frac{\cos(\boldsymbol{n},\ \rho_0)-\cos(\boldsymbol{n},\ \rho)}{2}\right)\mathrm{d}S \tag{3-25}$$

式(3-25)便是菲涅耳-基尔霍夫衍射积分公式，基于该公式可推导出惠更斯-菲涅耳原理的数学表达式。如图 3.4 所示，选择 S 代替孔 Σ，其中 S 是入射波阵面的一部分，大小与孔径相匹配。显然，在 W 上，$\cos(\boldsymbol{n},\ \rho_0)=0$。令 $\theta=\pi-\cos(\rho_0,\ \rho)$，则式(3-25)变为

$$E_P=-\frac{\mathrm{i}}{\lambda}\,\frac{A\exp(\mathrm{i}k\rho_0)}{\rho_0}\iint_S\frac{\exp(\mathrm{i}k\rho)}{\rho}\,\frac{(1+\cos\theta)}{2}\mathrm{d}S \tag{3-26}$$

式中，r_0 为波阵面 S 的半径。取

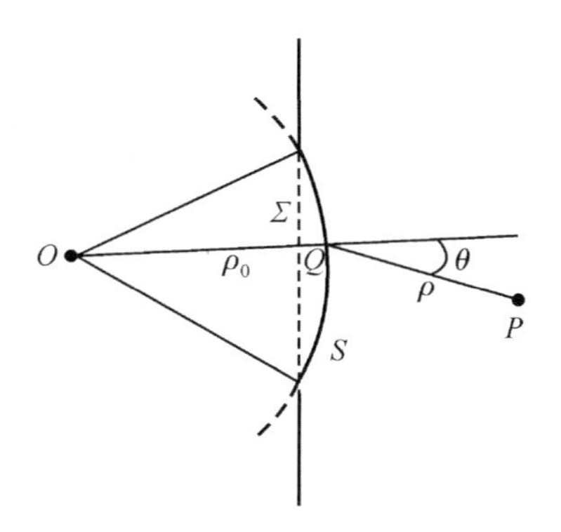

图 3.4　菲涅耳衍射积分公式示意图

$$E_Q=\frac{A\exp(\mathrm{i}k\rho_0)}{\rho_0} \tag{3-27}$$

作为波前 S 上某次波源 Q 发出的球面次波的复振幅，则式(3-27)和惠更斯-菲涅耳原理的数学表达式(3-1)表述一致。令倾斜因子 $K(\theta)=(1+\cos\theta)/2$，则菲涅耳-衍射积分公式(3-1)可写为

$$E_P=-\frac{\mathrm{i}}{\lambda}\iint_S E_Q\,\frac{\exp(\mathrm{i}k\rho)}{\rho}K(\theta)\mathrm{d}S \tag{3-28}$$

式(3-28)具有如下物理解释：衍射屏后方空间中某点 Q 观察到的场 E_P，表示为波面 S 上各个点 Q 的次波源发出的发散球面波 $\exp(\mathrm{i}k\rho)/\rho$ 的叠加。

如前面所述，菲涅耳-基尔霍夫衍射积分公式是描述一般衍射问题的比较精确的数学表述。在实际的衍射问题中，当衍射孔径的限度远远小于衍射孔径平面到观察屏的距离，且光源和考察孔的有效面积对孔径中心的张角很小时，$\cos\theta\approx 1$。因此倾斜因子 $K(\theta)=(1+\cos\theta)/2\approx 1$，代入式(3-28)，得到傍轴近似下的菲涅耳衍射积分公式

$$E_P=-\frac{\mathrm{i}}{\lambda}\iint_S E_Q\,\frac{\exp(\mathrm{i}k\rho)}{\rho}\mathrm{d}S \tag{3-29}$$

在如图 3.5 所示的直角坐标系中，设源所在的平面为(x_0，y_0)，观察平面为(x，y)，垂直于两平面的纵轴平行，两平面之间的垂直距离为 z，源平面(x_0，y_0)上点 Q 与观察平面(x，y)上点 P 之间的距离为 ρ。在傍轴近似条件下，出现在式(3-29)分母中的 $\rho\approx z$，但是出现在指数中的 ρ 这样做带来的误差较大。考虑到 $\rho=\sqrt{z+(x-x_0)^2+(y-y_0)^2}$，可将 z 提到 ρ 的表达式之外，并进行二项式展开，只保留前两项，得到

$$\rho\approx z\left[1+\frac{1}{2}\left(\frac{x-x_0}{z}\right)^2+\frac{1}{2}\left(\frac{y-y_0}{z}\right)^2\right] \tag{3-30}$$

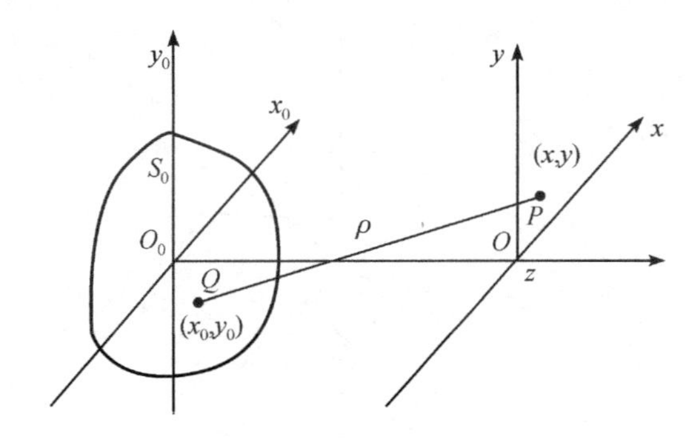

图 3.5　傍轴近似下菲涅耳衍射几何关系

此时，设源平面(x_0, y_0)上的场为$E_0(x_0, y_0, 0)$，则观察平面上的场$E(x, y, z)$可写为

$$E(x, y, z)=\left(-\frac{\mathrm{i}k}{2\pi z}\right)\exp(\mathrm{i}kz)\int_{-\infty}^{+\infty}\int_{-\infty}^{+\infty}E_0(x_0, y_0, 0)\times$$

$$\exp\left\{\frac{\mathrm{i}k}{2z}\left[(x-x_0)^2+(y-y_0)^2\right]\right\}\mathrm{d}x_0\mathrm{d}y_0 \quad (3-31)$$

式中，积分只对源点$(x_0, y_0, 0)$所在的S_0面进行。在柱坐标系下，式(3-31)可写为

$$E(r, \varphi, z)=\left(-\frac{\mathrm{i}k}{2\pi z}\right)\exp(\mathrm{i}kz)\int_0^{\infty}\int_0^{2\pi}E_0(r_0, \varphi_0, 0)\times$$

$$\exp\left\{\frac{\mathrm{i}k}{2z}\left[r_0^2+r^2-2r_0r\cos(\varphi_0-\varphi)\right]\right\}r_0\mathrm{d}r_0\mathrm{d}\varphi_0$$

$$(3-32)$$

式中，$E_0(r_0, \varphi_0, 0)$为源平面(r_0, φ_0)上的场，$E(r, \varphi, z)$为观察平面上的场。式(3-31)和式(3-32)称为傍轴近似下的菲涅耳衍射积分公式。

3.1.3　瑞利-索末菲衍射积分公式

针对一般的衍射问题，根据菲涅耳-基尔霍夫衍射积分公式，可以计算得到非常准确的结果。但此公式还含有一些缺点，即同时对场强及其法向导数施加边界条件。然而，对于三维波动方程，如果一个解在一个有限的面元上为零，那么它必定在全空间为零，这个结果与边界条件是矛盾的。同时，当观察点趋近屏幕或孔径时，菲涅耳-基尔霍夫衍射积分公式不能重新假定原来的边界条件。为了克服基尔霍夫理论的不自洽性，针对格林定理，索末菲选择了不同于基尔霍夫的函数G，消除了同时对扰动及其法向导数都施加边界条件的必要性，建立了所谓的瑞利-索末菲衍射积分公式。

在应用格林定理时，索末菲选取的函数 G 具有如下形式

$$G_{\pm}=\frac{\exp(\mathrm{i}k\rho)}{\rho}\pm\frac{\exp(\mathrm{i}k\tilde{\rho})}{\tilde{\rho}} \tag{3-33}$$

其中，ρ 为观察点 P 到空间任一点 Q 的距离；$\tilde{\rho}$ 是以无限大屏为镜，观察点 P 的虚像 $\tilde{P}$ 到空间中任一点 Q 的距离，如图 3.6 所示。当 $\tilde{P}$ 处的点源与 P 处的点源频率相同，两个源的振动有 180°的相位差，此时函数 G 为

$$G_{-}=\frac{\exp(\mathrm{i}k\rho)}{\rho}-\frac{\exp(\mathrm{i}k\tilde{\rho})}{\tilde{\rho}} \tag{3-34}$$

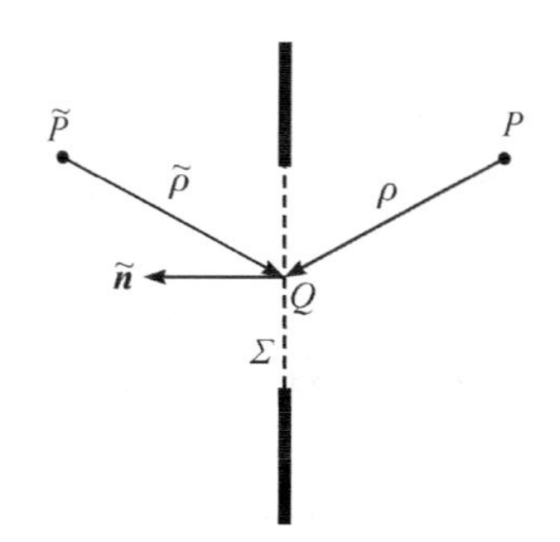

图 3.6　瑞利-索末菲衍射积分公式的示意图

显然，这个函数在平面孔径 Σ 上为零，并且基尔霍夫边界条件可以只加给 U，使观察到的场的表示式为

$$E_{P-}=-\frac{1}{4\pi}\iint_{\Sigma}U\frac{\partial G_{-}}{\partial n}\mathrm{d}S \tag{3-35}$$

其中：

$$\frac{\partial G_{-}}{\partial n}=\left(\mathrm{i}k-\frac{1}{\rho}\right)\frac{\exp(\mathrm{i}k\rho)}{\rho}\cos(\tilde{\boldsymbol{n}},\rho)-\left(\mathrm{i}k-\frac{1}{\tilde{\rho}}\right)\frac{\exp(\mathrm{i}k\tilde{\rho})}{\tilde{\rho}}\cos(\tilde{\boldsymbol{n}},\tilde{\rho}) \tag{3-36}$$

对于 Σ 上的 Q 点，有

$$r=\tilde{r},\ \cos(\tilde{\boldsymbol{n}},\rho)=-\cos(\tilde{\boldsymbol{n}},\tilde{\rho}) \tag{3-37}$$

因此

$$\frac{\partial G_{-}}{\partial n}=2\left(\mathrm{i}k-\frac{1}{r}\right)\frac{\exp(\mathrm{i}kr)}{r}\cos(\tilde{\boldsymbol{n}},r) \tag{3-38}$$

将$\partial G_{-}/\partial n$ 与前面给出的$\partial G/\partial n$ 表达式比较，发现格林函数 G_{-} 的法向导数是基尔霍夫理论中所用的格林函数 G 的法向导数的两倍，即

$$\frac{\partial G_-}{\partial n}=2\frac{\partial G}{\partial n} \tag{3-39}$$

于是，式(3－35)可写为

$$E_{P-}=-\frac{1}{2\pi}\iint_{\Sigma}U\frac{\partial G}{\partial n}\mathrm{d}S \tag{3-40}$$

进一步假定 Q 点处的 E 在屏幕的阴影中消失，在敞开的孔径 Σ 中不受干扰，由此得到观察点 P 处场的表达式

$$E_{P-}=-\frac{1}{2\pi}\iint_{\Sigma}E_Q\left(\mathrm{i}k-\frac{1}{r}\right)\frac{\exp(\mathrm{i}k\rho)}{\rho}\cos(\tilde{\boldsymbol{n}},\rho)\mathrm{d}S \tag{3-41}$$

式(3－41)称为第一种索末菲解。在 $r\gg\lambda$ 的假定下，式(3－41)还可以进一步简化，得到

$$E_{P-}=\frac{1}{\mathrm{i}\lambda}\iint_{\Sigma}E_Q\frac{\exp(\mathrm{i}k\rho)}{\rho}\cos(\tilde{\boldsymbol{n}},\rho)\mathrm{d}S \tag{3-42}$$

由于不需要对$\partial E/\partial n$ 施加边界条件，所以基尔霍夫理论的不自洽性就消除了。

通过允许 $\tilde{P}$ 处点源与 P 处点源同相振动，可求得另一组同样成立的函数 G

$$G_+=\frac{\exp(\mathrm{i}k\rho)}{\rho}+\frac{\exp(\mathrm{i}k\tilde{\rho})}{\tilde{\rho}} \tag{3-43}$$

容易证明，此函数的法向导数在屏幕和孔径上为零。可进一步证明，在 Σ 上，G_+是基尔霍夫所选取函数 G 的两倍，即 $G_+=2G$。基于此，可得到第二种索末菲解

$$E_{P+}=\frac{1}{2\pi}\iint_{\Sigma}\frac{\partial E_Q}{\partial n}\frac{\exp(\mathrm{i}k\rho)}{\rho}\mathrm{d}S \tag{3-44}$$

将两种索末菲解用于发散球面波照明情况，参照图 3.4，此时孔径的照明可以用点光源发出的球面波来描述，即

$$E_Q=\frac{A\exp(\mathrm{i}k\rho_0)}{\rho_0} \tag{3-45}$$

用 G_-得到

$$E_{P-}=\frac{A}{\mathrm{i}\lambda}\iint_{\Sigma}\frac{\exp[\mathrm{i}k(\rho_0+\rho)]}{\rho_0\rho}\cos(\boldsymbol{n},\rho)\mathrm{d}S \tag{3-46}$$

用 G_+，并假定 $\rho_0\gg\lambda$，得到

$$E_{P+}=-\frac{A}{\mathrm{i}\lambda}\iint_{\Sigma}\frac{\exp[\mathrm{i}k(\rho_0+\rho)]}{\rho_0\rho}\cos(\boldsymbol{n},\rho_0)\mathrm{d}S \tag{3-47}$$

式(3－46)和式(3－47)称为瑞利-索末菲衍射积分公式。将菲涅耳-基尔霍

夫衍射积分公式与瑞利-索末菲衍射积分公式比较，可以发现基尔霍夫解是两个瑞利-索末菲解的算术平均。

3.2 标量衍射的柯林斯公式

菲涅耳-基尔霍夫衍射积分公式是经典衍射理论中常用的公式，对经典光学中遇到的大量衍射问题都是适用的，可用于处理傍轴近似下结构光场在自由空间中的传输问题。但是，当衍射面与观察面之间不是自由空间，而是用变换矩阵 $ABCD$ 表征的复杂光学系统时，菲涅耳-基尔霍夫衍射积分公式不能直接应用。柯林斯将傍轴光学系统的 $ABCD$ 矩阵与菲涅耳-基尔霍夫衍射积分相结合，推导出了用于计算傍轴光学系统衍射场的广义惠更斯-菲涅耳衍射积分公式，或称为柯林斯公式。

3.2.1 傍轴光学系统的 ABCD 矩阵

在傍轴近似条件下，光学系统中光线的性质可以通过变换矩阵来描述。由解析几何学可知，任意空间直线的位置和方向一般需要四个独立变量才能完全确定。例如，在直角坐标系(x, y, z)中，选一个垂直于 z 轴的(x, y)平面作为参考面，那么空间光线可由它与(x, y)面交点的坐标(x, y)和光线对 x、y 轴的方向余弦(θ_x, θ_y)来完全确定，如图 3.7 所示。空间光线经过任意光学系统变换后的位置和方向也可以用这四个参量来表示。对近轴光线，θ_x 和 θ_y 都很小，选择适当的坐标系可使这种变换是线性的；对于轴对称傍轴光学系统，(x, θ_x)和(y, θ_y)经历的变化相同。以(x, θ_x)和(x', θ'_x)之间的变换为例，在傍轴条件下，两者之间的关系式为线性的，可以写为

$$x' = Ax + B\theta_x, \quad \theta'_x = Cx + D\theta_x \tag{3-48}$$

式(3－48)的方程用矩阵记号可以表示成更简洁的形式

$$\begin{bmatrix} x' \\ \theta'_x \end{bmatrix} = \begin{bmatrix} A & B \\ C & D \end{bmatrix} \begin{bmatrix} x \\ \theta_x \end{bmatrix} \tag{3-49}$$

其中，变换矩阵

$$\boldsymbol{M} = \begin{bmatrix} A & B \\ C & D \end{bmatrix} \tag{3-50}$$

叫作轴对称傍轴光学系统的 $ABCD$ 矩阵或光线传递矩阵。

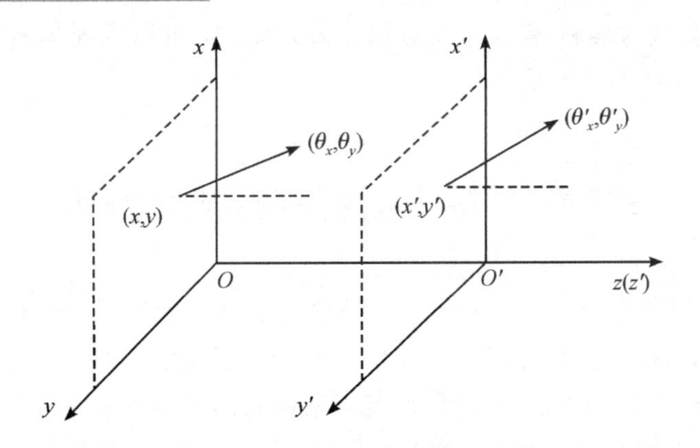

图 3.7　空间傍轴光线传输示意图

ABCD 矩阵一个重要的性质是：当入射光线所在空间的折射率为 n_1，出射光线所在空间的折射率为 n_2，其行列式为

$$\det\boldsymbol{M}=AD-BC=\frac{n_1}{n_2} \tag{3-51}$$

当入射光线和出射光线位于折射率相同的空间时，式(3-51)可写为

$$\det\boldsymbol{M}=AD-BC=1 \tag{3-52}$$

光学系统的 ABCD 矩阵可使用反射定律、折射定律等几何光学定律和利用已知 ABCD 矩阵推导得到。常见的傍轴光学系统如图 3.8 所示，对应的 ABCD 矩阵如下所示。

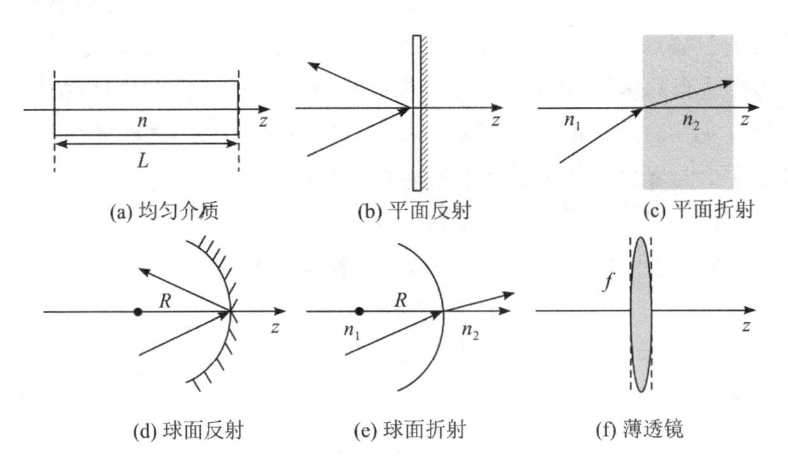

图 3.8　常见的傍轴光学系统

均匀介质：

$$\boldsymbol{M}=\begin{bmatrix}1 & L/n \\ 0 & 1\end{bmatrix} \tag{3-53}$$

当 $n=1$ 时，便由上式得到光在自由空间中传播距离为 L 时的 $ABCD$ 矩阵。

平面反射：

$$\boldsymbol{M}=\begin{bmatrix}1 & 0 \\ 0 & 1\end{bmatrix} \tag{3-54}$$

平面折射：

$$\boldsymbol{M}=\begin{bmatrix}1 & 0 \\ 0 & n_1/n_2\end{bmatrix} \tag{3-55}$$

球面反射：

$$\boldsymbol{M}=\begin{bmatrix}1 & 0 \\ -2/R & 1\end{bmatrix} \tag{3-56}$$

球面折射：

$$\boldsymbol{M}=\begin{bmatrix}1 & 0 \\ (n_2-)n_1/R & n_1/n_2\end{bmatrix} \tag{3-57}$$

薄透镜：

$$\boldsymbol{M}=\begin{bmatrix}1 & 0 \\ -1/f & 1\end{bmatrix} \tag{3-58}$$

3.2.2　傍轴光学系统的柯林斯公式

傍轴近似下的菲涅耳衍射积分公式(式(3-31)和式(3-32))是经典衍射理论中常用的公式，可用于处理自由空间中光束的传输问题。但是，当源平面与观察面之间不是自由空间，而是由变换矩阵 $ABCD$ 表征的复杂光学系统时，菲涅耳衍射积分公式不能直接应用。柯林斯将菲涅耳衍射积分与傍轴光学系统的 $ABCD$ 矩阵相结合，给出了如下研究光学系统衍射问题的积分公式(为清楚起见，设 $ABCD$ 光学系统两侧空间的折射率 $n_1=n_2=1$，其他情况类推)：

$$E(x, y, z)=W\iint_{S_0} E_0(x_0, y_0, 0)\exp[\mathrm{i}kL(x_0, y_0, x, y, z)]\mathrm{d}S_0 \tag{3-59}$$

式中，$L(x_0, y_0, x, y, z)$为源平面上点(x_0, y_0)与观察平面上点(x, y)之间

的程函：

$$L(x_0, y_0, x, y, z)=z+\frac{1}{2B}[A(x_0^2+y_0^2)+D(x^2+y^2)-2(x_0x+y_0y)] \tag{3-60}$$

其中，z 为轴上的光程，W 为一待定常数。可由能量(功率)守恒定律：

$$\iint_S E(x, y, z)E^*(x, y, z)\mathrm{d}S_2=\iint_{S_0} E_0(x_0, y_0, 0)E_0^*(x_0, y_0, 0)\mathrm{d}S_0 \tag{3-61}$$

和式(3-59)及式(3-60)推得

$$W=-\frac{\mathrm{i}k}{2\pi B} \tag{3-62}$$

于是由式(3-59)得到

$$E_2(x_2, y_2, z)=-\frac{\mathrm{i}k}{2\pi B}\iint_{S_0} E_0(x_0, y_0, 0)\exp[\mathrm{i}kL(x_0, y_0, x, y, z)]\mathrm{d}S_0 \tag{3-63}$$

或写成

$$E(x, y, z)=\left(-\frac{\mathrm{i}k}{2\pi B}\right)\exp(\mathrm{i}kz)\int_{-\infty}^{+\infty}\int_{-\infty}^{+\infty}E_0(x_0, y_0, 0)\times \exp\left\{\frac{\mathrm{i}k}{2B}[A(x_0^2+y_0^2)+D(x^2+y^2)-2(x_0x+y_0y)]\right\}\mathrm{d}x_0\mathrm{d}y_0 \tag{3-64}$$

式中，积分对源点$(x_0, y_0, 0)$所在的 S_0 面进行。在柱坐标系下，式(3-64)可写为

$$E(r, \varphi, z)=\left(-\frac{\mathrm{i}k}{2\pi B}\right)\exp(\mathrm{i}kz)\int_0^{\infty}\int_0^{2\pi}E_0(r_0, \varphi_0, 0)\times \exp\left\{\frac{\mathrm{i}k}{2B}[Ar_0^2+Dr^2-2r_0r\cos(\varphi_0-\varphi)]\right\}r_0\mathrm{d}r_0\mathrm{d}\varphi_0 \tag{3-65}$$

式(3-64)和式(3-65)称为柯林斯公式。对于在自由空间中传输的光束，$ABCD$ 矩阵为

$$\begin{bmatrix}A & B\\ C & D\end{bmatrix}=\begin{bmatrix}1 & z\\ 0 & 1\end{bmatrix} \tag{3-66}$$

将式(3-66)分别代入式(3-64)和式(3-65)，便可以得到傍轴近似下的菲涅耳衍射积分公式(式(3-31)和式(3-32))。

采用柯林斯公式处理光束的传输问题时，需要注意的是传播因子 $\exp(\mathrm{i}kz)$中

的波数 k 与公式中其他的波数 k 取值问题。① 如果初始平面(x_0, y_0)上的场位于自由空间中，则场表达式中的波数 $k=k_0=2\pi/\lambda_0$，k_0 为自由空间中的波数，λ_0 为自由空间中光束的波长。此时，采用柯林斯公式处理自由空间中光束的传输问题时，传播因子和公式中其他的波数均为 $k=k_0$。但是采用柯林斯公式处理折射率为 n 的均匀介质中光束的传输问题时，传播因子 $\exp(\mathrm{i}kz)$ 中的波数 k 取值为 $k=nk_0$，而柯林斯公式中其他的波数 k 取值为 $k=k_0$，$ABCD$ 矩阵中的 B 元素为 $B=z/n$，z 为光束传播的距离。② 如果初始平面(x_0, y_0)上的场位于折射率为 n 的均匀介质中，则场表达式中的波数 $k=nk_0$。采用柯林斯公式处理该均匀介质中光束的传输问题时，传播因子和公式中其他的波数均为 k，此时 $ABCD$ 矩阵中的 B 元素为 $B=z$，z 为光束传播的距离。

3.2.3　典型结构光场的柯林斯公式

1. 基模高斯光束

基模高斯光束采用复参数 q 描述为

$$E(x, y, z)=\frac{q_0}{q}\exp\left[\frac{\mathrm{i}k(x^2+y^2)}{2q}\right]\exp(\mathrm{i}kz) \tag{3-67}$$

其中，$q_0=-\mathrm{i}z_R$；$q=z-\mathrm{i}z_R$，$z_R=kw_0^2/2$ 为光束的瑞利长度，w_0 为光束的束腰半径；$k=2\pi/\lambda$，λ 为光束的波长。令 $z=0$，由式(3-67)得到初始平面(x_0, y_0)上基模高斯光束表达式为

$$E_0(x_0, y_0, 0)=\exp\left[\frac{\mathrm{i}k(x_0^2+y_0^2)}{2q_0}\right] \tag{3-68}$$

将式(3-68)代入直角坐标系下柯林斯公式(3-64)得到

$$E(x, y, z)=\left(-\frac{\mathrm{i}k}{2\pi B}\right)\exp(\mathrm{i}kz)\int_{-\infty}^{+\infty}\int_{-\infty}^{+\infty}\exp\left[\frac{\mathrm{i}k(x_0^2+y_0^2)}{2q_0}\right]\times \exp\left\{\frac{\mathrm{i}k}{2B}\left[A(x_0^2+y_0^2)+D(x^2+y^2)-2(x_0x+y_0y)\right]\right\}\mathrm{d}x_0\mathrm{d}y_0 \tag{3-69}$$

式(3-69)经整理可以写为

$$\begin{aligned}E(x, y, z)=&\left(-\frac{\mathrm{i}k}{2\pi B}\right)\exp\left[\frac{\mathrm{i}kD}{2B}(x^2+y^2)\right]\exp(\mathrm{i}kz)\times\\&\int_{-\infty}^{\infty}\exp\left[\left(\frac{\mathrm{i}k}{2q_0}+\frac{\mathrm{i}kA}{2B}\right)x_0^2+\left(-\frac{\mathrm{i}k}{B}x\right)x_0\right]\mathrm{d}x_0\times\\&\int_{-\infty}^{\infty}\exp\left[\left(\frac{\mathrm{i}k}{2q_0}+\frac{\mathrm{i}kA}{2B}\right)y_0^2+\left(-\frac{\mathrm{i}k}{B}y\right)y_0\right]\mathrm{d}y_0\end{aligned} \tag{3-70}$$

利用积分公式

$$\int_{-\infty}^{\infty} \exp(-ax^2 + \mathrm{i}bx)\mathrm{d}x = \sqrt{\frac{\pi}{a}} \exp\left(-\frac{b^2}{4a}\right) \tag{3-71}$$

经整理得到

$$E(x, y, z) = \frac{q_0}{Aq_0 + B} \exp\left[\frac{\mathrm{i}k(x^2 + y^2)}{2}\left(\frac{Cq_0 + D}{Aq_0 + B}\right)\right] \exp(\mathrm{i}kz) \tag{3-72}$$

式(3-72)推导过程中应用了 $ABCD$ 矩阵元素的性质 $AD-BC=1$。式(3-72)也可写为

$$E(x, y, z) = \frac{q_0}{Aq_0 + B} \exp\left[\frac{\mathrm{i}k(x^2 + y^2)}{2q}\right] \exp(\mathrm{i}kz) \tag{3-73}$$

其中，复参数 q 与 q_0 满足如下 $ABCD$ 定律

$$q = \frac{Aq_0 + B}{Cq_0 + D} \tag{3-74}$$

对于自由空间，$ABCD$ 矩阵元素由式(3-66)给出，代入式(3-73)，便得到与自由空间中基模高斯光束表达式(3-67)一致的表达式。

2. 厄米-高斯光束

厄米-高斯光束采用复参数 q 描述如下

$$E(x, y, z) = \mathrm{H}_m\left(\frac{\sqrt{2}x}{w}\right) \mathrm{H}_n\left(\frac{\sqrt{2}y}{w}\right) \left[\frac{1 - \mathrm{i}z/z_R}{\sqrt{1 + (z/z_R)^2}}\right]^{m+n} \times$$
$$\frac{q_0}{q} \exp\left[\frac{\mathrm{i}k(x^2 + y^2)}{2q}\right] \exp(\mathrm{i}kz) \tag{3-75}$$

其中，$\mathrm{H}_m(\cdot)$和 $\mathrm{H}_n(\cdot)$分别为 m 阶和 n 阶厄米多项式，$w(z) = w_0\sqrt{1 + (z/z_R)^2}$ 为束宽，参数 z_R，w_0，q_0 和 q 的定义同基模高斯光束。令 $z=0$，由式(3-75)得到初始平面(x_0, y_0)上的厄米-高斯光束表达式为

$$E_0(x_0, y_0, 0) = \mathrm{H}_m\left(\frac{\sqrt{2}x_0}{w_0}\right) \mathrm{H}_n\left(\frac{\sqrt{2}y_0}{w_0}\right) \exp\left[\frac{\mathrm{i}k(x_0^2 + y_0^2)}{2q_0}\right] \tag{3-76}$$

将式(3-76)代入直角坐标系下柯林斯公式(3-64)得到

$$E(x, y, z) = \left(-\frac{\mathrm{i}k}{2\pi B}\right) \exp(\mathrm{i}kz) \int_{-\infty}^{+\infty}\int_{-\infty}^{+\infty} \mathrm{H}_m\left(\frac{\sqrt{2}x_0}{w_0}\right) \mathrm{H}_n\left(\frac{\sqrt{2}y_0}{w_0}\right) \exp\left[\frac{\mathrm{i}k(x_0^2 + y_0^2)}{2q_0}\right] \times$$
$$\exp\left\{\frac{\mathrm{i}k}{2B}\left[A(x_0^2 + y_0^2) + D(x^2 + y^2) - 2(x_0x + y_0y)\right]\right\} \mathrm{d}x_0 \mathrm{d}y_0 \tag{3-77}$$

式(3-77)经整理可以写为

$$E(x, y, z)=\left(-\frac{\mathrm{i}k}{2\pi B}\right)\exp\left[\frac{\mathrm{i}kD}{2B}(x^2+y^2)\right]\exp(\mathrm{i}kz)\times$$
$$\int_{-\infty}^{\infty}\mathrm{H}_m\left(\frac{\sqrt{2}x_0}{w_0}\right)\exp\left[\left(\frac{\mathrm{i}k}{2q_0}+\frac{\mathrm{i}kA}{2B}\right)x_0^2+\left(-\frac{\mathrm{i}k}{B}x\right)x_0\right]\mathrm{d}x_0\times$$
$$\int_{-\infty}^{\infty}\mathrm{H}_n\left(\frac{\sqrt{2}y_0}{w_0}\right)\exp\left[\left(\frac{\mathrm{i}k}{2q_0}+\frac{\mathrm{i}kA}{2B}\right)y_0^2+\left(-\frac{\mathrm{i}k}{B}y\right)y_0\right]\mathrm{d}y_0$$

(3-78)

利用积分公式

$$\int_{-\infty}^{+\infty}\exp\left[-\frac{(x-a)^2}{b}\right]\mathrm{H}_m(cx)\mathrm{d}x=\sqrt{\pi b}(1-c^2b)^{m/2}\mathrm{H}_m\left(\frac{ca}{\sqrt{1-c^2b}}\right)$$

(3-79)

以及 $ABCD$ 矩阵元素的基本关系式 $AD-BC=1$，经整理得到

$$E(x, y, z)=\mathrm{H}_m\left(\frac{\sqrt{2}}{w'}x\right)\mathrm{H}_n\left(\frac{\sqrt{2}}{w'}y\right)\left(\sqrt{\frac{Aq_0-B}{Aq_0+B}}\right)^{m+n}\times$$
$$\frac{q_0}{Aq_0+B}\exp\left[\frac{\mathrm{i}k(x^2+y^2)}{2}\left(\frac{Cq_0+D}{Aq_0+B}\right)\right]\exp(\mathrm{i}kz)$$

(3-80)

式中，$w'=w_0\sqrt{A^2-B^2/q_0^2}$，$q_0=-\mathrm{i}z_R$。

对于自由空间中传输的厄米-高斯光束，$ABCD$ 矩阵元素由式(3-66)给出，代入式(3-80)，便得到与自由空间中厄米-高斯光束表达式(3-75)一致的表达式。令 $m=n=0$，式(3-80)便退化为基模高斯光束柯林斯公式(3-73)。

3. 拉盖尔-高斯光束

拉盖尔-高斯光束采用复参数 q 描述如下

$$E(r, \varphi, z)=\left(\sqrt{2}\frac{r}{w}\right)^l\mathrm{L}_p^l\left(2\frac{r^2}{w^2}\right)\exp\left[-\mathrm{i}(2p+l)\arctan\frac{z}{z_R}\right]\exp(\mathrm{i}l\varphi)\times$$
$$\frac{q_0}{q}\exp\left(\frac{\mathrm{i}kr^2}{2q}\right)\exp(\mathrm{i}kz) \tag{3-81}$$

其中，$\mathrm{L}_p^l(\cdot)$是径向和角向模数分别为 p 和 l 的缔合拉盖尔多项式，l 也被称为拓扑荷数；$w(z)=w_0\sqrt{1+(z/z_R)^2}$；参数 z_R，w_0，q_0 和 q 的定义同基模高斯光束。

令 $z=0$，由式(3-81)得到初始平面(r_0，φ_0)上拉盖尔-高斯光束表达式为

$$E_0(r_0, \varphi_0, 0)=\left(\frac{\sqrt{2}r_0}{w_0}\right)^l\mathrm{L}_p^l\left(\frac{2r_0^2}{w_0^2}\right)\exp\left(\frac{\mathrm{i}kr_0^2}{2q_0}\right)\exp(\mathrm{i}l\varphi_0) \tag{3-82}$$

将式(3-82)代入柱坐标系下柯林斯公式(3-65)得到

$$E(r, \varphi, z)=\left(-\frac{ik}{2\pi B}\right)\exp(ikz)\int_0^{\infty}\int_0^{2\pi}\left(\frac{\sqrt{2}r_0}{w_0}\right)^l \mathrm{L}_p^l\left(\frac{2r_0^2}{w_0^2}\right)\exp\left(\frac{ikr_0^2}{2q_0}\right)\exp(il\varphi_0)\times$$
$$\exp\left\{\frac{ik}{2B}\left[Ar_0^2+Dr^2-2r_0 r\cos(\varphi_0-\varphi)\right]\right\}r_0\mathrm{d}r_0\mathrm{d}\varphi_0 \qquad (3-83)$$

式(3-83)经整理可以写为

$$E(r, \varphi, z)=\left(-\frac{ik}{2\pi B}\right)\exp\left(\frac{ikD}{2B}r^2\right)\exp(ikz)\times$$
$$\int_0^{\infty}\left\{\left(\frac{\sqrt{2}r_0}{w_0}\right)^l \mathrm{L}_p^l\left(\frac{2r_0^2}{w_0^2}\right)\exp\left(\frac{ikr_0^2}{2q_0}\right)\exp\left(\frac{ikAr_0^2}{2B}\right)\times\right.$$
$$\left.\int_0^{2\pi}\exp\left[-i\frac{k}{B}rr_0\cos(\varphi-\varphi_0)\right]\exp(il\varphi_0)d\varphi_0\right\}r_0\mathrm{d}r_0$$
$$(3-84)$$

利用积分公式

$$\int_0^{2\pi}\exp[ix\cos(\varphi-\varphi_1)]\exp(il\varphi_0)\mathrm{d}\varphi_0=2\pi i^l \mathrm{J}_l(x)\exp(il\varphi) \qquad (3-85)$$

式(3-84)写为

$$E(r, \varphi, z)=2\pi i^l\left(-\frac{ik}{2\pi B}\right)\exp\left(\frac{ikD}{2B}r^2\right)\exp(il\varphi)\exp(ikz)\times$$
$$\int_0^{\infty}\left(\frac{\sqrt{2}r_0}{w_0}\right)^l \mathrm{L}_p^l\left(\frac{2r_0^2}{w_0^2}\right)\exp\left(\frac{ikr_0^2}{2q_0}+\frac{ikAr_0^2}{2B}\right)\mathrm{J}_l\left(-\frac{krr_0}{B}\right)r_0\mathrm{d}r_0$$
$$(3-86)$$

进一步利用积分公式

$$\int_0^{\infty}(x)^{l+\frac{1}{2}}\mathrm{L}_p^l(\alpha x^2)\exp(-\beta x^2)\mathrm{J}_l(xy)\sqrt{xy}\,\mathrm{d}x$$
$$=2^{-l-1}\beta^{-l-p-1}(\beta-\alpha)^p y^{l+\frac{1}{2}}\exp\left(-\frac{y^2}{4\beta}\right)\mathrm{L}_p^l\left[\frac{\alpha y^2}{4\beta(\alpha-\beta)}\right]$$
$$(3-87)$$

以及 $ABCD$ 矩阵元素的基本关系式 $AD-BC=1$，经整理得到

$$E(r, \varphi, z)=\left(\frac{\sqrt{2}r}{w_0}\frac{q_0}{Aq_0+B}\right)^l\left(\frac{Aq_0-B}{Aq_0+B}\right)^p \mathrm{L}_p^l\left(2\frac{r^2}{w'^2}\right)\exp(il\varphi)\times$$
$$\frac{q_0}{Aq_0+B}\exp\left[\frac{ikr^2}{2}\left(\frac{Cq_0+D}{Aq_0+B}\right)\right]\exp(ikz) \qquad (3-88)$$

式中，$w'=w_0\sqrt{A^2-\frac{B^2}{q_0^2}}$，$q_0=-\mathrm{i}z_R$。

对于自由空间中传输的拉盖尔-高斯光束，对应的 $ABCD$ 矩阵元素由式(3-66)给出。将 $A=1$，$B=z$，$C=0$ 和 $D=1$ 代入式(3-88)，便得到与自由空间中拉盖尔-高斯光束表达式(3-81)一致的表达式。令 $p=l=0$，则式(3-88)便退化为基模高斯光束柯林斯公式(3-73)，其中 $r^2=x^2+y^2$。

4. 贝塞尔光束

傍轴近似下贝塞尔光束的表达式为

$$E(r,\varphi,z)=\exp\left(-\frac{\mathrm{i}k_r^2z}{2k}\right)\mathrm{J}_m(k_rr)\exp(\mathrm{i}m\varphi)\exp(\mathrm{i}kz)\tag{3-89}$$

其中，$k_r=k\sin\theta_0$ 是波数 k 的横向分量，θ_0 是光束的半锥角，$\mathrm{J}_m(\cdot)$是 m 阶第一类贝塞尔函数，$r=\sqrt{x^2+y^2}$ 为到横向源平面上一点的径向距离，$\varphi=\arctan(y/x)$为相位角，m 为拓扑荷数。

令 $z=0$，由式(3-89)得到初始平面(r_0，φ_0)上傍轴近似贝塞尔光束的表达式为

$$E_0(r_0,\varphi_0,0)=\mathrm{J}_m(k_rr_0)\exp(\mathrm{i}m\varphi_0)\tag{3-90}$$

将式(3-90)代入柱坐标系下柯林斯公式(3-65)得到

$$E(r,\varphi,z)=\left(-\frac{\mathrm{i}k}{2\pi B}\right)\exp(\mathrm{i}kz)\int_0^{\infty}\int_0^{2\pi}\mathrm{J}_m(k_rr_0)\exp(\mathrm{i}m\varphi_0)\times \exp\left\{\frac{\mathrm{i}k}{2B}\left[Ar_0^2+Dr^2-2r_0r\cos(\varphi_0-\varphi)\right]\right\}r_0\mathrm{d}r_0\mathrm{d}\varphi_0\tag{3-91}$$

式(3-91)经整理可以写为

$$E(r,\varphi,z)=\left(-\frac{\mathrm{i}k}{2\pi B}\right)\exp\left(\frac{\mathrm{i}kD}{2B}r^2\right)\exp(\mathrm{i}kz)\int_0^{\infty}\left\{\exp\left(\frac{\mathrm{i}kAr_0^2}{2B}\right)\mathrm{J}_m(k_rr_0)\times \int_0^{2\pi}\exp\left[-\mathrm{i}\frac{k}{B}rr_0\cos(\varphi-\varphi_0)\right]\exp(\mathrm{i}m\varphi_0)\mathrm{d}\varphi_0\right\}r_0\mathrm{d}r_0\tag{3-92}$$

利用积分公式(3-85)，得到

$$E(r,\varphi,z)=2\pi\mathrm{i}^m\left(-\frac{\mathrm{i}k}{2\pi B}\right)\exp\left(\frac{\mathrm{i}kD}{2B}r^2\right)\exp(\mathrm{i}m\varphi)\exp(\mathrm{i}kz)\times \int_0^{\infty}\mathrm{J}_m(k_rr_0)\mathrm{J}_m\left(-\frac{krr_0}{B}\right)\exp\left(\frac{\mathrm{i}kAr_0^2}{2B}\right)r_0\mathrm{d}r_0\tag{3-93}$$

进一步利用积分公式

$$\int_0^\infty \mathrm{J}_m(\alpha r)\mathrm{J}_m(\beta r)\exp(-\gamma r^2)r\,\mathrm{d}r$$
$$=\frac{(-1)^m}{2\gamma}\exp\left(\frac{\mathrm{i}m\pi}{2}\right)\exp\left[-\frac{1}{4\gamma}(\alpha^2+\beta^2)\right]\mathrm{J}_m\left(\frac{\mathrm{i}\alpha\beta}{2\gamma}\right) \tag{3-94}$$

以及 $ABCD$ 矩阵元素的基本关系式 $AD-BC=1$，经整理得到

$$E(r,\varphi,z)=\frac{1}{A}\exp\left(\frac{\mathrm{i}k^2Cr^2-\mathrm{i}k_r^2B}{2kA}\right)\mathrm{J}_m\left(\frac{k_rr}{A}\right)\exp(\mathrm{i}m\varphi)\exp(\mathrm{i}kz) \tag{3-95}$$

将 $A=1$，$B=z$ 和 $C=0$ 代入式(3-95)，便得到与式(3-89)一致的表达式。

研究傍轴近似下贝塞尔光束传输问题，还可以采用贝塞尔-高斯光束物理模型。贝塞尔-高斯光束的复参数表达式为

$$E(r,\varphi,z)=\mathrm{J}_m\left(\frac{q_0}{q}k_rr\right)\exp\left(-\frac{\mathrm{i}}{2k}\frac{q_0}{q}k_r^2z\right)\exp(\mathrm{i}m\varphi)\frac{q_0}{q}\exp\left(\frac{\mathrm{i}kr^2}{2q}\right)\exp(\mathrm{i}kz) \tag{3-96}$$

式中，$\mathrm{J}_m(\cdot)$和 k_r 定义同贝塞尔光束；参数 z_R，w_0，q_0 和 q 的定义同基模高斯光束。令 $z=0$，得到初始平面(r_0,φ_0)上贝塞尔-高斯光束的表达式为

$$E_0(r_0,\varphi_0,0)=\mathrm{J}_m(k_rr_0)\exp\left(\frac{\mathrm{i}kr_0^2}{2q_0}\right)\exp(\mathrm{i}m\varphi_0) \tag{3-97}$$

将式(3-97)代入柱坐标系下柯林斯公式(3-65)得到

$$E(r,\varphi,z)=\left(-\frac{\mathrm{i}k}{2\pi B}\right)\exp(\mathrm{i}kz)\int_0^\infty\int_0^{2\pi}\mathrm{J}_m(k_rr_0)\exp\left(\frac{\mathrm{i}kr_0^2}{2q_0}\right)\exp(\mathrm{i}m\varphi_0)\times$$
$$\exp\left\{\frac{\mathrm{i}k}{2B}[Ar_0^2+Dr^2-2r_0r\cos(\varphi_0-\varphi)]\right\}r_0\mathrm{d}r_0\mathrm{d}\varphi_0 \tag{3-98}$$

式(3-98)经整理可以写为

$$E(r,\varphi,z)=\left(-\frac{\mathrm{i}k}{2\pi B}\right)\exp\left(\frac{\mathrm{i}kD}{2B}r^2\right)\exp(\mathrm{i}kz)\int_0^\infty\left\{\exp\left(\frac{\mathrm{i}kAr_0^2}{2B}+\frac{\mathrm{i}kr_0^2}{2q_0}\right)\mathrm{J}_m(k_rr_0)\times\right.$$
$$\left.\int_0^{2\pi}\exp\left[-\mathrm{i}\frac{k}{B}rr_0\cos(\varphi-\varphi_0)\right]\exp(\mathrm{i}m\varphi_0)\mathrm{d}\varphi_0\right\}r_0\mathrm{d}r_0 \tag{3-99}$$

利用积分公式(3-85)，得到

$$E(r,\varphi,z)=2\pi\mathrm{i}^m\left(-\frac{\mathrm{i}k}{2\pi B}\right)\exp\left(\frac{\mathrm{i}kD}{2B}r^2\right)\exp(\mathrm{i}m\varphi)\exp(\mathrm{i}kz)\times$$
$$\int_0^\infty\mathrm{J}_m(k_rr_0)\mathrm{J}_m\left(-\frac{krr_0}{B}\right)\exp\left(\frac{\mathrm{i}kAr_0^2}{2B}+\frac{\mathrm{i}kr_0^2}{2q_0}\right)r_0\mathrm{d}r_0 \tag{3-100}$$

进一步利用积分公式(3-94)以及关系式 $AD-BC=1$，经整理得到

$$E(r,\varphi,z)=\mathrm{J}_m\left(\frac{q_0}{Aq_0+B}k_r r\right)\exp\left[-\frac{\mathrm{i}}{2k}\frac{q_0}{(Aq_0+B)}k_r^2 B\right]\exp(\mathrm{i}m\varphi)\times$$
$$\frac{q_0}{Aq_0+B}\exp\left[\frac{\mathrm{i}kr^2}{2}\left(\frac{Cq_0+D}{Aq_0+B}\right)\right]\exp(\mathrm{i}kz) \tag{3-101}$$

对于自由空间，将 $A=1$，$B=z$，$C=0$ 和 $D=1$ 代入式(3-101)，便得到与式(3-96)一致的表达式。令 $\theta_0=0°$，$k_r=k\sin\theta_0=0$；进一步令 $m=0$，式(3-101)便退化为基模高斯光束柯林斯公式(3-73)，其中 $r^2=x^2+y^2$。

5. 艾里光束

初始平面(x_0, y_0)上艾里光束表达式为

$$E_0(x_0,y_0,0)=Ai\left(\frac{x_0}{w_x}\right)\exp\left(\frac{a_0x_0}{w_x}\right)Ai\left(\frac{y_0}{w_y}\right)\exp\left(\frac{a_0y_0}{w_y}\right) \tag{3-102}$$

其中，w_x 和 w_y 为任意的横向比例参数，a_0 为衰减因子，$Ai(\cdot)$为艾里函数。将式(3-102)代入直角坐标系下柯林斯公式(3-64)得到

$$E(x,y,z)=\left(-\frac{\mathrm{i}k}{2\pi B}\right)\exp(\mathrm{i}kz)\int_{-\infty}^{+\infty}\int_{-\infty}^{+\infty}Ai\left(\frac{x_0}{w_x}\right)\exp\left(\frac{a_0x_0}{w_x}\right)Ai\left(\frac{y_0}{w_y}\right)\exp\left(\frac{a_0y_0}{w_y}\right)\times$$
$$\exp\left\{\frac{\mathrm{i}k}{2B}\left[A(x_0^2+y_0^2)+D(x^2+y^2)-2(x_0x+y_0y)\right]\right\}\mathrm{d}x_0\mathrm{d}y_0 \tag{3-103}$$

式(3-103)经整理可以写为

$$E(x,y,z)=\left(-\frac{\mathrm{i}k}{2\pi B}\right)\exp\left[\frac{\mathrm{i}kD}{2B}(x^2+y^2)\right]\exp(\mathrm{i}kz)\times$$
$$\int_{-\infty}^{\infty}Ai\left(\frac{x_0}{w_x}\right)\exp\left[A\ \frac{\mathrm{i}k}{2B}x_0^2+\left(\frac{a_0}{w_x}-2\ \frac{\mathrm{i}kx}{2B}\right)x_0\right]\mathrm{d}x_0\times$$
$$\int_{-\infty}^{\infty}Ai\left(\frac{y_0}{w_y}\right)\exp\left[A\ \frac{\mathrm{i}k}{2B}y_0^2+\left(\frac{a_0}{w_y}-2\ \frac{\mathrm{i}ky}{2B}\right)y_0\right]\mathrm{d}y_0 \tag{3-104}$$

利用积分公式

$$\int_{-\infty}^{+\infty}Ai(x)\exp(bx^2+cx)\mathrm{d}x=\sqrt{-\frac{\pi}{b}}\exp\left(-\frac{c^2}{4b}+\frac{c}{8b^2}-\frac{1}{96b^3}\right)Ai\left(\frac{1}{16b^2}-\frac{c}{2b}\right) \tag{3-105}$$

以及 $ABCD$ 矩阵元素的基本关系式 $AD-BC=1$，经整理得到

$$E(x,y,z)=\frac{1}{A}Ai(T'_x)\exp(M'_x)Ai(T'_y)\exp(M'_y)\exp(\mathrm{i}kz) \tag{3-106}$$

其中：

$$T'_x=\frac{x}{Aw_x}+\frac{\mathrm{i}a_0B}{\mathrm{i}Akw_x^2}-\frac{B^2}{4A^2k^2w_x^4},\ T'_y=\frac{y}{Aw_y}+\frac{\mathrm{i}a_0B}{\mathrm{i}Akw_y^2}-\frac{B^2}{4A^2k^2w_y^4}$$
(3-107)

$$M'_x=\frac{a_0x}{Aw_x}-\frac{a_0B^2}{2A^2k^2w_x^4}-\frac{\mathrm{i}B^3}{12A^3k^3w_x^6}+\frac{\mathrm{i}Ba_0^2}{2Akw_x^2}+\frac{\mathrm{i}Bx}{2A^2kw_x^3}+\frac{\mathrm{i}kCx^2}{2A}$$
(3-108)

$$M'_y=\frac{a_0y}{Aw_y}-\frac{a_0B^2}{2A^2k^2w_y^4}-\frac{\mathrm{i}B^3}{12A^3k^3w_y^6}+\frac{\mathrm{i}a_0^2B}{2Akw_y^2}+\frac{\mathrm{i}By}{2A^2kw_y^3}+\frac{\mathrm{i}kCx^2}{2A}$$
(3-109)

对于自由空间中传输的艾里光束，将 $A=1$，$B=z$，$C=0$ 和 $D=1$ 代入式(3-106)得到与自由空间中艾里光束数学表达式一致的表达式。

3.3 标量衍射的角谱展开理论

前面提到的菲涅耳-基尔霍夫衍射理论和瑞利-索末菲衍射理论都是在空域中对光场的表述，比较直观；实际上标量衍射理论也能在一个与线性不变系统理论及其相似的框架内表述，即在频域中描述。若对任意平面上的复合分布作傅里叶变换，则各个空间傅里叶分量可以看作是沿不同方向传播的平面波。在任意其他点上的场振幅，可以在考虑到这些平面波传播到该点所经受的相移之后，对各个平面波的贡献求和而计算出，该理论称为角谱展开理论。

3.3.1 傅里叶变换及其性质

傅里叶变换表示能将满足一定条件的某个函数表示成三角函数(正弦和/或余弦函数)或者它们的积分的线性组合。一个函数 $f(t)$ 的傅里叶变换定义为

$$F(\omega)=\int_{-\infty}^{+\infty}f(t)\exp(-\mathrm{i}\omega t)\mathrm{d}t \tag{3-110}$$

式中，t 和 ω 为时间和圆频率。它的逆变换为

$$f(t)=\frac{1}{2\pi}\int_{-\infty}^{+\infty}F(\omega)\exp(\mathrm{i}\omega t)\mathrm{d}\omega \tag{3-111}$$

式中，$F(\omega)$ 叫作 $f(t)$ 的像函数，$f(t)$ 叫作 $F(\omega)$ 的像原函数。为简单起见，将 $f(t)$ 和 $F(\omega)$ 之间的关系记作 $f(t)\leftrightarrow F(\omega)$。傅里叶变换具有如下常用性质：

1. 对称性质

若 $f(t)\leftrightarrow F(\omega)$，则 $F(t)\leftrightarrow 2\pi f(-\omega)$，即若 $F(t)$ 形状与 $F(\omega)$ 相同，则 $F(t)$

的频谱函数形状与 $f(t)$形状相同，幅度差 2π。

2. 线性性质

若 $f_1(t)\leftrightarrow F_1(\omega)$，$f_2(t)\leftrightarrow F_2(\omega)$，则 $c_1f_1(t)+c_2f_2(t)\leftrightarrow c_1F_1(\omega)+c_2F_2(\omega)$，这里 c_1 和 c_2 为常数。

3. 相似性质

若 $f(t)\leftrightarrow F(\omega)$，则 $f(at)\leftrightarrow \dfrac{1}{|a|}F\left(\dfrac{\omega}{a}\right)$，$a$ 为非零函数。

4. 微分性质

若 $f(t)\leftrightarrow F(\omega)$，则 $f'(t)\leftrightarrow \mathrm{i}\omega F(\omega)$。

5. 积分性质

若 $f(t)\leftrightarrow F(\omega)$，且 $F(0)=0$，则 $\int_{-\infty}^{t} f(t)\mathrm{d}t\leftrightarrow \dfrac{F(\omega)}{\mathrm{i}\omega}$。

6. Parseval 等式

若 $f(t)\leftrightarrow F(\omega)$，则 $\int_{-\infty}^{+\infty}[f(t)]^2\mathrm{d}t=\dfrac{1}{2\pi}\int_{-\infty}^{+\infty}[F(\omega)]^2\mathrm{d}\omega$。

式(3-110)和式(3-111)是时间域和圆频率域中一维傅里叶变换对的数学定义。类似地，在空间域和空间频率域中二维傅里叶变换对定义为

$$F(k_x, k_y; z)=\int_{-\infty}^{+\infty}\int_{-\infty}^{+\infty} f(x, y, z)\exp[-\mathrm{i}(k_x x+k_y y)]\mathrm{d}x\,\mathrm{d}y \tag{3-112}$$

$$f(x, y, z)=\left(\frac{1}{2\pi}\right)^2\int_{-\infty}^{+\infty}\int_{-\infty}^{+\infty} F(k_x, k_y; z)\exp[\mathrm{i}(k_x x+k_y y)]\mathrm{d}k_x\mathrm{d}k_y \tag{3-113}$$

式中，$k_x=2\pi f_x$ 和 $k_y=2\pi f_y$ 为波数 k 沿 x 和 y 方向的分量，f_x 和 f_y 为空间频率。式(3-112)和式(3-113)还有一些等价的表示法，例如

$$F(k_x, k_y; z)=\frac{1}{2\pi}\int_{-\infty}^{+\infty}\int_{-\infty}^{+\infty} f(x, y, z)\exp[-\mathrm{i}(k_x x+k_y y)]\mathrm{d}x\,\mathrm{d}y \tag{3-114}$$

$$f(x, y, z)=\frac{1}{2\pi}\int_{-\infty}^{+\infty}\int_{-\infty}^{+\infty} F(k_x, k_y; z)\exp[\mathrm{i}(k_x x+k_y y)]\mathrm{d}k_x\mathrm{d}k_y \tag{3-115}$$

或者

$$F(k_x, k_y; z)=\frac{1}{4\pi^2}\int_{-\infty}^{+\infty}\int_{-\infty}^{+\infty} f(x, y, z)\exp[-\mathrm{i}(k_x x+k_y y)]\mathrm{d}x\,\mathrm{d}y \tag{3-116}$$

$$f(x, y, z)=\int_{-\infty}^{+\infty}\int_{-\infty}^{+\infty} F(k_x, k_y; z)\exp[\mathrm{i}(k_x x+k_y y)]\mathrm{d}k_x \mathrm{d}k_y \tag{3-117}$$

本书采用最后一种表示方法。

3.3.2 光场衍射的角谱描述

角谱展开是描述光场衍射问题的一种数学方法。在该方法中，空间中任意点处的光场可采用各种振幅和传播方向的平面波进行展开，其他点处的场可以在考虑到这些平面波传播到该点所经受的相移之后，对各个平面波的贡献求和计算得到。对于光场的标量衍射问题，设衍射屏与观察屏的距离为 z，位于 $z=0$ 处衍射屏上的场为 $E(x, y, 0)$，观察屏上的场为 $E(x, y, z)$。根据式(3-116)，对观察屏上的场为 $E(x, y, z)$做二维傅里叶变换，得到

$$\widetilde{E}(k_x, k_y; z)=\frac{1}{4\pi^2}\int_{-\infty}^{+\infty}\int_{-\infty}^{+\infty} E(x, y, z)\exp[-\mathrm{i}(k_x x+k_y y)]\mathrm{d}x\mathrm{d}y \tag{3-118}$$

式中，x 和 y 是在 $z=$常数面内的笛卡尔坐标，k_x 和 k_y 是相应的空间频率。式(3-118)的傅里叶逆变换为

$$E(x, y, z)=\int_{-\infty}^{+\infty}\int_{-\infty}^{+\infty} \widetilde{E}(k_x, k_y; z)\exp[\mathrm{i}(k_x x+k_y y)]\mathrm{d}k_x \mathrm{d}k_y \tag{3-119}$$

上面没有对场 E 施加任何限制条件，可以设想在横向平面内介质是均匀、各向同性、线性和无源的。因此，一个频率为 ω 的简谐波满足标量亥姆霍兹方程

$$\nabla^2 E+k^2 E=0 \tag{3-120}$$

将式(3-119)代入式(3-120)，并定义

$$k_z^2=\sqrt{k^2-k_x^2-k_y^2}, \mathrm{Im}\{k_z\}\geqslant 0 \tag{3-121}$$

我们发现沿 z 轴的傅里叶频谱 $\widetilde{E}$ 为

$$\widetilde{E}(k_x, k_y; z)=\widetilde{E}(k_x, k_y; 0)\exp(\pm \mathrm{i}k_z z) \tag{3-122}$$

其中，“±”在这里指要被叠加的两个解：“+”指传播到 $z>0$ 的半空间的波，“−”指传播到 $z<0$ 半空间的波。式(3-122)通常写为

$$\widetilde{E}(k_x, k_y; z)=\widetilde{E}(k_x, k_y)\exp(\pm \mathrm{i}k_z z) \tag{3-123}$$

将式(3-123)代入式(3-119)，得到任意 $z>0$ 区域的场

$$E(x, y, z)=\int_{-\infty}^{+\infty}\int_{-\infty}^{+\infty}\widetilde{E}(k_x, k_y)\exp[\mathrm{i}(k_x x+k_y y)]\exp(\mathrm{i}k_z z)\mathrm{d}k_x\mathrm{d}k_y \tag{3-124}$$

式(3-124)即光场的平面波角谱展开描述，其中角谱 $\widetilde{E}(k_x, k_y)$ 为

$$\widetilde{E}(k_x, k_y)=\frac{1}{4\pi^2}\int_{-\infty}^{+\infty}\int_{-\infty}^{+\infty}E(x, y, 0)\exp[-\mathrm{i}(k_x x+k_y y)]\mathrm{d}x\mathrm{d}y \tag{3-125}$$

式中，$E(x, y, 0)$ 为 $z=0$ 的初始平面上的场分布。

式(3-124)满足标量亥姆霍兹方程式(3-120)，适用于任何情况下光场的平面波角谱展开。在傍轴近似条件下，将 $k_z=\sqrt{k^2-(k_x^2+k_y^2)}$ 进行泰勒展开后保留一阶近似，得到

$$k_z=\sqrt{k^2-(k_x^2+k_y^2)}=k\sqrt{1-\frac{k_x^2+k_y^2}{k^2}}\approx k-\frac{k_x^2+k_y^2}{2k} \tag{3-126}$$

于是

$$\exp(\mathrm{i}k_z z)=\exp\left[-\frac{\mathrm{i}(k_x^2+k_y^2)z}{2k}\right]\exp(\mathrm{i}kz) \tag{3-127}$$

将式(3-127)代入式(3-124)，可得到傍轴近似下光场衍射的角谱描述

$$E(x, y, z)=\exp(\mathrm{i}kz)\int_{-\infty}^{+\infty}\int_{-\infty}^{+\infty}\widetilde{E}(k_x, k_y)\exp\left[\mathrm{i}\left(k_x x+k_y y-\frac{k_x^2+k_y^2}{2k}z\right)\right]\mathrm{d}k_x\mathrm{d}k_y \tag{3-128}$$

考虑到在柱坐标系(r, φ, z)下，柱坐标(r, φ, z)与直角坐标(x, y, z)满足

$$x=r\cos\varphi,\ y=r\sin\varphi,\ \mathrm{d}x\mathrm{d}y=r\mathrm{d}r\mathrm{d}\varphi \tag{3-129}$$

在球坐标系(r, θ, ϕ)中，波数 k 及其分量 k_x，k_y 和 k_z 有如下关系

$$\begin{cases}k_x=k\sin\theta\cos\phi,\ k_y=k\sin\theta\sin\phi,\ k_z=k\cos\theta\\ \mathrm{d}k_x\mathrm{d}k_y=\cos\theta(k^2\sin\theta\mathrm{d}\theta\mathrm{d}\phi)=k^2\cos\theta\sin\theta\mathrm{d}\theta\mathrm{d}\phi\\ k_x^2+k_y^2=k^2\sin^2\theta\cos^2\phi+k^2\sin^2\theta\sin^2\phi=k^2\sin^2\theta\end{cases} \tag{3-130}$$

于是式(3-124)和式(3-125)可以写为

$$E(r, \varphi, z)=\int_0^{\pi}\int_0^{2\pi}\widetilde{E}(\theta, \phi)\exp[\mathrm{i}kr\sin\theta\cos(\phi-\varphi)]\exp(\mathrm{i}k\cos\theta z)\times k^2\cos\theta\sin\theta\mathrm{d}\theta\mathrm{d}\phi \tag{3-131}$$

$$\widetilde{E}(\theta, \phi)=\frac{1}{4\pi^2}\int_0^{\infty}\int_0^{2\pi}E(r, \varphi, 0)\exp[-\mathrm{i}kr\sin\theta\cos(\phi-\varphi)]r\mathrm{d}r\mathrm{d}\varphi \tag{3-132}$$

在傍轴近似条件下，式(3-128)可以写为

$$E(r, \varphi, z)=\exp(ikz)\int_0^{\pi}\int_0^{2\pi}\widetilde{E}(\theta, \phi)\exp[ikr\sin\theta\cos(\phi-\varphi)]\times \exp\left(\frac{-ik\sin^2\theta z}{2}\right)k^2\cos\theta\sin\theta\,d\theta\,d\phi \tag{3-133}$$

3.3.3 典型结构光场的角谱

1. 基模高斯光束

在直角坐标系(x, y, z)中，初始平面上基模高斯光束的表达式为

$$E(x, y, 0)=\exp\left[-\frac{x^2+y^2}{w_0^2}\right] \tag{3-134}$$

式中，w_0 为束腰半径。将式(3-134)代入直角坐标系下角谱公式(3-125)可得到

$$\widetilde{E}(k_x, k_y)=\frac{1}{4\pi^2}\int_{-\infty}^{+\infty}\int_{-\infty}^{+\infty}\exp\left[-\frac{x^2+y^2}{w_0^2}\right]\exp[-i(k_x x+k_y y)]dx\,dy \tag{3-135}$$

式(3-135)可以写为

$$\widetilde{E}(k_x, k_y)=\frac{1}{4\pi^2}\int_{-\infty}^{\infty}\exp\left(-\frac{x^2}{w_0^2}-ik_x x\right)dx\int_{-\infty}^{\infty}\exp\left(-\frac{y^2}{w_0^2}-ik_y y\right)dy \tag{3-136}$$

利用积分公式(3-71)，经整理得到基模高斯光束的角谱

$$\widetilde{E}(k_x, k_y)=\frac{w_0^2}{4\pi}\exp\left[-(k_x^2+k_y^2)\frac{w_0^2}{4}\right] \tag{3-137}$$

为验证角谱公式的正确性，将式(3-137)代入式(3-128)，利用积分公式(3-71)，经整理得到

$$E(x, y, z)=\frac{1}{1+iz/z_R}\exp\left[-\frac{(x^2+y^2)/w_0^2}{1+iz/z_R}\right]\exp(ikz) \tag{3-138}$$

式(3-138)便为自由空间中基模高斯光束的数学表达式。

2. 厄米-高斯光束

在直角坐标系(x, y, z)中，初始平面上厄米-高斯光束表达式为

$$E(x, y, 0)=H_m\left(\frac{\sqrt{2}}{w_0}x\right)H_n\left(\frac{\sqrt{2}}{w_0}y\right)\exp\left[-\frac{(x^2+y^2)}{w_0^2}\right] \tag{3-139}$$

式中，$H_m(\cdot)$和 $H_n(\cdot)$分别为 m 阶和 n 阶厄米多项式，w_0 为光束的束腰半

径。将式(3－139)代入直角坐标系下角谱公式(3－125)得到

$$\widetilde{E}(k_x, k_y)=\frac{1}{4\pi^2}\int_{-\infty}^{+\infty}\int_{-\infty}^{+\infty}\mathrm{H}_m\left(\frac{\sqrt{2}}{w_0}x\right)\mathrm{H}_n\left(\frac{\sqrt{2}}{w_0}y\right)\exp\left[-\frac{(x^2+y^2)}{w_0^2}\right]\times \exp[-\mathrm{i}(k_x x+k_y y)]\mathrm{d}x\,\mathrm{d}y \tag{3-140}$$

式(3－140)可以写为

$$\widetilde{E}(k_x, k_y)=\frac{1}{4\pi^2}\int_{-\infty}^{\infty}\mathrm{H}_m\left(\frac{\sqrt{2}}{w_0}x\right)\exp\left(-\frac{x^2}{w_0^2}-\mathrm{i}k_x x\right)\mathrm{d}x\times \int_{-\infty}^{\infty}\mathrm{H}_n\left(\frac{\sqrt{2}}{w_0}y\right)\exp\left(-\frac{y^2}{w_0^2}-\mathrm{i}k_y y\right)\mathrm{d}y \tag{3-141}$$

利用积分公式(3－79)，经整理得到厄米-高斯光束的角谱

$$\widetilde{E}(k_x, k_y)=\mathrm{i}^{m+n}\mathrm{H}_m\left(-\frac{w_0 k_x}{\sqrt{2}}\right)\mathrm{H}_m\left(-\frac{w_0 k_y}{\sqrt{2}}\right)\frac{w_0^2}{4\pi}\exp\left[-\frac{(k_x^2+k_y^2)w_0^2}{4}\right] \tag{3-142}$$

令 $m=n=0$，式(3－142)便退化为基模高斯光束的角谱表达式(3－137)。将式(3－142)代入式(3－128)，利用积分公式(3－79)，经整理得到

$$E(x, y, z)=\mathrm{H}_m\left(\frac{\sqrt{2}}{w}x\right)\mathrm{H}_n\left(\frac{\sqrt{2}}{w}y\right)\left[\frac{1-\mathrm{i}z/z_R}{\sqrt{1+(z/z_R)^2}}\right]^{m+n}\times \frac{1}{1+\mathrm{i}z/z_R}\exp\left[-\frac{(x^2+y^2)/w_0^2}{1+\mathrm{i}z/z_R}\right]\exp(\mathrm{i}kz) \tag{3-143}$$

式(3－143)为自由空间中厄米-高斯光束的数学表达式。

3. 拉盖尔-高斯光束

在柱坐标系(r, φ, z)中，初始平面上拉盖尔-高斯光束的表达式为

$$E(r, \varphi, 0)=\left(\frac{\sqrt{2}r}{w_0}\right)^l \mathrm{L}_p^l\left(\frac{2r^2}{w_0^2}\right)\exp\left(-\frac{r^2}{w_0^2}\right)\exp(\mathrm{i}l\varphi) \tag{3-144}$$

式中，$\mathrm{L}_p^l(\cdot)$是缔合拉盖尔多项式，p 和 l 是径向和角向的模数，w_0 为光束的束腰半径。将式(3－144)代入柱坐标系下角谱公式(3－132)，利用积分公式(3－85)和式(3－87)，经整理得到拉盖尔-高斯光束的角谱

$$\widetilde{E}(\theta, \phi)=\left(-\frac{\mathrm{i}w_0 k\sin\theta}{\sqrt{2}}\right)^l(-1)^p \mathrm{L}_p^l\left(\frac{w_0^2 k^2\sin^2\theta}{2}\right)\exp(\mathrm{i}l\phi)\frac{w_0^2}{4\pi}\exp\left(-\frac{w_0^2 k^2\sin^2\theta}{4}\right) \tag{3-145}$$

将式(3－145)代入式(3－133)，利用积分公式(3－85)和式(3－87)，经整理得到

$$E(r, \varphi, z)=\left(\sqrt{2}\frac{r}{w}\right)^{l}\mathrm{L}_{p}^{l}\left(2\frac{r^{2}}{w^{2}}\right)\left[\frac{1-\mathrm{i}z/z_{R}}{\sqrt{1+(z/z_{R})^{2}}}\right]^{2p+l}\exp(\mathrm{i}l\phi)\times$$
$$\frac{1}{1+\mathrm{i}z/z_{R}}\exp\left(-\frac{r^{2}/w_{0}^{2}}{1+\mathrm{i}z/z_{R}}\right)\exp(\mathrm{i}kz) \tag{3-146}$$

式(3-146)便为自由空间中拉盖尔-高斯光束的数学表达式，其中 $w=w_{0}\sqrt{1+(z/z_{R})^{2}}$。

如前面所述，拉盖尔-高斯光束通常情况下只考虑 $p=0$，$l\neq 0$ 的情况。令 $p=0$，此时 $\mathrm{L}_{0}^{l}(\cdot)=1$，则式(3-145)退化为

$$\widetilde{E}(\theta, \phi)=\left(-\frac{\mathrm{i}w_{0}k\sin\theta}{\sqrt{2}}\right)^{l}\exp(\mathrm{i}l\phi)\frac{w_{0}^{2}}{4\pi}\exp\left(-\frac{w_{0}^{2}k^{2}\sin^{2}\theta}{4}\right) \tag{3-147}$$

考虑关系式，$k_{x}=k\sin\theta\cos\phi$，$k_{y}=k\sin\theta\sin\phi$，和 $\exp(\mathrm{i}l\phi)=\cos\phi+\mathrm{i}\sin\phi$，式(3-147)可写为

$$\widetilde{E}(k_{x}, k_{y})=\left[\frac{w_{0}(-\mathrm{i}k_{x}+k_{y})}{\sqrt{2}}\right]^{l}\frac{w_{0}^{2}}{4\pi}\exp\left[-\frac{w_{0}^{2}(k_{x}^{2}+k_{y}^{2})}{4}\right] \tag{3-148}$$

令 $l=0$，式(3-148)便退化为基模高斯光束的角谱表达式(3-137)。

式(3-148)可直接由拉盖尔-高斯光束在直角坐标系(x, y, z)中的表达式(1-94)进行傅里叶变换得到。令 $z=0$，由式(1-94)得到

$$E(x, y, 0)=\left[\frac{\sqrt{2}(x+\mathrm{i}y)}{w_{0}}\right]^{l}\exp\left(-\frac{x^{2}+y^{2}}{w_{0}^{2}}\right) \tag{3-149}$$

根据二项式展开定理 $(a+b)^{l}=\sum_{r=0}^{l}C_{l}^{r}a^{l-r}b^{r}$，式(3-149)可以写为

$$E(x, y, 0)=\left(\frac{\sqrt{2}}{w_{0}}\right)^{l}\exp\left(-\frac{x^{2}+y^{2}}{w_{0}^{2}}\right)\sum_{r=0}^{l}C_{l}^{r}x^{l-r}(\mathrm{i}y)^{r} \tag{3-150}$$

将式(3-150)代入直角坐标系下角谱公式(3-125)，得到

$$\widetilde{E}(k_{x}, k_{y})=\frac{1}{4\pi^{2}}\left(\frac{\sqrt{2}}{w_{0}}\right)^{l}\sum_{r=0}^{l}C_{l}^{r}\int_{-\infty}^{+\infty}x^{l-r}\exp\left(-\frac{x^{2}}{w_{0}^{2}}-\mathrm{i}k_{x}x\right)\mathrm{d}x\times$$
$$\int_{-\infty}^{+\infty}(\mathrm{i}y)^{r}\exp\left(-\frac{y^{2}}{w_{0}^{2}}-\mathrm{i}k_{y}y\right)\mathrm{d}y \tag{3-151}$$

利用积分公式

$$\int_{-\infty}^{\infty}x^{l}\exp(-px^{2}+2qx)\mathrm{d}x=\sqrt{\frac{\pi}{p}}\left(\frac{1}{2\mathrm{i}\sqrt{p}}\right)^{l}\mathrm{H}_{l}\left(\mathrm{i}\frac{q}{\sqrt{p}}\right)\exp\left(\frac{q^{2}}{p}\right) \tag{3-152}$$

经整理得到

$$\widetilde{E}(k_x, k_y) = \frac{w_0^2}{4\pi}\exp\left[-\frac{w_0^2(k_x^2+k_y^2)}{4}\right]\left(\frac{-\mathrm{i}}{\sqrt{2}}\right)^l \sum_{r=0}^{l} C_l^r \mathrm{i}^r \mathrm{H}_{l-r}\left(\frac{w_0}{2}k_x\right)\mathrm{H}_r\left(\frac{w_0}{2}k_y\right) \tag{3-153}$$

根据厄米多项式的定义，可得到如下恒等式

$$\sum_{r=0}^{l} C_l^r \mathrm{i}^r \mathrm{H}_{l-r}(x)\mathrm{H}_r(y) = 2^l(x+\mathrm{i}y)^l \tag{3-154}$$

于是式(3－153)便可写为式(3－148)。

4. 贝塞尔光束

在柱坐标系(r, φ, z)中，初始平面上贝塞尔光束的表达式为

$$E(r, \varphi, 0) = \mathrm{J}_m(k_r r)\exp(\mathrm{i}m\varphi) \tag{3-155}$$

式中，$\mathrm{J}_m(\cdot)$是 m 阶第一类贝塞尔函数；$k_r = k\sin\theta_0$ 是波数 k 的横向分量，θ_0 是光束的半锥角。将式(3－155)代入柱坐标系下角谱公式(3－132)得到

$$\widetilde{E}(\theta, \phi) = \frac{1}{4\pi^2}\int_0^\infty \mathrm{J}_m(k_r r)\int_0^{2\pi}\exp(\mathrm{i}l\phi)\exp[-\mathrm{i}kr\sin\theta\cos(\phi-\varphi)]\mathrm{d}\varphi r\,\mathrm{d}r \tag{3-156}$$

利用积分公式(3－85)，得到

$$\widetilde{E}(\theta, \phi) = \frac{1}{2\pi}(-\mathrm{i})^m\exp(\mathrm{i}m\phi)\int_0^\infty r\mathrm{J}_m(k\sin\theta r)\mathrm{J}_m(k\sin\theta_0 r)\mathrm{d}r \tag{3-157}$$

进一步利用积分公式

$$\int_0^\infty r\mathrm{J}_m(br)\mathrm{J}_m(ar)\mathrm{d}r = \frac{\delta(a-b)}{b} \tag{3-158}$$

以及狄拉克 δ 函数的性质

$$\delta(ax) = \frac{\delta(x)}{|a|} \tag{3-159}$$

得到

$$\int_0^\infty r\mathrm{J}_m(k\sin\theta r)\mathrm{J}_m(k\sin\theta_0 r)\mathrm{d}r = \frac{\delta(\theta-\theta_0)}{k^2\sin\theta_0|\cos\theta_0|} \tag{3-160}$$

将式(3－160)代入式(3－157)，得到贝塞尔光束的角谱

$$\widetilde{E}(\theta, \phi) = \frac{1}{2\pi\mathrm{i}^m}\frac{\delta(\theta-\theta_0)}{k^2\sin\theta_0\cos\theta_0}\exp(\mathrm{i}m\phi) \tag{3-161}$$

为验证贝塞尔光束角谱的正确性，将式(3－161)代入式(3－131)，得到

$$E(r,\varphi,z)=\int_0^{\pi}\int_0^{2\pi}\frac{1}{2\pi \mathrm{i}^m}\frac{\delta(\theta-\theta_0)}{k^2\sin\theta_0\cos\theta_0}\exp(\mathrm{i}m\phi)\times$$
$$\exp[\mathrm{i}kr\sin\theta\cos(\phi-\varphi)]\exp(\mathrm{i}k\cos\theta z)k^2\cos\theta\sin\theta\,\mathrm{d}\theta\,\mathrm{d}\phi \tag{3-162}$$

根据狄拉克 δ 函数的筛选性质

$$\int_a^b f(x)\delta(x-c)\mathrm{d}x=f(c),\ a<c<b \tag{3-163}$$

式(3-162)可写为

$$E(r,\varphi,z)=\frac{1}{2\pi \mathrm{i}^m}\exp(\mathrm{i}k\cos\theta_0 z)\int_0^{2\pi}\exp(\mathrm{i}m\phi)\exp[\mathrm{i}kr\sin\theta_0\cos(\phi-\varphi)]\mathrm{d}\phi \tag{3-164}$$

利用积分公式(3-85)，并考虑关系式 $k_z=k\cos\theta_0$，得到

$$E(r,\varphi,z)=\mathrm{J}_m(k_r r)\exp(\mathrm{i}m\phi)\exp(\mathrm{i}k_z z) \tag{3-165}$$

式(3-165)便为自由空间中贝塞尔光束的数学表达式。

对于贝塞尔-高斯光束，在柱坐标系(r,φ,z)中，初始平面上的表达式为

$$E(r,\varphi,z=0)=\mathrm{J}_m(k_r r)\exp(\mathrm{i}m\phi)\exp\left(-\frac{r^2}{w_0^2}\right) \tag{3-166}$$

将式(3-166)代入柱坐标系下角谱公式(3-132)，利用积分公式(3-85)以及积分公式(3-94)，经整理得到贝塞尔-高斯光束的角谱

$$\widetilde{E}(\theta,\phi)=(-1)^m\mathrm{J}_m\left(\mathrm{i}k_r\frac{w_0^2k\sin\theta}{2}\right)\exp\left(-\frac{w_0^2k_r^2}{4}\right)\exp(\mathrm{i}m\phi)\times$$
$$\frac{w_0^2}{4\pi}\exp\left(-\frac{w_0^2k^2\sin^2\theta}{4}\right) \tag{3-167}$$

令 $l=0$，$\theta_0=0°$，即 $k_r=0$，上式便退化为基模高斯光束的角谱表达式(3-137)。

5. 艾里光束

在直角坐标系(x,y,z)中，初始平面上艾里光束表达式为

$$E(x,y,0)=Ai\left(\frac{x}{w_x}\right)\exp\left(\frac{a_0x}{w_x}\right)Ai\left(\frac{y}{w_y}\right)\exp\left(\frac{a_0y}{w_y}\right) \tag{3-168}$$

其中，w_x 和 w_y 为任意的横向比例参数，a_0 为衰减因子，$Ai(\cdot)$为艾里函数。将式(3-168)代入直角坐标系下角谱公式(3-125)得到

$$\widetilde{E}(k_x,k_y)=\frac{1}{4\pi^2}\int_{-\infty}^{\infty}Ai\left(\frac{x}{w_x}\right)\exp\left[\left(\frac{a_0}{w_x}-\mathrm{i}k_x\right)x\right]\mathrm{d}x\times$$
$$\int_{-\infty}^{\infty}Ai\left(\frac{y}{w_y}\right)\exp\left[\left(\frac{a_0}{w_y}-ik_y\right)y\right]\mathrm{d}y \tag{3-169}$$

利用积分公式

$$\int_{-\infty}^{\infty} Ai(x)\exp(ax)\mathrm{d}x = \exp\left(\frac{a^3}{3}\right) \tag{3-170}$$

得到艾里光束的角谱

$$\widetilde{E}(k_x, k_y) = \frac{w_x w_y}{4\pi^2}\exp\left[-a_0(k_x^2 w_x^2 + k_y^2 w_y^2) + \frac{2}{3}a_0^3\right]\times \\ \exp\left\{\frac{\mathrm{i}}{3}[(k_x^3 w_x^3 + k_y^3 w_y^3) - 3a_0^2(k_x w_x + k_y w_y)]\right\} \tag{3-171}$$

为验证艾里光束角谱的正确性，将式(3－171)代入式(3－128)，得到

$$E(x, y, z) = \frac{w_x w_y}{4\pi^2}\exp\left(\frac{2}{3}a_0^3\right)\exp(\mathrm{i}kz)\times \\ \int_{-\infty}^{\infty}\exp\left[\frac{\mathrm{i}}{3}w_x^3 k_x^3 - \left(a_0 w_x^2 + \mathrm{i}\frac{z}{2k}\right)k_x^2 + \mathrm{i}(-a_0^2 w_x + x)k_x\right]\mathrm{d}k_x \times \\ \int_{-\infty}^{\infty}\exp\left[\frac{\mathrm{i}}{3}w_y^3 k_y^3 - \left(a_0 w_y^2 + \mathrm{i}\frac{z}{2k}\right)k_y^2 + \mathrm{i}(-a_0^2 w_y + y)k_y\right]\mathrm{d}k_y \tag{3-172}$$

利用积分公式

$$\int_{-\infty}^{\infty}\exp\left[\mathrm{i}\left(\frac{x^3}{3} + ax^2 + bx\right)\right]\mathrm{d}x = 2\pi A_{\mathrm{i}}(b - a^2)\exp\left[\mathrm{i}a\left(\frac{2}{3}a^2 - b\right)\right] \tag{3-173}$$

经整理得到

$$E(x, y, z) = A_{\mathrm{i}}(T_x)A_{\mathrm{i}}(T_y)\exp(M_x)\exp(M_y)\exp(\mathrm{i}kz) \tag{3-174}$$

其中：

$$T_x = \frac{x}{w_x} - \frac{z^2}{4k_0^2 w_x^4} + \frac{\mathrm{i}a_0 z}{k_0 w_x^2},\ M_x = \frac{a_0 x}{w_x} - \frac{a_0 z^2}{2k^2 w_x^4} - \frac{\mathrm{i}z^3}{12k^3 w_x^6} + \frac{\mathrm{i}a_0^2 z}{2kw_x^2} + \frac{\mathrm{i}xz}{2kw_x^3} \tag{3-175}$$

$$T_y = \frac{y}{w_y} - \frac{z^2}{4k_0^2 w_y^4} + \frac{\mathrm{i}a_0 z}{k_0 w_y^2},\ M_y = \frac{a_0 y}{w_y} - \frac{a_0 z^2}{2k^2 w_y^4} - \frac{\mathrm{i}z^3}{12k^3 w_y^6} + \frac{\mathrm{i}a_0^2 z}{2kw_y^2} + \frac{\mathrm{i}yz}{2kw_y^3} \tag{3-176}$$

根据公式(3－138)、式(3－143)、式(3－146)、式(3－165)和式(3－174)，图3.9给出了傍轴近似下典型结构光场不同传输距离处的横向光强分布图，其中波长 $\lambda = 632.8\mathrm{nm}$，束腰半径 $w_0 = 2.0\lambda$；厄米-高斯光束阶数 $m = n = 1$；拉盖尔-高斯光束径向和角向的模数 $p = l = 2$；贝塞尔光束半锥角和阶数 $\theta_0 = 5°$，

$m=2$；艾里光束参数 $a_0=0.15$，$w_x=w_y=2.0\lambda$。由图 3.9 可知，基模高斯光束、厄米-高斯光束和拉盖尔-高斯光束随着传输距离增加，光强分布从中心向外扩展，即具有明显的衍射效应；而贝塞尔光束和艾里光束在传播过程中不会受到衍射扩展，即具有无衍射特性。

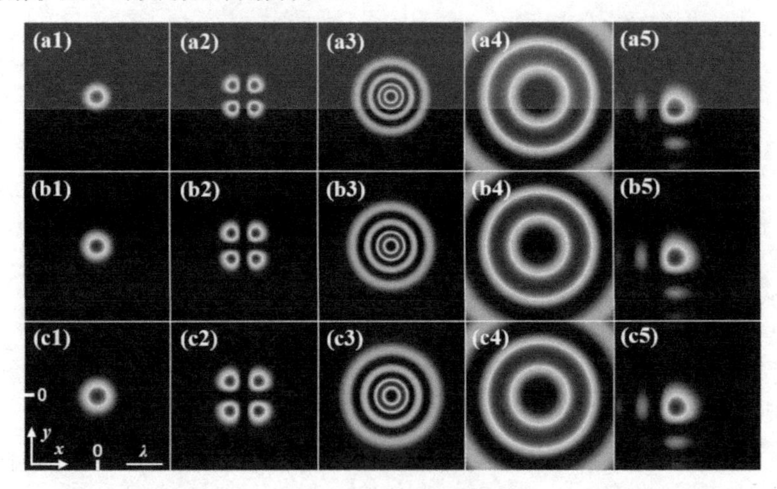

图 3.9 傍轴近似下典型结构光场不同传输距离处的横向光强分布图

(a1)－(a5)$z=4\lambda$；(b1)－(b5)$z=8\lambda$；(c1)－(c5)$z=12\lambda$；从左到右依次为基模高斯光束、厄米-高斯光束、拉盖尔-高斯光束、贝塞尔光束和艾里光束。

3.4 标量衍射场的非傍轴近似理论

对于大多数光学衍射与光束传输的实际问题，傍轴标量衍射理论都是非常精确、有效的。然而，对强聚焦光束或二极管激光器发出的光束，当束腰宽度为波长量级、发散角很大时，傍轴近似不再成立。下面给出了用于描述标量衍射场非傍轴传输的瑞利-索末菲衍射积分公式。

3.4.1 衍射场的非傍轴近似解

由式(3－40)可知，已知 $z=0$ 处初始平面(x_0, y_0)上的场 $E_0(x_0, y_0, 0)$，距离初始平面 z 处观察平面(x, y)上的场 $E(x, y, z)$可写为

$$E(x, y, z)=-\frac{1}{2\pi}\int_{-\infty}^{+\infty}\int_{-\infty}^{+\infty}E_0(x_0, y_0, 0)\frac{\partial G(\boldsymbol{\rho}, \boldsymbol{\rho}_0)}{\partial z}\mathrm{d}x_0\mathrm{d}y_0 \tag{3-177}$$

其中，$\boldsymbol{\rho}_0=x_0\hat{\boldsymbol{x}}+y_0\hat{\boldsymbol{y}}$ 为 $z=0$ 的初始平面上源点的位置矢量，$\boldsymbol{\rho}=x\hat{\boldsymbol{x}}+y\hat{\boldsymbol{y}}+z\hat{\boldsymbol{z}}$ 为观察平面上场点的位置矢量，函数 $G(\boldsymbol{\rho},\boldsymbol{\rho}_0)$的表达式为

$$G(\boldsymbol{r},\boldsymbol{r}_0)=\frac{\exp[\mathrm{i}kR(\boldsymbol{\rho},\boldsymbol{\rho}_0)]}{R(\boldsymbol{\rho},\boldsymbol{\rho}_0)} \tag{3-178}$$

式中，$R(\boldsymbol{\rho},\boldsymbol{\rho}_0)=|\boldsymbol{\rho}-\boldsymbol{\rho}_0|=\sqrt{(x-x_0)^2+(y-y_0)^2+z^2}$。式(3－177)称为标量瑞利-索末菲积分公式，可用于研究非傍轴光束的传输问题。

将函数 $G(\boldsymbol{\rho},\boldsymbol{\rho}_0)$对 z 求导数，得到

$$\frac{\partial G(\boldsymbol{\rho},\boldsymbol{\rho}_0)}{\partial z}=\exp(\mathrm{i}kR)\frac{\mathrm{i}kR-1}{R^3}z \tag{3-179}$$

考虑到 $R\gg\lambda$，所以 $\mathrm{i}kR-1\approx\mathrm{i}kR$，于是式(3－179)可简化为

$$\frac{\partial G(\boldsymbol{\rho},\boldsymbol{\rho}_0)}{\partial z}=\frac{\mathrm{i}k\exp(\mathrm{i}kR)}{R^2}z \tag{3-180}$$

将式(3－180)代入式(3－177)，得到

$$E(x,y,z)=-\frac{\mathrm{i}kz}{2\pi}\int_{-\infty}^{+\infty}\int_{-\infty}^{+\infty}E_0(x_0,y_0,0)\frac{\exp(\mathrm{i}kR)}{R^2}\mathrm{d}x_0\mathrm{d}y_0 \tag{3-181}$$

将初始平面上的场的表达式代入式(3－181)进行积分比较困难，需要对函数 $G(\boldsymbol{\rho},\boldsymbol{\rho}_0)=\exp(\mathrm{i}kR)/R^2$ 做进一步的近似处理。针对指数项中的 R，因为 ρ 是 R 内的主导项，故取 R 的零阶和一阶展开式

$$R\approx\rho+\frac{x_0^2+y_0^2-2xx_0-2yy_0}{2\rho} \tag{3-182}$$

针对分母项中的 R，取 $R\approx\rho$，其中 $\rho=\sqrt{x^2+y^2+z^2}$。由式(3－181)得到非傍轴情形下光场的近似表达式

$$E(x,y,z)=\left(-\frac{\mathrm{i}kz}{2\pi}\right)\frac{\exp(\mathrm{i}k\rho)}{\rho^2}\int_{-\infty}^{+\infty}\int_{-\infty}^{+\infty}E_0(x_0,y_0,0)\times \exp\left[\frac{\mathrm{i}k}{2\rho}(x_0^2+y_0^2-2xx_0-2yy_0)\right]\mathrm{d}x_0\mathrm{d}y_0 \tag{3-183}$$

对于傍轴光束，若将式(3－183)中 $\exp(\mathrm{i}k\rho)$的 ρ 作傍轴近似

$$\rho\approx z+\frac{x^2+y^2}{2z} \tag{3-184}$$

其余部分的 ρ 近似为 z，则式(3－183)便退化为傍轴近似下的菲涅耳衍射积分公式(3－31)。

在远场近似条件下，式(3－182)可写为

$$R\approx\rho-\frac{xx_0+yy_0}{\rho} \tag{3-185}$$

利用式(3-183)，得到非傍轴光场远场情形下的表达式

$$E(x, y, z) = \left(-\frac{\mathrm{i}kz}{2\pi}\right)\frac{\exp(\mathrm{i}k\rho)}{\rho^2}\int_{-\infty}^{+\infty}\int_{-\infty}^{+\infty}E_0(x_0, y_0, 0)\exp\left(-\mathrm{i}k\frac{xx_0+yy_0}{\rho}\right)\mathrm{d}x_0\mathrm{d}y_0 \tag{3-186}$$

在柱坐标系下，式(3-183)和式(3-186)对应的表达式为

$$E(r, \varphi, z) = \left(-\frac{\mathrm{i}kz}{2\pi}\right)\frac{\exp(\mathrm{i}k\rho)}{\rho^2}\int_0^{\infty}\int_0^{2\pi}E_0(r_0, \varphi_0, 0)\times \exp\left\{\frac{\mathrm{i}k}{2\rho}\left[r_0^2-2r_0r\cos(\varphi_0-\varphi)\right]\right\}r_0\mathrm{d}r_0\mathrm{d}\varphi_0 \tag{3-187}$$

$$E(r, \varphi, z) = \left(-\frac{\mathrm{i}kz}{2\pi}\right)\frac{\exp(\mathrm{i}k\rho)}{\rho^2}\int_{-\infty}^{+\infty}\int_{-\infty}^{+\infty}E_0(r_0, \varphi_0, 0)\times \exp\left[-\frac{\mathrm{i}k}{\rho}r_0r\cos(\varphi_0-\varphi)\right]r_0\mathrm{d}r_0\mathrm{d}\varphi_0 \tag{3-188}$$

其中，$r_0=\sqrt{x_0^2+y_0^2}$，$r=\sqrt{x^2+y^2}$。

3.4.2　典型结构光场的非傍轴近似公式

1. 基模高斯光束

由式(3-134)可知，初始平面(x_0, y_0)上基模高斯光束的表达式为

$$E(x_0, y_0, 0)=\exp\left(-\frac{x_0^2+y_0^2}{w_0^2}\right) \tag{3-189}$$

将式(3-189)代入式(3-183)，利用积分公式(3-71)，得到基模高斯光束非傍轴情形下的近似表达式

$$E(x, y, z)=\left(-\frac{\mathrm{i}kz}{2a\rho^2}\right)\exp\left(-\frac{b_x^2+b_y^2}{4a}\right)\exp(\mathrm{i}k\rho) \tag{3-190}$$

其中，$a=\frac{1}{w_0^2}-\frac{\mathrm{i}k}{2\rho}$，$b_x=-\frac{kx}{\rho}$，$b_y=-\frac{ky}{\rho}$，$\rho=\sqrt{x^2+y^2+z^2}$。

将式(3-190)中$\exp(\mathrm{i}k\rho)$的ρ作式(3-184)给出的傍轴近似，其余部分的ρ近似为z，便可以得到式(3-138)给出的基模高斯光束表达式。将式(3-189)代入式(3-186)，利用积分公式(3-71)，可进一步得到远场近似条件下非傍轴基模高斯光束的近似表达式。

2. 厄米-高斯光束

由式(3-139)可知，初始平面(x_0, y_0)上厄米-高斯光束的表达式为

$$E(x_0, y_0, 0)=\mathrm{H}_m\left(\frac{\sqrt{2}}{w_0}x_0\right)\mathrm{H}_n\left(\frac{\sqrt{2}}{w_0}y_0\right)\exp\left(-\frac{x_0^2+y_0^2}{w_0^2}\right) \quad (3-191)$$

将式(3－191)代入式(3－183)，利用积分公式(3－79)，得到厄米-高斯光束非傍轴情形下的近似表达式

$$E(x, y, z)=\mathrm{H}_m\left(\frac{\sqrt{2}}{w}x\right)\mathrm{H}_n\left(\frac{\sqrt{2}}{w}y\right)\left[\frac{1-\mathrm{i}\rho/z_R}{\sqrt{1+(\rho/z_R)^2}}\right]^{m+n}\times$$
$$\left(-\frac{\mathrm{i}kz}{2a\rho^2}\right)\exp\left(-\frac{b_x^2+b_y^2}{4a}\right)\exp(\mathrm{i}k\rho) \quad (3-192)$$

其中，参量 a，b_x，b_y 和 ρ 的表达式和非傍轴基模高斯光束中的表达式一致；$\mathrm{H}_m(\cdot)$和 $\mathrm{H}_n(\cdot)$分别为 m 阶和 n 阶厄米多项式；$w(z)=w_0\sqrt{1+(\rho/z_R)^2}$。将式(3－192)中 $\exp(\mathrm{i}k\rho)$的 ρ 作式(3－184)给出的傍轴近似，其余部分的 ρ 近似为 z，便可以得到式(3－143)给出的厄米-高斯光束表达式。令 $m=n=0$，式(3－192)便退化为基模高斯光束非傍轴情形下的近似表达式(3－190)。

3. 拉盖尔-高斯光束

式(3－82)给出的初始平面(x_0，y_0)上拉盖尔-高斯光束的表达式可以写为

$$E_0(r_0, \varphi_0, 0)=\left(\frac{\sqrt{2}r_0}{w_0}\right)^l\mathrm{L}_p^l\left(\frac{2r_0^2}{w_0^2}\right)\exp\left(-\frac{r_0^2}{w_0^2}\right)\exp(\mathrm{i}l\varphi_0) \quad (3-193)$$

将式(3－193)代入式(3－187)，利用积分公式(3－85)和式(3－87)，得到拉盖尔-高斯光束非傍轴情形下的近似表达式

$$E(r, \varphi, z)=\left(\frac{\sqrt{2}r}{w}\right)^l\mathrm{L}_p^l\left(2\frac{r^2}{w^2}\right)\left(\frac{1-\mathrm{i}\rho/z_R}{\sqrt{1+\rho^2/z_R^2}}\right)^{2p+l}\exp(\mathrm{i}l\varphi)\times$$
$$\left(-\frac{\mathrm{i}kz}{2a\rho^2}\right)\exp\left(-\frac{b^2}{4a}\right)\exp(\mathrm{i}k\rho) \quad (3-194)$$

其中，$a=\frac{1}{w_0^2}-\frac{\mathrm{i}k}{2\rho}$，$b=-\frac{k}{\rho}r$，$w=w_0\sqrt{1+(\rho/z_R)^2}$，$r=\sqrt{x^2+y^2}$，$\rho=\sqrt{x^2+y^2+z^2}$，$\mathrm{L}_p^l(\cdot)$是径向和角向模数分别为 p 和 l 的缔合拉盖尔多项式，$\varphi=\arctan(y/x)$为相位角。将式(3－194)中 $\exp(\mathrm{i}k\rho)$的 ρ 作傍轴近似

$$\rho\approx z+\frac{r^2}{2z} \quad (3-195)$$

其余部分的 ρ 近似为 z，便可以得到式(3－146)给出的拉盖尔-高斯光束表达式。令 $p=l=0$，式(3－194)便退化为基模高斯光束非傍轴情形下的近似表达式(3－190)，其中 $b^2=b_x^2+b_y^2$。

4. 贝塞尔光束

将式(3-90)给出的初始平面(r_0，φ_0)上贝塞尔光束的表达式代入式(3-187)，利用积分公式(3-85)和式(3-94)，得到贝塞尔光束非傍轴情形下的近似表达式

$$E(r,\varphi,z)=\left(\frac{z}{\rho}\right)\exp\left(-\frac{ikr^2}{2\rho}\right)\exp\left(-\frac{ik_r^2\rho}{2k}\right)J_m(k_r r)\exp(im\phi)\exp(ik\rho) \tag{3-196}$$

其中，$k_r=k\sin\theta_0$ 是波数 k 的横向分量，θ_0 是光束的半锥角，$J_m(\cdot)$是 m 阶第一类贝塞尔函数，$\varphi=\arctan(y/x)$为相位角，$r=\sqrt{x^2+y^2}$，$\rho=\sqrt{x^2+y^2+z^2}$。将式(3-196)中 $\exp(ik\rho)$的 ρ 作式(3-195)给出的傍轴近似，其余部分的 ρ 近似为 z，便可以得到式(3-89)给出的傍轴近似下贝塞尔光束的表达式。

将式(3-97)给出的初始平面(r_0，φ_0)上贝塞尔-高斯光束的表达式代入式(3-187)，利用积分公式(3-85)和式(3-94)，得到贝塞尔-高斯光束非傍轴情形下的近似表达式

$$E(r,\varphi,z)=J_m\left(\frac{k_r r}{1+i\rho/z_R}\right)\exp\left(-i\frac{k_r^2\rho}{2k}\frac{1}{1+i\rho/z_R}\right)\exp(im\phi)\times\left(-\frac{ikz}{2a\rho^2}\right)\exp\left(-\frac{b^2}{4a}\right)\exp(ik\rho) \tag{3-197}$$

式中，$a=\frac{1}{w_0^2}-\frac{ik}{2\rho}$，$b=-\frac{k}{\rho}r$。将式(3-197)中 $\exp(ik\rho)$的 ρ 作式(3-195)给出的傍轴近似，其余部分的 ρ 近似为 z，便可以得到式(3-96)给出的贝塞尔-高斯光束的表达式。令 $\theta_0=0°$，则 $k_r=0$，进一步令 $m=0$，式(3-197)便退化为基模高斯光束非傍轴情形下的近似表达式(3-190)，其中 $b^2=b_x^2+b_y^2$。

5. 艾里光束

将式(3-102)给出的初始平面(x_0，y_0)上艾里光束的表达式代入式(3-183)，利用积分公式(3-105)得到艾里光束非傍轴情形下的近似表达式

$$E(x,y,z)=\left(\frac{z}{\rho}\right)\exp\left[-\frac{ik(x^2+y^2)}{2\rho}\right]Ai(T'_x)\exp(M'_x)Ai(T'_y)\exp(M'_y)\exp(ik\rho) \tag{3-198}$$

其中：

$$T_x=\frac{x}{w_x}-\frac{\rho^2}{4k_0^2w_x^4}+\frac{ia_0\rho}{k_0w_x^2},\quad M_x=\frac{a_0x}{w_x}-\frac{a_0\rho^2}{2k^2w_x^4}-\frac{i\rho^3}{12k^3w_x^6}+\frac{ia_0^2\rho}{2kw_x^2}+\frac{ix\rho}{2kw_x^3} \tag{3-199}$$

$$T_y=\frac{y}{w_y}-\frac{\rho^2}{4k_0^2w_y^4}+\frac{\mathrm{i}a_0\rho}{k_0w_y^2},\ M_y=\frac{a_0y}{w_y}-\frac{a_0\rho^2}{2k^2w_y^4}-\frac{\mathrm{i}\rho^3}{12k^3w_y^6}+\frac{\mathrm{i}a_0^2\rho}{2kw_y^2}+\frac{\mathrm{i}y\rho}{2kw_y^3}\tag{3-200}$$

其中，$\rho=\sqrt{x^2+y^2+z^2}$，w_{x0} 和 w_{y0} 为任意的横向比例参数，a_0 为衰减因子，$Ai(\cdot)$为艾里函数。将式(3-198)中 $\exp(\mathrm{i}k\rho)$的 ρ 作式(3-184)给出的傍轴近似，其余部分的 ρ 近似为 z，便可以得到式(3-174)～(3-176)给出的艾里光束表达式。

图 3.10 给出了非傍轴近似下典型结构光场不同传输距离处的横向光强分布图，其中波长 $\lambda=632.8$ nm，束腰半径 $w_0=0.6\lambda$；厄米-高斯光束阶数 $m=n=1$；拉盖尔-高斯光束径向和角向的模数 $p=l=2$；贝塞尔光束半锥角和阶数 $\theta_0=40°$，$m=2$；艾里光束参数 $a_0=0.15$，$w_x=w_y=0.6\lambda$。将图 3.10 和图 3.9 对比可以发现，基模高斯光束、厄米-高斯光束和拉盖尔-高斯光束在非傍轴情形下的衍射现象比傍轴情形更明显。贝塞尔光束在传播过程中基本不会受到衍射扩展，但是艾里光束在非傍轴情形下不再具有无衍射特性。

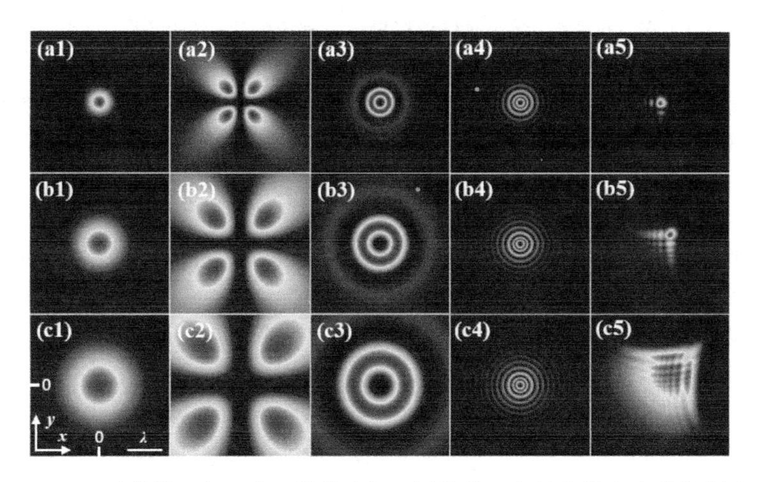

图 3.10　非傍轴近似下典型结构光场不同传输距离处的横向光强分布图

(a1)－(a5)$z=4\lambda$；(b1)－(b5)$z=8\lambda$；(c1)－(c5)$z=12\lambda$；从左到右依次为基模高斯光束、厄米-高斯光束、拉盖尔-高斯光束、贝塞尔光束和艾里光束。

参考文献

[1]　高春清，付时尧．涡旋光束[M]．北京：清华大学出版社，2019．

[2] 马科斯·波恩，埃米尔·沃耳夫. 光学原理[M]. 7版. 北京：电子工业大学出版社，2012.

[3] 姚启钧. 光学教程[M]. 5版. 北京：高等教育出版社，2014.

[4] 吕百达. 激光光学：光束描述、传输变换与光腔技术物理[M]. 北京：高等教育出版社，2003.

[5] 魏计林，李晋红. 光信息大气传输理论与检测技术[M]. 北京：科学出版社，2015.

[6] 王竹溪，郭敦仁. 特殊函数概论[M]. 北京：北京大学出版社，2012.

[7] 《常用积分表》编委会. 常用积分表[M]. 2版. 合肥：中国科学技术大学出版社，2019.

[8] GOODMAN J W. 傅里叶光学导论[M]. 4版. 北京：科学出版社，2020.

[9] NOVOTNY L，HECHT B. 纳米光学原理[M]. 2版. 北京：北京大学出版社，2020.

[10] 李怀龙. 矢量衍射理论的比较研究及其应用[D]. 合肥：合肥工业大学，2020.

[11] 樊丽晶，马荣荣，杨虎. 非傍轴标量衍射理论与分数傅里叶变换[J]. 激光杂志，2018，39(3)：11-14.

[12] 郭福源，李连煌. 标量衍射积分公式比较分析[J]. 光学学报，2013，33(2)：217-223.

[13] 邓小玖，王东，刘彩霞，等. 非傍轴标量衍射理论的比较研究[J]. 合肥工业大学学报(自然科学版)，2007，30(9)：1212-1214.

[14] 王飞，邓小玖，刘彩霞，等. 标量衍射理论的非傍轴修正[J]. 量子电子学报，2007，24(1)：17-21.

[15] 邓小玖，高峰，刘彩霞，等. 标量衍射理论的非傍轴近似及其有效性[J]. 光子学报，2013，35(6)：898-901.

[16] 王敏，黎南，李迅鹏，等. 柯林斯公式的近似计算及应用研究[J]. 激光技术，2007，31(3)：295-297.

[17] 李俊昌. 菲涅耳衍射及柯林斯公式的快速傅里叶变换计算[J]. 光电子·激光，2001，12(5)：529-532.

[18] CUI Z W，WANG J，MA W Q，et al. Concise and explicit expressions for typical spatial-structured light beams beyond the paraxial approximation[J]. J. Opt. Soc. Am. A，2022，39(10)：1794-1804.

[19] YANG J，FAN D Y，WANG S J，et al. Generalized fresnel diffraction integral and its applications[J]. Chin. Phys.，2000，9(2)：119-123.

[20] CYWIAK M，CYWIAK D，YANEZ E. Finite Gaussian wavelet superposition and Fresnel diffraction integral for calculating the propagation of truncated，non-diffracting and accelerating beams[J]. Opt. Commun.，2017，405：132-142.

[21] FESHCHENKO R M，VINOGRADOV A V，ARTYUKOV I A. Propagation of waves from an arbitrary shaped surface-A generalization of the Fresnel diffraction integral[J]. Opt. Commun.，2018，413：291-294.

[22] LIU Z Y, WU X Y, FAN D Y. Collins formula in frequency-domain and fractional Fourier transforms[J]. Opt. Commun., 1998, 155: 7-11.

[23] ZHAO D M. Collins formula in frequency-domain described by fractional Fourier transforms or fractional Hankel transforms[J]. Optik, 2000, 111(1): 9-12.

[24] ZHAO D M, WANG S M. Collins formula in spatial-domain written in terms of fractional Fourier transform or fractional Hankel transform[J]. Optik, 2000, 111(8): 371-374.

[25] LIN Q, WANG L G. Collins formula and tensor ABCD law in spatial-frequency domain[J]. Opt. Commun., 2000, 185: 263-269.

[26] CAI L Z, YANG X L. Collins formulae in both space and frequency domains for ABCD optical systems with small deformations[J]. J. Mod. Opt., 2001, 48(8): 1389-1396.

[27] LI J C, LI C G. Algorithm study of Collins formula and inverse Collins formula[J]. Appl. Opt., 2008, 47(4), A97-A102.

[28] XIE C M, FAN H Y, WAN S L. A generalized Collins formula derived by virtue of the displacement-squeezing related squeezed coherent state representation[J]. Chin. Phys. B, 2010, 19(6): 064207.

[29] FAGERHOLM J, FRIBERG A T, HUTTUNEN J, et al. Angular-spectrum representation of nondiffracting X waves[J]. Phy. Rev. E, 1996, 54(4): 4347-4352.

[30] TERVO J, TURUNEN J. Angular spectrum representation of partially coherent electromagne-tic fields[J]. Opt. Commun., 2002, 209: 7-16.

[31] BORGHI R. On the angular-spectrum representation of multipole wave fields[J]. J. Opt. Soc. Am. A, 2004, 21(9): 1805-1810.

[32] ARNOLDUS H F. Angular spectrum representation of the electromagnetic multipole fields, and their reflection at a perfect conductor[J]. Surf. Sci., 2007, 590(1): 101-116.

[33] VEERMAN J A C, RUSCH J J, URBACH H P. Calculation of the Rayleigh-Sommer-feld diffraction integral by exact integration of the fast oscillating factor[J]. J. Opt. Soc. Am. A, 2005, 22(4): 636-646.

[34] SHEN F B, WANG A B. Fast-Fourier-transform based numerical integration method for the Rayleigh-Sommerfeld diffraction formula[J]. Appl. Opt., 2006, 45(6): 1102-1110.

[35] NASCOV V, LOGOFATU P C. Fast computation algorithm for the Rayleigh-Sommerfeld diffraction formula using a type of scaled convolution[J]. Appl. Opt., 2009, 48(22): 4310-4319.

[36] SHEPPARD C J R, LIN J, KOU S S. Rayleigh-Sommerfeld diffraction formula in k space [J]. J. Opt. Soc. Am. A, 2013, 30(6): 1180-1183.

[37] OCHOA N A. Alternative approach to evaluate the Rayleigh-Sommerfeld diffraction integrals using tilted spherical waves[J]. Opt. Express, 2017, 25(10): 12008-12019.

[38] MEHRABKHANI S, SCHNEIDER T. Is the Rayleigh-Sommerfeld diffraction always an exact reference for high speed diffraction algorithms? [J]. Opt. Express, 2017, 25 (24): 30229-30240.

[39] TAO X Y, ZHOU N R, LU B D. Recurrence propagation equation of Hermite-Gaussian beams through a paraxial optical ABCD system with hard-edge aperture[J]. Optik 114, 113-117 (2003).

[40] CAI Y, HE S. Propagation of a Laguerre-Gaussian beam through a slightly misaligned paraxial optical system[J]. Appl. Phys. B, 84(3): 493-500.

[41] LI H Y, HONARY F, WU Z S, et al. Reflection and transmission of Laguerre-Gaussian beams in a dielectric slab[J]. J. Quant. Spectrosc. Ra., 2017, 195: 35-43.

[42] CAO Z L, ZHAI C J, XU S S, et al. Propagation of on-axis and off-axis Bessel beams in a gradient-index medium[J]. J. Opt. Soc. Am. A, 2018, 35(2): 230-235.

[43] TORRE A. Airy beams beyond the paraxial approximation[J]. Opt. Commun., 2010, 283: 4146-4165.

[44] LIN H C, PU J X. Propagation of Airy beams from right-handed material to left-handed material[J]. Chin. Phys. B, 2012, 21(5): 054201.

[45] WEN W, LU X Y, ZHAO C L, et al. Propagation of Airy beam passing through the misaligned optical system with hard aperture[J]. Opt. Commun., 2014, 313: 350-355.

[46] LI H H, WANG J G, TANG M M, et al. Propagation of Airy beams in the quadratic-index medium based on matrix optics[J]. Optik, 2017, 149: 144-148.

第 4 章

结构光场的矢量表征理论

对于大多数光学衍射和光束传输的实际问题，标量衍射理论都是十分精确和有效的。但是，结构光场作为特殊类型的电磁波，其电场和磁场都是矢量。为了揭示结构光场的重要特性，许多应用场合需要对结构光场进行全矢量分析。本章主要介绍四类结构光场的矢量表征理论，包括矢量势理论、矢量角谱展开理论、矢量瑞利-索末菲积分理论和 Richards-Wolf 矢量衍射理论。

4.1 矢量势理论

4.1.1 满足洛伦兹规范的矢量势

采用第 3 章中介绍的标量衍射的柯林斯公式或角谱展开理论，可以计算得到结构光场传输的标量场表达式。通过引入矢量势，在洛伦兹规范条件下，可进一步推导得到不同极化状态下结构光场的电磁场分量表达式。

式(1－16)～(1－19)给出了微分形式的麦克斯韦方程组，在无源区域内，$\boldsymbol{J}=0$，$\rho=0$，得到无源麦克斯韦方程组

$$\nabla\times\boldsymbol{E}=-\mu\frac{\partial\boldsymbol{H}}{\partial t}\tag{4-1}$$

$$\nabla\times\boldsymbol{H}=\varepsilon\frac{\partial\boldsymbol{E}}{\partial t}\tag{4-2}$$

$$\nabla\cdot\boldsymbol{E}=0\tag{4-3}$$

$$\nabla\cdot\boldsymbol{H}=0\tag{4-4}$$

由式(4－4)可知，$\nabla\cdot\boldsymbol{H}=0$。因为任何一个矢量函数旋度的散度等于零，即有矢量恒等式$\nabla\cdot\nabla\times\boldsymbol{A}=0$，所以可引入一个矢量 $\boldsymbol{A}$，使其满足

$$\boldsymbol{H}=\nabla\times\boldsymbol{A}\tag{4-5}$$

这里 $\boldsymbol{A}$ 称为矢量势。将式(4-5)代入式(4-1)可得

$$\nabla\times\left(\boldsymbol{E}+\mu\frac{\partial\boldsymbol{A}}{\partial t}\right)=0 \tag{4-6}$$

又因为任何一个标量函数的梯度的旋度等于零，即有矢量恒等式$\nabla\times\nabla\Phi=0$，所以还可以再引入一个标量 Φ，使其满足

$$\boldsymbol{E}+\mu\frac{\partial\boldsymbol{A}}{\partial t}=\nabla\Phi \tag{4-7}$$

这里 Φ 称为标量势。

将式(4-5)和式(4-7)代入式(4-2)，得到

$$\nabla\times\nabla\times\boldsymbol{A}=-\varepsilon\frac{\partial}{\partial t}\left(\mu\frac{\partial\boldsymbol{A}}{\partial t}-\nabla\Phi\right) \tag{4-8}$$

利用矢量恒等式$\nabla\times\nabla\times\boldsymbol{A}=\nabla(\nabla\cdot\boldsymbol{A})-\nabla^2\boldsymbol{A}$，式(4-8)变为

$$\nabla^2\boldsymbol{A}-\varepsilon\mu\frac{\partial^2\boldsymbol{A}}{\partial t^2}=\nabla\left(\nabla\cdot\boldsymbol{A}-\varepsilon\frac{\partial\Phi}{\partial t}\right) \tag{4-9}$$

根据亥姆霍兹定理，对于矢量场，当其旋度和散度确定后，该矢量场才能被唯一地确定。为此选用洛伦兹规范，令

$$\nabla\cdot\boldsymbol{A}=\varepsilon\frac{\partial\Phi}{\partial t} \tag{4-10}$$

于是式(4-9)便简化为只含有矢量势 $\boldsymbol{A}$ 的矢量亥姆霍兹方程

$$\nabla^2\boldsymbol{A}-\varepsilon\mu\frac{\partial^2\boldsymbol{A}}{\partial t^2}=0 \tag{4-11}$$

将式(4-7)代入式(4-3)可得

$$\nabla\cdot\left(-\mu\frac{\partial\boldsymbol{A}}{\partial t}+\nabla\Phi\right)=-\mu\frac{\partial(\nabla\cdot\boldsymbol{A})}{\partial t}+\nabla^2\Phi=0 \tag{4-12}$$

利用式(4-10)，式(4-12)便简化为只含有标量势 Φ 的标量亥姆霍兹方程

$$\nabla^2\Phi-\varepsilon\mu\frac{\partial^2\Phi}{\partial t^2}=0 \tag{4-13}$$

由式(4-11)和式(4-13)可知，矢量势 $\boldsymbol{A}$ 和标量势 Φ 均满足亥姆霍兹方程。

在时谐场情形下，作$\frac{\partial}{\partial t}\to-\mathrm{i}\omega$ 变换，式(4-7)和式(4-10)可分别写为

$$\boldsymbol{E}-\mathrm{i}\omega\mu\boldsymbol{A}=\nabla\Phi \tag{4-14}$$

$$\nabla\cdot\boldsymbol{A}=-\mathrm{i}\omega\varepsilon\Phi \tag{4-15}$$

将式(4-15)两端取旋度并代入式(4-14)，得到

$$\boldsymbol{E}=\mathrm{i}\omega\mu\boldsymbol{A}+\mathrm{i}\frac{1}{\omega\varepsilon}\nabla(\nabla\cdot\boldsymbol{A}) \tag{4-16}$$

式(4-16)也可以写为

$$\boldsymbol{E}=\mathrm{i}kZ\left[\boldsymbol{A}+\frac{1}{k^2}\nabla(\nabla\cdot\boldsymbol{A})\right] \tag{4-17}$$

其中，$k=\omega\sqrt{\varepsilon\mu}$ 和 $Z=\sqrt{\mu/\varepsilon}$ 分别为波数和波阻抗。

4.1.2　典型结构光场电磁场分量的矢量势描述

对于满足亥姆霍兹方程的结构光场，如贝塞尔光束，矢量势 $\boldsymbol{A}$ 可定义为

$$\boldsymbol{A}=(p_x\hat{\boldsymbol{x}}+p_y\hat{\boldsymbol{y}})E(x,\ y,\ z) \tag{4-18}$$

式中，$E(x, y, z)$为光场的标量场表达式；(p_x, p_y)是光场的极化系数，当(p_x, p_y)取$(1, 0)$、$(0, 1)$、$(1, \mathrm{i})/\sqrt{2}$、$(1, -\mathrm{i})/\sqrt{2}$、$(\cos\varphi, \sin\varphi)$和$(-\sin\varphi, \cos\varphi)$时，分别对应 x -线极化、y -线极化、左圆极化、右圆极化、径向极化和角向极化。对于径向极化和角向极化，还涉及对角度 $\varphi=\arctan(y/x)$的求导，结果较为复杂。下面仅给出线极化和圆极化情况下典型结构光场的电磁场分量，径向极化和角向极化情况的推导过程类似。

将式(4-18)代入式(4-17)和式(4-5)，并令 $\boldsymbol{A}'=\hat{\boldsymbol{x}}E(x, y, z)$，$\boldsymbol{A}''=\hat{\boldsymbol{y}}E(x, y, z)$，得到光场的电磁场分量为

$$E_x=\mathrm{i}kZ\left\{p_x\left(\boldsymbol{A}'+\frac{1}{k^2}\nabla(\nabla\cdot\boldsymbol{A}')_x\right)+p_y\left[\frac{1}{k^2}\nabla(\nabla\cdot\boldsymbol{A}'')_x\right]\right\} \tag{4-19}$$

$$E_y=\mathrm{i}kZ\left\{p_x\left[\frac{1}{k^2}\nabla(\nabla\cdot\boldsymbol{A}')_y\right]+p_y\left[\boldsymbol{A}''+\frac{1}{k^2}\nabla(\nabla\cdot\boldsymbol{A}'')_y\right]\right\} \tag{4-20}$$

$$E_z=\mathrm{i}kZ\left\{p_x\left[\frac{1}{k^2}\nabla(\nabla\cdot\boldsymbol{A}')_z\right]+p_y\left[\frac{1}{k^2}\nabla(\nabla\cdot\boldsymbol{A}'')_z\right]\right\} \tag{4-21}$$

$$H_x=p_x(\nabla\times\boldsymbol{A}')_x+p_y(\nabla\times\boldsymbol{A}'')_x \tag{4-22}$$

$$H_y=p_x(\nabla\times\boldsymbol{A}')_y+p_y(\nabla\times\boldsymbol{A}'')_y \tag{4-23}$$

$$H_z=p_x(\nabla\times\boldsymbol{A}')_z+p_y(\nabla\times\boldsymbol{A}'')_z \tag{4-24}$$

对于满足傍轴近似方程的结构光场，如基模高斯光束、厄米-高斯光束、拉盖尔-高斯光束、贝塞尔-高斯光束和艾里光束等，矢量势 $\boldsymbol{A}$ 可定义为

$$\boldsymbol{A}=(p_x\hat{\boldsymbol{x}}+p_y\hat{\boldsymbol{y}})u(x,\ y,\ z)\exp(\mathrm{i}kz) \tag{4-25}$$

式中，$u(x, y, z)$为光场在缓变振幅近似下的复振幅表达式。将式(4-25)代入式(4-17)和式(4-5)，在傍轴近似条件下，电磁场 $\boldsymbol{E}$ 和 $\boldsymbol{H}$ 可表示为

$$\boldsymbol{E}=\mathrm{i}kZ\left[u(p_x\hat{\boldsymbol{x}}+p_y\hat{\boldsymbol{y}})+\frac{\mathrm{i}}{k}\left(p_x\frac{\partial u}{\partial x}+p_y\frac{\partial u}{\partial y}\right)\hat{\boldsymbol{z}}\right]\exp(\mathrm{i}kz) \tag{4-26}$$

$$\boldsymbol{H}=\mathrm{i}k\left[u(-p_y\hat{\boldsymbol{x}}+p_x\hat{\boldsymbol{y}})-\frac{\mathrm{i}}{k}\left(p_y\frac{\partial u}{\partial x}-p_x\frac{\partial u}{\partial y}\right)\hat{\boldsymbol{z}}\right]\exp(\mathrm{i}kz) \tag{4-27}$$

于是得到傍轴近似光束电磁场分量的矢量势描述表达式

$$E_x=\mathrm{i}kZp_xu\exp(\mathrm{i}kz) \tag{4-28}$$

$$E_y=\mathrm{i}kZp_yu\exp(\mathrm{i}kz) \tag{4-29}$$

$$E_z=\mathrm{i}kZ\frac{\mathrm{i}}{k}\left(p_x\frac{\partial u}{\partial x}+p_y\frac{\partial u}{\partial y}\right)\exp(\mathrm{i}kz) \tag{4-30}$$

$$H_x=-\mathrm{i}kp_yu\exp(\mathrm{i}kz) \tag{4-31}$$

$$H_y=\mathrm{i}kp_xu\exp(\mathrm{i}kz) \tag{4-32}$$

$$H_z=\mathrm{i}k\frac{\mathrm{i}}{k}\left(p_x\frac{\partial u}{\partial y}-p_y\frac{\partial u}{\partial x}\right)\exp(\mathrm{i}kz) \tag{4-33}$$

1. 基模高斯光束

由式(1-48)可知，满足傍轴近似方程的基模高斯光束的复振幅表达式为

$$u(x,y,z)=\frac{1}{1+\mathrm{i}z/z_R}\exp\left[-\frac{(x^2+y^2)/w_0^2}{1+\mathrm{i}z/z_R}\right] \tag{4-34}$$

式中，w_0 为光束的束腰半径，$z_R=kw_0^2/2$ 为瑞利距离。将式(4-34)分别对 x 和 y 求导数，得到

$$\frac{\partial u}{\partial x}=-\frac{kx}{z_R+\mathrm{i}z}u \tag{4-35}$$

$$\frac{\partial u}{\partial y}=-\frac{ky}{z_R+\mathrm{i}z}u \tag{4-36}$$

将式(4-34)～(4-36)代入式(4-28)～(4-33)便得到基模高斯光束电磁场分量的矢量势描述表达式。

2. 厄米-高斯光束

由式(1-71)可知，满足傍轴近似方程的厄米-高斯光束的复振幅表达式为

$$u(x,y,z)=\mathrm{H}_m\left(\frac{\sqrt{2}}{w}x\right)\mathrm{H}_n\left(\frac{\sqrt{2}}{w}y\right)\left[\frac{1-\mathrm{i}z/z_R}{\sqrt{1+(z/z_R)^2}}\right]^{m+n}\times \frac{1}{1+\mathrm{i}z/z_R}\exp\left[-\frac{(x^2+y^2)/w_0^2}{1+\mathrm{i}z/z_R}\right] \tag{4-37}$$

式中，$\mathrm{H}_m(\cdot)$和 $\mathrm{H}_n(\cdot)$分别为 m 阶和 n 阶厄米多项式，w_0 为光束的束腰半径，$z_R=kw_0^2/2$，$w(z)=w_0\sqrt{1+(z/z_R)^2}$。将式(4-37)分别对 x 和 y 求导数，得到

$$\frac{\partial u}{\partial x}=\left[\frac{4x}{w^2}-\frac{kx}{z_R+\mathrm{i}z}-\frac{\sqrt{2}}{w}\mathrm{H}_{m+1}\left(\frac{\sqrt{2}}{w}x\right)/\mathrm{H}_m\left(\frac{\sqrt{2}}{w}x\right)\right]u \tag{4-38}$$

$$\frac{\partial u}{\partial y}=\left[\frac{4y}{w^2}-\frac{ky}{z_R+\mathrm{i}z}-\frac{\sqrt{2}}{w}\mathrm{H}_{n+1}\left(\frac{\sqrt{2}}{w}y\right)/\mathrm{H}_n\left(\frac{\sqrt{2}}{w}y\right)\right]u \tag{4-39}$$

将式(4-37)～(4-39)代入式(4-28)～(4-33)，便得到厄米-高斯光束电磁场分量的矢量势描述表达式。令 $m=n=0$，则退化为基模高斯光束的电磁场分量表达式。

3. 拉盖尔-高斯光束

由式(1-89)可知，满足傍轴近似方程的拉盖尔-高斯光束的复振幅表达式为

$$u(x,y,z)=\left(\sqrt{2}\frac{r}{w}\right)^l\mathrm{L}_p^l\left(2\frac{r^2}{w^2}\right)\left[\frac{1-\mathrm{i}z/z_R}{\sqrt{1+(z/z_R)^2}}\right]^{2p+l}\exp(\mathrm{i}l\varphi)\times$$
$$\frac{1}{1+\mathrm{i}z/z_R}\exp\left(-\frac{r^2/w_0^2}{1+\mathrm{i}z/z_R}\right) \tag{4-40}$$

式中，$\mathrm{L}_p^l(\cdot)$是缔合拉盖尔多项式，w_0 为光束的束腰半径，$z_R=kw_0^2/2$，$r=\sqrt{x^2+y^2}$，$w(z)=w_0\sqrt{1+(z/z_R)^2}$，$\varphi=\arctan(y/x)$。将式(4-40)分别对 x 和 y 求导数，得到

$$\frac{\partial u}{\partial x}=\left\{\frac{l(x-iy)}{r^2}-\frac{kx}{z_R+\mathrm{i}z}+\frac{4x}{w^2}\left[1-\mathrm{L}_p^{l+1}\left(2\frac{r^2}{w^2}\right)/\mathrm{L}_p^l\left(2\frac{r^2}{w^2}\right)\right]\right\}u \tag{4-41}$$

$$\frac{\partial u}{\partial y}=\left\{\frac{l(y+\mathrm{i}x)}{r^2}-\frac{ky}{z_R+\mathrm{i}z}+\frac{4y}{w^2}\left[1-\mathrm{L}_p^{l+1}\left(2\frac{r^2}{w^2}\right)/\mathrm{L}_p^l\left(2\frac{r^2}{w^2}\right)\right]\right\}u \tag{4-42}$$

将式(4-40)～(4-42)代入式(4-28)～(4-33)，便可得到拉盖尔-高斯光束电磁场分量的矢量势描述表达式。令 $p=l=0$，则退化为基模高斯光束的电磁场分量表达式。

4. 贝塞尔光束

由式(1-110)可知，严格满足亥姆霍兹方程的贝塞尔光束的标量场表达式为

$$E(x,y,z)=\mathrm{J}_m(k_r r)\exp(\mathrm{i}m\phi)\exp(\mathrm{i}k_z z) \tag{4-43}$$

其中，$\mathrm{J}_m(\cdot)$是 m 阶第一类贝塞尔函数；$k_r=k\sin\theta_0$ 和 $k_z=k\cos\theta_0$ 分别是波数 k 的横向和纵向分量，θ_0 是光束的半锥角，$r=\sqrt{x^2+y^2}$，$\varphi=\arctan(y/x)$

为相位角。设 $\boldsymbol{A}'=\hat{\boldsymbol{x}}E(x, y, z)$，$\boldsymbol{A}''=\hat{\boldsymbol{y}}E(x, y, z)$，则

$$\nabla(\nabla\cdot\boldsymbol{A}')_x=\left[-\frac{k_r^2x^2}{r^2}+\frac{m(m-1)(x-\mathrm{i}y)^2}{r^4}+\frac{k_r(x^2-y^2+\mathrm{i}2mxy)}{r^3}\frac{\mathrm{J}_{m+1}(k_rr)}{\mathrm{J}_m(k_rr)}\right]E \tag{4-44}$$

$$\nabla(\nabla\cdot\boldsymbol{A}')_y=xy\left[\frac{m(m-1)}{r^4}\left(2+\mathrm{i}\frac{x^2-y^2}{xy}\right)-\frac{k_r^2}{r^2}+\frac{k_r}{r^3}\left(2+\mathrm{i}m\frac{y^2-x^2}{xy}\right)\frac{\mathrm{J}_{m+1}(k_rr)}{\mathrm{J}_m(k_rr)}\right]E \tag{4-45}$$

$$\nabla(\nabla\cdot\boldsymbol{A}')_z=k_z\left[\frac{\mathrm{i}m(x-\mathrm{i}y)}{r^2}-\frac{\mathrm{i}k_rx}{r}\frac{\mathrm{J}_{m+1}(k_rr)}{\mathrm{J}_m(k_rr)}\right]E \tag{4-46}$$

$$(\nabla\times\boldsymbol{A}')_x=0 \tag{4-47}$$

$$(\nabla\times\boldsymbol{A}')_y=\mathrm{i}k_zE \tag{4-48}$$

$$(\nabla\times\boldsymbol{A}')_z=\left[-\frac{m(y+\mathrm{i}x)}{r^2}+\frac{k_ry}{r}\frac{\mathrm{J}_{m+1}(k_rr)}{\mathrm{J}_m(k_rr)}\right]E \tag{4-49}$$

$$\nabla(\nabla\cdot\boldsymbol{A}'')_x=xy\left[\frac{m(m-1)}{r^4}\left(2+\mathrm{i}\frac{x^2-y^2}{xy}\right)-\frac{k_r^2}{r^2}+\frac{k_r}{r^3}\left(2+\mathrm{i}m\frac{y^2-x^2}{xy}\right)\frac{\mathrm{J}_{m+1}(k_rr)}{\mathrm{J}_m(k_rr)}\right]E \tag{4-50}$$

$$\nabla(\nabla\cdot\boldsymbol{A}'')_y=\left\{-\frac{k_r^2y^2}{r^2}+\frac{m(m-1)(y+\mathrm{i}x)^2}{r^4}+\frac{k_r(y^2-x^2-\mathrm{i}2mxy)}{r^3}\frac{\mathrm{J}_{m+1}(k_rr)}{\mathrm{J}_m(k_rr)}\right\}E \tag{4-51}$$

$$\nabla(\nabla\cdot\boldsymbol{A}'')_z=k_z\left[\frac{\mathrm{i}m(y+\mathrm{i}x)}{r^2}-\frac{\mathrm{i}k_ry}{r}\frac{\mathrm{J}_{m+1}(k_rr)}{\mathrm{J}_m(k_rr)}\right]E \tag{4-52}$$

$$(\nabla\times\boldsymbol{A}'')_x=-\mathrm{i}k_zE \tag{4-53}$$

$$(\nabla\times\boldsymbol{A}'')_y=0 \tag{4-54}$$

$$(\nabla\times\boldsymbol{A}'')_z=\left[\frac{m(x-\mathrm{i}y)}{r^2}-\frac{k_rx}{r}\frac{\mathrm{J}_{m+1}(k_rr)}{\mathrm{J}_m(k_rr)}\right]E \tag{4-55}$$

将式(4-43)～(4-55)代入式(4-19)～(4-24)，便可得到严格满足亥姆霍兹方程情形下贝塞尔光束的电磁场分量表达式。

由式(1-111)可知，满足傍轴近似方程的贝塞尔光束的复振幅表达式为

$$u(r, \varphi, z)=\exp\left(-\frac{\mathrm{i}k_r^2z}{2k}\right)\mathrm{J}_m(k_rr)\exp(\mathrm{i}m\phi) \tag{4-56}$$

将式(4-56)分别对 x 和 y 求导数，得到

$$\frac{\partial u}{\partial x}=\left[\frac{m(x-\mathrm{i}y)}{r^2}-\frac{k_rx}{r}\frac{\mathrm{J}_{m+1}(k_rr)}{\mathrm{J}_m(k_rr)}\right]u \tag{4-57}$$

$$\frac{\partial u}{\partial y}=\left[\frac{m(y+\mathrm{i}x)}{r^2}-\frac{k_ry}{r}\frac{\mathrm{J}_{m+1}(k_rr)}{\mathrm{J}_m(k_rr)}\right]u \tag{4-58}$$

将式(4－56)～(4－58)代入式(4－28)～(4－33)，便可得到傍轴近似情形下贝塞尔光束电磁场分量的矢量势描述表达式。

5. 贝塞尔-高斯光束

由式(1－112)可知，满足傍轴近似方程的贝塞尔-高斯光束的复振幅表达式为

$$u(r,\varphi,z)=\mathrm{J}_m\left(\frac{k_r r}{1+\mathrm{i}z/z_R}\right)\exp\left(-\mathrm{i}\frac{k_r^2 z}{2k}\frac{1}{1+\mathrm{i}z/z_R}\right)\exp(\mathrm{i}m\phi)\times \frac{1}{1+\mathrm{i}z/z_R}\exp\left(-\frac{r^2/w_0^2}{1+\mathrm{i}z/z_R}\right) \tag{4-59}$$

其中，$\mathrm{J}_m(\cdot)$是 m 阶第一类贝塞尔函数；$k_r=k\sin\theta_0$，θ_0 是光束的半锥角；w_0 为光束的束腰半径；$z_R=kw_0^2/2$；$r=\sqrt{x^2+y^2}$；$\varphi=\arctan(y/x)$为相位角。将式(4－59)分别对 x 和 y 求导数，得到

$$\frac{\partial u}{\partial x}=\left[\frac{m(x-\mathrm{i}y)}{r^2}-\frac{kx}{z_R+\mathrm{i}z}-\frac{k_r}{1+\mathrm{i}z/z_R}\frac{x}{r}\mathrm{J}_{m+1}\left(\frac{k_r r}{1+\mathrm{i}z/z_R}\right)/\mathrm{J}_m\left(\frac{k_r r}{1+\mathrm{i}z/z_R}\right)\right]u \tag{4-60}$$

$$\frac{\partial u}{\partial y}=\left[\frac{m(y+\mathrm{i}x)}{r^2}-\frac{ky}{z_R+\mathrm{i}z}-\frac{k_r}{1+\mathrm{i}z/z_R}\frac{y}{r}\mathrm{J}_{m+1}\left(\frac{k_r r}{1+\mathrm{i}z/z_R}\right)/\mathrm{J}_m\left(\frac{k_r r}{1+\mathrm{i}z/z_R}\right)\right]u \tag{4-61}$$

将式(4－59)～(4－61)代入式(4－28)～(4－33)，便可得贝塞尔-高斯光束电磁场分量的矢量势描述表达式。令 $\theta_0=0°$，$m=0$，则退化为基模高斯光束的电磁场分量表达式。

6. 艾里光束

由式(1－132)～(1－134)可知，满足傍轴近似方程的艾里光束的复振幅表达式为

$$u(x,y,z)=Ai(T_x)\exp(M_x)Ai(T_y)\exp(M_y) \tag{4-62}$$

其中：

$$\begin{cases}T_x=\dfrac{x}{w_x}-\dfrac{z^2}{4k_0^2w_x^4}+\dfrac{\mathrm{i}a_0z}{k_0w_x^2}\\[2ex] M_x=\dfrac{a_0x}{w_x}-\dfrac{a_0z^2}{2k_0^2w_x^4}-\dfrac{\mathrm{i}z^3}{12k_0^3w_x^6}+\dfrac{\mathrm{i}a_0^2z}{2k_0w_x^2}+\dfrac{\mathrm{i}xz}{2k_0w_x^3}\end{cases} \tag{4-63}$$

$$\begin{cases}T_y=\dfrac{y}{w_y}-\dfrac{z^2}{4k_0^2w_y^4}+\dfrac{\mathrm{i}a_0z}{k_0w_y^2}\\[2ex] M_y=\dfrac{a_0y}{w_y}-\dfrac{a_0z^2}{2k_0^2w_y^4}-\dfrac{\mathrm{i}z^3}{12k_0^3w_y^6}+\dfrac{\mathrm{i}a_0^2z}{2k_0w_y^2}+\dfrac{\mathrm{i}yz}{2k_0w_y^3}\end{cases} \tag{4-64}$$

式中，w_x 和 w_y 为任意的横向比例参数，a_0 为衰减因子，$Ai(\cdot)$为艾里函数。将式(4-62)分别对 x 和 y 求导数，得到

$$\frac{\partial u}{\partial x}=\left[\frac{2kw_x^2a_0+\mathrm{i}z}{2kw_x^3}+\frac{1}{w_x}\frac{Ai'(T_x)}{Ai(T_x)}\right]u \tag{4-65}$$

$$\frac{\partial u}{\partial y}=\left[\frac{2kw_y^2a_0+\mathrm{i}z}{2kw_x^3}+\frac{1}{w_y}\frac{Ai'(T_y)}{Ai(T_y)}\right]u \tag{4-66}$$

将式(4-62)～(4-66)代入式(4-28)～(4-33)，便得到艾里光束电磁场分量的矢量势描述表达式。

4.2 矢量角谱展开理论

4.2.1 光场的矢量角谱展开

1. 直角坐标系下光场的矢量角谱展开

在 3.3 节中，我们讨论了结构光场标量衍射的角谱展开理论，推导出了典型结构光场的角谱。众所周知，结构光场的本质是特殊类型的电磁波，其电场和磁场均是矢量。矢量形式的电场角谱展开表达式为

$$\boldsymbol{E}(x,y,z)=\int_{-\infty}^{+\infty}\int_{-\infty}^{+\infty}\widetilde{\boldsymbol{E}}(k_x,k_y)\exp[\mathrm{i}(k_xx+k_yy)]\exp(\mathrm{i}k_zz)\mathrm{d}k_x\mathrm{d}k_y \tag{4-67}$$

其中，矢量角谱 $\widetilde{\boldsymbol{E}}(k_x,k_y)$可写为

$$\widetilde{\boldsymbol{E}}(k_x,k_y)=\left[p_x\hat{\boldsymbol{x}}+p_y\hat{\boldsymbol{y}}-\frac{1}{k_z}(p_xk_x+p_yk_y)\hat{\boldsymbol{z}}\right]\widetilde{E}(k_x,k_y) \tag{4-68}$$

这里，(p_x,p_y)是光场的极化系数；$\widetilde{E}(k_x,k_y)$为光场的标量角谱，由下式计算

$$\widetilde{E}(k_x,k_y)=\frac{1}{4\pi^2}\int_{-\infty}^{+\infty}\int_{-\infty}^{+\infty}E(x,y,0)\exp[-\mathrm{i}(k_xx+k_yy)]\mathrm{d}x\mathrm{d}y \tag{4-69}$$

由(4-68)可得到矢量角谱 $\widetilde{\boldsymbol{E}}(k_x,k_y)$的三个分量为

$$\widetilde{E}_x=p_x\widetilde{E},\ \widetilde{E}_y=p_y\widetilde{E},\ \widetilde{E}_z=-p_x\frac{k_x}{k_z}\widetilde{E}-p_y\frac{k_y}{k_z}\widetilde{E} \tag{4-70}$$

类似地，矢量形式的磁场角谱展开表达式为

$$\boldsymbol{H}(x, y, z)=\int_{-\infty}^{+\infty}\int_{-\infty}^{+\infty}\widetilde{\boldsymbol{H}}(k_x, k_y)\exp[\mathrm{i}(k_x x+k_y y)]\exp(\mathrm{i}k_z z)\mathrm{d}k_x\mathrm{d}k_y \tag{4-71}$$

其中：

$$\widetilde{\boldsymbol{H}}(k_x, k_y)=\frac{1}{Z}\frac{\boldsymbol{k}\times\widetilde{\boldsymbol{E}}(k_x, k_y)}{k} \tag{4-72}$$

式中，k 和 Z 分别是波数和波阻抗，$\boldsymbol{k}$ 是波矢，矢量角谱 $\widetilde{\boldsymbol{H}}(k_x, k_y)$的三个分量为

$$\widetilde{H}_x=-p_x\frac{1}{Z}\frac{1}{kk_z}k_x k_y\widetilde{E}-p_y\frac{1}{Z}\frac{1}{kk_z}k_y^2\widetilde{E}-p_y\frac{1}{Z}\frac{1}{k}k_z\widetilde{E} \tag{4-73}$$

$$\widetilde{H}_y=p_x\frac{1}{Z}\frac{1}{k}k_z\widetilde{E}+p_x\frac{1}{Z}\frac{1}{kk_z}k_x^2\widetilde{E}+p_y\frac{1}{Z}\frac{1}{kk_z}k_x k_y\widetilde{E} \tag{4-74}$$

$$\widetilde{H}_z=p_y\frac{1}{Z}\frac{k_x}{k}\widetilde{E}-p_x\frac{1}{Z}\frac{k_y}{k}\widetilde{E} \tag{4-75}$$

考虑式(4-70)以及式(4-73)～(4-75)，式(4-67)和式(4-71)可写为

$$\begin{bmatrix}E_x, H_x\\E_y, H_y\\E_z, H_z\end{bmatrix}=\int_{-\infty}^{+\infty}\int_{-\infty}^{+\infty}\begin{bmatrix}\widetilde{E}_x, \widetilde{H}_x\\\widetilde{E}_y, \widetilde{H}_y\\\widetilde{E}_z, \widetilde{H}_z\end{bmatrix}\exp[\mathrm{i}(k_x x+k_y y)]\exp(\mathrm{i}k_z z)\mathrm{d}k_x\mathrm{d}k_y \tag{4-76}$$

傍轴近似下，$k_z=\sqrt{k^2-(k_x^2+k_y^2)}\approx k-\dfrac{k_x^2+k_y^2}{2k}$，由式(4-76)得到

$$\begin{bmatrix}E_x, H_x\\E_y, H_y\\E_z, H_z\end{bmatrix}=\exp(\mathrm{i}kz)\int_{-\infty}^{+\infty}\int_{-\infty}^{+\infty}\begin{bmatrix}\widetilde{E}_x, \widetilde{H}_x\\\widetilde{E}_y, \widetilde{H}_y\\\widetilde{E}_z, \widetilde{H}_z\end{bmatrix}\exp\left[\mathrm{i}\left(k_x x+k_y y-\frac{k_x^2+k_y^2}{2k}z\right)\right]\mathrm{d}k_x\mathrm{d}k_y \tag{4-77}$$

式中，对应傍轴近似条件下的角谱分量为

$$\widetilde{E}_x=p_x\widetilde{E},\ \widetilde{E}_y=p_y\widetilde{E},\ \widetilde{E}_z=-p_x\frac{k_x}{k}\widetilde{E}-p_y\frac{k_y}{k}\widetilde{E} \tag{4-78}$$

$$\widetilde{H}_x=-p_y\frac{1}{Z}\widetilde{E},\ \widetilde{H}_y=p_x\frac{1}{Z}\widetilde{E},\ \widetilde{H}_z=p_y\frac{1}{Z}\frac{k_x}{k}\widetilde{E}-p_x\frac{1}{Z}\frac{k_y}{k}\widetilde{E} \tag{4-79}$$

由式(4-77)～(4-79)可知，在直角坐标下采用矢量角谱展开方法描述傍轴近似光束的电磁场分量时，会涉及如下三类积分

$$\begin{bmatrix} I_1 \\ I_2 \\ I_3 \end{bmatrix} = \int_{-\infty}^{+\infty}\int_{-\infty}^{+\infty} \begin{bmatrix} \widetilde{E}(k_x, k_y) \\ k_x\widetilde{E}(k_x, k_y) \\ k_y\widetilde{E}(k_x, k_y) \end{bmatrix} \exp\left[\mathrm{i}\left(k_x x + k_y y - \frac{k_x^2 + k_y^2}{2k}z\right)\right]\mathrm{d}k_x\mathrm{d}k_y \tag{4-80}$$

于是得到满足傍轴近似方程的结构光场的电磁场分量可表示为

$$E_x = p_x I_1 \exp(\mathrm{i}kz) \tag{4-81}$$

$$E_y = p_y I_1 \exp(\mathrm{i}kz) \tag{4-82}$$

$$E_z = -\frac{1}{k}(p_x I_2 + p_y I_3)\exp(\mathrm{i}kz) \tag{4-83}$$

$$H_x = -\frac{1}{Z}p_y I_1 \exp(\mathrm{i}kz) \tag{4-84}$$

$$H_y = \frac{1}{Z}p_x I_1 \exp(\mathrm{i}kz) \tag{4-85}$$

$$H_z = -\frac{1}{Z}\frac{1}{k}(p_x I_3 - p_y I_2)\exp(\mathrm{i}kz) \tag{4-86}$$

这里需要指出的是，上述结果不适用于角向极化、径向极化等矢量结构光场。

2. 柱坐标系下光场的矢量角谱展开

在柱坐标系(r, φ, z)下，考虑关系式 $x = r\cos\phi$，$y = r\sin\phi$，$\mathrm{d}x\mathrm{d}y = r\mathrm{d}r\mathrm{d}\varphi$，以及 $k_x = k\sin\theta\cos\varphi$，$k_y = k\sin\theta\sin\varphi$，式(4-69)写为

$$\widetilde{E}(\theta, \phi) = \frac{1}{4\pi^2}\int_0^{\infty}\int_0^{2\pi} E(r, \varphi, 0)\exp[-\mathrm{i}kr\sin\theta\cos(\phi - \varphi)]r\mathrm{d}r\mathrm{d}\varphi \tag{4-87}$$

相应地，式(4-76)、式(4-77)和式(4-80)写为

$$\begin{bmatrix} E_x, H_x \\ E_y, H_y \\ E_z, H_z \end{bmatrix} = \int_0^{\pi}\int_0^{2\pi} \begin{bmatrix} \widetilde{E}_x, \widetilde{H}_x \\ \widetilde{E}_y, \widetilde{H}_y \\ \widetilde{E}_z, \widetilde{H}_z \end{bmatrix} \begin{bmatrix} \exp[\mathrm{i}kr\sin\theta\cos(\phi - \varphi)] \times \\ \exp(\mathrm{i}k\cos\theta z) \end{bmatrix} k^2\cos\theta\sin\theta\,\mathrm{d}\theta\,\mathrm{d}\phi \tag{4-88}$$

$$\begin{bmatrix} E_x, H_x \\ E_y, H_y \\ E_z, H_z \end{bmatrix} = \exp(\mathrm{i}kz)\int_0^{\pi}\int_0^{2\pi} \begin{bmatrix} \widetilde{E}_x, \widetilde{H}_x \\ \widetilde{E}_y, \widetilde{H}_y \\ \widetilde{E}_z, \widetilde{H}_z \end{bmatrix} \begin{bmatrix} \exp[\mathrm{i}kr\sin\theta\cos(\phi - \varphi)] \times \\ \exp(-\mathrm{i}k\sin^2\theta z/2) \end{bmatrix} k^2\cos\theta\sin\theta\,\mathrm{d}\theta\,\mathrm{d}\phi \tag{4-89}$$

$$\begin{bmatrix} I_1 \\ I_2 \\ I_3 \end{bmatrix} = \int_0^{\pi}\int_0^{2\pi} \begin{bmatrix} \widetilde{E}(\theta, \phi) \\ k_x \widetilde{E}(\theta, \phi) \\ k_y \widetilde{E}(\theta, \phi) \end{bmatrix} \begin{bmatrix} \exp[ikr\sin\theta\cos(\phi-\varphi)]\times \\ \exp(-ik\sin^2\theta z/2) \end{bmatrix} k^2\cos\theta\sin\theta\,d\theta\,d\phi \tag{4-90}$$

4.2.2　典型结构光场电磁场分量的角谱展开描述

在描述结构光场的电磁场分量时，矢量势方法和矢量角谱展开方法各有优缺点。矢量势方法涉及的是求导运算，运算过程相对简单，但是不适合描述反射、折射和聚焦等复杂情况下结构光场的电磁场分量。矢量角谱展开方法涉及的是积分运算，运算过程较为复杂，但适用于结构光场的反射、折射和聚焦等复杂情形。下面介绍典型结构光场的矢量角谱展开描述公式。

1. 基模高斯光束

由式(3－137)可知，基模高斯光束的标量角谱为

$$\widetilde{E}(k_x, k_y) = \frac{w_0^2}{4\pi}\exp\left[-(k_x^2+k_y^2)\frac{w_0^2}{4}\right] \tag{4-91}$$

式中，w_0 为光束的束腰半径。将式(4－91)代入式(4－80)，利用积分公式

$$\int_{-\infty}^{\infty}\exp(-ax^2+ibx)\,dx = \sqrt{\frac{\pi}{a}}\exp\left(-\frac{b^2}{4a}\right) \tag{4-92}$$

$$\int_{-\infty}^{\infty}x\exp(-ax^2+ibx)\,dx = \frac{ib}{2a}\sqrt{\frac{\pi}{a}}\exp\left(-\frac{b^2}{4a}\right) \tag{4-93}$$

得到

$$I_1 = \frac{1}{1+iz/z_R}\exp\left[-\frac{(x^2+y^2)/w_0^2}{1+iz/z_R}\right] \tag{4-94}$$

$$I_2 = \frac{ikx}{z_R+iz}I_1 \tag{4-95}$$

$$I_3 = \frac{iky}{z_R+iz}I_1 \tag{4-96}$$

式中，$z_R = kw_0^2/2$ 为瑞利距离。将式(4－94)～(4－96)代入式(4－81)～(4－86)，便可得到基模高斯光束电磁场分量的矢量角谱展开表达式。通过对比可以发现，采用矢量势方法和矢量角谱展开方法得到的傍轴近似光束电磁场的分量表达式是一致的。

2. 厄米-高斯光束

由式(3－142)可知，厄米-高斯光束的标量角谱为

$$\widetilde{E}(k_x, k_y)=\mathrm{i}^{m+n}\mathrm{H}_m\left(-\frac{w_0 k_x}{\sqrt{2}}\right)\mathrm{H}_m\left(-\frac{w_0 k_y}{\sqrt{2}}\right)\frac{w_0^2}{4\pi}\exp\left[-\frac{(k_x^2+k_y^2)w_0^2}{4}\right] \tag{4-97}$$

式中，$\mathrm{H}_m(\cdot)$和$\mathrm{H}_n(\cdot)$分别为m阶和n阶厄米多项式，w_0为光束的束腰半径。

将式(4-97)代入式(4-80)，利用积分公式

$$\int_{-\infty}^{+\infty}\exp\left[-\frac{(x-a)^2}{b}\right]\mathrm{H}_m(cx)\mathrm{d}x=\sqrt{\pi b}(1-c^2 b)^{m/2}\mathrm{H}_m\left(\frac{ca}{\sqrt{1-c^2 b}}\right) \tag{4-98}$$

和厄米多项式的奇偶性

$$\mathrm{H}_m(-x)=(-1)^m\mathrm{H}_m(x) \tag{4-99}$$

以及递推公式

$$\mathrm{H}_{m+1}(x)=2x\mathrm{H}_m(x)-2m\mathrm{H}_{m-1}(x) \tag{4-100}$$

得到

$$I_1=\mathrm{H}_m\left(\frac{\sqrt{2}}{w}x\right)\mathrm{H}_n\left(\frac{\sqrt{2}}{w}y\right)\left[\frac{1-\mathrm{i}z/z_R}{\sqrt{1+(z/z_R)^2}}\right]^{m+n}\frac{1}{1+\mathrm{i}z/z_R}\exp\left[-\frac{(x^2+y^2)/w_0^2}{1+\mathrm{i}z/z_R}\right] \tag{4-101}$$

$$I_2=-\mathrm{i}\left[\frac{4x}{w^2}-\frac{kx}{z_R+\mathrm{i}z}-\frac{\sqrt{2}}{w}\mathrm{H}_{m+1}\left(\frac{\sqrt{2}}{w}x\right)/\mathrm{H}_m\left(\frac{\sqrt{2}}{w}x\right)\right]I_1 \tag{4-102}$$

$$I_3=-\mathrm{i}\left[\frac{4y}{w^2}-\frac{ky}{z_R+\mathrm{i}z}-\frac{\sqrt{2}}{w}\mathrm{H}_{n+1}\left(\frac{\sqrt{2}}{w}y\right)/\mathrm{H}_n\left(\frac{\sqrt{2}}{w}y\right)\right]I_1 \tag{4-103}$$

式中，$z_R=kw_0^2/2$，$w(z)=w_0\sqrt{1+(z/z_R)^2}$。

将式(4-101)～(4-103)代入式(4-81)～(4-86)，便可得到厄米-高斯光束电磁场分量的矢量角谱展开表达式。

3. 拉盖尔-高斯光束

由式(3-145)可知，拉盖尔-高斯光束的标量角谱为

$$\widetilde{E}(\theta, \phi)=\left(-\frac{\mathrm{i}w_0 k\sin\theta}{\sqrt{2}}\right)^l(-1)^p\mathrm{L}_p^l\left(\frac{w_0^2k^2\sin^2\theta}{2}\right)\exp(\mathrm{i}l\phi)\frac{w_0^2}{4\pi}\exp\left(-\frac{w_0^2k^2\sin^2\theta}{4}\right) \tag{4-104}$$

式中，$\mathrm{L}_p^l(\cdot)$是缔合拉盖尔多项式，p和l是径向和角向的模数，w_0为光束的束腰半径。

将式(4-104)代入式(4-90)，利用积分公式

$$\int_0^{2\pi}\exp(\mathrm{i}l\phi)\begin{bmatrix}\cos(n\phi)\\ \sin(n\phi)\\ 1\end{bmatrix}\exp[\mathrm{i}\rho\cos(\phi-\varphi)]\mathrm{d}\phi$$
$$=\pi\begin{bmatrix}\mathrm{i}^{l+n}\exp[\mathrm{i}(l+n)\varphi]\mathrm{J}_{l+n}(\rho)+\mathrm{i}^{l-n}\exp[\mathrm{i}(l-n)\varphi]\mathrm{J}_{l-n}(\rho)\\ -\mathrm{i}\cdot\mathrm{i}^{l+n}\exp[\mathrm{i}(l+n)\varphi]\mathrm{J}_{l+n}(\rho)+\mathrm{i}\cdot\mathrm{i}^{l-n}\exp[\mathrm{i}(l-n)\varphi]\mathrm{J}_{l-n}(\rho)\\ 2\mathrm{i}^{l}\exp(\mathrm{i}l\varphi)\mathrm{J}_{l}(\rho)\end{bmatrix}\tag{4-105}$$

$$\int_0^{\infty}(x)^{l+\frac{1}{2}}\mathrm{L}_p^l(\alpha x^2)\exp(-\beta x^2)\mathrm{J}_l(xy)\sqrt{xy}\,\mathrm{d}x$$
$$=2^{-l-1}\beta^{-l-p-1}(\beta-\alpha)^p y^{l+\frac{1}{2}}\exp\left(-\frac{y^2}{4\beta}\right)\mathrm{L}_p^l\left[\frac{\alpha y^2}{4\beta(\alpha-\beta)}\right]\tag{4-106}$$

得到

$$I_1=\left(\sqrt{2}\frac{r}{w}\right)^l\mathrm{L}_p^l\left(2\frac{r^2}{w^2}\right)\left[\frac{1-\mathrm{i}z/z_R}{\sqrt{1+(z/z_R)^2}}\right]^{2p+l}\times$$
$$\exp(\mathrm{i}l\varphi)\frac{1}{1+\mathrm{i}z/z_R}\exp\left(-\frac{r^2/w_0^2}{1+\mathrm{i}z/z_R}\right)\tag{4-107}$$

$$I_2=-\mathrm{i}\left\{\frac{l(x-\mathrm{i}y)}{r^2}-\frac{kx}{z_R+\mathrm{i}z}+\frac{4x}{w^2}\left[1-\mathrm{L}_p^{l+1}\left(2\frac{r^2}{w^2}\right)/\mathrm{L}_p^l\left(2\frac{r^2}{w^2}\right)\right]\right\}I_1\tag{4-108}$$

$$I_3=-\mathrm{i}\left\{\frac{l(y+\mathrm{i}x)}{r^2}-\frac{ky}{z_R+\mathrm{i}z}+\frac{4y}{w^2}\left[1-\mathrm{L}_p^{l+1}\left(2\frac{r^2}{w^2}\right)/\mathrm{L}_p^l\left(2\frac{r^2}{w^2}\right)\right]\right\}I_1\tag{4-109}$$

式中，$z_R=kw_0^2/2$，$w=w_0\sqrt{1+(z/z_R)^2}$。

将式(4-107)～(4-109)代入式(4-81)～(4-86)，便可得到拉盖尔-高斯光束电磁场分量的矢量角谱展开表达式。

4. 贝塞尔光束

由式(3-161)可知，贝塞尔光束的标量角谱为

$$\widetilde{E}(\theta,\ \phi)=\frac{1}{2\pi\mathrm{i}^m}\frac{\delta(\theta-\theta_0)}{k^2\sin\theta_0\cos\theta_0}\exp(\mathrm{i}m\phi)\tag{4-110}$$

式中，m 是光束的阶数，θ_0 是光束的半锥角。

将式(4-110)代入式(4-70)、式(4-73)～(4-75)，便可得到贝塞尔光束的矢量角谱分量。贝塞尔光束的矢量角谱的傅里叶变换主要涉及如下七类积分

$$\begin{bmatrix} I_1 \\ I_2 \\ I_3 \\ I_4 \\ I_5 \\ I_6 \\ I_7 \end{bmatrix} = \int_0^{\pi}\int_0^{2\pi} \begin{bmatrix} \widetilde{E}(\theta, \phi) \\ k_x\widetilde{E}(\theta, \phi) \\ k_y\widetilde{E}(\theta, \phi) \\ k_z\widetilde{E}(\theta, \phi) \\ k_x^2\widetilde{E}(\theta, \phi) \\ k_y^2\widetilde{E}(\theta, \phi) \\ k_x k_y\widetilde{E}(\theta, \phi) \end{bmatrix} \begin{bmatrix} \exp[ikr\sin\theta\cos(\phi-\varphi)]\times \\ \exp(ik\cos\theta z) \end{bmatrix} k^2\cos\theta\sin\theta\,d\theta\,d\phi \tag{4-111}$$

将式(4-110)代入式(4-111)，利用狄拉克δ函数的筛选性质以及积分公式(4-105)，得到

$$I_1 = J_m(k_r r)\exp(im\phi)\exp(ik_z z) \tag{4-112}$$

$$I_2 = -\left[m\left(\frac{ix+y}{r^2}\right)J_m(k_r r) - k_r\left(\frac{ix}{r}\right)J_{m+1}(k_r r)\right]\exp(im\phi)\exp(ik_z z) \tag{4-113}$$

$$I_3 = -\left[m\left(\frac{iy-x}{r^2}\right)J_m(k_r r) - k_r\left(\frac{iy}{r}\right)J_{m+1}(k_r r)\right]\exp(im\phi)\exp(ik_z z) \tag{4-114}$$

$$I_4 = k_z J_m(kr)\exp(im\phi)\exp(ik_z z) \tag{4-115}$$

$$I_5 = \left\{ \begin{aligned} &\left[\frac{k_r^2 x^2}{r^2} - \frac{m(m-1)(x-iy)^2}{r^4}\right]J_m(k_r r) - \\ &\frac{k_r(x^2-y^2+i2mxy)}{r^3}J_{m+1}(k_r r) \end{aligned} \right\}\exp(im\phi)\exp(ik_z z) \tag{4-116}$$

$$I_6 = \left\{ \begin{aligned} &\left[\frac{k_r^2 y^2}{r^2} + \frac{m(m-1)(x-iy)^2}{r^4}\right]J_m(k_r r) + \\ &\frac{k_r(x^2-y^2+i2mxy)}{r^3}J_{m+1}(k_r r) \end{aligned} \right\}\exp(im\phi)\exp(ik_z z) \tag{4-117}$$

$$I_7 = \left\{ \begin{aligned} &\left[k_r^2\frac{xy}{r^2} - \frac{im(m-1)(x-iy)^2}{r^4}\right]J_m(k_r r) + \\ &\left[\frac{imk_r(x^2-y^2) - 2k_r xy}{r^3}\right]J_{m+1}(k_r r) \end{aligned} \right\}\exp(im\phi)\exp(ik_z z) \tag{4-118}$$

其中，$\mathrm{J}_m(\cdot)$是 m 阶第一类贝塞尔函数，$k_r=k\sin\theta_0$ 和 $k_z=k\cos\theta_0$ 分别是波数 k 的横向和纵向分量。

将式(4-70)、式(4-73)～(4-75)和式(4-110)代入式(4-88)，并考虑式(4-112)～(4-118)，得到严格满足电磁场波动方程的贝塞尔光束电磁场分量的矢量角谱展开表达式

$$E_x=p_x\mathrm{J}_m(k_r r)\exp(\mathrm{i}m\phi)\exp(\mathrm{i}k_z z) \tag{4-119}$$

$$E_y=p_y\mathrm{J}_m(k_r r)\exp(\mathrm{i}m\phi)\exp(\mathrm{i}k_z z) \tag{4-120}$$

$$E_z=\left\{\begin{aligned}&p_x\left[\frac{m}{k_z}\left(\frac{\mathrm{i}x+y}{r^2}\right)\mathrm{J}_m(k_r r)-\frac{k_r}{k_z}\left(\frac{\mathrm{i}x}{r}\right)\mathrm{J}_{m+1}(k_r r)\right]+\\&p_y\left[\frac{m}{k_z}\left(\frac{\mathrm{i}y-x}{r^2}\right)\mathrm{J}_m(k_r r)-\frac{k_r}{k_z}\left(\frac{\mathrm{i}y}{r}\right)\mathrm{J}_{m+1}(k_r r)\right]\end{aligned}\right\}\exp(\mathrm{i}m\phi)\exp(\mathrm{i}k_z z) \tag{4-121}$$

$$H_x=\frac{1}{Z}\left\{\begin{aligned}&-p_x\left\{\begin{aligned}&\left[\frac{k_r^2xy}{kk_zr^2}-\frac{\mathrm{i}m(m-1)(x-\mathrm{i}y)^2}{kk_zr^4}\right]\mathrm{J}_m(k_r r)+\\&\left[\frac{\mathrm{i}mk_r(x^2-y^2)-2k_rxy}{kk_zr^3}\right]\mathrm{J}_{m+1}(k_r r)\end{aligned}\right\}-\\&p_y\left\{\begin{aligned}&\left[\frac{k_z}{k}+\frac{k_r^2y^2}{kk_zr^2}+\frac{m(m-1)(x-\mathrm{i}y)^2}{kk_zr^4}\right]\mathrm{J}_m(k_r r)+\\&\frac{k_r(x^2-y^2+\mathrm{i}2mxy)}{kk_zr^3}\mathrm{J}_{m+1}(k_r r)\end{aligned}\right\}\end{aligned}\right\}\exp(\mathrm{i}m\phi)\exp(\mathrm{i}k_z z) \tag{4-122}$$

$$H_y=\frac{1}{Z}\left\{\begin{aligned}&p_x\left\{\begin{aligned}&\left[\frac{k_z}{k}+\frac{k_r^2x^2}{kk_zr^2}-\frac{m(m-1)(x-\mathrm{i}y)^2}{kk_zr^4}\right]\mathrm{J}_m(k_r r)-\\&\frac{k_r(x^2-y^2+\mathrm{i}2mxy)}{kk_zr^3}\mathrm{J}_{m+1}(k_r r)\end{aligned}\right\}+\\&p_y\left\{\begin{aligned}&\left[\frac{k_r^2xy}{kk_zr^2}-\frac{\mathrm{i}m(m-1)(x-\mathrm{i}y)^2}{kk_zr^4}\right]\mathrm{J}_m(k_r r)+\\&\left[\frac{\mathrm{i}mk_r(x^2-y^2)-2k_rxy}{kk_zr^3}\right]\mathrm{J}_{m+1}(k_r r)\end{aligned}\right\}\end{aligned}\right\}\exp(\mathrm{i}m\phi)\exp(\mathrm{i}k_z z) \tag{4-123}$$

$$H_z=\frac{1}{Z}\left\{\begin{aligned}&-p_y\left[\frac{m}{k}\left(\frac{\mathrm{i}x+y}{r^2}\right)\mathrm{J}_m(k_r r)-\frac{k_r}{k}\left(\frac{\mathrm{i}x}{r}\right)\mathrm{J}_{m+1}(k_r r)\right]+\\&p_x\left[\frac{m}{k}\left(\frac{\mathrm{i}y-x}{r^2}\right)\mathrm{J}_m(k_r r)-\frac{k_r}{k}\left(\frac{\mathrm{i}y}{r}\right)\mathrm{J}_{m+1}(k_r r)\right]\end{aligned}\right\}\exp(\mathrm{i}m\phi)\exp(\mathrm{i}k_z z) \tag{4-124}$$

将式(4－110)代入式(4－90)，利用狄拉克 δ 函数的筛选性质以及积分公式(4－105)，得到

$$I_1=\exp\left(-\frac{\mathrm{i}k_r^2 z}{2k}\right)\mathrm{J}_m(k_r r)\exp(\mathrm{i}m\phi) \tag{4-125}$$

$$I_2=-\mathrm{i}\left[\frac{m(x-\mathrm{i}y)}{r^2}-\frac{k_r x}{r}\frac{\mathrm{J}_{m+1}(k_r r)}{\mathrm{J}_m(k_r r)}\right]I_1 \tag{4-126}$$

$$I_3=-\mathrm{i}\left[\frac{m(y+\mathrm{i}x)}{r^2}-\frac{k_r y}{r}\frac{\mathrm{J}_{m+1}(k_r r)}{\mathrm{J}_m(k_r r)}\right]I_1 \tag{4-127}$$

将式(4－125)～(4－127)代入式(4－81)～(4－86)，便可得到傍轴近似条件下贝塞尔光束电磁场分量的矢量角谱展开表达式。

5. 贝塞尔-高斯光束

由式(3－167)可知，贝塞尔-高斯光束的标量角谱为

$$\widetilde{E}(\theta,\ \phi)=(-1)^m\mathrm{J}_m\left(\mathrm{i}k_r\frac{w_0^2 k\sin\theta}{2}\right)\exp\left(-\frac{w_0^2 k_r^2}{4}\right)\exp(\mathrm{i}m\phi)\times \frac{w_0^2}{4\pi}\exp\left(-\frac{w_0^2 k^2\sin^2\theta}{4}\right) \tag{4-128}$$

式中，$\mathrm{J}_m(\cdot)$是 m 阶第一类贝塞尔函数；$k_r=k\sin\theta_0$，θ_0 是光束的半锥角；w_0 为光束的束腰半径。

将式(4－128)代入式(4－90)，首先利用积分公式(4－105)，然后利用

$$\int_0^\infty \mathrm{J}_m(\alpha r)\mathrm{J}_m(\beta r)\exp(-\gamma r^2)r\,\mathrm{d}r =\frac{(-1)^m}{2\gamma}\exp\left(\frac{\mathrm{i}m\pi}{2}\right)\exp\left[-\frac{1}{4\gamma}(\alpha^2+\beta^2)\right]\mathrm{J}_m\left(\frac{\mathrm{i}\alpha\beta}{2\gamma}\right) \tag{4-129}$$

$$\int_0^\infty \mathrm{J}_m(\alpha r)\mathrm{J}_m(\beta r)\exp(-\gamma r^2)r^2\,\mathrm{d}r =\left[\beta\mathrm{J}_m\left(\frac{\mathrm{i}\alpha\beta}{2\gamma}\right)-\mathrm{i}^{-1}\alpha\mathrm{J}_{m+1}\left(\frac{\mathrm{i}\alpha\beta}{2\gamma}\right)\right]\frac{\mathrm{i}^{-m}}{4\gamma^2}\exp\left[-\frac{1}{4\gamma}(\alpha^2+\beta^2)\right] \tag{4-130}$$

得到

$$I_1=\mathrm{J}_m\left(\frac{k_r r}{1+\mathrm{i}z/z_R}\right)\exp\left(-\mathrm{i}\frac{k_r^2 z}{2k}\frac{1}{1+\mathrm{i}z/z_R}\right)\exp(\mathrm{i}m\varphi)\times \frac{1}{1+\mathrm{i}z/z_R}\exp\left(-\frac{r^2/w_0^2}{1+\mathrm{i}z/z_R}\right) \tag{4-131}$$

$$I_2=-\mathrm{i}\left[\frac{m(x-\mathrm{i}y)}{r^2}-\frac{kx}{z_R+\mathrm{i}z}-\frac{k_r}{1+\mathrm{i}z/z_R}\frac{x}{r}\mathrm{J}_{m+1}\left(\frac{k_r r}{1+\mathrm{i}z/z_R}\right)/\mathrm{J}_m\left(\frac{k_r r}{1+\mathrm{i}z/z_R}\right)\right]I_1 \tag{4-132}$$

$$I_3=-\mathrm{i}\left[\frac{m(y+\mathrm{i}x)}{r^2}-\frac{ky}{z_R+\mathrm{i}z}-\frac{k_r}{1+\mathrm{i}z/z_R}\frac{y}{r}\mathrm{J}_{m+1}\left(\frac{k_r r}{1+\mathrm{i}z/z_R}\right)/\mathrm{J}_m\left(\frac{k_r r}{1+\mathrm{i}z/z_R}\right)\right]I_1 \tag{4-133}$$

其中，$z_R=kw_0^2/2$。将式(4-131)～(4-133)代入式(4-81)～(4-86)，便可得到贝塞尔-高斯光束电磁场分量的矢量角谱展开表达式。

6. 艾里光束

由式(3-171)可知，艾里光束的标量角谱为

$$\widetilde{E}(k_x,k_y)=\frac{w_x w_y}{4\pi^2}\exp\left[-a_0(k_x^2w_x^2+k_y^2w_y^2)+\frac{2}{3}a_0^3\right]\times \exp\left\{\frac{\mathrm{i}}{3}\left[(k_x^3w_x^3+k_y^3w_y^3)-3a_0^2(k_xw_x+k_yw_y)\right]\right\} \tag{4-134}$$

式中，w_x 和 w_y 为任意的横向比例参数，a_0 为衰减因子。

将式(4-134)代入式(4-80)，利用积分公式(3-170)以及

$$\int_{-\infty}^{+\infty}Ai(x)\exp(bx^2+cx)\mathrm{d}x=\sqrt{-\frac{\pi}{b}}\exp\left(-\frac{c^2}{4b}+\frac{c}{8b^2}-\frac{1}{96b^3}\right)Ai\left(\frac{1}{16b^2}-\frac{c}{2b}\right) \tag{4-135}$$

$$\int_{-\infty}^{+\infty}xAi(x)\exp(bx^2+cx)\mathrm{d}x=\sqrt{-\frac{\pi}{b}}\exp\left(-\frac{c^2}{4b}+\frac{c}{8b^2}-\frac{1}{96b^3}\right)\left[\left(-\frac{c}{2b}+\frac{1}{8b^2}\right)\times Ai\left(\frac{1}{16b^2}-\frac{c}{2b}\right)-\frac{1}{2b}Ai'\left(\frac{1}{16b^2}-\frac{c}{2b}\right)\right] \tag{4-136}$$

得到

$$I_1=Ai(T_x)\exp(M_x)Ai(T_y)\exp(M_y) \tag{4-137}$$

$$I_2=-\mathrm{i}\left[\frac{2kw_x^2a_0+\mathrm{i}z}{2kw_x^3}+\frac{1}{w_x}\frac{Ai'(T_x)}{Ai(T_x)}\right]I_1 \tag{4-138}$$

$$I_3=-\mathrm{i}\left[\frac{2kw_y^2a_0+\mathrm{i}z}{2kw_x^3}+\frac{1}{w_y}\frac{Ai'(T_y)}{Ai(T_y)}\right]I_1 \tag{4-139}$$

其中，T_x、M_x、T_y 和 M_y 由式(4-63)和式(4-64)给出。将式(4-137)～(4-139)代入式(4-81)～(4-86)，便可得到艾里光束电磁场分量的矢量角谱展开表达式。

将矢量角谱展开理论和矢量势理论得到的结果比较可以发现，对于严格满足波动方程的结构光场，两种理论得到的结果具有较大差别；而对于傍轴情形下的结构光场，两种理论得到的结果仅差一个常系数 ikZ，若令 i$kZ=1$，则两种理论的结果一致。图 4.1 给出了严格满足波动方程的贝塞尔光束电磁场分量的实部分布图，其中光束的极化参数$(p_x,p_y)=(1,i)/\sqrt{2}$，波长 $\lambda=632.8$ nm，半锥角 $\theta_0=45°$，阶数 $m=2$，观察平面位于 $z=1.0\lambda$。图(a1)～(a6)为矢量势理论

得到的结果，图(b1)～(b6)为矢量角谱展开理论得到的结果。从图 4.1 中可以看出，严格满足波动方程的贝塞尔光束电磁场分量的实部分布图具有明显差别。

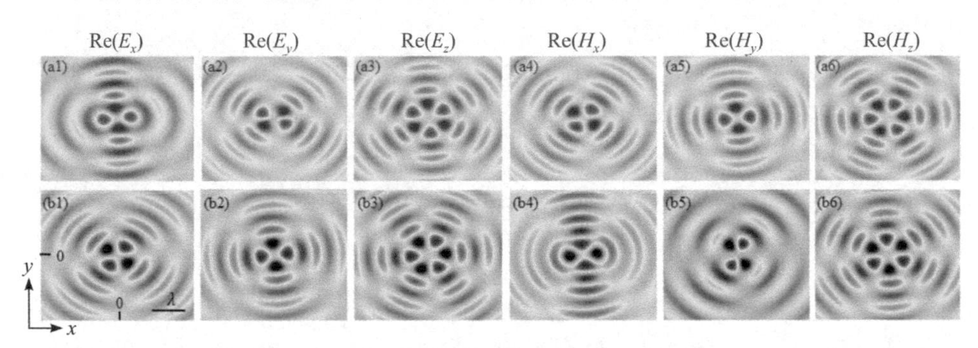

图 4.1　严格满足波动方程的贝塞尔光束电磁场分量的实部分布图

图 4.2 给出了傍轴近似条件下典型结构光场的电磁场分量的实部分布图，从上到下依次为基模高斯光束、厄米-高斯光束、拉盖尔-高斯光束、贝塞尔光束和艾里光束。其中，极化参数、波长和观察平面位置与图 4.1 中的取值一致，

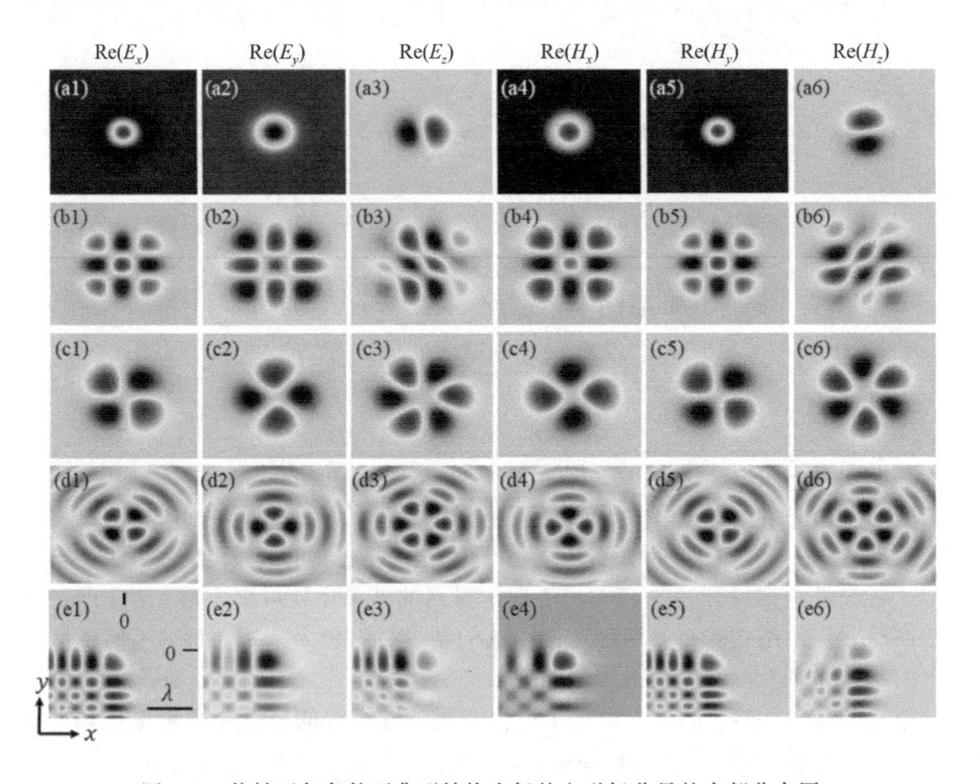

图 4.2　傍轴近似条件下典型结构光场的电磁场分量的实部分布图

束腰半径 $w_0=2.0\lambda$；厄米-高斯光束的阶数 $m=n=2$；拉盖尔-高斯光束的径向和角向的模数 $p=0$，$l=2$；贝塞尔光束的半锥角和阶数 $\theta_0=5°$，$m=2$；艾里光束的参数 $a_0=0.15$，$w_x=w_y=2.0\lambda$。从图 4.2 中可以看出，在傍轴近似条件下，圆极化结构光场的 E_x 和 H_y 的实部分布完全一样；E_y 和 H_x 的实部分布类似，但符号相反；E_z 和 H_z 的实部分布呈现一定角度的旋转关系。

4.3　矢量瑞利-索末菲积分理论

4.3.1　矢量瑞利-索末菲积分公式

在 3.4 节中，我们讨论了标量衍射问题的瑞利-索末菲积分公式。由式(3-183)可知，已知 $z=0$ 处初始平面(x_0, y_0)上的场 $E_0(x_0, y_0, 0)$，距离初始平面 z 处观察平面(x, y)上的场 $E(x, y, z)$在非傍轴情形下可以写为

$$E(x, y, z)=\left(-\frac{\mathrm{i}kz}{2\pi}\right)\frac{\exp(\mathrm{i}k\rho)}{\rho^2}\int_{-\infty}^{+\infty}\int_{-\infty}^{+\infty}E_0(x_0, y_0, 0)\times \exp\left[\frac{\mathrm{i}k}{2\rho}(x_0^2+y_0^2-2xx_0-2yy_0)\right]\mathrm{d}x_0\mathrm{d}y_0 \tag{4-140}$$

其中，$\rho=\sqrt{x^2+y^2+z^2}$。

在矢量场情形下，初始平面上的场 $\boldsymbol{E}(x_0, y_0, 0)$可写为

$$\boldsymbol{E}_0(x_0, y_0, 0)=(p_x\hat{\boldsymbol{x}}+p_y\hat{\boldsymbol{y}})E_0(x_0, y_0, 0) \tag{4-141}$$

其中，(p_x, p_y)是光场的极化系数，$E_0(x_0, y_0, 0)$为 $z=0$ 处初始平面上的标量场表达式。在非傍轴情形下，光场的电场分量表达式为

$$E_x(x, y, z)=\left(-\frac{\mathrm{i}kz}{2\pi}\right)\frac{\exp(\mathrm{i}k\rho)}{\rho^2}\int_{-\infty}^{+\infty}\int_{-\infty}^{+\infty}p_xE_0(x_0, y_0, 0)\times \exp\left[\frac{\mathrm{i}k}{2\rho}(x_0^2+y_0^2-2xx_0-2yy_0)\right]\mathrm{d}x_0\mathrm{d}y_0 \tag{4-142}$$

$$E_y(x, y, z)=\left(-\frac{\mathrm{i}kz}{2\pi}\right)\frac{\exp(\mathrm{i}k\rho)}{\rho^2}\int_{-\infty}^{+\infty}\int_{-\infty}^{+\infty}p_yE_0(x_0, y_0, 0)\times \exp\left[\frac{\mathrm{i}k}{2\rho}(x_0^2+y_0^2-2xx_0-2yy_0)\right]\mathrm{d}x_0\mathrm{d}y_0 \tag{4-143}$$

$$E_z(x, y, z)=\frac{\mathrm{i}k}{2\pi}\frac{\exp(\mathrm{i}k\rho)}{\rho^2}\int_{-\infty}^{+\infty}\int_{-\infty}^{+\infty}\exp\left[\frac{\mathrm{i}k}{2\rho}(x_0^2+y_0^2-2xx_0-2yy_0)\right]\times [p_xE_0(x_0, y_0, 0)(x-x_0)+p_yE_0(x_0, y_0, 0)(y-y_0)]\mathrm{d}x_0\mathrm{d}y_0 \tag{4-144}$$

在柱坐标系(r, φ, z)下，考虑关系式$x=r\cos\varphi$，$y=r\sin\varphi$，$x_0=r_0\cos\varphi_0$，$y_0=r_0\sin\varphi_0$，$dx_0 dy_0=r_0 dr_0 d\varphi_0$，式(4-142)～(4-144)写为

$$E_x(r, \varphi, z)=\left(-\frac{ikz}{2\pi}\right)\frac{\exp(ik\rho)}{\rho^2}\int_0^{\infty}\int_0^{2\pi} p_x E_0(r_0, \varphi_0, 0)\times \exp\left\{\frac{ik}{2\rho}[r_0^2-2r_0 r\cos(\varphi_0-\varphi)]\right\} r_0 dr_0 d\varphi_0 \quad (4-145)$$

$$E_y(r, \varphi, z)=\left(-\frac{ikz}{2\pi}\right)\frac{\exp(ik\rho)}{\rho^2}\int_0^{\infty}\int_0^{2\pi} p_y E_0(r_0, \varphi_0, 0)\times \exp\left\{\frac{ik}{2\rho}[r_0^2-2r_0 r\cos(\varphi_0-\varphi)]\right\} r_0 dr_0 d\varphi_0 \quad (4-146)$$

$$E_z(r, \varphi, z)=\frac{ik}{2\pi}\frac{\exp(ik\rho)}{\rho^2}\int_0^{\infty}\int_0^{2\pi}\exp\left\{\frac{ik}{2\rho}[r_0^2-2r_0 r\cos(\varphi_0-\varphi)]\right\}\times [p_x E_0(r_0, \varphi_0, 0)(x-x_0)+p_y E_0(r_0, \varphi_0, 0)(y-y_0)] r_0 dr_0 d\varphi_0 \quad (4-147)$$

这里需要注意的是，对于径向极化和角向极化，积分结果较为复杂。下面仅介绍线性极化和圆极化情况下典型电磁场分量的瑞利-索末菲积分。

4.3.2　典型结构光场电磁场分量的瑞利-索末菲积分描述

1. 基模高斯光束

由式(3-189)可知，初始平面(x_0, y_0)上基模高斯光束的表达式为

$$E(x_0, y_0, 0)=\exp\left[-\frac{(x_0^2+y_0^2)}{w_0^2}\right] \quad (4-148)$$

式中，w_0为光束的束腰半径。

将式(4-148)代入式(4-142)～(4-144)，利用积分公式(4-92)和式(4-93)，得到基模高斯光束在非傍轴情形下的电场分量表达式

$$E_x(x, y, z)=p_x E_{FGB} \quad (4-149)$$

$$E_y(x, y, z)=p_y E_{FGB} \quad (4-150)$$

$$E_z(x, y, z)=-\left[p_x\frac{1}{z}\left(x-\frac{ib_x}{2a}\right)+p_y\frac{1}{z}\left(y-\frac{ib_y}{2a}\right)\right]E_{FGB} \quad (4-151)$$

其中：

$$E_{FGB}=\left(-\frac{ikz}{2a\rho^2}\right)\exp\left(-\frac{b_x^2+b_y^2}{4a}\right)\exp(ik\rho) \quad (4-152)$$

式中，$a=\frac{1}{w_0^2}-\frac{ik}{2\rho}$，$b_x=-\frac{kx}{\rho}$，$b_y=-\frac{ky}{\rho}$。

根据式(4-149)～(4-152)，图4.3给出了基模高斯光束在非傍轴条件下电

场分量的实部归一化分布图，其中束腰半径 $w_0=0.5\lambda$。由图 4.3 可知，E_x 和 E_y 呈现圆环状分布图，E_z 呈现螺旋状分布图。E_x 和 E_y 的值要比 E_z 的值大。

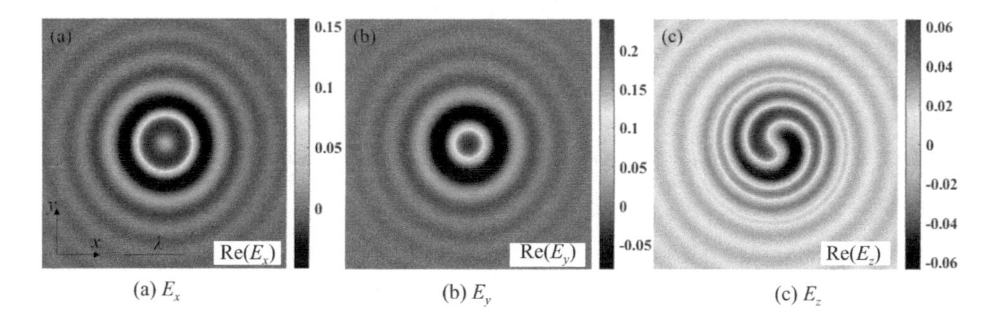

(a) E_x　　(b) E_y　　(c) E_z

图 4.3　基模高斯光束在非傍轴条件下电场分量的实部归一化分布图

2. 厄米-高斯光束

由式(3-191)可知，初始平面(x_0, y_0)上厄米-高斯光束的表达式为

$$E(x_0, y_0, 0)=\mathrm{H}_m\left(\frac{\sqrt{2}}{w_0}x_0\right)\mathrm{H}_n\left(\frac{\sqrt{2}}{y_0}y_0\right)\exp\left(-\frac{x_0^2+y_0^2}{w_0^2}\right) \tag{4-153}$$

式中，$\mathrm{H}_m(\cdot)$和 $\mathrm{H}_n(\cdot)$分别为 m 阶和 n 阶厄米多项式，w_0 为光束的束腰半径。

将式(4-153)代入式(4-142)～(4-144)，利用积分公式(4-98)及厄米多项式的奇偶性(式(4-99)和式(4-100))，得到厄米-高斯光束在非傍轴情形下的电场分量表达式

$$E_x(x, y, z)=p_x E_{\mathrm{HGB}}(x, y, z) \tag{4-154}$$

$$E_y(x, y, z)=p_y E_{\mathrm{HGB}}(x, y, z) \tag{4-155}$$

$$E_z(x, y, z)=\left\{\begin{aligned}&p_x\left(\frac{\rho}{z}\right)\frac{\mathrm{i}}{k}\left[\frac{4x}{w^2}-\frac{kx}{z_R+\mathrm{i}\rho}-\frac{\sqrt{2}}{w}\mathrm{H}_{m+1}\left(\frac{\sqrt{2}}{w}x\right)/\mathrm{H}_m\left(\frac{\sqrt{2}}{w}x\right)\right]+\\&p_y\left(\frac{\rho}{z}\right)\frac{\mathrm{i}}{k}\left[\frac{4y}{w^2}-\frac{ky}{z_R+\mathrm{i}\rho}-\frac{\sqrt{2}}{w}\mathrm{H}_{n+1}\left(\frac{\sqrt{2}}{w}y\right)/\mathrm{H}_n\left(\frac{\sqrt{2}}{w}y\right)\right]\end{aligned}\right\}E_{\mathrm{HGB}} \tag{4-156}$$

其中：

$$E_{\mathrm{HGB}}=\mathrm{H}_m\left(\frac{\sqrt{2}}{w}x\right)\mathrm{H}_n\left(\frac{\sqrt{2}}{w}y\right)\left[\frac{1-\mathrm{i}\rho/z_R}{\sqrt{1+(\rho/z_R)^2}}\right]^{m+n}\times \left(-\frac{\mathrm{i}kz}{2a\rho^2}\right)\exp\left(-\frac{b_x^2+b_y^2}{4a}\right)\exp(\mathrm{i}k\rho) \tag{4-157}$$

式中，$z_R=\dfrac{kw_0^2}{2}$，$w=w_0\sqrt{1+\left(\dfrac{z}{z_R}\right)^2}$，$a=\dfrac{1}{w_0^2}-\dfrac{\mathrm{i}k}{2\rho}$，$b_x=-\dfrac{kx}{\rho}$，$b_y=-\dfrac{ky}{\rho}$。

根据式(4－154)～(4－157)，图 4.4 给出了厄米-高斯光束在非傍轴条件下的电场分量的实部归一化分布图。其中，束腰半径 $w_0=0.5\lambda$；图(a1)～(a3)中，$m=2$，$n=0$；图(b1)～(b3)中，$m=0$，$n=2$。

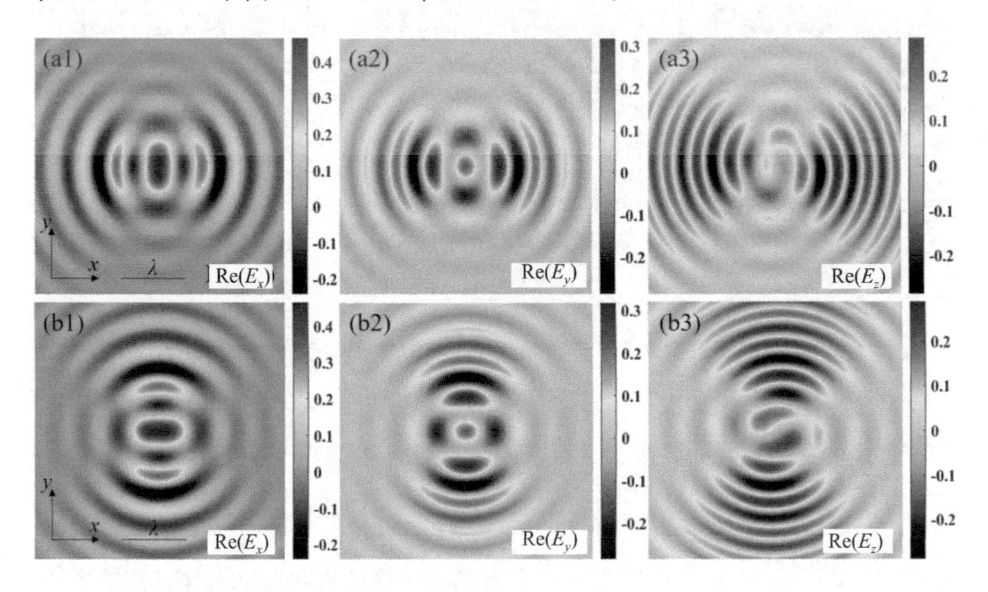

图 4.4　厄米-高斯光束在非傍轴条件下的电场分量的实部归一化分布图

3. 拉盖尔-高斯光束

由式(3－193)可知，初始平面(x_0，y_0)上拉盖尔-高斯光束的表达式为

$$E_0(r_0, \varphi_0, 0)=\left(\frac{\sqrt{2}r_0}{w_0}\right)^l \mathrm{L}_p^l\left(\frac{2r_0^2}{w_0^2}\right)\exp\left(-\frac{r_0^2}{w_0^2}\right)\exp(\mathrm{i}l\varphi_0) \quad (4-158)$$

式中，$\mathrm{L}_p^l(\cdot)$是径向和角向模数分别为 p 和 l 的缔合拉盖尔多项式，w_0 为光束的束腰半径。

将式(4－158)代入式(4－145)～(4－147)，利用积分公式(4－105)和(4－106)，得到拉盖尔-高斯光束在非傍轴情形下的电场分量表达式

$$E_x(x, y, z)=p_x E_{\mathrm{LGB}}(x, y, z) \quad (4-159)$$

$$E_y(x, y, z)=p_y E_{\mathrm{LGB}}(x, y, z) \quad (4-160)$$

$$E_z(r, \varphi, z)=\left\{\begin{aligned}&p_x\left(\frac{\rho}{z}\right)\frac{\mathrm{i}}{k}\left[\frac{l(x-\mathrm{i}y)}{r^2}-\frac{kx}{\mathrm{i}\rho-z_R}-\frac{4x}{w^2}\mathrm{L}_p^{l+1}\left(2\frac{r^2}{w^2}\right)/\mathrm{L}_p^l\left(2\frac{r^2}{w^2}\right)\right]+\\&p_y\left(\frac{\rho}{z}\right)\frac{\mathrm{i}}{k}\left[\frac{l(y+\mathrm{i}x)}{r^2}-\frac{ky}{\mathrm{i}\rho-z_R}-\frac{4y}{w^2}\mathrm{L}_p^{l+1}\left(2\frac{r^2}{w^2}\right)/\mathrm{L}_p^l\left(2\frac{r^2}{w^2}\right)\right]\end{aligned}\right\}E_{\mathrm{LGB}}$$

(4－161)

其中：

$$E_{\mathrm{LGB}}=\left(\frac{\sqrt{2}\,r}{w}\right)^{l}\mathrm{L}_{p}^{l}\left(2\,\frac{r^{2}}{w^{2}}\right)\left(\frac{1-i\rho/z_{R}}{\sqrt{1+(\rho/z_{R})^{2}}}\right)^{2p+l}\exp(\mathrm{i}l\varphi)\times$$
$$\left(-\frac{\mathrm{i}kz}{2a\rho^{2}}\right)\exp\left(-\frac{b^{2}}{4a}\right)\exp(\mathrm{i}k\rho)\tag{4-162}$$

式中，$z_R=kw_0^2/2$，$w=w_0\sqrt{1+(z/z_R)^2}$，$a=\dfrac{1}{w_0^2}-\dfrac{\mathrm{i}k}{2\rho}$，$b=-\dfrac{k}{\rho}r$。

根据式(4-159)～(4-162)，图 4.5 给出了拉盖尔-高斯光束在非傍轴条件下电场分量的实部归一化分布图。其中，束腰半径 $w_0=0.5\lambda$；图(a1)～(a3)中，$p=1$，$l=1$；图(b1)～(b3)中，$p=1$，$l=2$。

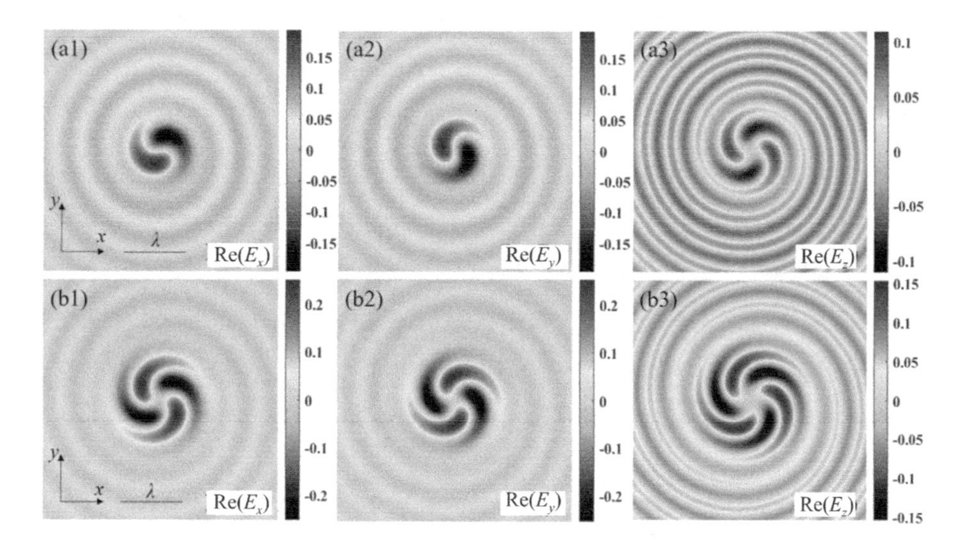

图 4.5　拉盖尔-高斯光束在非傍轴条件下电场分量的实部分布图

4. 贝塞尔光束

由式(3-90)可知，初始平面(x_0，y_0)上贝塞尔光束的表达式为

$$E_0(r_0,\ \varphi_0,\ 0)=\mathrm{J}_m(k_r r_0)\exp(\mathrm{i}m\varphi_0)\tag{4-163}$$

式中，$k_r=k\sin\theta_0$ 是波数 k 的横向分量，θ_0 是光束的半锥角；$\mathrm{J}_m(\cdot)$是 m 阶第一类贝塞尔函数。

将式(4-163)代入式(4-145)～(4-147)，利用积分公式(4-105)、(4-129)和(4-130)，可得到贝塞尔光束在非傍轴情形下的电场分量表达式

$$E_x(x,\ y,\ z)=p_x E_{\mathrm{BB}}(x,\ y,\ z)\tag{4-164}$$

$$E_y(x,\ y,\ z)=p_y E_{\mathrm{BB}}(x,\ y,\ z)\tag{4-165}$$

$$E_z(r,\varphi,z)=\begin{Bmatrix} p_x\dfrac{\rho}{z}\dfrac{\mathrm{i}}{k}\left[\dfrac{m(x-\mathrm{i}y)}{r^2}-\dfrac{k_r x}{r}\dfrac{\mathrm{J}_{m+1}(k_r r)}{\mathrm{J}_m(k_r r)}\right]+ \\ p_y\dfrac{\rho}{z}\dfrac{\mathrm{i}}{k}\left[\dfrac{m(y+\mathrm{i}x)}{r^2}-\dfrac{k_r y}{r}\dfrac{\mathrm{J}_{m+1}(k_r r)}{\mathrm{J}_m(k_r r)}\right]\end{Bmatrix}E_{\mathrm{BB}} \tag{4-166}$$

其中：

$$E_{\mathrm{BB}}=\left(\frac{z}{\rho}\right)\exp\left(-\frac{\mathrm{i}kr^2}{2\rho}\right)\exp\left(-\frac{\mathrm{i}k_r^2\rho}{2k}\right)\mathrm{J}_m(k_r r)\exp(\mathrm{i}m\phi)\exp(\mathrm{i}k\rho) \tag{4-167}$$

根据式(4-164)～(4-167)，图4.6给出了贝塞尔光束在非傍轴条件下电场分量的实部归一化分布图。其中，半锥角$\theta_0=80°$；图(a1)～(a3)中，$m=1$，图(b1)～(b3)中，$m=2$。

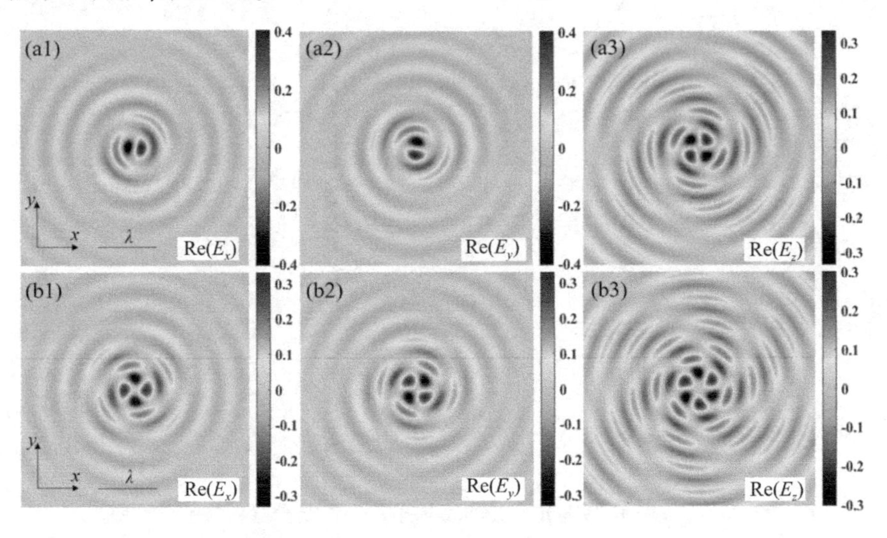

图4.6　贝塞尔光束在非傍轴条件下电场分量的实部分布图

5. 贝塞尔-高斯光束

由式(3-97)可知，初始平面(x_0，y_0)上贝塞尔光束的表达式为

$$E_0(r_0,\varphi_0,0)=\mathrm{J}_m(k_r r_0)\exp(\mathrm{i}m\phi_0)\exp\left(-\frac{r_0^2}{w_0^2}\right) \tag{4-168}$$

式中，$k_r=k\sin\theta_0$是波数k的横向分量，θ_0是光束的半锥角；$\mathrm{J}_m(\cdot)$是m阶第一类贝塞尔函数；w_0为光束的束腰半径。

将式(4-168)代入式(4-145)～(4-147)，利用积分公式(4-105)、(4-129)和(4-130)，可得到贝塞尔-高斯光束在非傍轴情形下的电场分量表达式

$$E_x(x, y, z)=p_x E_{\mathrm{BGB}}(x, y, z) \tag{4-169}$$

$$E_y(x, y, z)=p_y E_{\mathrm{BGB}}(x, y, z) \tag{4-170}$$

$$E_z(r, \varphi, z)=\left\{\begin{array}{l} p_x\left(\dfrac{\rho}{z}\right)\dfrac{\mathrm{i}}{k}\left[\begin{array}{l}\dfrac{m(x-\mathrm{i}y)}{r^2}-\dfrac{kx}{z_R+\mathrm{i}\rho}- \\ \dfrac{k_r x}{r(1+\mathrm{i}\rho/z_R)}\mathrm{J}_{m+1}\left(\dfrac{k_r r}{1+\mathrm{i}\rho/z_R}\right)/\mathrm{J}_m\left(\dfrac{k_r r}{1+\mathrm{i}\rho/z_R}\right)\end{array}\right]+ \\ p_y\left(\dfrac{\rho}{z}\right)\dfrac{\mathrm{i}}{k}\left[\begin{array}{l}\dfrac{m(y+\mathrm{i}x)}{r^2}-\dfrac{ky}{z_R+\mathrm{i}\rho}- \\ \dfrac{k_r y}{r(1+\mathrm{i}\rho/z_R)}\mathrm{J}_{m+1}\left(\dfrac{k_r r}{1+\mathrm{i}\rho/z_R}\right)/\mathrm{J}_m\left(\dfrac{k_r r}{1+\mathrm{i}\rho/z_R}\right)\end{array}\right]\end{array}\right\}E_{\mathrm{BGB}} \tag{4-171}$$

其中：

$$\begin{aligned} E_{\mathrm{BGB}}=&\mathrm{J}_m\left(\frac{k_r r}{1+\mathrm{i}\rho/z_R}\right)\exp\left[-\mathrm{i}\frac{k_r^2\rho}{2k}\frac{1}{1+\mathrm{i}\rho/z_R}\right]\exp(\mathrm{i}m\phi)\times \\ &\left(-\frac{\mathrm{i}kz}{2a\rho^2}\right)\exp\left(-\frac{b^2}{4a}\right)\exp(\mathrm{i}k\rho) \end{aligned} \tag{4-172}$$

式中，$a=\dfrac{1}{w_0^2}-\dfrac{\mathrm{i}k}{2\rho}$，$b=-\dfrac{k}{\rho}r$。

根据式(4－169)～(4－172)，图 4.7 给出了贝塞尔-高斯光束在非傍轴条件下电场分量的实部归一化分布图。其中，束腰半径 $w_0=0.5\lambda$；半锥角 $\theta_0=80°$，图(a1)～(a3)中，$m=1$；图(b1)～(b3)中，$m=2$。

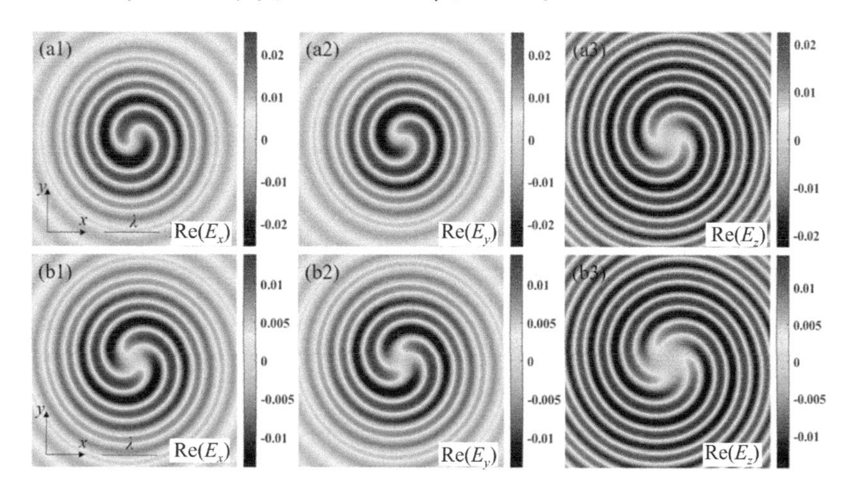

图 4.7　贝塞尔-高斯光束在非傍轴条件下电场分量的实部分布图

6. 艾里光束

由式(3－102)可知，初始平面(x_0，y_0)上艾里光束的表达式为

$$E_0(x_0, y_0, 0)=Ai\left(\frac{x_0}{w_x}\right)\exp\left(\frac{a_0x_0}{w_x}\right)Ai\left(\frac{y_0}{w_y}\right)\exp\left(\frac{a_0y_0}{w_y}\right) \tag{4-173}$$

式中，w_x 和 w_y 为任意的横向比例参数，a_0 为衰减因子，$Ai(\cdot)$为艾里函数。

将式(4－173)代入式(4－142)～(4－144)，利用积分公式(4－135)和(4－136)，可得到艾里光束在非傍轴情形下的电场分量表达式

$$E_x(x, y, z)=p_xE_{\text{AiB}}(x, y, z) \tag{4-174}$$

$$E_y(x, y, z)=p_yE_{\text{AiB}}(x, y, z) \tag{4-175}$$

$$E_z(x, y, z)=\left\{\begin{array}{l} p_x\dfrac{\rho}{z}\dfrac{\mathrm{i}}{k}\left[\dfrac{(2kw_x^2a_0+\mathrm{i}\rho)}{2kw_x^3}+\dfrac{1}{w_x}\dfrac{Ai'(T_x)}{Ai(T_x)}\right]+ \\ p_y\dfrac{\rho}{z}\dfrac{\mathrm{i}}{k}\left[\dfrac{(2kw_y^2a_0+\mathrm{i}\rho)}{2kw_y^3}+\dfrac{1}{w_y}\dfrac{Ai'(T_y)}{Ai(T_y)}\right] \end{array}\right\}E_{\text{AiB}} \tag{4-176}$$

其中：

$$E_{\text{AiB}}=\left(\frac{z}{\rho}\right)\exp(\mathrm{i}k\rho)\exp\left[-\frac{\mathrm{i}k(x^2+y^2)}{2\rho}\right]Ai(T_x)\exp(M_x)Ai(T_y)\exp(M_y) \tag{4-177}$$

式中：

$$\begin{cases} T_x=\dfrac{x}{w_x}-\dfrac{\rho^2}{4k_0^2w_x^4}+\dfrac{\mathrm{i}a_0\rho}{k_0w_x^2} \\ M_x=\dfrac{a_0x}{w_x}-\dfrac{a_0\rho^2}{2k^2w_x^4}-\dfrac{\mathrm{i}\rho^3}{12k^3w_x^6}+\dfrac{\mathrm{i}a_0^2\rho}{2kw_x^2}+\dfrac{\mathrm{i}x\rho}{2kw_x^3} \end{cases} \tag{4-178}$$

$$\begin{cases} T_y=\dfrac{y}{w_y}-\dfrac{\rho^2}{4k_0^2w_y^4}+\dfrac{\mathrm{i}a_0\rho}{k_0w_y^2} \\ M_y=\dfrac{a_0y}{w_y}-\dfrac{a_0\rho^2}{2k^2w_y^4}-\dfrac{\mathrm{i}\rho^3}{12k^3w_y^6}+\dfrac{\mathrm{i}a_0^2\rho}{2kw_y^2}+\dfrac{\mathrm{i}y\rho}{2kw_y^3} \end{cases} \tag{4-179}$$

根据式(4－174)～(4－179)，图 4.8 给出了艾里光束在非傍轴条件下电场分量的实部归一化分布图。其中，衰减因子 $a_0=0.01$，横向比例参数 $w_x=w_y=0.5\lambda$。

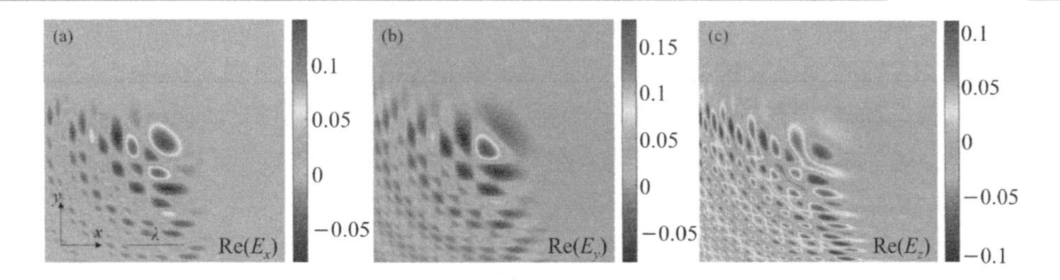

图 4.8　艾里光束非傍轴条件下电场分量的实部分布图

4.4　Richards-Wolf 矢量衍射理论

4.4.1　紧聚焦场的 Richards-Wolf 矢量衍射积分公式

虽然对紧聚焦光场的精确理论描述超出了经典光学的范围，但是在一定程度上，经典光学理论仍然能给出有价值的结果。聚焦激光束的光场由光学元件和入射光场的边界条件决定，本节将采用 Richards 和 Wolf 建立的理论分析消球差光学透镜的傍轴聚焦。为了描述消球差透镜，需要给定如图 4.9 所示的两条法则：① 正弦条件；② 强度定律。

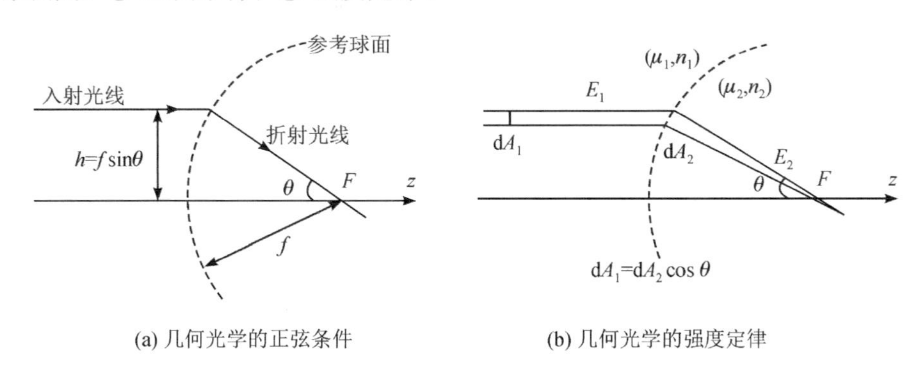

(a) 几何光学的正弦条件　　(b) 几何光学的强度定律

图 4.9　聚焦激光束的边界条件

正弦条件是说：每条从消球差光学系统的焦点 F 射出或汇聚到焦点 F 的光线，都在半径为 f 的球面上与其共轭光线相交，其中 f 是透镜的焦距。光轴与共轭光线之间的距离 h 为

$$h=f\sin\theta \tag{4-180}$$

其中，θ 是共轭光线的发散角。于是，正弦条件就是光束通过消球差光学元件

的折射定律。

强度定律是能量守恒的表述，即每条光线的能流必须保持恒定。其结果是：球面波的电场强度必须乘以 $1/r$，r 为到原点的距离。强度定律保证了入射和出射消球差透镜的能量相等。一条光束传播的能量 $\mathrm{d}P=(1/2)Z_{\mu\varepsilon}^{-1}|\boldsymbol{E}|^2\mathrm{d}A$，其中 $Z_{\mu\varepsilon}$ 是波阻抗，$\mathrm{d}A$ 是垂直于光线传播方向的无限小截面。于是，如图 4.9(b)所示，折射之前和之后的场必须满足

$$|\boldsymbol{E}_2|=|\boldsymbol{E}_1|\sqrt{\frac{n_1}{n_2}}\sqrt{\frac{\mu_2}{\mu_1}}\sqrt{\cos\theta} \tag{4-181}$$

由于在实验中所有介质的相对磁导率在光学频段都等于 $1(\mu=1)$，因此为了描述问题方便，可忽略 $\sqrt{\mu_2/\mu_1}$ 项。

对于满足正弦条件和强度定律的光束聚焦情况，根据 Richards 和 Wolf 建立的矢量衍射理论，光束经如图 4.10 所示的高数值孔径(numerical aperture，NA)透镜后，焦平面上电场可以表示为

$$\boldsymbol{E}=-\frac{\mathrm{i}kf}{2\pi}\int_{\theta=0}^{\theta_{\max}}\int_{\varphi=0}^{2\pi}\boldsymbol{a}(\theta,\varphi)\exp(\mathrm{i}\boldsymbol{k}\cdot\boldsymbol{r}_{\mathrm{p}})\sin\theta\,\mathrm{d}\theta\,\mathrm{d}\varphi \tag{4-182}$$

其中，f 为透镜的焦距；$k=2\pi n/\lambda$，n 为背景空间的折射率，λ 为背景空间中的波长；$\theta_{\max}$ 为张角；$\boldsymbol{k}$ 为波矢量；$\boldsymbol{r}_{\mathrm{p}}$ 为像空间的位置矢量；$\boldsymbol{a}(\theta,\varphi)$的表达式为

$$\boldsymbol{a}(\theta,\varphi)=T(\theta)E(\theta,\varphi)\boldsymbol{P}_{\mathrm{e}}(\theta,\varphi) \tag{4-183}$$

式中，$T(\theta)=\sqrt{\cos\theta}$；$E(\theta,\varphi)$为输入光束表征函数；$\boldsymbol{P}_{\mathrm{e}}(\theta,\varphi)$为极化矢量，其表达式为

$$\boldsymbol{P}_{\mathrm{e}}(\theta,\varphi)=\begin{bmatrix}p_x(\cos\theta\cos^2\varphi+\sin^2\varphi)-p_y(1-\cos\theta)\sin\varphi\cos\varphi-\\ p_x(1-\cos\theta)\sin\varphi\cos\varphi+p_y(\cos\theta\sin^2\varphi+\cos^2\varphi)-\\ p_x\sin\theta\cos\varphi-p_y\sin\theta\sin\varphi\end{bmatrix} \tag{4-184}$$

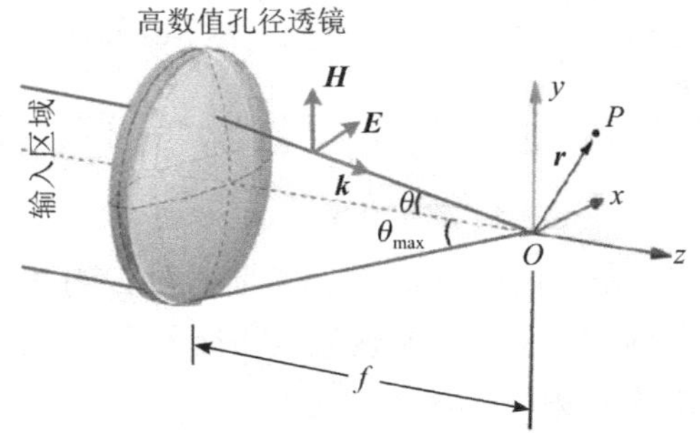

图 4.10　光束经高数值孔径透镜后的紧聚焦示意图

其中，(p_x, p_y)为极化参数。当(p_x, p_y)取$(1, 0)$、$(0, 1)$、$(1, \mathrm{i})/\sqrt{2}$、$(1, -\mathrm{i})/\sqrt{2}$、$(\cos\varphi, \sin\varphi)$和$(-\sin\varphi, \cos\varphi)$时，分别对应$x$-线性极化、$y$-线性极化、左圆极化、右圆极化、径向极化和角向极化。

为了方便计算，通常将波矢量$\boldsymbol{k}$采用球坐标系，位置矢量$\boldsymbol{r}_{\mathrm{p}}$采用柱坐标系，即

$$\boldsymbol{k}=k(\sin\theta\cos\varphi\hat{\boldsymbol{x}}+\sin\theta\sin\varphi\hat{\boldsymbol{y}}+\cos\varphi\hat{\boldsymbol{z}}) \tag{4-185}$$

$$\boldsymbol{r}_{\mathrm{p}}=r_{\mathrm{p}}\cos\varphi_{\mathrm{p}}\hat{\boldsymbol{x}}+r_{\mathrm{p}}\sin\varphi_{\mathrm{p}}\hat{\boldsymbol{y}}+z_{\mathrm{p}}\hat{\boldsymbol{z}} \tag{4-186}$$

于是有

$$\exp(\mathrm{i}\boldsymbol{k}\cdot\boldsymbol{r}_{\mathrm{p}})=\exp(\mathrm{i}kz_{\mathrm{p}}\cos\theta)\exp[\mathrm{i}kr_{\mathrm{p}}\sin\theta\cos(\varphi-\varphi_{\mathrm{p}})] \tag{4-187}$$

将式(4－183)和式(4－187)代入式(4－182)，令$E_0=-\mathrm{i}kf/(2\pi)$，$F(\theta)=\sin\theta\sqrt{\cos\theta}$，得到

$$\begin{aligned}\boldsymbol{E}=E_0\int_{\theta=0}^{\theta_{\max}}\int_{\varphi=0}^{2\pi}&F(\theta)E(\theta, \varphi)\boldsymbol{P}_{\mathrm{e}}(\theta, \varphi)\exp(\mathrm{i}kz_{\mathrm{p}}\cos\theta)\times\\&\exp[\mathrm{i}kr_{\mathrm{p}}\sin\theta\cos(\varphi-\varphi_{\mathrm{p}})]\mathrm{d}\varphi\,\mathrm{d}\theta\end{aligned} \tag{4-188}$$

根据电场与磁场之间的关系，$\boldsymbol{H}=\hat{\boldsymbol{k}}\times\boldsymbol{E}$，得到

$$\begin{aligned}\boldsymbol{H}=H_0\int_{\theta=0}^{\theta_{\max}}\int_{\varphi=0}^{2\pi}&F(\theta)E(\theta, \varphi)\boldsymbol{P}_{\mathrm{m}}(\theta, \varphi)\exp(\mathrm{i}kz_{\mathrm{p}}\cos\theta)\times\\&\exp[\mathrm{i}kr_{\mathrm{p}}\sin\theta\cos(\varphi-\varphi_{\mathrm{p}})]\mathrm{d}\varphi\,\mathrm{d}\theta\end{aligned} \tag{4-189}$$

其中，$H_0=-\mathrm{i}kf/(2\pi Z)=E_0/Z$，$Z=\sqrt{\mu/\varepsilon}$；$\boldsymbol{P}_{\mathrm{m}}(\theta, \varphi)=\hat{\boldsymbol{k}}\times\boldsymbol{P}_{\mathrm{e}}(\theta, \varphi)$的具体表达式为

$$\boldsymbol{P}_{\mathrm{m}}(\theta, \varphi)=\begin{bmatrix}-p_x(1-\cos\theta)\sin\varphi\cos\varphi-p_y(\cos\theta\cos^2\varphi+\sin^2\varphi)\\p_x(\cos\theta\sin^2\varphi+\cos^2\varphi)+p_y(1-\cos\theta)\sin\varphi\cos\varphi\\-p_x\sin\theta\sin\varphi+p_y\sin\theta\cos\varphi\end{bmatrix} \tag{4-190}$$

式(4－188)和式(4－189)便是紧聚焦场的Richards-Wolf矢量衍射积分公式，已知初始平面上入射光束的表达式$E(\theta, \varphi)$，便可以计算得到光束聚焦后的电磁场分量。

4.4.2　典型结构光场紧聚焦情况下的电磁场分量表达式

从式(4－188)和式(4－189)可知，采用Richards-Wolf矢量衍射积分公式计算结构光场聚焦情况下的电磁场分量，需要对φ和θ进行积分。其中对φ的积分可采用解析方法，而对θ的积分必须采用数值方法。根据输入光束是否携带涡旋相位，式(4－188)和式(4－189)的计算可分为涡旋光束和非涡旋光束两

种情况。

1. 输入光束为涡旋光束

拉盖尔-高斯光束是一种典型的涡旋光束。由式(1-92)给出的 $p=0$ 时拉盖尔-高斯光束的表达式，令 $z=0$，得到初始平面上拉盖尔-高斯涡旋光束表达式为

$$E(r, \varphi, z=0)=\left(\sqrt{2}\frac{r}{w_0}\right)^l\exp\left(-\frac{r^2}{w_0^2}\right)\exp(\mathrm{i}l\varphi) \tag{4-191}$$

其中，w_0 为初始平面上光束的束腰半径，l 为光束的拓扑荷数。对于满足正弦条件的聚焦系统，$r=f\sin\theta$，式(4-191)可以写为

$$E(\theta, \varphi)=A(\theta)\exp(\mathrm{i}l\varphi) \tag{4-192}$$

式中

$$A(\theta)=\left(\frac{\sqrt{2}f\sin\theta}{w_0}\right)^l\exp\left(-\frac{f^2\sin^2\theta}{w_0^2}\right) \tag{4-193}$$

为光束的复振幅。此时式(4-188)和式(4-189)写为

$$\begin{aligned}\boldsymbol{E}=E_0\int_{\theta=0}^{\theta_{\max}}\int_{\varphi=0}^{2\pi}F(\theta)A(\theta)\exp(\mathrm{i}l\varphi)\boldsymbol{P}_{\mathrm{e}}(\theta, \varphi)\exp(\mathrm{i}kz_{\mathrm{p}}\cos\theta)\times\\ \exp[\mathrm{i}kr_{\mathrm{p}}\sin\theta\cos(\varphi-\varphi_{\mathrm{p}})]\mathrm{d}\varphi\,\mathrm{d}\theta\end{aligned} \tag{4-194}$$

$$\begin{aligned}\boldsymbol{H}=H_0\int_{\theta=0}^{\theta_{\max}}\int_{\varphi=0}^{2\pi}F(\theta)A(\theta)\exp(\mathrm{i}l\varphi)\boldsymbol{P}_{\mathrm{m}}(\theta, \varphi)\exp(\mathrm{i}kz_{\mathrm{p}}\cos\theta)\times\\ \exp[\mathrm{i}kr_{\mathrm{p}}\sin\theta\cos(\varphi-\varphi_{\mathrm{p}})]\mathrm{d}\varphi\,\mathrm{d}\theta\end{aligned} \tag{4-195}$$

1) x-线性极化涡旋光束

对于 x-线性极化(x-linear polarization，x-LP)涡旋光束，$(p_x, p_y)=(1, 0)$，此时极化矢量 $\boldsymbol{P}_{\mathrm{e}}(\theta, \varphi)$ 和 $\boldsymbol{P}_{\mathrm{m}}(\theta, \varphi)$ 为

$$\boldsymbol{P}_{\mathrm{e}}^{x\text{-LP}}=\begin{bmatrix}\cos\theta\cos^2\varphi+\sin^2\varphi\\-(1-\cos\theta)\sin\varphi\cos\varphi\\-\sin\theta\cos\varphi\end{bmatrix}, \boldsymbol{P}_{\mathrm{m}}^{x\text{-LP}}=\begin{bmatrix}-(1-\cos\theta)\sin\varphi\cos\varphi\\\cos\theta\sin^2\varphi+\cos^2\varphi\\-\sin\theta\sin\varphi\end{bmatrix} \tag{4-196}$$

将式(4-196)代入式(4-194)和式(4-195)，并利用积分公式

$$\begin{aligned}\begin{bmatrix}\mathrm{I}_l^n(\rho)\\\mathrm{J}_l^n(\rho)\\\mathrm{K}_l(\rho)\end{bmatrix}&=\int_0^{2\pi}\exp(\mathrm{i}l\varphi)\begin{bmatrix}\cos(n\varphi)\\\sin(n\varphi)\\1\end{bmatrix}\exp[\mathrm{i}\rho\cos(\varphi-\varphi_{\mathrm{p}})]\mathrm{d}\varphi\\&=\pi\begin{Bmatrix}\mathrm{i}^{l+n}\exp[\mathrm{i}(l+n)\varphi_{\mathrm{p}}]\mathrm{J}_{l+n}(\rho)+\mathrm{i}^{l-n}\exp[\mathrm{i}(l-n)\varphi_{\mathrm{p}}]\mathrm{J}_{l-n}(\rho)\\-\mathrm{i}\cdot\mathrm{i}^{l+n}\exp[\mathrm{i}(l+n)\varphi_{\mathrm{p}}]\mathrm{J}_{l+n}(\rho)+\mathrm{i}\cdot\mathrm{i}^{l-n}\exp[\mathrm{i}(l-n)\varphi_{\mathrm{p}}]\mathrm{J}_{l-n}(\rho)\\2\mathrm{i}^l\exp(\mathrm{i}l\varphi_{\mathrm{p}})\mathrm{J}_l(\rho)\end{Bmatrix}\end{aligned} \tag{4-197}$$

得到 x-线性极化涡旋光束紧聚焦情况下的电磁场分量表达式

$$\begin{bmatrix} E_x^{x\text{-LP}} \\ E_y^{x\text{-LP}} \\ E_z^{x\text{-LP}} \end{bmatrix} = \frac{E_0}{2}\int_0^{\theta_{\max}} F(\theta)A(\theta)\exp(\mathrm{i}kz_{\mathrm{p}}\cos\theta)\times \begin{bmatrix} (\cos\theta-1)\mathrm{I}_l^2(kr_{\mathrm{p}}\sin\theta)+(\cos\theta+1)\mathrm{K}_l(kr_{\mathrm{p}}\sin\theta) \\ (\cos\theta-1)\mathrm{J}_l^2(kr_{\mathrm{p}}\sin\theta) \\ -2\sin\theta\,\mathrm{I}_l^1(kr_{\mathrm{p}}\sin\theta) \end{bmatrix}\mathrm{d}\theta \tag{4-198}$$

$$\begin{bmatrix} H_x^{x\text{-LP}} \\ H_y^{x\text{-LP}} \\ H_z^{x\text{-LP}} \end{bmatrix} = \frac{H_0}{2}\int_0^{\theta_{\max}} F(\theta)A(\theta)\exp(\mathrm{i}kz_{\mathrm{p}}\cos\theta)\times \begin{bmatrix} (\cos\theta-1)\mathrm{J}_l^2(kr_{\mathrm{p}}\sin\theta) \\ (\cos\theta+1)\mathrm{K}_l(kr_{\mathrm{p}}\sin\theta)-(\cos\theta-1)\mathrm{I}_l^2(kr_{\mathrm{p}}\sin\theta) \\ -2\sin\theta\,\mathrm{J}_l^1(kr_{\mathrm{p}}\sin\theta) \end{bmatrix}\mathrm{d}\theta \tag{4-199}$$

式中，$\mathrm{J}_l(\cdot)$是 l 阶第一类贝塞尔函数。

2）y-线性极化涡旋光束

对于 y-线性极化(y-linear polarization，y-LP)涡旋光束，$(p_x，p_y)=(0，1)$，此时极化矢量 $\boldsymbol{P}_{\mathrm{e}}(\theta，\varphi)$和 $\boldsymbol{P}_{\mathrm{m}}(\theta，\varphi)$为

$$\boldsymbol{P}_{\mathrm{e}}^{y\text{-LP}} = \begin{bmatrix} -(1-\cos\theta)\sin\varphi\cos\varphi \\ \cos\theta\sin^2\varphi+\cos^2\varphi \\ -\sin\theta\sin\varphi \end{bmatrix},\ \boldsymbol{P}_{\mathrm{m}}^{y\text{-LP}} = \begin{bmatrix} -(\cos\theta\cos^2\varphi+\sin^2\varphi) \\ (1-\cos\theta)\sin\varphi\cos\varphi \\ \sin\theta\cos\varphi \end{bmatrix} \tag{4-200}$$

将式(4－200)和式(4－196)比较，发现

$$\boldsymbol{P}_{\mathrm{e}}^{y\text{-LP}}=\boldsymbol{P}_{\mathrm{m}}^{x\text{-LP}},\ \boldsymbol{P}_{\mathrm{m}}^{y\text{-LP}}=-\boldsymbol{P}_{\mathrm{e}}^{x\text{-LP}} \tag{4-201}$$

同时，考虑到关系式 $E_0=ZH_0$，得到 y-线性极化涡旋光束在紧聚焦情况下的电磁场分量表达式

$$\begin{bmatrix} E_x^{y\text{-LP}} \\ E_y^{y\text{-LP}} \\ E_z^{y\text{-LP}} \end{bmatrix} = Z\begin{bmatrix} H_x^{x\text{-LP}} \\ H_y^{x\text{-LP}} \\ H_z^{x\text{-LP}} \end{bmatrix},\quad \begin{bmatrix} H_x^{y\text{-LP}} \\ H_y^{y\text{-LP}} \\ H_z^{y\text{-LP}} \end{bmatrix} = -\frac{1}{Z}\begin{bmatrix} E_x^{x\text{-LP}} \\ E_y^{x\text{-LP}} \\ E_z^{x\text{-LP}} \end{bmatrix} \tag{4-202}$$

3）圆极化涡旋光束

对于圆极化(circular polarization，CP)涡旋光束，$(p_x，p_y)=(1，\pm\mathrm{i})/\sqrt{2}$，

此时极化矢量 $\boldsymbol{P}_{\mathrm{e}}(\theta, \varphi)$ 和 $\boldsymbol{P}_{\mathrm{m}}(\theta, \varphi)$ 为

$$\begin{cases}\boldsymbol{P}_{\mathrm{e}}^{\mathrm{CP}}=(\boldsymbol{P}_{\mathrm{e}}^{x\text{-LP}}\pm\mathrm{i}\boldsymbol{P}_{\mathrm{m}}^{x\text{-LP}})/\sqrt{2}\\ \boldsymbol{P}_{\mathrm{m}}^{\mathrm{CP}}=(\boldsymbol{P}_{\mathrm{e}}^{y\text{-LP}}\pm\mathrm{i}\boldsymbol{P}_{\mathrm{m}}^{y\text{-LP}})/\sqrt{2}\end{cases} \tag{4-203}$$

于是圆极化涡旋光束在紧聚焦情况下的电磁场分量表达式

$$\begin{bmatrix}E_x^{\mathrm{CP}}\\E_y^{\mathrm{CP}}\\E_z^{\mathrm{CP}}\end{bmatrix}=\frac{1}{\sqrt{2}}\begin{bmatrix}E_x^{x\text{-LP}}\pm\mathrm{i}ZH_x^{x\text{-LP}}\\E_y^{x\text{-LP}}\pm\mathrm{i}ZH_y^{x\text{-LP}}\\E_z^{x\text{-LP}}\pm\mathrm{i}ZH_z^{x\text{-LP}}\end{bmatrix},\quad \begin{bmatrix}H_x^{\mathrm{CP}}\\H_y^{\mathrm{CP}}\\H_z^{\mathrm{CP}}\end{bmatrix}=\frac{1}{\sqrt{2}}\begin{bmatrix}Z^{-1}E_x^{y\text{-LP}}\pm\mathrm{i}H_x^{y\text{-LP}}\\Z^{-1}E_y^{y\text{-LP}}\pm\mathrm{i}H_y^{y\text{-LP}}\\Z^{-1}E_z^{y\text{-LP}}\pm\mathrm{i}H_z^{y\text{-LP}}\end{bmatrix} \tag{4-204}$$

4）径向极化涡旋光束

对于径向极化(radial polarization，RP)涡旋光束，$(p_x, p_y)=(\cos\varphi, \sin\varphi)$，此时极化矢量 $\boldsymbol{P}_{\mathrm{e}}(\theta, \varphi)$ 和 $\boldsymbol{P}_{\mathrm{m}}(\theta, \varphi)$

$$\boldsymbol{P}_{\mathrm{e}}^{\mathrm{RP}}=\begin{bmatrix}\cos\theta\cos\varphi\\\cos\theta\sin\varphi\\-\sin\theta\end{bmatrix},\quad \boldsymbol{P}_{\mathrm{m}}^{\mathrm{RP}}=\begin{bmatrix}-\sin\varphi\\\cos\varphi\\0\end{bmatrix} \tag{4-205}$$

将式(4-205)代入式(4-194)和式(4-195)，并利用积分公式(4-197)，得到

$$\begin{bmatrix}E_x^{\mathrm{RP}}\\E_y^{\mathrm{RP}}\\E_z^{\mathrm{RP}}\end{bmatrix}=E_0\int_0^{\theta_{\max}}F(\theta)A(\theta)\exp(\mathrm{i}kz_{\mathrm{p}}\cos\theta)\begin{bmatrix}\cos\theta\,\mathrm{I}_l^1(kr_{\mathrm{p}}\sin\theta)\\\cos\theta\,\mathrm{J}_l^1(kr_{\mathrm{p}}\sin\theta)\\-\sin\theta\,\mathrm{K}_l(kr_{\mathrm{p}}\sin\theta)\end{bmatrix}\mathrm{d}\theta \tag{4-206}$$

$$\begin{bmatrix}H_x^{\mathrm{RP}}\\H_y^{\mathrm{RP}}\\H_z^{\mathrm{RP}}\end{bmatrix}=H_0\int_0^{\theta_{\max}}F(\theta)A(\theta)\exp(\mathrm{i}kz_{\mathrm{p}}\cos\theta)\begin{bmatrix}-\mathrm{J}_l^1(kr_{\mathrm{p}}\sin\theta)\\\mathrm{I}_l^1(kr_{\mathrm{p}}\sin\theta)\\0\end{bmatrix}\mathrm{d}\theta \tag{4-207}$$

5）角向极化涡旋光束

对于角向极化(azimuthal polarization，AP)涡旋光束，$(p_x, p_y)=(-\sin\varphi, \cos\varphi)$，此时极化矢量 $\boldsymbol{P}_{\mathrm{e}}(\theta, \varphi)$ 和 $\boldsymbol{P}_{\mathrm{m}}(\theta, \varphi)$

$$\boldsymbol{P}_{\mathrm{e}}^{\mathrm{AP}}=\begin{bmatrix}-\sin\varphi\\\cos\varphi\\0\end{bmatrix},\quad \boldsymbol{P}_{\mathrm{m}}^{\mathrm{AP}}=\begin{bmatrix}-\cos\theta\cos\varphi\\-\cos\theta\sin\varphi\\\sin\theta\end{bmatrix} \tag{4-208}$$

将式(4-208)和式(4-205)比较，发现

$$\boldsymbol{P}_{\mathrm{e}}^{\mathrm{AP}}=\boldsymbol{P}_{\mathrm{m}}^{\mathrm{RP}},\quad \boldsymbol{P}_{\mathrm{m}}^{\mathrm{AP}}=-\boldsymbol{P}_{\mathrm{e}}^{\mathrm{RP}} \tag{4-209}$$

考虑到 $E_0=ZH_0$，得到角向极化涡旋光束在紧聚焦情况下的电磁场分量表达式

$$\begin{bmatrix} E_x^{\mathrm{AP}} \\ E_y^{\mathrm{AP}} \\ E_z^{\mathrm{AP}} \end{bmatrix} = Z \begin{bmatrix} H_x^{\mathrm{RP}} \\ H_y^{\mathrm{RP}} \\ H_z^{\mathrm{RP}} \end{bmatrix}, \quad \begin{bmatrix} H_x^{\mathrm{AP}} \\ H_y^{\mathrm{AP}} \\ H_z^{\mathrm{AP}} \end{bmatrix} = -\frac{1}{Z} \begin{bmatrix} E_x^{\mathrm{RP}} \\ E_y^{\mathrm{RP}} \\ E_z^{\mathrm{RP}} \end{bmatrix} \tag{4-210}$$

2. 输入光束为非涡旋光束

基模高斯光束是典型的非涡旋光束。由式(1-50)给出的基模高斯光束的表达式，令 $z=0$，得到初始平面上基模高斯涡旋光束表达式为

$$E(r,\ z=0)=\exp\left(-\frac{r^2}{w_0^2}\right) \tag{4-211}$$

对于满足正弦条件的聚焦系统，$r=f\sin\theta$，式(4-211)可以写为

$$E(\theta)=\exp\left(-\frac{f^2\sin^2\theta}{w_0^2}\right) \tag{4-212}$$

此时式(4-188)和式(4-189)写为

$$\begin{aligned} \boldsymbol{E} = E_0\int_{\theta=0}^{\theta_{\max}}\int_{\varphi=0}^{2\pi} & F(\theta)E(\theta)\boldsymbol{P}_{\mathrm{e}}(\theta,\ \varphi)\exp(\mathrm{i}kz_{\mathrm{p}}\cos\theta)\times \\ & \exp[\mathrm{i}kr_{\mathrm{p}}\sin\theta\cos(\varphi-\varphi_{\mathrm{p}})]\mathrm{d}\varphi\,\mathrm{d}\theta \end{aligned} \tag{4-213}$$

$$\begin{aligned} \boldsymbol{H} = H_0\int_{\theta=0}^{\theta_{\max}}\int_{\varphi=0}^{2\pi} & F(\theta)E(\theta)\boldsymbol{P}_{\mathrm{m}}(\theta,\ \varphi)\exp(\mathrm{i}kz_{\mathrm{p}}\cos\theta)\times \\ & \exp[\mathrm{i}kr_{\mathrm{p}}\sin\theta\cos(\varphi-\varphi_{\mathrm{p}})]\mathrm{d}\varphi\,\mathrm{d}\theta \end{aligned} \tag{4-214}$$

1) x-线性极化非涡旋光束

式(4-196)给出了 x-线性极化(x-linear polarization，x-LP)非涡旋光束的极化矢量 $\boldsymbol{P}_{\mathrm{e}}(\theta,\ \varphi)$和 $\boldsymbol{P}_{\mathrm{m}}(\theta,\ \varphi)$，代入式(4-213)和式(4-214)，并利用积分公式

$$\int_0^{2\pi}\begin{bmatrix}\cos(n\varphi)\\ \sin(n\varphi)\\ 1\end{bmatrix}\exp[\mathrm{i}\rho\cos(\varphi-\varphi_{\mathrm{p}})]d\varphi = \begin{bmatrix}2\pi\mathrm{i}^n\mathrm{J}_n(r)\cos(n\varphi_{\mathrm{p}})\\ 2\pi\mathrm{i}^n\mathrm{J}_n(r)\sin(n\varphi_{\mathrm{p}})\\ 2\pi J_0(\rho)\end{bmatrix} \tag{4-215}$$

得到 x-线性极化非涡旋光束在紧聚焦情况下的电磁场分量表达式

$$\begin{aligned} \begin{bmatrix}E_x^{x\text{-LP}}\\ E_y^{x\text{-LP}}\\ E_z^{x\text{-LP}}\end{bmatrix} = & E_0\int_0^{\theta_{\max}} F(\theta)E(\theta)\exp(\mathrm{i}kz_{\mathrm{p}}\cos\theta)\times \\ & \pi\begin{bmatrix}\mathrm{J}_2(kr_{\mathrm{p}}\sin\theta)\cos(2\varphi_{\mathrm{p}})(1-\cos\theta)+\mathrm{J}_0(kr_{\mathrm{p}}\sin\theta)(1+\cos\theta)\\ \mathrm{J}_2(kr_{\mathrm{p}}\sin\theta)\sin(2\varphi_{\mathrm{p}})(1-\cos\theta)\\ -\mathrm{i}2\mathrm{J}_1(kr_{\mathrm{p}}\sin\theta)\cos(\varphi_{\mathrm{p}})\sin\theta\end{bmatrix}\mathrm{d}\theta \end{aligned} \tag{4-216}$$

$$\begin{bmatrix} H_x^{x\text{-LP}} \\ H_y^{x\text{-LP}} \\ H_z^{x\text{-LP}} \end{bmatrix} = H_0 \int_0^{\theta_{\max}} F(\theta) E(\theta) \exp(\mathrm{i}kz_\mathrm{p}\cos\theta) \times$$

$$\pi \begin{bmatrix} \mathrm{J}_2(kr_\mathrm{p}\sin\theta)\sin(2\varphi_\mathrm{p})(1-\cos\theta) \\ (1+\cos\theta)\mathrm{J}_0(kr_\mathrm{p}\sin\theta) - (1-\cos\theta)\mathrm{J}_2(kr_\mathrm{p}\sin\theta)\cos(2\varphi_\mathrm{p}) \\ -\mathrm{i}2\mathrm{J}_1(kr_\mathrm{p}\sin\theta)\sin(\varphi_\mathrm{p})\sin\theta \end{bmatrix} \mathrm{d}\theta \tag{4-217}$$

2) y-线性极化非涡旋光束

根据 y-线性极化涡旋光束与 x-线性极化涡旋光束之间的关系式(4-200)和(4-201)，由式(4-202)、式(4-216)和式(4-217)得到 y-线性极化非涡旋光束在紧聚焦情况下的电磁场分量。

3) 圆极化非涡旋光束

根据圆极化涡旋光束与线性极化涡旋光束之间的关系式(4-203)，可由式(4-204)以及线性极化情况的结果得到圆极化非涡旋光束在紧聚焦情况下的电磁场分量表达式。

4) 径向极化非涡旋光束

对于径向极化涡旋光束，$(\alpha, \beta)=(\cos\varphi, \sin\varphi)$，此时极化矢量 $\boldsymbol{P}_\mathrm{e}(\theta, \varphi)$ 和 $\boldsymbol{P}_\mathrm{m}(\theta, \varphi)$ 为式(4-205)。将式(4-205)代入式(4-213)和式(4-214)，并利用积分公式(4-215)，得到

$$\begin{bmatrix} E_x^{\mathrm{RP}} \\ E_y^{\mathrm{RP}} \\ E_z^{\mathrm{RP}} \end{bmatrix} = E_0 \int_0^{\theta_{\max}} F(\theta) E(\theta) \exp(\mathrm{i}kz_\mathrm{p}\cos\theta) \begin{bmatrix} \mathrm{i}2\pi\mathrm{J}_1(kr_\mathrm{p}\sin\theta)\cos(\varphi_\mathrm{p})\cos\theta \\ \mathrm{i}2\pi\mathrm{J}_1(kr_\mathrm{p}\sin\theta)\sin(\varphi_\mathrm{p})\cos\theta \\ -2\pi\mathrm{J}_0(kr_\mathrm{p}\sin\theta)\sin\theta \end{bmatrix} \mathrm{d}\theta \tag{4-218}$$

$$\begin{bmatrix} H_x^{\mathrm{RP}} \\ H_y^{\mathrm{RP}} \\ H_z^{\mathrm{RP}} \end{bmatrix} = H_0 \int_0^{\theta_{\max}} F(\theta) E(\theta) \exp(\mathrm{i}kz_\mathrm{p}\cos\theta) \begin{bmatrix} -\mathrm{i}2\pi\mathrm{J}_1(kr_\mathrm{p}\sin\theta)\sin(\varphi_\mathrm{p}) \\ \mathrm{i}2\pi\mathrm{J}_1(kr_\mathrm{p}\sin\theta)\cos(\varphi_\mathrm{p}) \\ 0 \end{bmatrix} \mathrm{d}\theta \tag{4-219}$$

5) 角向极化非涡旋光束

根据角向极化涡旋光束与径向极化涡旋光束之间的关系式(4-208)和(4-209)，由式(4-210)、式(4-218)和式(4-219)得到角向极化非涡旋光束在紧聚焦情况下的电磁场分量。

由上面给出的公式可知，在紧聚焦情形下，x-线性极化光束和 y-线性极化

光束的电磁场分量具有对称性，径向极化光束与角向极化光束的电磁场分量同样具有对称性。下面以拉盖尔-高斯光束为例，根据上述公式绘制其聚焦后在焦平面上的场分布。图 4.11 给出了 x-线性极化(x-LP)、右圆极化(R-CP)、左圆极化(L-CP)和径向极化(RP)四种极化态拉盖尔-高斯涡旋光束在焦平面上的电场及其分量的幅值分布，其中背景空间折射率 $n=1.33$，透镜焦距 $f=2$ mm，数值孔径 $NA=1.26$，光束波长 $\lambda=632.8$ nm，束腰半径 $w_0=f$，拓扑荷数 $l=3$，观察平面所在位置 $z=0$。

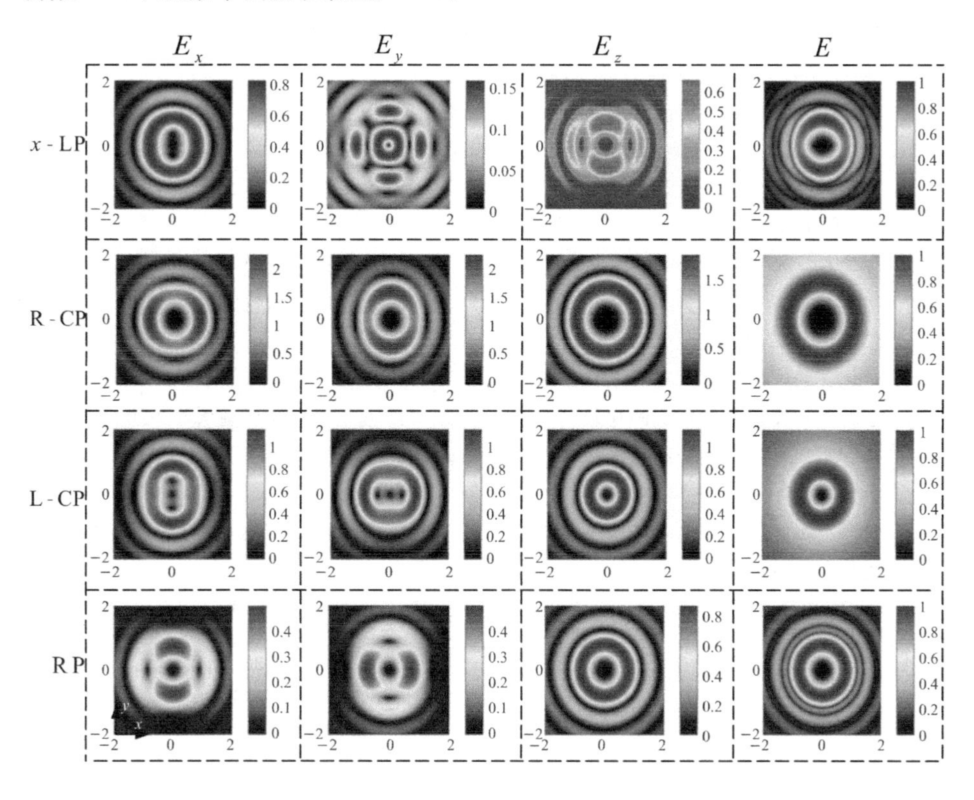

图 4.11　聚焦平面上不同极化态拉盖尔-高斯涡旋光束的电场及其分量幅值归一化分布图

参考文献

[1]　崔志伟，韩一平，汪加洁，等. 计算光学：微粒对高斯光束散射的理论与方法[M]. 西安：西安电子科技大学出版社，2017.

[2]　吕百达. 激光光学：光束描述、传输变换与光腔技术物理[M]. 北京：高等教育出版

社，2003.

[3] 马科斯·波恩，埃米尔·沃耳夫. 光学原理[M]. 7 版. 北京：电子工业大学出版社，2012.

[4] GOODMAN J W. 傅里叶光学导论[M]. 4 版. 北京：科学出版社，2020.

[5] NOVOTNY L, HECHT B. 纳米光学原理[M]. 2 版. 北京：北京大学出版社，2020.

[6] 王竹溪，郭敦仁. 特殊函数概论[M]. 北京：北京大学出版社，2012.

[7] 《常用积分表》编委会. 常用积分表[M]. 2 版. 合肥：中国科学技术大学出版社，2019.

[8] 邓小玖，李怀龙，刘彩霞，等. 矢量衍射理论的比较研究及标量近似的有效性[J]. 量子电子学报，2007，24(5)：543-547.

[9] 赖传伟，邓小玖，汪国安，等. 非傍轴矢量衍射光束的能量传输[J]. 激光技术，2009，33(4)：446-448.

[10] 赖传伟. 非傍轴矢量衍射光束的光强及其能量传输的研究[D]. 合肥：合肥工业大学，2009.

[11] 王俊星. 矢量衍射计算方法的研究[D]. 沈阳：东北大学硕士学位论文，2017.

[12] 王晓琨，耿滔. 基于 Rayleigh-Sommerfeld 积分的矢量衍射理论的适用范围[J]. 光学仪器，2017，39(3)：21-26.

[13] 肖超. 矢量衍射理论在强聚焦系统中的研究[D]. 西安：西北大学，2019.

[14] 李怀龙. 矢量衍射理论的比较研究及其应用[D]. 合肥：合肥工业大学，2020.

[15] 惠元飞. 超常媒质中结构光场的传输及其动力学特性研究[D]. 西安：西安电子科技大学，2019.

[16] 宋攀. 手性媒质中结构光场的自旋/轨道角动量及其相互作用研究[D]. 西安：西安电子科技大学，2020.

[17] MISHRS S R. A vector wave analysis of a Bessel beam[J]. Opt Commun.，1991，85：159-161.

[18] FAGERHOLM J, FRIBERG A T, HUTTUNEN J, et al. Angular-spectrum representation of nondiffracting X waves[J]. Phy. Rev. E，1996，54(4)：4347-4352.

[19] LAABS H. Propagation of Hermite-Gaussian-beams beyond the paraxial approximation[J]. Opt. Commun.，11998，47：1-4.

[20] KIM H C, LEE Y H. Hermite-Gaussian and Laguerre-Gaussian beyond the paraxial approximation[J]. Opt. Commun.，1999，169：9-16.

[21] CHEN C G, KONKOLA P T, FERRERA J, et al. Analyses of vector Gaussian beam propagation and the validity of paraxial andspherical approximations[J]. J. Opt. Soc. Am. A，2002，19(2)：404-412.

[22] BORGHI R. On the angular-spectrum representation of multipole wave fields[J]. J. Opt. Soc. Am. A，2004，21(9)：1805-1810.

[23] DUAN K L, WANG B Z, LYU B D. Propagation of Hermite-Gaussian and Laguerre-

Gaussian beams beyond the paraxial approximation[J]. J. Opt. Soc. Am. A, 2005, 22(9): 1976-1980.

[24] SHEN F B, WANG A B. Fast-Fourier-transform based numerical integration method for the Rayleigh-Sommerfeld diffraction formula[J]. Appl. Opt., 2006, 45(6): 1102-1110.

[25] ZHOU G. Vectorial structures of non-paraxial linearly polarized Gaussian beam and their beam propagation factors[J]. Opt. Commun., 2006, 265: 39-46.

[26] SALAMIN Y I. Fields of a radially polarized Gaussian laser beam beyond the paraxial approximation[J]. Opt. Lett., 2006, 31(17): 2619-2621.

[27] ZHOU G. Analytical vectorial structure of Laguerre-Gaussian beam in the far field [J]. Opt. Lett., 2006, 31(7): 2616-2618.

[28] GAO Z H, LYU B D. Analytical description of propagation of vectorial apertured off-axis Gaussian beams beyond the paraxial approximation[J]. Opt. Laser. Technol., 2007, 39(2), 379-384.

[29] ZHOU G, ZHU K, LIU F. Analytical structure of the TE and TM terms of paraxial Gaussian beam in the near field[J]. Opt. Commun., 2007, 276: 37-43.

[30] YAN S H, YAO B L. Description of a radially polarized Laguerre-Gauss beam beyond the paraxial approximation[J]. Opt. Lett., 2007, 32(22): 3367-3369.

[31] LIU P, LYU B. The vectorial angular-spectrum representation and Rayleigh-Sommerfeld diffraction formulae[J]. Opt. Laser. Technol., 2007, 39(4): 741-744.

[32] ZHOU G Q. Propagation of a vectorial Laguerre-Gaussian beam beyond the paraxial approximation[J]. Opt. Laser. Technol., 2008, 40(7): 930-935.

[33] ZHOU G. The analytical vectorial structure of a nonparaxial Gaussian beam close to the source. Opt. Express, 2008; 16 (6): 3504-14.

[34] NASCOV V, LOGOFATU P C. Fast computation algorithm for the Rayleigh-Sommerfeld diffraction formula using a type of scaled convolution[J]. Appl. Opt., 2009, 48(22): 4310-4319.

[35] TORRE A. Airy beams beyond the paraxial approximation[J]. Opt. Commun., 2010, 283, 4146-4165.

[36] SHEPPARD C J R, LIN J, KOU S S. Rayleigh-Sommerfeld diffraction formula in k space [J]. J. Opt. Soc. Am. A, 2013, 30(6): 1180-1183.

[37] WANG Y, DOU W, MENG H. Vector analyses of linearly and circularly polarized Bessel beams using Hertz vector potentials[J]. Opt. Express, 2014, 22(7): 7821-7830.

[38] OCHOA N A. Alternative approach to evaluate the Rayleigh-Sommerfeld diffraction integrals using tilted spherical waves[J]. Opt. Express, 2017, 25(10): 12008-12019.

[39] MEHRABKHANI S, SCHNEIDER T. Is the Rayleigh-Sommerfeld diffraction always an exact reference for high speed diffraction algorithms? [J]. Opt. Express, 2017, 25

(24)：30229-30240.

[40] OCHOA N A. A unifying approach for the vectorial Rayleigh-Sommerfeld diffraction integrals[J]. Opt. Commun. 448，104-110(2018).

[41] OCHOA N A. Accurate non-paraxial approximation to the vectorial Rayleigh-Sommerfeld diffraction integrals for elliptical，radial，azimuthal and other polarized illuminating fields[J]. Opt. Commun.，2018，429：112-118.

[42] HUANG C，LI H，WU J，et al. Modified vectorial angular spectrum formula for propagation of non-paraxial beams[J]. Optik，2018，154：799-805.

[43] OCHOA N A. A unifying approach for the vectorial Rayleigh-Sommerfeld diffraction integrals. Opt. Commun.，2019，448：104-110.

[44] CUI Z W，WANG J，MA W Q，et al. Concise and explicit expressions for typical spatial-structured light beams beyond the paraxial approximation[J]. J. Opt. Soc. Am. A，2022，39(10)：1794-1804.

[45] CUI Z W，SUN J B，LITCHINITSER N M，et al. Dynamical characteristics of tightly focused vortex beams with different states of polarization[J]. J. Opt.，2019，21(1)：015401.

第5章

结构光场的反射和折射理论

光在传播过程中遇到折射率差不为零的介质界面时会有反射和折射现象。在几何光学范畴内，光被看作平面波，其反射和折射通常用斯涅耳定律和菲涅耳公式来处理。然而，具有特殊振幅、相位和偏振态分布的结构光场都具有有限的宽度，可看作平面是由波角谱组成的，当它入射到具有一定折射率梯度的介质界面上时，由于每一个角谱的入射角的不同，其反射系数和传输系数也不同，就会各自经历不同强度的反射和折射，反射光束和折射光束的重心垂直入射面会产生微小偏离，斯涅耳定律和菲涅耳公式将无法准确描述结构光场的反射和折射。本章从平面光波的反射和折射出发，基于平面波角谱展开理论建立了结构光场反射和折射的全矢量理论模型，给出了典型结构光场反射和折射情形下的数学表达式，分析了典型结构光场反射和折射时的线偏移和角偏移。

5.1 光波反射和折射的基本理论

5.1.1 平面光波的描述

平面光波是指波的等相面为平面的电磁波，是亥姆霍兹方程在直角坐标系中的一个特解。在直角坐标系(x，y，z)中，设均匀平面光波沿某 $\boldsymbol{s}$ 方向传播，则电磁场仅沿其 $\boldsymbol{s}$ 传播方向上变化，而在与 $\boldsymbol{s}$ 传播方向相垂直的横平面内无变化，如图5.1所示。在时谐场情形下，沿 $\boldsymbol{s}$ 方向传播的均匀平面光波的电场可写为

$$\boldsymbol{E}=\boldsymbol{A}\exp(\mathrm{i}k\hat{\boldsymbol{s}}\cdot\boldsymbol{r}) \qquad (5-1)$$

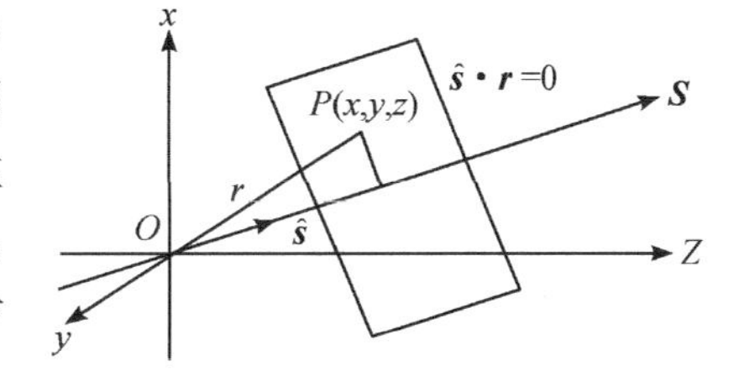

图5.1 沿任意方向传播的均匀平面波

式中，$\boldsymbol{A}=(p_x\hat{\boldsymbol{x}}+p_y\hat{\boldsymbol{y}})A$ 为平面光波的振幅矢量，(p_x, p_y)为极化系数，A 为平面光波的振幅；k 为波数；$\hat{\boldsymbol{s}}=s_x\hat{\boldsymbol{x}}+s_x\hat{\boldsymbol{y}}+s_x\hat{\boldsymbol{z}}$ 为沿 $\boldsymbol{s}$ 方向的单位矢量；$\boldsymbol{r}=x\hat{\boldsymbol{x}}+y\hat{\boldsymbol{y}}+z\hat{\boldsymbol{z}}$ 为空间中某一点 $P(x, y, z)$的位置矢量。式(5-1)也可以写为

$$\boldsymbol{E}=\boldsymbol{A}\exp(\mathrm{i}\boldsymbol{k}\cdot\boldsymbol{r}) \tag{5-2}$$

式中，$\boldsymbol{k}=k\hat{\boldsymbol{s}}=k_x\hat{\boldsymbol{x}}+k_y\hat{\boldsymbol{y}}+k_z\hat{\boldsymbol{z}}$ 为波矢量。如果传播方向与 x、y、z 轴的夹角分别为α、β、γ，则

$$\hat{\boldsymbol{s}}=\cos\alpha\hat{\boldsymbol{x}}+\cos\beta\hat{\boldsymbol{y}}+\cos\gamma\hat{\boldsymbol{z}} \tag{5-3}$$

$$k_x=k\cos\alpha,\ k_y=k\cos\beta,\ k_z=k\cos\gamma \tag{5-4}$$

且 $k_x^2+k_y^2+k_z^2=k^2$。

将式(5-1)代入式(1-14)，得到

$$\nabla\times\boldsymbol{E}=\nabla\times[\boldsymbol{A}\exp(\mathrm{i}k\hat{\boldsymbol{s}}\cdot\boldsymbol{r})]=\mathrm{i}\omega\mu\boldsymbol{H} \tag{5-5}$$

考虑矢量恒等式：$\nabla\times(\phi\boldsymbol{A})=\nabla\phi\times\boldsymbol{A}+\phi\nabla\times\boldsymbol{A}$，因 $\boldsymbol{A}$ 是常矢量，则由式(5-5)可得

$$\begin{aligned}\boldsymbol{H}&=\frac{1}{\mathrm{i}\omega\mu}\nabla\exp(\mathrm{i}k\hat{\boldsymbol{s}}\cdot\boldsymbol{r})\times\boldsymbol{A}+\exp(\mathrm{i}k\hat{\boldsymbol{s}}\cdot\boldsymbol{r})\nabla\times\boldsymbol{A}\\&=\frac{1}{\mathrm{i}\omega\mu}\nabla(\mathrm{i}k\hat{\boldsymbol{s}}\cdot\boldsymbol{r})\times\boldsymbol{A}\exp(\mathrm{i}k\hat{\boldsymbol{s}}\cdot\boldsymbol{r})\end{aligned} \tag{5-6}$$

而$\nabla(\hat{\boldsymbol{s}}\cdot\boldsymbol{r})=\nabla(s_xx+s_yy+s_zz)=s_x\hat{\boldsymbol{x}}+s_y\hat{\boldsymbol{y}}+s_z\hat{\boldsymbol{z}}=\hat{\boldsymbol{s}}$，于是，磁场 $\boldsymbol{H}$ 可表示为

$$\boldsymbol{H}=\frac{k}{\omega\mu}(\hat{\boldsymbol{s}}\times\boldsymbol{E})=\frac{1}{\eta}\hat{\boldsymbol{s}}\times\boldsymbol{E} \tag{5-7}$$

式中，$\eta=\omega\mu/k=\sqrt{\mu/\varepsilon}$为波阻抗。

另一方面，由矢量横等式$\nabla\cdot(\phi\boldsymbol{A})=\boldsymbol{A}\cdot\nabla\phi+\phi\ \nabla\cdot\boldsymbol{A}$，有

$$\begin{aligned}\nabla\cdot\boldsymbol{E}&=\nabla\cdot[\boldsymbol{A}\exp(\mathrm{i}k\hat{\boldsymbol{s}}\cdot\boldsymbol{r})]=\boldsymbol{A}\cdot\nabla\exp(\mathrm{i}k\hat{\boldsymbol{s}}\cdot\boldsymbol{r})+\exp(\mathrm{i}k\hat{\boldsymbol{s}}\cdot\boldsymbol{r})\nabla\cdot\boldsymbol{A}\\&=\mathrm{i}k\ \nabla(\hat{\boldsymbol{s}}\cdot\boldsymbol{r})\cdot\boldsymbol{A}\exp(\mathrm{i}k\hat{\boldsymbol{s}}\cdot\boldsymbol{r})\end{aligned} \tag{5-8}$$

由无源情况下场的性质$\nabla\cdot\boldsymbol{E}=0$，可得

$$\hat{\boldsymbol{s}}\cdot\boldsymbol{E}=0 \tag{5-9}$$

式(5-7)说明 $\boldsymbol{H}$ 的方向垂直于$\hat{\boldsymbol{s}}$ 与$\boldsymbol{E}$ 决定的平面，而式(5-9)说明$\hat{\boldsymbol{s}}$ 又与 $\boldsymbol{E}$ 垂直。因此，各向同性无界介质中传播的平面光波是横电磁波，$\boldsymbol{E}$、$\boldsymbol{H}$、$\hat{\boldsymbol{s}}$ 三者相互垂直，且满足右手螺旋关系。

将式(5-7)两边与$\hat{\boldsymbol{s}}$ 作叉乘积，应用矢量恒等式 $\boldsymbol{a}\times\boldsymbol{b}\times\boldsymbol{c}=\boldsymbol{b}(\boldsymbol{a}\cdot\boldsymbol{c})-\boldsymbol{c}(\boldsymbol{a}\cdot\boldsymbol{b})$及式(5-9)，则可得

$$\boldsymbol{H}\times\hat{\boldsymbol{s}}=\frac{1}{\eta}(\hat{\boldsymbol{s}}\times\boldsymbol{E})\times\hat{\boldsymbol{s}}=\frac{1}{\eta}[(\hat{\boldsymbol{s}}\cdot\hat{\boldsymbol{s}})\boldsymbol{E}-(\hat{\boldsymbol{s}}\cdot\boldsymbol{E})\hat{\boldsymbol{s}}]=\frac{1}{\eta}\boldsymbol{E} \tag{5-10}$$

即有

$$\boldsymbol{E}=\eta\boldsymbol{H}\times\hat{\boldsymbol{s}} \tag{5-11}$$

式(5-7)和式(5-10)是均匀平面光波电场 $\boldsymbol{E}$ 与磁场 $\boldsymbol{H}$ 之间具有的关系式。

5.1.2 电磁场边界条件

光是一种电磁波，光的传播与电磁波的传播服从统一规律。均匀介质中的电磁场可通过求解微分形式的麦克斯韦方程组获得，而在实际中常常会遇到有不同介质交界面的情况，在边界面上，由于介质不连续，电磁场在这个边界面上也不连续，会使麦克斯韦方程组的微分形式在边界面上失去意义。为了求解包含这个边界面在内的区域中的电磁场，就必须知道边界面两侧的电磁场之间的关系，即电磁场的边界条件。边界条件与麦克斯韦方程组相当，是麦克斯韦方程组在边界面上的表述形式，可通过积分形式的麦克斯韦方程组导出。

如图 5.2 所示，考虑由介质 1 和介质 2 构成的分界面，分别用介质 1 和介质 2 表示相应介质中的场量，$\hat{\boldsymbol{n}}$ 表示分界面上由介质 2 指向介质 1 的法向单位矢量。若取一个环绕分界面的小矩形闭合回路 L，两个长边分别位于介质 1 和介质 2 中，且平行于分界面，边长为 Δl，高为 Δh。将式(1-1)应用于图 1-1 所示的小矩形回路，得到

$$(\boldsymbol{E}_1-\boldsymbol{E}_2)\cdot\hat{\boldsymbol{l}}L=-\frac{\partial}{\partial t}\boldsymbol{B}\cdot\hat{\boldsymbol{t}}(\Delta l\Delta h) \tag{5-12}$$

式中，$\hat{\boldsymbol{l}}$ 和 $\hat{\boldsymbol{t}}$ 分别为小矩形回路的切向和法向单位矢量，$\hat{\boldsymbol{n}}$，$\hat{\boldsymbol{l}}$ 和 $\hat{\boldsymbol{t}}$ 三者满足 $\hat{\boldsymbol{l}}=\hat{\boldsymbol{t}}\times\hat{\boldsymbol{n}}$。当回路高度 $\Delta h\to 0$ 时，由于 $\boldsymbol{E}$ 和 $\boldsymbol{B}$ 均为有限，故式(5-12)右端为零，左端在 Δh 边段上的积分趋于零，只保留上边和下边的贡献。于是式(5-12)变为

$$(\boldsymbol{E}_1-\boldsymbol{E}_2)\cdot\hat{\boldsymbol{l}}\Delta l=0 \tag{5-13}$$

将 $\hat{\boldsymbol{l}}=\hat{\boldsymbol{t}}\times\hat{\boldsymbol{n}}$ 代入式(5-13)得到

$$(\boldsymbol{E}_1-\boldsymbol{E}_2)\cdot(\hat{\boldsymbol{t}}\times\hat{\boldsymbol{n}})\Delta l=0 \tag{5-14}$$

根据矢量恒等式 $\boldsymbol{A}\cdot(\boldsymbol{B}\times\boldsymbol{C})=\boldsymbol{B}\cdot(\boldsymbol{C}\times\boldsymbol{A})$，式(5-14)可改写为

$$\hat{\boldsymbol{t}}\cdot[\hat{\boldsymbol{n}}\times(\boldsymbol{E}_1-\boldsymbol{E}_2)]\Delta l=0 \tag{5-15}$$

由于回路法向 $\hat{\boldsymbol{t}}$ 为任意，且 $\Delta l\neq 0$，所以由式(5-15)得到电场切向分量的

边界条件为

$$\hat{\boldsymbol{n}}\times(\boldsymbol{E}_1-\boldsymbol{E}_2)=0 \tag{5-16}$$

类似地，将式(1-2)应用于图5.2所示的小矩形回路，得到

$$(\boldsymbol{H}_1-\boldsymbol{H}_2)\cdot\hat{\boldsymbol{l}}L=\frac{\partial}{\partial t}\boldsymbol{D}\cdot\hat{\boldsymbol{t}}(\Delta l\Delta h)+\boldsymbol{J}\cdot\hat{\boldsymbol{t}}(\Delta l\Delta h) \tag{5-17}$$

当回路高度 $\Delta h\to 0$ 时，由于 $\boldsymbol{H}$ 和 $\boldsymbol{D}$ 均为有限，故式(5-17)左端只保留上边和下边的贡献，右端第一项为零。对于式(5-17)右端第二项，若有面电流存在，$\lim\limits_{\Delta h\to 0}(\boldsymbol{J}\Delta h)=\boldsymbol{J}_S$，其中 $\boldsymbol{J}_S$ 为面电流密度。于是式(5-17)变为

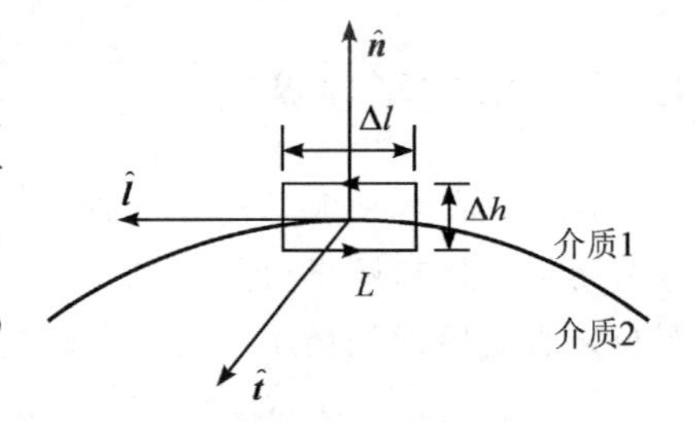

图5.2　两种介质分界面上取的小矩形回路

$$(\boldsymbol{H}_1-\boldsymbol{H}_2)\cdot\hat{\boldsymbol{l}}\Delta l=\boldsymbol{J}_S\cdot\hat{\boldsymbol{t}}\Delta l \tag{5-18}$$

将 $\hat{\boldsymbol{l}}=\hat{\boldsymbol{t}}\times\hat{\boldsymbol{n}}$ 代入式(5-18)，并利用矢量恒等式 $\boldsymbol{A}\cdot(\boldsymbol{B}\times\boldsymbol{C})=\boldsymbol{B}\cdot(\boldsymbol{C}\times\boldsymbol{A})$，得到

$$\hat{\boldsymbol{t}}\cdot[\hat{\boldsymbol{n}}\times(\boldsymbol{H}_1-\boldsymbol{H}_2)]=\hat{\boldsymbol{t}}\cdot\boldsymbol{J}_S \tag{5-19}$$

由于回路法向 $\hat{\boldsymbol{t}}$ 为任意，所以由式(5-19)得到磁场切向分量的边界条件为

$$\hat{\boldsymbol{n}}\times(\boldsymbol{H}_1-\boldsymbol{H}_2)=\boldsymbol{J}_S \tag{5-20}$$

为了进一步导出电磁场法向量所满足的边界条件，取图5.3所示的围绕分界面的小圆柱体，高为 Δh，底面积为 ΔS。将式(1-3)应用于该小圆柱体，得到

$$(\boldsymbol{D}_1-\boldsymbol{D}_2)\cdot\hat{n}\Delta S=\rho\Delta h\Delta S \tag{5-21}$$

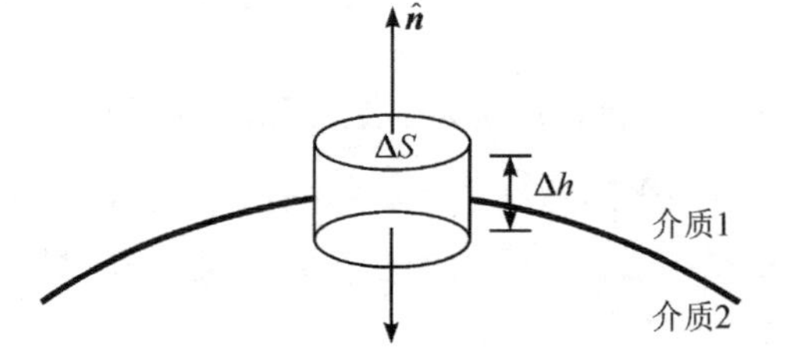

图5.3　两种介质分界面上取的小圆柱体

由于当 $\Delta h\to 0$ 时，$\boldsymbol{D}$ 为有限，式(1-3)在圆柱体侧面上的积分趋于零，所以式(5-21)左端只保留上下表面的贡献。对于式(5-21)右端，若有面电荷存在，$\lim\limits_{\Delta h\to 0}(\rho\Delta h)=\rho_S$，其中 ρ_S 为面电荷密度，于是得到电场法向分量的边界条件为

$$\hat{\boldsymbol{n}}\cdot(\boldsymbol{D}_1-\boldsymbol{D}_2)=\rho_S \tag{5-22}$$

同理，将式(1-4)应用于图5.3所示的围绕分界面的小圆柱体，得到磁场

法向分量的边界条件为

$$\hat{\boldsymbol{n}} \cdot (\boldsymbol{B}_1 - \boldsymbol{B}_2) = 0 \tag{5-23}$$

对于无源区域中的电磁场，$\boldsymbol{J}_S=0$，$\rho_S=0$，两种介质分界面处电磁场的切向和法向分量边界条件可写为

$$\begin{cases} \hat{\boldsymbol{n}} \times (\boldsymbol{E}_1 - \boldsymbol{E}_2) = 0 \\ \hat{\boldsymbol{n}} \times (\boldsymbol{H}_1 - \boldsymbol{H}_2) = 0 \\ \hat{\boldsymbol{n}} \cdot (\boldsymbol{D}_1 - \boldsymbol{D}_2) = 0 \\ \hat{\boldsymbol{n}} \cdot (\boldsymbol{B}_1 - \boldsymbol{B}_2) = 0 \end{cases} \tag{5-24}$$

式(5-24)中，$\hat{\boldsymbol{n}} \times (\boldsymbol{E}_1 - \boldsymbol{E}_2) = 0$ 和 $\hat{\boldsymbol{n}} \times (\boldsymbol{H}_1 - \boldsymbol{H}_2) = 0$ 表明：在分界面上电磁场的切向方向是连续的，可用公式表示为

$$\boldsymbol{E}_{1t} = \boldsymbol{E}_{2t},\ \boldsymbol{H}_{1t} = \boldsymbol{H}_{2t} \tag{5-25}$$

5.1.3　反射和折射定律

如图 5.4 所示，在直角坐标系(x，y，z)中，设有一平面光波以入射角为 θ_i 沿 $\hat{\boldsymbol{s}}_i$ 方向从介质 1 斜入射进入介质 2，$z=0$ 为两介质的分界平面，此时将在介质 1 中产生一个反射角为 θ_r 沿 $\hat{\boldsymbol{s}}_r$ 方向传播的波，即反射波；在介质 2 中产生一个透过分界面以折射角为 θ_t 沿 $\hat{\boldsymbol{s}}_t$ 方向传播的波，即折射波。鉴于沿任意方向极化的平面波电场总可以分解为垂直于入射面与平行于入射面的两个分量之和，因而，不失一般性，我们可以仅考虑垂直极化波和平行极化波两种情形，前者是入射平面波的电场垂直于入射面、磁场平行(位于)入射面；后者则是入射平面波的磁场垂直于入射面、电场平行(位于)入射面。

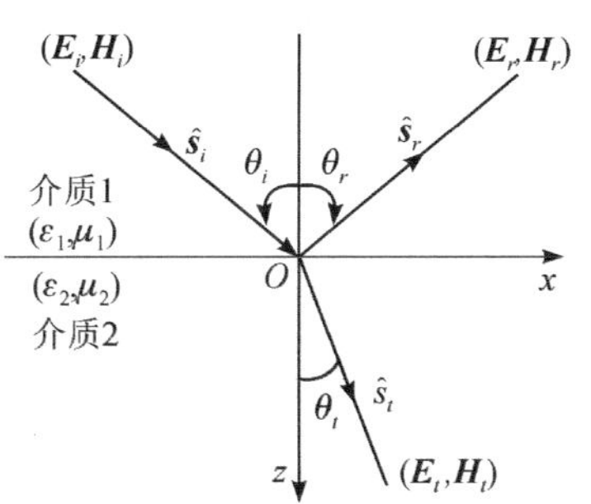

图 5.4　反射和折射定律

根据式(5-1)和式(5-7)，入射波、反射波和折射波的电磁场可写为

$$\begin{cases} \boldsymbol{E}_i = \boldsymbol{A}_i \exp(\mathrm{i} k_1 \hat{\boldsymbol{s}}_i \cdot \boldsymbol{r}) \\ \boldsymbol{E}_r = \boldsymbol{A}_r \exp(\mathrm{i} k_1 \hat{\boldsymbol{s}}_r \cdot \boldsymbol{r}) \\ \boldsymbol{E}_t = \boldsymbol{A}_t \exp(\mathrm{i} k_2 \hat{\boldsymbol{s}}_t \cdot \boldsymbol{r}) \end{cases} \tag{5-26}$$

$$\begin{cases} \boldsymbol{H}_i = \hat{\boldsymbol{s}}_i \times \boldsymbol{E}_i / \eta_1 \\ \boldsymbol{H}_r = \hat{\boldsymbol{s}}_r \times \boldsymbol{E}_r / \eta_1 \\ \boldsymbol{H}_t = \hat{\boldsymbol{s}}_t \times \boldsymbol{E}_t / \eta_2 \end{cases} \tag{5-27}$$

式中，$\boldsymbol{A}_i$、$\boldsymbol{A}_r$ 和 $\boldsymbol{A}_t$ 分别为入射波、反射波和折射波的振幅，$k_1=\omega\sqrt{\varepsilon_1\mu_1}$ 和 $k_2=\omega\sqrt{\varepsilon_2\mu_2}$ 分别为介质 1 和介质 2 中的波数，$\eta_1=\sqrt{\mu_1/\varepsilon_1}$ 和 $\eta_2=\sqrt{\mu_2/\varepsilon_2}$ 分别为介质 1 和介质 2 中的波阻抗，$\boldsymbol{r}=x\hat{\boldsymbol{x}}+y\hat{\boldsymbol{y}}+z\hat{\boldsymbol{z}}$ 是坐标原点到波前任意一点 $P(x, y, z)$ 的矢径，$\hat{\boldsymbol{s}}_i$、$\hat{\boldsymbol{s}}_r$ 和 $\hat{\boldsymbol{s}}_t$ 分别是沿入射波、反射波和折射波方向上的单位矢量，可写为

$$\begin{cases} \hat{\boldsymbol{s}}_i = \sin\theta_i \hat{\boldsymbol{x}} + \cos\theta_i \hat{\boldsymbol{z}} \\ \hat{\boldsymbol{s}}_r = \sin\theta_r \hat{\boldsymbol{x}} - \cos\theta_r \hat{\boldsymbol{z}} \\ \hat{\boldsymbol{s}}_t = \sin\theta_t \hat{\boldsymbol{x}} + \cos\theta_t \hat{\boldsymbol{z}} \end{cases} \tag{5-28}$$

于是有

$$\begin{cases} \hat{\boldsymbol{s}}_i \cdot \boldsymbol{r} = x\sin\theta_i + z\cos\theta_i \\ \hat{\boldsymbol{s}}_r \cdot \boldsymbol{r} = x\sin\theta_r - z\cos\theta_r \\ \hat{\boldsymbol{s}}_t \cdot \boldsymbol{r} = x\sin\theta_t + z\cos\theta_t \end{cases} \tag{5-29}$$

介质 1 中：电磁参数(ε_1, μ_1)，波数 $k_1=\omega\sqrt{\varepsilon_1\mu_1}$，波阻抗 $\eta_1=\sqrt{\mu_1/\varepsilon_1}$，有

$$\begin{aligned} \boldsymbol{E}_1 &= \boldsymbol{E}_i + \boldsymbol{E}_r = \boldsymbol{A}_i \exp(\mathrm{i}k_1 \hat{\boldsymbol{s}}_i \cdot \boldsymbol{r}) + \boldsymbol{A}_r \exp(\mathrm{i}k_1 \hat{\boldsymbol{s}}_r \cdot \boldsymbol{r}) \\ &= \boldsymbol{A}_i \exp[\mathrm{i}k_1(x\sin\theta_i + z\cos\theta_i)] + \boldsymbol{A}_r \exp[\mathrm{i}k_1(x\sin\theta_r - z\cos\theta_r)] \end{aligned} \tag{5-30}$$

$$\boldsymbol{H}_1 = \boldsymbol{H}_i + \boldsymbol{H}_r = \hat{\boldsymbol{s}}_i \times \boldsymbol{E}_i / \eta_1 + \hat{\boldsymbol{s}}_r \times \boldsymbol{E}_r / \eta_1 \tag{5-31}$$

介质 2 中：电磁参数(ε_2, μ_2)，波数 $k_2=\omega\sqrt{\varepsilon_2\mu_2}$，波阻抗 $\eta_2=\sqrt{\mu_2/\varepsilon_2}$，有

$$\boldsymbol{E}_2 = \boldsymbol{E}_t = \boldsymbol{A}_t \exp(\mathrm{i}k_2 \hat{\boldsymbol{s}}_t \cdot \boldsymbol{r}) = \boldsymbol{A}_t \exp[\mathrm{i}k_2(x\sin\theta_t + z\cos\theta_t)] \tag{5-32}$$

$$\boldsymbol{H}_2 = \boldsymbol{H}_t = \hat{\boldsymbol{s}}_t \times \boldsymbol{E}_t / \eta_2 \tag{5-33}$$

在 $z=0$ 处的分界面上，场应满足式(5-25)给出的切向连续性边界条件，即

$$\begin{cases}\hat{\boldsymbol{z}}\times\boldsymbol{E}_1\big|_{z=0}=\hat{\boldsymbol{z}}\times\boldsymbol{E}_2\big|_{z=0}\\ \hat{\boldsymbol{z}}\times\boldsymbol{H}_1\big|_{z=0}=\hat{\boldsymbol{z}}\times\boldsymbol{H}_2\big|_{z=0}\end{cases}\tag{5-34}$$

将式(5－30)和式(5－32)代入式(5－34)，可得

$$\hat{\boldsymbol{z}}\times\{\boldsymbol{A}_i\exp[\mathrm{i}k_1(x\sin\theta_i+z\cos\theta_i)]+\boldsymbol{A}_r\exp[\mathrm{i}k_1(x\sin\theta_r-z\cos\theta_r)]\}\big|_{z=0}$$

$$=\hat{\boldsymbol{z}}\times\{\boldsymbol{A}_t\exp[\mathrm{i}k_2(x\sin\theta_t+z\cos\theta_t)]\}\big|_{z=0}\tag{5-35}$$

显然，欲使此边界条件成立，在式(5－35)中，入射波、反射波和折射波中的相位因子部分应彼此相等，因而有

$$k_1\sin\theta_i=k_1\sin\theta_r=k_2\sin\theta_t\tag{5-36}$$

式(5－36)称为相位匹配条件。由 $k_1\sin\theta_i=k_1\sin\theta$，得到

$$\theta_i=\theta_r\tag{5-37}$$

式(5－37)即为光的反射定律。

根据介质(ε,μ)的折射率 n 为光波在自由空间(ε_0,μ_0)中的传播速度与该介质中的传播速度之比，即 $n=\sqrt{\varepsilon\mu}/\sqrt{\varepsilon_0\mu_0}=\sqrt{\varepsilon_r\mu_r}\ (\sqrt{\varepsilon_0\mu_0}=1/c)$，$\varepsilon_r$ 和 μ_r 分别称为介质(ε,μ)的相对介电常数和磁导率，于是有

$$\frac{k_2}{k_1}=\frac{\omega\sqrt{\varepsilon_2\mu_2}}{\omega\sqrt{\varepsilon_1\mu_1}}=\sqrt{\frac{\varepsilon_2\mu_2}{\varepsilon_1\mu_1}}=\frac{n_2}{n_1}\tag{5-38}$$

故由(5－36)得到

$$n_1\sin\theta_i=n_2\sin\theta_t\tag{5-39}$$

式(5－39)即为光的折射定律，也称为斯涅耳定律。

5.1.4　反射和折射系数

1. 垂直极化

如图 5.5 所示，设平面光波的磁场 $\boldsymbol{H}$ 位于其入射线与介质分界面的法向所构成的入射平面内，而电场 $\boldsymbol{E}$ 仅有 y 分量，沿 y 方向垂直于入射面，并与光波的传播方向 $\hat{\boldsymbol{s}}_i$ 垂直。

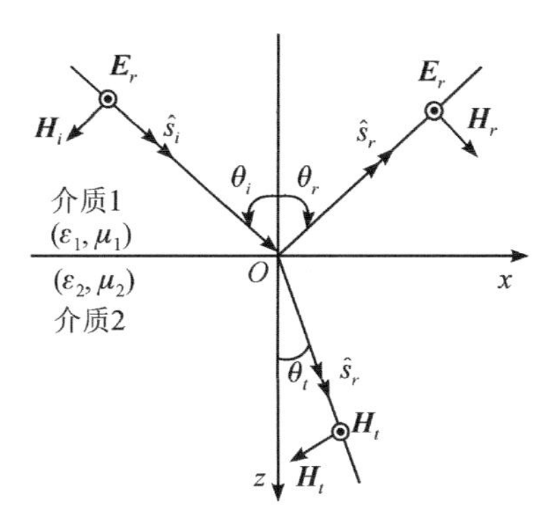

图 5.5　垂直极化平面光波的反射和折射

(1) 入射光波：波数 $k_1=\omega\sqrt{\varepsilon_1\mu_1}$，波阻抗 $\eta_1=\sqrt{\mu_1/\varepsilon_1}$，入射角 θ_i，有

$$\hat{\boldsymbol{s}}_i=\hat{\boldsymbol{x}}\sin\theta_i+\hat{\boldsymbol{z}}\cos\theta_i\tag{5-40}$$

$$\boldsymbol{E}_i^{\perp}=\hat{\boldsymbol{y}}A_i^{\perp}\exp[\mathrm{i}k_1(x\sin\theta_i+z\cos\theta_i)] \tag{5-41}$$

应用式(5-7)，即 $\boldsymbol{H}_i^{\perp}=\hat{\boldsymbol{s}}_i\times\boldsymbol{E}_i^{\perp}/\eta_1$，得到相应的磁场分量为

$$\boldsymbol{H}_i^{\perp}=(-\hat{\boldsymbol{x}}\cos\theta_i+\hat{\boldsymbol{z}}\sin\theta_i)\frac{A_i^{\perp}}{\eta_1}\exp[\mathrm{i}k_1(x\sin\theta_i+z\cos\theta_i)] \tag{5-42}$$

于是，在垂直极化情况下入射光波的电磁场分量可写为

$$\boldsymbol{E}_{iy}^{\perp}=A_i^{\perp}\exp[\mathrm{i}k_1(x\sin\theta_i+z\cos\theta_i)] \tag{5-43}$$

$$\boldsymbol{H}_{ix}^{\perp}=-\frac{A_i^{\perp}}{\eta_1}\cos\theta_i\exp[\mathrm{i}k_1(x\sin\theta_i+z\cos\theta_i)] \tag{5-44}$$

$$\boldsymbol{H}_{iz}^{\perp}=\frac{A_i^{\perp}}{\eta_1}\sin\theta_i\exp[\mathrm{i}k_1(x\sin\theta_i+z\cos\theta_i)] \tag{5-45}$$

(2) 反射光波：波数 $k_1=\omega\sqrt{\varepsilon_1\mu_1}$，波阻抗 $\eta_1=\sqrt{\mu_1/\varepsilon_1}$，反射角 θ_r，有

$$\hat{\boldsymbol{s}}_r=\hat{\boldsymbol{x}}\sin\theta_r-\hat{\boldsymbol{z}}\cos\theta_r \tag{5-46}$$

$$\boldsymbol{E}_r^{\perp}=\hat{\boldsymbol{y}}A_r^{\perp}\exp[\mathrm{i}k_1(x\sin\theta_r-z\cos\theta_r)] \tag{5-47}$$

应用 $\boldsymbol{H}_r^{\perp}=\hat{\boldsymbol{s}}_r\times\boldsymbol{E}_r^{\perp}/\eta_1$ 可得相应的磁场分量为

$$\boldsymbol{H}_r^{\perp}=(\hat{\boldsymbol{x}}\cos\theta_r+\hat{\boldsymbol{z}}\sin\theta_r)\frac{A_r^{\perp}}{\eta_1}\exp[\mathrm{i}k_1(x\sin\theta_r-z\cos\theta_r)] \tag{5-48}$$

在垂直极化情况下，反射光波的电磁场分量可写为

$$\boldsymbol{E}_{ry}^{\perp}=A_r^{\perp}\exp[\mathrm{i}k_1(x\sin\theta_r-z\cos\theta_r)] \tag{5-49}$$

$$\boldsymbol{H}_{rx}^{\perp}=\frac{A_r^{\perp}}{\eta_1}\cos\theta_r\exp[\mathrm{i}k_1(x\sin\theta_r-z\cos\theta_r)] \tag{5-50}$$

$$\boldsymbol{H}_{rz}^{\perp}=\frac{A_r^{\perp}}{\eta_1}\sin\theta_r\exp[\mathrm{i}k_1(x\sin\theta_r-z\cos\theta_r)] \tag{5-51}$$

(3) 折射光波：波数 $k_2=\omega\sqrt{\varepsilon_2\mu_2}$，波阻抗 $\eta_2=\sqrt{\mu_2/\varepsilon_2}$，折射角 θ_t，有

$$\hat{\boldsymbol{s}}_t=\hat{\boldsymbol{x}}\sin\theta_t+\hat{\boldsymbol{z}}\cos\theta_t \tag{5-52}$$

$$\boldsymbol{E}_t^{\perp}=\hat{\boldsymbol{y}}A_t^{\perp}\exp[\mathrm{i}k_2(x\sin\theta_t+z\cos\theta_t)] \tag{5-53}$$

应用 $\boldsymbol{H}_t^{\perp}=\hat{\boldsymbol{s}}_t\times\boldsymbol{E}_t^{\perp}/\eta_2$ 可得相应的磁场分量为

$$\boldsymbol{H}_t^{\perp}=(-\hat{\boldsymbol{x}}\cos\theta_t+\hat{\boldsymbol{z}}\sin\theta_t)\frac{A_t^{\perp}}{\eta_2}\exp[\mathrm{i}k_2(x\sin\theta_t+z\cos\theta_t)] \tag{5-54}$$

在垂直极化情况下，折射光波的电磁场分量可写为

$$\boldsymbol{E}_{ty}^{\perp}=A_t^{\perp}\exp[\mathrm{i}k_2(x\sin\theta_t+z\cos\theta_t)] \tag{5-55}$$

$$\boldsymbol{H}_{tx}^{\perp}=-\frac{A_t^{\perp}}{\eta_2}\cos\theta_t\exp[\mathrm{i}k_2(x\sin\theta_t+z\cos\theta_t)] \tag{5-56}$$

$$\boldsymbol{H}_{tz}^{\perp}=\frac{A_t^{\perp}}{\eta_2}\sin\theta_t\exp[\mathrm{i}k_2(x\sin\theta_t+z\cos\theta_t)] \tag{5-57}$$

在垂直极化情况下，反射系数 $R_{\perp}$ 定义为介质 1 中的反射波在 $z=0$ 处的电场与入射波在 $z=0$ 处的电场之比。由式(5-43)和式(5-49)，并因有反射定律 $\theta_i=\theta_r$，可知

$$R^{\perp}=\frac{A_r^{\perp}\exp[\mathrm{i}k_1(x\sin\theta_r-z\cos\theta_r)]}{A_i^{\perp}\exp[\mathrm{i}k_1(x\sin\theta_i+z\cos\theta_i)]}=\frac{A_r^{\perp}\exp(\mathrm{i}k_1x\sin\theta_i)}{A_i^{\perp}\exp(\mathrm{i}k_1x\sin\theta_i)}=\frac{A_r^{\perp}}{A_i^{\perp}} \tag{5-58}$$

于是介质 1 中入射波和反射波合成波的电磁场分量可写为

$$\boldsymbol{E}_{1y}^{\perp}=A_i^{\perp}\exp(\mathrm{i}k_1x\sin\theta_i)[\exp(\mathrm{i}k_1z\cos\theta_i)+R^{\perp}\exp(-\mathrm{i}k_1z\cos\theta_r)] \tag{5-59}$$

$$\boldsymbol{H}_{1x}^{\perp}=-\frac{A_i^{\perp}}{\eta_1}\cos\theta_i\exp(\mathrm{i}k_1x\sin\theta_i)[\exp(\mathrm{i}k_1z\cos\theta_i)-R^{\perp}\exp(-\mathrm{i}k_1z\cos\theta_r)] \tag{5-60}$$

$$\boldsymbol{H}_{1z}^{\perp}=\frac{A_i^{\perp}}{\eta_1}\sin\theta_i\exp(\mathrm{i}k_1x\sin\theta_i)[\exp(\mathrm{i}k_1z\cos\theta_i)+R^{\perp}\exp(-\mathrm{i}k_1z\cos\theta_r)] \tag{5-61}$$

折射系数也称为透射系数或传输系数。在垂直极化情况下，折射系数 $T_{\perp}$ 定义为介质 2 中的折射波在 $z=0$ 处的电场与介质 1 中的入射波在 $z=0$ 处的电场之比。由式(5-43)和式(5-55)，并因有折射定律 $k_1\sin\theta_i=k_2\sin\theta_t$，可知

$$T^{\perp}=\frac{A_t^{\perp}\exp[\mathrm{i}k_2(x\sin\theta_t+z\cos\theta_t)]}{A_i^{\perp}\exp[\mathrm{i}k_1(x\sin\theta_i+z\cos\theta_i)]}=\frac{A_t^{\perp}\exp(\mathrm{i}k_1x\sin\theta_i)}{A_i^{\perp}\exp(\mathrm{i}k_1x\sin\theta_i)}=\frac{A_t^{\perp}}{A_i^{\perp}} \tag{5-62}$$

于是介质 2 中透射波的电磁场分量可写为

$$\boldsymbol{E}_{2y}^{\perp}=T^{\perp}A_i^{\perp}\exp[\mathrm{i}k_2(x\sin\theta_t+z\cos\theta_t)] \tag{5-63}$$

$$\boldsymbol{H}_{2x}^{\perp}=-\frac{A_i^{\perp}}{\eta_2}\cos\theta_tT^{\perp}\exp[\mathrm{i}k_2(x\sin\theta_t+z\cos\theta_t)] \tag{5-64}$$

$$\boldsymbol{H}_{2z}^{\perp}=\frac{A_i^{\perp}}{\eta_2}\sin\theta_tT^{\perp}\exp[\mathrm{i}k_2(x\sin\theta_t+z\cos\theta_t)] \tag{5-65}$$

在 $z=0$ 处的分界面上，场应满足式(5-25)给出的切向连续性边界条件，即

$$\boldsymbol{E}_{1y}^{\perp}\big|_{z=0}=E_{2y}^{\perp}\big|_{z=0},\quad H_{1x}^{\perp}\big|_{z=0}=H_{2x}^{\perp}\big|_{z=0} \tag{5-66}$$

将式(5-59)、式(5-60)、式(5-63)和式(5-64)代入式(5-66)，应用反射定律 $\theta^r=\theta^i$ 和折射定律 $k_1\sin\theta_i=k_2\sin\theta_t$，得到

$$1+R^{\perp}=T^{\perp} \tag{5-67}$$

$$\frac{\cos\theta_i(1-R^{\perp})}{\eta_1}=\frac{\cos\theta_t T^{\perp}}{\eta_2} \tag{5-68}$$

将式(5-67)代入式(5-68)，消去 $T^{\perp}$ 后，便有

$$\frac{1}{\eta_1}\cos\theta_i(1-R^{\perp})=\frac{1}{\eta_2}\cos\theta_t(1+R^{\perp}) \tag{5-69}$$

由此可解得

$$R^{\perp}=\frac{\eta_2\cos\theta_i-\eta_1\cos\theta_t}{\eta_2\cos\theta_i+\eta_1\cos\theta_t} \tag{5-70}$$

而由(5-67)式，可得垂直极化波的透射系数 $T^{\perp}$ 为

$$T^{\perp}=1+\frac{\eta_2\cos\theta_i-\eta_1\cos\theta_t}{\eta_2\cos\theta_i+\eta_1\cos\theta_t}=\frac{2\eta_2\cos\theta_i}{\eta_2\cos\theta_i+\eta_1\cos\theta_t} \tag{5-71}$$

式(5-70)和式(5-71)称为垂直极化波的菲涅耳公式。

由波阻抗的定义，即 $\eta=\sqrt{\mu/\varepsilon}$，可知

$$\frac{\eta_1}{\eta_2}=\sqrt{\frac{\mu_1\varepsilon_2}{\varepsilon_1\mu_2}}=\frac{\mu_1}{\mu_2}\sqrt{\frac{\mu_2\varepsilon_2}{\mu_1\varepsilon_1}}=\frac{\mu_1}{\mu_2}\frac{n_2}{n_1} \tag{5-72}$$

对于非磁性介质，$\mu_1\approx\mu_2\approx\mu_0$，于是有

$$\frac{\eta_1}{\eta_2}=\frac{n_2}{n_1} \tag{5-73}$$

将式(5-73)代入式(5-70)和式(5-71)，分别可得

$$R^{\perp}=\frac{n_1\cos\theta_i-n_2\cos\theta_t}{n_1\cos\theta_i+n_2\cos\theta_t} \tag{5-74}$$

$$T^{\perp}=\frac{2n_1\cos\theta_i}{n_1\cos\theta_i+n_2\cos\theta_t} \tag{5-75}$$

2. 水平极化波

如图 5.6 所示，设平面光波的电场 $\boldsymbol{E}$ 位于其入射线与介质分界面的法向所构成的入射平面内，而电场 $\boldsymbol{H}$ 仅有 y 分量，沿 y 方向垂直于入射面，并与光波的传播方向 $\hat{\boldsymbol{s}}_i$ 垂直。

(1) 入射光波：波数 $k_1=\omega\sqrt{\varepsilon_1\mu_1}$，波阻抗 $\eta_1=\sqrt{\mu_1/\varepsilon_1}$，入射角 θ_i，有

$$\hat{\boldsymbol{s}}_i=\hat{\boldsymbol{x}}\sin\theta_i+\hat{\boldsymbol{z}}\cos\theta_i \tag{5-76}$$

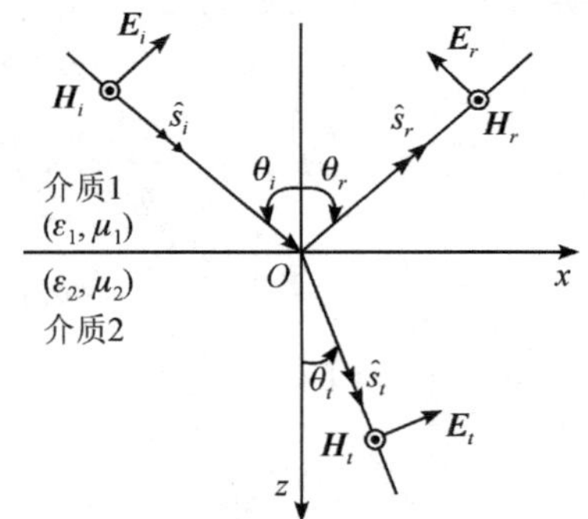

图 5.6　水平极化平面光波的反射和折射

$$\boldsymbol{H}_i^{\parallel}=\hat{\boldsymbol{y}}\,\frac{A_i^{\parallel}}{\eta_1}\exp[\mathrm{i}k_1(x\sin\theta_i+z\cos\theta_i)] \tag{5-77}$$

应用式(5-11)，即 $\boldsymbol{E}_i^{\parallel}=\eta_1(\boldsymbol{H}_i^{\parallel}\times\hat{\boldsymbol{s}}_i)$，可得相应的磁场分量为

$$\boldsymbol{E}_i^{\parallel}=(\hat{\boldsymbol{x}}\cos\theta_i-\hat{\boldsymbol{z}}\sin\theta_i)A_i^{\parallel}\exp[\mathrm{i}k_1(x\sin\theta_i+z\cos\theta_i)] \tag{5-78}$$

于是水平极化情况下入射光波的电磁场分量可写为

$$E_{ix}^{\parallel}=A_i^{\parallel}\cos\theta_i\exp[\mathrm{i}k_1(x\sin\theta_i+z\cos\theta_i)] \tag{5-79}$$

$$E_{iz}^{\parallel}=-A_i^{\parallel}\sin\theta_i\exp[\mathrm{i}k_1(x\sin\theta_i+z\cos\theta_i)] \tag{5-80}$$

$$H_{iy}^{\parallel}=\frac{A_i^{\parallel}}{\eta_1}\exp[\mathrm{i}k_1(x\sin\theta_i+z\cos\theta_i)] \tag{5-81}$$

(2) 反射光波：波数 $k_1=\omega\sqrt{\varepsilon_1\mu_1}$，波阻抗 $\eta_1=\sqrt{\mu_1/\varepsilon_1}$，反射角 θ_r，有

$$\hat{\boldsymbol{s}}_r=\hat{\boldsymbol{x}}\sin\theta_r-\hat{\boldsymbol{z}}\cos\theta_r \tag{5-82}$$

$$\boldsymbol{H}_r^{\parallel}=\hat{\boldsymbol{y}}\,\frac{A_r^{\parallel}}{\eta_1}\exp[\mathrm{i}k_1(x\sin\theta_r-z\cos\theta_r)] \tag{5-83}$$

应用 $\boldsymbol{E}_r^{\parallel}=\eta_1(\boldsymbol{H}_r^{\parallel}\times\hat{\boldsymbol{s}}_r)$可得相应的磁场分量为

$$\boldsymbol{E}_r^{\parallel}=-(\hat{\boldsymbol{x}}\cos\theta_r+\hat{\boldsymbol{z}}\sin\theta_r)A_r^{\parallel}\exp[\mathrm{i}k_1(x\sin\theta_r-z\cos\theta_r)] \tag{5-84}$$

在水平极化情况下，反射光波的电磁场分量可写为

$$\boldsymbol{E}_{rx}^{\parallel}=-A_r^{\parallel}\cos\theta_r\exp[\mathrm{i}k_1(x\sin\theta_r-z\cos\theta_r)] \tag{5-85}$$

$$\boldsymbol{E}_{rz}^{\parallel}=-A_r^{\parallel}\sin\theta_r\exp[\mathrm{i}k_1(x\sin\theta_r-z\cos\theta_r)] \tag{5-86}$$

$$\boldsymbol{H}_{ry}^{\parallel}=\frac{A_r^{\parallel}}{\eta_1}\exp[\mathrm{i}k_1(x\sin\theta_r-z\cos\theta_r)] \tag{5-87}$$

(3) 折射光波：波数 $k_2=\omega\sqrt{\varepsilon_2\mu_2}$，波阻抗 $\eta_2=\sqrt{\mu_2/\varepsilon_2}$，折射角 θ_t，有

$$\hat{\boldsymbol{s}}_t=\hat{\boldsymbol{x}}\sin\theta_t+\hat{\boldsymbol{z}}\cos\theta_t \tag{5-88}$$

$$\boldsymbol{H}_t^{\parallel}=\hat{\boldsymbol{y}}\,\frac{A_t^{\parallel}}{\eta_2}\exp[\mathrm{i}k_2(x\sin\theta_t+z\cos\theta_t)] \tag{5-89}$$

应用 $\boldsymbol{E}_t^{\parallel}=\eta_2(\boldsymbol{H}_t^{\parallel}\times\hat{\boldsymbol{s}}_t)$可得相应的磁场分量为

$$\boldsymbol{E}_t^{\parallel}=(\hat{\boldsymbol{x}}\cos\theta_t-\hat{\boldsymbol{z}}\sin\theta_t)A_t^{\parallel}\exp[\mathrm{i}k_2(x\sin\theta_t+z\cos\theta_t)] \tag{5-90}$$

在水平极化情况下，折射光波的电磁场分量可写为

$$\boldsymbol{E}_{tx}^{\parallel}=A_t^{\parallel}\cos\theta_t\exp[\mathrm{i}k_2(x\sin\theta_t+z\cos\theta_t)] \tag{5-91}$$

$$\boldsymbol{E}_{tz}^{\parallel}=-A_t^{\parallel}\sin\theta_t\exp[\mathrm{i}k_2(x\sin\theta_t+z\cos\theta_t)] \tag{5-92}$$

$$\boldsymbol{H}_{ty}^{\parallel}=\frac{A_t^{\parallel}}{\eta_2}\exp[\mathrm{i}k_2(x\sin\theta_t+z\cos\theta_t)] \tag{5-93}$$

在平行极化情况下，反射系数 $R_{\parallel}$ 定义为介质 1 中的反射波在 $z=0$ 处的

磁场与入射波在 $z=0$ 处的磁场之比。由式(5-81)和式(5-87)，并因有反射定律 $\theta_i=\theta_r$，可知

$$R^{\parallel}=\frac{A_r^{\parallel}\exp[\mathrm{i}k_1(x\sin\theta_r-z\cos\theta_r)]}{A_i^{\parallel}\exp[\mathrm{i}k_1(x\sin\theta_i+z\cos\theta_i)]}=\frac{A_r^{\parallel}\exp(\mathrm{i}k_1x\sin\theta_i)}{A_i^{\parallel}\exp(\mathrm{i}k_1x\sin\theta_i)}=\frac{A_r^{\parallel}}{A_i^{\parallel}} \tag{5-94}$$

于是介质 1 中入射波和反射波合成波的电磁场分量可写为

$$\boldsymbol{E}_{1x}^{\parallel}=A_i^{\parallel}\cos\theta_i\exp(\mathrm{i}k_1x\sin\theta_i)[\exp(\mathrm{i}k_1z\cos\theta_i)-R^{\parallel}\exp(-\mathrm{i}k_1z\cos\theta_r)] \tag{5-95}$$

$$\boldsymbol{E}_{1z}^{\parallel}=-A_i^{\parallel}\sin\theta_i\exp(\mathrm{i}k_1x\sin\theta_i)[\exp(\mathrm{i}k_1z\cos\theta_i)+R^{\parallel}\exp(-\mathrm{i}k_1z\cos\theta_r)] \tag{5-96}$$

$$\boldsymbol{H}_{1y}^{\parallel}=\frac{A_i^{\parallel}}{\eta_1}\exp(\mathrm{i}k_1x\sin\theta_i)[\exp(\mathrm{i}k_1z\cos\theta_i)+R^{\parallel}\exp(-\mathrm{i}k_1z\cos\theta_r)] \tag{5-97}$$

在水平极化情况下，折射系数 $T^{\parallel}$ 定义为介质 2 中的折射波在 $z=0$ 处的磁场与介质 1 中的入射波在 $z=0$ 处的磁场之比。由式(5-81)和式(5-93)，并因有折射定律 $k_1\sin\theta_i=k_2\sin\theta_t$，可知

$$T^{\parallel}=\frac{A_t^{\parallel}\exp[\mathrm{i}k_2(x\sin\theta_t+z\cos\theta_t)]}{A_i^{\parallel}\exp[\mathrm{i}k_1(x\sin\theta_i+z\cos\theta_i)]}=\frac{A_t^{\parallel}\exp(\mathrm{i}k_1x\sin\theta_i)}{A_i^{\parallel}\exp(\mathrm{i}k_1x\sin\theta_i)}=\frac{A_t^{\parallel}}{A_i^{\parallel}} \tag{5-98}$$

于是介质 2 中透射波的电磁场分量可写为

$$\boldsymbol{E}_{2x}^{\parallel}=T^{\parallel}A_i^{\parallel}\cos\theta_t\exp[\mathrm{i}k_2(x\sin\theta_t+z\cos\theta_t)] \tag{5-99}$$

$$\boldsymbol{E}_{2z}^{\parallel}=-T^{\parallel}A_i^{\parallel}\sin\theta_t\exp[\mathrm{i}k_2(x\sin\theta_t+z\cos\theta_t)] \tag{5-100}$$

$$\boldsymbol{H}_{2y}^{\parallel}=\frac{A_i^{\parallel}}{\eta_2}T^{\parallel}\exp[\mathrm{i}k_2(x\sin\theta_t+z\cos\theta_t)] \tag{5-101}$$

在 $z=0$ 处的分界面上，场应满足式(5-25)给出的切向连续性边界条件，即

$$\boldsymbol{H}_{1y}^{\parallel}\big|_{z=0}=H_{2y}^{\parallel}\big|_{z=0},\ E_{1x}^{\parallel}\big|_{z=0}=E_{2x}^{\parallel}\big|_{z=0} \tag{5-102}$$

将式(5-95)、式(5-97)、式(5-99)和式(5-101)代入式(5-102)，应用反射定律 $\theta^r=\theta^i$ 和折射定律 $k_1\sin\theta_i=k_2\sin\theta_t$，得到

$$1+R^{\parallel}=T^{\parallel} \tag{5-103}$$

$$\eta_1\cos\theta_i(1-R^{\parallel})=\eta_2\cos\theta_tT_{\perp} \tag{5-104}$$

联合式(5-103)和式(5-104)，解得

$$R^{\parallel}=\frac{\eta_1\cos\theta_i-\eta_2\cos\theta_t}{\eta_1\cos\theta_i+\eta_2\cos\theta_t} \tag{5-105}$$

$$T^{\parallel}=\frac{2\eta_1\cos\theta_i}{\eta_1\cos\theta_i+\eta_2\cos\theta_t} \tag{5-106}$$

式(5-105)和式(5-106)称为水平极化波的菲涅耳公式。

对于非磁性介质，$\mu_1\approx\mu_2\approx\mu_0$，由式(5-72)可知 $\eta_1/\eta_2=n_2/n_1$，于是式(5-105)和式(5-106)可写为

$$R^{\parallel}=\frac{n_2\cos\theta_i-n_1\cos\theta_t}{n_2\cos\theta_i+n_1\cos\theta_i} \tag{5-107}$$

$$T^{\parallel}=\frac{2n_1\cos\theta_1}{n_2\cos\theta_1+n_1\cos\theta_2} \tag{5-108}$$

5.1.5　全反射和全折射

平面电磁波斜入射到理想介质的分界面时，有两种重要的特殊情形，一个是产生全反射而无折射；另一个是无反射，而产生全折射。

1. 全反射

由式(5-39)给出的折射定律，可知

$$\frac{n_1}{n_2}=\frac{\sin\theta_t}{\sin\theta_i} \tag{5-109}$$

若 $n_2>n_1$，则 $\theta_t<\theta_i$，即与入射光线相比，折射光线向法线方向有偏折；若 $n_2<n_1$，则 $\theta_t>\theta_i$，即与入射光线相比，折射光线将更加远离法线。在后一种情况下，随着入射角 θ_i 的增大，折射角 θ_t 增加较快，当入射角 θ_i 增加到某一角度 θ_c 时，折射角 $\theta_t=90°$，折射线沿介质分界面掠过；当 $\theta_i>\theta_c$ 时，介质 1 中的入射波将被分界面完全反射，这一现象称为全反射。

相当于折射角 $\theta_t=90°$的入射角 θ_c 称为临界角，其值取决于相邻介质折射率的比值

$$\theta_c=\arcsin\frac{n_2}{n_1} \tag{5-110}$$

对于非磁性介质，$\mu_1\approx\mu_2\approx\mu_0$，由关系式 $n=\sqrt{\varepsilon\mu}/\sqrt{\varepsilon_0\mu_0}$，可将式(5-110)写为

$$\theta_c=\arcsin\sqrt{\varepsilon_2/\varepsilon_1} \tag{5-111}$$

式(5-110)和式(5-111)表明，当 $n_1>n_2$ 或 $\varepsilon_1>\varepsilon_2$ 时，θ_c 有实数解，才有可能存在全反射现象，即反射的条件是光波由光密介质入射到光疏介质。

当 $\theta_i>\theta_c$ 时，$\sin\theta_i>n_2/n_1$，式(5-74)和式(5-107)可写为

$$R^{\perp}=\frac{\cos\theta_i-\mathrm{i}\sqrt{\sin^2\theta_i-(n_2/n_1)^2}}{\cos\theta_i+\mathrm{i}\sqrt{\sin^2\theta_i-(n_2/n_1)^2}}=\exp(-\mathrm{i}2\delta_{\perp}) \tag{5-112}$$

$$R^{\parallel}=\frac{(n_2/n_1)^2\cos\theta_i-\mathrm{i}\sqrt{\sin^2\theta_i-(n_2/n_1)^2}}{(n_2/n_1)^2\cos\theta_i+\mathrm{i}\sqrt{\sin^2\theta_i-(n_2/n_1)^2}}=\exp(-\mathrm{i}2\delta_{\parallel}) \tag{5-113}$$

式中，$\delta_{\perp}=\arctan\dfrac{\sqrt{\sin^2\theta^i-n_{21}^2}}{\cos\theta^i}$ 和 $\delta_{\parallel}=\arctan\dfrac{\sqrt{\sin^2\theta^i-n_{21}^2}}{n_{21}\cos\theta^i}$。显然，$|R^{\perp}|=|R^{\parallel}|=1$。由此可见，当入射角 $\theta_i>\theta_c$，无论是平行极化波还是垂直极化波，它们的反射系数的模均等于1，只是它们的辐角 $\delta_{\perp}\neq\delta_{\parallel}$，说明发生了全反射现象。

在全反射情况下，$\theta_i>\theta_c=\arcsin(n_2/n_1)$，根据折射定律可知

$$\sin\theta_t=\frac{n_1}{n_2}\sin\theta_i>\frac{n_1}{n_2}\sin\theta_c=\sin\frac{\pi}{2}=1 \tag{5-114}$$

式(5-114)意味着

$$\cos\theta_t=\sqrt{1-\sin^2\theta_t}=\sqrt{1-\left(\frac{n_1}{n_2}\sin\theta_i\right)^2}=i\sqrt{\left(\frac{n_1}{n_2}\sin\theta_1\right)^2-1} \tag{5-115}$$

式(5-115)表明，在全反射情况下折射角为一虚数，此时的折射波为倏逝波。引进双曲正弦函数和余弦函数，令 $\sin\theta_t=\cosh\alpha>1$，$\cos\theta_t=\mathrm{i}\sinh\alpha$，$\theta_t=\pi/2-\mathrm{i}\alpha$，于是由式(5-55)～(5-57)和式(5-91)～(5-93)，得到在全反射情况下倏逝波的电磁场分量表达式为

$$\begin{bmatrix}E_{tx}\\E_{ty}\\E_{tz}\end{bmatrix}=\begin{bmatrix}\mathrm{i}A_t^{\parallel}\sinh\alpha\\A_t^{\perp}\\-A_t^{\parallel}\cosh\alpha\end{bmatrix}\exp[\mathrm{i}k_2(x\cosh\alpha+\mathrm{i}z\sinh\alpha)] \tag{5-116}$$

$$\begin{bmatrix}H_{tx}\\H_{ty}\\H_{tz}\end{bmatrix}=\frac{1}{\eta_2}\begin{bmatrix}-\mathrm{i}A_t^{\perp}\sinh\alpha\\A_t^{\parallel}\\A_t^{\perp}\cosh\alpha\end{bmatrix}\exp[\mathrm{i}k_2(x\cosh\alpha+\mathrm{i}z\sinh\alpha)] \tag{5-117}$$

其中，$A_t^{\parallel}=T^{\parallel}A_i^{\parallel}$，$A_t^{\perp}=T^{\perp}A_i^{\perp}$，$T^{\parallel}$ 和 $T^{\perp}$ 分别为水平和垂直极化情况下的折射系数。

2. 全折射

对于平行极化波，式(5-107)可写为

$$R^{\parallel}=\frac{(n_2/n_1)^2\cos\theta_i-\sqrt{(n_2/n_1)^2-\sin^2\theta_i}}{(n_2/n_1)^2\cos\theta_i+\sqrt{(n_2/n_1)^2-\sin^2\theta_i}} \tag{5-118}$$

根据折射定律，将 $n_2/n_1=\sin\theta_i/\sin\theta_t$ 代入式(5-118)，并利用三角函数倍角公式和积化和差公式 $\sin\alpha\pm\sin\beta=2\sin[(\alpha\pm\beta)/2]\cos[(\alpha\mp\beta)/2]$，得到

$$R^{\parallel}=\frac{\sin2\theta_i-\sin2\theta_t}{\sin2\theta_i+\sin2\theta_t}=\frac{\sin(\theta_i-\theta_t)\cos(\theta_i+\theta_t)}{\cos(\theta_i-\theta_t)\sin(\theta_i+\theta_t)}=\frac{\tan(\theta_i-\theta_t)}{\tan(\theta_i+\theta_t)} \tag{5-119}$$

由式(5-119)可见，当 $\theta_i+\theta_t=\pi/2$ 时，$\tan(\theta_i+\theta_t)\to\infty$，此时，$R^{\parallel}=0$。即反射波的场为零，而出现全折射。相应 $R^{\parallel}=0$ 时的入射角 $\theta_i=\theta_B$，θ_B 称为布儒斯特角。可由折射定律确定

$$\sin\theta_B=\frac{n_2}{n_1}\sin\left(\frac{\pi}{2}-\theta_B\right)=\frac{n_2}{n_1}\cos\theta_B \tag{5-120}$$

即有

$$\theta_B=\arctan\frac{n_2}{n_1} \tag{5-121}$$

对于垂直极化波，令 $R^{\perp}=0$，并代入折射定律，得入射角须满足

$$\cos\theta_i=\frac{n_2}{n_1}\cos\theta_t=\sqrt{\left(\frac{n_2}{n_1}\right)^2-\sin^2\theta_i} \tag{5-122}$$

由式(5-122)可见，当且仅当 $n_1=n_2$ 时，$R^{\perp}=0$。因此，两种理想介质的介电常数不相等时，垂直极化波入射不可能发生全折射。

5.1.6　坐标系变换理论

1. 共原点坐标系之间的变换关系

为了便于描述光波的反射和折射问题，通常会针对入射波、反射波和折射波建立各自的局域坐标系，这些局域坐标系与全局坐标系之间共原点，可以通过旋转矩阵进行变换。如图 5.7 所示的两个共原点坐标系(x，y，z)和(x'，y'，z')，设 $y(y')$垂直于 $xz(x'z')$平面，旋转角度为 θ，$\theta>0$。

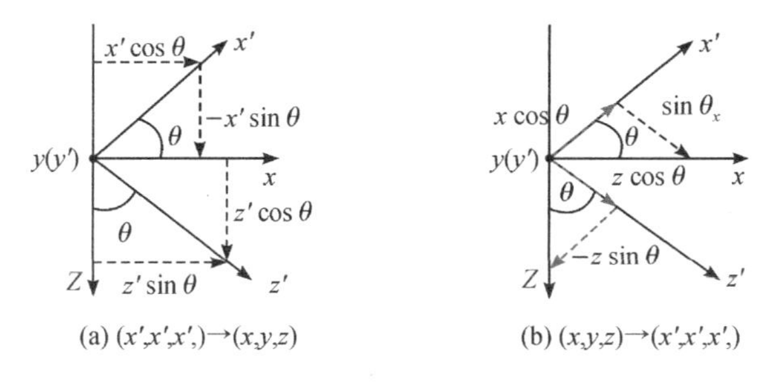

图 5.7　共原点坐标系之间的关系

对旋转角正负的定义，通常有两种方法。第一种定义方法是规定从参考矢

量出发，沿顺时针方向旋转时角度为正，沿逆时针方向旋转时角度为负。图 5.7(a)表示从坐标系(x', y', z')旋转至坐标系(x, y, z)，是以$\hat{z}$或$\hat{x}$为参考矢量，沿顺时针方向旋转θ角度得到$\hat{z}'$或$\hat{x}'$，旋转角取正值。图 5.7(b)表示从坐标系(x, y, z)旋转至坐标系(x', y', z')，是以$\hat{z}'$或$\hat{x}'$为参考矢量，沿逆时针方向旋转θ角度得到$\hat{z}$或$\hat{x}$，旋转角取负值。第二种定义方法是规定旋转方向与旋转轴之间满足右手螺旋法则，即四指弯曲的方向为旋转方向，大拇指指示的方向为旋转轴的正方向，角度取正，反之取负。基于对旋转角度的第一种定义方法，图 5.7(a)和图 5.7(b)描述的两坐标系之间的关系为

$$\begin{cases} x = x'\cos\theta + z'\sin\theta \\ y = y' \\ z = -x'\sin\theta + z'\cos\theta \end{cases} \tag{5-123}$$

$$\begin{cases} x' = x\cos\theta - z\sin\theta \\ y' = y \\ z' = x\sin\theta + z\cos\theta \end{cases} \tag{5-124}$$

式(5-123)和式(5-124)用矩阵可以表示为

$$\begin{bmatrix} x \\ y \\ z \end{bmatrix} = \begin{bmatrix} \cos\theta & 0 & \sin\theta \\ 0 & 1 & 0 \\ -\sin\theta & 0 & \cos\theta \end{bmatrix} \begin{bmatrix} x' \\ y' \\ z' \end{bmatrix} \tag{5-125}$$

$$\begin{bmatrix} x' \\ y' \\ z' \end{bmatrix} = \begin{bmatrix} \cos\theta & 0 & -\sin\theta \\ 0 & 1 & 0 \\ \sin\theta & 0 & \cos\theta \end{bmatrix} \begin{bmatrix} x \\ y \\ z \end{bmatrix} \tag{5-126}$$

于是坐标系(x, y, z)和(x', y', z')之间的变换矩阵可写为

$$\boldsymbol{M}^{y}_{x'y'z'\to xyz} = \begin{bmatrix} \cos\theta & 0 & \sin\theta \\ 0 & 1 & 0 \\ -\sin\theta & 0 & \cos\theta \end{bmatrix}, \quad \boldsymbol{M}^{y}_{xyz\to x'y'z'} = \begin{bmatrix} \cos\theta & 0 & -\sin\theta \\ 0 & 1 & 0 \\ \sin\theta & 0 & \cos\theta \end{bmatrix} \tag{5-127}$$

其中，$\boldsymbol{M}^{y}_{x'y'z'\to xyz}$表示从坐标系$(x', y', z')$绕$y$轴旋转至坐标系$(x, y, z)$，$\boldsymbol{M}^{y}_{xyz\to x'y'z'}$表示从坐标系$(x, y, z)$绕$y$轴旋转至坐标系$(x', y', z')$，$\boldsymbol{M}^{y}_{x'y'z'\to xyz}$与$\boldsymbol{M}^{y}_{xyz\to x'y'z'}$互为逆矩阵。

类似地，旋转轴为x和z时，对应的变换矩阵为

$$\boldsymbol{M}^{x}_{x'y'z'\to xyz} = \begin{bmatrix} 1 & 0 & 0 \\ 0 & \cos\theta & \sin\theta \\ 0 & -\sin\theta & \cos\theta \end{bmatrix}, \quad \boldsymbol{M}^{x}_{xyz\to x'y'z'} = \begin{bmatrix} 1 & 0 & 0 \\ 0 & \cos\theta & -\sin\theta \\ 0 & \sin\theta & \cos\theta \end{bmatrix} \tag{5-128}$$

$$\boldsymbol{M}^z_{x'y'z'\to xyz}=\begin{bmatrix}\cos\theta & \sin\theta & 0\\ -\sin\theta & \cos\theta & 0\\ 0 & 0 & 1\end{bmatrix},\ \boldsymbol{M}^z_{xyz\to x'y'z'}=\begin{bmatrix}\cos\theta & -\sin\theta & 0\\ \sin\theta & \cos\theta & 0\\ 0 & 0 & 1\end{bmatrix}\tag{5-129}$$

2. 平面波反射和折射问题的矩阵变换

对于如图 5.5 和图 5.6 所示的光波的反射和折射问题，设(x, y, z)为全局坐标系，(x_i, y_i, z_i)、(x_r, y_r, z_r)和(x_t, y_t, z_t)分别为入射波、反射波和折射波所在的局域坐标系。设入射角、反射角和折射角分别为θ_i、θ_r 和θ_t，由反射定律可知，$\theta_i=\theta_r$。为描述问题方便，引入(x_a, y_a, z_a)和$\vartheta_a(a=i, r, t)$，其中ϑ_a 是指波的传播方向矢量$\hat{\boldsymbol{s}}_a(a=i, r, t)$与$\hat{\boldsymbol{z}}$之间的夹角，故$\vartheta_i=\theta_i$，$\vartheta_r=\pi-\theta_i=\pi-\theta_r$，$\vartheta_t=\theta_t$。故$(x, y, z)$与$(x_a, y_a, z_a)$之间具有如下变换关系

$$\begin{Bmatrix}x_a\\ y_a\\ z_a\end{Bmatrix}=\begin{bmatrix}\cos\vartheta_a & 0 & -\sin\vartheta_a\\ 0 & 1 & 0\\ \sin\vartheta_a & 0 & \cos\vartheta_a\end{bmatrix}\begin{Bmatrix}x\\ y\\ z\end{Bmatrix},\ \begin{Bmatrix}x\\ y\\ z\end{Bmatrix}=\begin{bmatrix}\cos\vartheta_a & 0 & \sin\vartheta_a\\ 0 & 1 & 0\\ -\sin\vartheta_a & 0 & \cos\vartheta_a\end{bmatrix}\begin{Bmatrix}x_a\\ y_a\\ z_a\end{Bmatrix}\tag{5-130}$$

类似地，对应于坐标系(x, y, z)和(x_a, y_a, z_a)的幅值矢量和波传播方向矢量也满足类似关系。根据以上坐标系的变化关系，可以方便地描述光波的反射和折射。

1）入射波在全局坐标系中的描述

设入射波在全局坐标系中的电场表达式为$\boldsymbol{E}_i=\boldsymbol{A}_i\exp(\mathrm{i}k_1\hat{\boldsymbol{s}}_i\cdot\boldsymbol{r})$，$\boldsymbol{A}_i$ 为入射波电场的幅值矢量，$\hat{\boldsymbol{s}}_i$ 为入射波的传播矢量。在全局坐标系(x, y, z)中，$\boldsymbol{A}_i$ 和$\hat{\boldsymbol{s}}_i$ 可写为

$$\boldsymbol{A}_i=A_{ix}\hat{\boldsymbol{x}}+A_{iy}\hat{\boldsymbol{y}}+A_{iz}\hat{\boldsymbol{z}},\ \hat{\boldsymbol{s}}_i=s_{ix}\hat{\boldsymbol{x}}+s_{iy}\hat{\boldsymbol{y}}+s_{iz}\hat{\boldsymbol{z}}\tag{5-131}$$

在局域坐标系 $Ox_iy_iz_i$ 中，$\boldsymbol{A}_i$ 和$\hat{\boldsymbol{s}}_i$ 可写为

$$\boldsymbol{A}_i=A_i^{\parallel}\hat{\boldsymbol{x}}_i+A_i^{\perp}\hat{\boldsymbol{y}}_i+0\hat{\boldsymbol{z}}_i,\ \hat{\boldsymbol{s}}_i=0\hat{\boldsymbol{x}}_i+0\hat{\boldsymbol{y}}_i+\hat{\boldsymbol{z}}_i\tag{5-132}$$

$\boldsymbol{A}_i$ 和$\hat{\boldsymbol{s}}_i$ 在全局坐标系(x, y, z)和局域坐标系(x_i, y_i, z_i)中的分量有如下关系

$$\begin{bmatrix}A_{ix}\\ A_{iy}\\ A_{iz}\end{bmatrix}=\begin{bmatrix}\cos\theta_i & 0 & \sin\theta_i\\ 0 & 1 & 0\\ -\sin\theta_i & 0 & \cos\theta_i\end{bmatrix}\begin{bmatrix}A_i^{\parallel}\\ A_i^{\perp}\\ 0\end{bmatrix}=\begin{bmatrix}A_i^{\parallel}\cos\theta_i\\ A_i^{\perp}\\ -A_i^{\parallel}\sin\theta_i\end{bmatrix}\tag{5-133}$$

$$\begin{bmatrix} s_{ix} \\ s_{iy} \\ s_{iz} \end{bmatrix} = \begin{bmatrix} \cos\theta_i & 0 & \sin\theta_i \\ 0 & 1 & 0 \\ -\sin\theta_i & 0 & \cos\theta_i \end{bmatrix} \begin{bmatrix} 0 \\ 0 \\ 1 \end{bmatrix} = \begin{bmatrix} \sin\theta_i \\ 0 \\ \cos\theta_i \end{bmatrix} \tag{5-134}$$

于是得到入射波在全局坐标系中电场分量的表达式为

$$\begin{bmatrix} E_{ix} \\ E_{iy} \\ E_{iz} \end{bmatrix} = \begin{bmatrix} A_i^{\parallel} \cos\theta_i \\ A_i^{\perp} \\ -A_i^{\parallel} \sin\theta_i \end{bmatrix} \exp[\mathrm{i}k_1(x\sin\theta_i + z\cos\theta_i)] \tag{5-135}$$

根据 $\boldsymbol{H}_i = \hat{\boldsymbol{s}}_i \times \boldsymbol{E}_i / \eta_1$，可得相应的磁场分量为

$$\begin{bmatrix} H_{ix} \\ H_{iy} \\ H_{iz} \end{bmatrix} = \frac{1}{\eta_1} \begin{bmatrix} -A_i^{\perp} \cos\theta_i \\ A_i^{\parallel} \\ A_i^{\perp} \sin\theta_i \end{bmatrix} \exp[ik_1(x\sin\theta_i + z\cos\theta_i)] \tag{5-136}$$

将式(5-135)和式(5-136)与式(5-43)～(5-45)、式(5-79)～(5-81)比较，发现采用坐标系变换理论得到的结果与采用传统的方法得到的结果一致。

2）反射光波在全局坐标系中的描述

设反射波在全局坐标系中的电场表达式为 $\boldsymbol{E}_r = \boldsymbol{A}_r \exp(\mathrm{i}k_1 \hat{\boldsymbol{s}}_r \cdot \boldsymbol{r})$，$\boldsymbol{A}_r$ 为反射波电场的幅值矢量，$\hat{\boldsymbol{s}}_r$ 为反射波的传播矢量。在全局坐标系(x, y, z)中，$\boldsymbol{A}_r$ 和 $\hat{\boldsymbol{s}}_r$ 可写为

$$\boldsymbol{A}_r = A_{rx}\hat{\boldsymbol{x}} + A_{ry}\hat{\boldsymbol{y}} + A_{rz}\hat{\boldsymbol{z}},\ \hat{\boldsymbol{s}}_r = s_{rx}\hat{\boldsymbol{x}} + s_{ry}\hat{\boldsymbol{y}} + s_{rz}\hat{\boldsymbol{z}} \tag{5-137}$$

在局域坐标系(x_r, y_r, z_r)中，$\boldsymbol{A}_r$ 和 $\hat{\boldsymbol{s}}_r$ 可写为

$$\boldsymbol{A}_r = A_r^{\parallel}\hat{\boldsymbol{x}}_r + A_r^{\perp}\hat{\boldsymbol{y}}_r + 0\hat{\boldsymbol{z}}_r,\ \hat{\boldsymbol{s}}_r = 0\hat{\boldsymbol{x}}_r + 0\hat{\boldsymbol{y}}_r + \hat{\boldsymbol{z}}_r \tag{5-138}$$

其中 $A_r^{\parallel} = R^{\parallel} A_i^{\parallel}$，$A_r^{\perp} = R^{\perp} A_i^{\perp}$，$R^{\parallel}$ 和 $R^{\perp}$ 分别为水平和垂直极化情况下的反射系数。

$\boldsymbol{A}_r$ 和 $\hat{\boldsymbol{s}}_r$ 在全局坐标系(x, y, z)和局域坐标系(x_r, y_r, z_r)中的分量有如下关系

$$\begin{bmatrix} A_{rx} \\ A_{ry} \\ A_{rz} \end{bmatrix} = \begin{bmatrix} \cos(\pi-\theta_r) & 0 & \sin(\pi-\theta_r) \\ 0 & 1 & 0 \\ -\sin(\pi-\theta_r) & 0 & \cos(\pi-\theta_r) \end{bmatrix} \begin{bmatrix} A_r^{\parallel} \\ A_r^{\perp} \\ 0 \end{bmatrix} = \begin{bmatrix} -A_r^{\parallel} \cos\theta_r \\ A_r^{\perp} \\ -A_r^{\parallel} \sin\theta_r \end{bmatrix} \tag{5-139}$$

$$\begin{bmatrix} s_{rx} \\ s_{ry} \\ s_{rz} \end{bmatrix} = \begin{bmatrix} \cos(\pi-\theta_r) & 0 & \sin(\pi-\theta_r) \\ 0 & 1 & 0 \\ -\sin(\pi-\theta_r) & 0 & \cos(\pi-\theta_r) \end{bmatrix} \begin{bmatrix} 0 \\ 0 \\ 1 \end{bmatrix} = \begin{bmatrix} \sin\theta_r \\ 0 \\ -\cos\theta_r \end{bmatrix} \tag{5-140}$$

于是得到反射波在全局坐标系中电磁场分量的表达式为

$$\begin{bmatrix} E_{rx} \\ E_{ry} \\ E_{rz} \end{bmatrix} = \begin{bmatrix} -A_r^{\parallel}\cos\theta_r \\ A_r^{\perp} \\ -A_r^{\parallel}\sin\theta_r \end{bmatrix} \exp[\mathrm{i}k_1(x\sin\theta_r - z\cos\theta_r)] \tag{5-141}$$

根据 $\boldsymbol{H}_r = \hat{\boldsymbol{s}}_r \times \boldsymbol{E}_r/\eta_1$，可得相应的磁场分量为

$$\begin{bmatrix} H_{rx} \\ H_{ry} \\ H_{rz} \end{bmatrix} = \frac{1}{\eta_1} \begin{bmatrix} A_r^{\perp}\cos\theta_r \\ A_r^{\parallel} \\ A_r^{\perp}\sin\theta_r \end{bmatrix} \exp[\mathrm{i}k_1(x\sin\theta_r - z\cos\theta_r)] \tag{5-142}$$

将式(5-141)和式(5-142)与式(5-49)～(5-51)、式(5-85)～(5-87)比较，发现采用坐标系变换理论得到的结果与采用传统的方法得到的结果一致。

3) 折射光波在全局坐标系中的描述

设折射波在全局坐标系中的电场表达式为 $\boldsymbol{E}_t = \boldsymbol{A}_t \exp(\mathrm{i}k_2 \hat{\boldsymbol{s}}_t \cdot \boldsymbol{r})$，$\boldsymbol{A}_t$ 为反射波电场的幅值矢量，$\hat{\boldsymbol{s}}_t$ 为反射波的传播矢量。在全局坐标系(x, y, z)中，$\boldsymbol{A}_t$ 和 $\hat{\boldsymbol{s}}_t$ 可写为

$$\boldsymbol{A}_t = A_{tx}\hat{\boldsymbol{x}} + A_{ty}\hat{\boldsymbol{y}} + A_{tz}\hat{\boldsymbol{z}},\ \hat{\boldsymbol{s}}_t = s_{tx}\hat{\boldsymbol{x}} + s_{ty}\hat{\boldsymbol{y}} + s_{tz}\hat{\boldsymbol{z}} \tag{5-143}$$

在局域坐标系(x_t, y_t, z_t)中，$\boldsymbol{A}_t$ 和 $\hat{\boldsymbol{s}}_t$ 可写为

$$\boldsymbol{A}_t = A_t^{\parallel}\hat{\boldsymbol{x}}_t + A_t^{\perp}\hat{\boldsymbol{y}}_t + 0\hat{\boldsymbol{z}}_t,\ \hat{\boldsymbol{s}}_t = 0\hat{\boldsymbol{x}}_t + 0\hat{\boldsymbol{y}}_t + \hat{\boldsymbol{z}}_t \tag{5-144}$$

其中 $A_t^{\parallel} = T^{\parallel}A_i^{\parallel}$，$A_t^{\perp} = T^{\perp}A_i^{\perp}$，$T^{\parallel}$ 和 $T^{\perp}$ 分别为水平和垂直极化情况下的折射系数。

$\boldsymbol{A}_t$ 和 $\hat{\boldsymbol{s}}_t$ 在全局坐标系(x, y, z)和局域坐标系(x_t, y_t, z_t)中的分量有如下关系

$$\begin{bmatrix} A_{tx} \\ A_{ty} \\ A_{tz} \end{bmatrix} = \begin{bmatrix} \cos\theta_t & 0 & \sin\theta_t \\ 0 & 1 & 0 \\ -\sin\theta_t & 0 & \cos\theta_t \end{bmatrix} \begin{bmatrix} A_t^{\parallel} \\ A_t^{\perp} \\ 0 \end{bmatrix} = \begin{bmatrix} A_t^{\parallel}\cos\theta_t \\ A_t^{\perp} \\ -A_t^{\parallel}\sin\theta_t \end{bmatrix} \tag{5-145}$$

$$\begin{bmatrix} s_{tx} \\ s_{ty} \\ s_{tz} \end{bmatrix} = \begin{bmatrix} \cos\theta_t & 0 & \sin\theta_t \\ 0 & 1 & 0 \\ -\sin\theta_t & 0 & \cos\theta_t \end{bmatrix} \begin{bmatrix} 0 \\ 0 \\ 1 \end{bmatrix} = \begin{bmatrix} \sin\theta_t \\ 0 \\ \cos\theta_t \end{bmatrix} \tag{5-146}$$

于是得到折射波在全局坐标系中电磁场分量的表达式为

$$\begin{bmatrix} E_{tx} \\ E_{ty} \\ E_{tz} \end{bmatrix} = \begin{bmatrix} A_t^{\parallel}\cos\theta_t \\ A_t^{\perp} \\ -A_t^{\parallel}\sin\theta_t \end{bmatrix} \exp[\mathrm{i}k_2(x\sin\theta_t + z\cos\theta_t)] \tag{5-147}$$

根据 $\boldsymbol{H}_t = \hat{\boldsymbol{s}}_t \times \boldsymbol{E}_t / \eta_2$，可得相应的磁场分量为

$$\begin{bmatrix} H_{tx} \\ H_{ty} \\ H_{tz} \end{bmatrix} = \frac{1}{\eta_2} \begin{bmatrix} -A_t^{\perp}\cos\theta_t \\ A_t^{\parallel} \\ A_t^{\perp}\sin\theta_t \end{bmatrix} \exp[\mathrm{i}k_2(x\sin\theta_t + z\cos\theta_t)] \tag{5-148}$$

将式(5-147)和式(5-148)与式(5-63)～(5-65)、式(5-91)～(5-93)比较，发现采用坐标系变换理论得到的结果与采用传统的方法得到的结果一致。

5.2　结构光场反射和折射的理论模型

5.2.1　反射、折射与入射光场角谱的关系

如前所述，具有特殊振幅、相位和偏振态分布的结构光场具有有限的宽度，可看作是由众多平面角谱分量组成的，当它入射到具有一定折射率梯度的介质界面上时，由于每一个角谱的入射角不同，其反射系数和传输系数也不同，就会各自经历不同强度的反射和折射，斯涅耳定律和菲涅耳公式将无法准确描述结构光场的反射和折射。下面基于平面波角谱展开理论建立结构光场反射和折射的理论模型。

如图 5.8 所示为一沿 z_i 轴入射的结构光场，可以看成是由众多平面角谱分量构成的，在波矢空间中表示为 $\tilde{E}_i(k_{ix}, k_{iy})$。图 5.8 给出的是光场的中心波矢和其他任一角谱在反射和折射时的关系。其中，中心波矢和其他任一角谱分量的笛卡尔坐标分别用(x_a, y_a, z_a)和(X_a, Y_a, Z_a)表示，$a=i$、r、t 分别表示入射、反射和折射光场的角谱分量坐标。而(x, y, z)和(X, Y, Z)分别是这两个角谱的实验室坐标系。为了能准确地描述光场各个角谱在介质表面的传播行为，首先需要把中心波矢的角谱 $\tilde{E}_{x_i y_i z_i}$ 从坐标系(x_i, y_i, z_i)变换到另一角谱分量的坐标系(X_i, Y_i, Z_i)中的角谱 $\tilde{E}_{X_i Y_i Z_i}$，变换过程可以分解为三个步骤进行。

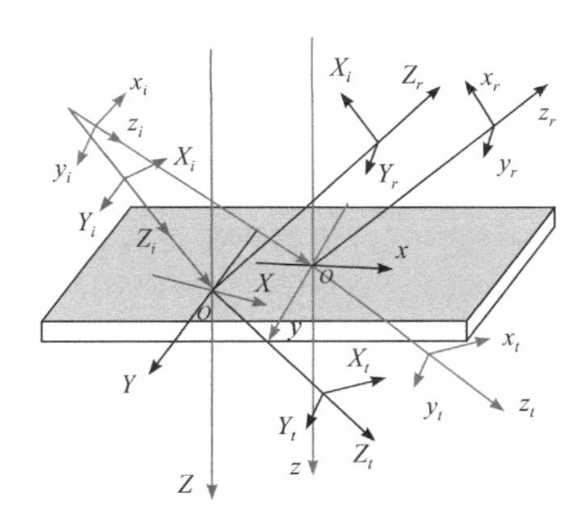

图 5.8　入射、反射与折射坐标系的示意图

(1) 将坐标系(x_i, y_i, z_i)中的角谱$\widetilde{E}(k_{ix}, k_{iy})$以$y_i$轴为旋转轴，旋转一个入射角度$\theta_i$，变换至坐标系$(x, y, z)$，即$\widetilde{E}_{xyz}=\boldsymbol{m}_{x_iy_iz_i\to xyz}\widetilde{E}_{x_iy_iz}$。其中

$$\boldsymbol{m}_{x_iy_iz_i\to xyz}=\begin{bmatrix}\cos\theta_i & 0 & -\sin\theta_i\\ 0 & 1 & 0\\ \sin\theta_i & 0 & \cos\theta_i\end{bmatrix}\tag{5-149}$$

这里对旋转角正负的定义采用第二种方法，旋转方向与旋转轴之间满足右手螺旋法则，即四指弯曲的方向为旋转方向，大拇指指示的方向为旋转轴的正方向，矩阵取正变换矩阵，角度取正，反之取负。将坐标系$x_iy_iz_i$旋转至坐标系xyz，四指弯曲的方向为顺时针方向，拇指指示的方向为垂直纸面向里，与图 5.8 中所示旋转轴y的指向(垂直面向外)相反，变换矩阵为负的，旋转角取负值。

(2) 以z轴为旋转轴，将角谱从坐标系(x, y, z)变换至坐标系(X, Y, Z)，设旋转角为θ_τ，相应的旋转矩阵为

$$\boldsymbol{m}_{xyz\to XYZ}=\begin{bmatrix}\cos\theta_\tau & \sin\theta_\tau & 0\\ -\sin\theta_\tau & \cos\theta_\tau & 0\\ 0 & 0 & 1\end{bmatrix}\tag{5-150}$$

注意：坐标系(x, y, z)和(X, Y, Z)的坐标原点并不重合，准确关系应为先平移再旋转，由于角谱分量的夹角非常小，可近似认为两坐标系为共原点坐标系；将坐标系xyz旋转至坐标系XYZ，四指弯曲的方向为顺时针方向，拇指指示的方向为旋转轴z的正方向，变换矩阵为正的，旋转角θ_τ取正值。θ_τ可近似看作是角谱分量的夹角，由于角谱分量中的夹角非常小，所以θ_τ也非常小，由于$\cos\theta_\tau\approx1$，$\sin\theta_\tau\approx\theta_\tau$，于是有

$$\boldsymbol{m}_{xyz\to XYZ}=\begin{bmatrix}1 & \theta_\tau & 0\\ -\theta_\tau & 1 & 0\\ 0 & 0 & 1\end{bmatrix} \tag{5-151}$$

根据平面波角谱展开理论，入射光场可以看作是较多平面波的组合。如图5.9所示，设入射光场中心角谱(位于入射平面 xz 内)的波矢量为 $\boldsymbol{k}_c$，其大小为 $|\boldsymbol{k}_c|=k_0$，k_0 为自由空间波数，其他角谱分量的波矢 $\boldsymbol{k}$ 可以表示为 $\boldsymbol{k}=\boldsymbol{k}_c+\boldsymbol{\kappa}$，其中 $\boldsymbol{\kappa}$ 为其他角谱分量相对于中心角谱分量的偏移量，可近似认为 $\boldsymbol{\kappa}\perp\boldsymbol{k}_c$。设入射角为 θ_i，当角谱分量的夹角 θ_τ 比较小时，有如下关系

$$\theta_\tau=\tan\theta_\tau=\frac{|\boldsymbol{\kappa}|}{|\boldsymbol{k}_c|\sin\theta_i}=\frac{k_{iy}}{k_0\sin\theta_i} \tag{5-152}$$

其中，k_{iy} 为入射光束波矢量 $\boldsymbol{k}$ 在 y 方向的分量。于是式(5-151)可写为

$$\boldsymbol{m}_{xyz\to XYZ}=\begin{bmatrix}1 & k_{iy}/k_0\sin\theta_i & 0\\ -k_{iy}/k_0\sin\theta_i & 1 & 0\\ 0 & 0 & 1\end{bmatrix} \tag{5-153}$$

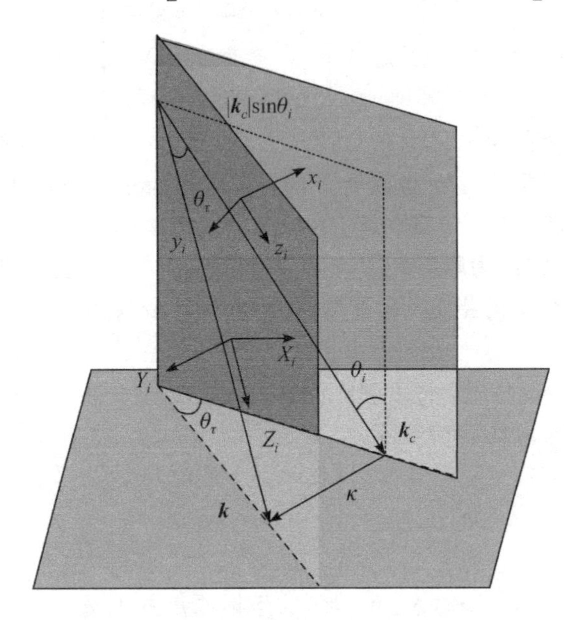

图5.9　角谱夹角的示意图

(3) 以 Y 轴(或 y 轴)为旋转轴，旋转 θ_i 角度，将角谱从坐标系(X，Y，Z)变换至坐标系(X_i，Y_i，Z_i)。根据旋转角正负的定义，四指弯曲的方向为逆时针方向，拇指指示的方向为垂直面向外，与旋转轴 Y(或 y 轴)的指向(垂直面向外)一致，变换矩阵为正的，旋转角取正值。由于角谱分量中的夹角比较小，

近似认为中心角谱与其他角谱的入射角相等，相应的旋转矩阵可以写为

$$\boldsymbol{m}_{XYZ\to X_iY_iZ_i}=\begin{bmatrix}\cos\theta_i & 0 & \sin\theta_i\\ 0 & 1 & 0\\ -\sin\theta_i & 0 & \cos\theta_i\end{bmatrix} \tag{5-154}$$

因此，从坐标系(x_i, y_i, z_i)旋转至(X_i, Y_i, Z_i)的旋转矩阵可以写成

$$\begin{aligned}\boldsymbol{M}_{x_iy_iz_i\to X_iY_iZ_i}&=\boldsymbol{m}_{XYZ\to X_iY_iZ_i}\boldsymbol{m}_{xyz\to XYZ}\boldsymbol{m}_{x_iy_iz_i\to xyz}\\&=\begin{bmatrix}1 & k_{iy}\cot\theta_i/k_0 & 0\\ -k_{iy}\cot\theta_i/k_0 & 1 & k_{iy}/k_0\\ 0 & -k_{iy}/k_0 & 1\end{bmatrix}\end{aligned} \tag{5-155}$$

对于任意入射光场的角谱分量，可通过关系 $\widetilde{E}_{X_rY_rZ_r}=r_{p,s}\widetilde{E}_{X_iY_iZ_i}$ 得到相应的反射角谱。为书写简洁，采用 r_p 和 r_s 表示水平极化和垂直极化光场的反射系数，即 $r_p=R^{\parallel}$，$r_s=R^{\perp}$。对于反射场，需要将角谱 $\widetilde{E}_{X_rY_rZ_r}$ 从坐标系(X_r, Y_r, Z_r)变换到坐标系(x_r, y_r, z_r)，即 $\widetilde{E}_{x_ry_rz_r}=\boldsymbol{M}_{X_rY_rZ_r\to x_ry_rz_r}\widetilde{E}_{X_rY_rZ_r}$，重复上述三个步骤，得到

$$\boldsymbol{M}_{X_rY_rZ_r\to x_ry_rz_r}=\begin{bmatrix}1 & k_{ry}\cot\theta_i/k_0 & 0\\ -k_{ry}\cot\theta_i/k_0 & 1 & k_{ry}/k_0\\ 0 & -k_{ry}/k_0 & 1\end{bmatrix} \tag{5-156}$$

其中，k_{ry} 为反射光场的角谱矢量 $\boldsymbol{k}_r$ 在 y 方向上的分量。上述变化矩阵在推导过程中应用了相位匹配条件 $k_{rx}=-k_{ix}$ 和 $k_{ry}=k_{iy}$，以及反射定律 $\theta_r=\theta_i$。

上面给出的变换矩阵都是三维的，其实只需要考虑二维即可，z 分量的角谱可以由散度方程 $\widetilde{E}_{az}k_{az}=-(\widetilde{E}_{ax}k_{ax}+\widetilde{E}_{ay}k_{ay})$求得，于是得到反射矩阵

$$\boldsymbol{M}_R=\boldsymbol{M}^{2\times2}_{X_rY_rZ_r\to x_ry_rz_r}\begin{pmatrix}r_p & 0\\ 0 & r_s\end{pmatrix}\boldsymbol{M}^{2\times2}_{x_iy_iz_i\to X_iY_iZ_i} \tag{5-157}$$

其中：

$$\boldsymbol{M}^{2\times2}_{X_rY_rZ_r\to x_ry_rz_r}=\begin{bmatrix}1 & k_{ry}\cot\theta_i/k_0\\ -k_{ry}\cot\theta_i/k_0 & 1\end{bmatrix} \tag{5-158}$$

$$\boldsymbol{M}^{2\times2}_{x_iy_iz_i\to X_iY_iZ_i}=\begin{bmatrix}1 & k_{iy}\cot\theta_i/k_0\\ -k_{iy}\cot\theta_i/k_0 & 1\end{bmatrix} \tag{5-159}$$

将式(5－158)和式(5－159)代入式(5－157)，应用相位匹配条件 $k_{ry}=k_{iy}$，省略 k_{ry} 的高阶项，得到

$$\begin{bmatrix}\widetilde{E}_r^{\mathrm{H}}\\ \widetilde{E}_r^{\mathrm{V}}\end{bmatrix}=\begin{bmatrix}r_p & \dfrac{k_{ry}(r_p+r_s)\cot\theta_i}{k_0}\\ \dfrac{-k_{ry}(r_p+r_s)\cot\theta_i}{k_0} & r_s\end{bmatrix}\begin{bmatrix}\widetilde{E}_i^{\mathrm{H}}\\ \widetilde{E}_i^{\mathrm{V}}\end{bmatrix} \tag{5-160}$$

其中，$\widetilde{E}_r^{\mathrm{H}}$ 和 $\widetilde{E}_r^{\mathrm{V}}$ 为反射角谱的水平和垂直分量，$\widetilde{E}_i^{\mathrm{H}}$ 和 $\widetilde{E}_i^{\mathrm{V}}$ 为入射角谱的水平和垂直分量。式(5－160)表明结构光场反射后会出现交叉极化现象。对式(5－160)进行傅里叶变化，便可得到对应的场分布表达式。

在傅里叶光学的平面角谱理论中，光场是沿不同方向传输的平面波叠加，但是在傍轴近似条件下，组成光场的不同平面波之间的波矢方向相差不大，可以将对反射场影响较大的反射系数在 $\theta_i=0$ 处做泰勒级数展开并取一阶近似，得到

$$r'_{p,s}=r_{p,s}\left[1+\frac{k_{ix}}{k_0}\frac{\partial\ln r_{p,s}}{\partial\theta_i}\right] \tag{5-161}$$

一般情况下，反射光场中的反射系数垂直分量 r_s 随入射角增大单调递增，而反射系数平行分量 r_p 先下降为零再迅速上升。$r_p=0$ 时，对应的入射角称为布儒斯特角，记作 $\theta_{\mathrm{B}}=0$，产生相应的布儒斯特现象。由于 r_p 的图线在布儒斯特角附近穿过零点，使得不展开得到的反射场强与展开得到的反射场强差异较大，从无至有。所以研究布儒斯特角附近的场强时，必须考虑反射系数的泰勒展开。如果研究范围不涉及布儒斯特角附近，那么反射系数保留零阶即可，可以较好地描述反射光场的传输行为。

将式(5－161)代入式(5－160)，施加相位匹配条件 $k_{rx}=-k_{ix}$，得到

$$\begin{bmatrix}\widetilde{E}_r^{\mathrm{H}}\\ \widetilde{E}_r^{\mathrm{V}}\end{bmatrix}=\begin{bmatrix}r_p\left(1-\dfrac{k_{rx}}{k_0}\dfrac{\partial\ln r_p}{\partial\theta_i}\right) & \dfrac{k_{ry}(r_p+r_s)\cot\theta_i}{k_0}\\ -\dfrac{k_{ry}(r_p+r_s)\cot\theta_i}{k_0} & r_s\left(1-\dfrac{k_{rx}}{k_0}\dfrac{\partial\ln r_s}{\partial\theta_i}\right)\end{bmatrix}\begin{bmatrix}\widetilde{E}_i^{\mathrm{H}}\\ \widetilde{E}_i^{\mathrm{V}}\end{bmatrix} \tag{5-162}$$

同理，可得到将角谱从坐标系(X_t, Y_t, Z_t)转换至坐标系(x_t, y_t, z_t)的变换矩阵

$$\boldsymbol{M}_{X_tY_tZ_t\to x_ty_tz_t}=\begin{bmatrix}1 & \dfrac{-k_{ty}\cos\theta_t}{k_0\sin\theta_i} & 0\\ \dfrac{k_{ty}\cos\theta_t}{k_0\sin\theta_i} & 1 & \dfrac{-\sin\theta_t k_{ty}}{k_0\sin\theta_i}\\ 0 & \dfrac{k_{ty}\sin\theta_t}{k_0\sin\theta_i} & 1\end{bmatrix} \tag{5-163}$$

其中，k_{ty} 为角谱矢量 $\boldsymbol{k}_t$ 在 y 方向上的分量。在二维情况下，式(5－163)可写为

$$\boldsymbol{M}_{X_tY_tZ_t\to x_ty_tz_t}^{2\times 2}=\begin{bmatrix} 1 & \dfrac{-k_{ty}\cos\theta_t}{k_0\sin\theta_i} \\ \dfrac{k_{ty}\cos\theta_t}{k_0\sin\theta_i} & 1 \end{bmatrix} \tag{5-164}$$

于是得到折射矩阵

$$\boldsymbol{M}_T=\boldsymbol{M}_{X_tY_tZ_t\to x_ty_tz_t}^{2\times 2}\begin{pmatrix} t_p & 0 \\ 0 & t_s \end{pmatrix}\boldsymbol{M}_{x_iy_iz_i\to X_iY_iZ_i}^{2\times 2} \tag{5-165}$$

其中，t_p 和 t_s 表示水平极化和垂直极化光场的折射系数，即 $t_p=T^{\parallel}$，$t_s=T^{\perp}$。

将式(5－159)和式(5－164)代入式(5－165)，应用相位匹配条件 $k_{tx}=k_{ix}/\eta$ 和 $k_{ty}=k_{iy}$，且 $\eta=\cos\theta_t/\cos\theta_i$，得到

$$\begin{bmatrix} \widetilde{E}_t^{\mathrm{H}} \\ \widetilde{E}_t^{\mathrm{V}} \end{bmatrix}=\begin{bmatrix} t_p & k_{ty}(t_p-\eta t_s)\cot\theta_i/k_0 \\ k_{ty}(\eta t_p-t_s)\cot\theta_i/k_0 & t_s \end{bmatrix}\begin{bmatrix} \widetilde{E}_i^{\mathrm{H}} \\ \widetilde{E}_i^{\mathrm{V}} \end{bmatrix} \tag{5-166}$$

其中，$\widetilde{E}_t^{\mathrm{H}}$ 和 $\widetilde{E}_t^{\mathrm{V}}$ 为反射角谱的水平和垂直分量，$\widetilde{E}_i^{\mathrm{H}}$ 和 $\widetilde{E}_i^{\mathrm{V}}$ 为入射角谱的水平和垂直分量。在布儒斯特角附近，将折射系数 t_p 和 t_s 在 $\theta_i=0$ 处做泰勒级数展开并取一阶近似，应用相位匹配条件 $k_{tx}=k_{ix}/\eta$，得到

$$t'_{p,s}=t_{p,s}\left[1+\frac{\eta k_{tx}}{k_0}\frac{\partial\ln t_{p,s}}{\partial\theta_i}\right] \tag{5-167}$$

于是式(5－166)可写为

$$\begin{bmatrix} \widetilde{E}_t^{\mathrm{H}} \\ \widetilde{E}_t^{\mathrm{V}} \end{bmatrix}=\begin{bmatrix} t_p\left[1+\dfrac{\eta k_{tx}}{k_0}\dfrac{\partial\ln t_p}{\partial\theta_i}\right] & k_{ty}(t_p-\eta t_s)\cot\theta_i/k_0 \\ k_{ty}(\eta t_p-t_s)\cot\theta_i/k_0 & t_{p,s}\left[1+\dfrac{\eta k_{tx}}{k_0}\dfrac{\partial\ln t_s}{\partial\theta_i}\right] \end{bmatrix}\begin{bmatrix} \widetilde{E}_i^{\mathrm{H}} \\ \widetilde{E}_i^{\mathrm{V}} \end{bmatrix} \tag{5-168}$$

对式(5－168)进行傅里叶变化，便可得到对应的场分布表达式。

5.2.2　入射、反射和折射光场的矢量分析

上面基于平面波角谱展开理论建立的结构光场反射和折射模型，给出了反射和折射光场角谱与入射光场角谱之间的关系。根据 4.2 节中介绍的矢量角谱展开理论，对反射和折射光场的角谱进行傅里叶变换，理论上可得到对应的电

磁场分量。然而，由于结构光场反射和折射后会出现交叉极化现象，对交叉极化导致的角谱进行傅里叶变化时，有些结构光场很难找到相应的积分公式，对折射情况更是如此，因此难以得到显式的解析表达式。考虑到矢量势方法没有涉及积分，而是微分，因此下面将平面波角谱展开理论和矢量势方法相结合，建立适用于满足傍轴近似条件的结构光场反射和折射的全矢量模型。

1. 入射光场的矢量分析

对于给定的入射光场，在坐标系(x_i, y_i, z_i)中，设其矢量势为

$$\boldsymbol{A}_i=(p_x\hat{\boldsymbol{x}}_i+p_y\hat{\boldsymbol{y}}_i)u_i(x_i, y_i, z_i)\exp(\mathrm{i}k_iz_i) \tag{5-169}$$

式中，(p_x, p_y)是入射光场的极化系数，$u_i(x_i, y_i, z_i)$是入射光场的复振幅，其满足傍轴近似方程，表达式可由入射光场的角谱进行傅里叶变换得到

$$u_i(x_i, y_i, z_i)=\int_{-\infty}^{+\infty}\int_{-\infty}^{+\infty}\tilde{u}_i(k_{ix}, k_{iy})\exp\left[\mathrm{i}\left(k_{ix}x_i+k_{iy}y_i-\frac{k_{ix}^2+k_{iy}^2}{2k_i}z_i\right)\right]\mathrm{d}k_{ix}\mathrm{d}k_{iy} \tag{5-170}$$

这里$\tilde{u}_i(k_{ix}, k_{iy})$为入射光场的标量角谱，由下式计算得到

$$\tilde{u}_i(k_{ix}, k_{iy})=\frac{1}{4\pi^2}\int_{-\infty}^{+\infty}\int_{-\infty}^{+\infty}u_i(x_i, y_i, z_i=0)\exp[-\mathrm{i}(k_{ix}x_i+k_{iy}y_i)]\mathrm{d}x_i\mathrm{d}y_i \tag{5-171}$$

其中，$u_i(x_i, y_i, z_i=0)$为入射光场在初始平面上的表达式。入射光场的标量角谱得到后，可将其矢量角谱写为

$$\tilde{\boldsymbol{u}}_i(k_{ix}, k_{iy})=\tilde{u}_i^{\mathrm{H}}\hat{\boldsymbol{x}}_i+\tilde{u}_i^{\mathrm{V}}\hat{\boldsymbol{y}}_i+\left(-\frac{k_{ix}}{k_i}\tilde{u}_i^{\mathrm{H}}-\frac{k_{iy}}{k_i}\tilde{u}_i^{\mathrm{V}}\right)\hat{\boldsymbol{z}}_i \tag{5-172}$$

式中，$\tilde{u}_i^{\mathrm{H}}=p_x\tilde{u}_i(k_{ix}, k_{iy})$和$\tilde{u}_i^{\mathrm{V}}=p_y\tilde{u}_i(k_{ix}, k_{iy})$分别为入射光场角谱的水平和垂直分量。注意，下面给出的公式适用于极化系数(p_x, p_y)为均匀极化的情况。

在洛伦兹规范条件下，入射光束的电磁场采用矢量势$\boldsymbol{A}_i$可以表示为

$$\boldsymbol{E}_i=\mathrm{i}k_iZ_i\left[\boldsymbol{A}_i+\frac{1}{k_i^2}\nabla(\nabla\cdot\boldsymbol{A}_i)\right] \tag{5-173}$$

$$\boldsymbol{H}_i=\nabla\times\boldsymbol{A}_i \tag{5-174}$$

式中，k_i和Z_i分别为入射光场所在区域的波数和波阻抗。在傍轴近似条件下，入射光场的电磁场可写为

$$\boldsymbol{E}_i=\mathrm{i}k_iZ_i\left[u_i(p_x\hat{\boldsymbol{x}}_i+p_y\hat{\boldsymbol{y}}_i)+\frac{\mathrm{i}}{k_i}\left(p_x\frac{\partial u_i}{\partial x_i}+p_y\frac{\partial u_i}{\partial y_i}\right)\hat{\boldsymbol{z}}_i\right]\exp(\mathrm{i}k_iz_i) \tag{5-175}$$

$$\boldsymbol{H}_i=\mathrm{i}k_i\left[u_i(-p_y\hat{\boldsymbol{x}}_i+p_x\hat{\boldsymbol{y}}_i)-\frac{\mathrm{i}}{k_i}\left(p_y\frac{\partial u_i}{\partial x_i}-p_x\frac{\partial u_i}{\partial y_i}\right)\hat{\boldsymbol{z}}_i\right]\exp(\mathrm{i}k_iz_i) \tag{5-176}$$

于是，入射光场在其自身所在的坐标系(x_i，y_i，z_i)中，其电磁场分量为

$$E_{ix}=\mathrm{i}k_iZ_ip_xu_i\exp(\mathrm{i}k_iz_i) \tag{5-177}$$

$$E_{iy}=\mathrm{i}k_iZ_ip_yu_i\exp(\mathrm{i}k_iz_i) \tag{5-178}$$

$$E_{iz}=\mathrm{i}k_iZ_i\left(p_x\frac{\mathrm{i}}{k_i}\frac{\partial u_i}{\partial x_i}+p_y\frac{\mathrm{i}}{k_i}\frac{\partial u_i}{\partial y_i}\right)\exp(\mathrm{i}k_iz_i) \tag{5-179}$$

$$H_{ix}=-p_y\mathrm{i}k_iu_i\exp(\mathrm{i}k_iz_i) \tag{5-180}$$

$$H_{iy}=\mathrm{i}k_ip_xu_i\exp(\mathrm{i}k_iz_i) \tag{5-181}$$

$$H_{iz}=\mathrm{i}k_i\left(p_x\frac{\mathrm{i}}{k_i}\frac{\partial u_i}{\partial y_i}-p_y\frac{\mathrm{i}}{k_i}\frac{\partial u_i}{\partial x_i}\right)\exp(\mathrm{i}k_iz_i) \tag{5-182}$$

2. 反射光场的矢量分析

光场反射后，其矢量势在坐标系(x_r，y_r，z_r)中可表示为

$$\boldsymbol{A}_r=[u_r^{\mathrm{H}}(x_r, y_r, z_r)\hat{\boldsymbol{x}}_r+u_r^{\mathrm{V}}(x_r, y_r, z_r)\hat{\boldsymbol{y}}_r]\exp(\mathrm{i}k_rz_r) \tag{5-183}$$

其中：

$$\begin{bmatrix}u_r^{\mathrm{H}}\\u_r^{\mathrm{V}}\end{bmatrix}=\int_{-\infty}^{+\infty}\int_{-\infty}^{+\infty}\begin{bmatrix}\tilde{u}_r^{\mathrm{H}}(k_{rx}, k_{ry})\\\tilde{u}_r^{\mathrm{V}}(k_{rx}, k_{ry})\end{bmatrix}\exp\left[\mathrm{i}\left(k_{rx}x_r+k_{ry}y_r-\frac{k_{rx}^2+k_{ry}^2}{2k_r}z_r\right)\right]\mathrm{d}k_{rx}\mathrm{d}k_{ry} \tag{5-184}$$

式中，$\tilde{u}_r^{\mathrm{H}}(k_{rx}, k_{ry})$和$\tilde{u}_r^{\mathrm{V}}(k_{rx}, k_{ry})$为反射光场角谱的水平和垂直分量，其与入射光场角谱$\tilde{u}_i^{\mathrm{H}}(k_{ix}, k_{iy})$和$\tilde{u}_i^{\mathrm{V}}(k_{ix}, k_{iy})$之间的关系由式(5-162)得到

$$\begin{bmatrix}\tilde{u}_r^{\mathrm{H}}\\\tilde{u}_r^{\mathrm{V}}\end{bmatrix}=\begin{bmatrix}r_p\left(1-\dfrac{k_{rx}}{k_0}\dfrac{\partial\ln r_p}{\partial\theta_i}\right) & \dfrac{k_{ry}(r_p+r_s)\cot\theta_i}{k_0}\\-\dfrac{k_{ry}(r_p+r_s)\cot\theta_i}{k_0} & r_s\left(1-\dfrac{k_{rx}}{k_0}\dfrac{\partial\ln r_s}{\partial\theta_i}\right)\end{bmatrix}\begin{bmatrix}\tilde{u}_i^{\mathrm{H}}\\\tilde{u}_i^{\mathrm{V}}\end{bmatrix} \tag{5-185}$$

这里需要注意的是，计算反射光场角谱时，入射光场角谱应施加相位匹配条件$k_{rx}=-k_{ix}$和$k_{ry}=k_{iy}$。为方便描述问题，记$\tilde{u}_r=\tilde{u}_i(-k_{rx}, k_{ry})$，则$\tilde{u}_i^{\mathrm{H}}=p_x\tilde{u}_r$和$\tilde{u}_i^{\mathrm{V}}=p_y\tilde{u}_r$。由式(5-185)得到

$$\tilde{u}_r^{\mathrm{H}}=p_xr_p\tilde{u}_r-p_xr_p\frac{1}{k_0}\frac{\partial\ln r_p}{\partial\theta_i}k_{rx}\tilde{u}_r+p_y\frac{(r_p+r_s)\cot\theta_i}{k_0}k_{ry}\tilde{u}_r \tag{5-186}$$

$$\tilde{u}_r^{\mathrm{V}}=p_yr_s\tilde{u}_r-p_yr_s\frac{1}{k_0}\frac{\partial\ln r_s}{\partial\theta_i}k_{rx}\tilde{u}_r-p_x\frac{(r_p+r_s)\cot\theta_i}{k_0}k_{ry}\tilde{u}_r \tag{5-187}$$

将式(5-186)和式(5-187)代入式(5-184)，积分便得到反射光场的水平

分量 u_r^{H} 和垂直分量 u_r^{V}，可写为

$$u_r^{\mathrm{H}}=p_x r_p I_{r1}-p_x r_p \frac{1}{k_0}\frac{\partial \ln r_p}{\partial \theta_i}I_{r2}+p_y \frac{(r_p+r_s)\cot\theta_i}{k_0}I_{r3} \quad (5-188)$$

$$u_r^{\mathrm{V}}=p_y r_s I_{r1}-p_y r_s \frac{1}{k_0}\frac{\partial \ln r_s}{\partial \theta_i}I_{r2}-p_x \frac{(r_p+r_s)\cot\theta_i}{k_0}I_{r3} \quad (5-189)$$

其中：

$$\begin{bmatrix} I_{r1} \\ I_{r2} \\ I_{r3} \end{bmatrix}=\int_{-\infty}^{+\infty}\int_{-\infty}^{+\infty}\begin{bmatrix} \tilde{u}_r \\ k_{rx}\tilde{u}_r \\ k_{ry}\tilde{u}_r \end{bmatrix}\exp\left[\mathrm{i}\left(k_{rx}x_r+k_{ry}y_r-\frac{k_{rx}^2+k_{ry}^2}{2k_r}z_r\right)\right]\mathrm{d}k_{rx}\,\mathrm{d}k_{ry} \quad (5-190)$$

将式(5－188)和式(5－189)代入式(5－183)便可得到反射光场的矢量势 $\boldsymbol{A}_r$，在洛伦兹规范和傍轴近似条件下，反射光场的电磁场采用矢量势 $\boldsymbol{A}_r$ 可以表示为

$$\boldsymbol{E}_r=\mathrm{i}k_r Z_r\left[u_r^{\mathrm{H}}\hat{\boldsymbol{x}}_r+u_r^{\mathrm{V}}\hat{\boldsymbol{y}}_r+\frac{\mathrm{i}}{k_r}\left(\frac{\partial u_r^{\mathrm{H}}}{\partial x_r}+\frac{\partial u_r^{\mathrm{V}}}{\partial y_r}\right)\hat{\boldsymbol{z}}_r\right]\exp(\mathrm{i}k_r z_r) \quad (5-191)$$

$$\boldsymbol{H}_r=\mathrm{i}k_r\left[-u_r^{\mathrm{V}}\hat{\boldsymbol{x}}_r+u_r^{\mathrm{H}}\hat{\boldsymbol{y}}_r-\frac{\mathrm{i}}{k_r}\left(\frac{\partial u_r^{\mathrm{V}}}{\partial x_r}-\frac{\partial u_r^{\mathrm{H}}}{\partial y_r}\right)\hat{\boldsymbol{z}}_r\right]\exp(\mathrm{i}k_r z_r) \quad (5-192)$$

于是，反射光场在其自身所在的坐标系(x_r, y_r, z_r)中，其电磁场分量为

$$E_{rx}=\mathrm{i}k_r Z_r u_r^{\mathrm{H}}\exp(\mathrm{i}k_r z_r) \quad (5-193)$$

$$E_{ry}=\mathrm{i}k_r Z_r u_r^{\mathrm{V}}\exp(\mathrm{i}k_r z_r) \quad (5-194)$$

$$E_{rz}=\mathrm{i}k_r Z_r\left[\frac{\mathrm{i}}{k_r}\left(\frac{\partial u_r^{\mathrm{H}}}{\partial x_r}+\frac{\partial u_r^{\mathrm{V}}}{\partial y_r}\right)\right]\exp(\mathrm{i}k_r z_r) \quad (5-195)$$

$$H_{rx}=-\mathrm{i}k_r u_r^{\mathrm{V}}\exp(\mathrm{i}k_r z_r) \quad (5-196)$$

$$H_{ry}=\mathrm{i}k_r u_r^{\mathrm{H}}\exp(\mathrm{i}k_r z_r) \quad (5-197)$$

$$H_{rz}=\mathrm{i}k_r\left[-\frac{\mathrm{i}}{k_r}\left(\frac{\partial u_r^{\mathrm{V}}}{\partial x_r}-\frac{\partial u_r^{\mathrm{H}}}{\partial y_r}\right)\right]\exp(\mathrm{i}k_r z_r) \quad (5-198)$$

其中：

$$\frac{\partial u_r^{\mathrm{H}}}{\partial x_r}=p_x r_p \frac{\partial I_{r1}}{\partial x_r}-p_x r_p \frac{1}{k_0}\frac{\partial \ln r_p}{\partial \theta_i}\frac{\partial I_{r2}}{\partial x_r}+p_y \frac{(r_p+r_s)\cot\theta_i}{k_0}\frac{\partial I_{r3}}{\partial x_r} \quad (5-199)$$

$$\frac{\partial u_r^{\mathrm{H}}}{\partial y_r}=p_x r_p \frac{\partial I_{r1}}{\partial y_r}-p_x r_p \frac{1}{k_0}\frac{\partial \ln r_p}{\partial \theta_i}\frac{\partial I_{r2}}{\partial y_r}+p_y \frac{(r_p+r_s)\cot\theta_i}{k_0}\frac{\partial I_{r3}}{\partial y_r} \quad (5-200)$$

$$\frac{\partial u_r^{\mathrm{V}}}{\partial x_r}=p_y r_s\frac{\partial I_{r1}}{\partial x_r}-p_y r_s\frac{1}{k_0}\frac{\partial \ln r_s}{\partial \theta_i}\frac{\partial I_{r2}}{\partial x_r}-p_x\frac{(r_p+r_s)\cot\theta_i}{k_0}\frac{\partial I_{r3}}{\partial x_r}\tag{5-201}$$

$$\frac{\partial u_r^{\mathrm{V}}}{\partial y_r}=p_y r_s\frac{\partial I_{r1}}{\partial y_r}-p_y r_s\frac{1}{k_0}\frac{\partial \ln r_s}{\partial \theta_i}\frac{\partial I_{r2}}{\partial y_r}-p_x\frac{(r_p+r_s)\cot\theta_i}{k_0}\frac{\partial I_{r3}}{\partial y_r}\tag{5-202}$$

将从式(5－190)积分得到的 I_{r1}，I_{r2} 和 I_{r3} 分别对 x_r 和 y_r 求导数，便可以得到$\partial u_r^{\mathrm{H}}/\partial x_r$、$\partial u_r^{\mathrm{H}}/\partial y_r$、$\partial u_r^{\mathrm{V}}/\partial x_r$ 和$\partial u_r^{\mathrm{V}}/\partial y_r$ 的表达式。

3. 折射光场的矢量分析

光场折射后，其矢量势在坐标系$(x_t,\ y_t,\ z_t)$中可表示为

$$\boldsymbol{A}_t=[u_t^{\mathrm{H}}(x_t,\ y_t,\ z_t)\hat{\boldsymbol{x}}_t+u_t^{\mathrm{V}}(x_t,\ y_t,\ z_t)\hat{\boldsymbol{y}}_t]\exp(\mathrm{i}k_t z_t)\tag{5-203}$$

其中：

$$\begin{bmatrix}u_t^{\mathrm{H}}\\u_t^{\mathrm{V}}\end{bmatrix}=\int_{-\infty}^{+\infty}\int_{-\infty}^{+\infty}\begin{bmatrix}\tilde{u}_t^{\mathrm{H}}(k_{rx},\ k_{ry})\\\tilde{u}_t^{\mathrm{V}}(k_{rx},\ k_{ry})\end{bmatrix}\exp\left[\mathrm{i}\left(k_{tx}x_r+k_{ty}y_r-\frac{k_{tx}^2+k_{ty}^2}{2k_t}z_t\right)\right]\mathrm{d}k_{tx}\mathrm{d}k_{ty}\tag{5-204}$$

式中，$\tilde{u}_t^{\mathrm{H}}(k_{tx},\ k_{ty})$和 $\tilde{u}_t^{\mathrm{V}}(k_{tx},\ k_{ty})$为折射光场角谱的水平和垂直分量，其与入射光场角谱 $\tilde{u}_i^{\mathrm{H}}(k_{ix},\ k_{iy})$和 $\tilde{u}_i^{\mathrm{V}}(k_{ix},\ k_{iy})$之间的关系由式(5－168)得到

$$\begin{bmatrix}\tilde{u}_t^{\mathrm{H}}\\\tilde{u}_t^{\mathrm{V}}\end{bmatrix}=\begin{bmatrix}t_p\left(1+\dfrac{\eta k_{tx}}{k_0}\dfrac{\partial\ln t_p}{\partial\theta_i}\right) & \dfrac{k_{ty}(t_p-\eta t_s)\cot\theta_i}{k_0}\\ \dfrac{k_{ty}(\eta t_p-t_s)\cot\theta_i}{k_0} & t_s\left(1+\dfrac{\eta k_{tx}}{k_0}\dfrac{\partial\ln t_s}{\partial\theta_i}\right)\end{bmatrix}\begin{bmatrix}\tilde{u}_i^{\mathrm{H}}\\\tilde{u}_i^{\mathrm{V}}\end{bmatrix}\tag{5-205}$$

计算折射光场角谱时，入射光场角谱应施加相位匹配条件 $k_{tx}=k_{ix}/\eta$ 和 $k_{ty}=k_{iy}$，$\eta=\cos\theta_t/\cos\theta_i$，记 $\tilde{u}_t=\tilde{u}_i(\eta k_{tx},\ k_{ty})$，则 $\tilde{u}_i^{\mathrm{H}}=p_x\tilde{u}_t$ 和 $\tilde{u}_i^{\mathrm{V}}=p_y\tilde{u}_t$。由式(5－205)得到

$$\tilde{u}_t^{\mathrm{H}}=p_x t_p\tilde{u}_t+p_x t_p\frac{\eta}{k_0}\frac{\partial\ln t_p}{\partial\theta_i}k_{tx}\tilde{u}_t+p_y\frac{(t_p-\eta t_s)\cot\theta_i}{k_0}k_{ty}\tilde{u}_r\tag{5-206}$$

$$\tilde{u}_t^{\mathrm{V}}=p_y t_s\tilde{u}_t+p_y t_s\frac{\eta}{k_0}\frac{\partial\ln t_s}{\partial\theta_i}k_{tx}\tilde{u}_t+p_x\frac{(\eta t_p-t_s)\cot\theta_i}{k_0}k_{ty}\tilde{u}_t\tag{5-207}$$

将式(5－206)和式(5－207)代入式(5－204)便可得到折射光场的水平分量 u_t^{H} 和垂直分量 u_t^{V}，可写为

$$u_t^{\mathrm{H}}=p_x t_p I_{t1}+p_x t_p\frac{\eta}{k_0}\frac{\partial\ln t_p}{\partial\theta_i}I_{t2}+p_y\frac{(t_p-\eta t_s)\cot\theta_i}{k_0}I_{t3}\tag{5-208}$$

$$u_t^{\mathrm{V}}=p_y t_s I_{t1}+p_y t_s\frac{\eta}{k_0}\frac{\partial \ln t_s}{\partial \theta_i}I_{t2}+p_x\frac{(\eta t_p-t_s)\cot\theta_i}{k_0}I_{t3} \tag{5-209}$$

其中：

$$\begin{bmatrix}I_{t1}\\ I_{t2}\\ I_{t3}\end{bmatrix}=\int_{-\infty}^{+\infty}\int_{-\infty}^{+\infty}\begin{bmatrix}\tilde{u}_t\\ k_{tx}\tilde{u}_t\\ k_{ty}\tilde{u}_t\end{bmatrix}\exp\left[\mathrm{i}\left(k_{tx}x_t+k_{ty}y_t-\frac{k_{tx}^2+k_{ty}^2}{2k_t}z_t\right)\right]\mathrm{d}k_{tx}\mathrm{d}k_{ty} \tag{5-210}$$

将式(5－208)和式(5－209)代入式(5－203)便可得到折射光场的矢量势 $\mathbf{A}_t$，在洛伦兹规范和傍轴近似条件下，折射光场的电磁场采用矢量势 $\mathbf{A}_t$ 可以表示为

$$\boldsymbol{E}_t=\mathrm{i}k_t Z_t\left[u_t^{\mathrm{H}}\hat{\boldsymbol{x}}_t+u_t^{\mathrm{V}}\hat{\boldsymbol{y}}_t+\frac{\mathrm{i}}{k_t}\left(\frac{\partial u_t^{\mathrm{H}}}{\partial x_t}+\frac{\partial u_t^{\mathrm{V}}}{\partial y_t}\right)\hat{\boldsymbol{z}}_r\right]\exp(\mathrm{i}k_t z_t) \tag{5-211}$$

$$\boldsymbol{H}_t=\mathrm{i}k_r\left[-u_t^{\mathrm{V}}\hat{\boldsymbol{x}}_t+u_t^{\mathrm{H}}\hat{\boldsymbol{y}}_t-\frac{\mathrm{i}}{k_t}\left(\frac{\partial u_r^{\mathrm{V}}}{\partial x_t}-\frac{\partial u_r^{\mathrm{H}}}{\partial y_t}\right)\hat{\boldsymbol{z}}_t\right]\exp(\mathrm{i}k_t z_t) \tag{5-212}$$

于是，折射光场在其自身所在的坐标系(x_t，y_t，z_t)中，其电磁场分量为

$$E_{tx}=\mathrm{i}k_t Z_t u_t^{\mathrm{H}}\exp(\mathrm{i}k_t z_t) \tag{5-213}$$

$$E_{ty}=\mathrm{i}k_t Z_t u_t^{\mathrm{V}}\exp(\mathrm{i}k_t z_t) \tag{5-214}$$

$$E_{tz}=\mathrm{i}k_t Z_t\left[\frac{\mathrm{i}}{k_t}\left(\frac{\partial u_t^{\mathrm{H}}}{\partial x_t}+\frac{\partial u_t^{\mathrm{V}}}{\partial y_t}\right)\right]\exp(\mathrm{i}k_t z_t) \tag{5-215}$$

$$H_{tx}=-\mathrm{i}k_t u_t^{\mathrm{V}}\exp(\mathrm{i}k_t z_t) \tag{5-216}$$

$$H_{ty}=\mathrm{i}k_t u_t^{\mathrm{H}}\exp(\mathrm{i}k_t z_t) \tag{5-217}$$

$$H_{tz}=\mathrm{i}k_t\left[-\frac{\mathrm{i}}{k_t}\left(\frac{\partial u_t^{\mathrm{V}}}{\partial x_t}-\frac{\partial u_t^{\mathrm{H}}}{\partial y_t}\right)\right]\exp(\mathrm{i}k_t z_t) \tag{5-218}$$

其中：

$$\frac{\partial u_t^{\mathrm{H}}}{\partial x_t}=p_x t_p\frac{\partial I_{t1}}{\partial x_t}+p_x t_p\frac{\eta}{k_0}\frac{\partial \ln t_p}{\partial \theta_i}\frac{\partial I_{t2}}{\partial x_t}+p_y\frac{(t_p-\eta t_s)\cot\theta_i}{k_0}\frac{\partial I_{t3}}{\partial x_t} \tag{5-219}$$

$$\frac{\partial u_t^{\mathrm{H}}}{\partial y_t}=p_x t_p\frac{\partial I_{t1}}{\partial y_t}+p_x t_p\frac{\eta}{k_0}\frac{\partial \ln t_p}{\partial \theta_i}\frac{\partial I_{t2}}{\partial y_t}+p_y\frac{(t_p-\eta t_s)\cot\theta_i}{k_0}\frac{\partial I_{t3}}{\partial y_t} \tag{5-220}$$

$$\frac{\partial u_t^{\mathrm{V}}}{\partial x_t}=p_y t_s\frac{\partial I_{t1}}{\partial x_t}+p_y t_s\frac{\eta}{k_0}\frac{\partial \ln t_s}{\partial \theta_i}\frac{\partial I_{t2}}{\partial x_t}+p_x\frac{(\eta t_p-t_s)\cot\theta_i}{k_0}\frac{\partial I_{t3}}{\partial x_t} \tag{5-221}$$

$$\frac{\partial u_t^{\mathrm{V}}}{\partial y_t}=p_y t_s \frac{\partial I_{t1}}{\partial y_t}+p_y t_s \frac{\eta}{k_0}\frac{\partial \ln t_s}{\partial \theta_i}\frac{\partial I_{t2}}{\partial y_t}+p_x \frac{(\eta t_p-t_s)\cot\theta_i}{k_0}\frac{\partial I_{t3}}{\partial y_t}$$

(5 - 222)

将从式(5 - 210)积分得到的 I_{t1}，I_{t2} 和 I_{t3} 分别对 x_t 和 y_t 求导数，便可以得到$\partial u_t^{\mathrm{H}}/\partial x_t$、$\partial u_t^{\mathrm{H}}/\partial y_t$、$\partial u_t^{\mathrm{V}}/\partial x_t$ 和$\partial u_t^{\mathrm{V}}/\partial y_t$ 的表达式。

5.2.3　典型结构光场的反射和折射公式

5.2.1 节中建立的理论模型适合于在直角坐标系下分析轴近似条件下结构光场的反射和折射，下面给出基模高斯光束、厄米-高斯光束、拉盖尔-高斯光束和艾里-高斯光束四种典型结构光场的反射和折射公式。

1. 基模高斯光束

1）入射光束表达式

在坐标系(x_i，y_i，z_i)中，初始平面上基模高斯光束的复振幅表达式为

$$u_i(x_i,\ y_i,\ z_i=0)=\exp\left[-\frac{(x_i^2+y_i^2)}{w_0^2}\right] \tag{5 - 223}$$

式中，w_0 为基模高斯光束的束腰半径。将式(5 - 223)代入式(5 - 171)，利用积分公式(4 - 92)，得到入射光场的标量角谱

$$\tilde{u}_i(k_{ix},\ k_{iy})=\frac{w_0^2}{4\pi}\exp\left[-(k_{ix}^2+k_{iy}^2)\frac{w_0^2}{4}\right] \tag{5 - 224}$$

将式(5 - 224)代入式(5 - 170)，利用积分公式(4 - 92)，得到入射光场的复振幅

$$u_i(x_i,\ y_i,\ z_i)=\frac{1}{1+\mathrm{i}z_i/z_{R,\,i}}\exp\left[-\frac{(x_i^2+y_i^2)/w_0^2}{1+\mathrm{i}z_i/z_{R,\,i}}\right] \tag{5 - 225}$$

式中，$z_{R,\,i}=k_i w_0^2/2$，k_i 为入射光束所在空间的波数。将式(5 - 225)分别对 x_i 和 y_i 求导数，得到

$$\frac{\partial u_i}{\partial x_i}=-\frac{k_i x_i}{z_{R,\,i}+\mathrm{i}z_i}u_i \tag{5 - 226}$$

$$\frac{\partial u_i}{\partial y_i}=-\frac{k_i y_i}{z_{R,\,i}+\mathrm{i}z_i}u_i \tag{5 - 227}$$

将式(5 - 225)～(5 - 227)代入式(5 - 177)～(5 - 182)，便得到坐标系(x_i，y_i，z_i)中基模高斯光束的电磁场分量。

2）反射光束表达式

将式(5 - 224)给出的入射光束标量角谱施加反射相位匹配条件 $k_{rx}=-k_{ix}$

和 $k_{ry}=k_{iy}$，得到反射光束的标量角谱为

$$\tilde{u}_r=\tilde{u}_i(-k_{rx},\ k_{ry})=\frac{w_0^2}{4\pi}\exp\left[-\frac{w_0^2(k_{rx}^2+k_{ry}^2)}{4}\right] \tag{5-228}$$

将式(5-228)代入式(5-190)，利用积分公式(4-92)和(4-93)，得到

$$I_{r1}=u_r \tag{5-229}$$

$$I_{r2}=\frac{\mathrm{i}k_r x_r}{z_{R,r}+\mathrm{i}z_r}u_r \tag{5-230}$$

$$I_{r3}=\frac{\mathrm{i}k_r y_r}{z_{R,r}+\mathrm{i}z_r}u_r \tag{5-231}$$

其中：

$$u_r=\frac{1}{1+\mathrm{i}z_r/z_{R,r}}\exp\left[-\frac{(x_r^2+y_r^2)/w_0^2}{1+\mathrm{i}z_r/z_{R,r}}\right] \tag{5-232}$$

式中，$z_{R,r}=k_r w_0^2/2$，k_r 为反射光束所在空间的波数。

将式(5-229)～(5-231)分别对 x_r 和 y_r 求导数，得到

$$\frac{\partial I_{r1}}{\partial x_r}=-\frac{k_r x_r}{z_{R,r}+\mathrm{i}z_r}u_r \tag{5-233}$$

$$\frac{\partial I_{r1}}{\partial y_r}=-\frac{k_r y_r}{z_{R,r}+\mathrm{i}z_r}u_r \tag{5-234}$$

$$\frac{\partial I_{r2}}{\partial x_r}=\frac{\mathrm{i}k_r}{z_{R,r}+\mathrm{i}z_r}\left(1-\frac{k_r x_r^2}{z_{R,r}+\mathrm{i}z_r}\right)u_r \tag{5-235}$$

$$\frac{\partial I_{r2}}{\partial y_r}=-\frac{\mathrm{i}k_r^2 x_r y_r}{(z_{R,r}+\mathrm{i}z_r)^2}u_r \tag{5-236}$$

$$\frac{\partial I_{r3}}{\partial x_r}=-\frac{\mathrm{i}k_r^2 x_r y_r}{(z_{R,r}+\mathrm{i}z_r)^2}u_r \tag{5-237}$$

$$\frac{\partial I_{r3}}{\partial y_r}=\frac{\mathrm{i}k_r}{z_{R,r}+\mathrm{i}z_r}\left(1-\frac{k_r y_r^2}{z_{R,r}+\mathrm{i}z_r}\right)u_r \tag{5-238}$$

将式(5-233)～(5-238)代入式(5-199)～(5-202)得到 $\partial u_r^{\mathrm{H}}/\partial x_r$、$\partial u_r^{\mathrm{H}}/\partial y_r$、$\partial u_r^{\mathrm{V}}/\partial x_r$ 和 $\partial u_r^{\mathrm{V}}/\partial y_r$ 的表达式，然后代入式(5-193)～(5-198)，便可得到坐标系(x_r，y_r，z_r)中反射光束的电磁场分量表达式。

3）折射光束表达式

将式(5-224)给出的入射光束标量角谱施加折射相位匹配条件 $k_{tx}=k_{ix}/\eta$ 和 $k_{ty}=k_{iy}$，得到折射光束的标量角谱为

$$\tilde{u}_t=\tilde{u}_i(\eta k_{tx},\ k_{ty})=\frac{w_0^2}{4\pi}\exp\left[-\frac{w_0^2(\eta^2 k_{tx}^2+k_{ty}^2)}{4}\right] \tag{5-239}$$

将式(5－239)代入式(5－210)，利用式(4－92)和式(4－93)，得到

$$I_{t1}=u_t \tag{5-240}$$

$$I_{t2}=\frac{\mathrm{i}k_t x_t}{\eta^2 z_{R,t}+\mathrm{i}z_t}u_t \tag{5-241}$$

$$I_{t3}=\frac{\mathrm{i}k_t y_t}{z_{R,t}+\mathrm{i}z_t}u_t \tag{5-242}$$

其中：

$$u_t=\sqrt{\frac{1}{(\eta^2+\mathrm{i}z_t/z_{R,t})(1+\mathrm{i}z_t/z_{R,t})}}\exp\left[-\frac{1}{w_0^2}\left(\frac{x_t^2}{\eta^2+\mathrm{i}z_t/z_{R,t}}+\frac{y_t^2}{1+\mathrm{i}z_t/z_{R,t}}\right)\right] \tag{5-243}$$

式中，$z_{R,t}=k_t w_0^2/2$，k_t 为折射光束所在空间的波数。

将式(5－240)～(5－242)分别对 x_t 和 y_t 求导数，得到

$$\frac{\partial I_{t1}}{\partial x_t}=-\frac{k_t x_t}{\eta^2 z_{R,t}+\mathrm{i}z_t}u_t \tag{5-244}$$

$$\frac{\partial I_{t1}}{\partial y_t}=-\frac{k_t y_t}{z_{R,t}+\mathrm{i}z_t}u_t \tag{5-245}$$

$$\frac{\partial I_{t2}}{\partial x_t}=\frac{\mathrm{i}k_t}{\eta^2 z_{R,t}+\mathrm{i}z_t}\left(1-\frac{k_t x_t^2}{\eta^2 z_{R,t}+\mathrm{i}z_t}\right)u_t \tag{5-246}$$

$$\frac{\partial I_{t2}}{\partial y_t}=-\frac{\mathrm{i}k_t^2 x_t y_t}{(\eta^2 z_{R,t}+\mathrm{i}z_t)(z_{R,t}+\mathrm{i}z_t)}u_t \tag{5-247}$$

$$\frac{\partial I_{t3}}{\partial x_t}=-\frac{\mathrm{i}k_t^2 x_t y_t}{(\eta^2 z_{R,t}+\mathrm{i}z_t)(z_{R,t}+\mathrm{i}z_t)}u_t \tag{5-248}$$

$$\frac{\partial I_{t3}}{\partial y_t}=\frac{\mathrm{i}k_t}{z_{R,t}+\mathrm{i}z_t}\left[1-\frac{k_t y_t^2}{z_{R,t}+\mathrm{i}z_t}\right]u_t \tag{5-249}$$

将式(5－244)～(5－249)代入式(5－219)～(5－222)得到$\partial u_t^{\mathrm{H}}/\partial x_t$、$\partial u_t^{\mathrm{H}}/\partial y_t$、$\partial u_t^{\mathrm{V}}/\partial x_t$和$\partial u_t^{\mathrm{V}}/\partial y_t$ 的表达式，然后代入式(5－213)～(5－218)，便可得到坐标系(x_t，y_t，z_t)中折射光束的电磁场分量表达式。

根据上面给出的公式，图 5.10 给出了入射、反射和折射基模高斯光束电磁场分量的实部分布图，其中光束从自由空间入射到折射率为 $n=1.515$ 的 BK7 玻璃表面，自由空间中入射光束的波长 $\lambda_0=632.8$ nm，光束束腰半径 $w_0=2.0\lambda_0$，极化参数(p_x，p_y)＝(1，i)/$\sqrt{2}$，入射角 $\theta_i=30°$，观察平面所在位置 $z_i=z_r=z_t=\lambda_0$。

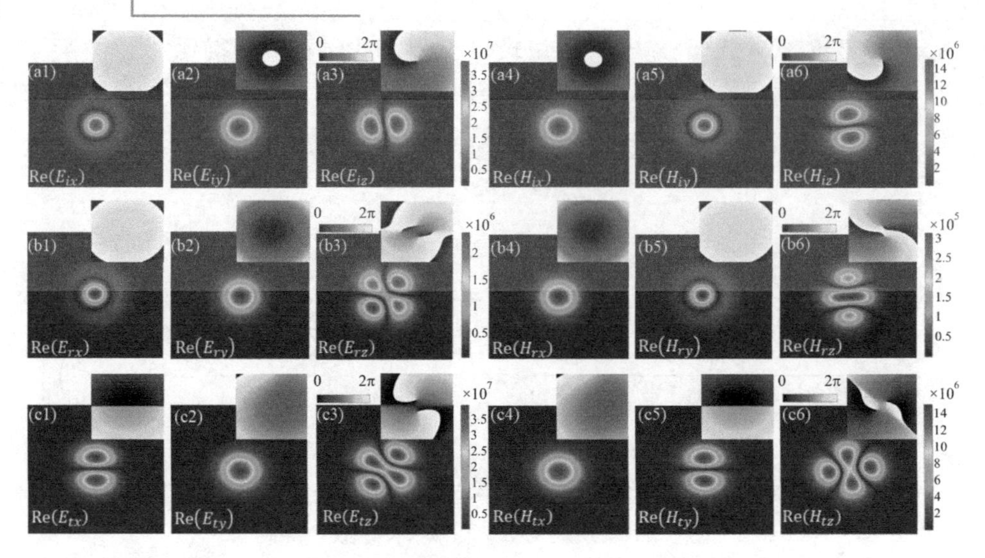

图 5.10　入射、反射和折射基模高斯光束电磁场分量的实部和相位分布图

图(a1)～(a6)为入射光束，图(b1)～(b6)为反射光束，图(c1)～(c6)为折射光束。

2. 厄米-高斯光束

1) 入射光束表达式

在坐标系(x_i, y_i, z_i)中，初始平面上厄米-高斯光束的复振幅表达式为

$$u_i(x_i,\ y_i,\ z_i=0)=\mathrm{H}_m\left(\frac{\sqrt{2}}{w_0}x_i\right)\mathrm{H}_n\left(\frac{\sqrt{2}}{w_0}y_i\right)\exp\left[-\frac{(x_i^2+y_i^2)}{w_0^2}\right] \tag{5-250}$$

式中，$\mathrm{H}_m(\cdot)$和$\mathrm{H}_n(\cdot)$分别为m阶和n阶厄米多项式，w_0为光束的束腰半径。将式(5-250)代入式(5-171)，利用积分公式(4-98)，得到入射光场的标量角谱为

$$\tilde{u}_i(k_{ix},\ k_{iy})=\mathrm{i}^{m+n}\mathrm{H}_m\left(-\frac{w_0k_{ix}}{\sqrt{2}}\right)\mathrm{H}_n\left(-\frac{w_0k_{iy}}{\sqrt{2}}\right)\frac{w_0^2}{4\pi}\exp\left[-\frac{(k_{ix}^2+k_{iy}^2)w_0^2}{4}\right] \tag{5-251}$$

将式(5-251)代入式(5-170)，利用积分公式(4-98)以及厄米多项式的奇偶性式(4-99)和递推公式(4-100)，得到入射光场的复振幅为

$$u_i(x_i,\ y_i,\ z_i)=\mathrm{H}_m\left(\frac{\sqrt{2}}{w_i}x_i\right)\mathrm{H}_n\left(\frac{\sqrt{2}}{w_i}y_i\right)\left[\frac{1-\mathrm{i}z_i/z_{R,i}}{\sqrt{1+(z_i/z_{R,i})^2}}\right]^{m+n}\times \frac{1}{1+\mathrm{i}z_i/z_{R,i}}\exp\left[-\frac{(x_i^2+y_i^2)/w_0^2}{1+\mathrm{i}z_i/z_{R,i}}\right] \tag{5-252}$$

式中，$w_i=w_0\sqrt{1+(z_i/z_{R,i})^2}$，$z_{R,i}=k_iw_0^2/2$，$k_i$ 为入射光束所在空间的波数。

将式(5-252)分别对 x_i 和 y_i 求导数，得到

$$\frac{\partial u_i}{\partial x_i}=\left[\frac{4x_i}{w_i^2}-\frac{k_ix_i}{z_{R,i}+\mathrm{i}z_i}-\frac{\sqrt{2}}{w_i}\mathrm{H}_{m+1}\left(\frac{\sqrt{2}}{w_i}x_i\right)/\mathrm{H}_m\left(\frac{\sqrt{2}}{w_i}x_i\right)\right]u_i \tag{5-253}$$

$$\frac{\partial u_i}{\partial y_i}=\left[\frac{4y_i}{w_i^2}-\frac{k_iy_i}{z_{R,i}+\mathrm{i}z_i}-\frac{\sqrt{2}}{w_i}\mathrm{H}_{m+1}\left(\frac{\sqrt{2}}{w_i}y_i\right)/\mathrm{H}_m\left(\frac{\sqrt{2}}{w_i}y_i\right)\right]u_i \tag{5-254}$$

将式(5-252)～(5-254)代入式(5-177)～(5-182)，便可得到坐标系(x_i, y_i, z_i)中厄米-高斯光束的电磁场分量。令 $m=n=0$，式(5-250)～(5-254)便退化为基模高斯光束对应的表达式(5-223)～(5-227)。

2) 反射光束表达式

将式(5-251)给出的入射光束标量角谱施加反射相位匹配条件 $k_{rx}=-k_{ix}$ 和 $k_{ry}=k_{iy}$，得到反射光束的标量角谱为

$$\tilde{u}_r=\tilde{u}_i(-k_{rx}, k_{ry})=\mathrm{i}^{m+n}\mathrm{H}_m\left(\frac{w_0k_{rx}}{\sqrt{2}}\right)\mathrm{H}_n\left(-\frac{w_0k_{ry}}{\sqrt{2}}\right)\frac{w_0^2}{4\pi}\exp\left[-\frac{(k_{rx}^2+k_{ry}^2)w_0^2}{4}\right] \tag{5-255}$$

将式(5-255)代入式(5-190)，利用积分公式(4-98)以及厄米多项式的奇偶性式(4-99)和递推公式(4-100)，得到

$$I_{r1}=u_r \tag{5-256}$$

$$I_{r2}=-\mathrm{i}\left[\frac{4x_r}{w_r^2}-\frac{k_rx_r}{z_{R,r}+\mathrm{i}z_r}-\frac{\sqrt{2}}{w_r}\mathrm{H}_{m+1}\left(\frac{\sqrt{2}}{w_r}x_r\right)/\mathrm{H}_m\left(\frac{\sqrt{2}}{w_r}x_r\right)\right]u_r \tag{5-257}$$

$$I_{r3}=-\mathrm{i}\left[\frac{4y_r}{w_r^2}-\frac{k_ry_r}{z_{R,r}+\mathrm{i}z_r}-\frac{\sqrt{2}}{w_r}\mathrm{H}_{n+1}\left(\frac{\sqrt{2}}{w_r}y_r\right)/\mathrm{H}_n\left(\frac{\sqrt{2}}{w_r}y_r\right)\right]u_r \tag{5-258}$$

其中：

$$u_r=(-1)^m\mathrm{H}_m\left(\frac{\sqrt{2}}{w_r}x_r\right)\mathrm{H}_n\left(\frac{\sqrt{2}}{w_r}y_r\right)\left[\frac{1-iz_r/z_{R,r}}{\sqrt{1+(z_r/z_{R,r})^2}}\right]^{m+n}\times \frac{1}{1+\mathrm{i}z_r/z_{R,r}}\exp\left[-\frac{(x_r^2+y_r^2)/w_0^2}{1+\mathrm{i}z_r/z_{R,r}}\right] \tag{5-259}$$

式中，$w_r=w_0\sqrt{1+(z_r/z_{R,r})^2}$，$z_{R,r}=k_rw_0^2/2$，$k_r$ 为反射光束所在空间的波数。将式(5-256)～(5-258)分别对 x_r 和 y_r 求导数，得到

$$\frac{\partial I_{r1}}{\partial x_r}=\left[\frac{4x_r}{w_r^2}-\frac{k_rx_r}{z_{R,r}+\mathrm{i}z_r}-\frac{\sqrt{2}}{w_r}\mathrm{H}_{m+1}\left(\frac{\sqrt{2}}{w_r}x_r\right)/\mathrm{H}_m\left(\frac{\sqrt{2}}{w_r}x_r\right)\right]u_r \tag{5-260}$$

$$\frac{\partial I_{r1}}{\partial y_r}=\left[\frac{4y_r}{w_r^2}-\frac{k_r y_r}{z_{R,r}+\mathrm{i}z_r}-\frac{\sqrt{2}}{w_r}\mathrm{H}_{n+1}\left(\frac{\sqrt{2}}{w_r}y_r\right)/\mathrm{H}_n\left(\frac{\sqrt{2}}{w_r}y_r\right)\right]u_r \tag{5-261}$$

$$\frac{\partial I_{r2}}{\partial x_r}=\mathrm{i}\left[\begin{array}{l}\dfrac{4m}{w_r^2}+\dfrac{k_r}{z_{R,r}+\mathrm{i}z_r}-\left(\dfrac{4x_r}{w_r^2}-\dfrac{kx_r}{z_{R,r}+\mathrm{i}z_r}\right)^2+\\ \dfrac{2\sqrt{2}x_r}{w_r}\left(\dfrac{2}{w_r^2}-\dfrac{k_r}{z_{R,r}+\mathrm{i}z_r}\right)\mathrm{H}_{m+1}\left(\dfrac{\sqrt{2}}{w_r}x_r\right)/\mathrm{H}_m\left(\dfrac{\sqrt{2}}{w_r}x_r\right)\end{array}\right]u_r \tag{5-262}$$

$$\frac{\partial I_{r2}}{\partial y_r}=-\mathrm{i}\left\{\begin{array}{l}\left[\dfrac{4x_r}{w_r^2}-\dfrac{k_r x_r}{z_{R,r}+\mathrm{i}z_r}-\dfrac{\sqrt{2}}{w_r}\mathrm{H}_{m+1}\left(\dfrac{\sqrt{2}}{w_r}x_r\right)/\mathrm{H}_m\left(\dfrac{\sqrt{2}}{w_r}x_r\right)\right]\times\\ \left[\dfrac{4y_r}{w_r^2}-\dfrac{ky_r}{z_{R,r}+\mathrm{i}z_r}-\dfrac{\sqrt{2}}{w_r}\mathrm{H}_{n+1}\left(\dfrac{\sqrt{2}}{w_r}y_r\right)/\mathrm{H}_n\left(\dfrac{\sqrt{2}}{w_r}y_r\right)\right]\end{array}\right\}u_r \tag{5-263}$$

$$\frac{\partial I_{3}}{\partial x_r}=-\mathrm{i}\left\{\begin{array}{l}\left[\dfrac{4y_r}{w_r^2}-\dfrac{k_r y_r}{z_{R,r}+\mathrm{i}z_r}-\dfrac{\sqrt{2}}{w_r}\mathrm{H}_{n+1}\left(\dfrac{\sqrt{2}}{w_r}y_r\right)/\mathrm{H}_n\left(\dfrac{\sqrt{2}}{w_r}y_r\right)\right]\times\\ \left[\dfrac{4x_r}{w_r^2}-\dfrac{kx_r}{z_{R,r}+\mathrm{i}z_r}-\dfrac{\sqrt{2}}{w_r}\mathrm{H}_{m+1}\left(\dfrac{\sqrt{2}}{w_r}x_r\right)/\mathrm{H}_m\left(\dfrac{\sqrt{2}}{w_r}x_r\right)\right]\end{array}\right\}u_r \tag{5-264}$$

$$\frac{\partial I_{r3}}{\partial y_r}=\mathrm{i}\left[\begin{array}{l}\dfrac{4n}{w_r^2}+\dfrac{k_r}{z_{R,r}+\mathrm{i}z_r}-\left(\dfrac{4y_r}{w_r^2}-\dfrac{ky_r}{z_{R,r}+\mathrm{i}z_r}\right)^2+\\ \dfrac{2\sqrt{2}y_r}{w_r}\left(\dfrac{2}{w_r^2}-\dfrac{k_r}{z_{R,r}+\mathrm{i}z_r}\right)\mathrm{H}_{n+1}\left(\dfrac{\sqrt{2}}{w_r}y_r\right)/\mathrm{H}_n\left(\dfrac{\sqrt{2}}{w_r}y_r\right)\end{array}\right]u_r \tag{5-265}$$

将式(5-260)～(5-265)代入式(5-199)～(5-202)得到 $\partial u_r^{\mathrm{H}}/\partial x_r$、$\partial u_r^{\mathrm{H}}/\partial y_r$、$\partial u_r^{\mathrm{V}}/\partial x_r$和 $\partial u_r^{\mathrm{V}}/\partial y_r$ 的表达式，然后代入式(5-193)～(5-198)，便可得到坐标系(x_r，y_r，z_r)中反射光束的电磁场分量表达式。令 $m=n=0$，式(5-255)～(5-265)便退化为基模高斯光束对应的表达式(5-228)～(5-238)。

3）折射光束表达式

将式(5-251)给出的入射光束标量角谱施加折射相位匹配条件 $k_{tx}=k_{ix}/\eta$ 和 $k_{ty}=k_{iy}$，得到折射光束的标量角谱为

$$\tilde{u}_t=\tilde{u}_i(\eta k_{tx},k_{ty})=\mathrm{i}^{m+n}\mathrm{H}_m\left(-\frac{w_0\eta k_{tx}}{\sqrt{2}}\right)\mathrm{H}_n\left(-\frac{w_0 k_{ty}}{\sqrt{2}}\right)\frac{w_0^2}{4\pi}\exp\left[-\frac{w_0^2(\eta^2k_{tx}^2+k_{ty}^2)}{4}\right] \tag{5-266}$$

将式(5-266)代入式(5-210)，利用积分公式(4-98)以及厄米多项式的奇偶性(式(4-99))和递推公式(4-100)，得到

$$I_{t1}=u_t \tag{5-267}$$

$$I_{t2}=-\mathrm{i}\left[\frac{4\eta^2 x_t}{w_t^2}-\frac{k_t x_t}{\eta^2 z_{R,t}+\mathrm{i}z_t}-\frac{\sqrt{2}\eta}{w_t}\mathrm{H}_{m+1}\left(\frac{\sqrt{2}}{w_t}\eta x_t\right)/\mathrm{H}_m\left(\frac{\sqrt{2}}{w_t}\eta x_t\right)\right]u_t \tag{5-268}$$

$$I_{t3}=-\mathrm{i}\left[\frac{4y_t}{w_t^2}-\frac{k_t y_t}{z_{R,t}+\mathrm{i}z_t}-\frac{\sqrt{2}}{w_t}\mathrm{H}_{n+1}\left(\frac{\sqrt{2}}{w_t}y_t\right)/\mathrm{H}_n\left(\frac{\sqrt{2}}{w_t}y_t\right)\right]u_t \tag{5-269}$$

其中：

$$u_t=\mathrm{H}_m\left(\frac{\sqrt{2}}{w_t}\eta x_t\right)\mathrm{H}_n\left(\frac{\sqrt{2}}{w_t}y_t\right)\left[\frac{\eta^2-\mathrm{i}z_t/z_{R,t}}{\sqrt{\eta^4+(z_t/z_{R,t})^2}}\right]^m\left[\frac{1-\mathrm{i}z_t/z_{R,t}}{\sqrt{1+(z_t/z_{R,t})^2}}\right]^n\times$$
$$\sqrt{\frac{1}{(\eta^2+\mathrm{i}z_t/z_{R,t})(1+\mathrm{i}z_t/z_{R,t})}}\exp\left[-\frac{1}{w_0^2}\left(\frac{x_t^2}{\eta^2+\mathrm{i}z_t/z_{R,t}}+\frac{y_t^2}{1+\mathrm{i}z_t/z_{R,t}}\right)\right] \tag{5-270}$$

式中，$w_t=w_0\sqrt{1+(z_t/z_{R,t})^2}$，$z_{R,t}=k_t w_0^2/2$，$k_t$ 为折射光束所在空间的波数。

将式(5-267)～(5-269)分别对 x_t 和 y_t 求导数，得到

$$\frac{\partial I_{t1}}{\partial x_t}=\left[\frac{4\eta^2 x_t}{w_t^2}-\frac{k_t x_t}{\eta^2 z_{R,t}+\mathrm{i}z_t}-\frac{\sqrt{2}\eta}{w_t}\mathrm{H}_{m+1}\left(\frac{\sqrt{2}\eta}{w_t}x_t\right)/\mathrm{H}_m\left(\frac{\sqrt{2}\eta}{w_t}x_t\right)\right]u_t \tag{5-271}$$

$$\frac{\partial I_{t1}}{\partial y_t}=\left[\frac{4y_t}{w_t^2}-\frac{k_t y_t}{z_{R,t}+\mathrm{i}z_t}-\frac{\sqrt{2}}{w_t}\mathrm{H}_{n+1}\left(\frac{\sqrt{2}}{w_t}y_t\right)/\mathrm{H}_n\left(\frac{\sqrt{2}}{w_t}y_t\right)\right]u_t \tag{5-272}$$

$$\frac{\partial I_{t2}}{\partial x_t}=\mathrm{i}\begin{bmatrix}\frac{4m}{w_t^2}+\frac{k_t}{\eta^2 z_{R,t}+\mathrm{i}z_t}-\left(\frac{4\eta^2 x_t}{w_t^2}-\frac{k_t x_t}{\eta^2 z_{R,t}+\mathrm{i}z_t}\right)^2+\\ \frac{2\sqrt{2}\eta x_t}{w_t}\left(\frac{2\eta^2}{w_t^2}-\frac{k_t}{\eta^2 z_{R,t}+\mathrm{i}z_t}\right)\mathrm{H}_{m+1}\left(\frac{\sqrt{2}}{w_t}\eta x_t\right)/\mathrm{H}_m\left(\frac{\sqrt{2}}{w_t}\eta x_t\right)\end{bmatrix}u_t \tag{5-273}$$

$$\frac{\partial I_{t2}}{\partial y_t}=-\mathrm{i}\left\{\begin{array}{l}\left[\frac{4\eta^2 x_t}{w_t^2}-\frac{k_t x_t}{\eta^2 z_{R,t}+\mathrm{i}z_t}-\frac{\sqrt{2}\eta}{w_t}\mathrm{H}_{m+1}\left(\frac{\sqrt{2}}{w_t}\eta x_t\right)/\mathrm{H}_m\left(\frac{\sqrt{2}}{w_t}\eta x_t\right)\right]\times\\ \left[\frac{4y_t}{w_t^2}-\frac{k_t y_t}{z_{R,t}+iz_t}-\frac{\sqrt{2}}{w_t}\mathrm{H}_{n+1}\left(\frac{\sqrt{2}}{w_t}y_t\right)/\mathrm{H}_n\left(\frac{\sqrt{2}}{w_t}y_t\right)\right]\end{array}\right\}u_t \tag{5-274}$$

$$\frac{\partial I_{t3}}{\partial x_t}=\mathrm{i}\left\{\begin{array}{l}\left[\dfrac{4\eta^2 x_t}{w_t^2}-\dfrac{k_t x_t}{\eta^2 z_{R,t}+\mathrm{i}z_t}-\dfrac{\sqrt{2}\eta}{w_t}\mathrm{H}_{m+1}\left(\dfrac{\sqrt{2}}{w_t}\eta x_t\right)/\mathrm{H}_m\left(\dfrac{\sqrt{2}}{w_t}\eta x_t\right)\right]\times \\ \left[\dfrac{4y_t}{w_t^2}-\dfrac{k_t y_t}{z_{R,t}+\mathrm{i}z_t}-\dfrac{\sqrt{2}}{w_t}\mathrm{H}_{n+1}\left(\dfrac{\sqrt{2}}{w_t}y_t\right)/\mathrm{H}_n\left(\dfrac{\sqrt{2}}{w_t}y_t\right)\right]\end{array}\right\}u_t \tag{5-275}$$

$$\frac{\partial I_{t3}}{\partial y_t}=\mathrm{i}\left[\begin{array}{l}\dfrac{4n}{w_t^2}+\dfrac{k_t}{z_{R,t}+\mathrm{i}z_t}-\left(\dfrac{4y_t}{w_t^2}-\dfrac{k_t y_t}{z_{R,t}+\mathrm{i}z_t}\right)^2+ \\ \dfrac{2\sqrt{2}}{w_t}\left(\dfrac{2y_t}{w_t^2}-\dfrac{k_t y_t}{z_{R,t}+\mathrm{i}z_t}\right)\mathrm{H}_{n+1}\left(\dfrac{\sqrt{2}}{w_t}y_t\right)/\mathrm{H}_n\left(\dfrac{\sqrt{2}}{w_t}y_t\right)\end{array}\right]u_t \tag{5-276}$$

将式(5-271)～(5-276)代入式(5-219)～(5-222)得到 $\partial u_t^{\mathrm{H}}/\partial x_t$、$\partial u_t^{\mathrm{H}}/\partial y_t$、$\partial u_t^{\mathrm{V}}/\partial x_t$ 和$\partial u_t^{\mathrm{V}}/\partial y_t$ 的表达式，然后代入式(5-213)～(5-218)，便可得到坐标系(x_t，y_t，z_t)中折射光束的电磁场分量表达式。令 $m=n=0$，式(5-266)～(5-276)便退化为基模高斯光束对应的表达式(5-239)～(5-249)。

根据上面给出的公式，图 5.11 给出了入射、反射和折射厄米-高斯涡旋光束电磁场分量的实部分布图，其中光束从自由空间入射到折射率为 $n=1.515$ 的 BK7 玻璃表面，自由空间中入射光束的波长 $\lambda_0=632.8$ nm，光束束腰半径 $w_0=2.0\lambda_0$，光束阶数 $m=n=2$，极化参数(p_x，p_y)=(1，i)/$\sqrt{2}$，入射角 $\theta_i=30°$，观察平面所在位置 $z_i=z_r=z_t=\lambda_0$。

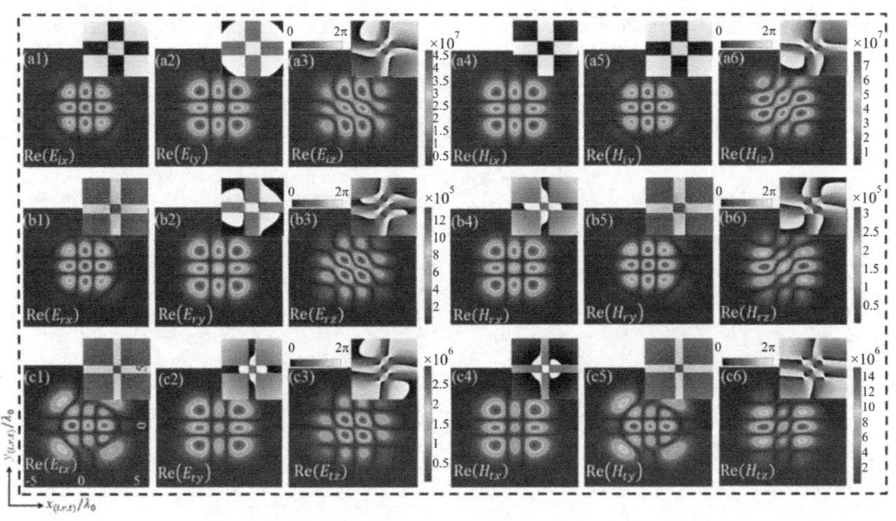

图 5.11　入射、反射和折射厄米-高斯光束电磁场分量的实部和相位分布图

图(a1)～(a6)入射光束，图(b1)～(b6)反射光束，图(c1)～(c6)折射

光束。

3. 拉盖尔-高斯光束

1）入射光束表达式

拉盖尔-高斯光束是由缔合拉盖尔多项式 $L_p^l(\cdot)$ 描述的一类满足傍轴近似方程的涡旋结构光束，其中 p 和 l 是径向和角向的模数，l 也称为拓扑荷数。当 $p=0$ 时，初始平面上的拉盖尔-高斯光束在坐标系(x_i, y_i, z_i)中的复振幅表达式为

$$u_i(x_i, y_i, z_i=0)=\left[\frac{\sqrt{2}(x_i+\mathrm{i}y_i)}{w_0}\right]^l \exp\left[-\frac{(x_i^2+y_i^2)}{w_0^2}\right] \quad (5-277)$$

式中，w_0 为拉盖尔-高斯光束束腰半径。采用二项式展开定理 $(a+b)^l=\sum_{r=0}^{l}C_l^r a^{l-r}b^r$ 将式(5-277)展开并代入式(5-171)，利用积分公式(3-152)和恒等式(3-154)，得到入射光场的标量角谱为

$$\tilde{u}_i(k_{ix}, k_{iy})=\left[\frac{w_0(-\mathrm{i}k_{ix}+k_{iy})}{\sqrt{2}}\right]^l \frac{w_0^2}{4\pi}\exp\left[-\frac{w_0^2(k_{ix}^2+k_{iy}^2)}{4}\right] \quad (5-278)$$

将式(5-278)代入式(5-170)，利用二项式展开定理、积分公式(3-152)和恒等式(3-154)，得到入射光场的复振幅为

$$u_i(x_i, y_i, z_i)=\left[\frac{\sqrt{2}}{w_0}\left(\frac{x_i+\mathrm{i}y_i}{1+\mathrm{i}z_i/z_{R,i}}\right)\right]^l \frac{1}{1+\mathrm{i}z_i/z_{R,i}}\exp\left[-\frac{(x_i^2+y_i^2)/w_0^2}{1+\mathrm{i}z_i/z_{R,i}}\right] \quad (5-279)$$

式中，$z_{R,i}=k_i w_0^2/2$，k_i 为入射光束所在空间的波数。

将式(5-279)分别对 x_i 和 y_i 求导数，得到

$$\frac{\partial u_i}{\partial x_i}=\left[\frac{l(x_i-\mathrm{i}y_i)}{x_i^2+y_i^2}-\frac{k_i x_i}{z_{R,i}+\mathrm{i}z_i}\right]u_i \quad (5-280)$$

$$\frac{\partial u_i}{\partial y_i}=\left[\frac{l(y_i+\mathrm{i}x_i)}{x_i^2+y_i^2}-\frac{k_i y_i}{z_{R,i}+\mathrm{i}z_i}\right]u_i \quad (5-281)$$

将式(5-279)～(5-281)代入式(5-177)～(5-182)，便可得到坐标系(x_i, y_i, z_i)中拉盖尔-高斯光束的电磁场分量。令 $l=0$，式(5-277)～(5-281)便退化为基模高斯光束对应的表达式(5-223)～(5-227)。

2）反射光束表达式

将式(5-278)给出的入射光束标量角谱施加反射相位匹配条件 $k_{rx}=-k_{ix}$ 和 $k_{ry}=k_{iy}$，得到反射光束的标量角谱为

$$\tilde{u}_r=\tilde{u}_i(-k_{rx},k_{ry})=\left[\frac{w_0(\mathrm{i}k_{rx}+k_{ry})}{\sqrt{2}}\right]^l\frac{w_0^2}{4\pi}\exp\left[-\frac{w_0^2(k_{rx}^2+k_{ry}^2)}{4}\right] \tag{5-282}$$

采用二项式展开定理 $(a+b)^l=\sum_{r=0}^{l}C_l^r a^{l-r}b^r$ 将式(5-282)展开并代入式(5-190)，利用积分公式(3-152)，得到

$$I_{r1}=u_r \tag{5-283}$$

$$I_{r2}=\left[-\frac{l(\mathrm{i}x_r-y_r)}{x_r^2+y_r^2}+\frac{\mathrm{i}k_r x_r}{z_{R,r}+\mathrm{i}z_r}\right]u_r \tag{5-284}$$

$$I_{r3}=\left[-\frac{l(\mathrm{i}y_r+x_r)}{x_r^2+y_r^2}+\frac{\mathrm{i}k_r y_r}{z_{R,r}+\mathrm{i}z_r}\right]u_r \tag{5-285}$$

其中：

$$u_r=\left[\frac{\sqrt{2}}{w_0}\left(\frac{-x_r+\mathrm{i}y_r}{1+\mathrm{i}z_r/z_{R,r}}\right)\right]^l\frac{1}{1+\mathrm{i}z_r/z_{R,r}}\exp\left[-\frac{(x_r^2+y_r^2)/w_0^2}{1+\mathrm{i}z_r/z_{R,r}}\right] \tag{5-286}$$

式中，$z_{R,r}=k_r w_0^2/2$，k_r 为反射光束所在空间的波数。将式(5-283)～(5-285)分别对 x_r 和 y_r 求导数，得到

$$\frac{\partial I_{r1}}{\partial x_r}=\left[\frac{l(x_r+\mathrm{i}y_r)}{x_r^2+y_r^2}-\frac{k_r x_r}{z_{R,r}+\mathrm{i}z_r}\right]u_r \tag{5-287}$$

$$\frac{\partial I_{r1}}{\partial y_r}=\left[\frac{l(y_r-\mathrm{i}x_r)}{x_r^2+y_r^2}-\frac{k_r y_r}{z_{R,r}+\mathrm{i}z_r}\right]u_r \tag{5-288}$$

$$\frac{\partial I_{r2}}{\partial x_r}=\mathrm{i}\left\{\left[\frac{l}{(x_r-\mathrm{i}y_r)^2}+\frac{k_r}{z_{R,r}+\mathrm{i}z_r}\right]-\left[\frac{l(x_r+\mathrm{i}y_r)}{x_r^2+y_r^2}-\frac{k_r x_r}{z_{R,r}+\mathrm{i}z_r}\right]^2\right\}u_r \tag{5-289}$$

$$\frac{\partial I_{r2}}{\partial y_r}=\left\{\frac{l}{(x_r-\mathrm{i}y_r)^2}+\left[\frac{l(y-\mathrm{i}x_r)}{x_r^2+y_r^2}+\frac{\mathrm{i}k_r x_r}{z_{R,r}+\mathrm{i}z_r}\right]\left[\frac{l(y_r-\mathrm{i}x_r)}{x_r^2+y_r^2}-\frac{k_r y_r}{z_{R,r}+\mathrm{i}z_r}\right]\right\}u_r \tag{5-290}$$

$$\frac{\partial I_{r3}}{\partial x_r}=\left\{-\frac{l}{(y_r+\mathrm{i}x_r)^2}-\left[\frac{l(x_r+\mathrm{i}y_r)}{x_r^2+y_r^2}-\frac{\mathrm{i}k_r y_r}{z_{R,r}+\mathrm{i}z_r}\right]\left[\frac{l(x_r+\mathrm{i}y_r)}{x_r^2+y_r^2}-\frac{k_r x_r}{z_{R,r}+\mathrm{i}z_r}\right]\right\}u_r \tag{5-291}$$

$$\frac{\partial I_{r3}}{\partial y_r}=\mathrm{i}\left\{\left[\frac{l}{(y_r+\mathrm{i}x_r)^2}+\frac{k_r}{z_{R,r}+\mathrm{i}z_r}\right]-\left[\frac{l(y_r-\mathrm{i}x_r)}{x_r^2+y_r^2}-\frac{k_r y_r}{z_{R,r}+\mathrm{i}z_r}\right]^2\right\}u_r \tag{5-292}$$

将式(5-287)～(5-292)代入式(5-199)～(5-202)得到 $\partial u_r^{\mathrm{H}}/\partial x_r$、$\partial u_r^{\mathrm{H}}/\partial y_r$、

$\partial u_r^{\mathrm{V}}/\partial x_r$和$\partial u_r^{\mathrm{V}}/\partial y_r$的表达式，然后代入式(5-193)～(5-198)，便可得到坐标系(x_r，y_r，z_r)中反射光束的电磁场分量表达式。令$l=0$，式(5-282)～(5-292)便退化为基模高斯光束对应的式(5-228)～(5-238)。

3) 折射光束表达式

将式(5-278)给出的入射光束标量角谱施加折射相位匹配条件$k_{tx}=k_{ix}/\eta$和$k_{ty}=k_{iy}$，得到折射光束的标量角谱为

$$\tilde{u}_t=\tilde{u}_i(\eta k_{tx},\ k_{ty})=\left[\frac{w_0(-\mathrm{i}\eta k_{tx}+k_{ty})}{\sqrt{2}}\right]^l\frac{w_0^2}{4\pi}\exp\left[-\frac{w_0^2(\eta^2k_{tx}^2+k_{ty}^2)}{4}\right] \tag{5-293}$$

采用二项式展开定理$(a+b)^l=\sum\limits_{r=0}^{l}C_l^ra^{l-r}b^r$将式(5-293)展开并代入式式(5-210)，利用积分公式(3-152)，得到

$$I_{t1}=\sum_{r=0}^{l}C_l^r\eta^{-r}\mathrm{i}^r\left(\frac{b}{a}\right)^r\mathrm{H}_{l-r}(ax_t)\mathrm{H}_r(by_t)u_t \tag{5-294}$$

$$I_{t2}=(\mathrm{i}a)\sum_{r=0}^{l}C_l^r\eta^{-r}\mathrm{i}^r\left(\frac{b}{a}\right)^r\mathrm{H}_{l-r+1}(ax_t)\mathrm{H}_r(by_t)u_t \tag{5-295}$$

$$I_{t3}=(\mathrm{i}b)\sum_{r=0}^{l}C_l^r\eta^{-r}\mathrm{i}^r\left(\frac{b}{a}\right)^r\mathrm{H}_{l-r}(ax_t)\mathrm{H}_{r+1}(by_t)u_t \tag{5-296}$$

其中：

$$a=-\frac{1}{w_0}\sqrt{\frac{1}{\eta^2+\mathrm{i}z_t/z_{R,t}}},\ b=-\frac{1}{w_0}\sqrt{\frac{1}{1+\mathrm{i}z_t/z_{R,t}}} \tag{5-297}$$

$$u_t=\left(\frac{w_0\eta a}{\sqrt{2}}\right)^l abw_0^2\exp[-(a^2x^2+b^2y^2)] \tag{5-298}$$

式中，$z_{R,t}=k_tw_0^2/2$，k_t为折射光束所在空间的波数。

将式(5-294)～(5-296)分别对x_t和y_t求导数，得到

$$\frac{\partial I_{t1}}{\partial x_t}=-a\sum_{r=0}^{l}C_l^r\left(\frac{\mathrm{i}b}{\eta a}\right)^r\mathrm{H}_{l-r+1}(ax_t)\mathrm{H}_r(by_t)u_t \tag{5-299}$$

$$\frac{\partial I_{t1}}{\partial y_t}=-b\sum_{r=0}^{l}C_l^r\left(\frac{\mathrm{i}b}{\eta a}\right)^r\mathrm{H}_{l-r}(ax_t)\mathrm{H}_{r+1}(by_t)u_t \tag{5-300}$$

$$\frac{\partial I_{t2}}{\partial x_t}=-\mathrm{i}a^2\sum_{r=0}^{l}C_l^r\left(\frac{\mathrm{i}b}{\eta a}\right)^r\mathrm{H}_{l-r+2}(ax_t)\mathrm{H}_r(by_t)u_t \tag{5-301}$$

$$\frac{\partial I_{t2}}{\partial y_t}=-\mathrm{i}ab\sum_{r=0}^{l}C_l^r\left(\frac{\mathrm{i}b}{\eta a}\right)^r\mathrm{H}_{l-r+1}(ax_t)\mathrm{H}_{r+1}(by_t)u_t \tag{5-302}$$

$$\frac{\partial I_{t3}}{\partial x_t}=-\mathrm{i}ab\sum_{r=0}^{l}C_l^r\left(\frac{\mathrm{i}b}{\eta a}\right)^r\mathrm{H}_{l-r+1}(ax_t)\mathrm{H}_{r+1}(by_t)u_t \tag{5-303}$$

$$\frac{\partial I_{t3}}{\partial y_t}=-\mathrm{i}b^2\sum_{r=0}^{l}C_l^r\left(\frac{\mathrm{i}b}{\eta a}\right)^r\mathrm{H}_{l-r}(ax_t)\mathrm{H}_{r+2}(by_t)u_t \tag{5-304}$$

将式(5－299)～(5－304)代入式(5－219)～(5－222)得到$\partial u_t^{\mathrm{H}}/\partial x_t$、$\partial u_t^{\mathrm{H}}/\partial y_t$、$\partial u_t^{\mathrm{V}}/\partial x_t$和$\partial u_t^{\mathrm{V}}/\partial y_t$的表达式，然后代入式(5－213)～(5－218)，便可得到坐标系(x_t, y_t, z_t)中折射光束的电磁场分量表达式。令$l=0$，式(5－293)～(5－304)便退化为基模高斯光束对应的表达式(5－239)～(5－249)。

根据上面给出的公式，图5.12给出了入射、反射和折射拉盖尔-高斯涡旋光束电磁场分量的实部分布图，其中光束从自由空间入射到折射率为$n=1.515$的BK7玻璃表面，自由空间中入射光束的波长$\lambda_0=632.8$ nm，光束束腰半径$w_0=1.0\lambda_0$，拓扑荷数$l=1$，极化参数$(p_x, p_y)=(1, 0)$，入射角$\theta_i=30°$，观察平面所在位置$z_i=z_r=z_t=\lambda_0$。

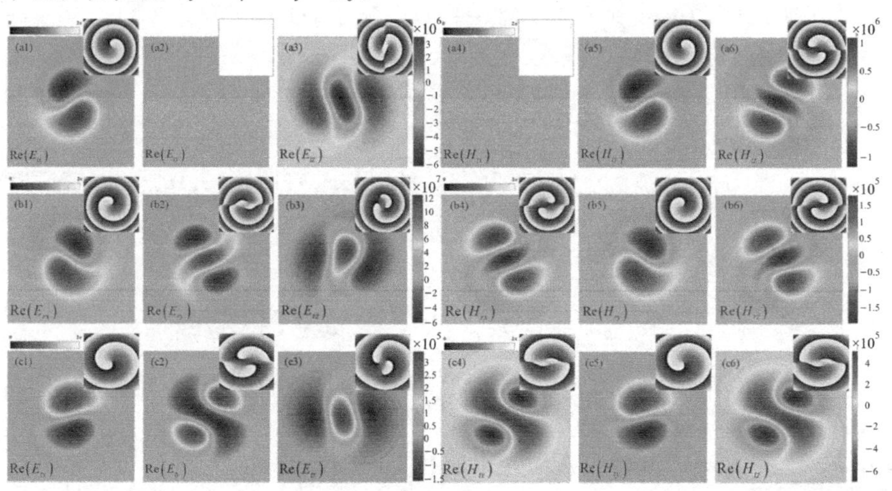

图5.12　入射、反射和折射拉盖尔-高斯涡旋光束电磁场分量的实部和相位分布图

图(a1)～(a6)为入射光束，图(b1)～(b6)为反射光束，图(c1)～(c6)为折射光束。

4. 艾里光束

1) 入射光束表达式

在坐标系(x_i, y_i, z_i)中，初始平面上艾里光束的复振幅表达式为

$$u_i(x_i, y_i, z_i=0)=Ai\left(\frac{x_i}{w_x}\right)\exp\left(\frac{a_0x_i}{w_x}\right)Ai\left(\frac{y_i}{w_y}\right)\exp\left(\frac{a_0y_i}{w_y}\right) \tag{5-305}$$

式中，w_x 和 w_y 为任意的横向比例参数，a_0 为衰减因子，$Ai(\cdot)$为艾里函数。将式(5-305)代入式(5-171)，利用积分公式(3-170)，得到入射光场的标量角谱为

$$\tilde{u}_i(k_{ix}, k_{iy})=\frac{w_x w_y}{4\pi^2}\exp\left[-a_0(k_{ix}^2 w_x^2+k_{iy}^2 w_y^2)+\frac{2}{3}a_0^3\right]\times$$
$$\exp\left\{\frac{\mathrm{i}}{3}\left[(k_{ix}^3 w_x^3+k_{iy}^3 w_y^3)-3a_0^2(k_{ix}w_x+k_{iy}w_y)\right]\right\} \quad (5-306)$$

将式(5-306)代入式(5-170)，利用积分公式(3-170)，得到入射光场的复振幅为

$$u_i(x_i, y_i, z_i)=Ai(T_{ix})Ai(T_{iy})\exp(M_{ix})\exp(M_{iy}) \quad (5-307)$$

其中：

$$T_{ix}=\frac{x_i}{w_x}-\frac{z_i^2}{4k_i^2 w_x^4}+\frac{\mathrm{i}a_0 z_i}{k_i w_x^2};\ M_{ix}=\frac{a_0 x_i}{w_x}-\frac{a_0 z_i^2}{2k_i^2 w_x^4}-\frac{\mathrm{i}z_i^3}{12k_i^3 w_x^6}+\frac{\mathrm{i}a_0^2 z_i}{2k_i w_x^2}+\frac{\mathrm{i}x_i z_i}{2k_i w_x^3} \quad (5-308)$$

$$T_{iy}=\frac{y_i}{w_y}-\frac{z_i^2}{4k_i^2 w_y^4}+\frac{\mathrm{i}a_0 z_i}{k_i w_y^2};\ M_{iy}=\frac{a_0 y_i}{w_y}-\frac{a_0 z_i^2}{2k_i^2 w_y^4}-\frac{\mathrm{i}z_i^3}{12k_i^3 w_y^6}+\frac{\mathrm{i}a_0^2 z_i}{2k_i w_y^2}+\frac{\mathrm{i}y_i z_i}{2k_i w_y^3} \quad (5-309)$$

式中，k_i 为入射光束所在空间的波数。将式(5-307)分别对 x_i 和 y_i 求导数，得到

$$\frac{\partial u_i}{\partial x_i}=\frac{1}{w_x}\left[\frac{2k_i w_x^2 a_0+\mathrm{i}z_i}{2k_i w_x^2}+\frac{Ai'(T_{ix})}{Ai(T_{ix})}\right]u_i \quad (5-310)$$

$$\frac{\partial u_i}{\partial y_i}=\frac{1}{w_y}\left[\frac{2k_i w_y^2 a_0+\mathrm{i}z_i}{2k_i w_y^2}+\frac{Ai'(T_{iy})}{Ai(T_{iy})}\right]u_i \quad (5-311)$$

将式(5-307)～(5-311)代入式(5-177)～(5-182)，便可得到坐标系(x_i, y_i, z_i)中艾里光束的电磁场分量。

2) 反射光束表达式

将式(5-306)给出的入射光束标量角谱施加反射相位匹配条件 $k_{rx}=-k_{ix}$ 和 $k_{ry}=k_{iy}$，得到反射光束的标量角谱为

$$\tilde{u}_r=\tilde{u}_i(-k_{rx}, k_{ry})=\frac{x_0 y_0}{4\pi^2}\exp\left[-a_0(k_{rx}^2 x_0^2+k_{ry}^2 y_0^2)+\frac{2}{3}a_0^3\right]\times$$
$$\exp\left\{\frac{i}{3}\left[(-k_{rx}^3 x_0^3+k_{ry}^3 y_0^3)-3a_0^2(-k_{rx}x_0+k_{ry}y_0)\right]\right\} \quad (5-312)$$

将式(5-312)代入式(5-190)，利用式(4-135)和(4-136)，得到

$$I_{r1}=u_r \tag{5-313}$$

$$I_{r2}=\frac{\mathrm{i}}{w_x}\left[\frac{2k_r w_x^2 a_0+\mathrm{i}z_r}{2k_r w_x^2}+\frac{Ai'(T_{rx})}{Ai(T_{rx})}\right]u_r \tag{5-314}$$

$$I_{r3}=-\frac{\mathrm{i}}{w_y}\left[\frac{2k_r w_y^2 a_0+\mathrm{i}z_r}{2k_r w_y^2}+\frac{Ai'(T_{ry})}{Ai(T_{ry})}\right]u_r \tag{5-315}$$

其中：

$$u_r=Ai(T_{rx})Ai(T_{ry})\exp(M_{rx})\exp(M_{ry}) \tag{5-316}$$

$$T_{rx}=-\frac{x_r}{w_x}-\frac{z_r^2}{4k_r^2w_x^4}+\frac{\mathrm{i}a_0z_r}{k_rw_x^2};\ M_{rx}=-\frac{a_0x_r}{w_x}-\frac{a_0z_r^2}{2k_r^2w_x^4}-\frac{\mathrm{i}z_r^3}{12k_r^3w_x^6}+\frac{\mathrm{i}a_0^2z_r}{2k_rw_x^2}-\frac{\mathrm{i}x_rz_r}{2k_rw_x^3} \tag{5-317}$$

$$T_{ry}=\frac{y_r}{w_y}-\frac{z_r^2}{4k_r^2w_y^4}+\frac{\mathrm{i}a_0z_r}{k_rw_y^2};\ M_{ry}=\frac{a_0y_r}{w_y}-\frac{a_0z_r^2}{2k_r^2w_y^4}-\frac{\mathrm{i}z_r^3}{12k_r^3w_y^6}+\frac{\mathrm{i}a_0^2z_r}{2k_rw_y^2}+\frac{\mathrm{i}y_rz_r}{2k_rw_y^3} \tag{5-318}$$

式中，k_r 为反射光束所在空间的波数。

将式(5-313)～(5-315)分别对 x_r 和 y_r 求导数，得到

$$\frac{\partial I_{r1}}{\partial x_r}=-\frac{1}{w_x}\left[\frac{2k_r w_x^2 a_0+\mathrm{i}z_r}{2k_r w_x^2}+\frac{Ai'(T_{rx})}{Ai(T_{rx})}\right]u_r \tag{5-319}$$

$$\frac{\partial I_{r1}}{\partial y_r}=\frac{1}{w_y}\left[\frac{2k_r w_y^2 a_0+\mathrm{i}z_r}{2kw_y^2}+\frac{Ai'(T_{ry})}{Ai(T_{ry})}\right]u_r \tag{5-320}$$

$$\frac{\partial I_{r2}}{\partial x_r}=-\frac{\mathrm{i}}{w_x^2}\left\{\frac{Ai''(T_{rx})}{Ai(T_{rx})}-\left[\frac{Ai'(T_{rx})}{Ai(T_{rx})}\right]^2+\left[\frac{2k_r w_x^2 a_0+\mathrm{i}z_r}{2k_r w_x^2}+\frac{Ai'(T_{rx})}{Ai(T_{rx})}\right]^2\right\}u_r \tag{5-321}$$

$$\frac{\partial I_{r2}}{\partial y_r}=\frac{\mathrm{i}}{w_xw_y}\left[\frac{2k_r w_x^2 a_0+\mathrm{i}z_r}{2k_r w_x^2}+\frac{Ai'(T_{rx})}{Ai(T_{rx})}\right]\left[\frac{2k_r w_y^2 a_0+\mathrm{i}z_r}{2kw_y^2}+\frac{Ai'(T_{ry})}{Ai(T_{ry})}\right]u_r \tag{5-322}$$

$$\frac{\partial I_{r3}}{\partial x_r}=\frac{\mathrm{i}}{w_xw_y}\left[\frac{2k_r w_y^2 a_0+\mathrm{i}z_r}{2k_r w_y^2}+\frac{Ai'(T_{ry})}{Ai(T_{ry})}\right]\left[\frac{2k_r w_x^2 a_0+\mathrm{i}z_r}{2k_r w_x^2}+\frac{Ai'(T_{rx})}{Ai(T_{rx})}\right]u_r \tag{5-323}$$

$$\frac{\partial I_{r3}}{\partial y_r}=-\frac{\mathrm{i}}{w_y^2}\left\{\frac{Ai''(T_{ry})}{Ai(T_{ry})}-\left[\frac{Ai'(T_{ry})}{Ai(T_{ry})}\right]^2+\left[\frac{2k_r w_y^2 a_0+\mathrm{i}z_r}{2k_r w_y^2}+\frac{Ai'(T_{ry})}{Ai(T_{ry})}\right]^2\right\}u_r \tag{5-324}$$

将式(5-319)～(5-324)代入式(5-199)～(5-202)得到 $\partial u_r^{\mathrm{H}}/\partial x_r$、$\partial u_r^{\mathrm{H}}/\partial y_r$、$\partial u_r^{\mathrm{V}}/\partial x_r$和 $\partial u_r^{\mathrm{V}}/\partial y_r$ 的表达式，然后代入式(5-193)～(5-198)，便可得到坐

标系(x_r, y_r, z_r)中反射光束的电磁场分量表达式。

3）折射光束表达式

将式(5-306)给出的入射光束标量角谱施加折射相位匹配条件$k_{tx}=k_{ix}/\eta$和$k_{ty}=k_{iy}$，得到折射光束的标量角谱为

$$\tilde{u}_t=\tilde{u}_i(\eta k_{tx}, k_{ty})=\frac{x_0 y_0}{4\pi^2}\exp\left[-a_0(\eta^2 k_{tx}^2 x_0^2+k_{ty}^2 y_0^2)+\frac{2}{3}a_0^3\right]\times$$
$$\exp\left\{\frac{i}{3}\left[(\eta^3 k_{tx}^3 x_0^3+k_{ty}^3 y_0^3)-3a_0^2(\eta k_{tx} x_0+k_{ty} y_0)\right]\right\} \quad (5-325)$$

将式(5-325)代入式(5-210)，利用积分公式(4-135)和(4-136)，得到

$$I_{t1}=u_t \quad (5-326)$$

$$I_{t2}=-\frac{i}{\eta w_x}\left[\frac{2k_t\eta^2 w_x^2 a_0+iz_t}{2k_t\eta^2 w_x^2}+\frac{Ai'(T_{tx})}{Ai(T_{tx})}\right]u_t \quad (5-327)$$

$$I_{t3}=-\frac{i}{w_y}\left[\frac{2k_t w_y^2 a_0+iz_t}{2k_t w_y^2}+\frac{Ai'(T_{ty})}{Ai(T_{ty})}\right]u_t \quad (5-328)$$

其中：

$$u_t=\frac{1}{\eta}Ai(T_{tx})Ai(T_{ty})\exp(M_{tx})\exp(M_{ty}) \quad (5-329)$$

$$T_{tx}=\frac{x_t}{\eta w_x}-\frac{z_t^2}{4k_t^2(\eta w_x)^4}+\frac{ia_0 z_t}{k_t(\eta w_x)^2} \quad (5-330)$$

$$M_{tx}=\frac{a_0 x_t}{\eta w_x}-\frac{a_0 z_t^2}{2k_t^2(\eta w_x)^4}-\frac{iz_t^3}{12k_t^3(\eta w_x)^6}+\frac{ia_0^2 z_t}{2k_t(\eta w_x)^2}+\frac{ix_t z_t}{2k_t(\eta w_x)^3} \quad (5-331)$$

$$T_{ty}=\frac{y_t}{w_y}-\frac{z_t^2}{4k_t^2 w_y^4}+\frac{ia_0 z_t}{k_t w_y^2} \quad (5-332)$$

$$M_{ty}=\frac{a_0 y_t}{w_y}-\frac{a_0 z_t^2}{2k_t^2 w_y^4}-\frac{iz_t^3}{12k_t^3 w_y^6}+\frac{ia_0^2 z_t}{2k_t w_y^2}+\frac{iy_t z_t}{2k_t w_y^3} \quad (5-333)$$

式中，k_t为折射光束所在空间的波数。

将式(5-326)～(5-328)分别对x_t和y_t求导数，得到

$$\frac{\partial I_{t1}}{\partial x_t}=\frac{1}{\eta w_x}\left[\frac{2k_t\eta^2 w_x^2 a_0+iz_t}{2k_t\eta^2 w_x^2}+\frac{Ai'(T_{tx})}{Ai(T_{tx})}\right]u_t \quad (5-334)$$

$$\frac{\partial I_{t1}}{\partial y_t}=\frac{1}{w_y}\left[\frac{2k_t w_y^2 a_0+iz_t}{2k_t w_y^2}+\frac{Ai'(T_{ty})}{Ai(T_{ty})}\right]u_t \quad (5-335)$$

$$\frac{\partial I_{t2}}{\partial x_t}=-\frac{\mathrm{i}}{\eta^2 w_x^2}\left\{\frac{Ai''(T_{tx})}{Ai(T_{tx})}-\left[\frac{Ai'(T_{tx})}{Ai(T_{tx})}\right]^2+\left[\frac{2k_t\eta^2 w_x^2 a_0+\mathrm{i}z_t}{2k_t\eta^2 w_x^2}+\frac{Ai'(T_{tx})}{Ai(T_{tx})}\right]^2\right\}u_t \tag{5-336}$$

$$\frac{\partial I_{t2}}{\partial y_t}=-\frac{\mathrm{i}}{\eta w_x w_y}\left[\frac{2k_t\eta^2 w_x^2 a_0+\mathrm{i}z_t}{2k_t\eta^2 w_x^2}+\frac{Ai'(T_{tx})}{Ai(T_{tx})}\right]\left[\frac{2k_t w_y^2 a_0+\mathrm{i}z_t}{2k_t w_y^2}+\frac{Ai'(T_{ty})}{Ai(T_{ty})}\right]u_t \tag{5-337}$$

$$\frac{\partial I_{t3}}{\partial x_t}=-\frac{\mathrm{i}}{\eta w_x w_y}\left[\frac{2k_t w_y^2 a_0+\mathrm{i}z_t}{2k_t w_y^2}+\frac{Ai'(T_{ty})}{Ai(T_{ty})}\right]\left[\frac{2k_t\eta^2 w_x^2 a_0+\mathrm{i}z_t}{2k_t\eta^2 w_x^2}+\frac{Ai'(T_{tx})}{Ai(T_{tx})}\right]u_t \tag{5-338}$$

$$\frac{\partial I_{t3}}{\partial y_t}=-\frac{\mathrm{i}}{w_y^2}\left\{\frac{Ai''(T_{ty})}{Ai(T_{ty})}-\left(\frac{Ai'(T_{ty})}{Ai(T_{ty})}\right)^2+\left[\frac{2k_t w_y^2 a_0+\mathrm{i}z_t}{2k_t w_y^2}+\frac{Ai'(T_{ty})}{Ai(T_{ty})}\right]^2\right\}u_t \tag{5-339}$$

将式(5-334)～(5-339)代入式(5-219)～(5-222)得到 $\partial u_t^{\mathrm{H}}/\partial x_t$、$\partial u_t^{\mathrm{H}}/\partial y_t$、$\partial u_t^{\mathrm{V}}/\partial x_t$ 和 $\partial u_t^{\mathrm{V}}/\partial y_t$ 的表达式，然后代入式(5-213)～(5-218)，便可得到坐标系(x_t, y_t, z_t)中折射光束的电磁场分量表达式。

根据上面给出的公式，图 5.13 给出了入射、反射和折射艾里光束电磁场分量的实部分布图，其中光束从自由空间入射到折射率为 $n=1.515$ 的 BK7 玻璃表面，自由空间中入射光束的波长 $\lambda_0=632.8$ nm，光束横向比例参数 $w_x=w_y=1.5\lambda_0$，衰减因子 $a_0=0.1$，极化参数$(p_x, p_y)=(1, i)/\sqrt{2}$，入射角 $\theta_i=20°$，观察平面所在位置 $z_i=z_r=z_t=\lambda_0$。

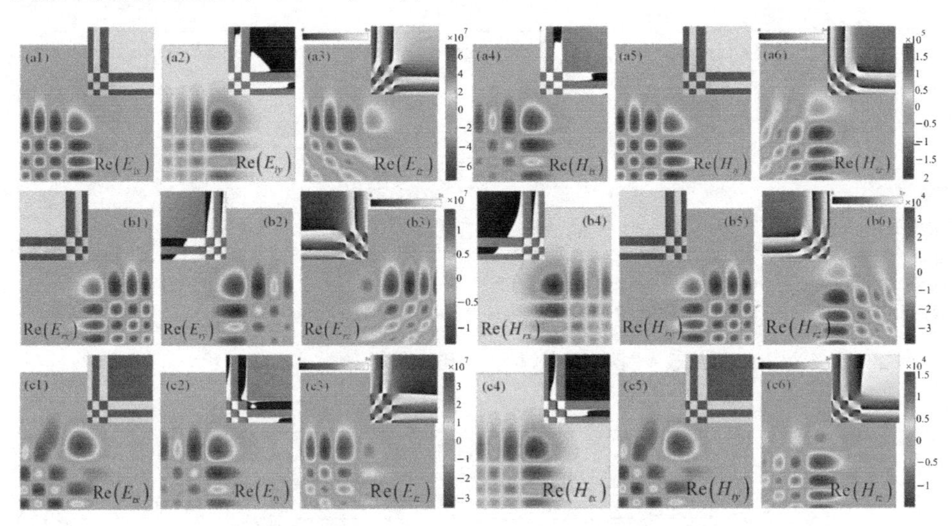

图 5.13　入射、反射和折射艾里光束电磁场分量的实部和相位分布图

图(a1)～(a6)为入射光束，图(b1)～(b6)为反射光束，图(c1)～(c6)为折射光束。

5.3　反射和折射光场中的位移理论

如前面所述，具有特殊振幅、相位和偏振态分布的结构光场可看作平面波角谱的组成，当它入射到两种不同介质的分界面时，由于每一个角谱的入射角不同，其反射系数和传输系数也不同，就会各自经历不同强度的反射和折射，反射光束和折射光束的重心位置会产生微小移动。根据光束重心位置偏移的性质和偏移的方向，可划分为Goos-Hänchen(GH)位移和Imbert-Fedorov(IF)位移。

5.3.1　GH位移和IF位移简介

根据几何光学观点，光在由光密介质入射到光疏介质反生全反射的时候，其入射点和反射点应该是入射面内的同一点。然而，在17世纪的时候科学家牛顿曾在其著作中认为，在发生全反射的时候光并不是一接触到光疏介质就马上反射回去的，而是有一个光从光密介质进入到光疏介质，然后从光疏介质返回到光密介质的过程。可以想象，光会在入射点和反射点之间形成一段微小的距离。对此，两位科学家古斯(F. Goos)和汉森(H. Hänchen)从1943年就开始设计实验研究光在全反射时的渗透深度。1947年，他们从实验上证实了光在两种不同折射率介质表面发生全反射的时候会存在一个微小的纵向位移，这个光学现象就是著名的Goos-Hänchen(GH)效应。在全反射中产生的GH位移是一个空间移，其位移不会随着反射光的传播而继续增大。随后，人们在理论上发现，GH位移在部分反射和折射的条件下会随着传播距离的增大而慢慢地变大，这样的GH位移被称为GH角移。

光束除了在入射面内存在纵向的GH位移之外，在垂直于入射面的方向上也是有可能产生横向移动的。最初此光学效应由Fedorov在理论上推导预言出来，1972年，Imbert在通过光束在全内反射的情况下验证了这一光学效应。为了纪念这两位科学家对这一位移研究的贡献，此光学效应被后人称为Imbert-Fedorov(IF)位移。IF位移也存在角移和空间移，IF空间移从IF位移被发现以来就被人们广泛研究，而IF角移是近年来被Bliokh等人在理论上推导得出的。

对于GH效应的理论解释，最早是用稳态相位法和能流法。GH效应的理论发展至今，人们常用的是基于光束的角谱理论的质心法。Artmann 认为，GH 效应源自不同光束角谱的反射系数和透射系数的偏差。考虑到实验室中的光束都是有限束宽的，因此可以把它看成是一系列具有不同波失方向的平面波的叠加。而在反射过程中，由于每一列平面波经历的相位都不一样，因此得到的光束就会形成一个纵向的 GH 位移，并由此给出了不同偏振情况下的 GH 位移表达式

$$D_{\mathrm{GH}}=-\frac{\lambda}{2\pi}\frac{\partial\varphi_i(\theta)}{\partial\theta} \tag{5-340}$$

其中，i 对应着水平线偏振和垂直线偏振两种光的偏振态，λ 是光的波长，φ_i 是 i 偏振对应的反射系数的相位，θ 是入射角。这就是后来的稳态相位法。

能流法是基于分析反射时光波的能量守恒来对产生的 GH 位移进行解释的，最初是由 Renard 在 1964 年提出的。Renard 认为，当光在光密介质到光疏介质发生全反射的时候，能量是先以倏逝波的形式进入光疏介质，部分能流在平行与界面传播一段距离后再随着反射光束返回去的。这个理论方法从物理图像上很好地解释了 GH 位移的出现，但是刚开始的时候其计算结果并不能和普遍认可的稳态相位法得到的结果相吻合。原因是其理论中存在不恰当的近似。后来经过改进，能流法能够得到跟其他方法基本一致的结果，得到了人们的认可。

IF 位移的理论解释有着更深层次的物理意义，即便是在最简单的平面电介质表面，也存在着许多理论上的争论。Fedorov 和 Imbert 认为 IF 效应可以通过坡印廷能量流的理论来解释。然而在 1965 年，Schilling 根据光束的平面波角谱分量理论推导出了 IF 位移准确的表达式。由于 IF 位移考虑的是左旋或者右旋圆偏振光的入射，而圆偏振光对应的是光子的自旋角动量，因此科学家 Fedoseyev 和 Player 指出了 IF 效应和光的角动量守恒有着密切的联系。1992 年，Liberman 和 Zel'dovich 提出了 IF 效应中光的自旋-轨道相互作用的概念，并根据光的角动量守恒重新推导了 Schilling 的 IF 位移的表达式。之后，IF 位移的理论被 Bliokh 等人根据光的角动量守恒逐渐完善。

5.3.2 GH 位移和 IF 位移的计算表达式

1. 场表达式

如上所述，GH 位移指的是反射或折射光束整体的纵向移动；IF 位移指的是反射或折射光束整体的横向移动，所以我们通过重心公式求出了 GH 位移和 IF 位移的表达式。具体计算公式如下：

$$D_{GH}=\frac{\iint x_j I(x_j, y_j, z_j)\mathrm{d}x_j\mathrm{d}y_j}{\iint I(x_j, y_j, z_j)\mathrm{d}x_j\mathrm{d}y_j} \tag{5-341}$$

$$D_{IF}=\frac{\iint y_j I(x_j, y_j, z_j)\mathrm{d}x_j\mathrm{d}y_j}{\iint I(x_j, y_j, z_j)\mathrm{d}x_j\mathrm{d}y_j} \tag{5-342}$$

式中，$I(x_j, y_j, z_j)$是反射光束($j=r$)或折射光束($j=t$)在点(x_j, y_j, z_j)处的强度，其大小为

$$I(x_j, y_j, z_j)=|\boldsymbol{E}_j(x_j, y_j, z_j)|^2 \tag{5-343}$$

以反射光束为例，在坐标系(x_r, y_r, z_r)中，式(5-341)和式(5-342)给出的 GH 位移和 IF 位移表达式可写为

$$D_{GH}=\frac{\int_{-\infty}^{+\infty}\int_{-\infty}^{+\infty} x_r|\boldsymbol{E}_r(x_r, y_r, z_r)|^2\mathrm{d}x_r\mathrm{d}y_r}{\int_{-\infty}^{+\infty}\int_{-\infty}^{+\infty}|\boldsymbol{E}_r(x_r, y_r, z_r)|^2\mathrm{d}x_r\mathrm{d}y_r} \tag{5-344}$$

$$D_{IF}=\frac{\int_{-\infty}^{+\infty}\int_{-\infty}^{+\infty} y_r|\boldsymbol{E}_r(x_r, y_r, z_r)|^2\mathrm{d}x_r\mathrm{d}y_r}{\int_{-\infty}^{+\infty}\int_{-\infty}^{+\infty}|\boldsymbol{E}_r(x_r, y_r, z_r)|^2\mathrm{d}x_r\mathrm{d}y_r} \tag{5-345}$$

在标量场情形下，式(5-344)和式(5-345)写为

$$D_{GH}=\frac{\int_{-\infty}^{+\infty}\int_{-\infty}^{+\infty} x_r|E_r(x_r, y_r, z_r)|^2\mathrm{d}x_r\mathrm{d}y_r}{\int_{-\infty}^{+\infty}\int_{-\infty}^{+\infty}|E_r(x_r, y_r, z_r)|^2\mathrm{d}x_r\mathrm{d}y_r} \tag{5-346}$$

$$D_{IF}=\frac{\int_{-\infty}^{+\infty}\int_{-\infty}^{+\infty} y_r|E_r(x_r, y_r, z_r)|^2\mathrm{d}x_r\mathrm{d}y_r}{\int_{-\infty}^{+\infty}\int_{-\infty}^{+\infty}|E_r(x_r, y_r, z_r)|^2\mathrm{d}x_r\mathrm{d}y_r} \tag{5-347}$$

2. 角谱表达式

式(5-346)和式(5-347)中的反射场$E_r(x_r, y_r, z_r)$可通过反射角谱$\widetilde{E}(k_{rx}, k_{ry})$，进行傅里叶变换得到，即

$$E_r(x_r, y_r, z_r)=\int_{-\infty}^{+\infty}\int_{-\infty}^{+\infty}\widetilde{E}_r(k_{rx}, k_{ry})\exp[\mathrm{i}(k_{rx}x_r+k_{ry}y_r+k_{rz}z_r)]\mathrm{d}k_{rx}\mathrm{d}k_{ry} \tag{5-348}$$

其中：

$$\tilde{E}_r(k_{rx}, k_{ry}) = \frac{1}{4\pi^2}\int_{-\infty}^{\infty}\int_{-\infty}^{\infty} E(x_r, y_r, 0)\exp[-\mathrm{i}(k_{rx}x_r + k_{ry}y_r)]\mathrm{d}x_r\mathrm{d}y_r \tag{5-349}$$

在傍轴近似条件下，式(5-348)可写为

$$E_r(x_r, y_r, z_r) = \exp(\mathrm{i}k_r z_r)\int_{-\infty}^{+\infty}\int_{-\infty}^{+\infty}\tilde{E}_r(k_{rx}, k_{ry})\exp\left[\mathrm{i}\left(k_{rx}x_r + k_{ry}y_r - \frac{k_{rx}^2 + k_{ry}^2}{2k_r}z_r\right)\right]\mathrm{d}k_{rx}\mathrm{d}k_{ry} \tag{5-350}$$

对于满足式(5-350)的场 $E_r(x_r, y_r, z_r)$ 及其对应的角谱 $\tilde{E}_r(k_{rx}, k_{ry})$，可证明两者满足如下关系

$$\int_{-\infty}^{+\infty}\int_{-\infty}^{+\infty}|E_r(x_r, y_r, z_r)|^2\mathrm{d}x_r\mathrm{d}y_r = (2\pi)^2\int_{-\infty}^{+\infty}\int_{-\infty}^{+\infty}|\tilde{E}_r(k_{rx}, k_{ry})|^2\mathrm{d}k_{rx}\mathrm{d}k_{ry} \tag{5-351}$$

$$\begin{aligned}&\int_{-\infty}^{+\infty}\int_{-\infty}^{+\infty}x_r|E_r(x_r, y_r, z_r)|^2\mathrm{d}x_r\mathrm{d}y_r\\ &= \mathrm{i}(2\pi)^2\int_{-\infty}^{+\infty}\int_{-\infty}^{+\infty}\frac{\partial\tilde{E}_r(k_{rx}, k_{ry})}{\partial k_{rx}}\tilde{E}_r^*(k_{rx}, k_{ry})\mathrm{d}k_{rx}\mathrm{d}k_{ry} +\\ &(2\pi)^2\int_{-\infty}^{+\infty}\int_{-\infty}^{+\infty}\frac{k_{rx}z_r}{k_r}|\tilde{E}_r(k_{rx}, k_{ry})|^2\mathrm{d}k_{rx}\mathrm{d}k_{ry}\end{aligned} \tag{5-352}$$

$$\begin{aligned}&\int_{-\infty}^{+\infty}\int_{-\infty}^{+\infty}y_r|E_r(x_r, y_r, z_r)|^2\mathrm{d}x_r\mathrm{d}y_r\\ &= -\mathrm{i}(2\pi)^2\int_{-\infty}^{+\infty}\int_{-\infty}^{+\infty}\frac{\partial\tilde{E}_r(k_{rx}, k_{ry})}{\partial k_{ry}}\tilde{E}_r^*(k_{rx}, k_{ry})\mathrm{d}k_{rx}\mathrm{d}k_{ry} -\\ &(2\pi)^2\int_{-\infty}^{+\infty}\int_{-\infty}^{+\infty}\frac{k_{ry}z_r}{k_r}|\tilde{E}_r(k_{rx}, k_{ry})|^2\mathrm{d}k_{rx}\mathrm{d}k_{ry}\end{aligned} \tag{5-353}$$

将式(5-351)～(5-353)代入式(5-346)和(5-347)，得到

$$D_{\mathrm{GH}} = \Delta_{\mathrm{GH}} + \Theta_{\mathrm{GH}} \tag{5-354}$$

$$D_{\mathrm{IF}} = \Delta_{\mathrm{IF}} + \Theta_{\mathrm{IF}} \tag{5-355}$$

其中：

$$\Delta_{\mathrm{GH}} = \frac{\mathrm{i}\int_{-\infty}^{+\infty}\int_{-\infty}^{+\infty}\frac{\partial\tilde{E}_r(k_{rx}, k_{ry})}{\partial k_{rx}}\tilde{E}_r^*(k_{rx}, k_{ry})\mathrm{d}k_{rx}\mathrm{d}k_{ry}}{\int_{-\infty}^{+\infty}\int_{-\infty}^{+\infty}|\tilde{E}_r(k_{rx}, k_{ry})|^2\mathrm{d}k_{rx}\mathrm{d}k_{ry}} \tag{5-356}$$

$$\Theta_{\mathrm{GH}} = \frac{\int_{-\infty}^{+\infty}\int_{-\infty}^{+\infty}\frac{k_{rx}z_r}{k_r}|\tilde{E}_r(k_{rx}, k_{ry})|^2\mathrm{d}k_{rx}\mathrm{d}k_{ry}}{\int_{-\infty}^{+\infty}\int_{-\infty}^{+\infty}|\tilde{E}_r(k_{rx}, k_{ry})|^2\mathrm{d}k_{rx}\mathrm{d}k_{ry}} \tag{5-357}$$

$$\Delta_{\mathrm{IF}}=\frac{-\mathrm{i}\int_{-\infty}^{+\infty}\int_{-\infty}^{+\infty}\frac{\partial\widetilde{E}_r(k_{rx},k_{ry})}{\partial k_{ry}}\widetilde{E}_r^*(k_{rx},k_{ry})\mathrm{d}k_{rx}\mathrm{d}k_{ry}}{\int_{-\infty}^{+\infty}\int_{-\infty}^{+\infty}|\widetilde{E}_r(k_{rx},k_{ry})|^2\mathrm{d}k_{rx}\mathrm{d}k_{ry}} \tag{5-358}$$

$$\Theta_{\mathrm{IF}}=-\frac{\int_{-\infty}^{+\infty}\int_{-\infty}^{+\infty}\frac{k_{ry}z_r}{k_r}|\widetilde{E}_r(k_{rx},k_{ry})|^2\mathrm{d}k_{rx}\mathrm{d}k_{ry}}{\int_{-\infty}^{+\infty}\int_{-\infty}^{+\infty}|\widetilde{E}_r(k_{rx},k_{ry})|^2\mathrm{d}k_{rx}\mathrm{d}k_{ry}} \tag{5-359}$$

式中，Δ_{GH} 和 Θ_{GH} 分别为 GH 位移的空间移和角移，Δ_{IF} 和 Θ_{IF} 分别为 IF 位移的空间移和角移。上面给出的是标量场情形下的 GH 位移和 IF 位移的计算表达式，矢量场具有类似的表达式。

5.3.3 典型结构光场的 GH 位移和 IF 位移

下面以水平极化情况为例，在标量场情形下，给出了基模高斯光束、拉盖尔-高斯光束和艾里光束三种典型结构光场的 GH 位移和 IF 位移解析表达式。

1. 基模高斯光束

由前面给出的基模高斯光束反射公式，可知在水平极化情况下基模高斯光束的反射角谱，写为

$$\widetilde{E}_r(k_{rx},k_{ry})=r_p\left(1-\frac{k_{rx}}{k_0}\frac{\partial\ln r_p}{\partial\theta_i}\right)\frac{w_0^2}{4\pi}\exp\left[-\frac{w_0^2(k_{rx}^2+k_{ry}^2)}{4}\right] \tag{5-360}$$

将式(5-360)取模的平方，忽略与 $|\partial\ln r_p/\partial\theta_i|^2$ 相关的项，只保留与 $\partial\ln r_p/\partial\theta_i$ 相关的项，得到

$$|\widetilde{E}_r(k_{rx},k_{ry})|^2=|r_p|^2\left[1-\frac{k_{rx}}{k_0}\left(\frac{\partial\ln r_p}{\partial\theta_i}\right)^*-\frac{k_{rx}}{k_0}\frac{\partial\ln r_p}{\partial\theta_i}\right]\left(\frac{w_0^2}{4\pi}\right)^2\exp\left[-\frac{w_0^2(k_{rx}^2+k_{ry}^2)}{2}\right] \tag{5-361}$$

由式(5-360)和式(5-361)，根据积分公式

$$\int_{-\infty}^{+\infty}\exp(-ax^2)\mathrm{d}x=\sqrt{\frac{\pi}{a}},\ \int_{-\infty}^{+\infty}x\exp(-ax^2)\mathrm{d}x=0,\ \int_{-\infty}^{+\infty}x^2\exp(-ax^2)\mathrm{d}x=\frac{1}{2a}\sqrt{\frac{\pi}{a}} \tag{5-362}$$

计算得到

$$\int_{-\infty}^{+\infty}\int_{-\infty}^{+\infty}|\widetilde{E}_r(k_{rx},k_{ry})|^2\mathrm{d}k_{rx}\mathrm{d}k_{ry}=|r_p|^2\frac{w_0^2}{8\pi} \tag{5-363}$$

$$\int_{-\infty}^{+\infty}\int_{-\infty}^{+\infty}\left\{\frac{\partial \widetilde{E}_r(k_{rx},\ k_{ry})}{\partial k_{rx}}\widetilde{E}_r^*(k_x,\ k_y)\right\}\mathrm{d}k_{rx}\mathrm{d}k_{ry}=-\mathrm{i}|r_p|^2\left(\frac{w_0^2}{8\pi}\right)\frac{1}{k_0}\mathrm{Im}\left(\frac{\partial \ln r_p}{\partial \theta_i}\right) \tag{5-364}$$

$$\int_{-\infty}^{+\infty}\int_{-\infty}^{+\infty}\frac{k_{rx}z_r}{k_r}|\widetilde{E}_r|^2\mathrm{d}k_{rx}\mathrm{d}k_{ry}=-|r_p|^2\frac{z_r}{k_r}\frac{1}{4\pi}\frac{1}{k_0}\mathrm{Re}\left(\frac{\partial \ln r_p}{\partial \theta_i}\right) \tag{5-365}$$

$$\int_{-\infty}^{+\infty}\int_{-\infty}^{+\infty}\left\{\frac{\partial \widetilde{E}_r(k_{rx},\ k_{ry})}{\partial k_{ry}}\widetilde{E}_r^*(k_x,\ k_y)\right\}\mathrm{d}k_{rx}\mathrm{d}k_{ry}=0 \tag{5-366}$$

$$\int_{-\infty}^{+\infty}\int_{-\infty}^{+\infty}\frac{k_{ry}z_r}{k_r}|\widetilde{E}_r|^2\mathrm{d}k_{rx}\mathrm{d}k_{ry}=0 \tag{5-367}$$

将式(5-363)～(5-367)代入式(5-356)～(5-359)，令 $k_r=k_0$，可得到基模高斯光束在水平极化情况下反射后光束的 GH 位移和 IF 位移

$$\Delta_{\mathrm{GH}}=\frac{1}{k_r}\mathrm{Im}\left(\frac{\partial \ln r_p}{\partial \theta_i}\right) \tag{5-368}$$

$$\Theta_{\mathrm{GH}}=-\frac{z_r}{k_r z_R}\mathrm{Re}\left(\frac{\partial \ln r_p}{\partial \theta_i}\right) \tag{5-369}$$

$$\Delta_{\mathrm{IF}}=0 \tag{5-370}$$

$$\Theta_{\mathrm{IF}}=0 \tag{5-371}$$

类似地，可计算入射光束在垂直极化情况下的 GH 位移和 IF 位移。

2. 拉盖尔-高斯光束

由前面给出的拉盖尔-高斯光束反射公式，可知水平极化情况下拉盖尔-高斯光束的反射角谱，写为

$$\widetilde{E}_r(k_{rx},\ k_{ry})=r_p\left(1-\frac{k_{rx}}{k_0}\frac{\partial \ln r_p}{\partial \theta_i}\right)\left[\frac{w_0(\mathrm{i}k_{rx}+k_{ry})}{\sqrt{2}}\right]^l\frac{w_0^2}{4\pi}\exp\left[-\frac{w_0^2(k_{rx}^2+k_{ry}^2)}{4}\right] \tag{5-372}$$

将式(5-372)取模的平方，忽略与 $|\partial \ln r_p/\partial \theta_i|^2$ 相关的项，只保留与 $\partial \ln r_p/\partial \theta_i$ 相关的项，得到

$$|\widetilde{E}_r(k_{rx},\ k_{ry})|^2=|r_p|^2\left[1-\frac{k_{rx}}{k_0}\left(\frac{\partial \ln r_p}{\partial \theta_i}\right)^*-\frac{k_{rx}}{k_0}\frac{\partial \ln r_p}{\partial \theta_i}\right]\left[\frac{w_0^2(k_{rx}^2+k_{ry}^2)}{2}\right]^l\times \left(\frac{w_0^2}{4\pi}\right)^2\exp\left[-\frac{w_0^2(k_{rx}^2+k_{ry}^2)}{2}\right] \tag{5-373}$$

将式(5-372)和式(5-373)中的 $(\mathrm{i}k_{rx}+k_{ry})^l$ 和 $(k_{rx}^2+k_{ry}^2)^l$ 利用二项式定

理进行展开，根据积分公式

$$\int_{-\infty}^{\infty} x^l \exp(-px^2)\mathrm{d}x = \sqrt{\frac{\pi}{p}}\left(\frac{1}{\mathrm{i}2\sqrt{p}}\right)^l H_l(0) \tag{5-374}$$

计算得到

$$\int_{-\infty}^{+\infty}\int_{-\infty}^{+\infty} |\widetilde{E}_r(k_{rx}, k_{ry})|^2 \mathrm{d}k_{rx}\mathrm{d}k_{ry} = |r_p|^2\left(\frac{w_0^2}{8\pi}\right)\left(-\frac{1}{4}\right)^l S_1 \tag{5-375}$$

$$\int_{-\infty}^{+\infty}\int_{-\infty}^{+\infty} \frac{\partial \widetilde{E}_r(k_{rx}, k_{ry})}{\partial k_{rx}} \widetilde{E}_r^*(k_{rx}, k_{ry})\mathrm{d}k_{rx}\mathrm{d}k_{ry}$$

$$= |r_p|^2\left[\begin{array}{l}\left(-\frac{1}{k_0}\frac{\partial \ln r_p}{\partial \theta_i}\right)\left(\frac{w_0^2}{8\pi}\right)\left(-\frac{1}{4}\right)^l S_1 - \left(\frac{w_0^2}{16\pi}\right)\left(-\frac{1}{4}\right)^l \frac{1}{k_0}\mathrm{Re}\left(\frac{\partial \ln r_p}{\partial \theta_i}\right)S_2 - \\ l\left(\frac{w_0^2}{4\pi}\right)\left(-\frac{1}{4}\right)^l \frac{1}{k_0}\mathrm{Re}\left(\frac{\partial \ln r_p}{\partial \theta_i}\right)S_3\end{array}\right] \tag{5-376}$$

$$\int_{-\infty}^{+\infty}\int_{-\infty}^{+\infty} \frac{k_{rx}z_r}{k_r}|\widetilde{E}_r|^2 \mathrm{d}k_{rx}\mathrm{d}k_{ry} = \frac{z_r}{k_r}|r_p|^2\left(\frac{1}{8\pi}\right)\left(-\frac{1}{4}\right)^l \frac{1}{k_0}\mathrm{Re}\left(\frac{\partial \ln r_p}{\partial \theta_i}\right)S_2 \tag{5-377}$$

$$\int_{-\infty}^{+\infty}\int_{-\infty}^{+\infty} \left\{\frac{\partial \widetilde{E}_r(k_{rx}, k_{ry})}{\partial k_{ry}} \widetilde{E}_r^*(k_x, k_y)\right\}\mathrm{d}k_{rx}\mathrm{d}k_{ry}$$

$$= \mathrm{i}l|r_p|^2\left(\frac{w_0^2}{4\pi}\right)\left(-\frac{1}{4}\right)^l \frac{1}{k_0}\mathrm{Re}\left(\frac{\partial \ln r_p}{\partial \theta_i}\right)S_3 \tag{5-378}$$

$$\int_{-\infty}^{+\infty}\int_{-\infty}^{+\infty} \frac{k_{ry}z_r}{k_r}|\widetilde{E}_r|^2 \mathrm{d}k_{rx}\mathrm{d}k_{ry} = 0 \tag{5-379}$$

式中：

$$S_1 = \sum_{r=0}^{l} C_l^r \mathrm{H}_{2(l-r)}(0)\mathrm{H}_{2r}(0) \tag{5-380}$$

$$S_2 = \sum_{r=0}^{l} C_l^r \mathrm{H}_{2(l-r+1)}(0)\mathrm{H}_{2r}(0) \tag{5-381}$$

$$S_3 = \sum_{r=0}^{l-1} C_{l-1}^r \mathrm{H}_{2(l-r)}(0)\mathrm{H}_{2r}(0) \tag{5-382}$$

其中，$\mathrm{H}_l(0)$为核函数 $x=0$ 的厄米多项式，当 $l=2k+1(k=0, 1, 2, \cdots)$时，$\mathrm{H}_l(0)=0$。

当 $l=0$ 时，式(5-375)～(5-379)便退化为基模高斯光束表达式(5-363)～(5-367)。将式(5-375)～(5-379)代入式(5-356)～(5-359)，可得到拉盖

尔-高斯光束在水平极化情况下反射后光束的 GH 位移和 IF 位移。由于表达式较为复杂，在通常情况下，可按照如下公式进行近似计算

$$D_{\mathrm{GH}} \approx \Delta_{\mathrm{GH}}^{0} + l(z_{R,r}\Theta_{\mathrm{IF}}^{0}) + z_r(1+l)\Theta_{\mathrm{GH}}^{0} \tag{5-383}$$

$$D_{\mathrm{IF}} \approx \Delta_{\mathrm{IF}}^{0} - l(z_{R,r}\Theta_{\mathrm{GH}}^{0}) + z_r(1+l)\Theta_{\mathrm{IF}}^{0} \tag{5-384}$$

式中，Δ_{GH}^{0}、Δ_{IF}^{0}、Θ_{GH}^{0} 和 Θ_{IF}^{0} 分别是基模高斯光束的 GH 和 IF 横移和角移。

图 5.14 和图 5.15 分别给出了拉盖尔-高斯光束从 $n=1.515$ 的玻璃入射到空气中，全反射角为 41.3°之前不同拓扑荷数下的空间和角向 GH 位移和 IF 位移的变化，从图 5.14 和图 5.15 中不难看出，当拓扑荷数 $|l|$ 相同时，具有相同的角向位移，随着 $|l|$ 不断变大角向位移变小。角向 GH 位移随着入射角的增大而减小，而角向 IF 位移则是先减小再增大。

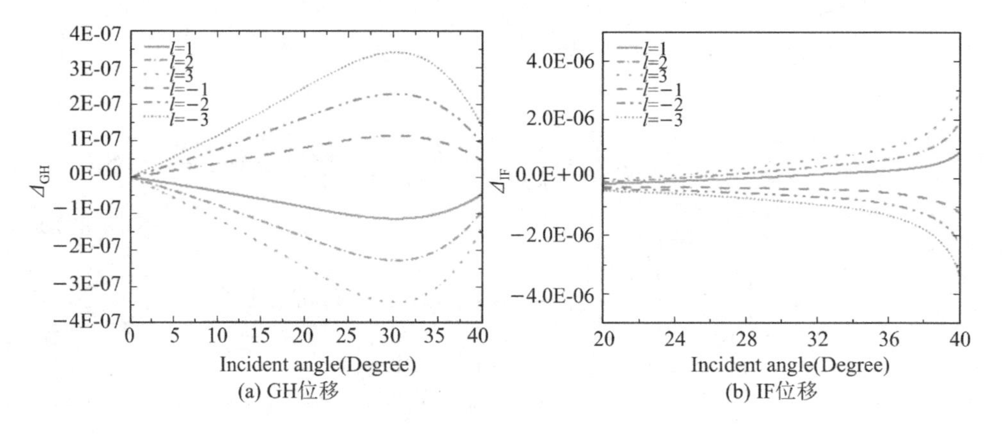

图 5.14 不同拓扑荷数下拉盖尔-高斯光束的空间位移

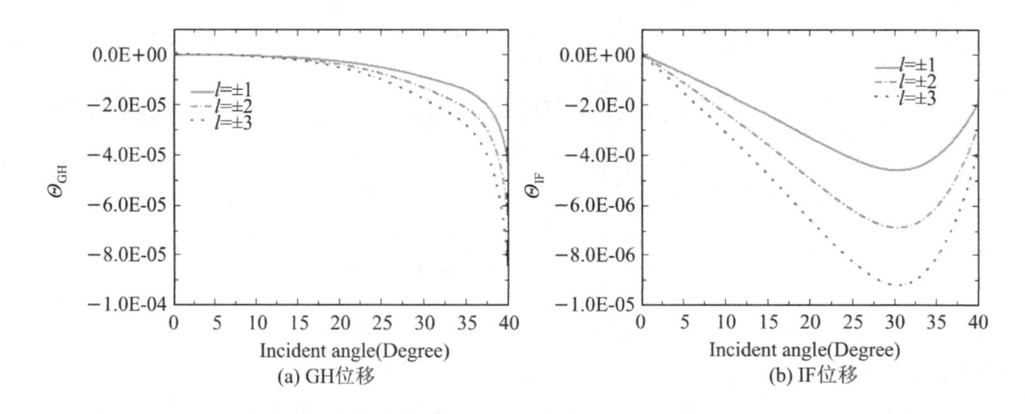

图 5.15 不同拓扑荷数下拉盖尔-高斯光场的角向位移

3. 艾里光束

由前面给出的艾里光束反射公式，可知在水平极化情况下艾里光束的反射角谱，写为

$$\widetilde{E}_r(k_{rx}, k_{ry})=r_p\left(1-\frac{k_{rx}}{k_0}\frac{\partial\ln r_p}{\partial\theta_i}\right)\frac{x_0y_0}{4\pi^2}\exp\left[-a_0(k_{rx}^2x_0^2+k_{ry}^2y_0^2)+\frac{2}{3}a_0^3\right]\times$$
$$\exp\left\{\frac{\mathrm{i}}{3}[(-k_{rx}^3x_0^3+k_{ry}^3y_0^3)-3a_0^2(-k_{rx}x_0+k_{ry}y_0)]\right\} \tag{5-385}$$

将式(5-385)取模的平方，忽略与$|\partial\ln r_p/\partial\theta_i|^2$相关的项，只保留与$\partial\ln r_p/\partial\theta_i$相关的项，得到

$$|\widetilde{E}_r(k_{rx}, k_{ry})|^2=|r_p|^2\left[1-\frac{k_{rx}}{k_0}\left(\frac{\partial\ln r_p}{\partial\theta_i}\right)^*-\frac{k_{rx}}{k_0}\frac{\partial\ln r_p}{\partial\theta_i}\right]\left(\frac{x_0y_0}{4\pi^2}\right)^2\times$$
$$\exp\left[-2a_0(k_{rx}^2x_0^2+k_{ry}^2y_0^2)+\frac{4}{3}a_0^3\right] \tag{5-386}$$

由式(5-385)和式(5-386)，根据积分公式(5-374)以及厄米多项式的表达式

$$\mathrm{H}_0(0)=1,\ \mathrm{H}_1(0)=0,\ \mathrm{H}_2(0)=-2,\ \mathrm{H}_3(0)=0 \tag{5-387}$$

计算得到

$$\int_{-\infty}^{+\infty}\int_{-\infty}^{+\infty}|\widetilde{E}_r(k_{rx}, k_{ry})|^2\mathrm{d}k_{rx}\mathrm{d}k_{ry}=|r_p|^2\left(\frac{x_0y_0}{4\pi^2}\right)\exp\left(\frac{4}{3}a_0^3\right)\left(\frac{1}{8\pi a_0}\right) \tag{5-388}$$

$$\int_{-\infty}^{+\infty}\int_{-\infty}^{+\infty}\left\{\frac{\partial\widetilde{E}_r(k_{rx}, k_{ry})}{\partial k_{rx}}\widetilde{E}_r^*(k_x, k_y)\right\}\mathrm{d}k_{rx}\mathrm{d}k_{ry}$$
$$=|r_p|^2\left(\frac{x_0y_0}{4\pi^2}\right)\exp\left[\frac{4}{3}a_0^3\right]\left\{-\frac{1}{8\pi a_0}\frac{1}{k_0}\left[i\mathrm{Im}\left(\frac{\partial\ln r_p}{\partial\theta_i}\right)\right]-\frac{\mathrm{i}x_0}{32\pi a_0^2}+\frac{\mathrm{i}a_0x_0}{8\pi}\right\} \tag{5-389}$$

$$\int_{-\infty}^{+\infty}\int_{-\infty}^{+\infty}\frac{k_{rx}z_r}{k_r}|\widetilde{E}_r|^2\mathrm{d}k_{rx}\mathrm{d}k_{ry}$$
$$=|r_p|^2\left(\frac{x_0y_0}{4\pi^2}\right)\exp\left(\frac{4}{3}a_0^3\right)\frac{z_r}{k_r}\left[-\frac{1}{16\pi a_0^2x_0^2}\frac{1}{k_0}\mathrm{Re}\left(\frac{\partial\ln r_p}{\partial\theta_i}\right)\right] \tag{5-390}$$

$$\int_{-\infty}^{+\infty}\int_{-\infty}^{+\infty}\frac{\partial \widetilde{E}_r(k_{rx},k_{ry})}{\partial k_{ry}}\widetilde{E}_r^*(k_{rx},k_{ry})\mathrm{d}k_{rx}\mathrm{d}k_{ry}$$

$$=|r_p|^2\left(\frac{x_0y_0}{4\pi^2}\right)\exp\left(\frac{4}{3}a_0^3\right)\left(\frac{\mathrm{i}y_0}{32\pi a_0^2}-\frac{\mathrm{i}a_0y_0}{8\pi}\right) \tag{5-391}$$

$$\int_{-\infty}^{+\infty}\int_{-\infty}^{+\infty}\frac{k_{ry}z_r}{k_r}|\widetilde{E}_r|^2\mathrm{d}k_{rx}\mathrm{d}k_{ry}=0 \tag{5-392}$$

将式(5-388)～(5-392)代入式(5-356)～(5-359)，得到艾里光束在水平极化情况下反射后光束的GH位移和IF位移公式。图5.16给出了不同衰减系数下艾里光束的角向位移，可以看出，当衰减系数变大时GH和IF位移也随之变大。

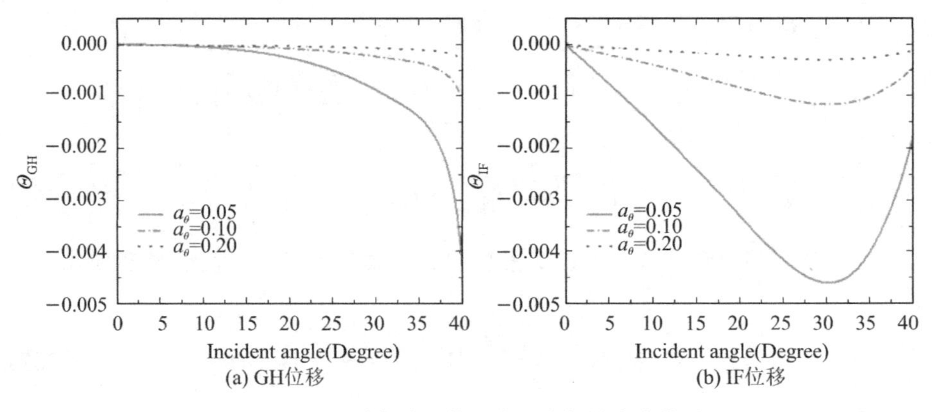

图5.16　不同衰减系数下艾里光场的角向位移

参考文献

[1]　崔志伟，韩一平，汪加洁，等. 计算光学-微粒对高斯光束散射的理论与方法[M]. 西安：西安电子科技大学出版社，2017.

[2]　张善杰. 工程电磁理论[M]. 北京：科学出版社，2009.

[3]　《常用积分表》编委会. 常用积分表[M]. 2版. 合肥：中国科学技术大学出版社，2019.

[4]　蔡祥宝. 高斯波在媒质界面上的反射和折射[J]. 南京邮电学院学报，1996，16(1)：73-78.

[5]　欧军，江月松，黎芳，等. 拉盖尔-高斯光束在界面反射和折射的质心偏移特性研究[J]. 物理学报，2011，60(11)：114203.

[6]　凌晓辉. 人工微结构材料调控光的偏振和自旋霍尔效应研究[D]. 长沙：湖南大

学，2012.
[7] 陈世祯. 二维原子晶体的光子自旋霍尔效应研究[D]. 长沙：湖南大学，2018.
[8] 姚羽. 多模态涡旋电磁波传播特性分析及其天线设计[D]. 上海：上海交通大学，2019.
[9] 宋攀. 手性媒质中结构光场的自旋/轨道角动量及其相互作用研究[D]. 西安：西安电子科技大学，2020.
[10] 郭沈言. 涡旋结构光场与手性物质之间的相互作用研究[D]. 西安：西安电子科技大学，2022.
[11] 惠元飞. 太赫兹结构波束的传输及其散射特性研究[D]. 西安：西安电子科技大学，2023.
[12] SERDYUK V M. Spatial structure of the refracted field of a Gaussian light beam at total internal reflection [J]. J. Opt. Soc. Am. A，2022 39(11)：2083-2089.
[13] LOPEZ-TOLEDO J A，OVIEDO-GALDEANO H. Reflection and transmission of a Gaussian beam for an inhomogeneous layered medium using SPPS method [J]. J. Electromagnet. Wave，2018，32(17)：2210-2227.
[14] YAN B，ZHANG H Y，ZHANG J Y. Reflection and transmission of Gaussian beam by a chiral slab[J]. Appl. Phys. B，2016，122(6)：174.
[15] WANG M J，ZHANG H Y，LIU G S，et al. Reflection and transmission of Gaussian beam by a uniaxial anisotropic slab[J]. Opt. Express，2014，22(3)：3705-3711.
[16] TKACZYK E R，MAURING K，TKACZYK A H. Gaussian beam reflection and refraction by a spherical or parabolic surface：comparison of vectorial-law calculation with lens approxi-mation [J]. J. Opt. Soc. Am. A，2012 29(10)：2144-2153.
[17] MA W Q，CUI Z W，REN S S，et al. Wang. Reflection and refraction of higher-order Hermite-Gaussian beams：a vector wave analysis[J]. Appl. Opt.，2023，62(20)：5516-5525.
[18] OU J，JIANG Y，ZHANG J，HE Y. Reflection of Laguerre-Gaussian beams carrying orbital angular momentum：a full Taylor expanded solution[J]. J. Opt. Soc. Am. A，2014 30(12)：2561-2570.
[19] LI H，HONARY F，WU Z，et al. Reflection and transmission of Laguerre-Gaussian beams in a dielectric slab[J]. J. Quant. Spectrosc. Radiat. Transfer，2017，195：35-43.
[20] LI H，WU Z，SHANG Q，et al. Reflection and transmission of Laguerre Gaussian beam from uniaxial anisotropic multilayered media[J]. Chin. Phys. B，2017，26(3)：034204.
[21] LI H，HONARY F，WU Z，et al. Reflection，transmission，and absorption of vortex beams propagation in an inhomogeneous magnetized plasma slab [J]. IEEE Trans. Antennas Propag. 2018，66(8)：4194-4201.

[22] CUI Z W, HUI Y F, MA W Q, et al. Dynamical characteristics of Laguerre-Gaussian vortex beams upon reflection and refraction[J]. J. Opt. Soc. Am. B, 2020, 37(12): 3730-3740.

[23] WU F P, CUI Z W, GUO S Y, et al. Chirality of optical vortex beams reflected from an air-chiral medium interface [J]. Opt. Express, 2022, 30(12): 21678-21697.

[24] LIU J W, LI H Y, LI R X. et al. Reflection and transmission of a Bessel vortex beam by a stratified uniaxial anisotropic slab[J]. J. Quant. Spectrosc. Radiat. Transfer, 2020, 251: 107046.

[25] BRANDAO P A, PIRES D G. Transmission and reflection of vector Bessel beams through an interface between dielectrics[J]. Phys. Lett. A, 2017, 381(8): 813-816.

[26] NOVITSKY A V, BARKOVSKY L M. Total internal reflection of vector Bessel beams: Imbert-Fedorov shift and intensity transformation [J]. J. Opt. A, 2008, 10(7): 075006.

[27] MUGNAI D. Bessel beam through a dielectric slab at oblique incidence: the case of total reflection [J]. Opt. Commun., 2002, 207: 95-99.

[28] CUI Z W, GUO S Y, HUI Y F, et al. Local dynamical characteristics of Bessel beams upon reflection near the Brewster angle[J]. Chin. Phys. B, 2021, 30(4): 044201.

[29] XIAO Z, LUO H, WEN S. Goos-Hänchen and Imbert-Fedorov shifts of vortex beams at air-left-handed-material interfaces [J]. Phys. Rev. A, 2012, 85(5), 053822.

[30] PRAJAPATI C. Numerical calculation of beam shifts for higher-order Laguerre-Gaussian beams upon transmission[J]. Opt. Commun., 2017, 389: 290-296.

[31] PICHUGIN K N, MAKSIMOV D N, SADREEV A F. Goos-Hänchen and Imbert-Fedorov shifts of higher-order Laguerre-Gaussian beams reflected from a dielectric slab [J]. J. Opt. Soc. Am. A, 2018, 35(8): 1324-1329.

[32] LIN H, ZHU W, YU J, et al. Upper-limited angular Goos-Hanchen shifts of Laguerre-Gaussian beams[J]. Opt. Express, 2018, 26(5): 5810-5818.

[33] LIN H, JIANG M, ZHUO L, et al. Enhanced Imbert-Fedorov shifts of higher-order Laguerre-Gaussian beams by lossy mode resonance[J]. Opt. Commun., 2019, 431: 136-141.

[34] GUO X, LIU X, ZHU W, et al. Surface plasmon resonance enhanced Goos-Hänchen and Imbert-Fedorov shifts of Laguerre-Gaussian beams[J]. Opt. Commun., 2019, 445: 5-9.

[35] CHREMMOS I D, EFREMIDIS N K. Reflection and refraction of an Airy beam at a dielectric interface[J]. J. Opt. Soc. Am. A, 2012, 29(6), 861-868.

[36] LIU X W, LI J Z, CHEN H Y, et al. The deflected angle and reflected displacement of Airy beams[J]. Optik, 2013, 124: 6519-6522.

[37] CHAMOROO-POSADA P, SáNCHEZ-CURTO J, ACEVES A B, et al. Widely varying

giant Goos-Hänchen shifts from Airy beams at nonlinear interfaces[J]. Opt. Lett., 2014, 39(6): 1378-1381.

[38] ORNIGOTTI M. Goos-Hänchen and Imbert-Fedorov shifts for Airy beams[J]. Opt. Lett. 2018, 43(6): 1411-1414.

[39] ZHAI C J, ZHANG S Y. Goos-Hänchen shift of an Airy beam reflected in an epsilon-near-zero metamaterial[J]. Optik, 2019, 184: 234-240.

[40] HUI Y F, CUI Z W, ZHAO M H, et al. Vector wave analysis of Airy beams upon reflection and refraction[J]. J. Opt. Soc. Am. B, 2020, 37(9): 1480-1489.

第6章

结构光场的动力学理论

结构光场作为特殊形式存在的电磁波，不仅具有能量，而且具有动量和角动量。角动量包括由偏振螺旋决定的自旋角动量和由相位螺旋决定的轨道角动量。螺旋具有手性特征，即螺旋绕向的方向性，分为左旋与右旋手性。能量(energy)、动量(momentum)、自旋角动量(spin angular momentum，SAM)、轨道角动量(orbital angular momentum，OAM)、螺旋度(helicity)和手性(chirality)作为结构光场几个重要的动力学参量，有助于揭示结构光场及其与物质相互作用的物理效应和特性。本章介绍了结构光场的动力学基础理论，重点阐述了结构光场能量、动量、自旋/轨道角动量、螺旋度和手性等动力学参量的描述，分析了涡旋光束在几种典型情形下的动力学特性。

6.1 结构光场的动力学理论基础

6.1.1 电磁场的能量、动量和角动量

1. 电磁场的能量

电磁场是一种物质。电磁场的运动与其他物质的运动相比有其特殊的一面，但同时也有着普遍性的一面，即电磁场的运动和其他物质的运动之间能够相互转换。这种普遍性的反映就是各种运动有着共同的运动量度——能量。能量是按照一定的方式分布在电磁场内的，而且随着电磁场的运动在空间中传播。下面通过电磁场与带电物体相互作用过程中，电磁场能量和带电物体运动的机械能之间的相互转化，导出电磁场能量的表达式。

考虑空间某区域，设其体积为V，表面为A，自由电荷密度为ρ，电流密度

为 $\boldsymbol{J}$，电磁场对电荷的作用力密度为 $\boldsymbol{f}$，电荷的运动速度为 $\boldsymbol{v}$，则电磁场对电荷系统做功的功率为

$$\iiint_V \boldsymbol{f} \cdot \boldsymbol{v} \mathrm{d}V \tag{6-1}$$

设单位体积内电磁场的能量为 W，则体积 V 内电磁场能量的增加率为

$$\frac{\mathrm{d}}{\mathrm{d}t}\iiint_V W \mathrm{d}V = \iiint_V \frac{\partial W}{\partial t} \mathrm{d}V \tag{6-2}$$

进一步设单位时间内流过与能量传输方向垂直的单位横截面积的电磁能量为 $\boldsymbol{S}$，则通过界面 A 流入体积 V 内的电磁场能量为

$$-\oiint_A \boldsymbol{S} \cdot \mathrm{d}\boldsymbol{\sigma} \tag{6-3}$$

根据能量守恒定律，单位时间内通过界面 A 流入体积 V 内的能量，等于电磁场对体积 V 内电荷做功的功率以及体积 V 内电磁场能量的增加率之和，即

$$-\oiint_A \boldsymbol{S} \cdot \mathrm{d}\boldsymbol{\sigma} = \iiint_V \boldsymbol{f} \cdot \boldsymbol{v} \mathrm{d}V + \iiint_V \frac{\partial W}{\partial t} \mathrm{d}V \tag{6-4}$$

利用奥斯特罗格拉特斯基-高斯（奥-高）公式，式(6－4)相应的微分形式是

$$\nabla \cdot \boldsymbol{S} + \frac{\partial W}{\partial t} = \boldsymbol{f} \cdot \boldsymbol{v} \tag{6-5}$$

为了得到能量密度和能流密度的表达式，考虑洛伦兹力公式

$$\boldsymbol{f} \cdot \boldsymbol{v} = (\rho \boldsymbol{E} + \rho \boldsymbol{v} \times \boldsymbol{B}) \cdot \boldsymbol{v} = \boldsymbol{E}(\rho \boldsymbol{v}) = \boldsymbol{E} \cdot \boldsymbol{J} \tag{6-6}$$

由麦克斯韦方程组的第二式可知

$$\boldsymbol{J} = \nabla \times \boldsymbol{H} - \frac{\partial \boldsymbol{D}}{\partial t} \tag{6-7}$$

将式(6－7)代入式(6－6)，得到

$$\boldsymbol{E} \cdot \boldsymbol{J} = \boldsymbol{E}(\nabla \times \boldsymbol{H}) \boldsymbol{E} \cdot \frac{\partial \boldsymbol{D}}{\partial t} \tag{6-8}$$

利用矢量恒等式

$$\nabla(\boldsymbol{E} \times \boldsymbol{H}) = \boldsymbol{H} \cdot (\nabla \times \boldsymbol{E}) - \boldsymbol{E} \cdot (\nabla \times \boldsymbol{H}) \tag{6-9}$$

以及麦克斯韦方程组的第一式

$$\nabla \times \boldsymbol{E} = -\frac{\partial \boldsymbol{B}}{\partial t} \tag{6-10}$$

式(6－8)可写为

$$\boldsymbol{E}\cdot\boldsymbol{J}=-\nabla\cdot(\boldsymbol{E}\times\boldsymbol{H})-\left(\boldsymbol{E}\cdot\frac{\partial\boldsymbol{D}}{\partial t}+\boldsymbol{H}\cdot\frac{\partial\boldsymbol{B}}{\partial t}\right)\tag{6-11}$$

对于非色散介质，则有

$$\boldsymbol{E}\cdot\frac{\partial\boldsymbol{D}}{\partial t}+\boldsymbol{H}\cdot\frac{\partial\boldsymbol{B}}{\partial t}=\frac{\partial}{\partial t}\left(\frac{1}{2}\boldsymbol{E}\cdot\boldsymbol{D}+\frac{1}{2}\boldsymbol{H}\cdot\boldsymbol{B}\right)\tag{6-12}$$

将式(6-12)代入式(6-11)，可得

$$\nabla\cdot(\boldsymbol{E}\times\boldsymbol{H})+\frac{\partial}{\partial t}\left(\frac{1}{2}\boldsymbol{E}\cdot\boldsymbol{D}+\frac{1}{2}\boldsymbol{H}\cdot\boldsymbol{B}\right)=\boldsymbol{E}\cdot\boldsymbol{J}\tag{6-13}$$

将式(6-13)与式(6-5)比较得到

$$\boldsymbol{S}=\boldsymbol{E}\times\boldsymbol{H}\tag{6-14}$$

$$W=\frac{1}{2}\boldsymbol{E}\cdot\boldsymbol{D}+\frac{1}{2}\boldsymbol{H}\cdot\boldsymbol{B}\tag{6-15}$$

其中，$\boldsymbol{S}$ 为能流密度，也称为坡印廷矢量，单位为 $\mathrm{W/m^2}$；W 为能量密度。

对于非色散线性介质，设其介电常数为 ε，磁导率为 μ，考虑本构关系

$$\begin{cases}\boldsymbol{D}=\varepsilon\boldsymbol{E}\\ \boldsymbol{B}=\mu\boldsymbol{H}\end{cases}\tag{6-16}$$

能量密度 W 表达式(6-14)可写为

$$W=\frac{1}{2}(\varepsilon|\boldsymbol{E}|^2+\mu|\boldsymbol{H}|^2)\tag{6-17}$$

式(6-14)和式(6-17)给出了非色散线性介质中一般时变电磁场的能量密度和能流密度瞬时值的表达式。能流密度的时间平均值$\langle\boldsymbol{S}\rangle$可以表示为

$$\langle\boldsymbol{S}\rangle=\frac{1}{T}\int_0^T\boldsymbol{S}\mathrm{d}t=\frac{1}{T}\int_0^T(\boldsymbol{E}\times\boldsymbol{H})\mathrm{d}t\tag{6-18}$$

如果电场 $\boldsymbol{E}$ 和磁场 $\boldsymbol{H}$ 用复数表示，则式(6-18)可以写为

$$\begin{aligned}\langle\boldsymbol{S}\rangle&=\frac{1}{4T}\int_0^T(\boldsymbol{E}+\boldsymbol{E}^*)\times(\boldsymbol{H}+\boldsymbol{H}^*)\mathrm{d}t\\&=\frac{1}{4T}\int_0^T(\boldsymbol{E}\times\boldsymbol{H}+\boldsymbol{E}^*\times\boldsymbol{H}+\boldsymbol{E}\times\boldsymbol{H}^*+\boldsymbol{E}^*\times\boldsymbol{H}^*)\mathrm{d}t\end{aligned}\tag{6-19}$$

对于角频率为 ω 的时谐场

$$\begin{cases}\boldsymbol{E}=\boldsymbol{E}(\boldsymbol{r})\exp(-\mathrm{i}\omega t)\\ \boldsymbol{H}=\boldsymbol{H}(\boldsymbol{r})\exp(-\mathrm{i}\omega t)\end{cases}\tag{6-20}$$

有

$$\int_0^T(\boldsymbol{E}\times\boldsymbol{H})\mathrm{d}t=\int_0^T(\boldsymbol{E}^*\times\boldsymbol{H}^*)\mathrm{d}t=0\tag{6-21}$$

$$\frac{1}{T}\int_{0}^{T}(\boldsymbol{E}^{*}\times\boldsymbol{H})\mathrm{d}t=\boldsymbol{E}^{*}(\boldsymbol{r})\times\boldsymbol{H}(\boldsymbol{r})=\boldsymbol{E}^{*}\times\boldsymbol{H} \tag{6-22}$$

$$\frac{1}{T}\int_{0}^{T}(\boldsymbol{E}\times\boldsymbol{H}^{*})\mathrm{d}t=\boldsymbol{E}(\boldsymbol{r})\times\boldsymbol{H}^{*}(\boldsymbol{r})=\boldsymbol{E}\times\boldsymbol{H}^{*} \tag{6-23}$$

于是

$$\langle\boldsymbol{S}\rangle=\frac{1}{4}(\boldsymbol{E}^{*}\times\boldsymbol{H}+\boldsymbol{E}\times\boldsymbol{H}^{*})=\frac{1}{2}\mathrm{Re}(\boldsymbol{E}\times\boldsymbol{H}^{*}) \tag{6-24}$$

类似地，对于时谐场，能量密度的时间平均值可以表示为

$$\langle W\rangle=\frac{1}{4}(\varepsilon|\boldsymbol{E}|^{2}+\mu|\boldsymbol{H}|^{2}) \tag{6-25}$$

本书中后面提到的能量密度均指的是能量密度的时间平均值，能量密度统一用 W 描述。

2. 电磁场的动量

电磁场除了具有能量，同时也具有动量，而辐射力是电磁场具有动量的实验证据。下面用电磁场与带电物质的相互作用规律导出电磁场动量密度的表达式。

考虑空间某一区域，区域内有一定电荷分布。一方面，区域内的电磁场和电荷之间由于相互作用而发生动量转移；另一方面，区域内的场和区域外的场也通过界面发生动量转移。由于动量守恒，因此单位时间从区域外通过界面 A 传入区域 V 内的动量，应等于区域 V 内电荷的动量变化率加上区域 V 内电磁场的动量变化率。

电磁场作用于电荷的作用力可以表示为

$$\boldsymbol{f}=\rho\boldsymbol{E}+\boldsymbol{J}\times\boldsymbol{B} \tag{6-26}$$

电荷系统受力后，其动量会发生变化。由动量守恒定律知，电磁场的动量也应该相应地改变。式(6-26)左边等于电荷系统的动量密度变化率，右边可以化为含有电磁场动量密度变化率的表示电磁场内动量转移的参量。为此，可以用麦克斯韦方程组把式(6-26)右边用场量表示出来。由真空中麦克斯韦方程组的第二式和第三式可知

$$\rho=\varepsilon_{0}\nabla\cdot\boldsymbol{E} \tag{6-27}$$

$$\boldsymbol{J}=\frac{1}{\mu_{0}}\nabla\times\boldsymbol{B}-\varepsilon_{0}\frac{\partial\boldsymbol{E}}{\partial t} \tag{6-28}$$

将式(6-27)和式(6-28)代入式(6-26)，得到

$$\boldsymbol{f}=\varepsilon_{0}\nabla\cdot\boldsymbol{E}+\frac{1}{\mu_{0}}(\nabla\times\boldsymbol{B})\times\boldsymbol{B}-\varepsilon_{0}\frac{\partial\boldsymbol{E}}{\partial t}\times\boldsymbol{B} \tag{6-29}$$

利用真空中麦克斯韦方程组的第一式和第四式

$$\nabla\cdot\boldsymbol{B}=0,\ \nabla\times\boldsymbol{E}=-\frac{\partial\boldsymbol{B}}{\partial t} \tag{6-30}$$

可以把式(6-29)写成 $\boldsymbol{E}$ 和 $\boldsymbol{B}$ 对称的形式

$$\boldsymbol{f}=\varepsilon_0[(\nabla\cdot\boldsymbol{E})\boldsymbol{E}-\boldsymbol{E}\times(\nabla\times\boldsymbol{E})]+\frac{1}{\mu_0}[(\nabla\cdot\boldsymbol{B})\boldsymbol{B}-\boldsymbol{B}\times(\nabla\times\boldsymbol{B})]-\varepsilon_0\frac{\partial}{\partial t}(\boldsymbol{E}\times\boldsymbol{B}) \tag{6-31}$$

根据矢量恒等式

$$\nabla(\boldsymbol{a}\cdot\boldsymbol{a})=2\boldsymbol{a}\times(\nabla\times\boldsymbol{a})+2(\boldsymbol{a}\cdot\nabla)\boldsymbol{a} \tag{6-32}$$

得到

$$\boldsymbol{a}\times(\nabla\times\boldsymbol{a})=\frac{1}{2}\nabla\boldsymbol{a}^2-(\boldsymbol{a}\cdot\nabla)\boldsymbol{a} \tag{6-33}$$

于是式(6-31)可写为

$$\boldsymbol{f}=\varepsilon_0[(\nabla\cdot\boldsymbol{E})\boldsymbol{E}+(\boldsymbol{E}\cdot\nabla)\boldsymbol{E}]+\frac{1}{\mu_0}[(\nabla\cdot\boldsymbol{B})\boldsymbol{B}+(\boldsymbol{B}\cdot\nabla)\boldsymbol{B}]+\frac{1}{2}\nabla\left(\varepsilon_0\boldsymbol{E}^2+\frac{1}{\mu_0}\boldsymbol{B}^2\right)-\varepsilon_0\frac{\partial}{\partial t}(\boldsymbol{E}\times\boldsymbol{B}) \tag{6-34}$$

应用并矢微分恒等式

$$\nabla\cdot(\boldsymbol{aa})=(\nabla\cdot\boldsymbol{a})\boldsymbol{a}+(\boldsymbol{a}\cdot\nabla)\boldsymbol{a} \tag{6-35}$$

$$\nabla a=\nabla\cdot(a\overleftrightarrow{\boldsymbol{I}}) \tag{6-36}$$

可把式(6-34)写为

$$\boldsymbol{f}=\varepsilon_0\nabla\cdot(\boldsymbol{EE})+\frac{1}{\mu_0}\nabla\cdot(\boldsymbol{BB})-\frac{1}{2}\nabla\cdot\overleftrightarrow{\boldsymbol{I}}\left(\varepsilon_0\boldsymbol{E}^2+\frac{1}{\mu_0}\boldsymbol{B}^2\right)-\varepsilon_0\frac{\partial}{\partial t}(\boldsymbol{E}\times\boldsymbol{B}) \tag{6-37}$$

其中，$\overleftrightarrow{\boldsymbol{I}}=\hat{\boldsymbol{x}}\hat{\boldsymbol{x}}+\hat{\boldsymbol{y}}\hat{\boldsymbol{y}}+\hat{\boldsymbol{z}}\hat{\boldsymbol{z}}$ 为单位并矢。

定义

$$\boldsymbol{P}=\varepsilon_0\boldsymbol{E}\times\boldsymbol{B} \tag{6-38}$$

$$\overleftrightarrow{\boldsymbol{T}}=-\varepsilon_0\boldsymbol{EE}-\frac{1}{\mu_0}\boldsymbol{BB}+\frac{1}{2}\left(\varepsilon_0\boldsymbol{E}^2+\frac{1}{\mu_0}\boldsymbol{B}^2\right)\overleftrightarrow{\boldsymbol{I}} \tag{6-39}$$

于是有

$$\boldsymbol{f}=\frac{\mathrm{d}\boldsymbol{p}_{\mathrm{m}}}{\mathrm{d}t}=-\nabla\cdot\overleftrightarrow{\boldsymbol{T}}-\frac{\partial\boldsymbol{g}}{\partial t} \tag{6-40}$$

式(6-40)便称为电磁场的动量定理。其中，$\boldsymbol{p}_{\mathrm{m}}$ 为单位体积的机械动量；$\boldsymbol{g}$ 为

动量密度；$\overleftrightarrow{\boldsymbol{T}}$ 为动量流密度，为一张量，也称为麦克斯韦应力张量。

考虑真空中的本构关系式 $\boldsymbol{B}=\mu_0\boldsymbol{H}$ 和光速的表达式 $c=1/\sqrt{\varepsilon_0\mu_0}$，电磁场动量密度表达式(6-38)可以写为

$$\boldsymbol{P}=\frac{1}{c^2}\boldsymbol{E}\times\boldsymbol{H} \tag{6-41}$$

将式(6-41)和式(6-14)对比可以发现，真空中电磁场的动量密度 $\boldsymbol{P}$ 和坡印廷矢量 $\boldsymbol{S}$ 之间满足如下关系

$$\boldsymbol{P}=\frac{1}{c^2}\boldsymbol{S} \tag{6-42}$$

即电磁场动量密度的大小正比于能流密度，其方向为沿电磁波的传播方向。

对于时谐场，真空中动量密度的时间平均值可以表示为

$$\langle\boldsymbol{P}\rangle=\frac{1}{2}\frac{1}{c^2}\mathrm{Re}\langle\boldsymbol{E}^*\times\boldsymbol{H}\rangle \tag{6-43}$$

与能量密度类似，本书中后面提到的动量密度均指的是动量密度的时间平均值，动量密度统一用 $\boldsymbol{P}$ 描述。

3. 电磁场的角动量

电磁场的角动量是指电磁场中的电磁波在传播过程中所具有的角动量。根据角动量的定义，由式(6-40)得到

$$\frac{\mathrm{d}\boldsymbol{L}_\mathrm{m}}{\mathrm{d}t}=\frac{\mathrm{d}(\boldsymbol{r}\times\boldsymbol{p}_\mathrm{m})}{\mathrm{d}t}=-\boldsymbol{r}\times(\nabla\cdot\overleftrightarrow{\boldsymbol{T}})-\frac{\partial(\boldsymbol{r}\times\boldsymbol{P})}{\partial t} \tag{6-44}$$

对于式(6-44)中右侧第一项 $-\boldsymbol{r}\times(\nabla\cdot\overleftrightarrow{\boldsymbol{T}})$，利用矢量恒等式

$$\nabla\cdot(\mathbf{A}\times\boldsymbol{a})=-\boldsymbol{a}\times(\nabla\cdot\mathbf{A}) \tag{6-45}$$

得到

$$\frac{\mathrm{d}\boldsymbol{L}_\mathrm{m}}{\mathrm{d}t}=-\nabla\cdot[-(\overleftrightarrow{\boldsymbol{T}}\times\boldsymbol{r})]-\frac{\partial(\boldsymbol{r}\times\boldsymbol{P})}{\partial t} \tag{6-46}$$

定义

$$\boldsymbol{L}=\boldsymbol{r}\times\boldsymbol{P} \tag{6-47}$$

$$\overleftrightarrow{\boldsymbol{L}}=-\overleftrightarrow{\boldsymbol{T}}\times\boldsymbol{r} \tag{6-48}$$

于是有

$$\frac{\mathrm{d}\boldsymbol{L}_\mathrm{m}}{\mathrm{d}t}=-\nabla\cdot\overleftrightarrow{\boldsymbol{L}}-\frac{\partial\boldsymbol{l}}{\partial t} \tag{6-49}$$

式(6-49)便称为电磁场的角动量定理。其中，$\boldsymbol{L}$ 为电磁场的角动量密度，$\overleftrightarrow{\boldsymbol{L}}$ 为

对应的角动量流密度。式(6-47)中，如果采用的是能量密度的时间平均值，则 $\boldsymbol{L}$ 也为角动量密度的时间平均值。

6.1.2 介质中电磁场动量的描述之争

虽然式(6-43)给出了真空中时谐场动量密度的时间平均值的表达式，但是关于介质中电磁场动量的描述至今还存有争议，即历史上著名的 Abraham-Minkowski 争论。Abraham 和 Minkowski 分别给出了动量的表达式，Abraham 给出的表达式预测电磁波进入介质时动量是减少的，而 Minkowski 给出的表达式则预测电磁波进入介质时动量是增加的。下面将从 Abraham 和 Minkowski 给出的电磁场动量表达式出发，分析两种动量表达式之间的关系。

Abraham 给出的电磁场动量的表达式为 $\boldsymbol{P}_{\mathrm{A}}=(1/c^2)(\boldsymbol{E}\times\boldsymbol{H})$，即式(6-41)，其中 $\boldsymbol{E}$ 为电场强度，$\boldsymbol{H}$ 为磁场强度。Abraham 动量密度写为

$$\boldsymbol{P}_{\mathrm{A}}=\frac{\varepsilon_0\mu_0}{2}\mathrm{Re}(\boldsymbol{E}^*\times\boldsymbol{H}) \tag{6-50}$$

Minkowski 给出的电磁场动量的表达式为 $\boldsymbol{P}_{\mathrm{M}}=\boldsymbol{D}\times\boldsymbol{B}$，其中 $\boldsymbol{D}$ 为电位移矢量，$\boldsymbol{B}$ 为磁通量密度。Minkowski 动量密度为

$$\boldsymbol{P}_{\mathrm{M}}=\frac{1}{2}\mathrm{Re}(\boldsymbol{D}^*\times\boldsymbol{B}) \tag{6-51}$$

对于非色散线性介质，设其介电常数为 ε，磁导率为 μ，根据本构关系(式(6-16))，式(6-51)可写为

$$\boldsymbol{P}_{\mathrm{M}}=\frac{\varepsilon\mu}{2}\mathrm{Re}(\boldsymbol{E}^*\times\boldsymbol{H}) \tag{6-52}$$

下面以平面波为例，对 Abraham 动量和 Minkowski 动量进行分析。在 x-线性极化情况下，时谐平面波的电场和磁场可写为

$$\boldsymbol{E}(\boldsymbol{r},\ t)=\hat{\boldsymbol{x}}E_0\exp(\mathrm{i}kz) \tag{6-53}$$

$$\boldsymbol{H}(\boldsymbol{r},\ t)=\hat{\boldsymbol{y}}\sqrt{\frac{\varepsilon}{\mu}}E_0\exp(\mathrm{i}kz) \tag{6-54}$$

将式(6-53)和式(6-54)代入式(6-50)中，得到 Abraham 动量密度的各个分量为

$$P_{\mathrm{A},\,x}=P_{\mathrm{A},\,y}=0 \tag{6-55}$$

$$P_{\mathrm{A},\,z}=\frac{\varepsilon_0\mu_0}{2}\mathrm{Re}(E_x^*H_y)=\frac{\varepsilon_0\mu_0}{2}\sqrt{\frac{\varepsilon}{\mu}}E_0^2=\frac{1}{2c^2}\sqrt{\frac{\varepsilon}{\mu}}E_0^2 \tag{6-56}$$

于是 Abraham 动量密度可写为

$$\boldsymbol{P}_{\mathrm{A}}=\hat{\boldsymbol{z}}\ \frac{1}{2c^{2}}\sqrt{\frac{\varepsilon}{\mu}}E_{0}^{2} \tag{6-57}$$

将式(6－53)和式(6－54)代入式(6－52)中，得到 Minkowski 动量密度的各个分量为

$$P_{\mathrm{M},\,x}=P_{\mathrm{M},\,y}=0 \tag{6-58}$$

$$P_{\mathrm{M},\,z}=\frac{\varepsilon\mu}{2}\mathrm{Re}(E_{x}^{*}H_{y})=\frac{\varepsilon\mu}{2}\sqrt{\frac{\varepsilon}{\mu}}E_{0}^{2} \tag{6-59}$$

利用关系式 $\varepsilon=\varepsilon_{\mathrm{r}}\varepsilon_{0}$ 和 $\mu=\mu_{\mathrm{r}}\mu_{0}$，式(6－59)可写为

$$P_{\mathrm{M},\,z}=\frac{n^{2}}{2c^{2}}\sqrt{\frac{\varepsilon}{\mu}}E_{0}^{2} \tag{6-60}$$

其中，$c=1/\sqrt{\varepsilon_{0}\mu_{0}}$ 为真空中的光束，$n=\sqrt{\varepsilon_{\mathrm{r}}\mu_{\mathrm{r}}}$ 为折射率。于是 Minkowski 动量密度可写为

$$\boldsymbol{P}_{\mathrm{M}}=\hat{\boldsymbol{z}}\ \frac{n^{2}}{2c^{2}}\sqrt{\frac{\varepsilon}{\mu}}E_{0}^{2} \tag{6-61}$$

对于自由空间，其介电常数和磁导率分别为 $\varepsilon=\varepsilon_{0}$，$\mu=\mu_{0}$，折射 $n=1$，此时 Abraham 动量密度和 Minkowski 动量密度的表达式是一致的，均为

$$P_{\mathrm{A}}=P_{\mathrm{M}}=P_{0}=\frac{1}{2c^{2}}\sqrt{\frac{\varepsilon_{0}}{\mu_{0}}}E_{0}^{2} \tag{6-62}$$

对于介电常数 $\varepsilon=\varepsilon_{\mathrm{r}}\varepsilon_{0}$ 和磁导率 $\mu=\mu_{\mathrm{r}}\mu_{0}$ 的均匀介质(其中 ε_{r} 和 μ_{r} 为介质的相对介电常数)，Abraham 动量密度和 Minkowski 动量密度分别为

$$P_{\mathrm{A}}=\frac{1}{2c^{2}}\sqrt{\frac{\varepsilon_{\mathrm{r}}\varepsilon_{0}}{\mu_{\mathrm{r}}\mu_{0}}}E_{0}^{2}=\frac{\varepsilon_{\mathrm{r}}}{\sqrt{\varepsilon_{\mathrm{r}}\mu_{\mathrm{r}}}}\frac{1}{2c^{2}}\sqrt{\frac{\varepsilon_{0}}{\mu_{0}}}E_{0}^{2}=\varepsilon_{\mathrm{r}}\ \frac{P_{0}}{n} \tag{6-63}$$

$$P_{\mathrm{M}}=\frac{n^{2}}{2c^{2}}\sqrt{\frac{\varepsilon_{\mathrm{r}}\varepsilon_{0}}{\mu_{\mathrm{r}}\mu_{0}}}E_{0}^{2}=\varepsilon_{\mathrm{r}}n\ \frac{1}{2c^{2}}\sqrt{\frac{\varepsilon_{0}}{\mu_{0}}}E_{0}^{2}=\varepsilon_{\mathrm{r}}nP_{0} \tag{6-64}$$

将式(6－63)和式(6－64)对比可以发现，Abraham 型动量密度预测电磁波在进入介质后其线性动量密度是减小的，从自由空间中的 P_{0} 减小为 P_{0}/n；而 Minkowski 型动量密度预测电磁波在进入介质后其线性动量密度是增加的，从自由空间中的 P_{0} 增加为 nP_{0}。

下面从量子化的角度进一步介绍单个光子的 Abraham 动量密度和 Minkowski 动量密度的具体表达形式。电磁场在自由空间中的动量密度 P_{0} 由式(6－62)给出，对应的能量密度的表达式为

$$W_0=\frac{1}{2}\varepsilon_0 E_0^2 \tag{6-65}$$

从光子角度出发，能量密度可写为

$$W_0=\frac{q\hbar\omega}{V} \tag{6-66}$$

其中，q 为单位体积 V 中的平均光子数。

对比式(6-62)、式(6-65)和式(6-66)，得到如下关系式

$$E_0^2=\frac{2q\hbar\omega}{V\varepsilon_0} \tag{6-67}$$

$$P_0=\frac{q\hbar\omega}{cV} \tag{6-68}$$

于是，单个光子在真空中的线性动量的表达式为

$$P=\frac{\hbar\omega}{c} \tag{6-69}$$

式(6-69)与量子力学中给出的单个光子的动量的表达式一致。

类似地，在介电常数为 ε、磁导率为 μ、折射率为 n 的介质中，运用 Abraham 动量密度的表达式，单个光子的动量密度可写为

$$P_A=\frac{1}{n}\frac{\hbar\omega}{c} \tag{6-70}$$

运用 Minkowski 动量密度的表达式，单个光子的动量密度可写为

$$P_M=n\frac{\hbar\omega}{c} \tag{6-71}$$

将式(6-70)和式(6-71)对比可以发现，Abraham 型动量密度预测光在进入介质中时线性动量密度是减小的，从自由空间中的 P_0 减小为 P_0/n；而 Minkowski 型动量密度预测光进入介质中时线性动量密度是增加的，从自由空间中的 P_0 增加为 nP_0。

6.1.3 机械动量和正则动量描述之争

物理学上对动量的定义通常有两种方式：第一种动量和经典力学相关，是从牛顿运动学第二定律推导出来的，具体表示为 $P_k=m\nu$，即物体的质量和速度的乘积，通常称为机械动量(kinetic momentum)；第二种动量和量子理论密切相关，是通过德布罗意波推导出来的，具体定义为 $P_c=h/\lambda$，即普朗克常数除以德布罗意波长，通常称为正则动量(canonical momentum)。这两种动量在很多地方是相等的，但是在电磁学和光学中有很大的不同。

将惯性质量 $m=E/c^2=\hbar\omega/c^2$ 与单个光子的频率 ω 关联起来，并乘以群

速 $\nu = c/n$，可以得到

$$m\nu = \frac{\hbar\omega}{c^2} \cdot \frac{c}{n} = \frac{\hbar\omega}{nc} \tag{6-72}$$

将式(6－72)和式(6－70)对比可以发现，Abraham 型动量属于机械动量，即光场的机械动量 $\boldsymbol{P}_{\mathrm{k}}$ 由坡印廷矢量给定，可表示为

$$\boldsymbol{P}_{\mathrm{k}} = \frac{1}{2}\mathrm{Re}\left(\frac{1}{c^2}\boldsymbol{E}^* \times \boldsymbol{H}\right) \tag{6-73}$$

此时，总的角动量密度可由机械动量密度定义为

$$\boldsymbol{J}_{\mathrm{k}} = \boldsymbol{r} \times \boldsymbol{P}_{\mathrm{k}} \tag{6-74}$$

上述采用坡印廷矢量定义的动量和角动量虽然具有普遍性，但是存在着一定的局限性。首先，上述公式不能单独地描述光场的自旋和轨道角动量，尤其是该理论定义的角动量是外禀参量，而自旋角动量是光场的内禀属性。与此同时，自旋和轨道角动量在现代光学中作为独立的自由度被广泛探索。自旋和轨道角动量的分离是可能的并且具有物理意义。其次，采用上述公式描述非均匀结构光场的动力学特性时，缺乏清晰的物理意义，不能解释非均匀结构光场与物质相互作用时局部动量的传递和光对物质施加的辐射压力。理论研究表明，在量子力学和相对论场论范畴内，采用正则方法建立的动力学理论可以很好地解决上述问题。

描述光场动量和角动量的正则方法源于相对场论和量子力学。正则动量密度可以写成量子力学动量算符的局部期望值 $\hat{\boldsymbol{p}} = -i\nabla$，与场的局部相位梯度或局部波矢量 $\boldsymbol{k}_{\mathrm{loc}}$ 相关联。基于电磁场的拉格朗日 Noether 定理，并应用关于电场和磁场的双对称形式，介电常数为 ε、磁导率为 μ 的介质中正则动量密度

$$\boldsymbol{P}_{\mathrm{c}} = \frac{1}{4\omega}\mathrm{Im}[\varepsilon\boldsymbol{E}^* \cdot (\nabla)\boldsymbol{E} + \mu\boldsymbol{H}^* \cdot (\nabla)\boldsymbol{H}] \tag{6-75}$$

其中，ω 为光场的角频率，算子 $\boldsymbol{A} \cdot (\nabla)\boldsymbol{B} = A_x \nabla B_x + A_y \nabla B_y + A_z \nabla B_z$；$\mathrm{Im}[\cdot]$ 表示取虚部。正则动量密度对应的自旋和轨道角动量密度为

$$\boldsymbol{S}_{\mathrm{c}} = \frac{1}{4\omega}\mathrm{Im}[\varepsilon\boldsymbol{E}^* \times \boldsymbol{E} + \mu\boldsymbol{H}^* \times \boldsymbol{H}] \tag{6-76}$$

$$\boldsymbol{L}_{\mathrm{c}} = \boldsymbol{r} \times \boldsymbol{P}_{\mathrm{c}} \tag{6-77}$$

上述定义的正则动量和角动量具有清晰的物理解释，即动量密度与场相位的局部梯度成正比；自旋角动量密度是光场的内禀属性，与场极化的局域椭圆率成正比。

正如前面所述，Abraham 动量可以看作机械动量；而 Minkowski 动量是一种典型的正则动量。下面以平面波为例来进行说明。

将在 x-线性极化情况下平面波的电场和磁场表达式(6－53)和(6－54)代入式(6－75)，得到正则动量密度的三个分量为

$$P_x = P_y = 0 \tag{6-78}$$

$$P_z = \frac{1}{4\omega}\mathrm{Im}\left[\varepsilon\left(E_x^* \frac{\partial E_x}{\partial z}\right) + \mu\left(H_y^* \frac{\partial H_y}{\partial z}\right)\right] \tag{6-79}$$

其中：

$$E_x^* \frac{\partial E_x}{\partial z} = E_x^* \frac{\partial}{\partial z}[E_0 \exp(\mathrm{i}kz)] = E_x^*(\mathrm{i}kE_x) = \mathrm{i}kE_0^2 \tag{6-80}$$

$$H_y^* \frac{\partial H_y}{\partial z} = H_y^* \frac{\partial}{\partial z}\left[\sqrt{\frac{\varepsilon}{\mu}} E_0 \exp(\mathrm{i}kz)\right] = \mathrm{i}k \frac{\varepsilon}{\mu} E_0^2 \tag{6-81}$$

于是有

$$\boldsymbol{P}_c = \hat{\boldsymbol{z}} P_z = \hat{\boldsymbol{z}} \frac{1}{4\omega}\mathrm{Im}\left[\varepsilon(\mathrm{i}kE_0^2) + \mu\left(\mathrm{i}k \frac{\varepsilon}{\mu} E_0^2\right)\right] = \hat{\boldsymbol{z}} \frac{n^2}{2c^2}\sqrt{\frac{\varepsilon}{\mu}} E_0^2 \tag{6-82}$$

将式(6－82)与式(6－61)进行对比可以发现，正则动量密度与 Minkowski 动量密度的表达式一致。

综上所述，基于坡印廷矢量的机械动量与波包传播的能量通量和群速相关，然而正则动量与光波和其波矢量特性所携带的动量密度相关。同时，机械动量与正则动量的争论源于自旋和轨道自由度的分离，而 Abraham 动量和 Minkowski 动量的争论源于介质和场对动量贡献的分离。因此，可以考虑介质中 Abraham 动量和 Minkowski 动量自旋和轨道的分离，以及介质中机械动量和正则动量的 Abraham 和 Minkowski 形式。也就是说，介质中的动量有四种形式。

6.2 结构光场动力学参量的描述

如前面所述，能量、动量、角动量、螺旋度和手性是描述结构光场动力学特性的几个重要参量。在这几个动力学参量中，对能量的描述最为成熟和完善。但是对于非均匀结构光场，尤其是介质中非均匀结构光场动量和角动量的描述还存在着争议和分歧。问题之一是历史上著名的 Abraham-Minkowski 争论；问题之二是机械动量和正则动量的描述之争。理论研究表明，在量子力学和相对论场论范畴内，基于 Minkowski 型正则动量建立的动力学理论可以合理地对结构光场及其在介质中的动力学参量进行合理描述，下面将该理论称为正则动力学理论。下面提到的各个动力学参量的密度均指的是时间平均值，不

再使用时间平均算子〈·〉表示。

6.2.1　结构光场能量的描述

由式(6－25)可知，介电常数为 ε、磁导率为 μ 的非色散介质中结构光场能量密度的表达式为

$$W=\frac{1}{4}(\varepsilon|\boldsymbol{E}|^2+\mu|\boldsymbol{H}|^2) \tag{6-83}$$

令式(6－83)中的 $\varepsilon=\varepsilon_0$、$\mu=\mu_0$，可得到真空中结构光场能量密度的表达式。

对于色散介质中的结构光场，其能量密度可由 Brillouin 公式描述为

$$\widetilde{W}=\frac{1}{4}(\widetilde{\varepsilon}|\boldsymbol{E}|^2+\widetilde{\mu}|\boldsymbol{H}|^2) \tag{6-84}$$

其中：

$$\widetilde{\varepsilon}=\varepsilon+\omega\frac{\mathrm{d}\varepsilon}{\mathrm{d}\omega},\ \widetilde{\mu}=\mu+\omega\frac{\mathrm{d}\mu}{\mathrm{d}\omega} \tag{6-85}$$

表示介电常数为 ε 和磁导率为 μ 的色散量，ω 为光场的角频率。

6.2.2　结构光场动量的描述

在相对论场论中，正则动量可直接从应用于电磁场拉格朗日的 Noether 定理中获得。式(6－75)给出了介电常数为 ε、磁导率为 μ 的非色散介质中结构光场正则动量密度的表达式，重写如下

$$\boldsymbol{P}=\frac{1}{4\omega}\mathrm{Im}[\varepsilon\boldsymbol{E}^*\cdot(\nabla)\boldsymbol{E}+\mu\boldsymbol{H}^*\cdot(\nabla)\boldsymbol{H}] \tag{6-86}$$

根据算子 $\boldsymbol{A}\cdot(\nabla)\boldsymbol{B}=A_x\nabla B_x+A_y\nabla B_y+A_z\nabla B_z$，得到正则动量密度的三个分量为

$$P_x=\frac{1}{4\omega}\mathrm{Im}\left[\varepsilon\left(E_x^*\frac{\partial E_x}{\partial x}+E_y^*\frac{\partial E_y}{\partial x}+E_z^*\frac{\partial E_z}{\partial x}\right)+\mu\left(H_x^*\frac{\partial H_x}{\partial x}+H_y^*\frac{\partial H_y}{\partial x}+H_z^*\frac{\partial H_z}{\partial x}\right)\right] \tag{6-87}$$

$$P_y=\frac{1}{4\omega}\mathrm{Im}\left[\varepsilon\left(E_x^*\frac{\partial E_x}{\partial y}+E_y^*\frac{\partial E_y}{\partial y}+E_z^*\frac{\partial E_z}{\partial y}\right)+\mu\left(H_x^*\frac{\partial H_x}{\partial y}+H_y^*\frac{\partial H_y}{\partial y}+H_z^*\frac{\partial H_z}{\partial y}\right)\right] \tag{6-88}$$

$$P_z=\frac{1}{4\omega}\mathrm{Im}\left[\varepsilon\left(E_x^*\frac{\partial E_x}{\partial z}+E_y^*\frac{\partial E_y}{\partial z}+E_z^*\frac{\partial E_z}{\partial z}\right)+\mu\left(H_x^*\frac{\partial H_x}{\partial z}+H_y^*\frac{\partial H_y}{\partial z}+H_z^*\frac{\partial H_z}{\partial z}\right)\right] \tag{6-89}$$

其中，(E_x, E_y, E_z)和(H_x, H_y, H_z)分别为电磁场$\boldsymbol{E}$和$\boldsymbol{H}$的三个分量。

正则动量密度也可用量子力学中的算符来表示

$$\boldsymbol{P}=\mathrm{Re}[\psi^{\dagger}\cdot(\hat{\boldsymbol{p}})\psi] \tag{6-90}$$

其中，量子力学算子$\hat{\boldsymbol{p}}=-\mathrm{i}\nabla$，波函数由下式给出

$$\psi=\frac{1}{2\sqrt{\omega}}\begin{pmatrix}\sqrt{\varepsilon}\boldsymbol{E}\\ \sqrt{\mu}\boldsymbol{H}\end{pmatrix} \tag{6-91}$$

使用拉格朗日理论和诺特定理可推导出色散介质中动量密度的表达式

$$\widetilde{\boldsymbol{P}}=\boldsymbol{P}+\frac{1}{4}\mathrm{Im}\left[\frac{\mathrm{d}\varepsilon}{\mathrm{d}\omega}\boldsymbol{E}^{*}\cdot(\nabla)\boldsymbol{E}+\frac{\mathrm{d}\mu}{\mathrm{d}\omega}\boldsymbol{H}^{*}\cdot(\nabla)\boldsymbol{H}\right] \tag{6-92}$$

式(6-92)等号右侧第一项代表的是式(6-75)所示的正则动量密度，第二项代表的是与色散相关的修正项。由于正则动量表示波的正则矢量特性，因此可用于解释自旋轨道的分离，将坡印亭矢量分解应用于正则项，并将第二个色散项添加到轨道部分，则有

$$\widetilde{\boldsymbol{P}}=\frac{1}{4\omega}\mathrm{Im}[\tilde{\varepsilon}\boldsymbol{E}^{*}\cdot(\nabla)\boldsymbol{E}+\tilde{\mu}\boldsymbol{H}^{*}\cdot(\nabla)\boldsymbol{H}] \tag{6-93}$$

其中，$\tilde{\varepsilon}$和$\tilde{\mu}$由式(6-85)给出。

6.2.3 结构光场角动量的描述

在正则动力学理论中，光场的自旋角动量和轨道角动量是分离的。自旋角动量是光场的内禀属性，与场极化的局域椭圆率成正比；而轨道角动量作为一个外在的动力学特性量，是通过正则动量密度来定义的。介电常数为ε、磁导率为μ的非色散介质中结构光场自旋角动量密度和轨道角动量密度的表达式为

$$\boldsymbol{S}=\frac{1}{4\omega}\mathrm{Im}[\varepsilon\boldsymbol{E}^{*}\times\boldsymbol{E}+\mu\boldsymbol{H}^{*}\times\boldsymbol{H}] \tag{6-94}$$

$$\boldsymbol{L}=\boldsymbol{r}\times\boldsymbol{P} \tag{6-95}$$

将电磁场$\boldsymbol{E}$和$\boldsymbol{H}$记为$\boldsymbol{E}=\hat{\boldsymbol{x}}E_x+\hat{\boldsymbol{y}}E_x+\hat{\boldsymbol{z}}E_x$和$\boldsymbol{H}=\hat{\boldsymbol{x}}H_x+\hat{\boldsymbol{y}}H_x+\hat{\boldsymbol{z}}H_x$，并代入式(6-94)，得到自旋角动量密度的三个分量为

$$S_x=\frac{1}{4\omega}\mathrm{Im}[\varepsilon(E_y^{*}E_z-E_yE_z^{*})+\mu(H_y^{*}H_z-H_yH_z^{*})] \tag{6-96}$$

$$S_y=\frac{1}{4\omega}\mathrm{Im}[\varepsilon(E_xE_z^{*}-E_x^{*}E_z)+\mu(H_xH_z^{*}-H_x^{*}H_z)] \tag{6-97}$$

$$S_z=\frac{1}{4\omega}\mathrm{Im}[\varepsilon(E_x^{*}E_y-E_xE_y^{*})+\mu(H_x^{*}H_y-H_xH_y^{*})] \tag{6-98}$$

将 $\boldsymbol{r}=\hat{\boldsymbol{x}}x+\hat{\boldsymbol{y}}y+\hat{\boldsymbol{z}}z$ 和 $P=\hat{\boldsymbol{x}}P_x+\hat{\boldsymbol{y}}P_x+\hat{\boldsymbol{z}}P_x$ 代入式(6-95)，得到轨道角动量密度的三个分量为

$$L_x=yP_z-zP_y \tag{6-99}$$

$$L_y=zP_x-xP_z \tag{6-100}$$

$$L_z=xP_y-yP_x \tag{6-101}$$

其中，P_x、P_y 和 P_z 为正则动量的 $\boldsymbol{P}$ 的三个分量，由式(6-87)～(6-89)给出。

自旋角动量密度和轨道角动量密度也可用量子力学中的算符来表示

$$\boldsymbol{S}=\psi^{\dagger}\cdot(\hat{\boldsymbol{S}})\psi \tag{6-102}$$

$$\boldsymbol{L}=\mathrm{Re}[\psi^{\dagger}\cdot(\hat{\boldsymbol{L}})\psi] \tag{6-103}$$

其中，波函数 ψ 由式(6-91)给出，轨道角动量算子 $\hat{\boldsymbol{L}}=\boldsymbol{r}\times\hat{\boldsymbol{p}}$，自旋角动量算子 $\hat{\boldsymbol{S}}$ 满足 $\boldsymbol{E}\cdot(\hat{\boldsymbol{S}})\boldsymbol{E}=\mathrm{Im}(\boldsymbol{E}^*\times\boldsymbol{E})$。

对于色散介质中的结构光场，自旋角动量密度和轨道角动量密度可写为

$$\widetilde{\boldsymbol{S}}=\frac{1}{4\omega}\mathrm{Im}[\tilde{\varepsilon}\boldsymbol{E}^*\times\boldsymbol{E}+\tilde{\mu}\boldsymbol{H}^*\times\boldsymbol{H}] \tag{6-104}$$

$$\widetilde{\boldsymbol{L}}=\boldsymbol{r}\times\widetilde{\boldsymbol{P}} \tag{6-105}$$

其中，$\tilde{\varepsilon}$ 和 $\tilde{\mu}$ 由式(6-85)给出。

6.2.4　结构光场螺旋度的描述

螺旋度与能量、动量和角动量一样，也是描述光场性质的一种重要守恒量。介电常数为 ε、磁导率为 μ 的非色散介质中结构光场螺旋度密度定义为

$$\Theta=\frac{|n|}{2\omega}\mathrm{Im}[\boldsymbol{H}^*\cdot\boldsymbol{E}] \tag{6-106}$$

其中，$n=\sqrt{\varepsilon\mu}$。令 $\varepsilon=\varepsilon_0$，$\mu=\mu_0$，便可得到真空中结构光场螺旋度密度的表达式。

对于色散介质中的结构光场，螺旋度密度可写为

$$\Theta=\frac{1}{2\omega}|\tilde{n}|\mathrm{Im}[\boldsymbol{H}^*\cdot\boldsymbol{E}] \tag{6-107}$$

其中：

$$\tilde{n}=\sqrt{\varepsilon\mu}+\omega\frac{d\sqrt{\varepsilon\mu}}{d\omega} \tag{6-108}$$

利用式(6-85)给出的 $\tilde{\varepsilon}$ 和 $\tilde{\mu}$ 的表达式，式(6-108)可进一步写为

$$\tilde{n}=\frac{1}{2}\left(\tilde{\varepsilon}\sqrt{\frac{\mu}{\varepsilon}}+\tilde{\mu}\sqrt{\frac{\varepsilon}{\mu}}\right) \tag{6-109}$$

于是螺旋度密度也可写为

$$\Theta=\frac{1}{4\omega}\left|\tilde{\varepsilon}\sqrt{\frac{\mu}{\varepsilon}}+\tilde{\mu}\sqrt{\frac{\varepsilon}{\mu}}\right|\mathrm{Im}[\boldsymbol{H}^{*}\cdot\boldsymbol{E}] \tag{6-110}$$

6.2.5 结构光场手性的描述

手性是自然界的普遍特征。所谓手性，是指无论如何旋转或移动都无法与其镜像重合的结构或系统，就像我们的左手和右手。手性不仅可以描述三维物体的几何特性，也可以描述光场的固有属性。真空中结构光场的手性密度定义为

$$g_0=\frac{\omega}{2c^2}\mathrm{Im}[\boldsymbol{E}\cdot\boldsymbol{H}^{*}] \tag{6-111}$$

对于介电常数为 ε、磁导率为 μ 的非色散介质中的结构光场，手性密度的表达式为

$$g=n^2\ \frac{\omega}{2c^2}\mathrm{Im}[\boldsymbol{E}\cdot\boldsymbol{H}^{*}]=n^2 g_0 \tag{6-112}$$

其中，$n=\sqrt{\varepsilon\mu}$。

将式(6－112)与式(6－106)对比，可得到

$$g=|n|\frac{\omega^2}{c^2}\Theta \tag{6-113}$$

由于手性密度与螺旋度密度之间只差一个系数，因此通常只分析手性密度。

对于色散介质中的结构光场，手性密度可写为

$$g=\mathrm{Re}[n(\omega)\tilde{n}(\omega)]g_0\doteq\frac{\omega}{2}\frac{\mathrm{Im}[\boldsymbol{E}\cdot\boldsymbol{H}^{*}]}{v_{\mathrm{p}}(\omega)v_{\mathrm{g}}(\omega)} \tag{6-114}$$

其中，$n(\omega)=\sqrt{\varepsilon_{\mathrm{r}}(\omega)\mu_{\mathrm{r}}(\omega)}$；$\tilde{n}(\omega)=n(\omega)+\omega[\partial n(\omega)/\partial\omega]$；$v_{\mathrm{p}}(\omega)$和 $v_{\mathrm{g}}(\omega)$分别为相速度和群速度，表达式为

$$v_{\mathrm{p}}(\omega)=c/\mathrm{Re}[n(\omega)] \tag{6-115}$$

$$v_{\mathrm{g}}(\omega)=c/\mathrm{Re}[\tilde{n}(\omega)] \tag{6-116}$$

特定情形下的结构光场具有局域手性增强效果。为了描述此现象，可引入超手性因子的概念，其定义为结构光场与传统圆极化平面波手性密度的比值，表示为

$$g/g_{\mathrm{CPL}}=Z_0\ \frac{\mathrm{Im}[\boldsymbol{E}\cdot\boldsymbol{H}^{*}]}{|\boldsymbol{E}|^2} \tag{6-117}$$

式中，Z_0 表示真空中的波阻抗。超手性因子是特殊结构光场相比于在圆极化平面波手性最大值的增强，要求 $g>1$。为实现超手性，式(6-117)中的分子应该有关系 $\mathrm{Im}(\boldsymbol{E}\cdot\boldsymbol{H}^*)\leqslant|\boldsymbol{E}||\boldsymbol{H}|$，则 $g/g_{\mathrm{CPL}}\leqslant Z_0|\boldsymbol{H}|/|\boldsymbol{E}|$。超手性场的必要条件是 $|\boldsymbol{H}|/|\boldsymbol{E}|>1/Z_0$。

6.3　结构光场的动力学特性分析举例

6.3.1　紧聚焦涡旋光束的动力学特性分析

4.4 节中给出了不同极化态下紧聚焦涡旋光束的电磁场分量，代入动力学参量表达式，即可分析紧聚焦涡旋光束的动力学特性。

图 6.1 给出的是 x-线性极化(x-LP)、左圆极化(L-CP)、右圆极化(R-CP)和径向极化(RP)四种极化态涡旋光束在焦平面上的能量密度归一化分布图。其中，背景空间折射率 $n=1.33$，透镜焦距 $f=2$ mm，数值孔径 NA=1.26，涡旋光束波长 $\lambda=632.8$ nm，束腰半径 $w_0=1.0f$，拓扑荷数 $l=3$，背景颜色表示能量密度大小，白色箭头表示的是坡印亭矢量方向。从图 6.1 中可知，坡印廷矢量绕着光束的传播方向旋转。对所有极化态的聚焦涡旋光束来说，沿传播方向的横截面上能量密度分布都由中心有暗核的圆对称环组成，在左圆极化情形下暗核尺寸最大，在右圆极化情形下暗核尺寸最小。

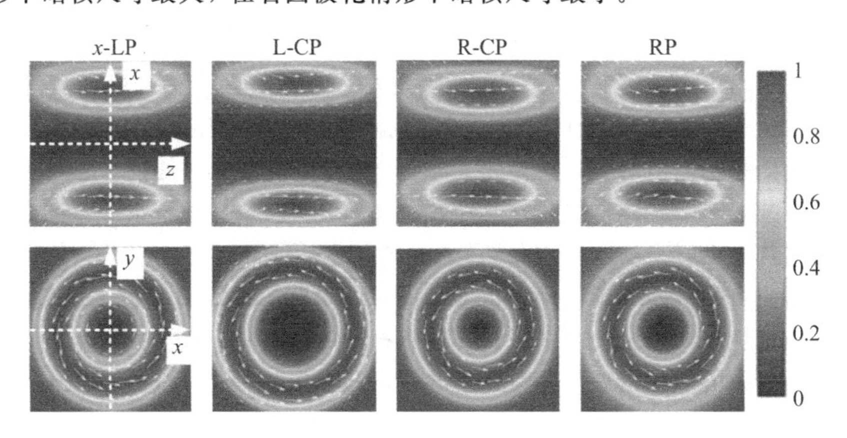

图 6.1　聚焦平面上不同极化态涡旋光束的能量密度归一化分布图

图 6.2 给出的是不同极化态涡旋光束在焦平面上的横向和纵向动量密度归一化分布图。其中，背景颜色表示动量密度大小，白色箭头表示动量密度横

向分量的旋转方向，参数设置与图 6.1 相同。从图 6.2 中可知，当 $l=0$ 时，x-线性极化和径向极化聚焦光束仅有纵向动量，而圆极化的聚焦光束既有横向动量，也有纵向动量。左圆极化和右圆极化聚焦光束的横向动量方向相反。当 $l\neq0$ 时，四种极化态聚焦涡旋光束的横向动量的方向一致。当改变拓扑荷数的符号时，纵向动量密度不变，横向动量的方向将会逆转，x-线性极化和径向极化聚焦涡旋光束的横向动量密度大小不变，但圆极化聚焦涡旋光束的横向动量密度会发生明显变化。上述结果表明涡旋光束的拓扑荷数和极化态对其横向动量密度的影响比对其纵向动量密度的影响要大。

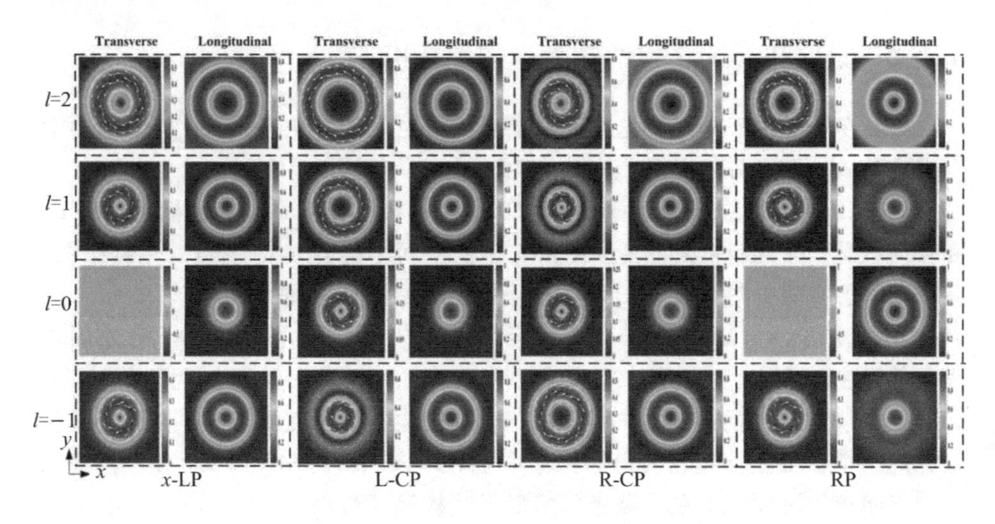

图 6.2 聚焦平面上不同极化态涡旋光束的横向和纵向动量密度归一化分布图

图 6.3 给出的是不同极化态涡旋光束在焦平面上的横向和纵向自旋角动量密度归一化分布图。其中，背景颜色表示自旋角动量密度大小，白色箭头表示自旋角动量密度横向方向的旋转方向，参数设置与图 6.1 相同。从图 6.3 中可知，当 $l=0$ 时，x-线性极化和径向极化聚焦光束仅有横向自旋角动量，而圆极化的聚焦光束既有横向自旋角动量，也有纵向自旋角动量。左圆极化和右圆极化聚焦光束的横向自旋角动量密度相同，纵向自旋角动量密度的幅值相同，但是方向相反。当 $l\neq0$ 时，随着拓扑荷数符号的改变，x-线性极化和径向极化聚焦涡旋光束的横向自旋角动量密度的幅值和方向均保持不变，纵向自旋角动量密度的幅值不变，方向发生逆转；而左圆极化和右圆极化聚焦涡旋光束的纵向自旋角动量密度的幅值和方向均不变，横向自旋角动量密度的幅值不变，方向发生逆转。上述结果表明聚焦涡旋光束的拓扑荷数对自旋角动量密度有显著的影响。

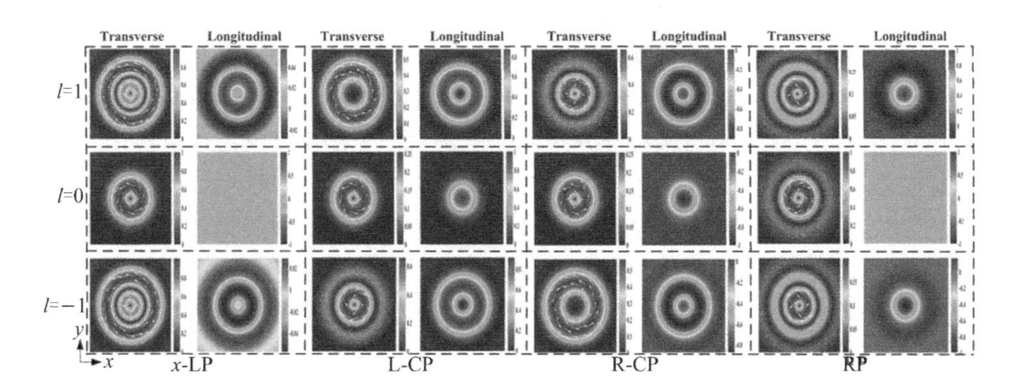

图 6.3　聚焦平面上不同极化态涡旋光束的横向和纵向自旋角动量密度归一化分布图

图 6.4 给出的是不同极化态涡旋光束在焦平面上的横向和纵向轨道角动量密度归一化分布图。其中，背景颜色表示自旋角动量密度大小，白色箭头表示轨道角动量密度横向分量的旋转方向，参数设置与图 6.1 相同。从图 6.4 中可知，当 $l=0$ 时，x-线性极化和径向极化聚焦光束的纵向轨道角动量为 0，而圆极化的聚焦基模高斯光束既有横向轨道角动量，也有纵向轨道角动量。左圆极化和右圆极化聚焦基模高斯光束的横向轨道角动量密度相同，纵向轨道角动量密度的幅值相同，但是方向相反。当 $l\neq 0$ 时，随着拓扑荷数符号的改变，四种极化态聚焦涡旋光束的横向轨道角动量密度的幅值和方向均保持不变，纵向轨道角动量密度发生明显改变。

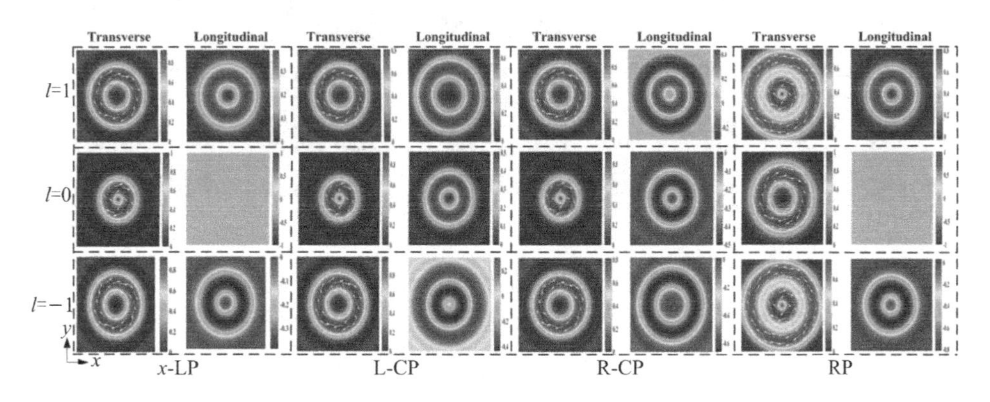

图 6.4　聚焦平面上不同极化态涡旋光束的横向和纵向轨道角动量密度归一化分布图

图 6.5 给出的是不同极化态涡旋光束在焦平面上的手性密度分布图，参数设置与图 6.1 相同。从图 6.5 中可知，除 $l=0$ 时 x-线性极化和径向极化情况下手性密度为零，其他情况焦平面处的手性密度均呈现环状分布。随着拓扑荷

数绝对值的增大，中心环状斑逐渐增大，当拓扑荷数 $l=\pm1$ 或 $l=\pm2$ 时，x-线性极化聚焦涡旋光束具有左手或右手螺旋形相位波前，呈现出手性密度不为零的环状分布。需要注意的是，左圆极化和右圆极化聚焦光束在 $l=0$ 时手性密度不为零，这是因为圆极化光束自身具有自旋角动量。当拓扑荷数的绝对值保持不变，涡旋手性从左旋变为右旋时，四种极化情况下焦平面处的手性密度均发生显著变化。首先，在 x-线性极化情况下左旋聚焦涡旋光束的焦点处手性密度小于零，右旋时手性密度大于零，然而径向情况与之相反；其次，左圆极化时手性密度完全大于零，右圆极化时手性密度完全小于零，同时左圆极化和右圆极化聚焦涡旋光束焦平面处的手性密度在数值上正负翻转。

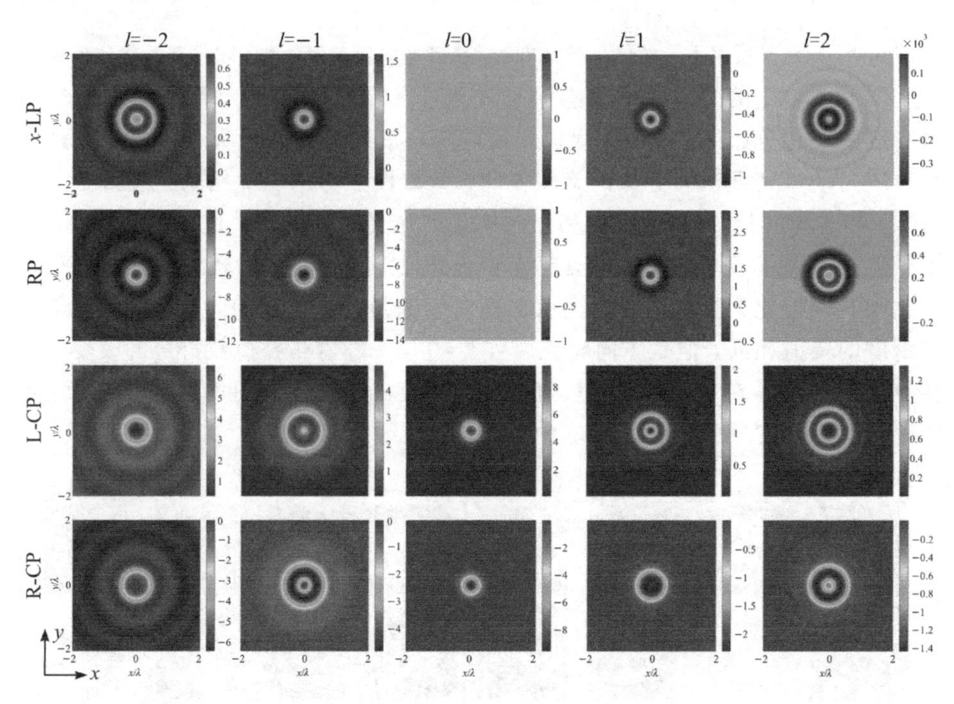

图 6.5 聚焦平面上不同极化态涡旋光束的手性密度分布图

6.3.2 反射和折射涡旋光束的动力学特性分析

5.3 节中给出了拉盖尔-高斯涡旋光束在入射反射和折射情形下的电磁场分量，代入动力学参量表达式，即可分析反射和折射涡旋光束的动力学特性。

图 6.6 给出的是入射、反射和折射涡旋光束的能量、动量、自旋角动量和轨道角动量密度分布图。其中，白色箭头分别表示横向坡印亭矢量，以及正则

动量、自旋角动量和轨道角动量密度横向分量的旋转方向。光束从自由空间入射到折射率为 $n=1.515$ 的 BK7 玻璃表面，对应的布儒斯特角 $\theta_B=56.5°$，自由空间中入射涡旋光束的波长 $\lambda_0=632.8$ nm，光束束腰半径 $w_0=1.0\lambda_0$，拓扑荷数 $l=1$，极化参数$(p_x, p_y)=(1, 0)$，入射角 $\theta_i=30°$，观察平面所在位置 $z_i=z_r=z_t=\lambda_0$。图(a1)～(a4)为入射光束，图(b1)～(b4)为反射光束，图(c1)～(c4)为折射光束，图中第一列到最后一列分别是能量、动量、自旋角动量和轨道角动量密度。从图 6.6 中可知，入射光束、反射光束和折射光束的能量和动量密度有着相同的分布模式，但幅值不同。与入射光束的能量和动量密度分布相比，反射和折射涡旋光束发生了一些扰动。此外，反射光束的横向坡印亭矢量和动量密度的方向与入射光束的方向相反。对于线性极化的入射涡旋光束，反射和折射对自旋角动量密度的影响最为显著。反射光束的自旋角动量密度分布已经失去了圆对称特性。通过进一步观察，发现入射光束、反射光束和折射光束的轨道角动量密度的分布模式相似但不相同。值得注意的是，这三种情况下的横向轨道角动量密度的方向是一致的。

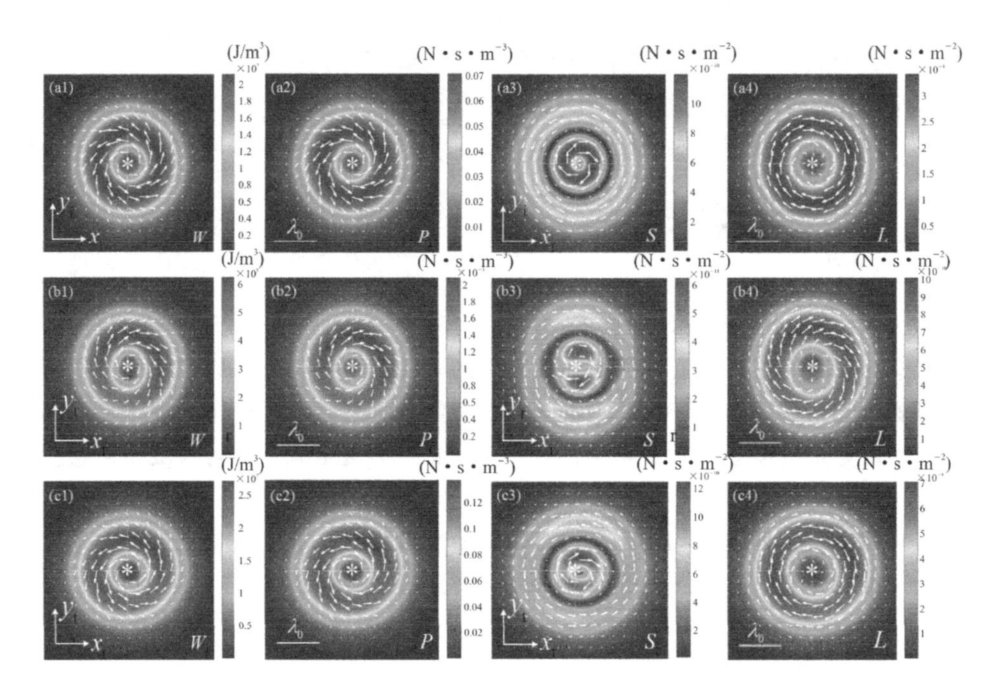

图 6.6　入射、反射和折射涡旋光束的能量、动量、自旋角动量和轨道角动量密度分布图

图 6.7 给出的是不同入射角下反射和折射涡旋光束的能量、动量、自旋角动量和轨道角动量密度分布图，参数设置与图 6.6 相同。从图 6.7 中可知，涡

旋光束的动力学特性量的分布在反射和折射后是非旋转对称的。随着入射角的增加，轮廓逐渐偏离圆对称，并且扰动变得越来越明显。当入射角大于布儒斯特角时，反射和折射涡旋光束几乎失去了涡旋相位特性。显然，入射角对反射和折射涡旋光束的动力学特性有显著影响。另外，随着入射角的增加，反射涡旋光束的分布轮廓比折射光束的分布轮廓有更明显的变化。

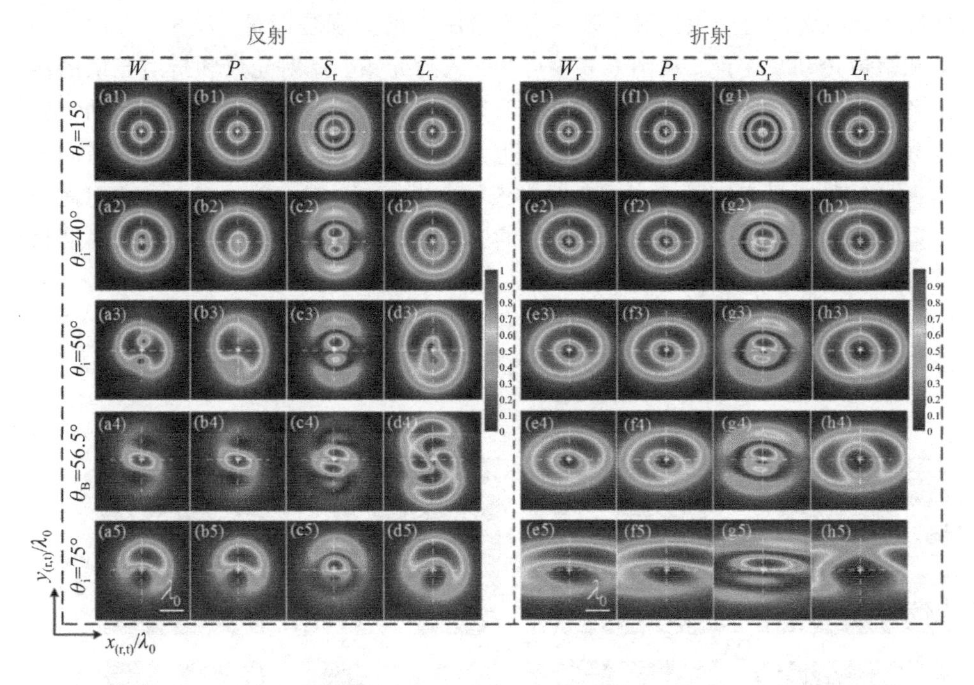

图 6.7　入射角对反射和折射涡旋光束的能量、动量、自旋角动量和轨道角动量密度的影响

众所周知，拓扑荷数决定了涡旋光束的轨道角动量态。可以预见，拓扑荷数对涡旋光束的动力学特性也有显著影响。数值结果表明，拓扑荷数对反射和折射涡旋光束的能量和动量密度的影响是相似的，这里只关注对自旋角动量和轨道角动量密度的影响。图 6.8 给出了在不同拓扑荷数下反射和折射涡旋光束的自旋角动量和轨道角动量密度分布图，参数设置与图 6.6 相同。从图 6.8 中可以看出，反射和折射涡旋光束的自旋和轨道角动量密度有着完全不同的分布。当拓扑荷数 $l=0$ 时，反射光束和折射光束自旋和轨道角动量密度的分布模式关于 x_r 和 x_t 轴是轴对称的。需要注意的是，如图 6.8(b1)和(d1)所示，虽然基模高斯光束不具有涡旋结构，但经过反射和折射后基模高斯光束具有涡旋结构。在这种情形下，涡旋结构由横向轨道角动量决定，横向轨道角动量是由反射和折射过程中的交叉极化耦合所引起的。相反，对于 $l\neq0$ 的情形，轴对

称结构被破坏，随着拓扑荷数的增加，反射光束和折射光束在横向的自旋和轨道角动量密度分布逐渐由中心向外围扩展。进一步观察可发现，对于 $l=0$ 的情形，反射和折射光束的横向自旋和轨道角动量密度的旋转方向是相反的。此外，反射光束轨道角动量密度的旋转方向与折射光束的方向一致。

图(a1)～(d1)中，$l=0$；图(a2)～(d2)中，$l=2$；图(a3)～(d3)中，$l=3$。

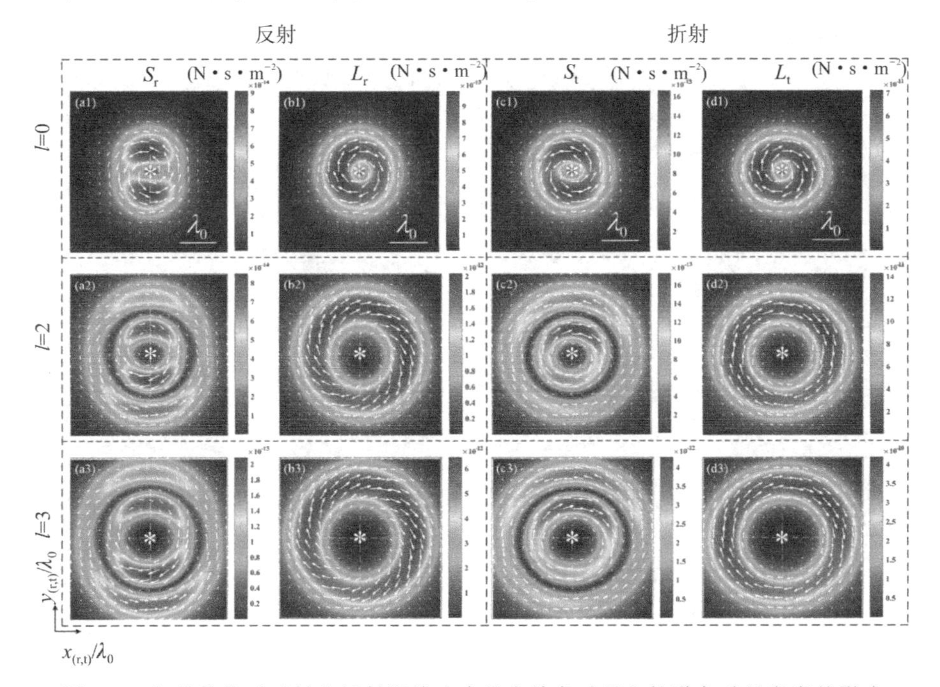

图 6.8　拓扑荷数对反射和折射涡旋光束的自旋角动量和轨道角动量密度的影响

图 6.9 给出了左圆极化和右圆极化状态下反射和折射涡旋光束的能量、动量、自旋角动量和轨道角动量密度分布图。其中，白色箭头分别表示能量、动量、自旋角动量和轨道角动量横向分量的旋转方向，参数设置与图 6.6 相同。从图 6.9 中可以观察到，圆极化态的变化仅导致了动量、自旋角动量和轨道角动量密度分布的轻微变化，但对反射和折射涡旋光束的能量密度分布有显著的影响。进一步观察可以看到，反射光束和折射光束能量和动量密度的旋转方向是相反的，而反射和折射光束的自旋角动量和轨道角动量密度的方向是相同的。值得注意的是，圆极化态的改变导致反射和折射涡旋光束的横向自旋角动量密度的方向发生反转，但对能量、动量和轨道角动量密度的方向没有影响。

第一列到最后一列分别是能量、动量、自旋角动量和轨道角动量密度。

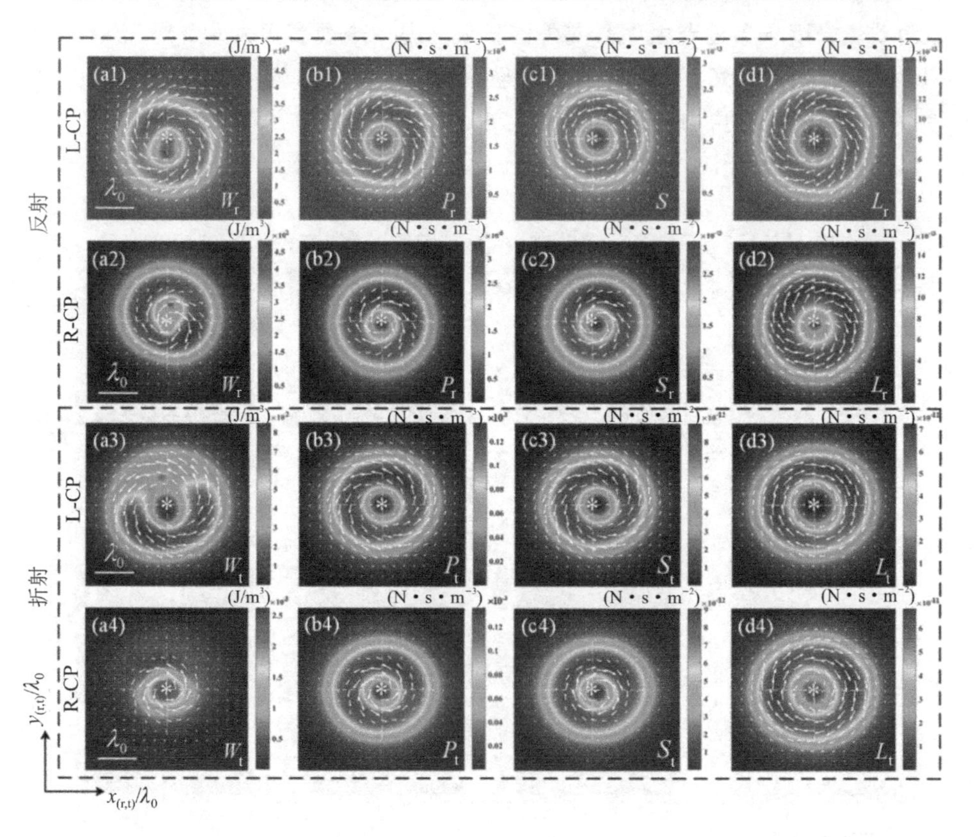

图 6.9　圆极化态对反射和折射涡旋光束能量、动量、自旋角动量和轨道角动量密度的影响

6.3.3　石墨烯表面涡旋光束的动力学特性分析

石墨烯是由单层碳原子紧密堆积成二维蜂窝状晶格结构的一种碳质新材料，其电导率由费米能量决定，而电导率可以通过施加偏置电压或外部电场在较宽范围内进行调谐。石墨烯具有一个独特的性质，即其反射特性是由精细结构常数和本征参数决定的，这些参数可以通过静电掺杂改变费米能级来进行调制。石墨烯的这种电光调制效应可以作为增强光与物质相互作用的新手段，对于理解电磁波和光在石墨烯表面的反射特性有着非常重要的作用。下面对石墨烯表面涡旋光束的动力学特性进行分析。

如图 6.10 所示，考虑涡旋光束从空气入射到石墨烯-衬底系统表面的反射，设空气中的折射率为 n_0，石墨烯衬底的折射率为 n_1。石墨烯-衬底分界面位于全局坐标系(x, y, z)中，z 轴垂直于分界面并指向石墨烯衬底，位于衬底顶部的单层石墨烯在 $z=0$ 的位置，沿 z 轴方向施加静磁场 $\boldsymbol{B}$。(x_i, y_i, z_i)和(x_r, y_r, z_r)分别表示入射光束坐标系和反射光束坐标系，θ_i 和 θ_r 分别表示中心波矢量的入射角和反射角。

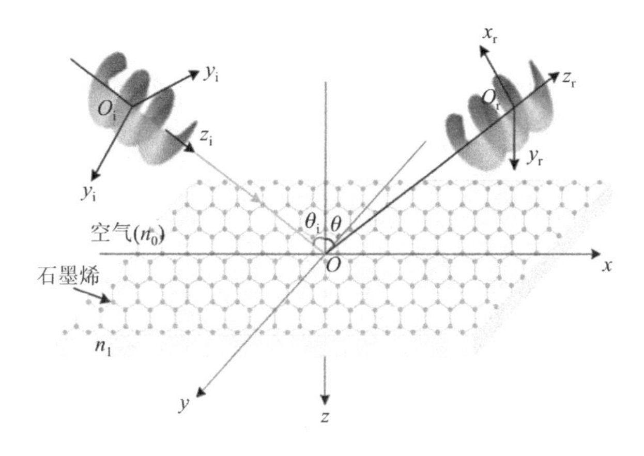

图 6.10　涡旋光束从空气入射到石墨烯-衬底系统表面的反射示意图

对于如图 6.10 所示的石墨烯-衬底系统，石墨烯界面的菲涅尔反射系数为

$$\begin{cases} r_{pp}=\dfrac{\alpha_{+}^{T}\alpha_{-}^{L}+\beta}{\alpha_{+}^{T}\alpha_{+}^{L}+\beta} \\ r_{ss}=-\dfrac{\alpha_{-}^{T}\alpha_{+}^{L}+\beta}{\alpha_{+}^{T}\alpha_{+}^{L}+\beta} \\ r_{ps}=r_{sp}=-2\sqrt{\dfrac{\mu_0}{\varepsilon_0}}\dfrac{k_{iz}k_{tz}\sigma_H}{\alpha_{+}^{T}\alpha_{+}^{L}+\beta} \end{cases} \tag{6-118}$$

式中，$\alpha_{\pm}^{L}=(k_{iz}\varepsilon \pm k_{tz}\varepsilon_0+k_{iz}k_{tz}\sigma_L/\omega)/\mu_0$，$\alpha_{\pm}^{T}=k_{tz}\pm k_{iz}+\omega\mu_0\sigma_T$，$\beta=\mu_0 k_{iz}k_{tz}\sigma_H^2/\varepsilon_0$，$k_{iz}=k_i\cos\theta_i$，$k_{tz}=k_t\cos\theta_t$，$\varepsilon_0$ 和 μ_0 分别为真空中的介电常数和磁导率，ε 为基底系统的介电常数，σ_H、σ_L 和 σ_T 分别表示霍尔电导率、纵向电导率和横向电导率。当所施加的磁场强度足够大时，霍尔电导率可以表示为

$$\sigma_H=2(2n_c+1)\mathrm{sgn}[B]\frac{e^2}{2\pi\hbar} \tag{6-119}$$

其中，$n_c=\mathrm{Int}[\mu_F^2/2\hbar e|B|v_F^2]$为朗道能级数，$v_F$ 和 μ_F 分别为费米速度和费米能量。

在坐标系(x_i, y_i, z_i)下，$z_i=0$ 处拉盖尔-高斯涡旋光束的标量角谱表达

式为

$$\tilde{u}_{\mathrm{i}}(k_{\mathrm{i}x}, k_{\mathrm{i}y})=\left[\frac{w_0(-\mathrm{i}k_{\mathrm{i}x}+k_{\mathrm{i}y})}{\sqrt{2}}\right]^l \frac{w_0^2}{4\pi}\exp\left[-\frac{w_0^2(k_{\mathrm{i}x}^2+k_{\mathrm{i}y}^2)}{4}\right] \tag{6-120}$$

其中，l 为涡旋光束的拓扑荷数；w_0 为光束初始平面处的束腰半径；$k_{\mathrm{i}x}$ 和 $k_{\mathrm{i}y}$ 分别表示波矢 $\boldsymbol{k}_{\mathrm{i}}$ 在 x 和 y 方向的分量，$k_{\mathrm{i}}=k_0=2\pi/\lambda_0$ 为光束在自由空间中的波数，λ_0 为入射光束的波长。利用坐标系之间的变换，得到反射涡旋光束在坐标系$(x_{\mathrm{r}}, y_{\mathrm{r}}, z_{\mathrm{r}})$下的角谱表述为

$$\begin{bmatrix}\tilde{u}_{\mathrm{r}}^{\mathrm{H}}\\ \tilde{u}_{\mathrm{r}}^{\mathrm{V}}\end{bmatrix}=\begin{bmatrix} r_{\mathrm{pp}}-\dfrac{k_{\mathrm{r}y}(r_{\mathrm{ps}}-r_{\mathrm{sp}})\cot\theta_{\mathrm{i}}}{k_0} & r_{\mathrm{ps}}+\dfrac{k_{\mathrm{r}y}(r_{\mathrm{pp}}+r_{\mathrm{ss}})\cot\theta_{\mathrm{i}}}{k_0}\\ r_{\mathrm{sp}}-\dfrac{k_{\mathrm{r}y}(r_{\mathrm{pp}}+r_{\mathrm{ss}})\cot\theta_{\mathrm{i}}}{k_0} & r_{\mathrm{ss}}-\dfrac{k_{\mathrm{r}y}(r_{\mathrm{ps}}-r_{\mathrm{sp}})\cot\theta_{\mathrm{i}}}{k_0}\end{bmatrix}\begin{bmatrix}\tilde{u}_{\mathrm{i}}^{\mathrm{H}}\\ \tilde{u}_{\mathrm{i}}^{\mathrm{V}}\end{bmatrix} \tag{6-121}$$

式中，$\tilde{u}_{\mathrm{i}}^{\mathrm{H}}=p_x\tilde{u}_{\mathrm{r}}$ 和 $\tilde{u}_{\mathrm{i}}^{\mathrm{V}}=p_y\tilde{u}_{\mathrm{r}}$ 分别为光束水平偏振分量和垂直偏振分量对应的角谱，p_x 和 p_y 为极化系数，$\tilde{u}_{\mathrm{r}}$ 为反射光束的标量角谱，可通过对入射涡旋光束的标量角谱施加边界条件 $k_{\mathrm{r}x}=-k_{\mathrm{i}x}$ 和 $k_{\mathrm{r}y}=k_{\mathrm{i}y}$ 得到，即

$$\tilde{u}_{\mathrm{r}}=\tilde{u}_{\mathrm{i}}(-k_{\mathrm{r}x}, k_{\mathrm{r}y})=\left[\frac{w_0(\mathrm{i}k_{\mathrm{r}x}+k_{\mathrm{r}y})}{\sqrt{2}}\right]^l \frac{w_0^2}{4\pi}\exp\left[-\frac{w_0^2(k_{\mathrm{r}x}^2+k_{\mathrm{r}y}^2)}{4}\right] \tag{6-122}$$

为了在布儒斯特角附近获得较为准确的结果，可将菲涅尔反射系数 $r_{mn}(m=p, s; n=p, s)$在 $k_{\mathrm{i}x}=0$ 处作泰勒级数展开并取一阶近似，施加边界条件 $k_{\mathrm{i}x}=-k_{\mathrm{r}x}$，得到

$$r_{mn}=r_{mn}\left[1-\frac{k_{\mathrm{r}x}}{k_0}\frac{\partial \ln r_{mn}}{\partial\theta_{\mathrm{i}}}\right] \tag{6-123}$$

将式(6-123)代入式(6-121)，忽略二阶项，便可以得到修正后的反射涡旋光束角谱表达式。然后，根据下式进行傅里叶变换

$$\begin{bmatrix}u_{\mathrm{r}}^{\mathrm{H}}(x_{\mathrm{r}}, y_{\mathrm{r}}, z_{\mathrm{r}})\\ u_{\mathrm{r}}^{\mathrm{V}}(x_{\mathrm{r}}, y_{\mathrm{r}}, z_{\mathrm{r}})\end{bmatrix}=\iint\begin{bmatrix}\tilde{u}_{\mathrm{r}}^{\mathrm{H}}(k_{\mathrm{r}x}, k_{\mathrm{r}y})\\ \tilde{u}_{\mathrm{r}}^{\mathrm{V}}(k_{\mathrm{r}x}, k_{\mathrm{r}y})\end{bmatrix}\exp\left[\mathrm{i}\left(k_{\mathrm{r}x}x_{\mathrm{r}}+k_{\mathrm{r}y}y_{\mathrm{r}}-\frac{k_{\mathrm{r}x}^2+k_{\mathrm{r}y}^2}{2k_{\mathrm{r}}}z_{\mathrm{r}}\right)\right]\mathrm{d}k_{\mathrm{r}x}\mathrm{d}k_{\mathrm{r}y} \tag{6-124}$$

得到

$$u_{\mathrm{r}}^{\mathrm{H}}=A_{\mathrm{r}}^{\mathrm{H}}u_{\mathrm{r}},\ u_{\mathrm{r}}^{\mathrm{V}}=A_{\mathrm{r}}^{\mathrm{V}}u_{\mathrm{r}} \tag{6-125}$$

其中：

$$A_{\mathrm{r}}^{\mathrm{H}}=\alpha r_{\mathrm{pp}}+\beta r_{\mathrm{ps}}-\left(\alpha r_{\mathrm{pp}}\frac{\partial \ln r_{\mathrm{pp}}}{\partial\theta_{\mathrm{i}}}+\beta r_{\mathrm{ps}}\frac{\partial \ln r_{\mathrm{ps}}}{\partial\theta_{\mathrm{i}}}\right)\frac{1}{k_0}\left[-\frac{l(\mathrm{i}x_{\mathrm{r}}-y_{\mathrm{r}})}{x_{\mathrm{r}}^2+y_{\mathrm{r}}^2}+\frac{\mathrm{i}k_{\mathrm{r}}x_{\mathrm{r}}}{z_{\mathrm{R,r}}+\mathrm{i}z_{\mathrm{r}}}\right]+$$

$$[\alpha(r_{\mathrm{sp}}-r_{\mathrm{ps}})+\beta(r_{\mathrm{pp}}+r_{\mathrm{ss}})]\frac{\cot\theta_{\mathrm{i}}}{k_0}\left[-\frac{l(\mathrm{i}y_{\mathrm{r}}+x_{\mathrm{r}})}{x_{\mathrm{r}}^2+y_{\mathrm{r}}^2}+\frac{\mathrm{i}k_{\mathrm{r}}y_{\mathrm{r}}}{z_{\mathrm{R,r}}+\mathrm{i}z_{\mathrm{r}}}\right]\tag{6-126}$$

$$A_{\mathrm{r}}^{\mathrm{V}}=\alpha r_{\mathrm{sp}}+\beta r_{\mathrm{ss}}-\left(\alpha r_{\mathrm{sp}}\frac{\partial \ln r_{\mathrm{sp}}}{\partial\theta_{\mathrm{i}}}+\beta r_{\mathrm{ss}}\frac{\partial \ln r_{\mathrm{ss}}}{\partial\theta_{\mathrm{i}}}\right)\frac{1}{k_0}\left[-\frac{l(\mathrm{i}x_{\mathrm{r}}-y_{\mathrm{r}})}{x_{\mathrm{r}}^2+y_{\mathrm{r}}^2}+\frac{\mathrm{i}k_{\mathrm{r}}x_{\mathrm{r}}}{z_{\mathrm{R,r}}+\mathrm{i}z_{\mathrm{r}}}\right]-$$

$$[\alpha(r_{\mathrm{pp}}+r_{\mathrm{ss}})+\beta(r_{\mathrm{ps}}-r_{\mathrm{sp}})]\frac{\cot\theta_{\mathrm{i}}}{k_0}\left[-\frac{l(\mathrm{i}y_{\mathrm{r}}+x_{\mathrm{r}})}{x_{\mathrm{r}}^2+y_{\mathrm{r}}^2}+\frac{\mathrm{i}k_{\mathrm{r}}y_{\mathrm{r}}}{z_{\mathrm{R,r}}+\mathrm{i}z_{\mathrm{r}}}\right]\tag{6-127}$$

$$u_{\mathrm{r}}=\left[\frac{\sqrt{2}}{w_0}\left(\frac{-x_{\mathrm{r}}+\mathrm{i}y_{\mathrm{r}}}{1+\mathrm{i}z/z_{\mathrm{R,r}}}\right)\right]^{l}\frac{1}{1+\mathrm{i}z_{\mathrm{r}}/z_{\mathrm{R,r}}}\exp\left[-\frac{(x_{\mathrm{r}}^2+y_{\mathrm{r}}^2)/w_0^2}{1+\mathrm{i}z_{\mathrm{r}}/z_{\mathrm{R,r}}}\right]\tag{6-128}$$

式中，$k_{\mathrm{r}}=k_0$ 为反射光束在自由空间中的波数，$z_{\mathrm{R,r}}=k_{\mathrm{r}}w_0^2/2$ 为反射光束的瑞利距离。

在傍轴近似条件下，采用基于洛伦兹规范的矢量势方法，反射涡旋光束的电场和磁场可写为

$$\boldsymbol{E}_{\mathrm{r}}=\mathrm{i}k_{\mathrm{r}}Z_{\mathrm{r}}\left[u_{\mathrm{r}}^{\mathrm{H}}\hat{\boldsymbol{x}}_{\mathrm{r}}+u_{\mathrm{r}}^{\mathrm{V}}\hat{\boldsymbol{y}}_{\mathrm{r}}+\frac{\mathrm{i}}{k_{\mathrm{r}}}\left(\frac{\partial u_{\mathrm{r}}^{\mathrm{H}}}{\partial x_{\mathrm{r}}}+\frac{\partial u_{\mathrm{r}}^{\mathrm{V}}}{\partial y_{\mathrm{r}}}\right)\hat{\boldsymbol{z}}_{\mathrm{r}}\right]\exp(\mathrm{i}k_{\mathrm{r}}z_{\mathrm{r}})\tag{6-129}$$

$$\boldsymbol{H}_{\mathrm{r}}=\mathrm{i}k_{\mathrm{r}}\left[-u_{\mathrm{r}}^{\mathrm{V}}\hat{\boldsymbol{x}}_{\mathrm{r}}+u_{\mathrm{r}}^{\mathrm{H}}\hat{\boldsymbol{y}}_{\mathrm{r}}-\frac{\mathrm{i}}{k_{\mathrm{r}}}\left(\frac{\partial u_{\mathrm{r}}^{\mathrm{V}}}{\partial x_{\mathrm{r}}}-\frac{\partial u_{\mathrm{r}}^{\mathrm{H}}}{\partial y_{\mathrm{r}}}\right)\hat{\boldsymbol{z}}_{\mathrm{r}}\right]\exp(\mathrm{i}k_{\mathrm{r}}z_{\mathrm{r}})\tag{6-130}$$

其中，$Z_{\mathrm{r}}=\sqrt{\mu_0/\varepsilon_0}$。将 $u_{\mathrm{r}}^{\mathrm{H}}$ 和 $u_{\mathrm{r}}^{\mathrm{V}}$ 分别对 x_{r} 和 y_{r} 求导，得到

$$\frac{\partial u_{\mathrm{r}}^{\mathrm{H}}}{\partial x_{\mathrm{r}}}=\left[\frac{\partial A_{\mathrm{r}}^{\mathrm{H}}}{\partial x_{\mathrm{r}}}\right]u_{\mathrm{r}}+A_{\mathrm{r}}^{\mathrm{H}}\left[\frac{\partial u_{\mathrm{r}}}{\partial x_{\mathrm{r}}}\right],\ \frac{\partial u_{\mathrm{r}}^{\mathrm{H}}}{\partial y_{\mathrm{r}}}=\left[\frac{\partial A_{\mathrm{r}}^{\mathrm{H}}}{\partial y_{\mathrm{r}}}\right]u_{\mathrm{r}}+A_{\mathrm{r}}^{\mathrm{H}}\left[\frac{\partial u_{\mathrm{r}}}{\partial y_{\mathrm{r}}}\right]\tag{6-131}$$

$$\frac{\partial u_{\mathrm{r}}^{\mathrm{V}}}{\partial x_{\mathrm{r}}}=\left[\frac{\partial A_{\mathrm{r}}^{\mathrm{V}}}{\partial x_{\mathrm{r}}}\right]u_{\mathrm{r}}+A_{\mathrm{r}}^{\mathrm{V}}\left[\frac{\partial u_{\mathrm{r}}}{\partial x_{\mathrm{r}}}\right],\ \frac{\partial u_{\mathrm{r}}^{\mathrm{V}}}{\partial y_{\mathrm{r}}}=\left[\frac{\partial A_{\mathrm{r}}^{\mathrm{V}}}{\partial y_{\mathrm{r}}}\right]u_{\mathrm{r}}+A_{\mathrm{r}}^{\mathrm{V}}\left[\frac{\partial u_{\mathrm{r}}}{\partial y_{\mathrm{r}}}\right]\tag{6-132}$$

式中：

$$\frac{\partial A_{\mathrm{r}}^{\mathrm{H}}}{\partial x_{\mathrm{r}}}=-\left(\alpha r_{\mathrm{pp}}\frac{\partial \ln r_{\mathrm{pp}}}{\partial\theta_{\mathrm{i}}}+\beta r_{\mathrm{ps}}\frac{\partial \ln r_{\mathrm{ps}}}{\partial\theta_{\mathrm{i}}}\right)\frac{1}{k_0}\left[\frac{\mathrm{i}l}{(x_{\mathrm{r}}-\mathrm{i}y_{\mathrm{r}})^2}+\frac{\mathrm{i}k_{\mathrm{r}}}{z_{\mathrm{R,r}}+\mathrm{i}z_{\mathrm{r}}}\right]+$$

$$[\alpha(r_{\mathrm{sp}}-r_{\mathrm{ps}})+\beta(r_{\mathrm{pp}}+r_{\mathrm{ss}})]\frac{\cot\theta_{\mathrm{i}}}{k_0}\left[-\frac{l}{(y_{\mathrm{r}}+\mathrm{i}x_{\mathrm{r}})^2}\right]\tag{6-133}$$

$$\frac{\partial A_{\mathrm{r}}^{\mathrm{H}}}{\partial y_{\mathrm{r}}}=-\left(\alpha r_{\mathrm{pp}}\frac{\partial \ln r_{\mathrm{pp}}}{\partial \theta_{\mathrm{i}}}+\beta r_{\mathrm{ps}}\frac{\partial \ln r_{\mathrm{ps}}}{\partial \theta_{\mathrm{i}}}\right)\frac{1}{k_0}\left[\frac{l}{(x_{\mathrm{r}}-\mathrm{i}y_{\mathrm{r}})^2}\right]+\left[\alpha(r_{\mathrm{sp}}-r_{\mathrm{ps}})+\beta(r_{\mathrm{pp}}+r_{\mathrm{ss}})\right]\frac{\cot\theta_{\mathrm{i}}}{k_0}\left[\frac{\mathrm{i}l}{(y_{\mathrm{r}}+\mathrm{i}x_{\mathrm{r}})^2}+\frac{\mathrm{i}k_{\mathrm{r}}}{z_{\mathrm{R,r}}+\mathrm{i}z_{\mathrm{r}}}\right] \tag{6-134}$$

$$\frac{\partial A_{\mathrm{r}}^{\mathrm{V}}}{\partial x_{\mathrm{r}}}=-\left(\alpha r_{\mathrm{sp}}\frac{\partial \ln r_{\mathrm{sp}}}{\partial \theta_{\mathrm{i}}}+\beta r_{\mathrm{ss}}\frac{\partial \ln r_{\mathrm{ss}}}{\partial \theta_{\mathrm{i}}}\right)\frac{1}{k_0}\left[\frac{\mathrm{i}l}{(x_{\mathrm{r}}-\mathrm{i}y_{\mathrm{r}})^2}+\frac{\mathrm{i}k_{\mathrm{r}}}{z_{\mathrm{R,r}}+\mathrm{i}z_{\mathrm{r}}}\right]-\left[\alpha(r_{\mathrm{pp}}+r_{\mathrm{ss}})+\beta(r_{\mathrm{ps}}-r_{\mathrm{sp}})\right]\frac{\cot\theta_{\mathrm{i}}}{k_0}\left[-\frac{l}{(y_{\mathrm{r}}+\mathrm{i}x_{\mathrm{r}})^2}\right] \tag{6-135}$$

$$\frac{\partial A_{\mathrm{r}}^{\mathrm{V}}}{\partial y_{\mathrm{r}}}=-\left(\alpha r_{\mathrm{sp}}\frac{\partial \ln r_{\mathrm{sp}}}{\partial \theta_{\mathrm{i}}}+\beta r_{\mathrm{ss}}\frac{\partial \ln r_{\mathrm{ss}}}{\partial \theta_{\mathrm{i}}}\right)\frac{1}{k_0}\left[\frac{l}{(x_{\mathrm{r}}-\mathrm{i}y_{\mathrm{r}})^2}\right]-\left[\alpha(r_{\mathrm{pp}}+r_{\mathrm{ss}})+\beta(r_{\mathrm{ps}}-r_{\mathrm{sp}})\right]\frac{\cot\theta_{\mathrm{i}}}{k_0}\left[\frac{\mathrm{i}l}{(y_{\mathrm{r}}+\mathrm{i}x_{\mathrm{r}})^2}+\frac{\mathrm{i}k_r}{z_{\mathrm{R,r}}+\mathrm{i}z_{\mathrm{r}}}\right] \tag{6-136}$$

$$\frac{\partial u_{\mathrm{r}}}{\partial x_{\mathrm{r}}}=\left[\frac{l(x_{\mathrm{r}}+\mathrm{i}y_{\mathrm{r}})}{x_{\mathrm{r}}^2+y_{\mathrm{r}}^2}-\frac{k_{\mathrm{r}}x_{\mathrm{r}}}{z_{\mathrm{R,r}}+\mathrm{i}z_{\mathrm{r}}}\right]u_{\mathrm{r}} \tag{6-137}$$

$$\frac{\partial u_{\mathrm{r}}}{\partial y_{\mathrm{r}}}=\left[\frac{l(y_{\mathrm{r}}-\mathrm{i}x_{\mathrm{r}})}{x_{\mathrm{r}}^2+y_{\mathrm{r}}^2}-\frac{k_{\mathrm{r}}y_{\mathrm{r}}}{z_{\mathrm{R,r}}+\mathrm{i}z_{\mathrm{r}}}\right]u_{\mathrm{r}} \tag{6-138}$$

将式(6-129)和式(6-130)代入动力学参量表达式，便可以分析石墨烯表面涡旋光束的动力学特性。参数取值为：涡旋光束的波长 $\lambda_0=632.8$ nm，拓扑荷数 $l=2$，束腰半径 $w_0=1.0\lambda_0$，极化参数 $(p_x, p_y)=(1, i)/\sqrt{2}$，入射角 $\theta_{\mathrm{i}}=45°$，石墨烯衬底的折射率 $n_1=1.517$，费米能量 $E_{\mathrm{f}}=0.25$ eV，费米速度 $v_{\mathrm{f}}=1\times10^6$ m/s，电子电量 $e=1.6\times10^{-19}$C，磁场强度 $B=6T$，观察平面所在位置 $z_{\mathrm{r}}=\lambda_0$，观察点坐标为 $x_{\mathrm{r}}=y_{\mathrm{r}}=\lambda_0$。

图 6.11 给出的是入射角对涡旋光束在石墨烯表面反射后能量、动量、自旋角动量和轨道角动量密度的影响分布图，其中 $\theta_{\mathrm{i}}=59.1°$为布儒斯特角。从图 6.11 中可以看出，随着入射角的增大，能量密度和动量密度呈现出相似的变化规律；能量、动量、自旋角动量和轨道角动量密度分布在布儒斯特角附近均发生了突变。当入射角小于布儒斯特角时，能量密度和动量密度呈现出环形的非均匀分布；当入射角大于布儒斯特角时，能量密度和动量密度逐渐呈现出月牙形的轮廓。相较于能量、动量和轨道角动量密度，自旋角动量密度则呈现出完全不同形状的轮廓，且入射角的改变对自旋角动量密度的影响较为显著。当入射角增加到 $\theta_{\mathrm{i}}=75°$时，自旋角动量呈现出与其他动力学特性量类似的月

牙形分布。当入射角小于布儒斯特角时，轨道角动量密度呈现出环形分布，峰值强度的位置随着入射角的改变呈现出较大变化。

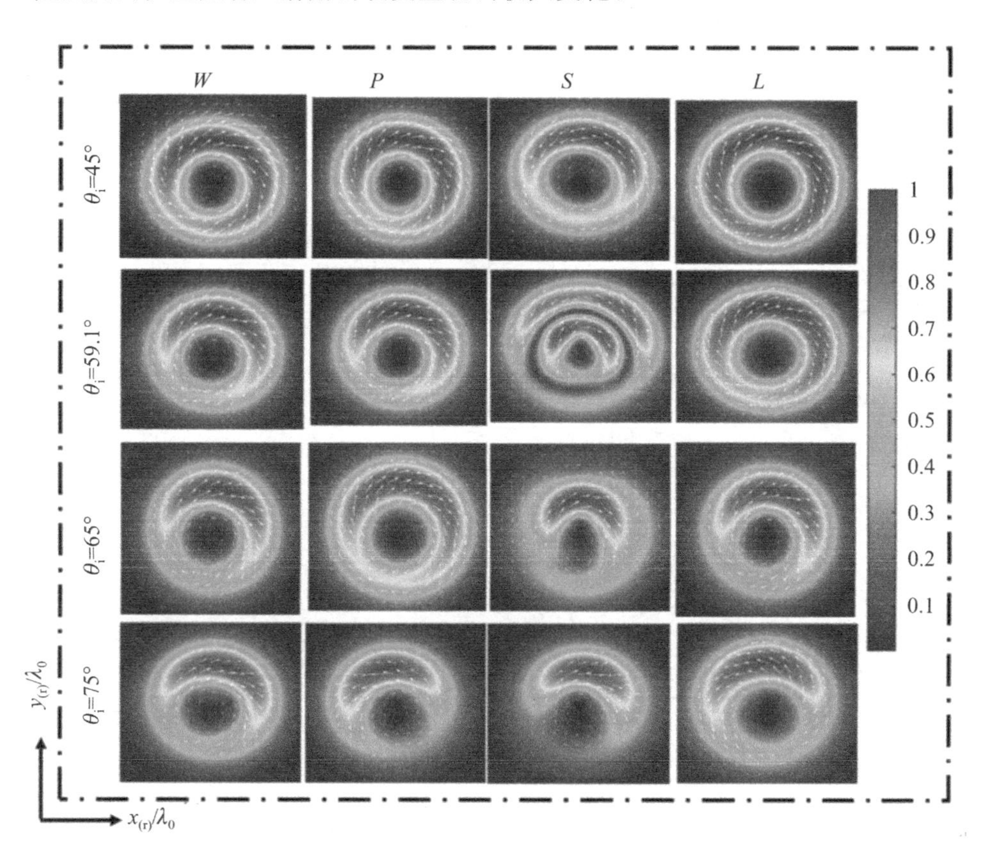

图 6.11　入射角对涡旋光束在石墨烯表面反射后能量、动量、自旋角动量和轨道角动量密度的影响

图 6.12 给出的是费米能量对涡旋光束在石墨烯表面反射后能量、动量、自旋角动量和轨道角动量密度的影响分布图。从图 6.12 中可以看出，当入射角 $\theta_i<50°$时，费米能量对反射光束的能量密度影响较小；当入射角 $\theta_i>50°$时，反射光束的能量密度呈现先增大后减小的趋势。动量密度和轨道角动量密度的变化趋势相似，均随着入射角的增大而增强，从 $\theta_i=60°$开始迅速增大，且当 $\theta_i<70°$时，费米能量越小，动量密度和轨道角动量密度也越小；当 $\theta_i>70°$时，费米能量越小，动量密度和轨道角动量密度则越大。自旋角动量密度呈现先减小后增大的趋势，谷值随着费米能量的增大而增大，且费米能量越大，达到谷值所对应的入射角也越大。达到谷值前，费米能量越小，自旋角动量密度就越

小；达到谷值后，费米能量越小，自旋角动量密度则越大。

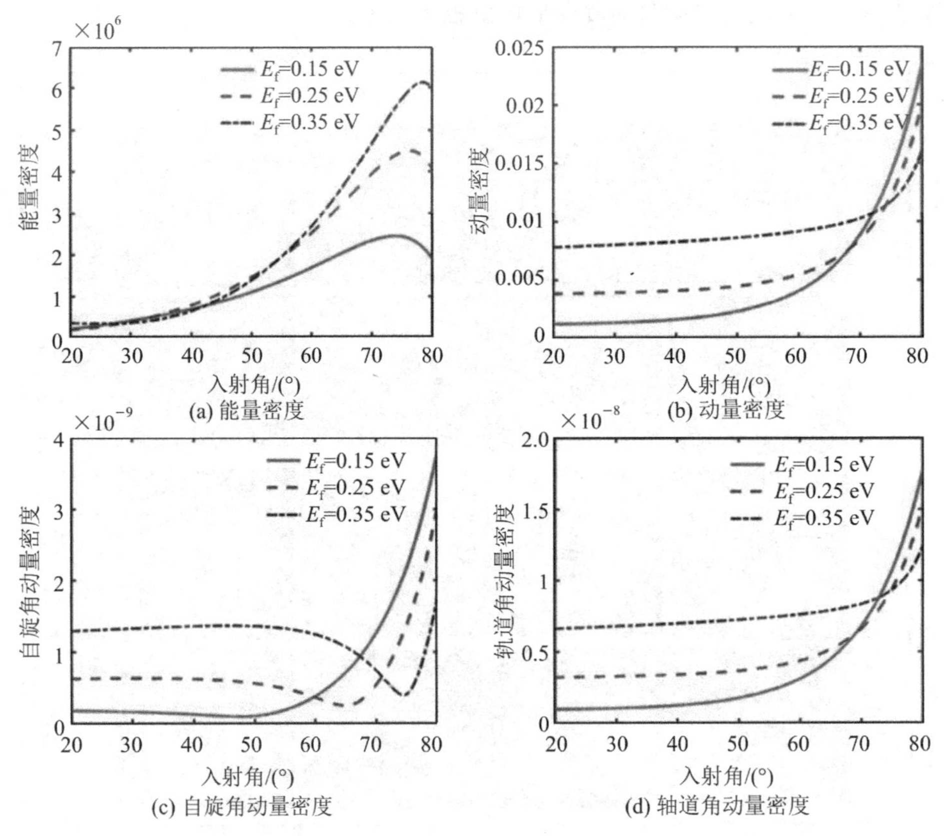

图 6.12　费米能量对涡旋光束在石墨烯表面反射后能量、动量、自旋角动量和轨道角动量密度的影响

图 6.13 给出的是磁场对涡旋光束在石墨烯表面反射后能量、动量、自旋角动量和轨道角动量密度的影响分布图。从图 6.13 中可以看出，当入射角 $\theta_i<50°$时，磁场强度对反射光束的能量密度影响较小；当入射角 $\theta_i>50°$时，反射光束的能量密度呈现先增大后减小的趋势，且磁场强度越小，峰值越大。动量密度和轨道角动量密度呈现相似的变化趋势，均随着入射角的增大而增强，且从 $\theta_i=60°$开始迅速增大，当 $\theta_i>75°$后，磁场强度对反射光束的动量密度和轨道角动量密度影响较小。自旋角动量密度呈现先减小后增大的趋势，谷值随着磁场强度的增强而减小，且磁场强度越强，达到谷值所对应的入射角越小。达到谷值前，磁场强度越小，自旋角动量密度越大；达到谷值后，磁场强度越大，自旋角动量密度越大。

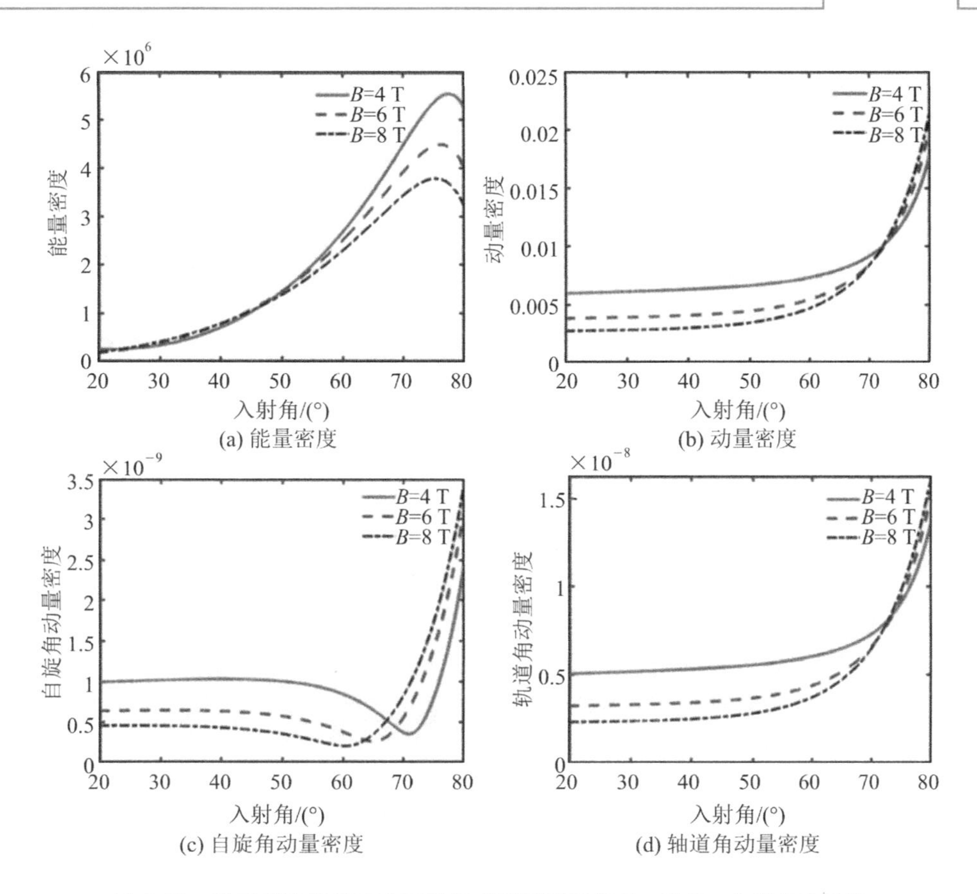

图 6.13　磁场对涡旋光束在石墨烯表面反射后能量、动量、自旋角动量和轨道角动量密度的影响

图 6.14 给出的是费米能量和基底折射率对涡旋光束在石墨烯表面反射后手性密度的影响，参数的设置为：涡旋光束的波长 $\lambda_0=1550$ nm，涡旋光束的束腰半径 $w_0=2\lambda$，极化参数$(p_x, p_y)=(1, 0)$，基底的折射率为 $n_1=1.428$，费米速率 $\nu_f=10^6$ m/s，电子迁移率 $\mu=0.5$ $(\mathrm{m}^2\cdot\mathrm{V})/\mathrm{S}$，观察平面所在位置 $z_r=\lambda_0$。从图 6.14 中可以看出，反射涡旋光束的手性密度随着入射角的增加而逐渐增大。当费米能量 $E_f=0.4$ eV 明显和 $E_f=0.3$ eV 和 $E_f=0.5$ eV 时不同，当入射角 $\theta_i<31°$时，费米能量 $E_f=0.4$ eV 对应的手性密度峰值最小；当入射角 $\theta_i>43°$时，费米能量 $E_f=0.4$ eV 对应的手性密度峰值最大。在图 6.14(b)(费米能量设定为 $E_f=0.3$ eV)中可以看出，反射涡旋光束的手性密度峰值随着折射率的增加而增大。

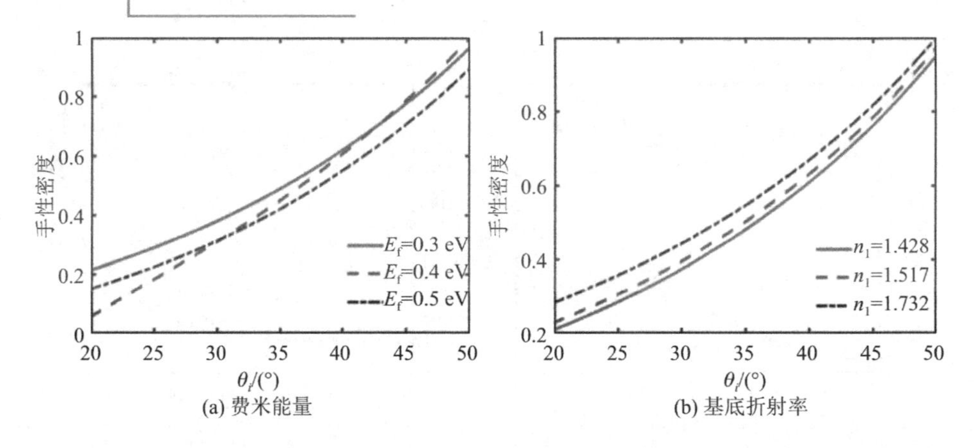

图 6.14 费米能量和基底折射率对涡旋光束在石墨烯表面反射后手性密度的影响

参考文献

[1] 王一平. 工程电动力学[M]. 修订版. 西安：西安电子科技大学出版社，2007.

[2] 赵慧媛. 电磁场角动量的研究[D]. 上海：华东师范大学，2017.

[3] 付泽宇. 光场横向自旋角动量的特性及应用研究[D]. 哈尔滨：哈尔滨工业大学，2018.

[4] 宋攀. 手性媒质中结构光场的自旋/轨道角动量及其相互作用研究[D]. 西安：西安电子科技大学，2020.

[5] 郭沈言. 涡旋结构光场与手性物质之间的相互作用研究[D]. 西安：西安电子科技大学，2022.

[6] 惠元飞. 太赫兹结构波束的传输及其散射特性研究[D]. 西安：西安电子科技大学，2023.

[7] 黄辉，涂涨，朱炯明. 电磁场的能量和动量[J]. 上海师范大学学报(自然科学版)，2006，35(6)：49-52.

[8] 马万琦，崔志伟. 石墨烯表面涡旋光束的局域动力学特性分析[J]. 光子学报，2023，52(2)：0213003.

[9] 郭沈言，崔志伟，王举，等. 紧聚焦涡旋光束的局域光学手性分析[J]. 光子学报，2021，50(10)：1026002.

[10] CUI Z W，HUI Y F，MA W Q，et al. Dynamical characteristics of Laguerre-Gaussian vortex beams upon reflection and refraction[J]. J. Opt. Soc. Am. B，2020，37(12)：3730-3740.

[11] WU F P，CUI Z W，GUO S Y，et al. Chirality of optical vortex beams reflected from

an air-chiral medium interface [J]. Opt. Express, 2022, 30(12): 21678-21697.

[12] CUI Z W, GUO S Y, HUI Y F, et al. Local dynamical characteristics of Bessel beams upon reflection near the Brewster angle [J]. Chin. Phys. B, 2021, 30 (4): 044201.

[13] CUI Z W, SUN J B, LITCHINITSER N M, et al. Dynamical characteristics of tightly focused vortex beams with different states of polarization[J]. J. Opt., 2019, 21(1): 015401.

[14] MILONNI P W, BOYD R W. Momentum of light in a dielectric medium[J]. Adv. Opt. Photonics, 2010, 2(4): 519-553.

[15] BARNETT S M. Resolution of the Abraham-Minkowski dilemma [J]. Phys. Rev. Lett., 2010, 104(7): 070401.

[16] TANG Y, COHEN A E. Optical chirality and its interaction with matter [J]. Phys. Rev. Lett., 2010, 104(16): 163901.

[17] BLIOKH K Y, NORI F. Spin-orbit beams for optical chirality measurement [J]. Phys. Rev. A, 2011, 83(2): 021803.

[18] ZHANG W Z, ZHANG P, WANG R Q, et al. Testing the equivalence between the canonical and Minkowski momentum of light with ultracold atoms[J]. Phys. Rev. A, 2012, 85(5): 053604.

[19] CAMERON R P, BARNETT S M, YAO A M. Optical helicity, optical spin and related quantities in electromagnetic theory [J]. New J. Phys., 2012, 14(5): 053050.

[20] FERNANDEZ-CORBATON I, ZAMBRANA-PUYALTO X, TISCHLER N, et al. Electromagnetic duality symmetry and helicity conservation for the macroscopic Maxwell's equations[J]. Phys. Rev. Lett., 2013, 111 (6): 060401.

[21] ZHANG L, SHE W, PENG N, et al. Experimental evidence for Abraham pressure of light[J]. New J. Phys., 2015, 17(5): 053035.

[22] BLIOKH K Y, NORI F. Transverse and longitudinal angular momenta of light [J]. Phys. Rep., 2015, 592: 1-38.

[23] NIETO-VESPERINAS M. Optical theorem for the conservation of electromagnetic helicity: Significance for molecular energy transfer and enantiomeric discrimination by circular dichroism [J]. Phys. Rev. A, 2015, 92 (2) : 023813.

[24] BLIOKH K Y, BEKSHAEV A Y, NORI F. Optical momentum, spin, and angular momentum in dispersive media [J]. Phys. Rev. Lett., 2017, 119(7): 073901.

[25] ALPEGGIANI F, BLIOKH K Y, NORI F, et al. Electromagnetic helicity in complex media [J]. Phys. Rev. Lett., 2018, 120(24): 243605.

[26] VÁZQUEZ-LOZANO J E, MARTíNEZ A. Optical chirality in dispersive and lossy media [J]. Phys. Rev. Lett., 2018, 121(4): 043901.

[27] BREVIK I. Analysis of recent interpretations of the Abraham-Minkowski problem [J]. Phys. Rev. A, 2018, 98(4): 043847.

[28] PHAM A, ZHAO A, GENET C, et al. Optical chirality density and flux measured in the local density of states of spiral plasmonic structures [J]. Phys. Rev. A, 2018, 98 (1): 013837.

[29] SAMLAN C T, SUNA R R, NAIK D N, et al. Viswanathan. Spin-orbit beams for optical chirality measurement[J]. Appl. Phys. Lett. , 2018, 112(3): 031101.

[30] NEUFELD O, COHEN O. Optical chirality in nonlinear optics: application to high harmonic generation [J]. Phys. Rev. Lett. , 2018, 120(13): 133206.

[31] GEIM A K. Graphene: status and prospects[J]. Science, 2009, 324(5934): 1530-1534.

[32] CAI L, LIU M X, CHEN S Z, et al. Quantized photonic spin Hall effect in graphene [J]. Phys. Rev. A, 2017, 95(1): 013809.

第7章

结构光场的部分相干理论

自然界及实验室产生的光场都存在一定的随机涨落，从严格的物理意义讲，完全相干光束是一种理想光束，因此所有的光束都是部分相干光束。对部分相干光束的研究是非常必要和有意义的。本章介绍了部分相关的基本理论，给出了基模高斯光束、厄米-高斯光束、拉盖尔-高斯光束、贝塞尔光束和艾里光束等几种典型结构光场的部分相干理论模型，着重阐述了部分相干光束的标量传输理论，推导了典型部分相干结构光场的传输公式。

7.1 部分相干光的基本理论

7.1.1 互相干函数

对部分相干光的相干特性描述通常是以光场的统计特性为基础的。在时间-空间域中，光的相干性采用互相干函数描述。假设 $\boldsymbol{r}_1$ 和 $\boldsymbol{r}_2$ 为光场中任意两个空间点的位置矢量。$V(\boldsymbol{r}_1, t+\tau)$为场点 $\boldsymbol{r}_1$ 在时刻 $t+\tau$ 的复解析场变量，$V(\boldsymbol{r}_2, t)$为场点 $\boldsymbol{r}_2$ 在时刻 t 的复解析场变量。两个场点 $\boldsymbol{r}_1$ 和 $\boldsymbol{r}_2$ 之间的互相干函数(mutual coherence function，MCF)定义为

$$\Gamma(\boldsymbol{r}_1, \boldsymbol{r}_2, \tau)=\langle V(\boldsymbol{r}_1, t+\tau)V^*(\boldsymbol{r}_2, t)\rangle \tag{7-1}$$

式中，* 表示复共轭，〈〉表示系综平均。设该辐射场满足各态历经性，于是对系统的平均可以通过对时间求平均来得到

$$\langle V(\boldsymbol{r}_1, t+\tau)V^*(\boldsymbol{r}_2, t)\rangle=\lim_{T\to\infty}\frac{1}{2T}\int_{-T}^{T}V(\boldsymbol{r}_1, t+\tau)V^*(\boldsymbol{r}_2, t)\mathrm{d}t \tag{7-2}$$

式中，T 为仪器响应时间。

令 $\boldsymbol{r}_1=\boldsymbol{r}_2=\boldsymbol{r}$，$\tau=0$，由式(7-1)可得空间中点 $\boldsymbol{r}$ 处的光强为

$$I(\boldsymbol{r})=\langle V(\boldsymbol{r},\ t)V^*(\boldsymbol{r},\ t)\rangle=\Gamma(\boldsymbol{r},\ \boldsymbol{r},\ 0) \tag{7-3}$$

归一化的互相干函数，又称为场点 $\boldsymbol{r}_1$ 和 $\boldsymbol{r}_2$ 之间的光场复相干度，定义为

$$\gamma(\boldsymbol{r}_1,\ \boldsymbol{r}_2,\ \tau)=\frac{\Gamma(\boldsymbol{r}_1,\ \boldsymbol{r}_2,\ \tau)}{\sqrt{\Gamma(\boldsymbol{r}_1,\ \boldsymbol{r}_1,\ 0)}\sqrt{\Gamma(\boldsymbol{r}_2,\ \boldsymbol{r}_2,\ 0)}} \tag{7-4}$$

且有 $0\leqslant|\gamma(\boldsymbol{r}_1,\ \boldsymbol{r}_2,\ \tau)|\leqslant 1$，其确定了干涉条纹的可见度。当 $|\gamma(\boldsymbol{r}_1,\ \boldsymbol{r}_2,\ \tau)|=0$ 时表示完全不相干；当 $0<|\gamma(\boldsymbol{r}_1,\ \boldsymbol{r}_2,\ \tau)|<1$ 时为部分相干；$|\gamma(\boldsymbol{r}_1,\ \boldsymbol{r}_2,\ \tau)|=1$ 为完全相干。复相干度 $\gamma(\boldsymbol{r}_1,\ \boldsymbol{r}_2,\ \tau)$ 描述了波场在时间-空间域中的相干性。显然，空间相干性用 $\gamma(\boldsymbol{r}_1,\ \boldsymbol{r}_2,\ 0)$ 描述，而时间相干性用 $\gamma(\boldsymbol{r},\ \boldsymbol{r},\ 0)$ 描述，后者又称为互相干函数

$$\Gamma(\boldsymbol{r},\ \boldsymbol{r},\ \tau)=\langle V(\boldsymbol{r},\ t+\tau)V^*(\boldsymbol{r},\ t)\rangle \tag{7-5}$$

此时对应的平均光强可以表示为

$$I(\boldsymbol{r})=\Gamma(\boldsymbol{r},\ \boldsymbol{r},\ 0)=\Gamma(0) \tag{7-6}$$

归一化的自相干函数

$$\gamma(\tau)=\frac{\Gamma(\tau)}{\Gamma(0)} \tag{7-7}$$

称为复相干度，$\gamma(0)=1$，$0\leqslant\gamma(\tau)\leqslant 1$。

当光场为准单色场时，可以用互强度 $J(\boldsymbol{r}_1,\ \boldsymbol{r}_2)$ 代替互相干函数 $\Gamma(\boldsymbol{r}_1,\ \boldsymbol{r}_2,\ \tau)$ 来描述光场的空间相干性

$$J(\boldsymbol{r}_1,\ \boldsymbol{r}_2)=\Gamma(\boldsymbol{r}_1,\ \boldsymbol{r}_2,\ 0)=\langle V(\boldsymbol{r}_1,\ t)V^*(\boldsymbol{r}_2,\ t)\rangle \tag{7-8}$$

当 $\boldsymbol{r}_1=\boldsymbol{r}_2=\boldsymbol{r}$ 时，平均光强为

$$I(\boldsymbol{r})=J(\boldsymbol{r},\ \boldsymbol{r})=\Gamma(\boldsymbol{r},\ \boldsymbol{r},\ 0)=\langle V(\boldsymbol{r},\ t)V^*(\boldsymbol{r},\ t)\rangle \tag{7-9}$$

归一化互相干强度称为复相干系数，可写为

$$\gamma(\boldsymbol{r}_1,\ \boldsymbol{r}_2)=\frac{J(\boldsymbol{r}_1,\ \boldsymbol{r}_2)}{\sqrt{J(\boldsymbol{r}_1,\ \boldsymbol{r}_1)}\sqrt{J(\boldsymbol{r}_2,\ \boldsymbol{r}_2)}}=\frac{J(\boldsymbol{r}_1,\ \boldsymbol{r}_2)}{\sqrt{I(\boldsymbol{r}_1)}\sqrt{I(\boldsymbol{r}_2)}} \tag{7-10}$$

且有 $0\leqslant|\gamma(\boldsymbol{r}_1,\ \boldsymbol{r}_2)|\leqslant 1$。

7.1.2 交叉谱密度函数

在时间-空间域中，光的相干性采用交叉谱密度函数(cross spectral density function，CSDF)描述，其定义为

$$W(\boldsymbol{r}_1,\ \boldsymbol{r}_2,\ \omega)=\langle \widetilde{V}(\boldsymbol{r}_1,\ \omega)\widetilde{V}^*(\boldsymbol{r}_2,\ \omega)\rangle \tag{7-11}$$

式中，ω 表示圆频率，$\widetilde{V}(\boldsymbol{r}_j,\ \omega)(j=1,\ 2)$ 为场函数 $V(\boldsymbol{r}_j,\ t)$ 的傅里叶变换，即

$$\widetilde{V}(\boldsymbol{r}_j,\ \omega)=\int V(\boldsymbol{r}_j,\ t)\exp(\mathrm{i}\omega t)\mathrm{d}t \tag{7-12}$$

于是交叉谱密度函数 $W(\boldsymbol{r}_1,\ \boldsymbol{r}_2,\ \omega)$ 和互相干函数 $\Gamma(\boldsymbol{r}_1,\ \boldsymbol{r}_2,\ \tau)$ 之间可由傅里叶变换联系

$$W(\boldsymbol{r}_1,\ \boldsymbol{r}_2,\ \omega)=\int_{-\infty}^{+\infty}\Gamma(\boldsymbol{r}_1,\ \boldsymbol{r}_2,\ \tau)\exp(\mathrm{i}\omega\tau)\mathrm{d}\tau \tag{7-13}$$

$$\Gamma(\boldsymbol{r}_1,\ \boldsymbol{r}_2,\ \tau)=\frac{1}{2\pi}\int_{0}^{\infty}W(\boldsymbol{r}_1,\ \boldsymbol{r}_2,\ \omega)\exp(-\mathrm{i}\omega\tau)\mathrm{d}\omega \tag{7-14}$$

令 $\boldsymbol{r}_1=\boldsymbol{r}_2=\boldsymbol{r}$，得到空间中点 $\boldsymbol{r}$ 处的平均光强

$$I(\boldsymbol{r},\ \omega)=W(\boldsymbol{r},\ \boldsymbol{r},\ \omega) \tag{7-15}$$

归一化的交叉谱密度函数称为复空间相干度，也称为光谱相干度，可写为

$$\mu(\boldsymbol{r}_1,\ \boldsymbol{r}_2,\ \omega)=\frac{W(\boldsymbol{r}_1,\ \boldsymbol{r}_2,\ \omega)}{\sqrt{W(\boldsymbol{r}_1,\ \boldsymbol{r}_1,\ \omega)}\sqrt{W(\boldsymbol{r}_2,\ \boldsymbol{r}_2,\ \omega)}}=\frac{W(\boldsymbol{r}_1,\ \boldsymbol{r}_2,\ \omega)}{\sqrt{I(\boldsymbol{r}_1,\ \omega)}\sqrt{I(\boldsymbol{r}_2,\ \omega)}} \tag{7-16}$$

式(7－16)满足 $0\leqslant|\gamma(\boldsymbol{r}_1,\ \boldsymbol{r}_2,\ \omega)|\leqslant 1$。

对于准单色场，$\widetilde{V}(\boldsymbol{r},\ \omega)=V(\boldsymbol{r})\exp(-\mathrm{i}\omega t)$，对应的交叉谱密度函数为

$$W(\boldsymbol{r}_1,\ \boldsymbol{r}_2)=\langle\widetilde{V}(\boldsymbol{r}_1,\ \omega)\widetilde{V}^*(\boldsymbol{r}_2,\ \omega)\rangle=\langle V(\boldsymbol{r}_1,\ \omega)V^*(\boldsymbol{r}_2,\ \omega)\rangle \tag{7-17}$$

此时，交叉谱密度函数 $W(\boldsymbol{r}_1,\ \boldsymbol{r}_2)$ 与互强度 $J(\boldsymbol{r}_1,\ \boldsymbol{r}_2)$ 在描述光场空间相干性时等效。但它们分别是在空间-频率域和空间-时间域中描述光场相干性的物理量，两者的物理意义不一样。在空间-频率域中，谱密度函数为

$$S(\omega)=W(\boldsymbol{r}_1,\ \boldsymbol{r}_2,\ \omega) \tag{7-18}$$

这里，$S(\omega)$ 与自相关函数 $\Gamma(\tau)$ 具有傅里叶变换关系。

7.1.3　维格纳分布函数

维格纳分布函数(Wigner distribution function，WDF)是由 1963 年的诺贝尔物理学奖得主尤金·维格纳，于 1932 年首次提出。维格纳分布函数对于分析非稳态的随机信号的线性时间和频率域问题有较好的表现。维格纳分布函数能够对非稳态信号的时间和频率进行表征，是研究光束传输问题的有力工具，当用于研究光束的传输特性时，可以避免烦琐的积分计算。

对于部分相干光，基于光束的交叉谱密度函数 $W(\boldsymbol{r}_1,\ \boldsymbol{r}_2)$，维格纳分布函数定义为

$$h(\boldsymbol{r},\ \boldsymbol{\theta})=\left(\frac{k}{2\pi}\right)^2\int_{-\infty}^{+\infty}\int_{-\infty}^{+\infty}W(\boldsymbol{r}-\boldsymbol{r}'/2,\ \boldsymbol{r}+\boldsymbol{r}'/2)\exp(-\mathrm{i}k\boldsymbol{\theta}^{\mathrm{T}}\cdot\boldsymbol{r}')\mathrm{d}\boldsymbol{r}' \tag{7-19}$$

式中：

$$\boldsymbol{r}=\frac{\boldsymbol{r}_1+\boldsymbol{r}_2}{2},\ \boldsymbol{r}'=\frac{\boldsymbol{r}_1-\boldsymbol{r}_2}{2} \tag{7-20}$$

$$\boldsymbol{r}=\begin{bmatrix} x \\ y \end{bmatrix},\ \boldsymbol{\theta}=\begin{bmatrix} \theta_x \\ \theta_y \end{bmatrix} \tag{7-21}$$

对式(7-19)作傅里叶变换得到交叉谱密度

$$W(\boldsymbol{r}_1,\boldsymbol{r}_2)=\int_{-\infty}^{+\infty}\int_{-\infty}^{+\infty} h\left(\frac{\boldsymbol{r}_1+\boldsymbol{r}_2}{2},\boldsymbol{\theta}\right)\exp[\mathrm{i}k(\boldsymbol{r}_1-\boldsymbol{r}_2)^{\mathrm{T}}\cdot\boldsymbol{\theta}]\mathrm{d}\boldsymbol{\theta} \tag{7-22}$$

维格纳分布函数描述了光束在空间域和空间-频率域中的性质，其本身不是非负函数，也不是光强，但是由式(7-19)可得到光强

$$I(\boldsymbol{r})=\int_{-\infty}^{+\infty}\int_{-\infty}^{+\infty} h(\boldsymbol{r},\boldsymbol{\theta})\mathrm{d}\boldsymbol{\theta} \tag{7-23}$$

使用维格纳分布函数的一个优点，是使光束通过近轴 $ABCD$ 光学系统的传输公式可简单写为

$$h_2(\boldsymbol{V})=h_1(\boldsymbol{M}^{-1}\boldsymbol{V}) \tag{7-24}$$

式中，$\boldsymbol{M}$ 为光学系统的 4×4 变换矩阵，$\boldsymbol{V}$ 可写为

$$\boldsymbol{V}=\begin{bmatrix} \boldsymbol{r} \\ \boldsymbol{\theta} \end{bmatrix} \tag{7-25}$$

式(7-23)中的积分运算被矩阵运算代替，使计算大为简化。

7.2 典型结构光场的部分相干理论模型

7.2.1 部分相干基模高斯光束

对于基模高斯光束，源平面 $z=0$ 处的场在柱坐标系中可写为

$$E_0(\boldsymbol{r}_0,0)=\exp\left(-\frac{\boldsymbol{r}_0^2}{w_0^2}\right) \tag{7-26}$$

式中，w_0 为束腰半径。为后面描述问题方便，将与源平面 $z=0$ 处的场相关的参量标注下标 0。根据光强的定义，源平面上基模高斯光束光强为

$$I_0(\boldsymbol{r}_0,0)=\exp\left(-\frac{2\boldsymbol{r}_0^2}{w_0^2}\right) \tag{7-27}$$

设部分相干基模高斯光束在源平面 $z=0$ 处的交叉谱密度函数为

$$W_0(\boldsymbol{r}_{10}, \boldsymbol{r}_{20}, 0)=\sqrt{I_0(\boldsymbol{r}_{10}, 0)I_0(\boldsymbol{r}_{20}, 0)}\mu_0(\boldsymbol{r}_{10}, \boldsymbol{r}_{20}, 0) \tag{7-28}$$

式中，$I_0(\boldsymbol{r}_{10}, 0)$和 $I_0(\boldsymbol{r}_{20}, 0)$分别为源平面上空间点 $\boldsymbol{r}_{10}$ 和 $\boldsymbol{r}_{20}$ 处的平均光强，而 $\mu_0(\boldsymbol{r}_{10}, \boldsymbol{r}_{20}, 0)$为 $\boldsymbol{r}_{10}$ 和 $\boldsymbol{r}_{20}$ 两点处的复空间相干度。为便于计算，可将式(7-28)写为

$$W_0(\boldsymbol{r}_{10}, \boldsymbol{r}_{20}, 0)=E_0^*(\boldsymbol{r}_1, 0)E_0(\boldsymbol{r}_{20}, 0)\mu_0(\boldsymbol{r}_{10}, \boldsymbol{r}_{20}, 0) \tag{7-29}$$

源平面上复空间相干度 μ_0 通常可采用高斯函数，写为

$$\mu_0(\boldsymbol{r}_{10}, \boldsymbol{r}_{20}, 0)=\exp\left[-\frac{(\boldsymbol{r}_{10}-\boldsymbol{r}_{20})^2}{2\sigma_0^2}\right] \tag{7-30}$$

式中，σ_0 为空间相干度，当 $\sigma_0=0$ 时为完全空间非相干光；$\sigma_0\to+\infty$时为完全空间相干光。

将式(7-26)和式(7-30)代入式(7-29)，得到部分相干基模高斯光束在光源平面处的交叉谱密度函数为

$$W_0(\boldsymbol{r}_{10}, \boldsymbol{r}_{20}, 0)=\exp\left(-\frac{\boldsymbol{r}_{10}^2+\boldsymbol{r}_{20}^2}{w_0^2}\right)\exp\left[-\frac{(\boldsymbol{r}_{10}-\boldsymbol{r}_{20})^2}{2\sigma_0^2}\right] \tag{7-31}$$

采用式(7-31)描述的部分相干基模高斯光束称为高斯-谢尔模型光束。

将源平面上的位置矢量 $\boldsymbol{r}_0$ 在二维直角坐标系中采用 $\boldsymbol{r}_0=x_0\hat{\boldsymbol{x}}+y_0\hat{\boldsymbol{y}}$ 描述，则有

$$\begin{cases}\boldsymbol{r}_{10}^2=x_{10}^2+y_{10}^2, \boldsymbol{r}_{20}^2=x_{20}^2+y_{20}^2, \boldsymbol{r}_{10}^2+\boldsymbol{r}_{20}^2=x_{10}^2+y_{10}^2+x_{20}^2+y_{20}^2\\(\boldsymbol{r}_{10}-\boldsymbol{r}_{20})^2=(x_{10}^2+x_{20}^2)-2(x_{10}x_{20}+y_{10}y_{20})+(y_{10}^2+y_{20}^2)\end{cases} \tag{7-32}$$

其中，(x_{10}, y_{10})和(x_{20}, y_{20})分别为源平面上位置矢量 $\boldsymbol{r}_{10}$ 和 $\boldsymbol{r}_{20}$ 的直角坐标。此时，式(7-29)、式(7-30)和式(7-31)可写为

$$W_0(x_{10}, y_{10}, x_{20}, y_{20}, 0)=E_0^*(x_{10}, y_{10}, 0)E_0(x_{20}, y_{20}, 0)\mu_0(x_{10}, y_{10}, x_{20}, y_{20}, 0) \tag{7-33}$$

$$\mu_0(x_{10}, y_{10}, x_{20}, y_{20}, 0)=\exp\left[-\frac{(x_{10}-x_{20})^2+(y_{10}-y_{20})^2}{2\sigma_0^2}\right] \tag{7-34}$$

$$W_0(x_{10}, y_{10}, x_{20}, y_{20}, 0)=W_{\mathrm{FG},0x}(x_{10}, x_{20}, 0)W_{\mathrm{FG},0y}(y_{10}, y_{20}, 0) \tag{7-35}$$

其中：

$$W_{\mathrm{FG},0x}(x_{10}, x_{20}, 0)=\exp\left[-\left(\frac{1}{w_0^2}+\frac{1}{2\sigma_0^2}\right)(x_{10}^2+x_{20}^2)\right]\exp\left(\frac{x_{10}x_{20}}{\sigma_0^2}\right) \tag{7-36}$$

$$W_{\mathrm{FG},0y}(y_{10}, y_{20}, 0)=\exp\left[-\left(\frac{1}{w_0^2}+\frac{1}{2\sigma_0^2}\right)(y_{10}^2+y_{20}^2)\right]\exp\left(\frac{y_{10}y_{20}}{\sigma_0^2}\right) \tag{7-37}$$

这里，式(7－36)和式(7－37)为一维情形下的部分相干基模高斯光束表达式。

若将源平面上位置矢量 $\boldsymbol{r}_0$ 采用径向坐标 r_0 和方位角坐标 φ_0 描述，则有

$$(\boldsymbol{r}_{10}-\boldsymbol{r}_{20})^2=r_{10}^2-2r_{10}r_{20}\cos(\varphi_{10}-\varphi_{20})+r_{20}^2 \tag{7-38}$$

其中，(r_{10}, φ_{10})和(r_{20}, φ_{20})分别为源平面上位置矢量 $\boldsymbol{r}_{10}$ 和 $\boldsymbol{r}_{20}$ 的径向和方位角坐标。此时，式(7－29)～(7－31)可写为

$$W_0(r_{10}, \varphi_{10}, r_{20}, \varphi_{20}, 0)=E_0^*(r_{10}, \varphi_{10}, 0)E_0(r_{20}, \varphi_{20}, 0)\mu(r_{10}, \varphi_{10}, r_{20}, \varphi_{20}, 0) \tag{7-39}$$

$$\mu_0(r_{10}, \varphi_{10}, r_{20}, \varphi_{20}, 0)=\exp\left[-\frac{r_{10}^2-2r_{10}r_{20}\cos(\varphi_{10}-\varphi_{20})+r_{20}^2}{2\sigma_0^2}\right] \tag{7-40}$$

$$W_0(r_{10}, \varphi_{10}, r_{20}, \varphi_{20}, 0)=\exp\left(-\frac{r_{10}^2+r_{20}^2}{w_0^2}\right)\exp\left[-\frac{r_{10}^2-2r_{10}r_{20}\cos(\varphi_{10}-\varphi_{20})+r_{20}^2}{2\sigma_0^2}\right] \tag{7-41}$$

7.2.2 部分相干厄米-高斯光束

对于厄米-高斯光束，源平面 $z=0$ 处的场在直角坐标系中可写为

$$E_0(x_0, y_0, 0)=\mathrm{H}_m\left(\frac{\sqrt{2}x_0}{w_0}\right)\mathrm{H}_n\left(\frac{\sqrt{2}y_0}{w_0}\right)\exp\left(-\frac{x_0^2+y_0^2}{w_0^2}\right) \tag{7-42}$$

式中，$\mathrm{H}_m(\cdot)$和 $\mathrm{H}_n(\cdot)$分别为 m 阶和 n 阶厄米多项式，w_0 为光束的束腰半径。

将式(7－42)和式(7－34)代入式(7－33)，得到部分相干厄米-高斯光束在源平面处的交叉谱密度函数

$$W_0(x_{10}, y_{10}, x_{20}, y_{20}, 0)=W_{\mathrm{HG},0x}(x_{10}, x_{20}, 0)W_{\mathrm{HG},0y}(y_{10}, y_{20}, 0) \tag{7-43}$$

其中：

$$W_{\mathrm{HG},0x}(x_{10}, x_{20}, 0)=\mathrm{H}_m\left(\frac{\sqrt{2}x_{10}}{w_0}\right)\mathrm{H}_m\left(\frac{\sqrt{2}x_{20}}{w_0}\right)W_{\mathrm{FG},0x}(x_{10}, x_{20}, 0) \tag{7-44}$$

$$W_{\mathrm{HG},0y}(y_{10},y_{20},0)=\mathrm{H}_n\left(\frac{\sqrt{2}y_{10}}{w_0}\right)\mathrm{H}_n\left(\frac{\sqrt{2}y_{20}}{w_0}\right)W_{\mathrm{FG},0y}(y_{10},y_{20},0)\tag{7-45}$$

式中，$W_{\mathrm{FG},0x}(x_{10},x_{20},0)$和$W_{\mathrm{FG},0y}(y_{10},y_{20},0)$由式(7-36)和式(7-37)给出。令$m=n=0$，此时$\mathrm{H}_m(x)=\mathrm{H}_n(x)=1$，部分相干厄米-高斯光束在源平面处的交叉谱密度函数表达式(7-43)～(7-45)便退化为部分相干基模高斯光束在源平面处的交叉谱密度函数表达式(7-35)～(7-37)。

7.2.3　部分相干拉盖尔-高斯光束

对于拉盖尔-高斯光束，源平面$z=0$处的场在柱坐标系中可写为

$$E_0(r_0,\varphi_0,0)=\left(\frac{\sqrt{2}r_0}{w_0}\right)^l\mathrm{L}_p^l\left(\frac{2r_0^2}{w_0^2}\right)\exp\left(-\frac{r_0^2}{w_0^2}\right)\exp(\mathrm{i}l\varphi_0)\tag{7-46}$$

式中，$\mathrm{L}_p^l(\cdot)$是缔合拉盖尔多项式，p和l是径向和角向的模数，w_0为光束的束腰半径，$r_0=\sqrt{x_0^2+y_0^2}$，$\varphi_0=\arctan(y_0/x_0)$。

将式(7-46)和式(7-40)代入式(7-39)，得到部分相干拉盖尔-高斯光束在源平面处的交叉谱密度函数为

$$W_0(r_{10},\varphi_{10},r_{20},\varphi_{20},0)=\left(\frac{\sqrt{2}r_{10}}{w_0}\right)^l\left(\frac{\sqrt{2}r_{20}}{w_0}\right)^l\mathrm{L}_p^l\left(\frac{2r_{10}^2}{w_0^2}\right)\mathrm{L}_p^l\left(\frac{2r_{20}^2}{w_0^2}\right)\exp[\mathrm{i}l(\varphi_{20}-\varphi_{10})]\times$$
$$\exp\left(-\frac{r_{10}^2+r_{20}^2}{w_0^2}\right)\exp\left[-\frac{r_{10}^2-2r_{10}r_{20}\cos(\varphi_{20}-\varphi_{10})+r_{20}^2}{2\sigma_0^2}\right]\tag{7-47}$$

根据柱坐标与直角坐标之间单位关系式$r_0^2=x_0^2+y_0^2$，以及拉盖尔多项式与厄米多项式之间的关系式

$$r_0^l\mathrm{L}_p^l(r_0^2)\exp(\mathrm{i}l\varphi_0)=\frac{(-1)^p}{2^{2p+l}p!}\sum_{m=0}^{p}\sum_{n=0}^{l}\mathrm{i}^n\binom{p}{m}\binom{l}{n}\mathrm{H}_{2m+l-n}(x_0)\mathrm{H}_{2p-2m+n}(y_0)\tag{7-48}$$

式(7-46)在直角坐标坐标系中可写为

$$E_0(x_0,y_0,0)=\frac{(-1)^p}{2^{2p+l}p!}\sum_{m=0}^{p}\sum_{n=0}^{l}i^n\binom{p}{m}\binom{l}{n}\mathrm{H}_{2m+l-n}\left(\frac{\sqrt{2}x_0}{w_0}\right)\times$$
$$\mathrm{H}_{2p-2m+n}\left(\frac{\sqrt{2}y_0}{w_0}\right)\exp\left(-\frac{x_0^2+y_0^2}{w_0^2}\right)\tag{7-49}$$

将式(7-49)和式(7-34)代入式(7-33)，得到直角坐标系中部分相干拉盖尔-高斯光束在源平面处的交叉谱密度函数为

$$W_0(x_{10}, y_{10}, x_{20}, y_{20}, 0)=\frac{1}{2^{4p+2l}(p!)^2}\sum_{m=0}^{p}\sum_{n=0}^{l}\sum_{h=0}^{p}\sum_{s=0}^{l}(\mathrm{i}^n)^*\mathrm{i}^s\binom{p}{m}\binom{l}{n}\binom{p}{h}\binom{l}{s}\times$$
$$\mathrm{H}_{2m+l-n}\left(\frac{\sqrt{2}x_{10}}{w_0}\right)\mathrm{H}_{2h+l-s}\left(\frac{\sqrt{2}x_{20}}{w_0}\right)\mathrm{H}_{2p-2m+n}\left(\frac{\sqrt{2}y_{10}}{w_0}\right)\times$$
$$\mathrm{H}_{2p-2h+s}\left(\frac{\sqrt{2}y_{20}}{w_0}\right)\exp\left[-\frac{(x_{10}^2+y_{10}^2)+(x_{20}^2+y_{20}^2)}{w_0^2}\right]\times$$
$$\exp\left[-\frac{(x_{10}-x_{20})^2+(y_{10}-y_{20})^2}{2\sigma_0^2}\right]\tag{7-50}$$

令 $p=l=0$，部分相干拉盖尔-高斯光束在源平面处的交叉谱密度函数表达式(7-47)和(7-50)便分别退化为部分相干基模高斯光束在源平面处的交叉谱密度函数表达式(7-41)和式(7-35)。

7.2.4　部分相干贝塞尔光束

对于贝塞尔光束，源平面 $z=0$ 处的场在柱坐标系中可写为

$$E_0(r_0, \varphi_0, 0)=\mathrm{J}_m(k_r r_0)\exp(\mathrm{i}m\varphi_0)\tag{7-51}$$

式中，$\mathrm{J}_m(\cdot)$是 m 阶第一类贝塞尔函数，$k_r=k\sin\theta_0$ 是波数 k 的横向分量，θ_0 是光束的半锥角。

将式(7-51)和式(7-40)代入式(7-39)，得到部分相干贝塞尔-高斯光束在源平面处的交叉谱密度函数为

$$W(r_{10}, \varphi_{10}, r_{20}, \varphi_{20}, 0)=\mathrm{J}_m(k_r r_{10})\mathrm{J}_m(k_r r_{20})\exp[\mathrm{i}m(\varphi_{20}-\varphi_{10})]\times \exp\left[-\frac{r_{10}^2-2r_{10}r_{20}\cos(\varphi_{20}-\varphi_{10})+r_{20}^2}{2\sigma_0^2}\right]\tag{7-52}$$

对于贝塞尔-高斯光束，源平面 $z=0$ 处的场在柱坐标系中可写为

$$E_0(r_0, \varphi_0, 0)=\mathrm{J}_m(k_r r_0)\exp(\mathrm{i}m\varphi_0)\exp\left(-\frac{r_0^2}{w_0^2}\right)\tag{7-53}$$

将式(7-53)和式(7-40)代入式(7-39)，得到部分相干贝塞尔-高斯光束在源平面处的交叉谱密度函数为

$$W(r_{10}, \varphi_{10}, r_{20}, \varphi_{20}, 0)=\mathrm{J}_m(k_r r_{10})\mathrm{J}_m(k_r r_{20})\exp[\mathrm{i}m(\varphi_{20}-\varphi_{10})]\times \exp\left(-\frac{r_{10}^2+r_{20}^2}{w_0^2}\right)\exp\left[-\frac{r_{10}^2-2r_{10}r_{20}\cos(\varphi_{20}-\varphi_{10})+r_{20}^2}{2\sigma_0^2}\right]\tag{7-54}$$

令 $m=0$，$\theta_0=0°(k_r=0)$，式(7-54)便退化为部分相干基模高斯光束在源

平面处的交叉谱密度函数表达式(7-41)。令 $w_0 \to \infty$，式(7-54)便退化为部分相干贝塞尔光束在源平面处的交叉谱密度函数表达式(7-52)。

7.2.5　部分相干艾里光束

对于艾里光束，源平面 $z=0$ 处的场在直角坐标系中可写为

$$E_0(x_0, y_0, 0)=Ai\left(\frac{x_0}{w_x}\right)\exp\left(\frac{a_0 x_0}{w_x}\right)Ai\left(\frac{y_0}{w_y}\right)\exp\left(\frac{a_0 y_0}{w_y}\right) \tag{7-55}$$

其中，w_x 和 w_y 为任意的横向比例参数，a_0 为衰减因子，$Ai(\cdot)$为艾里函数。

将式(7-55)和式(7-34)代入式(7-33)，得到部分相干艾里光束在源平面处的交叉谱密度函数为

$$W_0(x_{10}, y_{10}, x_{20}, y_{20}, 0)=W_{Ai,0x}(x_{10}, x_{20}, 0)W_{Ai,0y}(y_{10}, y_{20}, 0) \tag{7-56}$$

其中：

$$W_{Ai,0x}(x_{10}, x_{20}, 0)=Ai\left(\frac{x_{10}}{w_x}\right)Ai\left(\frac{x_{20}}{w_x}\right)\exp\left[\frac{a_0(x_{10}+x_{20})}{w_x}\right]\times \exp\left(-\frac{x_{10}^2+x_{20}^2-2x_{10}x_{20}}{2\sigma_0^2}\right) \tag{7-57}$$

$$W_{Ai,0y}(y_{10}, y_{20}, 0)=Ai\left(\frac{y_{10}}{w_y}\right)Ai\left(\frac{y_{20}}{w_y}\right)\exp\left[\frac{a_0(y_{10}+y_{20})}{w_y}\right]\times \exp\left(-\frac{y_{10}^2+y_{20}^2-2y_{10}y_{20}}{2\sigma_0^2}\right) \tag{7-58}$$

7.3　部分相干结构光场的标量传输理论

7.3.1　部分相干光束的菲涅尔衍射积分公式

式(3-31)给出了普通光源在傍轴近似下的菲涅耳衍射积分公式，可以写为

$$E(x, y, z)=\left(-\frac{\mathrm{i}k}{2\pi z}\right)\exp(\mathrm{i}kz)\exp\left[\frac{\mathrm{i}k}{2z}(x^2+y^2)\right]\int_{-\infty}^{+\infty}\int_{-\infty}^{+\infty}E_0(x_0, y_0, 0)\times \exp\left[\frac{\mathrm{i}k}{2z}(x_0^2+y_0^2)\right]\exp\left[-\frac{\mathrm{i}k}{z}(xx_0+yy_0)\right]\mathrm{d}x_0\mathrm{d}y_0 \tag{7-59}$$

其中，$E_0(x_0, y_0, 0)$为源平面(x_0, y_0)上的场，$E(x, y, z)$为观察平面上的场。

设源平面上的两束光 $E_{10}(x_{10}, y_{10}, 0)$ 和 $E_{20}(x_{20}, y_{20}, 0)$ 满足部分相干条件，则观察平面上对应的两束光 $E_1(x_1, y_1, 0)$ 和 $E_2(x_2, y_2, 0)$ 也满足部分相干条件，其交叉谱密度函数根据源平面上的交叉谱密度函数表达式(7-33)可以写为

$$W(x_1, y_1, x_2, y_2, z)=E^*(x_1, y_1, z)E(x_2, y_2, z)\mu(x_1, y_1, x_2, y_2, z) \tag{7-60}$$

将式(7-59)代入式(7-60)，并考虑源平面上交叉谱密度函数表达式(7-33)，得到直角坐标系下部分相干光束的菲涅尔衍射积分公式为

$$\begin{aligned} W(x_1, y_1, x_2, y_2, z) = &\frac{k^2}{4\pi^2 z^2}\exp\left\{-\frac{\mathrm{i}k}{2z}[(x_1^2+y_1^2)-(x_2^2+y_2^2)]\right\}\times \\ &\int_{-\infty}^{+\infty}\int_{-\infty}^{+\infty}\int_{-\infty}^{+\infty}\int_{-\infty}^{+\infty} W_0(x_{10}, y_{10}, x_{20}, y_{20}, 0)\times \\ &\exp\left\{-\frac{\mathrm{i}k}{2z}[(x_{10}^2+y_{10}^2)-(x_{20}^2+y_{20}^2)]\right\}\times \\ &\exp\left\{\frac{\mathrm{i}k}{z}[(x_1x_{10}+y_1y_{10})-(x_2x_{20}+y_2y_{20})]\right\}\times \\ &\mathrm{d}x_{10}\mathrm{d}y_{10}\mathrm{d}x_{20}\mathrm{d}y_{20} \end{aligned} \tag{7-61}$$

为书写简便，通常将源平面和观察平面上的位置矢量($\boldsymbol{r}_0$, $\boldsymbol{r}$)在二维直角坐标系中采用 $\boldsymbol{r}_0=x_0\hat{\boldsymbol{x}}+y_0\hat{\boldsymbol{y}}$ 和 $\boldsymbol{r}=x\hat{\boldsymbol{x}}+y\hat{\boldsymbol{y}}$ 描述，此时式(7-61)可写为

$$\begin{aligned} W(\boldsymbol{r}_1, \boldsymbol{r}_2, z) = &\frac{k^2}{4\pi^2 z^2}\exp\left[-\frac{\mathrm{i}k}{2z}(\boldsymbol{r}_1^2-\boldsymbol{r}_2^2)\right]\times \\ &\int_{-\infty}^{+\infty}\int_{-\infty}^{+\infty} W_0(\boldsymbol{r}_{10}, \boldsymbol{r}_{20}, 0)\exp\left[-\frac{\mathrm{i}k}{2z}(\boldsymbol{r}_{10}^2-\boldsymbol{r}_{20}^2)\right]\times \\ &\exp\left[\frac{\mathrm{i}k}{z}(\boldsymbol{r}_1\cdot\boldsymbol{r}_{10}-\boldsymbol{r}_2\cdot\boldsymbol{r}_{20})\right]\mathrm{d}^2\boldsymbol{r}_{10}\mathrm{d}^2\boldsymbol{r}_{20} \end{aligned} \tag{7-62}$$

若将源平面和观察平面上的位置矢量($\boldsymbol{r}_0$, $\boldsymbol{r}$)采用径向坐标(r_0, r)和方位角坐标(φ_0, φ)描述，则式(7-62)可写为

$$\begin{aligned} W(r_1, \varphi_1, r_2, \varphi_2, z) = &\frac{k^2}{4\pi^2 z^2}\exp\left[-\frac{\mathrm{i}k}{2z}(r_1^2-r_2^2)\right]\times \\ &\int_0^{\infty}\int_0^{2\pi}\int_0^{\infty}\int_0^{2\pi} W_0(r_{10}, \varphi_{10}, r_{20}, \varphi_{20}, 0)\exp\left[\frac{-\mathrm{i}k}{2z}(r_{10}^2-r_{20}^2)\right]\times \\ &\exp\left\{\frac{\mathrm{i}k}{z}[r_1r_{10}\cos(\varphi_1-\varphi_{10})-r_2r_{20}\cos(\varphi_2-\varphi_{20})]\right\}\times \\ &r_{10}r_{20}\mathrm{d}r_{10}\mathrm{d}\varphi_{10}\mathrm{d}r_{20}\mathrm{d}\varphi_{20} \end{aligned} \tag{7-63}$$

式(7-63)为柱坐标系下部分相干光束的菲涅尔衍射积分公式。

7.3.2　部分相干光束的柯林斯公式

式(3-64)给出了直角坐标系下普通光源的柯林斯公式，可以写为

$$E(x, y, z)=\left(-\frac{\mathrm{i}k}{2\pi B}\right)\exp(\mathrm{i}kz)\exp\left[\frac{\mathrm{i}kD}{2B}(x^2+y^2)\right]\int_{-\infty}^{+\infty}\int_{-\infty}^{+\infty}E_0(x_0, y_0, 0)\times \exp\left[\frac{\mathrm{i}kA}{2B}(x_0^2+y_0^2)\right]\exp\left[-\frac{\mathrm{i}k}{B}(xx_0+yy_0)\right]\mathrm{d}x_0\mathrm{d}y_0 \tag{7-64}$$

其中，$E_0(x_0, y_0, 0)$为源平面(x_0, y_0)上的场，$E(x, y, z)$为观察平面上的场，A、B 和 D 为傍轴光学系统 $ABCD$ 矩阵的元素。

与部分相干光束的菲涅尔衍射积分公式推导类似，将式(7-64)代入式(7-60)，并考虑源平面上交叉谱密度函数表达式(7-33)，得到直角坐标系下部分相干光束的柯林斯公式为

$$W(x_1, y_1, x_2, y_2, z)=\frac{k^2}{4\pi^2B^2}\exp\left\{-\frac{\mathrm{i}kD}{2B}[(x_1^2+y_1^2)-(x_2^2+y_2^2)]\right\}\times \int_{-\infty}^{+\infty}\int_{-\infty}^{+\infty}\int_{-\infty}^{+\infty}\int_{-\infty}^{+\infty}W_0(x_{10}, y_{10}, x_{20}, y_{20}, 0)\times \exp\left\{-\frac{\mathrm{i}kA}{2B}[(x_{10}^2+y_{10}^2)-(x_{20}^2+y_{20}^2)]\right\}\times \exp\left\{\frac{\mathrm{i}k}{B}[(x_1x_{10}+y_1y_{10})-(x_2x_{20}+y_2y_{20})]\right\}\times \mathrm{d}x_{10}\mathrm{d}y_{10}\mathrm{d}x_{20}\mathrm{d}y_{20} \tag{7-65}$$

将源平面和观察平面上的位置矢量$(\boldsymbol{r}_0, \boldsymbol{r})$在二维直角坐标系中采用 $\boldsymbol{r}_0=x_0\hat{\boldsymbol{x}}+y_0\hat{\boldsymbol{y}}$ 和 $\boldsymbol{r}=x\hat{\boldsymbol{x}}+y\hat{\boldsymbol{y}}$ 描述，此时式(7-65)可写为

$$W(\boldsymbol{r}_1, \boldsymbol{r}_2, z)=\frac{k^2}{4\pi^2B^2}\exp\left[-\frac{\mathrm{i}kD}{2B}(\boldsymbol{r}_1^2-\boldsymbol{r}_2^2)\right]\times \int_{-\infty}^{+\infty}\int_{-\infty}^{+\infty}W_0(\boldsymbol{r}_{10}, \boldsymbol{r}_{20}, 0)\exp\left[-\frac{\mathrm{i}kA}{2B}(\boldsymbol{r}_{10}^2-\boldsymbol{r}_{20}^2)\right]\times \exp\left[\frac{\mathrm{i}k}{B}(\boldsymbol{r}_1\cdot\boldsymbol{r}_{10}-\boldsymbol{r}_2\cdot\boldsymbol{r}_{20})\right]\mathrm{d}^2\boldsymbol{r}_{10}\mathrm{d}^2\boldsymbol{r}_{20} \tag{7-66}$$

将式(7-66)中源平面和观察平面上的位置矢量$(\boldsymbol{r}_0, \boldsymbol{r})$采用径向坐标$(r_0, r)$和方位角坐标$(\varphi_0, \varphi)$描述，得到柱坐标系下部分相干光束的柯林斯公式为

$$W(r_1, \varphi_1, r_2, \varphi_2, z)=\frac{k^2}{4\pi^2B^2}\exp\left[-\frac{\mathrm{i}kD}{2B}(r_1^2-r_2^2)\right]\times \int_0^{\infty}\int_0^{2\pi}\int_0^{\infty}\int_0^{2\pi}W_0(r_{10}, \varphi_{10}, r_{20}, \varphi_{20}, 0)\exp\left[\frac{-\mathrm{i}kA}{2B}(r_{10}^2-r_{20}^2)\right]\times$$

$$\exp\left\{\frac{\mathrm{i}k}{B}\left[r_1 r_{10}\cos(\varphi_1-\varphi_{10})-r_2 r_{20}\cos(\varphi_2-\varphi_{20})\right]\right\}\times$$
$$r_{10}r_{20}\mathrm{d}r_{10}\mathrm{d}\varphi_{10}\mathrm{d}r_{20}\mathrm{d}\varphi_{20} \tag{7-67}$$

将自由空间中的 $ABCD$ 矩阵元素 $A=1$、$B=z$ 和 $D=1$ 代入式(7-65)～(7-67)，便可得到部分相干光束的菲涅耳衍射积分公式(7-61)～(7-63)。

7.3.3　部分相干光束的瑞利-索末菲衍射积分公式

式(3-183)给出了直角坐标系下普通光源的瑞利-索末菲衍射积分公式，可以写为

$$E(x,y,z)=\left(-\frac{\mathrm{i}kz}{2\pi}\right)\frac{\exp(\mathrm{i}k\rho)}{\rho^2}\int_{-\infty}^{+\infty}\int_{-\infty}^{+\infty}E_0(x_0,y_0,0)\times$$
$$\exp\left[\frac{\mathrm{i}k}{2\rho}(x_0^2+y_0^2-2xx_0-2yy_0)\right]\mathrm{d}x_0\mathrm{d}y_0 \tag{7-68}$$

其中，$\rho=\sqrt{x^2+y^2+z^2}$。将式(7-68)代入式(7-60)，并考虑源平面上交叉谱密度函数表达式(7-33)，得到直角坐标系下部分相干光束的瑞利-索末菲衍射积分公式为

$$W(x_1,y_1,x_2,y_2,z)=\frac{k^2z^2}{4\pi^2}\frac{\exp[-\mathrm{i}k(\rho_1-\rho_2)]}{\rho_1^2\rho_2^2}\times$$
$$\int_{-\infty}^{+\infty}\int_{-\infty}^{+\infty}\int_{-\infty}^{+\infty}\int_{-\infty}^{+\infty}W_0(x_{10},y_{10},x_{20},y_{20},0)\times$$
$$\exp\left[-\frac{\mathrm{i}k}{2}\left(\frac{x_{10}^2+y_{10}^2}{\rho_1}-\frac{x_{20}^2+y_{20}^2}{\rho_2}\right)\right]\times$$
$$\exp\left[\mathrm{i}k\left(\frac{x_1x_{10}+y_1y_{10}}{\rho_1}-\frac{x_2x_{20}+y_2y_{20}}{\rho_2}\right)\right]\times$$
$$\mathrm{d}x_{10}\mathrm{d}y_{10}\mathrm{d}x_{20}\mathrm{d}y_{20} \tag{7-69}$$

式中，$\rho_1=\sqrt{x_1^2+y_1^2+z^2}$，$\rho_2=\sqrt{x_2^2+y_2^2+z^2}$。式(7-69)可用于描述部分相干光束的非傍轴传输。若将式(7-69)中 $\exp(-\mathrm{i}k\rho_1)$ 和 $\exp(\mathrm{i}k\rho_2)$ 的 ρ_1 和 ρ_2 做如下傍轴近似

$$\rho_1\approx z+\frac{x_1^2+y_1^2}{2z},\ \rho_2\approx z+\frac{x_2^2+y_2^2}{2z} \tag{7-70}$$

其余部分的 ρ_1 和 ρ_2 近似为 z，则式(7-69)便退化为用于描述部分相干光束傍轴传输的菲涅尔衍射积分公式(7-61)。

将源平面和观察平面上的位置矢量($\boldsymbol{r}_0$, $\boldsymbol{r}$)在二维直角坐标系中采用 $\boldsymbol{r}_0=x_0\hat{\boldsymbol{x}}+y_0\hat{\boldsymbol{y}}$ 和 $\boldsymbol{r}=x\hat{\boldsymbol{x}}+y\hat{\boldsymbol{y}}$ 描述，此时式(7-69)可写为

$$W(\boldsymbol{r}_1, \boldsymbol{r}_2, z)=\frac{k^2 z^2}{4\pi^2}\frac{\exp[-\mathrm{i}k(\rho_1-\rho_2)]}{\rho_1^2\rho_2^2}\int_{-\infty}^{+\infty}\int_{-\infty}^{+\infty}\int_{-\infty}^{+\infty}\int_{-\infty}^{+\infty}W(\boldsymbol{r}_{10}, \boldsymbol{r}_{20}, 0)\times \exp\left[-\frac{\mathrm{i}k}{2}\left(\frac{\boldsymbol{r}_{10}^2}{\rho_1}-\frac{\boldsymbol{r}_{20}^2}{\rho_2}\right)\right]\exp\left[\mathrm{i}k\left(\frac{\boldsymbol{r}_1\cdot\boldsymbol{r}_{10}}{\rho_1}-\frac{\boldsymbol{r}_2\cdot\boldsymbol{r}_{20}}{\rho_2}\right)\right]\mathrm{d}^2\boldsymbol{r}_{10}\mathrm{d}^2\boldsymbol{r}_{20} \tag{7-71}$$

将式(7－71)中源平面和观察平面上的位置矢量($\boldsymbol{r}_0$, $\boldsymbol{r}$)采用径向坐标(r_0, r)和方位角坐标(φ_0, φ)描述，得到柱坐标系下部分相干光束的瑞利-索末菲衍射积分公式为

$$W(r_1, \varphi_1, r_2, \varphi_2, z)=\frac{k^2 z^2}{4\pi^2}\frac{\exp[-\mathrm{i}k(\rho_1-\rho_2)]}{\rho_1^2\rho_2^2}\times \int_{-\infty}^{+\infty}\int_{-\infty}^{+\infty}\int_{-\infty}^{+\infty}\int_{-\infty}^{+\infty}W_0(r_{10}, \varphi_{10}, r_{20}, \varphi_{20}, 0)\exp\left[-\frac{\mathrm{i}k}{2}\left(\frac{r_{10}^2}{\rho_1}-\frac{r_{20}^2}{\rho_2}\right)\right]\times \exp\left[\mathrm{i}k\left(\frac{r_1 r_{10}\cos(\varphi_1-\varphi_{10})}{\rho_1}-\frac{r_2 r_{20}\cos(\varphi_2-\varphi_{20})}{\rho_2}\right)\right]\times r_{10}r_{20}\mathrm{d}r_{10}\mathrm{d}\varphi_{10}\mathrm{d}r_{20}\mathrm{d}\varphi_{20} \tag{7-72}$$

7.3.4　典型部分相干结构光场的标量传输公式

1. 部分相干基模高斯光束

将部分相干基模高斯光束在源平面处的交叉谱密度函数表达式(7－35)代入直角坐标系下部分相干光束的菲涅尔衍射积分公式(7－61)，得到

$$\begin{aligned}W(x_1, y_1, x_2, y_2, z)=&\frac{k^2}{4\pi^2 z^2}\exp\left\{-\frac{\mathrm{i}k}{2z}[(x_1^2+y_1^2)-(x_2^2+y_2^2)]\right\}\times\\&\int_{-\infty}^{+\infty}\int_{-\infty}^{+\infty}\left\{\begin{aligned}&\exp\left[-\left(\frac{1}{w_0^2}+\frac{1}{2\sigma_0^2}\right)(x_{10}^2+x_{20}^2)\right]\times\\&\exp\left(\frac{x_{10}x_{20}}{\sigma_0^2}\right)\exp\left[-\frac{\mathrm{i}k}{2z}(x_{10}^2-x_{20}^2)\right]\times\\&\exp\left[\frac{\mathrm{i}k}{z}(x_1x_{10}-x_2x_{20})\right]\end{aligned}\right\}\mathrm{d}x_{10}\mathrm{d}x_{20}\times\\&\int_{-\infty}^{+\infty}\int_{-\infty}^{+\infty}\left\{\begin{aligned}&\exp\left[-\left(\frac{1}{w_0^2}+\frac{1}{2\sigma_0^2}\right)(y_{10}^2+y_{20}^2)\right]\times\\&\exp\left(\frac{y_{10}y_{20}}{\sigma_0^2}\right)\exp\left[-\frac{\mathrm{i}k}{2z}(y_{10}^2-y_{20}^2)\right]\times\\&\exp\left[\frac{\mathrm{i}k}{z}(y_1y_{10}-y_2y_{20})\right]\end{aligned}\right\}\mathrm{d}y_{10}\mathrm{d}y_{20}\end{aligned} \tag{7-73}$$

利用积分公式

$$\int_{-\infty}^{+\infty}\exp(-ax^2+bx)\mathrm{d}x=\sqrt{\frac{\pi}{a}}\exp\left(\frac{b^2}{4a}\right)\tag{7-74}$$

经整理得到部分相干基模高斯光束的傍轴传输公式为

$$W(x_1, y_1, x_2, y_2, z)=\frac{w_0^2}{w^2}\exp\left[-\frac{(x_1^2+y_1^2)+(x_2^2+y_2^2)}{w^2}\right]\times \exp\left[-\frac{(x_1-x_2)^2+(y_1-y_2)^2}{2\sigma^2}\right]\times \exp\left\{-\frac{\mathrm{i}k[(x_1^2+y_1^2)-(x_2^2+y_2^2)]}{2R}\right\}\tag{7-75}$$

式中，$w(z)$ 、$R(z)$和$\sigma(z)$ 分别为部分相干基模高斯光束在 z 处的束宽、等相位曲率半径和相关长度，具体表达式为

$$w(z)=w_0\sqrt{1+\left(\frac{2z}{kw_0}\right)^2\left(\frac{1}{w_0^2}+\frac{1}{\sigma_0^2}\right)}\tag{7-76}$$

$$R(z)=z\left[1+\left(\frac{kw_0}{2z}\right)^2\left(\frac{1}{w_0^2}+\frac{1}{\sigma_0^2}\right)^{-1}\right]\tag{7-77}$$

$$\sigma(z)=\sigma_0\sqrt{1+\left(\frac{2z}{kw_0}\right)^2\left(\frac{1}{w_0^2}+\frac{1}{\sigma_0^2}\right)}\tag{7-78}$$

定义空间相关度 α 和空间相关参数 β

$$\alpha=\frac{\sigma_0}{w_0}=\frac{\sigma(z)}{w(z)}\tag{7-79}$$

$$\beta=\left[1+\left(\frac{w_0}{\sigma_0}\right)^2\right]^{-\frac{1}{2}}=\left[1+\left(\frac{w(z)}{\sigma(z)}\right)^2\right]^{-\frac{1}{2}}=(1+\alpha^{-2})^{-\frac{1}{2}}\tag{7-80}$$

式中，α、β 都是与传输距离 z 无关的量，且 $0\leqslant\alpha\leqslant\infty$；$0\leqslant\beta\leqslant1$ 。其中，两个极限情况 $\alpha=0(\beta=0)$、$\alpha\to+\infty(\beta=1)$分别对应于完全空间非相干光和完全空间相干光两种情况。

进一步定义部分相干基模高斯光束的瑞利长度

$$z_R=\frac{\pi w_0^2}{\lambda}\beta=\frac{1}{2}kw_0^2\beta\tag{7-81}$$

则式(7-76)～(7-78)可写为

$$w(z)=w_0\sqrt{1+\left(\frac{z}{z_R}\right)^2}\tag{7-82}$$

$$R(z)=z\left[1+\left(\frac{z_R}{z}\right)^2\right]\tag{7-83}$$

$$\sigma(z)=\sigma_0\sqrt{1+\left(\frac{z}{z_R}\right)^2} \tag{7-84}$$

引入 $\boldsymbol{r}_1=x_1\hat{\boldsymbol{x}}+y_1\hat{\boldsymbol{y}}$ 和 $\boldsymbol{r}_2=x_2\hat{\boldsymbol{x}}+y_2\hat{\boldsymbol{y}}$，式(7-75)可写为如下简洁形式

$$W(\boldsymbol{r}_1,\boldsymbol{r}_2,z)=\frac{w_0^2}{w^2(z)}\exp\left[-\frac{\boldsymbol{r}_1^2+\boldsymbol{r}_2^2}{w^2(z)}\right]\exp\left[-\frac{(\boldsymbol{r}_1-\boldsymbol{r}_2)^2}{2\sigma(z)^2}\right]\exp\left[-\frac{\mathrm{i}k(\boldsymbol{r}_1^2-\boldsymbol{r}_2^2)}{2R(z)}\right] \tag{7-85}$$

将部分相干基模高斯光束在源平面处的交叉谱密度函数表达式(7-35)代入直角坐标系下部分相干光束的柯林斯公式(7-65)，得到

$$\begin{aligned}W(x_1,y_1,x_2,y_2,z)=&\frac{k^2}{4\pi^2B^2}\exp\left\{-\frac{\mathrm{i}kD}{2B}[(x_1^2+y_1^2)-(x_2^2+y_2^2)]\right\}\times\\&\int_{-\infty}^{+\infty}\int_{-\infty}^{+\infty}\left\{\begin{array}{l}\exp\left[-\left(\frac{1}{w_0^2}+\frac{1}{2\sigma_0^2}\right)(x_{10}^2+x_{20}^2)\right]\times\\\exp\left(\frac{x_{10}x_{20}}{\sigma_0^2}\right)\exp\left[-\frac{\mathrm{i}kA}{2B}(x_{10}^2-x_{20}^2)\right]\times\\\exp\left[\frac{\mathrm{i}k}{B}(x_1x_{10}-x_2x_{20})\right]\end{array}\right\}\mathrm{d}x_{10}\mathrm{d}x_{20}\times\\&\int_{-\infty}^{+\infty}\int_{-\infty}^{+\infty}\left\{\begin{array}{l}\exp\left[-\left(\frac{1}{w_0^2}+\frac{1}{2\sigma_0^2}\right)(y_{10}^2+y_{20}^2)\right]\times\\\exp\left(\frac{y_{10}y_{20}}{\sigma_0^2}\right)\exp\left[-\frac{\mathrm{i}kA}{2B}(y_{10}^2-y_{20}^2)\right]\times\\\exp\left[\frac{\mathrm{i}k}{B}(y_1y_{10}-y_2y_{20})\right]\end{array}\right\}\mathrm{d}y_{10}\mathrm{d}y_{20}\end{aligned} \tag{7-86}$$

利用积分公式(7-74)，经整理便可得到部分相干基模高斯光束的柯林斯公式，其表达式与式(7-85)一致，与 $ABCD$ 矩阵元素相关的 $w(z)$、$R(z)$ 和 $\sigma(z)$ 的表达式为

$$w(z)=w_0\sqrt{A^2+\left(\frac{B}{z_R}\right)^2} \tag{7-87}$$

$$R(z)=\frac{B^2+A^2z_R^2}{BD+z_R^2AC} \tag{7-88}$$

$$\sigma(z)=\sigma_0\sqrt{A^2+\left(\frac{B}{z_R}\right)^2} \tag{7-89}$$

式中，$z_R=kw_0^2\beta/2$，β 由式(7-80)给出。

将自由空间中的 $ABCD$ 矩阵元素 $A=1$、$B=z$ 和 $D=1$ 代入式(7-87)～

(7 - 89)，便可得到与式(7 - 82)～(7 - 84)一致的表达式。

将部分相干基模高斯光束在源平面处的交叉谱密度函数表达式(7 - 35)代入直角坐标系下部分相干光束的瑞利-索末菲衍射积分公式(7 - 69)，得到

$$W(x_1, y_1, x_2, y_2, z) = \frac{k^2 z^2}{4\pi^2} \frac{\exp[-\mathrm{i}k(\rho_1 - \rho_2)]}{\rho_1^2 \rho_2^2} \times$$

$$\int_{-\infty}^{+\infty}\int_{-\infty}^{+\infty} \left\{ \begin{aligned} &\exp\left[-\left(\frac{1}{w_0^2}+\frac{1}{2\sigma_0^2}\right)(x_{10}^2+x_{20}^2)\right]\times \\ &\exp\left(\frac{x_{10}x_{20}}{\sigma_0^2}\right)\exp\left[-\frac{\mathrm{i}k}{2}\left(\frac{x_{10}^2}{\rho_1}-\frac{x_{20}^2}{\rho_2}\right)\right]\times \\ &\exp\left[\mathrm{i}k\left(\frac{x_1 x_{10}}{\rho_1}-\frac{x_2 x_{20}}{\rho_2}\right)\right] \end{aligned} \right\} \mathrm{d}x_{10}\mathrm{d}x_{20} \times$$

$$\int_{-\infty}^{+\infty}\int_{-\infty}^{+\infty} \left\{ \begin{aligned} &\exp\left[-\left(\frac{1}{w_0^2}+\frac{1}{2\sigma_0^2}\right)(y_{10}^2+y_{20}^2)\right]\times \\ &\exp\left(\frac{y_{10}y_{20}}{\sigma_0^2}\right)\exp\left[-\frac{\mathrm{i}k}{2}\left(\frac{y_{10}^2}{\rho_1}-\frac{y_{20}^2}{\rho_2}\right)\right]\times \\ &\exp\left[\mathrm{i}k\left(\frac{y_1 y_{10}}{\rho_1}-\frac{y_2 y_{20}}{\rho_2}\right)\right] \end{aligned} \right\} \mathrm{d}y_{10}\mathrm{d}y_{20} \tag{7-90}$$

利用积分公式(7 - 74)，经整理得到部分相干基模高斯光束的非傍轴传输公式为

$$W(x_1, y_1, x_2, y_2, z) = \frac{z^2}{\rho_1\rho_2}\frac{\exp[-\mathrm{i}k(\rho_1-\rho_2)]}{\rho_c}\exp\left[-\frac{(x_1^2+y_1^2)+(x_2^2+y_2^2)}{w_0^2\dfrac{\rho_1}{\rho_2}\rho_c}\right]\times$$

$$\exp\left[-\frac{(x_1^2+x_2^2)-2\dfrac{\rho_1}{\rho_2}(x_1x_2+y_1y_2)+(y_1^2+y_2^2)}{2\sigma_0^2\dfrac{\rho_1}{\rho_2}\rho_c}\right]\times$$

$$\exp\left\{\frac{\mathrm{i}k[(x_1^2+y_1^2)-(x_2^2+y_2^2)]}{2\rho_1\rho_c}\right\} \tag{7-91}$$

其中：

$$\rho_c = \frac{4\rho_1\rho_2}{k^2}\frac{1}{w_0^2}\left(\frac{1}{w_0^2}+\frac{1}{\sigma_0^2}\right)+\frac{4\rho_1\rho_2}{k^2}\left(\frac{\mathrm{i}k}{2w_0^2}+\frac{\mathrm{i}k}{4\sigma_0^2}\right)\left(\frac{1}{\rho_1}-\frac{1}{\rho_2}\right)+1 \tag{7-92}$$

将式(7 - 91)和式(7 - 92)中 $\exp(-\mathrm{i}k\rho_1)$ 和 $\exp(\mathrm{i}k\rho_2)$ 的 ρ_1 和 ρ_2 做式(7 - 70)给出的傍轴近似，其余部分的 ρ_1 和 ρ_2 近似为 z，则式(7 - 91)便退化为部分相干基模高斯光束的傍轴传输公式(7 - 75)。

2. 部分相干厄米-高斯光束

将部分相干厄米-高斯光束在源平面处的交叉谱密度函数表达式(7-43)代入直角坐标系下部分相干光束的菲涅尔衍射积分公式(7-61)，得到

$$
\begin{aligned}
W(x_1, y_1, x_2, y_2, z) = & \frac{k^2}{4\pi^2 z^2}\exp\left\{-\frac{\mathrm{i}k}{2z}\left[(x_1^2+y_1^2)-(x_2^2+y_2^2)\right]\right\}\times \\
& \int_{-\infty}^{+\infty}\int_{-\infty}^{+\infty}\left\{\begin{array}{l}
\mathrm{H}_m\left(\dfrac{\sqrt{2}x_{10}}{w_0}\right)\mathrm{H}_m\left(\dfrac{\sqrt{2}x_{20}}{w_0}\right)\times \\
\exp\left[-\left(\dfrac{1}{w_0^2}+\dfrac{1}{2\sigma_0^2}\right)(x_{10}^2+x_{20}^2)\right]\times \\
\exp\left(\dfrac{x_{10}x_{20}}{\sigma_0^2}\right)\exp\left[-\dfrac{\mathrm{i}k}{2z}(x_{10}^2-x_{20}^2)\right]\times \\
\exp\left[\dfrac{\mathrm{i}k}{z}(x_1x_{10}-x_2x_{20})\right]
\end{array}\right\}\mathrm{d}x_{10}\mathrm{d}x_{20}\times \\
& \int_{-\infty}^{+\infty}\int_{-\infty}^{+\infty}\left\{\begin{array}{l}
\mathrm{H}_n\left(\dfrac{\sqrt{2}y_{10}}{w_0}\right)\mathrm{H}_n\left(\dfrac{\sqrt{2}y_{20}}{w_0}\right)\times \\
\exp\left[-\left(\dfrac{1}{w_0^2}+\dfrac{1}{2\sigma_0^2}\right)(y_{10}^2+y_{20}^2)\right]\times \\
\exp\left(\dfrac{y_{10}y_{20}}{\sigma_0^2}\right)\exp\left[-\dfrac{\mathrm{i}k}{2z}(y_{10}^2-y_{20}^2)\right]\times \\
\exp\left[\dfrac{\mathrm{i}k}{z}(y_1y_{10}-y_2y_{20})\right]
\end{array}\right\}\mathrm{d}y_{10}\mathrm{d}y_{20}
\end{aligned}
\tag{7-93}
$$

利用积分公式

$$
\int_{-\infty}^{+\infty}\exp(ax^2+bx)\mathrm{H}_m(cx)\mathrm{d}x=\exp\left(-\frac{b^2}{4a}\right)\sqrt{-\frac{\pi}{a}}\left(1+\frac{c^2}{a}\right)^{m/2}\mathrm{H}_m\left(\frac{-\dfrac{bc}{2a}}{\sqrt{1+\dfrac{c^2}{a}}}\right)
\tag{7-94}
$$

$$
\int_{-\infty}^{\infty}x^m\exp(-px^2+2qx)\mathrm{d}x=\sqrt{\frac{\pi}{p}}\left(\frac{1}{2\mathrm{i}\sqrt{p}}\right)^m\mathrm{H}_m\left(\mathrm{i}\frac{q}{\sqrt{p}}\right)\exp\left(\frac{q^2}{p}\right)
\tag{7-95}
$$

以及厄米多项式展开式

$$
\mathrm{H}_m(x)=m!\sum_{j=0}^{[m/2]}(-1)^j\frac{1}{j!(m-2j)!}(2x)^{m-2j}
\tag{7-96}
$$

$$\mathrm{H}_m(x+y)=\frac{1}{2^{m/2}}\sum_{t=0}^{m}\binom{m}{t}\mathrm{H}_t(\sqrt{2}x)\mathrm{H}_{m-t}(\sqrt{2}y) \tag{7-97}$$

经整理，得到部分相干厄米-高斯光束的傍轴传输公式为

$$W(x_1, y_1, x_2, y_2, z)=F_{\mathrm{HG},x}(x_1, x_2, z)F_{\mathrm{HG},y}(y_1, y_2, z) \tag{7-98}$$

其中：

$$\begin{aligned}F_{\mathrm{HG},x}(x_1, x_2, z)=&\frac{w_0}{w(z)}\exp\left[-\frac{(x_1^2+x_2^2)}{w^2(z)}\right]\exp\left[-\frac{(x_1-x_2)^2}{2\sigma(z)^2}\right]\exp\left[-\frac{\mathrm{i}k(x_1^2-x_2^2)}{2R(z)}\right]\times\\&\left(1-\frac{2}{w_0^2M_1}\right)^{m/2}\frac{m!}{2^{m/2}}\sum_{j=0}^{[m/2]}\sum_{t=0}^{m}\sum_{p=0}^{[t/2]}\binom{m}{t}\frac{(-1)^{j+p}}{j!(m-2j)!}\frac{t!}{p!(t-2p)!}\times\\&\left(\frac{1}{\mathrm{i}2\sqrt{M_2}}\right)^{m-2j+t-2p}\left(\frac{2\sqrt{2}}{w_0}\right)^{m-2j}\left(\frac{2}{\sigma_0^2\sqrt{w_0^2M_1^2-2M_1}}\right)^{t-2p}\times\\&\mathrm{H}_{m-t}\left(-\frac{\mathrm{i}kx_2}{z\sqrt{w_0^2M_1^2-2M_1}}\right)\mathrm{H}_{m-2j+t-2p}\left(\frac{kx_2}{4M_1\sqrt{M_2}\sigma_0^2z}-\frac{kx_1}{2\sqrt{M_2}z}\right)\end{aligned} \tag{7-99}$$

$$\begin{aligned}F_{\mathrm{HG},y}(y_1, y_2, z)=&\frac{w_0}{w(z)}\exp\left[-\frac{(y_1^2+y_2^2)}{w^2(z)}\right]\exp\left[-\frac{(y_1-y_2)^2}{2\sigma(z)^2}\right]\exp\left[-\frac{\mathrm{i}k(y_1^2-y_2^2)}{2R(z)}\right]\times\\&\left(1-\frac{2}{w_0^2M_1}\right)^{n/2}\frac{n!}{2^{n/2}}\sum_{j'=0}^{[n/2]}\sum_{t'=0}^{n}\sum_{p'=0}^{[t'/2]}\binom{n}{t'}\frac{(-1)^{j'+p'}}{j'!(n-2j')!}\frac{t'!}{p'!(t'-2p')!}\times\\&\left(\frac{1}{\mathrm{i}2\sqrt{M_2}}\right)^{n-2j'+t'-2p'}\left(\frac{2\sqrt{2}}{w_0}\right)^{n-2j'}\left(\frac{2}{\sigma_0^2\sqrt{w_0^2M_1^2-2M_1}}\right)^{t'-2p'}\times\\&H_{n-t'}\left(-\frac{\mathrm{i}ky_2}{z\sqrt{w_0^2M_1^2-2M_1}}\right)\mathrm{H}_{n-2j'+t'-2p'}\left(\frac{ky_2}{4M_1\sqrt{M_2}\sigma_0^2z}-\frac{ky_1}{2\sqrt{M_2}z}\right)\end{aligned} \tag{7-100}$$

式中，$w(z)$、$R(z)$和$\sigma(z)$与部分相干基模高斯光束一致，由式(7-82)～(7-84)给出，参量M_1和M_2的表达式为

$$M_1=\left(\frac{1}{w_0^2}+\frac{1}{2\sigma_0^2}-\frac{\mathrm{i}k}{2z}\right) \tag{7-101}$$

$$M_2=\left(\frac{1}{w_0^2}+\frac{1}{2\sigma_0^2}+\frac{\mathrm{i}k}{2z}-\frac{1}{4C_1\sigma_0^4}\right) \tag{7-102}$$

将式(7-43)代入直角坐标系下部分相干光束的柯林斯公式(7-65)，得到

$$W(x_1, y_1, x_2, y_2, z)=\frac{k^2}{4\pi^2 B^2}\exp\left\{-\frac{\mathrm{i}kD}{2B}[(x_1^2+y_1^2)-(x_2^2+y_2^2)]\right\}\times$$

$$\int_{-\infty}^{+\infty}\int_{-\infty}^{+\infty}\left\{\begin{array}{l}\mathrm{H}_m\left(\frac{\sqrt{2}x_{10}}{w_0}\right)\mathrm{H}_m\left(\frac{\sqrt{2}x_{20}}{w_0}\right)\times\\ \exp\left[-\left(\frac{1}{w_0^2}+\frac{1}{2\sigma_0^2}\right)(x_{10}^2+x_{20}^2)\right]\times\\ \exp\left(\frac{x_{10}x_{20}}{\sigma_0^2}\right)\exp\left[-\frac{\mathrm{i}kA}{2B}(x_{10}^2-x_{20}^2)\right]\times\\ \exp\left[\frac{\mathrm{i}k}{B}(x_1x_{10}-x_2x_{20})\right]\end{array}\right\}\mathrm{d}x_{10}\mathrm{d}x_{20}\times$$

$$\int_{-\infty}^{+\infty}\int_{-\infty}^{+\infty}\left\{\begin{array}{l}\mathrm{H}_n\left(\frac{\sqrt{2}y_{10}}{w_0}\right)\mathrm{H}_n\left(\frac{\sqrt{2}y_{20}}{w_0}\right)\times\\ \exp\left[-\left(\frac{1}{w_0^2}+\frac{1}{2\sigma_0^2}\right)(y_{10}^2+y_{20}^2)\right]\times\\ \exp\left(\frac{y_{10}y_{20}}{\sigma_0^2}\right)\exp\left[-\frac{\mathrm{i}kA}{2B}(y_{10}^2-y_{20}^2)\right]\times\\ \exp\left[\frac{\mathrm{i}k}{B}(y_1y_{10}-y_2y_{20})\right]\end{array}\right\}\mathrm{d}y_{10}\mathrm{d}y_{20}$$

(7 - 103)

利用积分公式(7 - 94)和式(7 - 95)，以及厄米多项式恒展开式(7 - 96)和式(7 - 97)，经整理得到部分相干厄米-高斯光束的柯林斯公式表达式为

$$W(x_1, y_1, x_2, y_2, z)=C_{\mathrm{HG},x}(x_1, x_2, z)C_{\mathrm{HG},y}(y_1, y_2, z)$$

(7 - 104)

其中：

$$C_{\mathrm{HG},x}(x_1, x_2, z)=\frac{k}{2B}\exp\left[-\frac{\mathrm{i}kD}{2B}(x_1^2-x_2^2)-\frac{k^2x_2^2}{4M'_1B^2}-\frac{k^2}{4M'_2B^2}\left(x_1-\frac{x_2}{2M'_1\sigma_0^2}\right)^2\right]\times$$

$$\left(1-\frac{2}{w_0^2M'_1}\right)^{m/2}\frac{m!}{2^{m/2}}\sum_{j=0}^{[m/2]}\sum_{t=0}^{m}\sum_{p=0}^{[t/2]}\binom{m}{t}\frac{(-1)^{j+p}}{j!(m-2j)!}\frac{t!}{p!(t-2p)!}\times$$

$$\sqrt{\frac{1}{M'_1M'_2}}\left(\frac{1}{\mathrm{i}2\sqrt{M'_2}}\right)^{m-2j+t-2p}\left(\frac{2\sqrt{2}}{w_0}\right)^{m-2j}\left(\frac{2}{\sigma_0^2\sqrt{w_0^2M'^2_1-2M'_1}}\right)^{t-2p}\times$$

$$\mathrm{H}_{m-t}\left(-\frac{\mathrm{i}kx_2}{B\sqrt{w_0^2M'^2_1-2M'_1}}\right)\mathrm{H}_{m-2j+t-2p}\left(\frac{kx_2}{4M'_1\sqrt{M'_2}\sigma_0^2B}-\frac{kx_1}{2\sqrt{M'_2}B}\right)$$

(7 - 105)

$$C_{HG,y}(y_1, y_2, z)=\frac{k}{2B}\exp\left[-\frac{ikD}{2B}(y_1^2-y_2^2)-\frac{k^2y_2^2}{4M'_1B^2}-\frac{k^2}{4M'_2B^2}\left(y_1-\frac{y_2}{2M'_1\sigma_0^2}\right)^2\right]\times$$
$$\left(1-\frac{2}{w_0^2M'_1}\right)^{n/2}\frac{n!}{2^{n/2}}\sum_{j'=0}^{[n/2]}\sum_{t'=0}^{n}\sum_{p'=0}^{[t'/2]}\binom{n}{t'}\frac{(-1)^{j'+p'}}{j'!(n-2j')!}\frac{t'!}{p'!(t'-2p')!}\times$$
$$\sqrt{\frac{1}{M'_1M'_2}}\left(\frac{1}{i2\sqrt{M'_2}}\right)^{n-2j'+t'-2p'}\left(\frac{2\sqrt{2}}{w_0}\right)^{n-2j'}\left(\frac{2}{\sigma_0^2\sqrt{w_0^2M'^2_1-2M'_1}}\right)^{t'-2p'}\times$$
$$H_{n-t'}\left(-\frac{iky_2}{B\sqrt{w_0^2M'^2_1-2M'_1}}\right)H_{n-2j'+t'-2p'}\left(\frac{ky_2}{4M'_1\sqrt{M'_2}\sigma_0^2B}-\frac{ky_1}{2\sqrt{M'_2}B}\right)\tag{7-106}$$

式中，参量 M'_1 和 M'_2 的表达式为

$$M'_1=\left(\frac{1}{w_0^2}+\frac{1}{2\sigma_0^2}-\frac{ikA}{2B}\right)\tag{7-107}$$

$$M'_2=\left(\frac{1}{w_0^2}+\frac{1}{2\sigma_0^2}+\frac{ikA}{2B}-\frac{1}{4C_1\sigma_0^4}\right)\tag{7-108}$$

将部分相干厄米-高斯光束在源平面处的交叉谱密度函数表达式(7－43)代入直角坐标系下相干光束的瑞利-索末菲衍射积分公式(7－69)，得到

$$W(x_1, y_1, x_2, y_2, z)=\frac{k^2z^2}{4\pi^2}\frac{\exp[-ik(\rho_1-\rho_2)]}{\rho_1^2\rho_2^2}\times$$
$$\int_{-\infty}^{+\infty}\int_{-\infty}^{+\infty}\left\{\begin{array}{l}H_m\left(\frac{\sqrt{2}x_{10}}{w_0}\right)H_m\left(\frac{\sqrt{2}x_{20}}{w_0}\right)\times\\ \exp\left[-\left(\frac{1}{w_0^2}+\frac{1}{2\sigma_0^2}\right)(x_{10}^2+x_{20}^2)\right]\times\\ \exp\left(\frac{x_{10}x_{20}}{\sigma_0^2}\right)\exp\left[-\frac{ik}{2}\left(\frac{x_{10}^2}{\rho_1}-\frac{x_{20}^2}{\rho_2}\right)\right]\times\\ \exp\left[ik\left(\frac{x_1x_{10}}{\rho_1}-\frac{x_2x_{20}}{\rho_2}\right)\right]\end{array}\right\}dx_{10}dx_{20}\times$$
$$\int_{-\infty}^{+\infty}\int_{-\infty}^{+\infty}\left\{\begin{array}{l}H_n\left(\frac{\sqrt{2}y_{10}}{w_0}\right)H_n\left(\frac{\sqrt{2}y_{20}}{w_0}\right)\times\\ \exp\left[-\left(\frac{1}{w_0^2}+\frac{1}{2\sigma_0^2}\right)(y_{10}^2+y_{20}^2)\right]\times\\ \exp\left(\frac{y_{10}y_{20}}{\sigma_0^2}\right)\exp\left[-\frac{ik}{2}\left(\frac{y_{10}^2}{\rho_1}-\frac{y_{20}^2}{\rho_2}\right)\right]\times\\ \exp\left[ik\left(\frac{y_1y_{10}}{\rho_1}-\frac{y_2y_{20}}{\rho_2}\right)\right]\end{array}\right\}dy_{10}dy_{20}\tag{7-109}$$

利用积分公式(7－94)和(7－95)，以及厄米多项式恒展开式(7－96)和(7－97)，经整理得到部分相干厄米-高斯光束的非傍轴传输表达式为

$$W(x_1, y_1, x_2, y_2, z)=R_{\mathrm{HG},x}(x_1, x_2, z)R_{\mathrm{HG},y}(y_1, y_2, z) \tag{7-110}$$

其中：

$$\begin{aligned}R_{\mathrm{HG},x}(x_1, x_2, z) = & \frac{\exp(-\mathrm{i}k\rho_1)}{\rho_1^2}\frac{kz}{2}\sqrt{\frac{1}{M_1''M_2''}}\exp\left[-\frac{k^2x_2^2}{4M_1''\rho_2^2}-\frac{k^2}{4M_2''}\left(\frac{x_1}{\rho_1}-\frac{x_2}{2M_1''\sigma_0^2\rho_2}\right)^2\right]\times\\ & \left(1-\frac{2}{w_0^2M_1''}\right)^{m/2}\frac{m!}{2^{m/2}}\sum_{j=0}^{[m/2]}\sum_{t=0}^{m}\sum_{p=0}^{[t/2]}\binom{m}{t}\frac{(-1)^{j+p}}{j!(m-2j)!}\frac{t!}{p!(t-2p)!}\times\\ & \left(2\frac{\sqrt{2}}{w_0}\right)^{m-2j}\left(\frac{1}{i2\sqrt{M_2''}}\right)^{m-2j+t-2p}\left(\frac{2}{\sigma_0^2\sqrt{w_0^2M_1''^2-2M_1''}}\right)^{t-2p}\times\\ & \mathrm{H}_{m-t}\left(-\frac{ikx_2}{\rho_2\sqrt{w_0^2M_1''^2-2M_1''}}\right)\mathrm{H}_{m-2j+t-2p}\left(\frac{kx_2}{4M_1''\sqrt{M_2''}\sigma_0^2\rho_2}-\frac{kx_1}{2\sqrt{M_2''}\rho_1}\right)\end{aligned} \tag{7-111}$$

$$\begin{aligned}R_{\mathrm{HG},x}(x_1, x_2, z) = & \frac{\exp(\mathrm{i}k\rho_2)}{\rho_2^2}\frac{kz}{2}\sqrt{\frac{1}{M_1''M_2''}}\exp\left[-\frac{k^2y_2^2}{4M_1''\rho_2^2}-\frac{k^2}{4M_2''}\left(\frac{y_1}{\rho_1}-\frac{y_2}{2M_1''\sigma_0^2\rho_2}\right)^2\right]\times\\ & \left(1-\frac{2}{w_0^2M_1''}\right)^{n/2}\frac{n!}{2^{n/2}}\sum_{j'=0}^{[n/2]}\sum_{t'=0}^{n}\sum_{p'=0}^{[t'/2]}\binom{n}{t'}\frac{(-1)^{j'+p'}}{j'!(n-2j')!}\frac{t'!}{p'!(t'-2p')!}\times\\ & \left(2\frac{\sqrt{2}}{w_0}\right)^{n-2j'}\left(\frac{1}{i2\sqrt{M_2''}}\right)^{n-2j'+t'-2p'}\left(\frac{2}{\sigma_0^2\sqrt{w_0^2M_1''^2-2M_1''}}\right)^{t'-2p'}\times\\ & \mathrm{H}_{n-t'}\left(-\frac{iky_2}{\rho_2\sqrt{w_0^2M_1''^2-2M_1''}}\right)\mathrm{H}_{n-2j'+t'-2p'}\left(\frac{ky_2}{4M_1''\sqrt{M_2''}\sigma_0^2\rho_2}-\frac{ky_1}{2\sqrt{M_2''}\rho_1}\right)\end{aligned} \tag{7-112}$$

式中，参量 M_1'' 和 M_2'' 的表达式为

$$M_1''=\left(\frac{1}{w_0^2}+\frac{1}{2\sigma_0^2}-\frac{ik}{2\rho_2}\right) \tag{7-113}$$

$$M_2''=\frac{1}{w_0^2}+\frac{1}{2\sigma_0^2}+\frac{\mathrm{i}k}{2\rho_1}-\frac{1}{4C_1\sigma_0^4} \tag{7-114}$$

3. 部分相干拉盖尔-高斯光束

将部分相干拉盖尔-高斯光束在源平面处的交叉谱密度函数表达式(7－50)代入直角坐标系下部分相干光束的菲涅尔衍射积分公式(7－61)，得到

$$W(x_1, y_1, x_2, y_2, z) = \frac{k^2}{4\pi^2 z^2}\exp\left\{-\frac{ik}{2z}[(x_1^2+y_1^2)-(x_2^2+y_2^2)]\right\}\times$$
$$\frac{1}{2^{4p+2l}(p!)^2}\sum_{m=0}^{p}\sum_{n=0}^{l}\sum_{h=0}^{p}\sum_{s=0}^{l}(i^n)^* i^s\binom{p}{m}\binom{l}{n}\binom{p}{h}\binom{l}{s}\times$$
$$\int_{-\infty}^{+\infty}\int_{-\infty}^{+\infty}\left\{\begin{array}{l}H_{2m+l-n}\left(\frac{\sqrt{2}x_{10}}{w_0}\right)H_{2h+l-s}\left(\frac{\sqrt{2}x_{20}}{w_0}\right)\times\\ \exp\left(-\frac{x_{10}^2+x_{20}^2}{w_0^2}\right)\exp\left[-\frac{(x_{10}-x_{20})^2}{2\sigma_0^2}\right]\times\\ \exp\left[-\frac{ik}{2z}(x_{10}^2-x_{20}^2)\right]\times\\ \exp\left[\frac{ik}{z}(x_1x_{10}-x_2x_{20})\right]\end{array}\right\}dx_{10}dx_{20}\times$$
$$\int_{-\infty}^{+\infty}\int_{-\infty}^{+\infty}\left\{\begin{array}{l}H_{2p-2m+n}\left(\frac{\sqrt{2}y_{10}}{w_0}\right)H_{2p-2h+s}\left(\frac{\sqrt{2}y_{20}}{w_0}\right)\times\\ \exp\left(-\frac{y_{10}^2+y_{20}^2}{w_0^2}\right)\exp\left[-\frac{(y_{10}-y_{20})^2}{2\sigma_0^2}\right]\times\\ \exp\left[-\frac{ik}{2z}(y_{10}^2-y_{20}^2)\right]\times\\ \exp\left[\frac{ik}{z}(y_1y_{10}-y_2y_{20})\right]\end{array}\right\}dy_{10}dy_{20}$$

(7-115)

利用积分公式(7-94)和式(7-95)，以及厄米多项式恒展开式(7-96)和式(7-97)，经整理得到部分相干拉盖尔-高斯光束的傍轴传输表达式为

$$W(x_1, y_1, x_2, y_2, z) = \frac{k^2}{4\pi^2 z^2}\frac{\pi^2}{M_1M_2}\exp\left[-\frac{k^2(x_2^2+y_2^2)}{4M_1z^2}\right]\times$$
$$\exp\left\{-\frac{ik}{2z}[(x_1^2+y_1^2)-(x_2^2+y_2^2)]\right\}\times$$
$$\exp\left\{-\frac{k^2}{4M_2z^2}\left[\left(x_1-\frac{x_2}{2M_1\sigma_0^2}\right)^2+\left(y_1-\frac{y_2}{2M_1\sigma_0^2}\right)^2\right]\right\}\times$$
$$\frac{1}{2^{4p+2l}(p!)^2}\sum_{m=0}^{p}\sum_{n=0}^{l}\sum_{h=0}^{p}\sum_{s=0}^{l}(i^n)^* i^s\binom{p}{m}\binom{l}{n}\binom{p}{h}\binom{l}{s}F_{LG,x}F_{LG,y}$$

(7-116)

其中，M_1 和 M_2 由式(7-101)和式(7-102)给出，参量 $F_{LG,x}$ 和 $F_{LG,y}$ 的表达式如下

$$F_{\mathrm{LG},x}=\left(1-\frac{2}{w_0^2M_1}\right)^{(2h+l-s)/2}\sum_{j=0}^{[(2m+l-n)/2]}\sum_{t=0}^{2h+l-s}\sum_{d=0}^{[t/2]}\binom{2h+l-s}{t}\times$$
$$(-1)^{j+d}\left(2\frac{\sqrt{2}}{w_0}\right)^{(2m+l-n)-2j}\left(\frac{1}{\mathrm{i}2\sqrt{M_2}}\right)^{(2m+l-n)-2j+t-2d}\times$$
$$\frac{t!}{d!(t-2d)!}\frac{(2m+l-n)!}{j!(2m+l-n-2j)!}\frac{1}{2^{(2h+l-s)/2}}\times$$
$$\left(\frac{2}{\sigma_0^2\sqrt{w_0^2M_1^2-2M_1}}\right)^{t-2d}\mathrm{H}_{(2h+l-s)-t}\left(-\frac{\mathrm{i}kx_2}{z\sqrt{w_0^2M_1^2-2M_1}}\right)\times$$
$$\mathrm{H}_{(2m+l-n)-2j+t-2d}\left[\left(\frac{kx_2}{4M_1\sqrt{M_2}\sigma_0^2z}-\frac{kx_1}{2\sqrt{M_2}z}\right)\right]\tag{7-117}$$

$$F_{\mathrm{LG},y}=\left(1-\frac{2}{w_0^2M_1}\right)^{(2p-2h+s)/2}\sum_{j'=0}^{[(2p-2m+n)/2]}\sum_{t'=0}^{2p-2h+s}\sum_{d'=0}^{[t'/2]}\binom{2p-2h+s}{t'}\times$$
$$(-1)^{j'+d'}\left(2\frac{\sqrt{2}}{w_0}\right)^{(2p-2m+n)-2j'}\left(\frac{1}{\mathrm{i}2\sqrt{M_2}}\right)^{(2p-2m+n)-2j'+t'-2d'}\times$$
$$\frac{(2p-2m+n)!}{j'!(2p-2m+n-2j')!}\frac{t'!}{d'!(t'-2d')!}\frac{1}{2^{(2p-2h+s)/2}}\times$$
$$\left(\frac{2}{\sigma_0^2\sqrt{w_0^2M_1^2-2M_1}}\right)^{t'-2d'}\mathrm{H}_{(2p-2h+s)-t'}\left(-\frac{\mathrm{i}ky_2}{z\sqrt{w_0^2M_1^2-2M_1}}\right)\times$$
$$\mathrm{H}_{(2p-2m+n)-2j'+t'-2d'}\left[\left(\frac{ky_2}{4M_1\sqrt{M_2}\sigma_0^2z}-\frac{ky_1}{2\sqrt{M_2}z}\right)\right]\tag{7-118}$$

将部分相干拉盖尔-高斯光束在源平面处的交叉谱密度函数表达式(7-50)代入直角坐标系下部分相干光束的柯林斯公式(7-65)，得到

$$W(x_1,y_1,x_2,y_2,z)=\frac{k^2}{4\pi^2B^2}\exp\left\{-\frac{\mathrm{i}kD}{2B}[(x_1^2+y_1^2)-(x_2^2+y_2^2)]\right\}\times$$
$$\frac{1}{2^{4p+2l}(p!)^2}\sum_{m=0}^{p}\sum_{n=0}^{l}\sum_{h=0}^{p}\sum_{s=0}^{l}(\mathrm{i}^n)^*\,\mathrm{i}^s\binom{p}{m}\binom{l}{n}\binom{p}{h}\binom{l}{s}\times$$
$$\int_{-\infty}^{+\infty}\int_{-\infty}^{+\infty}\left\{\begin{array}{l}\mathrm{H}_{2m+l-n}\left(\frac{\sqrt{2}x_{10}}{w_0}\right)\mathrm{H}_{2h+l-s}\left(\frac{\sqrt{2}x_{20}}{w_0}\right)\times\\ \exp\left(-\frac{x_{10}^2+x_{20}^2}{w_0^2}\right)\exp\left[-\frac{(x_{10}-x_{20})^2}{2\sigma_0^2}\right]\times\\ \exp\left[-\frac{\mathrm{i}kA}{2B}(x_{10}^2-x_{20}^2)\right]\times\\ \exp\left[\frac{\mathrm{i}k}{B}(x_1x_{10}-x_2x_{20})\right]\end{array}\right\}\mathrm{d}x_{10}\mathrm{d}x_{20}\times$$

$$\int_{-\infty}^{+\infty}\int_{-\infty}^{+\infty}\left\{\begin{aligned}&\mathrm{H}_{2p-2m+n}\left(\frac{\sqrt{2}y_{10}}{w_0}\right)\mathrm{H}_{2p-2h+s}\left(\frac{\sqrt{2}y_{20}}{w_0}\right)\times\\&\exp\left(-\frac{y_{10}^2+y_{20}^2}{w_0^2}\right)\exp\left[-\frac{(y_{10}-y_{20})^2}{2\sigma_0^2}\right]\times\\&\exp\left[-\frac{\mathrm{i}kA}{2B}(y_{10}^2-y_{20}^2)\right]\times\\&\exp\left[\frac{\mathrm{i}k}{B}(y_1y_{10}-y_2y_{20})\right]\end{aligned}\right\}\mathrm{d}y_{10}\mathrm{d}y_{20}$$

(7－119)

利用积分公式(7－94)和式(7－95)，以及厄米多项式恒展开式(7－96)和式(7－97)，经整理得到部分相干拉盖尔-高斯光束的柯林斯公式表达式为

$$\begin{aligned}W(x_1,y_1,x_2,y_2,z)=&\frac{k^2}{4\pi^2B^2}\frac{\pi^2}{M'_1M'_2}\exp\left[-\frac{k^2(x_2^2+y_2^2)}{4M'_1B^2}\right]\times\\&\exp\left\{-\frac{\mathrm{i}kD}{2B}[(x_1^2+y_1^2)-(x_2^2+y_2^2)]\right\}\times\\&\exp\left\{-\frac{k^2}{4M'_2B^2}\left[\left(x_1-\frac{x_2}{2M'_1\sigma_0^2}\right)^2+\left(y_1-\frac{y_2}{2M'_1\sigma_0^2}\right)^2\right]\right\}\times\\&\frac{1}{2^{4p+2l}(p!)^2}\sum_{m=0}^{p}\sum_{n=0}^{l}\sum_{h=0}^{p}\sum_{s=0}^{l}(\mathrm{i}^n)^*\mathrm{i}^s\binom{p}{m}\binom{l}{n}\binom{p}{h}\binom{l}{s}C_{\mathrm{LG},x}C_{\mathrm{LG},y}\end{aligned}$$

(7－120)

其中，M'_1和M'_2由式(7－107)和式(7－108)给出，参量$C_{\mathrm{LG},x}$和$C_{\mathrm{LG},y}$的表达式如下

$$\begin{aligned}C_{\mathrm{LG},x}=&\left(1-\frac{2}{w_0^2M_1}\right)^{(2h+l-s)/2}\sum_{j=0}^{[(2m+l-n)/2]}\sum_{t=0}^{2h+l-s}\sum_{d=0}^{[t/2]}\binom{2h+l-s}{t}\times\\&(-1)^{j+d}\left(2\frac{\sqrt{2}}{w_0}\right)^{(2m+l-n)-2j}\left(\frac{1}{i2\sqrt{M_2}}\right)^{(2m+l-n)-2j+t-2d}\times\\&\frac{t!}{d!(t-2d)!}\frac{(2m+l-n)!}{j!(2m+l-n-2j)!}\frac{1}{2^{(2h+l-s)/2}}\times\\&\left(\frac{2}{\sigma_0^2\sqrt{w_0^2M_1^2-2M_1}}\right)^{t-2d}\mathrm{H}_{(2h+l-s)-t}\left(-\frac{\mathrm{i}kx_2}{B\sqrt{w_0^2M_1^2-2M_1}}\right)\times\\&\mathrm{H}_{(2m+l-n)-2j+t-2d}\left[\left(\frac{kx_2}{4M_1\sqrt{M_2}\sigma_0^2B}-\frac{kx_1}{2\sqrt{M_2}B}\right)\right]\end{aligned}\tag{7－121}$$

$$F_{\mathrm{LG},\,y}=\left(1-\frac{2}{w_0^2M_1}\right)^{(2p-2h+s)/2}\sum_{j'=0}^{[(2p-2m+n)/2]}\sum_{t'=0}^{2p-2h+s}\sum_{d'=0}^{[t'/2]}\binom{2p-2h+s}{t'}\times$$
$$(-1)^{j'+d'}\left(2\frac{\sqrt{2}}{w_0}\right)^{(2p-2m+n)-2j'}\left(\frac{1}{\mathrm{i}2\sqrt{M_2}}\right)^{(2p-2m+n)-2j'+t'-2d'}\times$$
$$\frac{(2p-2m+n)!}{j'!(2p-2m+n-2j')!}\frac{t'!}{d'!(t'-2d')!}\frac{1}{2^{(2p-2h+s)/2}}\times$$
$$\left(\frac{2}{\sigma_0^2\sqrt{w_0^2M_1^2-2M_1}}\right)^{t'-2d'}\mathrm{H}_{(2p-2h+s)-t'}\left(-\frac{\mathrm{i}ky_2}{B\sqrt{w_0^2M_1^2-2M_1}}\right)\times$$
$$\mathrm{H}_{(2p-2m+n)-2j'+t'-2d'}\left[\left(\frac{ky_2}{4M_1\sqrt{M_2}\sigma_0^2B}-\frac{ky_1}{2\sqrt{M_2}B}\right)\right]\qquad(7-122)$$

将式(7－50)代入瑞利-索末菲衍射积分公式(7－69)，得到

$$W(x_1,y_1,x_2,y_2,z)=\frac{k^2z^2}{4\pi^2}\frac{\exp[-\mathrm{i}k(\rho_1-\rho_2)]}{\rho_1^2\rho_2^2}\frac{1}{2^{4p+2l}(p!)^2}\times$$
$$\sum_{m=0}^{p}\sum_{n=0}^{l}\sum_{h=0}^{p}\sum_{s=0}^{l}(\mathrm{i}^n)^*\mathrm{i}^s\binom{p}{m}\binom{l}{n}\binom{p}{h}\binom{l}{s}\times$$
$$\int_{-\infty}^{+\infty}\int_{-\infty}^{+\infty}\left\{\begin{aligned}&\mathrm{H}_{2m+l-n}\left(\frac{\sqrt{2}x_{10}}{w_0}\right)\mathrm{H}_{2h+l-s}\left(\frac{\sqrt{2}x_{20}}{w_0}\right)\\&\exp\left[-\frac{(x_{10}^2+x_{20}^2)}{w_0^2}\right]\exp\left[-\frac{(x_{10}-x_{20})^2}{2\sigma_0^2}\right]\times\\&\exp\left[-\frac{\mathrm{i}k}{2}\left(\frac{x_{10}^2}{\rho_1}-\frac{x_{20}^2}{\rho_2}\right)\right]\times\\&\exp\left[\mathrm{i}k\left(\frac{x_1x_{10}}{\rho_1}-\frac{x_2x_{20}}{\rho_2}\right)\right]\end{aligned}\right\}\mathrm{d}x_{10}\mathrm{d}x_{20}\times$$
$$\int_{-\infty}^{+\infty}\int_{-\infty}^{+\infty}\left\{\begin{aligned}&\mathrm{H}_{2p-2m+n}\left(\frac{\sqrt{2}y_{10}}{w_0}\right)\mathrm{H}_{2p-2h+s}\left(\frac{\sqrt{2}y_{20}}{w_0}\right)\\&\exp\left[-\frac{(y_{10}^2+y_{20}^2)}{w_0^2}\right]\exp\left[-\frac{(y_{10}-y_{20})^2}{2\sigma_0^2}\right]\times\\&\exp\left[-\frac{\mathrm{i}k}{2}\left(\frac{y_{10}^2}{\rho_1}-\frac{y_{20}^2}{\rho_2}\right)\right]\times\\&\exp\left[\mathrm{i}k\left(\frac{y_1y_{10}}{\rho_1}-\frac{y_2y_{20}}{\rho_2}\right)\right]\end{aligned}\right\}\mathrm{d}y_{10}\mathrm{d}y_{20}$$
$$(7-123)$$

利用积分公式(7-94)和(7-95)，以及厄米多项式恒展开式(7-96)和式(7-97)，经整理得到部分相干拉盖尔-高斯光束的非傍轴传输公式为

$$W(x_1, y_1, x_2, y_2, z) = \frac{k^2 z^2}{4\pi^2} \frac{\pi^2}{M_1'' M_2''} \frac{\exp[-ik(\rho_1 - \rho_2)]}{\rho_1^2 \rho_2^2} \exp\left[-\frac{k^2(x_2^2 + y_2^2)}{4M_1''\rho_2^2}\right] \times$$
$$\exp\left\{-\frac{k^2}{4M_2''}\left[\left(\frac{x_1}{\rho_1} - \frac{x_2}{2M_1''\sigma_0^2\rho_2}\right)^2 + \left(\frac{y_1}{\rho_1} - \frac{y_2}{2M_1''\sigma_0^2\rho_2}\right)^2\right]\right\} \times$$
$$\frac{1}{2^{4p+2l}(p!)^2} \sum_{m=0}^{p} \sum_{n=0}^{l} \sum_{h=0}^{p} \sum_{s=0}^{l} (i^n)^* i^s \binom{p}{m}\binom{l}{n}\binom{p}{h}\binom{l}{s} R_{LG,x} R_{LG,y} \tag{7-124}$$

其中：

$$R_{LG,x} = \left(1 - \frac{2}{w_0^2 M_1''}\right)^{(2h+l-s)/2} \sum_{j=0}^{[(2m+l-n)/2]} \sum_{t=0}^{2h+l-s} \sum_{d=0}^{[t/2]} \binom{2h+l-s}{t} \times$$
$$(-1)^{j+d} \left(2\frac{\sqrt{2}}{w_0}\right)^{(2m+l-n)-2j} \left(\frac{1}{i2\sqrt{M_2''}}\right)^{(2m+l-n)-2j+t-2d} \times$$
$$\frac{t!}{d!(t-2d)!} \frac{(2m+l-n)!}{j!(2m+l-n-2j)!} \frac{1}{2^{(2h+l-s)/2}} \times$$
$$\left(\frac{2}{\sigma_0^2\sqrt{w_0^2 M_1''^2 - 2M_1''}}\right)^{t-2d} H_{2h+l-s-t}\left(-\frac{ikx_2}{\rho_2\sqrt{w_0^2 M_1''^2 - 2M_1''}}\right) \times$$
$$H_{2m+l-n-2j+t-2d}\left[\left(\frac{kx_2}{4M_1''\sqrt{M_2''}\sigma_0^2\rho_2} - \frac{kx_1}{2\sqrt{M_2''}\rho_1}\right)\right] \tag{7-125}$$

$$R_{LG,y} = \left(1 - \frac{2}{w_0^2 M_1''}\right)^{(2p-2h+s)/2} \sum_{j'=0}^{[(2p-2m+n)/2]} \sum_{t'=0}^{2p-2h+s} \sum_{d'=0}^{[t'/2]} \binom{2p-2h+s}{t'} \times$$
$$(-1)^{j'+d'} \left(2\frac{\sqrt{2}}{w_0}\right)^{(2p-2m+n)-2j'} \left(\frac{1}{i2\sqrt{M_2''}}\right)^{(2p-2m+n)-2j'+t'-2d'} \times$$
$$\frac{t'!}{d!(t'-2d')!} \frac{(2p-2m+n)!}{j'!(2p-2m+n-2j')!} \frac{1}{2^{(2p-2h+s)/2}} \times$$
$$\left(\frac{2}{\sigma_0^2\sqrt{w_0^2 M_1''^2 - 2M_1''}}\right)^{t'-2d'} H_{2p-2h+s-t'}\left(-\frac{iky_2}{\rho_2\sqrt{w_0^2 M_1''^2 - 2M_1''}}\right) \times$$
$$H_{2p-2m+n-2j'+t'-2d'}\left[\left(\frac{ky_2}{4M_1\sqrt{M_2''}\sigma_0^2\rho_2} - \frac{ky_1}{2\sqrt{M_2''}\rho_1}\right)\right] \tag{7-126}$$

式中，M_1'' 和 M_2'' 由式(7-113)和式(7-114)给出。

参考文献

[1] 吕百达. 激光光学：光束描述、传输变换与光腔技术物理[M]. 北京：高等教育出版社，2003.

[2] 王竹溪，郭敦仁. 特殊函数概论[M]. 北京：北京大学出版社，2012.

[3] 《常用积分表》编委会. 常用积分表[M]. 2 版. 合肥：中国科学技术大学出版社，2019.

[4] 郭本宏. 数学物理方法[M]. 太原：山西高校联合出版社，1994.

[5] 吴高锋. 部分相干光束的产生_传输及自修复特性研究[D]. 苏州：苏州大学，2015.

[6] 张永涛. 部分相干光束的传输及散射特性研究[D]. 苏州：苏州大学，2015.

[7] 朱时军. 标量和矢量部分相干光束的理论及实验研究[D]. 苏州：苏州大学，2014.

[8] 徐志恒. 部分相干光束传输及特性研究[D]. 济南：山东师范大学，2021.

[9] 仇云利. 部分相干厄米-高斯光束的传输特性[J]. 广东技术师范学院学报，2008，9：23-26.

[10] 陈晓文，李宾中，汤明胡. 部分相干厄米-高斯光束的传输特性[J]. 西华师范大学学报(自然科学版)，2014，35(1)：82-86.

[11] 黄永平，赵光普，段志春. 部分相干厄米-高斯光束在湍流大气中的 M2 因子[J]. 宁夏大学学报(自然科学版)，2011，32(3)：226-230.

[12] 段美玲，李晋红，魏计林. 部分相干厄米-高斯光束在斜程大气湍流中的扩展[J]. 强激光与粒子束，2013，25(9)：2252-2256.

[13] 楚晓亮，张彬. 部分相干高斯光束的 M2 因子及模系数[J]. 强激光与粒子束，2000，12(6)：670-672.

[14] 陈晓文，汤明玥，季小玲. 大气湍流对部分相干厄米-高斯光束空间相干性的影响[J]. 物理学报，2008，57(4)：2607-2613.

[15] 汪单单. 部分相干拉盖尔-高斯光束在湍流大气中传输性质的研究[D]. 苏州：苏州大学，2012.

[16] 程明建. 典型湍流环境中空间结构光场传输特性研究[D]. 西安：西安电子科技大学，2018.

[17] 李勤发，饶连周. 部分相干贝塞尔光束的聚焦特性[J]. 三明学院学报，2008，25(4)：368-373.

[18] 胡润，陈婧，吴逢铁，等. 部分相干螺旋自加速贝塞尔光束[J]. 光学学报，2018，38(11)：1126002.

[19] 程科，卢刚，朱博源，等．斜程湍流大气中部分相干艾里光束的偏振特性研究[J]．中国光学，2021，14(2)：409-417.

[20] 崔省伟，陈子阳，胡克磊，等．部分相干 Airy 光束及其传输的研究[J]．物理学报，2013，62(9)：094205.

[21] 柯熙政，张林．部分相干艾里光在大气湍流中的光束扩展与漂移[J]．光子学报，2017，46(1)：0101003.

[22] 王松．部分相干 Airy 光束在大气湍流中的光强演化与实验研究[D]．西安：西安理工大学，2017.

[23] QIU Y, GUO H, CHEN Z. Paraxial propagation of partially coherent Hermite-Gauss beams [J]. Opt. Commun., 2005, 245(1-6): 21-26.

[24] CAI Y J, CHEN C Y. Paraxial propagation of a partially coherent Hermite-Gaussian beam through aligned and misaligned ABCD optical systems[J]. J. Opt. Soc. Am. A, 2007, 24(8): 2394-2401.

[25] JI X L, CHEN X W, LU B D. Spreading and directionality of partially coherent Hermite-Gaussian beams propagating through atmospheric turbulence[J]. J. Opt. Soc. Am. A, 2008, 25(1): 21-28.

[26] JI X L, ZHANG T R, JIA X H. Beam propagation factor of partially coherent Hermite-Gaussian array beams [J]. J. Opt. A, Pure Appl. Opt., 2009, 11(10): 105705.

[27] YUAN Y S, CAI Y J, QU J, et al. Average intensity and spreading of an elegant Hermite-Gaussian beam in turbulent atmosphere[J]. Opt. Express, 2009, 17(13): 11130-11139.

[28] LI X Q, CHEN X W, JI X L. Influence of atmospheric turbulence on the propagation of superimposed partially coherent Hermite-Gaussian beams [J]. Opt. Commun., 2009, 282(1): 7-13.

[29] JI X L, LI X Q. Effective radius of curvature of partially coherent Hermite-Gaussian beams propagating through atmospheric turbulence [J]. J. Opt., 2010, 12(3): 035403.

[30] WANG F, CAI Y J, EYYUBOGLU H T, et al. Partially coherent elegant Hermite-Gaussian beams[J]. Appl. Phys. B, 2010, 100(3): 617-626.

[31] WANG F, CAI Y J, EYYUBOGLU H T, et al. Partially coherent elegant Hermite-Gaussian beam in turbulent atmosphere[J]. Appl. Phys. B, 2011, 103(2): 461-469.

[32] ZHANG L C, YIN X, ZHU Y. Polarization fluctuations of partially coherent Hermite-Gaussian beams in a slant turbulent channel[J]. Optik, 2014, 125(13):

3272-3276.

[33] WANG F, CAI Y J, KOROTKOVA O. Partially coherent standard and elegant Laguerre-Gaussian beams of all orders [J]. Opt. Express, 2009, 64 (6): 22366-22379.

[34] YüCEER M, EYYUBOGLU H T, LUKI I P. Scintillations of partially coherent Laguerre Gaussian beams[J]. Appl. Phys. B, 2010, 101(4): 901-908.

[35] ZHAO C, DONG Y, WANG Y, et al. Experimental generation of a partially coherent Laguerre-Gaussian beam[J]. Appl. Phys. B, 2012, 109(2): 345-349.

[36] CAI Y J, ZHU S J. Orbital angular moment of a partially coherent beam propagating through an astigmatic ABCD optical system with loss or gain[J]. Opt. Lett., 2014, 39(7): 1968-1971.

[37] PENG X F, LIU L, WANG F, et al. Twisted Laguerre-Gaussian Schell-model beam and its orbital angular moment [J]. Opt. Express, 2018, 26(26): 33956-33969.

[38] DONG M, ZHAO C L, CAI Y J, et al, Partially coherent vortex beams: Fundamentals and applications [J]. Sci. China-Phys. Mech. Astron., 2021, 64 (2): 224201.

[39] SESHADRI S R. Average characteristics of a partially coherent Bessel-Gauss optical beam[J]. J. Opt. Soc. Am. A, 1999, 16(12): 2917-2927.

[40] RODRIGUES J S, FONSECA E J S, JESUS-SILVA A J. Talbot effect with partially coherent interfering Bessel beams [J]. Appl. Opt., 2018, 57(12): 3186-3190.

[41] OSTTROVSKY A S, GARCIA-GARCIA J, RICKENSTORFF-PARRAO C, et al. Partially coherent diffraction-free vortex beams with a Bessel-mode structure[J]. Opt. Lett., 2017, 42(24): 5182-5185.

[42] ZHU K C, LI S X, TANG Y, et al. The Wigner distribution functions of coherent and partially coherent Bessel-Gaussian beams [J]. Chin. Phys. B, 2017, 21 (3): 034201.

[43] ZHU K C, ZHOU G Q, LI X G, et al. Propagation of Bessel-Gaussian beams with optical vortices in turbulent atmosphere[J]. Opt. Express, 2008, 16(26): 21315-21320.

[44] DONG Y M, ZHANG L Y, LUO J C, et al. Degree of paraxiality of coherent and partially coherent Airy beams[J]. Opt. Laser Technol., 2013, 49: 1-5.

[45] EYYUBOGLU H T, SERMUTLU E. Partially coherent Airy beam and its propagation in turbulent media[J]. Appl. Phys. B, 2013, 110(4): 451-457.

[46] WEN W, CHU X X. Beam wander of partially coherent Airy beams[J]. J. Mod. Optic,

2014, 61(5): 379-384.

[47] MARTíNEZ-HERRERO R, SANZ A S. Partially coherent Airy beams: A cross-spectral-density approach [J]. Phys. Rev. A, 2022, 106(5): 053512.

[48] LU G, ZHOU Y, YAO N, et al. The change of optical vortex on the paraxiality of fully coherent and partially coherent Airy beams[J]. Optik, 2018, 158: 185-191.

第 8 章

结构光场与微纳粒子的相互作用理论

光与微纳粒子之间的相互作用是光学微操纵、光学测量、燃烧诊断、大气污染监测等技术的核心所在。随着激光调控技术的发展，多种具有特殊振幅、相位和偏振态分布的结构光场相继被提出并被实现，结构光场与微纳粒子之间的相互作用也成为热点研究问题之一。本章主要介绍结构光场与瑞利粒子相互作用的近似理论、结构光场与球形粒子相互作用的广义洛伦兹理论、结构光场与非球形粒子相互作用的基于面积分方程的矩量法理论。

8.1 结构光场与瑞利粒子的相互作用理论

结构光场与微纳粒之间的相互作用是一个复杂的过程，时至今日尚未建立起反映这种复杂相互作用的适用于所有尺寸、任意性质的普适模型。对于尺度远小于结构光场波长的瑞利粒子，通常采用瑞利散射理论进行分析。瑞利散射模型是以麦克斯韦方程与微粒极化理论为基础的，对于尺寸极小的瑞利粒子而言，可近似地认为电场的振幅在粒子所占据的空间是不变的，而粒子在外场的作用下被极化，可视为一个电偶极子。

8.1.1 球瑞利散射模型

在静电学中，在外入射电场 $\boldsymbol{E}_{\text{inc}}$ 的作用下，电偶极子的感应电偶极矩为

$$\boldsymbol{p}=\alpha_0\boldsymbol{E}_{\text{inc}} \tag{8-1}$$

其中，α_0 是静态分子极化率。设一个球形瑞利粒子的半径为 a，介电常数为 ε_1，折射率为 n_1，其周围介质的介电常数为 ε，折射率为 n，则静态分子极化率由 Clausius-Mossotti 关系确定

$$\alpha_0=4\pi\varepsilon a^3\,\frac{\varepsilon_1/\varepsilon-1}{\varepsilon_1/\varepsilon+2} \tag{8-2}$$

在实际情况下，外场是随着时间变化的，即为时谐场。引入时谐电磁场后，偶极子会向外辐射能量。由于辐射会导致偶极子从入射场 $\boldsymbol{E}_{\text{inc}}$ 中移去能量，因此会形成辐射场 $\boldsymbol{E}_{\text{rad}}$。考虑到偶极子与辐射场之间的相互作用，电偶极子表达式需要修正，以使计算结果能更好地自洽。辐射场 $\boldsymbol{E}_{\text{rad}}$ 可根据能量守恒来确定，对于一个具有电荷 e、速度 $\boldsymbol{v}$、加速度 $\mathrm{d}\boldsymbol{v}/\mathrm{d}t$ 的粒子，其辐射总功率由 Larmor 公式给出

$$P(t)=\frac{2}{3}\frac{e^2}{c^3}(\dot{\boldsymbol{v}})^2 \tag{8-3}$$

假定辐射力可以写成类似静电力的形式

$$\boldsymbol{F}_{\text{rad}}=e\boldsymbol{E}_{\text{rad}} \tag{8-4}$$

因为在时间间隔 $t_1<t<t_2$ 内，能量是守恒的，所以就要求这个力对粒子所做的功等于辐射的能量的负值，这样就可以确定 $\boldsymbol{F}_{\text{rad}}$，即

$$\int_{t_1}^{t_2}(\boldsymbol{F}_{\text{rad}}\cdot\boldsymbol{v})\mathrm{d}t=-\int_{t_1}^{t_2}\frac{2}{3}\frac{e^2}{c^3}(\dot{\boldsymbol{v}}\cdot\dot{\boldsymbol{v}})\mathrm{d}t \tag{8-5}$$

对右边分部积分，通常情况下在 $t=t_1$ 和 $t=t_2$ 时满足 $\dot{\boldsymbol{v}}\cdot\boldsymbol{v}=0$，可得

$$\int_{t_1}^{t_2}\left(\boldsymbol{F}_{\text{rad}}-\frac{2}{3}\frac{e^2}{c^3}\ddot{\boldsymbol{v}}\right)\cdot\boldsymbol{v}\mathrm{d}t=0 \tag{8-6}$$

因此

$$\boldsymbol{F}_{\text{rad}}=\frac{2}{3}\frac{e^2}{c^3}\ddot{\boldsymbol{v}} \tag{8-7}$$

令位移 $\boldsymbol{x}=\boldsymbol{x}_0\exp(-\mathrm{i}\omega t)$，则有 $\ddot{\boldsymbol{v}}=\dddot{\boldsymbol{x}}=(-\mathrm{i}\omega)^3\boldsymbol{x}$。辐射场可进一步写为

$$\boldsymbol{E}_{\text{rad}}=\frac{2}{3}\frac{e}{c^3}(-\mathrm{i}\omega)^3\boldsymbol{x}=\mathrm{i}\,\frac{2}{3}k^3\boldsymbol{p} \tag{8-8}$$

其中，k 为波数。此时外场变为 $\boldsymbol{E}_{\text{inc}}+\boldsymbol{E}_{\text{rad}}$，引入修正的极化率 α，电偶极矩改写为

$$\boldsymbol{p}=\alpha\boldsymbol{E}_{\text{inc}}=\alpha_0(\boldsymbol{E}_{\text{inc}}+\boldsymbol{E}_{\text{rad}}) \tag{8-9}$$

则修正后的极化率为

$$\alpha=\frac{\alpha_0}{1-\mathrm{i}(2/3)k^3\alpha_0} \tag{8-10}$$

8.1.2　椭球瑞利散射模型

球形瑞利粒子的极化率是一个标量。对于如图 8.1 所示的椭球粒子，其极化率是一个二阶张量。在椭球局部坐标系(ξ，η，ζ)中，ζ 沿着椭球的长轴方向，椭球极化率张量为

$$\boldsymbol{\alpha}_0=\begin{pmatrix}\alpha_{0\xi} & 0 & 0\\ 0 & \alpha_{0\eta} & 0\\ 0 & 0 & \alpha_{0\zeta}\end{pmatrix} \tag{8-11}$$

其中，对角线上的元素

$$\alpha_{0v}=\frac{1}{3}a^2c\,\frac{\varepsilon_1/\varepsilon-1}{1+(\varepsilon_1/\varepsilon-1)n_v} \tag{8-12}$$

式中，$v=\xi,\ \eta,\ \zeta$；a 是短半轴长度；c 是长半轴长度；n_v 是去极化因子，定义为

$$n_\xi=n_\eta=\frac{1}{2}a^2c\int_0^\infty[\sqrt{s+a^2}R(s)]^{-1}\mathrm{d}s \tag{8-13}$$

$$n_\zeta=\frac{1}{2}a^2c\int_0^\infty[\sqrt{s+c^2}R(s)]^{-1}\mathrm{d}s \tag{8-14}$$

其中，$R(s)=(s+a^2)^2(s+c^2)$，去极化因子满足关系式 $n_\xi+n_\eta+n_\zeta=1$。对于球体，由对称关系可得 $n_\xi=n_\eta=n_\zeta=1/3$，此时极化率张量便会退化成式(8-2)的形式。

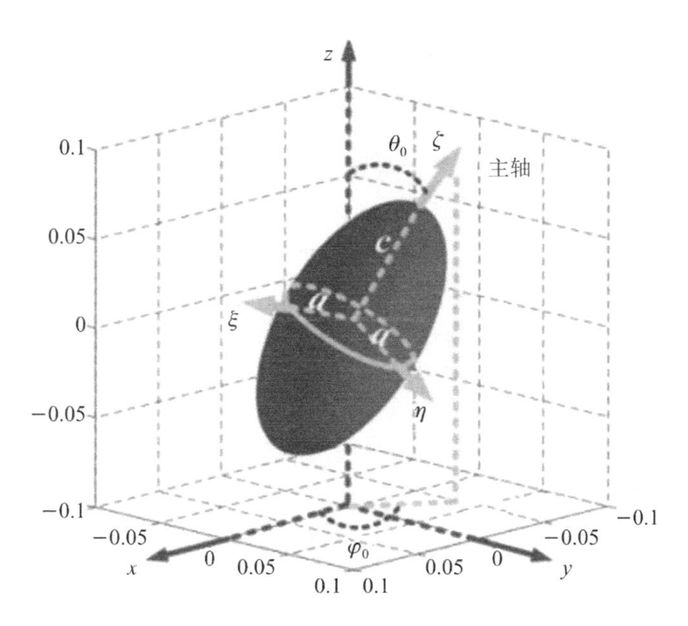

图 8.1　椭球粒子的空间取向

虽然偶极矩的表达式与坐标无关，但在进行特定计算时需要在直角坐标系中表达。如图 8.1 所示，设椭球坐标系长轴 ζ 与直角坐标系 z 轴的夹角为 θ_0，长轴在 xy 平面与 z 轴的夹角为 φ_0，则连接两个坐标系的旋转矩阵为

$$\boldsymbol{R}(\theta_0,\ \varphi_0)=\begin{pmatrix}\cos\varphi_0\cos\theta_0 & -\sin\varphi_0 & \cos\varphi_0\sin\theta_0\\ \sin\varphi_0\cos\theta_0 & \cos\varphi_0 & \sin\varphi_0\sin\theta_0\\ -\sin\theta_0 & 0 & \cos\theta_0\end{pmatrix} \tag{8-15}$$

因此，在直角坐标系下的偶极矩分量表达式 $p_i=\alpha_{ij}E_j$，其中 $\alpha_{ij}=R_{i\delta}\alpha_{\delta\gamma}(\boldsymbol{R}^{-1})_{\gamma j}$。

入射电场 $\boldsymbol{E}_{\mathrm{inc}}$ 作用在椭球瑞利粒子上的偶极矩可表示为

$$p=\alpha\boldsymbol{E}_{\mathrm{inc}}=\frac{\alpha_0}{1-\mathrm{i}(2/3)k^3\alpha_0}\boldsymbol{E}_{\mathrm{inc}} \tag{8-16}$$

其中，α_0 由式(8-11)给出。

8.1.3　瑞利粒子光力和光力矩的计算

结构光场作用在粒子上的时间平均光力可通过对 Maxwell 应力张量在包围粒子表面的积分来获得

$$\langle\boldsymbol{F}\rangle=\oint_S\hat{\boldsymbol{n}}\cdot\langle\overleftrightarrow{\boldsymbol{T}}\rangle\mathrm{d}\sigma \tag{8-17}$$

其中，$\hat{\boldsymbol{n}}$ 和 $\mathrm{d}\sigma$ 分别是外向单位矢量和单位面积元，且积分是在粒子外表面 S 上进行的；$\overleftrightarrow{\boldsymbol{T}}$ 是 Maxwell 应力张量，其时间平均值在国际单位制中的表达式为

$$\langle\overleftrightarrow{\boldsymbol{T}}\rangle=\frac{1}{2}\mathrm{Re}\left[\varepsilon\boldsymbol{E}\boldsymbol{E}^*+\mu\boldsymbol{H}\boldsymbol{H}^*-\frac{1}{2}(\varepsilon\boldsymbol{E}\boldsymbol{E}^*+\mu\boldsymbol{H}\boldsymbol{H}^*)\overleftrightarrow{\boldsymbol{I}}\right] \tag{8-18}$$

式中，ε 和 μ 分别是粒子周围介质的介电常数和磁导率；$\overleftrightarrow{\boldsymbol{I}}$ 为单位张量；$\boldsymbol{E}$ 和 $\boldsymbol{H}$ 表示总的电场和磁场，也就是入射场和散射场之和，即

$$\boldsymbol{E}=\boldsymbol{E}_{\mathrm{inc}}+\boldsymbol{E}_{\mathrm{sca}},\ \boldsymbol{H}=\boldsymbol{H}_{\mathrm{inc}}+\boldsymbol{H}_{\mathrm{sca}} \tag{8-19}$$

经推导，瑞利粒子的光力可写为

$$\langle\boldsymbol{F}\rangle=\frac{1}{2}\mathrm{Re}[\boldsymbol{p}\cdot(\nabla\boldsymbol{E}_{\mathrm{inc}}^*)]+\frac{1}{2}\mathrm{Re}[\boldsymbol{m}\cdot(\nabla\boldsymbol{B}_{\mathrm{inc}}^*)]-\frac{k^4}{12\pi}\sqrt{\frac{\mu}{\varepsilon}}\mathrm{Re}(\boldsymbol{p}\times\boldsymbol{m}^*) \tag{8-20}$$

其中，$\boldsymbol{m}$ 是磁偶极矩，$\boldsymbol{B}_{\mathrm{inc}}$ 是外磁场。对于介电瑞利粒子而言，式(8-20)只有第一项不为 0，此时其光力可分解为梯度力和散射力之和，即

$$\begin{aligned}\langle\boldsymbol{F}\rangle&=\frac{1}{2}\mathrm{Re}\{[\mathrm{Re}(\alpha)+\mathrm{i}\mathrm{Im}(\alpha)][\boldsymbol{E}_{\mathrm{inc}}\cdot(\nabla\boldsymbol{E}_{\mathrm{inc}}^*)]\}\\&=\frac{1}{2}\mathrm{Re}(\alpha)\mathrm{Re}[\boldsymbol{E}_{\mathrm{inc}}\cdot(\nabla\boldsymbol{E}_{\mathrm{inc}}^*)]-\frac{1}{2}\mathrm{Im}(\alpha)\mathrm{Im}[\boldsymbol{E}_{\mathrm{inc}}\cdot(\nabla\boldsymbol{E}_{\mathrm{inc}}^*)]\end{aligned} \tag{8-21}$$

由于 $2\mathrm{Re}[\boldsymbol{E}_{\mathrm{inc}}\cdot(\nabla\boldsymbol{E}_{\mathrm{inc}}^*)]=\nabla(\boldsymbol{E}_{\mathrm{inc}}^*\cdot\boldsymbol{E}_{\mathrm{inc}})$，所以有

$$\langle \boldsymbol{F} \rangle = \frac{1}{4}\mathrm{Re}(\alpha)\nabla |\boldsymbol{E}_{\mathrm{inc}}|^2 - \frac{1}{2}\mathrm{Im}(\alpha)\mathrm{Im}[\boldsymbol{E}_{\mathrm{inc}} \cdot (\nabla \boldsymbol{E}_{\mathrm{inc}}^*)] = \boldsymbol{F}_{\mathrm{G}} + \boldsymbol{F}_{\mathrm{S}} \tag{8-22}$$

式(8-22)右边第一项为梯度力 $\boldsymbol{F}_{\mathrm{G}}$，它正比于光场强度的梯度；第二项为散射力 $\boldsymbol{F}_{\mathrm{S}}$，当粒子是非吸收性的时，散射出去的能量等于从入射场中移去的能量，会产生一个沿光束方向的散射力，当粒子是吸收性的时，粒子散射的能量一部分是从外场中移去的，另一部分是粒子以焦耳热的形式消耗的，会产生一个沿能流方向的吸收力，此时的 $\boldsymbol{F}_{\mathrm{S}}$ 是粒子吸收和散射产生的力之和。

作用在粒子上的光力矩可通过外向单位法向量与伪张量 $\overleftrightarrow{\boldsymbol{T}} \times \boldsymbol{r}$ 的点积在粒子表面的积分来获得

$$\langle \boldsymbol{\Gamma} \rangle = -\oint_{S} \hat{\boldsymbol{n}} \cdot [\langle \overleftrightarrow{\boldsymbol{T}} \rangle \times \boldsymbol{r}] \mathrm{d}\sigma \tag{8-23}$$

将 Maxwell 应力张量的表达式代入，经分析整理可得到

$$\langle \boldsymbol{\Gamma} \rangle = \frac{1}{2}\mathrm{Re}(\boldsymbol{p} \times \boldsymbol{E}_{\mathrm{inc}}^*) + \frac{1}{2}\mathrm{Re}(\boldsymbol{m} \times \boldsymbol{B}_{\mathrm{inc}}^*) - \frac{k^3}{12\pi\epsilon}\mathrm{Im}(\boldsymbol{p}^* \times \boldsymbol{p}) - \frac{\mu k^3}{12\pi}\mathrm{Im}(\boldsymbol{m}^* \times \boldsymbol{m}) \tag{8-24}$$

对于介电瑞利粒子而言，式(8-24)只有第一项不为 0，此时的自旋矩经修正后的表达式为

$$\langle \boldsymbol{\Gamma} \rangle = \frac{1}{2}|\alpha|^2 \mathrm{Re}\left(\frac{1}{\alpha_0^*}\boldsymbol{E}_{\mathrm{inc}} \times \boldsymbol{E}_{\mathrm{inc}}^*\right) \tag{8-25}$$

而对于轨道矩，通常考虑沿光轴方向的分量，用 ρ 表示粒子到光轴的径向距离，则其时间平均值为

$$\langle \Gamma_{o,z} \rangle = \rho \langle \Gamma_{\phi} \rangle \tag{8-26}$$

式中，$\langle \Gamma_{\phi} \rangle = -\sin\phi \langle \Gamma_x \rangle + \cos\phi \langle \Gamma_y \rangle$，是粒子受到的角向光力。

8.1.4　算例

第 4 章中给出了典型结构光场的电磁场分量表达式，将电场代入式(8-17)和式(8-25)，便可以分析瑞利粒子的光力和光力矩。下面的算例分析紧聚焦涡旋光束入射下椭球瑞利粒子的光力和光力矩。紧聚焦涡旋光束的产生策略如下：一束径向极化(RP)光束通过螺旋相位板(SPP)和衍射光学元件(DOE)入射到高数值孔径(NA)消球差透镜系统，如图 8.2 所示。入射光束通过 SPP 之后被转换为具有由涡旋相位项 $\exp(im\varphi)$ 描述的螺旋波前的径向极化涡旋(RPV)光束，其中 m 和 φ 分别是拓扑电荷和方位角。DOE 用于控制紧密聚焦光束的场分布。

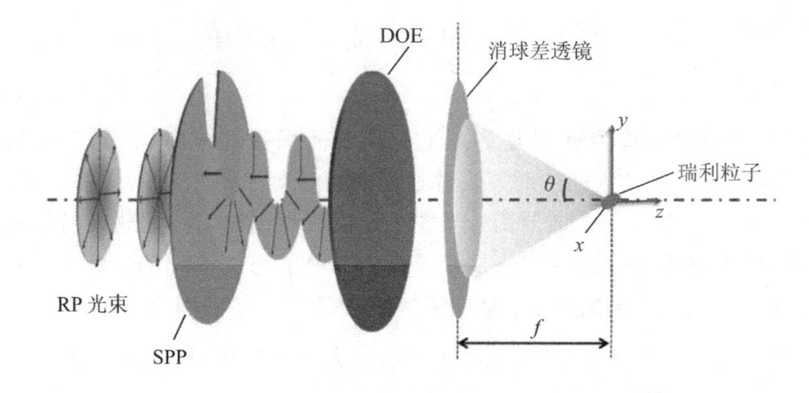

图 8.2　紧聚焦光束入射下椭球瑞利粒子的示意图

根据 Richards-Wolf 矢量衍射理论，焦平面上的电场可以表示为

$$\boldsymbol{E}=-\frac{\mathrm{i}kf}{2\pi}\int_{\theta=0}^{\theta_{\max}}\int_{\varphi=0}^{2\pi}\mathbf{A}(\theta,\ \varphi)\exp(\mathrm{i}\boldsymbol{k}\cdot\boldsymbol{r})\sin\theta\,\mathrm{d}\varphi\,\mathrm{d}\theta \tag{8-27}$$

其中，f 为透镜的焦距，$k=2\pi n/\lambda$ 为背景空间的波数，n 为背景空间的折射率，λ 为背景空间中的波长，$\theta_{\max}=\arcsin(NA/n)$为张角，$\boldsymbol{k}$ 为波矢量，$\boldsymbol{r}$ 为像空间的位置矢量，$\mathbf{A}(\theta,\ \varphi)$的表达式为

$$\mathbf{A}(\theta,\ \varphi)=\sqrt{\cos\theta}\begin{pmatrix}\hat{\boldsymbol{\theta}} & 0\\ 0 & \hat{\boldsymbol{\varphi}}\end{pmatrix}\begin{pmatrix}A_{0\theta}\\ A_{0\varphi}\end{pmatrix} \tag{8-28}$$

其中，$\hat{\boldsymbol{\theta}}$ 和 $\hat{\boldsymbol{\varphi}}$ 为沿 θ 和 ϕ 的单位矢量，$A_{0\theta}$ 和 $A_{0\varphi}$ 为输入光场 $\mathbf{A}_0(\theta,\ \varphi)$的 θ 和 φ 分量。$\mathbf{A}_0(\theta,\ \varphi)$可写为如下形式

$$\mathbf{A}_0(\theta,\ \varphi)=(p_\rho\hat{\boldsymbol{r}}+p_\varphi\hat{\boldsymbol{\varphi}})I_0(\theta)\exp(\mathrm{i}m\varphi) \tag{8-29}$$

式中，p_ρ 和 p_φ 为极化参数。对这里考虑的径向极化涡旋光束，$(p_\rho,\ p_\varphi)=(1,\ 0)$。取入射光场为贝塞尔-高斯光束，则 $I_0(\theta)$可写为

$$I_0(\theta)=\exp\left(-\beta_0^2\,\frac{\sin^2\theta}{\sin^2\theta_{\max}}\right)\mathrm{J}_m\left(2\beta_0\,\frac{\sin\theta}{\sin\theta_{\max}}\right) \tag{8-30}$$

式中，β_0 是入射光束的尺寸参数，定义为光瞳半径与光束腰的比率，$\mathrm{J}_m(\cdot)$为阶数为 m 的贝塞尔函数，m 也称为光束的拓扑荷数。

将式(8-28)～(8-30)代入式(8-27)，积分得到焦平面上电场在柱坐标系中的三个分量

$$E_\rho=\frac{\mathrm{i}A}{\pi}\exp(\mathrm{i}m\varphi)\int_0^{\theta_{\max}}\sqrt{\cos\theta}\,I_0(\theta)T(\theta)\sin\theta\exp(\mathrm{i}kz\cos\theta)\cos\theta I_r\,\mathrm{d}\theta \tag{8-31}$$

$$E_{\phi_s}=\frac{\mathrm{i}A}{\pi}\exp(\mathrm{i}m\varphi)\int_0^{\theta_{\max}}\sqrt{\cos\theta}\,I_0(\theta)T(\theta)\sin\theta\exp(\mathrm{i}kz\cos\theta)(-\cos\theta)I_\varphi\,\mathrm{d}\theta \tag{8-32}$$

$$E_{z_s}=\frac{\mathrm{i}A}{\pi}\exp(\mathrm{i}m\varphi)\int_0^{\theta_{\max}}\sqrt{\cos\theta}\,I_0(\theta)T(\theta)\sin\theta\exp(\mathrm{i}kz\cos\theta)\sin\theta I_z\,\mathrm{d}\theta \tag{8-33}$$

式中，$A=kf/2$，I_ρ、I_φ 和 I_z 的表达式为

$$I_r=\pi\mathrm{i}^{m-1}[\mathrm{J}_{m+1}(nk_0r\sin\theta)-\mathrm{J}_{m-1}(nk_0r\sin\theta)] \tag{8-34}$$

$$I_\varphi=\pi\mathrm{i}^{m}[\mathrm{J}_{m+1}(k\rho\sin\theta)+\mathrm{J}_{m-1}(kr\sin\theta)] \tag{8-35}$$

$$I_z=2\pi\mathrm{i}^{m}\mathrm{J}_m(kr\sin\theta) \tag{8-36}$$

于是，焦平面上入射到椭球瑞利粒子上的电场在直角坐标系中可写为

$$\boldsymbol{E}_{\mathrm{inc}}=\hat{\boldsymbol{x}}(E_r\cos\varphi-E_\varphi\sin\varphi)+\hat{\boldsymbol{y}}(E_r\cos\varphi+E_\varphi\sin\varphi)+\hat{\boldsymbol{z}}E_z \tag{8-37}$$

将式(8-37)和式(8-16)代入式(8-22)和式(8-25)，便可计算得到光力和光力矩。

图 8.3 给出了如上紧聚焦光束作用在椭球瑞利粒子的光力分布图，其中入射光束功率 $P=100$ mW，入射光束波长 $\lambda=1064$ nm，透镜的焦距 $f=1.0$ mm，背景空间的折射率 $n=1.518$，光束参数 $\beta_0=1.5$，光束阶数 $m=1$，椭球粒子短半轴长度 $a=b=30$ nm，长半轴长度取 $c=30$ nm，40 nm，50 nm 三种情形，椭球粒子折射率取 $n_0=1.59$，椭球粒子长半轴沿 z 轴放置(即 $\theta_0=\varphi_0=0°$)。注意，当 $c=30$ nm 时退化为球形粒子。从图 8.3 中可以看出，这里考虑的紧聚焦光束对椭球瑞利粒子的捕获力大于球形瑞利粒子；横向捕获力与角度 φ_0 无关，即 $F_x=F_y$，呈现对称分布；轴向捕获力不具有对称性，要远小于横向捕获力。

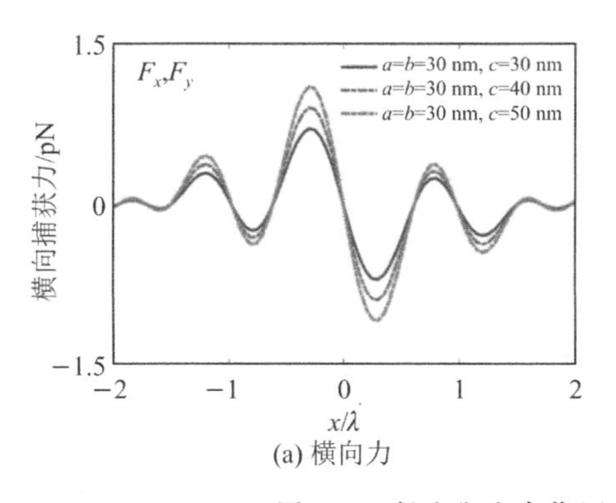

(a) 横向力

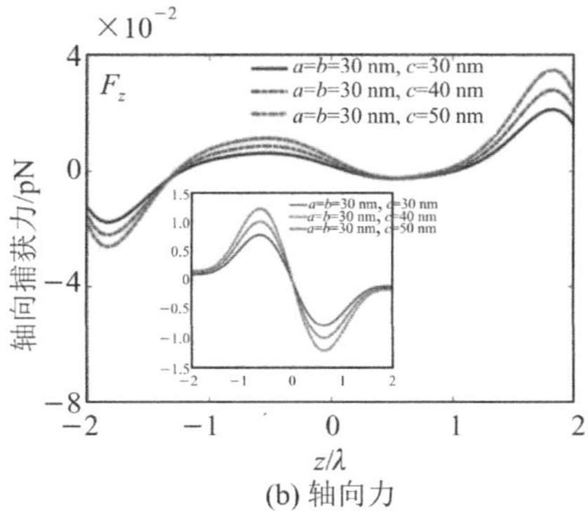

(b) 轴向力

图 8.3　紧聚焦光束作用在椭球瑞利粒子的光力

图 8.4 给出了紧聚焦光束作用在椭球瑞利粒子上的光力随极角 θ_0 和方位角 φ_0 的变化关系。椭球粒子短半轴长度 $a=b=30$ nm，长半轴长度取 $c=50$ nm，其余参数同图 8.3。图 8.4(a)中，$\varphi_0=45°$，可以看出 $F_{x,\max}$、$F_{y,\max}$ 和 $F_{z,\max}$ 均关于 $\theta_0=90°$对称。图 8.4(b)中，$\theta_0=90°$，可以看出最大的横向光力 $F_{x,\max}$ 和 $F_{y,\max}$ 随着 φ_0 呈现周期性变化，而轴向光力 $F_{z,\max}$ 与 φ_0 无关。

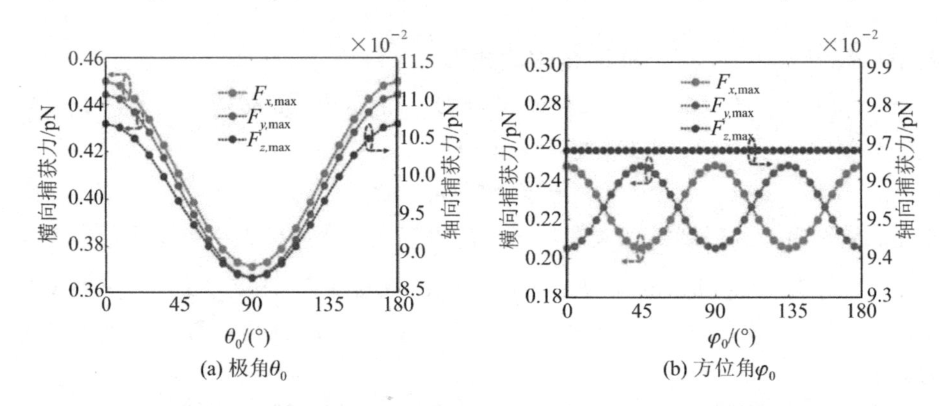

图 8.4　紧聚焦光束作用在椭球瑞利粒子上的光力随极角 θ_0 和方位角 φ_0 的变化关系

图 8.5 给出了紧聚焦光束作用在椭球瑞利粒子上的光力矩随极角 θ_0 和方位角 φ_0 的变化关系，参数同图 8.4。图 8.5(a)中，$\varphi_0=45°$。从图 8.5(a)中可以看出，对于任何角度 θ_0，轴向力矩 Γ_z 恒为零；当 $\theta_0=0°$、90°和 180°时，Γ_x 和 Γ_y 等于零，表明当椭球瑞利的长轴平行或垂直于光轴时，横向扭矩消失。图 8.5(b)中，$\theta_0=45°$。从图 8.5(b)中可以看出，对于任何角度 φ_0，轴向力矩 Γ_z 恒为零；当 $\varphi_0=0°$、90°和 180°时，Γ_x 等于零，而当 $\varphi_0=90°$和 $\varphi_0=270°$时，Γ_y 等于零。

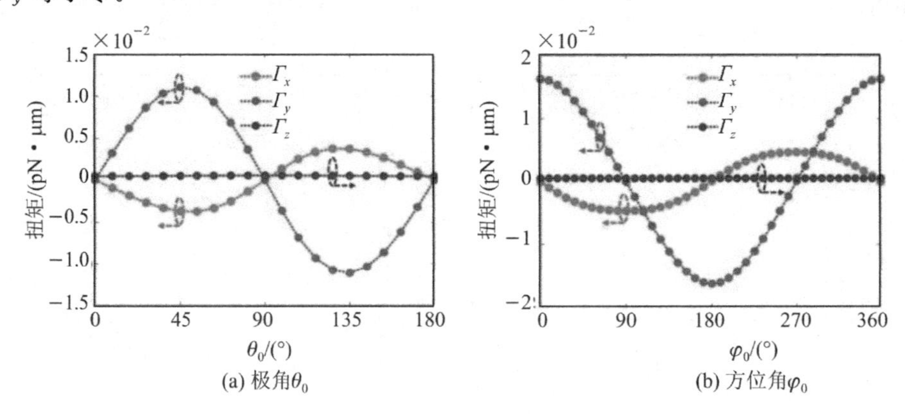

图 8.5　紧聚焦光束作用在椭球瑞利粒子上的光力随极角 θ_0 和方位角 φ_0 的变化关系

8.2　结构光场与球形粒子的相互作用理论

为了方便研究问题，在研究结构光场与微纳粒子的相互作用时，经常会采用一些简化的模型，如将微纳粒子简化为球。对于结构光场与球形粒子的相互作用问题，基于广义洛伦兹理论(GLMT)可以将结构光场采用球矢量波函数分解成不同振幅和相位的分波的级数叠加，然后通过在球坐标系中采用分离变量法求解亥姆霍兹方程而得到精确的解析解。

8.2.1　球矢量波函数

1. 矢量波动方程的直接解

在均匀各向同性介质的无源区域中，表征电磁场的矢量 $\boldsymbol{E}$、$\boldsymbol{D}$、$\boldsymbol{H}$ 和 $\boldsymbol{B}$ 均满足如下的矢量波动方程

$$\nabla^2\boldsymbol{C}-\mu\varepsilon\frac{\partial^2\boldsymbol{C}}{\partial t^2}=0 \tag{8-38}$$

对于时谐电磁场，式(8-38)可写为

$$\nabla^2\boldsymbol{C}+k^2\boldsymbol{C}=0 \tag{8-39}$$

其中，$k=\omega\sqrt{\mu\varepsilon}$ 为波数。因为拉普拉斯算子∇^2作用于矢量 $\boldsymbol{C}$ 时，具有恒等式 $\nabla^2\boldsymbol{C}=\nabla\nabla\cdot\boldsymbol{C}-\nabla\times\nabla\times\boldsymbol{C}$，所以式(8-39)可写为

$$\nabla\nabla\cdot\boldsymbol{C}-\nabla\times\nabla\times\boldsymbol{C}+k^2\boldsymbol{C}=0 \tag{8-40}$$

这一矢量在原则上可分解为 $\boldsymbol{C}$ 的三个分量的联立标量方程，但该方程的求解是比较困难的，所以有必要研究矢量波动方程的直接解。

为了得到矢量波动方程(式(8-39))的解，须考虑一个标量函数 ψ 和任一常矢量 $\boldsymbol{a}$，并设 ψ 满足标量波动方程，即

$$\nabla^2\psi+k^2\psi=0 \tag{8-41}$$

基于 ψ 和 $\boldsymbol{a}$，构建三类矢量波函数 $\boldsymbol{L}$、$\boldsymbol{M}$ 和 $\boldsymbol{N}$，即

$$\boldsymbol{L}=\nabla\psi,\ \boldsymbol{M}=\nabla\times(\boldsymbol{a}\psi),\ \boldsymbol{N}=k^{-1}\nabla\times\boldsymbol{M} \tag{8-42}$$

容易证明，构建的三类矢量波函数 $\boldsymbol{L}$、$\boldsymbol{M}$ 和 $\boldsymbol{N}$ 是式(8-40)的独立解。对于矢量 $\boldsymbol{L}$，因为任何一个标量函数梯度的旋度恒等于零，即有矢量恒等式$\nabla\times\nabla\psi=0$，所以有

$$\nabla\times\boldsymbol{L}=0 \tag{8-43}$$

又因为一个标量函数的拉普拉斯定义为该标量函数的梯度的散度，即$\nabla^2\psi=$

$\nabla\cdot\nabla\psi$，且考虑到式(8-41)，所以

$$\nabla\cdot\boldsymbol{L}=\nabla^2\psi=-k^2\psi \tag{8-44}$$

由式(8-43)和式(8-44)可知，矢量 $\boldsymbol{L}$ 满足

$$\nabla\nabla\cdot\boldsymbol{L}-\nabla\times\nabla\times\boldsymbol{L}+k^2\boldsymbol{L}=0 \tag{8-45}$$

对于矢量 $\boldsymbol{M}$，因为任何一个矢量函数的旋度的散度等于零，即有矢量恒等式 $\nabla\cdot\nabla\times\boldsymbol{F}=0$，所以有

$$\nabla\cdot\boldsymbol{M}=0 \tag{8-46}$$

对式(8-42)中第二式的两端取旋度，得到

$$\nabla\times\boldsymbol{M}=\nabla\times\nabla\times(\boldsymbol{a}\psi)=\nabla\nabla\cdot(\boldsymbol{a}\psi)-\nabla^2(\boldsymbol{a}\psi) \tag{8-47}$$

由于 $\boldsymbol{a}$ 是常矢量，又考虑到式(8-41)，所以式(8-47)可改写为

$$\nabla\times\boldsymbol{M}-k^2\psi\boldsymbol{a}=\nabla\nabla\cdot(\boldsymbol{a}\psi) \tag{8-48}$$

再取式(8-48)的旋度，并将 $\boldsymbol{M}=\nabla\times(\boldsymbol{a}\psi)$ 代入，得到

$$\nabla\times\nabla\times\boldsymbol{M}-k^2\boldsymbol{M}=0 \tag{8-49}$$

考虑到 $\nabla\cdot\boldsymbol{M}=0$，于是由式(8-49)可得

$$\nabla\nabla\cdot\boldsymbol{M}-\nabla\times\nabla\times\boldsymbol{M}+k^2\boldsymbol{M}=0 \tag{8-50}$$

对于矢量 $\boldsymbol{N}$，由矢量恒等式 $\nabla\cdot\nabla\times\boldsymbol{F}=0$ 可知

$$\nabla\cdot\boldsymbol{N}=0 \tag{8-51}$$

对式(8-42)中第三式的两端取旋度，考虑到式(8-49)，可得

$$\nabla\times\boldsymbol{N}=k\boldsymbol{M} \tag{8-52}$$

再取式(8-52)的旋度，并将式(8-42)的第三式代入，得到

$$\nabla\times\nabla\times\boldsymbol{N}-k^2\boldsymbol{N}=0 \tag{8-53}$$

考虑到 $\nabla\cdot\boldsymbol{N}=0$，于是由式(8-53)得到

$$\nabla\nabla\cdot\boldsymbol{N}-\nabla\times\nabla\times\boldsymbol{N}+k^2\boldsymbol{N}=0 \tag{8-54}$$

基于上面的分析可知，构建的三个矢量 $\boldsymbol{L}$、$\boldsymbol{M}$ 和 $\boldsymbol{N}$ 均满足式(8-39)，且 $\nabla\times\boldsymbol{L}=0$，$\nabla\cdot\boldsymbol{M}=\nabla\cdot\boldsymbol{N}=0$，所以 $\boldsymbol{M}$ 和 $\boldsymbol{N}$ 之间还存在彼此互为旋度的关系。另外，由于 $\boldsymbol{a}$ 是常矢量，因此有

$$\boldsymbol{M}=\nabla\times(\boldsymbol{a}\psi)=\nabla\psi\times\boldsymbol{a}=\boldsymbol{L}\times\boldsymbol{a} \tag{8-55}$$

由此可见，同一母函数 $\boldsymbol{\Psi}$ 构成的 $\boldsymbol{L}$ 和 $\boldsymbol{M}$ 正交。

从矢量波函数的构建过程可以看出，标量波动方程(式(8-41))在一定区域内的有限、连续、单值的特解构成了一个离散的函数集，设为 $\{\psi_n\}$。由 $\{\psi_n\}$ 通过式(8-42)可以得到三个矢量波函数 $\boldsymbol{L}_n$、$\boldsymbol{M}_n$、$\boldsymbol{N}_n$，它们在某些正交曲线坐标系中存在一定的正交关系。因此，任意矢量函数可用 $\boldsymbol{L}_n$、$\boldsymbol{M}_n$、$\boldsymbol{N}_n$ 的线形叠加表示。如果给定的矢量函数是无散的，则展开式只包含 $\boldsymbol{M}_n$、$\boldsymbol{N}_n$；如果此矢量的散度不为零，则展开式必须包含 $\boldsymbol{L}_n$。这样寻找矢量波动方程的电

磁场解的问题便转化为寻找标量波动方程解的简单问题。对于无源区域中的时谐电磁场，由麦克斯韦方程组中的两个旋度方程可得

$$\boldsymbol{E}=-\frac{1}{\mathrm{i}\omega\varepsilon}\nabla\times\boldsymbol{H},\ \boldsymbol{H}=\frac{1}{\mathrm{i}\omega\mu}\nabla\times\boldsymbol{E} \tag{8-56}$$

由式(8－56)可知，$\boldsymbol{E}$ 和 $\boldsymbol{H}$ 中任一个正比于另一个的旋度，所以可用矢量波函数 $\boldsymbol{M}$ 和 $\boldsymbol{N}$ 表示 $\boldsymbol{E}$ 和 $\boldsymbol{H}$。于是，设矢量势 $\boldsymbol{A}$ 为

$$\boldsymbol{A}=\frac{1}{\mathrm{i}\omega\mu}\sum_{n=1}^{\infty}(a_n\boldsymbol{M}_n+b_n\boldsymbol{N}_n+c_n\boldsymbol{L}_n) \tag{8-57}$$

式中，a_n、b_n 和 c_n 为展开系数。将式(8－57)代入 $\boldsymbol{H}=\nabla\times\boldsymbol{A}$，利用矢量波函数 $\boldsymbol{L}$、$\boldsymbol{M}$ 和 $\boldsymbol{N}$ 的性质及相互关系，可得

$$\boldsymbol{H}=\frac{k}{\mathrm{i}\omega\mu}\sum_{n=1}^{\infty}(a_n\boldsymbol{N}_n+b_n\boldsymbol{M}_n) \tag{8-58}$$

将式(8－58)代入式(8－56)中的第一式，得到

$$\boldsymbol{E}=\sum_{n=1}^{\infty}(a_n\boldsymbol{M}_n+b_n\boldsymbol{N}_n) \tag{8-59}$$

2. 球坐标系中的矢量波函数

在球坐标系(r,θ,ϕ)中，标量波动方程$\nabla^2\psi+k^2\psi=0$ 可写为

$$\frac{1}{r^2}\frac{\partial}{\partial r}\left(r^2\frac{\partial\psi}{\partial r}\right)+\frac{1}{r^2\sin\theta}\frac{\partial}{\partial\theta}\left(\sin\theta\frac{\partial\psi}{\partial\theta}\right)+\frac{1}{r^2\sin^2\theta}\frac{\partial^2\psi}{\partial\phi^2}+k^2\psi=0 \tag{8-60}$$

设标量波函数为

$$\psi(r,\theta,\phi)=R(r)\Theta(\theta)\Phi(\phi) \tag{8-61}$$

将标量波函数代入球坐标系中的标量波动方程，采用分离变量法，可得到关于 R、Θ 和 Φ 的三个方程

$$r^2\frac{\mathrm{d}^2R}{dr^2}+2r\frac{\mathrm{d}R}{dr}+[k^2r^2-n(n+1)]R=0 \tag{8-62}$$

$$\frac{1}{\sin\theta}\frac{\mathrm{d}}{\mathrm{d}\theta}\left(\sin\theta\frac{\mathrm{d}\Theta}{\mathrm{d}\theta}\right)+\left[n(n+1)-\frac{m^2}{\sin^2\theta}\right]\Theta=0 \tag{8-63}$$

$$\frac{\mathrm{d}^2\Phi}{\mathrm{d}\phi^2}+m^2\Phi=0 \tag{8-64}$$

式中，m 和 n 为待定常量，由 ψ 必须满足的附加边界条件决定。根据这三个方程的解，可以获得满足亥姆霍兹方程在球面上始终保持有限和单值的形式解，即

$$\psi_{nm}^{(j)}=\mathrm{z}_n^{(j)}(kr)\mathrm{P}_n^m(\cos\theta)\exp(\mathrm{i}m\phi) \tag{8-65}$$

式中，$\mathrm{z}_n^{(j)}(j=1,2,3,4)$表示四类球贝塞尔(Bessel)函数 $\mathrm{j}_n(kr)$、$\mathrm{y}_n(kr)$、$\mathrm{h}_n^{(1)}(kr)$ 和 $\mathrm{h}_n^{(2)}(kr)$中的一类，$\mathrm{P}_n^m(\cos\theta)(n=m,m+1,m+2,\cdots)$为第一类连带勒让

德(Legendre)函数，其定义为

$$\mathrm{P}_n^m(x)=(-1)^m(1-x^2)^{m/2}\frac{\mathrm{d}^m\mathrm{P}_n(x)}{\mathrm{d}x^m} \tag{8-66}$$

其中，$\mathrm{P}_n(x)$为勒让德函数。第一类连带勒让德函数满足如下关系

$$\mathrm{P}_n^{-m}(x)=(-1)^m\frac{(n-|m|)!}{(n+|m|)!}\mathrm{P}_n^m(x) \tag{8-67}$$

对于给定的 m 和 n，式(8-65)称为球本征函数，为标量亥姆霍兹方程在球坐标系的本征解。在球坐标系中，取位置矢量 $\boldsymbol{r}$ 作为常矢量，根据球矢量波函数的定义式(式(8-42))，将 $\psi_{nm}^{(j)}$ 的表达式(式(8-65))代入，得到

$$\boldsymbol{L}_{mn}^{(j)}(kr,\theta,\phi)=k\frac{\mathrm{d}[\mathrm{z}_n^{(j)}(kr)]}{\mathrm{d}(kr)}\mathrm{P}_n^m(\cos\theta)\exp(\mathrm{i}m\phi)\hat{\boldsymbol{r}}+\frac{\mathrm{z}_n^{(j)}(kr)}{r}\left[\frac{\mathrm{d}\mathrm{P}_n^m(\cos\theta)}{\mathrm{d}\theta}\hat{\boldsymbol{\theta}}+\mathrm{i}m\frac{\mathrm{P}_n^m(\cos\theta)}{\sin\theta}\hat{\boldsymbol{\phi}}\right]\exp(\mathrm{i}m\phi) \tag{8-68}$$

$$\boldsymbol{M}_{mn}^{(j)}(kr,\theta,\phi)=\left[\mathrm{i}m\frac{\mathrm{P}_n^m(\cos\theta)}{\sin\theta}\hat{\boldsymbol{\theta}}-\frac{\mathrm{d}\mathrm{P}_n^m(\cos\theta)}{d\theta}\hat{\boldsymbol{\phi}}\right]\mathrm{z}_n^{(j)}(kr)\exp(\mathrm{i}m\phi) \tag{8-69}$$

$$\boldsymbol{N}_{mn}^{(j)}(kr,\theta,\phi)=n(n+1)\frac{\mathrm{z}_n^{(j)}(kr)}{kr}\mathrm{P}_n^m(\cos\theta)\exp(\mathrm{i}m\phi)\hat{\boldsymbol{r}}+\frac{1}{kr}\frac{\mathrm{d}[kr\mathrm{z}_n^{(j)}(kr)]}{\mathrm{d}(kr)}\left[\frac{\mathrm{d}\mathrm{P}_n^m(\cos\theta)}{\mathrm{d}\theta}\hat{\boldsymbol{\theta}}+\mathrm{i}m\frac{\mathrm{P}_n^m(\cos\theta)}{\sin\theta}\hat{\boldsymbol{\phi}}\right]\exp(\mathrm{i}m\phi) \tag{8-70}$$

定义角函数 $\pi_n^m(\cos\theta)=\dfrac{\mathrm{P}_n^m(\cos\theta)}{\sin\theta}$和 $\tau_n^m(\cos\theta)=\dfrac{\mathrm{d}\mathrm{P}_n^m(\cos\theta)}{\mathrm{d}\theta}$，于是得到

$$\boldsymbol{L}_{mn}^{(j)}(kr,\theta,\phi)=k\frac{\mathrm{d}[\mathrm{z}_n^{(j)}(kr)]}{\mathrm{d}(kr)}\mathrm{P}_n^m(\cos\theta)\exp(\mathrm{i}m\phi)\hat{\boldsymbol{r}}+\frac{\mathrm{z}_n^{(j)}(kr)}{r}[\tau_n^m(\cos\theta)\hat{\boldsymbol{\theta}}+\mathrm{i}m\pi_n^m(\cos\theta)\hat{\boldsymbol{\phi}}]\exp(\mathrm{i}m\phi) \tag{8-71}$$

$$\boldsymbol{M}_{mn}^{(j)}(kr,\theta,\phi)=[\mathrm{i}m\pi_n^m(\cos\theta)\hat{\boldsymbol{\theta}}-\tau_n^m(\cos\theta)\hat{\boldsymbol{\phi}}]\mathrm{z}_n^{(j)}(kr)\exp(\mathrm{i}m\phi) \tag{8-72}$$

$$\boldsymbol{N}_{mn}^{(j)}(kr,\theta,\phi)=n(n+1)\frac{\mathrm{z}_n^{(j)}(kr)}{kr}\mathrm{P}_n^m(\cos\theta)\exp(\mathrm{i}m\phi)\hat{\boldsymbol{r}}+\frac{1}{kr}\frac{\mathrm{d}[kr\mathrm{z}_n^{(j)}(kr)]}{\mathrm{d}(kr)}[\tau_n^m(\cos\theta)\hat{\boldsymbol{\theta}}+\mathrm{i}m\pi_n^m(\cos\theta)\hat{\boldsymbol{\phi}}]\exp(\mathrm{i}m\phi) \tag{8-73}$$

3. 平面电磁波的球矢量波函数展开

式(8－58)和式(8－59)给出了电磁场的矢量波函数展开式。类似地，电磁场采用球矢量波函数可以展开为

$$\boldsymbol{E}=\sum_{n=1}^{\infty}\sum_{m=-n}^{n}\left[a_{mn}\boldsymbol{M}_{mn}^{(j)}(kr,\ \theta,\ \phi)+b_{mn}\boldsymbol{N}_{mn}^{(j)}(kr,\ \theta,\ \phi)\right] \tag{8-74}$$

$$\boldsymbol{H}=\frac{k}{\mathrm{i}\omega\mu}\sum_{n=1}^{\infty}\sum_{m=-n}^{n}\left[a_{mn}\boldsymbol{N}_{mn}^{(j)}(kr,\ \theta,\ \phi)+b_{mn}\boldsymbol{M}_{mn}^{(j)}(kr,\ \theta,\ \phi)\right] \tag{8-75}$$

其中，a_{mn} 和 b_{mn} 为展开系数。

值得注意的是，对于球矢量波函数中的四类球贝塞尔函数 $\mathrm{z}_n^{(j)}$ $(j=1,\ 2,\ 3,\ 4)$，当 $kr\to 0$ 时，第一类贝塞尔函数 $\mathrm{j}_n(kr)\to 0$，而其他三类贝塞尔函数 $\mathrm{y}_n(kr)$，$\mathrm{h}_n^{(1)}$，$\mathrm{h}_n^{(2)}\to\infty$。因此，采用球矢量波函数 $\boldsymbol{M}_{nm}^{(j)}$ 和 $\boldsymbol{N}_{nm}^{(j)}$ 来展开经过坐标原点的入射光束时，$\mathrm{z}_n^{(j)}$ 必须取为 $\mathrm{z}_n^{(1)}$，$\mathrm{j}_n(kr)$才能使得原点的值有限，于是有

$$\boldsymbol{E}=\sum_{n=1}^{\infty}\sum_{m=-n}^{n}\left[a_{mn}\boldsymbol{M}_{mn}^{(1)}(kr,\ \theta,\ \phi)+b_{mn}\boldsymbol{N}_{mn}^{(1)}(kr,\ \theta,\ \phi)\right] \tag{8-76}$$

$$\boldsymbol{H}=\frac{k}{\mathrm{i}\omega\mu}\sum_{n=1}^{\infty}\sum_{m=-n}^{n}\left[a_{mn}\boldsymbol{N}_{mn}^{(1)}(kr,\ \theta,\ \phi)+b_{mn}\boldsymbol{M}_{mn}^{(1)}(kr,\ \theta,\ \phi)\right] \tag{8-77}$$

对于平面电磁波，通常考虑的最为简单的形式为 TM 极化的平面电磁波，即平面电磁波在直角坐标系中沿 z 轴正向传播，沿 x 方向极化，其电磁场可写为

$$\boldsymbol{E}^{\mathrm{TM}}=\hat{\boldsymbol{x}}\exp(\mathrm{i}kz) \tag{8-78}$$

$$\boldsymbol{H}^{\mathrm{TM}}=\frac{k}{\omega\mu}\hat{\boldsymbol{y}}\exp(\mathrm{i}kz) \tag{8-79}$$

参照式(8－76)和式(8－77)，TM 极化平面电磁波采用球矢量波函数可展开为

$$\boldsymbol{E}^{\mathrm{TM}}=\sum_{n=1}^{\infty}\sum_{m=-n}^{n}\left[a_{mn}^{\mathrm{TM}}\boldsymbol{M}_{mn}^{(1)}(kr,\ \theta,\ \phi)+b_{mn}^{\mathrm{TM}}\boldsymbol{N}_{mn}^{(1)}(kr,\ \theta,\ \phi)\right] \tag{8-80}$$

$$\boldsymbol{H}^{\mathrm{TM}}=\frac{k}{\mathrm{i}\omega\mu}\sum_{n=1}^{\infty}\sum_{m=-n}^{n}\left[a_{mn}^{\mathrm{TM}}\boldsymbol{N}_{mn}^{(1)}(kr,\ \theta,\ \phi)+b_{mn}^{\mathrm{TM}}\boldsymbol{M}_{mn}^{(1)}(kr,\ \theta,\ \phi)\right] \tag{8-81}$$

将直角坐标系中的$(x,\ y,\ z)$单位矢量与球坐标系中的$(r,\ \theta,\ \phi)$单位矢量之间的关系式 $\hat{\boldsymbol{x}}=\sin\theta\cos\phi\hat{\boldsymbol{r}}+\cos\theta\cos\phi\hat{\boldsymbol{\theta}}-\sin\phi\hat{\boldsymbol{\phi}}$、$\hat{\boldsymbol{y}}=\sin\theta\sin\phi\hat{\boldsymbol{r}}+\cos\theta\sin\phi\hat{\boldsymbol{\theta}}+\cos\phi\hat{\boldsymbol{\phi}}$ 以及关系式 $z=r\cos\theta$ 代入 $\boldsymbol{E}^{\mathrm{TM}}$ 和 $\boldsymbol{H}^{\mathrm{TM}}$ 的表达式，并将 $\boldsymbol{M}_{mn}^{(1)}$ 和 $\boldsymbol{N}_{mn}^{(1)}$ 的表达式

代入式(8-80)和式(8-81)，比较电磁场两边的径向分量可得到

$$\begin{pmatrix}\cos\phi\\ \mathrm{i}\sin\phi\end{pmatrix}\sin\theta\exp(\mathrm{i}kr\cos\theta)=\sum_{n=1}^{\infty}\sum_{m=-n}^{n}n(n+1)\begin{pmatrix}b_{mn}^{\mathrm{TM}}\\ a_{mn}^{\mathrm{TM}}\end{pmatrix}\frac{\mathrm{j}_n(kr)}{kr}\mathrm{P}_n^m(\cos\theta)\exp(\mathrm{i}m\phi)\tag{8-82}$$

在式(8-82)左右两侧同乘 $\mathrm{P}_{n'}^m(\cos\theta)\sin\theta$ 和 $\exp(-\mathrm{i}m'\phi)$ 并且进行二重积分，可得

$$\begin{aligned}&\frac{kr}{n(n+1)\mathrm{j}_n(kr)}\int_0^{2\pi}\int_0^{\pi}\begin{pmatrix}\cos\phi\\ \mathrm{i}\sin\phi\end{pmatrix}\sin\theta\exp(\mathrm{i}kr\cos\theta)\times\\&\mathrm{P}_{n'}^m(\cos\theta)\sin\theta\exp(-\mathrm{i}m'\phi)\mathrm{d}\theta\mathrm{d}\phi\\=&\sum_{n=1}^{\infty}\sum_{m=-n}^{n}\begin{pmatrix}b_{mn}^{\mathrm{TM}}\\ a_{mn}^{\mathrm{TM}}\end{pmatrix}\int_0^{\pi}\mathrm{P}_n^m(\cos\theta)\mathrm{P}_{n'}^m(\cos\theta)\sin\theta\mathrm{d}\theta\times\\&\int_0^{2\pi}\exp[\mathrm{i}(m-m')\phi]\mathrm{d}\phi\end{aligned}\tag{8-83}$$

利用积分公式

$$\int_0^{\pi}\mathrm{P}_n^m(\cos\theta)\mathrm{P}_{n'}^m(\cos\theta)\sin\theta\mathrm{d}\theta=\frac{2}{2n+1}\frac{(n+m)!}{(n-m)!}\delta_{nn'}\tag{8-84}$$

其中，δ_{ij} 是克罗内克符号。可知式(8-83)中等号右边第一个关于 n 的求和号仅在 $n=n'$ 时不为 0，于是

$$\begin{aligned}&\frac{kr}{n(n+1)\mathrm{j}_n(kr)}\int_0^{2\pi}\int_0^{\pi}\begin{pmatrix}\cos\phi\\ \mathrm{i}\sin\phi\end{pmatrix}\sin\theta\exp(\mathrm{i}kr\cos\theta)\times\\&\mathrm{P}_{n'}^m(\cos\theta)\sin\theta\exp(-\mathrm{i}m'\phi)\mathrm{d}\theta\mathrm{d}\phi\\=&\sum_{m=-n'}^{n'}\begin{pmatrix}b_{mn}^{\mathrm{TM}}\\ a_{mn}^{\mathrm{TM}}\end{pmatrix}\frac{2}{2n'+1}\frac{(n'+m)!}{(n'-m)!}\int_0^{2\pi}\exp[\mathrm{i}(m-m')\phi]\mathrm{d}\phi\end{aligned}\tag{8-85}$$

再利用公式

$$\int_0^{2\pi}\exp[\mathrm{i}(m-m')\phi]\mathrm{d}\phi=2\pi\delta_{mm'}\tag{8-86}$$

可知式(8-85)等号右边关于 m 的求和号仅在 $m=m'$ 时不为 0，于是

$$\begin{aligned}&\frac{kr}{n(n+1)\mathrm{j}_n(kr)}\int_0^{2\pi}\int_0^{\pi}\begin{pmatrix}\cos\phi\\ \mathrm{i}\sin\phi\end{pmatrix}\sin\theta\exp(\mathrm{i}kr\cos\theta)\times\\&\mathrm{P}_{n'}^m(\cos\theta)\sin\theta\exp(-\mathrm{i}m'\phi)\mathrm{d}\theta\mathrm{d}\phi\\=&\begin{pmatrix}b_{mn}^{\mathrm{TM}}\\ a_{mn}^{\mathrm{TM}}\end{pmatrix}\frac{4\pi}{2n'+1}\frac{(n'+m')!}{(n'-m')!}\end{aligned}\tag{8-87}$$

由式(8-87)得到

$$\begin{pmatrix} b_{m'n'}^{\mathrm{TM}} \\ a_{m'n'}^{\mathrm{TM}} \end{pmatrix} = \frac{(2n'+1)kr}{4\pi n'(n'+1)\mathrm{j}_n(kr)} \frac{(n'-m')!}{(n'+m')!} \int_0^{\pi}\int_0^{2\pi} \begin{pmatrix} \cos\phi \\ \mathrm{i}\sin\phi \end{pmatrix} \sin\theta \times$$
$$\exp(\mathrm{i}kr\cos\theta)\mathrm{P}_n^{m}{}'(\cos\theta)\exp(-\mathrm{i}m'\phi)\sin\theta\,\mathrm{d}\theta\,\mathrm{d}\phi \quad (8-88)$$

又由于 $m=m'$ 和 $n=n'$，将式(8-88)中 n'、m' 替换回 n、m，可得

$$\begin{pmatrix} b_{mn}^{\mathrm{TM}} \\ a_{mn}^{\mathrm{TM}} \end{pmatrix} = \frac{(2n+1)kr}{4\pi n(n+1)\mathrm{j}_n(kr)} \frac{(n-m)!}{(n+m)!} \int_0^{\pi}\int_0^{2\pi} \begin{pmatrix} \cos\phi \\ \mathrm{i}\sin\phi \end{pmatrix} \sin\theta \times$$
$$\exp(\mathrm{i}kr\cos\theta)\mathrm{P}_n^{m}(\cos\theta)\exp(-\mathrm{i}m\phi)\sin\theta\,\mathrm{d}\theta\,\mathrm{d}\phi \quad (8-89)$$

根据欧拉公式 $\exp(\pm\mathrm{i}\phi)=\cos\phi\pm\mathrm{i}\sin\phi$ 可知

$$\cos\phi=\frac{\exp(\mathrm{i}\phi)+\exp(-\mathrm{i}\phi)}{2},\ \sin\phi=\frac{\exp(\mathrm{i}\phi)-\exp(-\mathrm{i}\phi)}{2\mathrm{i}} \quad (8-90)$$

将式(8-90)代入式(8-89)，整理得到

$$\begin{pmatrix} b_{mn}^{\mathrm{TM}} \\ a_{mn}^{\mathrm{TM}} \end{pmatrix} = \frac{(2n+1)kr}{8\pi n(n+1)\mathrm{j}_n(kr)} \frac{(n-m)!}{(n+m)!} \int_0^{\pi}\int_0^{2\pi} \exp(\mathrm{i}kr\cos\theta)\mathrm{P}_n^{m}(\cos\theta) \times$$
$$\begin{bmatrix} \exp(-\mathrm{i}(m-1)\phi)+\exp(-\mathrm{i}(m+1)\phi) \\ \exp(-\mathrm{i}(m-1)\phi)-\exp(-\mathrm{i}(m+1)\phi) \end{bmatrix} \sin^2\theta\,\mathrm{d}\theta\,\mathrm{d}\phi \quad (8-91)$$

由式(8-86)可知，仅当 $m=\pm1$ 时，波束因子不为 0，此时

$$\begin{pmatrix} b_{1n}^{\mathrm{TM}} \\ a_{1n}^{\mathrm{TM}} \end{pmatrix} = \frac{kr}{\mathrm{j}_n(kr)} \frac{(2n+1)}{8\pi n^2(n+1)^2} \begin{pmatrix} 2\pi \\ 2\pi \end{pmatrix} \int_0^{\pi} \exp(\mathrm{i}kr\cos\theta)\mathrm{P}_n^{1}(\cos\theta)\sin^2\theta\,\mathrm{d}\theta$$
$$(8-92)$$

$$\begin{pmatrix} b_{-1n}^{\mathrm{TM}} \\ a_{-1n}^{\mathrm{TM}} \end{pmatrix} = \frac{kr}{\mathrm{j}_n(kr)} \frac{(2n+1)}{8\pi} \begin{pmatrix} 2\pi \\ 2\pi \end{pmatrix} \int_0^{\pi} \exp(\mathrm{i}kr\cos\theta)\mathrm{P}_n^{-1}(\cos\theta)\sin^2\theta\,\mathrm{d}\theta$$
$$(8-93)$$

由积分公式

$$\int_0^{\pi} \exp(\mathrm{i}kr\cos\theta) \begin{bmatrix} \mathrm{P}_n^{1}(\cos\theta) \\ \mathrm{P}_n^{-1}(\cos\theta) \end{bmatrix} \sin^2\theta\,\mathrm{d}\theta = \begin{bmatrix} -n(n+1) \\ 1 \end{bmatrix} \frac{2\mathrm{j}_n(kr)\mathrm{i}^{n-1}}{kr}$$
$$(8-94)$$

得到

$$\begin{pmatrix} b_{1n}^{\mathrm{TM}} \\ a_{1n}^{\mathrm{TM}} \end{pmatrix} = c_n^{\mathrm{pw}} \begin{pmatrix} 1 \\ 1 \end{pmatrix},\ \begin{pmatrix} b_{-1n}^{\mathrm{TM}} \\ a_{-1n}^{\mathrm{TM}} \end{pmatrix} = n(n+1)c_n^{\mathrm{pw}} \begin{pmatrix} 1 \\ -1 \end{pmatrix} \quad (8-95)$$

其中，$c_n^{\mathrm{pw}}=\mathrm{i}^{n+1}\dfrac{n+0.5}{n(n+1)}$ 称为平面波因子。

对于一般情形的平面电磁波，在直角坐标系(x, y, z)中，设其沿 $\boldsymbol{s}$ 方向传

播，其中 $\hat{\boldsymbol{s}}=s_x\hat{\boldsymbol{x}}+s_y\hat{\boldsymbol{y}}+s_z\hat{\boldsymbol{z}}$ 为沿 $\boldsymbol{s}$ 方向的单位矢量。为了将标量平面电磁波转化为矢量平面电磁波，同时让波束因子有对称的结构，这里使用两个共轭的势函数

$$\begin{cases}\boldsymbol{A}=(p_x\hat{\boldsymbol{x}}+p_y\hat{\boldsymbol{y}})\psi(x, y, z)\\ \boldsymbol{A}^*=(p_x\hat{\boldsymbol{y}}-p_y\hat{\boldsymbol{x}})\psi(x, y, z)\end{cases} \tag{8-96}$$

式中，$\psi(x, y, z)=\exp(\mathrm{i}k\hat{\boldsymbol{s}}\cdot\boldsymbol{r})$ 为平面电磁波的复振幅表达式，k 为波数，$\boldsymbol{r}=x\hat{\boldsymbol{x}}+y\hat{\boldsymbol{y}}+z\hat{\boldsymbol{z}}$ 为空间中某一点 $P(x, y, z)$ 的位置矢量；(p_x, p_y) 为极化系数。平面电磁波的电磁场采用矢量势 $\boldsymbol{A}$ 和 $\boldsymbol{A}^*$ 可以表示为

$$\boldsymbol{E}(x, y, z)=\frac{1}{2}[\boldsymbol{A}+k^{-2}\nabla(\nabla\cdot\boldsymbol{A})+\mathrm{i}k^{-1}\nabla\times\boldsymbol{A}^*] \tag{8-97}$$

$$\boldsymbol{H}(x, y, z)=\frac{k}{2\omega\mu}[\boldsymbol{A}^*+k^{-2}\nabla(\nabla\cdot\boldsymbol{A}^*)-\mathrm{i}k^{-1}\nabla\times\boldsymbol{A}] \tag{8-98}$$

其中，ε 和 μ 分别是平面电磁波传输介质中的介电常数与磁导率。

在直角坐标系中计算后，可得出平面波的电磁场分别为 $\boldsymbol{E}_{\mathrm{pw}}\exp(\mathrm{i}k\hat{\boldsymbol{s}}\cdot\boldsymbol{r})/2$ 和 $\boldsymbol{H}_{\mathrm{pw}}\exp(\mathrm{i}k\hat{\boldsymbol{s}}\cdot\boldsymbol{r})k/(2\omega\mu)$。其中，$\boldsymbol{E}_{\mathrm{pw}}$ 和 $\boldsymbol{H}_{\mathrm{pw}}$ 分别为

$$\begin{aligned}\boldsymbol{E}_{\mathrm{pw}}=&[p_x(1+s_z)-s_x(p_xs_x+p_ys_y)]\hat{\boldsymbol{x}}+\\&[p_y(1+s_z)-s_y(p_xs_x+p_ys_y)]\hat{\boldsymbol{y}}-\\&[(p_xs_x+p_ys_y)(1+s_z)]\hat{\boldsymbol{z}}\end{aligned} \tag{8-99}$$

$$\begin{aligned}\boldsymbol{H}_{\mathrm{pw}}=&-[p_y(1+s_z)+s_x(p_xs_y-p_ys_x)]\hat{\boldsymbol{x}}+\\&[p_x(1+s_z)-s_y(p_xs_y-p_ys_x)]\hat{\boldsymbol{y}}-\\&[(p_xs_y-p_ys_x)(1+s_z)]\hat{\boldsymbol{z}}\end{aligned} \tag{8-100}$$

通过坐标变换可以将平面波的电磁场在球坐标系中用球矢量波函数展开为

$$\frac{1}{2}\boldsymbol{E}_{\mathrm{pw}}\exp(\mathrm{i}k\hat{\boldsymbol{s}}\cdot\boldsymbol{r})=\sum_{n=1}^{\infty}\sum_{m=-n}^{n}c_n^{\mathrm{pw}}[a_{mn}^{\mathrm{pw}}\boldsymbol{M}_{nm}^{(1)}(kr, \theta, \phi)+b_{mn}^{\mathrm{pw}}\boldsymbol{N}_{nm}^{(1)}(kr, \theta, \phi)] \tag{8-101}$$

$$\frac{k}{2\omega\mu}\boldsymbol{H}_{\mathrm{pw}}\exp(\mathrm{i}k\hat{\boldsymbol{s}}\cdot\boldsymbol{r})=\frac{k}{\mathrm{i}\omega\mu}\sum_{n=1}^{\infty}\sum_{m=-n}^{n}c_n^{\mathrm{pw}}[a_{nm}^{\mathrm{pw}}\boldsymbol{N}_{nm}^{(1)}(kr, \theta, \phi)+b_{nm}^{\mathrm{pw}}\boldsymbol{M}_{nm}^{(1)}(kr, \theta, \phi)] \tag{8-102}$$

其中，b_{nm}^{pw} 和 a_{mn}^{pw} 是平面电磁波的展开系数。将波矢 $\hat{\boldsymbol{s}}$ 和位矢 $\boldsymbol{r}$ 分别用球坐标系 (r, θ, ϕ) 和 (k, α, β) 表示，于是有 $\hat{\boldsymbol{s}}\cdot\boldsymbol{r}=r[\sin\alpha\sin\theta\cos(\varphi-\beta)+\cos\alpha\cos\theta]$。进一

步将式(8－101)和式(8－102)展开，对比等号左右两侧的径向分量可得

$$\begin{pmatrix} E_r^{\mathrm{pw}} \\ H_r^{\mathrm{pw}} \end{pmatrix} \exp(\mathrm{i}k\hat{\boldsymbol{s}} \cdot \boldsymbol{r}) = \sum_{n=1}^{\infty} \sum_{m=-n}^{n} \mathrm{i}^{n+1}(2n+1) \begin{pmatrix} b_{mn}^{\mathrm{pw}} \\ -\mathrm{i}a_{mn}^{\mathrm{pw}} \end{pmatrix} \frac{\mathrm{j}_n(kr)}{kr} \mathrm{P}_n^m(\cos\theta) \exp(\mathrm{i}m\phi) \tag{8-103}$$

将 $\boldsymbol{e}_r = \cos\phi\sin\theta\boldsymbol{e}_x + \sin\phi\sin\theta\boldsymbol{e}_y + \cos\theta\boldsymbol{e}_z$ 与 $\boldsymbol{E}_{\mathrm{pw}}$ 和 $\boldsymbol{H}_{\mathrm{pw}}$ 相乘，得到

$$E_r^{\mathrm{pw}} = \cos^2\frac{\alpha}{2}[f_{\alpha\beta}(p_x\cos\beta + p_y\sin\beta) - g_{\alpha\beta}(p_x\sin\beta - p_y\cos\beta)] \tag{8-104}$$

$$H_r^{\mathrm{pw}} = \cos^2\frac{\alpha}{2}[f_{\alpha\beta}(p_x\sin\beta - p_y\cos\beta) + g_{\alpha\beta}(p_x\cos\beta + p_y\sin\beta)] \tag{8-105}$$

其中，$f_{\alpha\beta} = \cos\alpha\sin\theta\cos(\phi-\beta) - \sin\alpha\cos\theta$，$g_{\alpha\beta} = \sin\theta\sin(\phi-\beta)$。参照式(8－89)的推导过程可得

$$\begin{pmatrix} b_{mn}^{\mathrm{pw}} \\ -\mathrm{i}a_{mn}^{\mathrm{pw}} \end{pmatrix} = \frac{\mathrm{i}^{-n-1}kr}{4\pi\mathrm{j}_n(kr)} \frac{(n-m)!}{(n+m)!} \int_0^{\pi}\int_0^{2\pi} \begin{pmatrix} E_r^{\mathrm{pw}} \\ H_r^{\mathrm{pw}} \end{pmatrix} \times \exp(\mathrm{i}k\hat{\boldsymbol{s}} \cdot \boldsymbol{r}) \mathrm{P}_n^m(\cos\theta) \exp(-\mathrm{i}m\phi) \sin\theta \,\mathrm{d}\theta \,\mathrm{d}\phi \tag{8-106}$$

利用积分公式

$$\int_0^{2\pi} \cos(\phi-\beta) \exp[\mathrm{i}kr\sin\alpha\sin\theta\cos(\phi-\beta) - \mathrm{i}m\phi]\mathrm{d}\phi = 2\pi\mathrm{i}^{m-1}\exp(-\mathrm{i}m\beta)\mathrm{J}'_m(kr\sin\alpha\sin\theta) \tag{8-107}$$

$$\int_0^{2\pi} \sin(\phi-\beta) \exp[\mathrm{i}kr\sin\alpha\sin\theta\cos(\phi-\beta) - \mathrm{i}m\phi]\mathrm{d}\phi = -2\pi\mathrm{i}^m\exp(-\mathrm{i}m\beta)\frac{m\mathrm{J}_m(kr\sin\alpha\sin\theta)}{kr\sin\alpha\sin\theta} \tag{8-108}$$

$$\int_0^{2\pi} \exp[\mathrm{i}kr\sin\alpha\sin\theta\cos(\phi-\beta) - \mathrm{i}m\phi]\mathrm{d}\phi = 2\pi\mathrm{i}^m\exp(-\mathrm{i}m\beta)\mathrm{J}_m(kr\sin\alpha\sin\theta) \tag{8-109}$$

对式(8－106)积分，化简得到

$$\begin{pmatrix} b_{mn}^{\mathrm{pw}} \\ -\mathrm{i}a_{mn}^{\mathrm{pw}} \end{pmatrix} = -\cos^2\frac{\alpha}{2}\exp(-\mathrm{i}m\beta)\frac{\mathrm{i}^{m-n-2}}{2\mathrm{j}_n(kr)}\frac{(n-m)!}{(n+m)!} \times \begin{bmatrix} I'_{nm}(\alpha)(p_x\cos\beta + p_y\sin\beta) + \dfrac{\mathrm{i}m}{\sin\alpha}I_{nm}(\alpha)(p_x\sin\beta - p_y\cos\beta) \\ I'_{nm}(\alpha)(p_x\sin\beta - p_y\cos\beta) - \dfrac{\mathrm{i}m}{\sin\alpha}I_{nm}(\alpha)(p_x\cos\beta + p_y\sin\beta) \end{bmatrix} \tag{8-110}$$

其中：

$$I_{nm}(\alpha)=\int_0^{\pi}\mathrm{J}_m(kr\sin\alpha\sin\theta)\mathrm{P}_n^m(\cos\theta)\exp(\mathrm{i}kr\cos\alpha\cos\theta)\sin\theta\,\mathrm{d}\theta$$

$$=2\mathrm{i}^{n-m}\mathrm{j}_n(kr)\pi_n^m(\alpha)\sin\alpha \tag{8-111}$$

$$I'_{nm}(\alpha)=\mathrm{d}I_{nm}(\alpha)/\mathrm{d}\alpha=2\mathrm{i}^{n-m}\mathrm{j}_n(kr)\tau_n^m(\alpha) \tag{8-112}$$

利用欧拉公式 $\exp(\pm\mathrm{i}\beta)=\cos\beta\pm\mathrm{i}\sin\beta$ 继续化简，可得

$$\begin{pmatrix}b_{mn}^{\mathrm{pw}}\\a_{mn}^{\mathrm{pw}}\end{pmatrix}=-\cos^2\frac{\alpha}{2}\exp(-\mathrm{i}m\beta)\frac{(n-m)!}{(n+m)!}\times$$

$$\begin{Bmatrix}[m\pi_n^m(\alpha)+\tau_n^m(\alpha)](p_x-\mathrm{i}p_y)\exp(\mathrm{i}\beta)\mp\\ [m\pi_n^m(\alpha)-\tau_n^m(\alpha)](p_x+\mathrm{i}p_y)\exp(-\mathrm{i}\beta)\end{Bmatrix} \tag{8-113}$$

8.2.2 典型结构光场的球矢量波函数展开

1. 结构光场展开系数求解方法简介

用于求解结构光场展开系数的传统方法主要有正交法和局域积分近似法，这两种方法各有优缺点，下面进行简单介绍。

1）正交法

正交法即对于任意结构光场采用球矢量波函数展开后，电磁场径向分量分别包含波束因子 a_{mn} 和 b_{mn}，在展开式等号左右两侧同时乘以 $\mathrm{P}_n^m(\cos\theta)$ 和 $\exp(-\mathrm{i}m\phi)$ 并进行二重积分，利用 $\mathrm{P}_n^m(\cos\theta)$ 和 $\exp(-\mathrm{i}m\phi)$ 的正交性，可将结构光场的展开系数表示为如下形式

$$\begin{pmatrix}b_{mn}\\ \dfrac{k}{\mathrm{i}\omega\mu}a_{mn}\end{pmatrix}=\frac{\mathrm{i}^{-n-1}kr}{2\pi\mathrm{j}_n(kr)}\frac{(n-m)!}{(n+m)!}\int_0^{\pi}\int_0^{2\pi}\begin{pmatrix}E_r\\H_r\end{pmatrix}\times$$

$$\exp(\mathrm{i}k\hat{\boldsymbol{s}}\cdot\boldsymbol{r})\mathrm{P}_n^m(\cos\theta)\exp(-\mathrm{i}m\phi)\sin\theta\,\mathrm{d}\theta\,\mathrm{d}\phi \tag{8-114}$$

从式(8-114)中可知，只需知道所求结构光场的径向分量即可求出光束展开系数。但值得注意的是，式(8-114)中的光束展开系数包含径向参数 r，而实际上光束展开系数是与 r 无关的。对于严格满足 Maxwell 方程的光场，比如平面波，由 8.2.1 节平面波的展开系数的推导过程可知，可以通过代数方法消去 r。而对于并不严格满足 Maxwell 方程的结构光场，比如高斯光束，便需要进行进一步处理，即利用 $\mathrm{j}_n(kr)$ 的正交性

$$\int_0^{\infty}\mathrm{j}_n^2(kr)\mathrm{d}(kr)=\frac{\pi}{2(2n+1)} \tag{8-115}$$

得到

$$\begin{pmatrix} b_{mn} \\ \dfrac{k}{\mathrm{i}\omega\mu}a_{mn} \end{pmatrix} = \frac{(2n+1)\mathrm{i}^{-n-1}}{\pi^2}\int_0^{\infty}\int_0^{\pi}\int_0^{2\pi}\begin{pmatrix} E_r \\ H_r \end{pmatrix}\exp(\mathrm{i}k\hat{\boldsymbol{s}}\cdot\boldsymbol{r})\times$$

$$\mathrm{j}_n(kr)\mathrm{P}_n^m(\cos\theta)\exp(-\mathrm{i}m\phi)\sin\theta kr\mathrm{d}(kr)\mathrm{d}\theta\mathrm{d}\phi \tag{8-116}$$

至此我们可以看出，正交法虽然可以精确地计算波束因子，且适用于任何情况，但对于不满足 Maxwell 方程的光场，计算其中的三重积分非常耗时。

2）区域积分近似法

相比于正交法至少需要二重积分，区域积分近似法在适当的条件下可以进行近似化简，只需要一重积分，极大地简化了运算。具体而言，当光场满足傍轴近似条件且为非紧聚焦状态时，定义近似算子 $\hat{G}(f)$，即令 f 中 $\rho=kr=n+0.5$，$\theta=\pi/2$，此时结构光场的展开系数可写为

$$\begin{pmatrix} b_{mn} \\ a_{mn} \end{pmatrix} = -\frac{Z_n^m}{\pi}\int_0^{2\pi}\begin{bmatrix} \hat{G}(E_r) \\ \mathrm{i}\hat{G}(H_r) \end{bmatrix}\exp(-\mathrm{i}m\phi)\mathrm{d}\phi \tag{8-117}$$

其中，E_r 和 H_r 分别为结构光场的电场和磁场的径向分量，Z_n^m 的表达式为

$$Z_n^m = \begin{cases} \dfrac{n(n+1)}{n+0.5}, & m=0 \\ (-\mathrm{i})^{|m|}\dfrac{\mathrm{i}}{(n+0.5)^{|m|-1}}, & m\neq 0 \end{cases} \tag{8-118}$$

2. 结构光场展开系数求解的角谱理论

由前面内容可知，传统的正交法和区域积分近似法各有优缺点。那么有没有一种方法可以综合以上两种方法的优点，即既能较为方便地计算，又能保持较高的精确度？本节介绍的角谱理论就能较好地满足此需求。下面首先回顾角谱展开公式，设任意结构光场在直角坐标系中的标量形式为 $\psi(x, y, z)$，其对应的角谱为 $\hat{\psi}(k_x, k_y)$，那么

$$\psi(x, y, z) = \int_{-\infty}^{\infty}\int_{-\infty}^{\infty}\hat{\psi}(k_x, k_y)\exp[\mathrm{i}(k_x x + k_y y + k_z z)]\mathrm{d}k_x\mathrm{d}k_y \tag{8-119}$$

$$\hat{\psi}(k_x, k_y) = \frac{1}{4\pi^2}\int_{-\infty}^{+\infty}\int_{-\infty}^{+\infty}\psi(x, y, 0)\exp[-\mathrm{i}(k_x x + k_y y)]\mathrm{d}x\mathrm{d}y \tag{8-120}$$

其中，k_x、k_y 和 k_z 是波矢沿不同方向的分量。

将位矢和波矢分别变换到柱坐标系(r, φ, z)和球坐标系(k, α, β)，则式(8-119)和式(8-120)可以写为

$$\psi(r, \varphi, z)=\frac{k^2}{2}\int_0^{\pi/2}\int_0^{2\pi}\hat{\psi}(\alpha, \beta)\times$$
$$\exp\{\mathrm{i}k[r\sin\theta\cos(\varphi-\beta)+\cos\theta z]\}\sin2\alpha\,\mathrm{d}\alpha\,\mathrm{d}\beta \tag{8-121}$$

$$\hat{\psi}(\alpha, \beta)=\frac{1}{4\pi^2}\int_{-\infty}^{+\infty}\int_0^{2\pi}\psi(r, \varphi, 0)\times$$
$$\exp[-\mathrm{i}kr\sin\alpha\cos(\beta-\varphi)]r\,\mathrm{d}r\,\mathrm{d}\varphi \tag{8-122}$$

将式(8-119)代入式(8-96)，根据式(8-97)和式(8-98)，按照与平面电磁波类似的推导过程，得到

$$\boldsymbol{E}=\frac{k^2}{4}\int_0^{\pi/2}\int_0^{2\pi}\hat{\psi}(\alpha, \beta)\boldsymbol{E}_{\mathrm{pw}}\exp(\mathrm{i}k\hat{\boldsymbol{s}}\cdot\boldsymbol{r})\sin2\alpha\,\mathrm{d}\alpha\,\mathrm{d}\beta \tag{8-123}$$

$$\boldsymbol{H}=\frac{k^3}{4\omega\mu}\int_0^{\pi/2}\int_0^{2\pi}\hat{\psi}(\alpha, \beta)\boldsymbol{H}_{\mathrm{pw}}\exp(\mathrm{i}k\hat{\boldsymbol{s}}\cdot\boldsymbol{r})\sin2\alpha\,\mathrm{d}\alpha\,\mathrm{d}\beta \tag{8-124}$$

与此同时，结构光场作为一种特殊电磁波，可采用球矢量波函数展开为

$$\boldsymbol{E}=\sum_{n=1}^{\infty}\sum_{m=-n}^{n}[a_{mn}^{\mathrm{SL}}\boldsymbol{M}_{mn}^{(1)}(kr, \theta, \phi)+b_{mn}^{\mathrm{SL}}\boldsymbol{N}_{mn}^{(1)}(kr, \theta, \phi)] \tag{8-125}$$

$$\boldsymbol{H}=\frac{k}{\mathrm{i}\omega\mu}\sum_{n=1}^{\infty}\sum_{m=-n}^{n}[a_{mn}^{\mathrm{SL}}\boldsymbol{N}_{mn}^{(1)}(kr, \theta, \phi)+b_{mn}^{\mathrm{SL}}\boldsymbol{M}_{mn}^{(1)}(kr, \theta, \phi)] \tag{8-126}$$

其中，a_{mn}^{SL} 和 b_{mn}^{SL} 为结构光场的展开系数。

将式(8-101)和式(8-102)代入式(8-123)和式(8-124)，并与式(8-125)和式(8-126)对比，得到结构光场的展开系数的表达式为

$$\begin{pmatrix}a_{mn}^{\mathrm{SL}}\\ b_{mn}^{\mathrm{SL}}\end{pmatrix}=c_n^{\mathrm{pw}}\frac{k^2}{2}\int_0^{\pi/2}\int_0^{2\pi}\hat{\psi}(\alpha, \beta)\begin{pmatrix}a_{mn}^{\mathrm{pw}}\\ b_{mn}^{\mathrm{pw}}\end{pmatrix}\sin2\alpha\,\mathrm{d}\alpha\,\mathrm{d}\beta \tag{8-127}$$

其中，a_{mn}^{pw} 和 b_{mn}^{pw} 由式(8-113)给出。

对于可以用柱坐标系表示的结构光场，比如拉盖尔-高斯光束和贝塞尔光束，式(8-127)可进一步进行化简。此类光场在源平面的标量表达式可写为

$$\psi(r, \varphi, 0)=\varphi(r)\exp(\mathrm{i}l\varphi) \tag{8-128}$$

其中，l 是轨道角动量，对应的角谱可写为

$$\hat{\psi}(\alpha, \beta)=\hat{\varphi}(\alpha)\exp(\mathrm{i}l\beta) \tag{8-129}$$

将式(8-129)代入式(8-127)，得到

$$\begin{pmatrix} a_{mn}^{\mathrm{SL}} \\ b_{mn}^{\mathrm{SL}} \end{pmatrix} = -c_n^{\mathrm{pw}} \frac{k^2}{2} \frac{(n-m)!}{(n+m)!} \int_0^{\pi/2} \mathrm{d}\alpha \sin 2\alpha \cos^2 \frac{\alpha}{2} \hat{\varphi}(\alpha) \times \\ \begin{Bmatrix} [m\pi_n^m(\alpha) + \tau_n^m(\alpha)](p_x - \mathrm{i}p_y) \int_0^{2\pi} \exp[-\mathrm{i}(m-l-1)\beta] \mathrm{d}\beta \pm \\ [m\pi_n^m(\alpha) - \tau_n^m(\alpha)](p_x + \mathrm{i}p_y) \int_0^{2\pi} \exp[-\mathrm{i}(m-l+1)\beta] \mathrm{d}\beta \end{Bmatrix} \tag{8-130}$$

利用公式

$$\int_0^{2\pi} \exp(-\mathrm{i}m\beta) \mathrm{d}\beta = 2\pi \delta_{m,0} \tag{8-131}$$

和表达式

$$\begin{cases} F_{mn}^1(\alpha) = [m\pi_n^m(\alpha) + \tau_n^m(\alpha)](p_x - \mathrm{i}p_y) \\ F_{mn}^2(\alpha) = [m\pi_n^m(\alpha) - \tau_n^m(\alpha)](p_x + \mathrm{i}p_y) \end{cases} \tag{8-132}$$

可将具有螺旋相位的结构光场的展开系数写为

$$\begin{pmatrix} a_{mn}^{\mathrm{SL}} \\ b_{mn}^{\mathrm{SL}} \end{pmatrix} = -c_n^{\mathrm{pw}} \pi k^2 \frac{(n-m)!}{(n+m)!} \int_0^{\pi/2} \mathrm{d}\alpha \sin 2\alpha \cos^2 \frac{\alpha}{2} \hat{\varphi}(\alpha) \times \\ \begin{bmatrix} F_{mn}^1(\alpha) \delta_{m-l-1,0} + F_{mn}^2(\alpha) \delta_{m-l+1,0} \\ F_{mn}^1(\alpha) \delta_{m-l-1,0} - F_{mn}^2(\alpha) \delta_{m-l+1,0} \end{bmatrix} \tag{8-133}$$

该公式对于基模高斯光束也适用，只需令 $l=0$。

3. 典型结构光场的展开系数

1) 基模高斯光束

在直角坐标系中，源平面上基模高斯光束的标量形式为

$$\psi_{\mathrm{FG}}(x, y, 0) = \exp\left(-\frac{x^2+y^2}{w_0^2}\right) \tag{8-134}$$

其中，w_0 是束腰半径。

将式(8－134)代入式(8－122)中，利用积分公式

$$\int_{-\infty}^{\infty} \exp(-ax^2 + \mathrm{i}bx) \mathrm{d}x = \sqrt{\frac{\pi}{a}} \exp\left(-\frac{b^2}{4a}\right) \tag{8-135}$$

得到

$$\hat{\psi}_{\mathrm{FG}}(k_x, k_y) = \frac{w_0^2}{4\pi} \exp\left[-\frac{w_0^2}{4}(k_x^2 + k_y^2)\right] \tag{8-136}$$

将波矢用球坐标(k，α，β)表示，可得

$$\hat{\psi}_{\mathrm{FG}}(\alpha) = \frac{w_0^2}{4\pi} \exp\left(-\frac{k^2 w_0^2}{4} \sin^2 \alpha\right) \tag{8-137}$$

基模高斯光束 $\hat{\varphi}_{\mathrm{FG}}(\alpha)=\hat{\psi}_{\mathrm{FG}}(\alpha)$，将 $\hat{\varphi}_{\mathrm{FG}}(\alpha)$ 代入式(8-133)可得到基模高斯光束的展开系数为

$$\begin{pmatrix} a_{nm}^{\mathrm{FG}} \\ b_{nm}^{\mathrm{FG}} \end{pmatrix} = -c_n^{\mathrm{pw}} \frac{k^2 w_0^2}{4} \frac{(n-m)!}{(n+m)!} \int_0^{\pi/2} \mathrm{d}\alpha \sin 2\alpha \cos^2 \frac{\alpha}{2} \times$$

$$\exp\left(-\frac{k^2 w^2}{4} \sin^2 \alpha\right) \begin{bmatrix} F_{mn}^1(\alpha)\delta_{m-l-1,0} + F_{mn}^2(\alpha)\delta_{m-l+1,0} \\ F_{mn}^1(\alpha)\delta_{m-l-1,0} - F_{mn}^2(\alpha)\delta_{m-l+1,0} \end{bmatrix} \tag{8-138}$$

2）厄米-高斯光束

在直角坐标系中，源平面上厄米-高斯光束的标量形式为

$$\psi_{\mathrm{HG}}(x, y, 0) = \mathrm{H}_u\left(\frac{\sqrt{2}}{w_0}x\right) \mathrm{H}_v\left(\frac{\sqrt{2}}{w_0}y\right) \exp\left(-\frac{x^2+y^2}{w_0^2}\right) \tag{8-139}$$

其中，$H_u(\cdot)$和 $H_v(\cdot)$分别为 u 阶和 v 阶的厄米多项式。

为方便起见，将直角坐标系中的厄米多项式转换为多个柱坐标系中的连带拉盖尔多项式之和

$$\mathrm{H}_u\left(\frac{\sqrt{2}}{w_0}x\right) \mathrm{H}_v\left(\frac{\sqrt{2}}{w_0}y\right) = \frac{1}{2} \sum_{p=0}^{\lfloor N/2 \rfloor} (2-\delta_{N,2p}) \kappa_{u,v}^p p! \left(\frac{\sqrt{2}\rho}{w_0}\right)^{N-2p} \times$$

$$\mathrm{L}_p^{N-2p}\left(\frac{2\rho^2}{w_0^2}\right) \begin{Bmatrix} \mathrm{i}^v \exp[-\mathrm{i}(N-2p)\varphi] + \\ \mathrm{i}^{-v} \exp[\mathrm{i}(N-2p)\varphi] \end{Bmatrix} \tag{8-140}$$

其中：

$$\begin{aligned} \kappa_{u,\nu}^p &= \sum_{j=0}^{p} (-1)^j C_u^j C_\nu^{p-j} \\ &= \sum_{j=0}^{p} (-1)^j \frac{u!}{(u-j)!\,j!} \frac{\nu!}{(\nu-p+j)!\,(p-j)!} \end{aligned} \tag{8-141}$$

式中，$\mathrm{L}_p^l(\cdot)$是连带拉盖尔多项式，p 和 l 分别是拓扑核数与轨道角动量。$\lfloor\cdot\rfloor$是向下取整函数。当 $u<j$ 或者 u 和 j 非自然数时，$C_u^j=0$。

将式(8-139)代入式(8-122)，利用积分公式

$$\int_0^{2\pi} \exp[\mathrm{i}x\cos(\varphi_0-\varphi)] \exp(\mathrm{i}l\varphi_0) \mathrm{d}\varphi_0 = 2\pi \mathrm{i}^l \mathrm{J}_l(x) \exp(\mathrm{i}l\varphi) \tag{8-142}$$

$$\begin{aligned} &\int_0^{\pi} x^{l+1/2} \exp(-ax^2) \mathrm{L}_p^l(bx^2) \mathrm{J}_l(cx) \sqrt{cx}\, \mathrm{d}x \\ &= 2^{-l-1} a^{-l-p-1} (a-b)^p c^{l+1/2} \exp\left(-\frac{c^2}{4a}\right) \mathrm{L}_p^l\left[\frac{bc^2}{4a(b-a)}\right] \end{aligned} \tag{8-143}$$

得到

$$\hat{\psi}_{\mathrm{HG}}(\alpha, \beta)=\sum_{p=0}^{\lfloor N/2\rfloor} Q(\alpha)\times\{(-1)^{v}\exp[-\mathrm{i}(N-2p)\beta]+\exp[\mathrm{i}(N-2p)\beta]\} \tag{8-144}$$

其中：

$$Q(\alpha)=\frac{\mathrm{i}^{N-2p-v}}{2}(2-\delta_{N, 2p})\kappa_{u, v}^{p} p!\ \frac{(-1)^{p} w_0^2}{4\pi}\left(\frac{kw_0}{\sqrt{2}}\sin\alpha\right)^{N-2p}\times \mathrm{L}_p^{N-2p}\left(\frac{k^2 w_0^2}{2}\sin^2\alpha\right)\exp\left(-\frac{k^2 w_0^2}{4}\sin^2\alpha\right) \tag{8-145}$$

将式(8-144)代入式(8-127)得到厄米-高斯光束的展开系数为

$$\begin{pmatrix} a_{nm}^{\mathrm{HG}} \\ b_{nm}^{\mathrm{HG}} \end{pmatrix}=-c_n^{\mathrm{pw}}\frac{\pi\mathrm{i}^{N-2p-v}k^2}{2}\frac{(n-m)!}{(n+m)!}\int_0^{\pi/2}\mathrm{d}\alpha\sin 2\alpha\cos^2\frac{\alpha}{2}\times \begin{Bmatrix} F_{mn}^1(\alpha)\sum_{p=0}^{\lfloor N/2\rfloor}Q(\alpha)[(-1)^{v}\delta_{m+N-2p-1, 0}+\delta_{m-N+2p-1, 0}]\mp \\ F_{mn}^2(\alpha)\sum_{p=0}^{\lfloor N/2\rfloor}Q(\alpha)[(-1)^{v}\delta_{m+N-2p+1, 0}+\delta_{m-N+2p+1, 0}] \end{Bmatrix} \tag{8-146}$$

3) 拉盖尔-高斯光束

拉盖尔-高斯光束在柱坐标系源平面上的标量形式为

$$\psi_{\mathrm{LG}}(r, \varphi, 0)=\left(\frac{\sqrt{2}r}{w_0}\right)^{l}\mathrm{L}_p^{l}\left(\frac{2r^2}{w_0^2}\right)\exp\left(-\frac{r^2}{w_0^2}\right)\exp(\mathrm{i}l\varphi) \tag{8-147}$$

参照厄米-高斯光束的角谱推导过程，得到

$$\hat{\psi}_{\mathrm{LG}}(\alpha, \beta)=\frac{(-1)^{p}\mathrm{i}^{-l}w_0^2}{4\pi}\left(\frac{kw_0}{\sqrt{2}}\sin\alpha\right)^{l}\times \mathrm{L}_p^{l}\left(\frac{k^2 w_0^2}{2}\sin^2\alpha\right)\exp\left(-\frac{k^2 w_0^2}{4}\sin^2\alpha\right)\exp(\mathrm{i}l\beta) \tag{8-148}$$

将 $\hat{\psi}_{\mathrm{LG}}(\alpha, \beta)$中的 $\hat{\varphi}_{\mathrm{LG}}(\alpha)$代入式(8-133)可得拉盖尔-高斯光数的展开系数

$$\begin{pmatrix} a_{mn}^{\mathrm{LG}} \\ b_{mn}^{\mathrm{LG}} \end{pmatrix}=-c_n^{\mathrm{pw}}\frac{\mathrm{i}^{2p-l}k^2 w_0^2}{4}\frac{(n-m)!}{(n+m)!}\int_0^{\pi/2}\mathrm{d}\alpha\sin 2\alpha\cos^2\frac{\alpha}{2}\left(\frac{kw_0}{\sqrt{2}}\sin\alpha\right)^{l}\times \mathrm{L}_p^{l}\left(\frac{k^2 w_0^2}{2}\sin\alpha\right)\exp\left(-\frac{k^2 w_0^2}{4}\sin^2\alpha\right)\times \begin{bmatrix} F_{mn}^1(\alpha)\delta_{m-l-1, 0}+F_{mn}^2(\alpha)\delta_{m-l+1, 0} \\ F_{mn}^1(\alpha)\delta_{m-l-1, 0}-F_{mn}^2(\alpha)\delta_{m-l+1, 0} \end{bmatrix} \tag{8-149}$$

4) 贝塞尔光束

贝塞尔光束在柱坐标系中源平面上的标量形式为

$$\psi_{\mathrm{BB}}(r, \varphi, 0)=\mathrm{J}_l(kr\sin\theta_0)\exp(\mathrm{i}l\varphi) \tag{8-150}$$

其中，θ_0 是半锥角。

将式(8-150)代入式(8-122)，利用 Dirac 函数

$$\delta(b-a)=b\int_0^{\infty} r\mathrm{J}_l(br)\mathrm{J}_l(ar)\mathrm{d}r \tag{8-151}$$

得到贝塞尔光束的角谱为

$$\hat{\psi}_{\mathrm{BB}}(\alpha, \beta)=\frac{\mathrm{i}^{-l}\delta(\alpha-\theta_0)}{2\pi k^2\sin\theta_0\cos\theta_0}\exp(\mathrm{i}l\beta) \tag{8-152}$$

将 $\hat{\psi}_{\mathrm{BB}}(\alpha, \beta)$中的 $\hat{\varphi}_{\mathrm{B}}(\alpha)$代入式(8-133)中可得贝塞尔光束的展开系数为

$$\begin{pmatrix} a_{mn}^{\mathrm{BB}} \\ b_{mn}^{\mathrm{BB}} \end{pmatrix}=-c_n^{\mathrm{pw}}\frac{\mathrm{i}^{-l}}{2}\frac{(n-m)!}{(n+m)!}\cos^2\frac{a_b}{2}\begin{bmatrix} F_{mn}^1(\theta_0)\delta_{m-l-1,0}+F_{mn}^2(\theta_0)\delta_{m-l+1,0} \\ F_{mn}^1(\theta_0)\delta_{m-l-1,0}-F_{mn}^2(\theta_0)\delta_{m-l+1,0} \end{bmatrix} \tag{8-153}$$

5) 艾里光束

艾里光束在直角坐标系中源平面上的标量形式为

$$\psi_{Ai}(x, y, 0)=Ai\left(\frac{x}{w_x}\right)\exp\left(a_0\frac{x}{w_y}\right)Ai\left(\frac{y}{w_y}\right)\exp\left(a_0\frac{y}{w_y}\right) \tag{8-154}$$

其中，w_x 和 w_y 是 x 和 y 轴方向的尺度参数，a_0 是衰减因子。

将式(8-154)代入式(8-120)中，利用公式

$$\int_{-\infty}^{\infty} Ai(x)\exp(ax)\mathrm{d}x=\exp\left(\frac{a^3}{3}\right) \tag{8-155}$$

得到艾里光束的角谱为

$$\hat{\psi}_{Ai}(k_x, k_y)=\frac{w_x w_y}{4\pi^2}\exp\left[-a_0(k_x^2w_x^2+k_y^2w_y^2)+\frac{2}{3}a_0^3\right]\times \\ \exp\left\{\frac{\mathrm{i}}{3}[(k_x^3w_x^3+k_y^3w_y^3)-3a_0^2(k_xw_x+k_yw_y)]\right\} \tag{8-156}$$

将 $\hat{\psi}_{Ai}(k_x, k_y)$转换为 $\hat{\psi}_{Ai}(\alpha, \beta)$，再代入式(8-127)中可得艾里光束的展开系数为

$$\begin{pmatrix} a_{mn}^{Ai} \\ b_{mn}^{Ai} \end{pmatrix}=-c_n^{\mathrm{pw}}\frac{k^2w_xw_y}{8\pi^2}\frac{(n-m)!}{(n+m)!}\int_0^{\pi/2}\int_0^{2\pi}\mathrm{d}\alpha\,\mathrm{d}\beta\exp(-\mathrm{i}m\beta)\times \\ \cos^2\frac{\alpha}{2}\sin2\alpha\exp\left\{\frac{\mathrm{i}}{3}[(k_x^3w_x^3+k_y^3w_y^3)-3a_0^2(k_xw_x+k_yw_y)]\right\}\times$$

$$\exp\left[-a_0(k_x^2 w_x^2+k_y^2 w_y^2)+\frac{2}{3}a_0^3\right]\times$$
$$\begin{bmatrix}F_{mn}^1(\alpha)\exp(\mathrm{i}\beta)+F_{mn}^2(\alpha)\exp(-\mathrm{i}\beta)\\ F_{mn}^1(\alpha)\exp(\mathrm{i}\beta)-F_{mn}^2(\alpha)\exp(-\mathrm{i}\beta)\end{bmatrix} \tag{8-157}$$

8.2.3 球形粒子散射场和内场的计算

设一半径为 a 的均匀各向同性介质球形粒子位于介电常数和磁导率分别为 ε_0 和 μ_0 的自由空间中，球形粒子的介电常数和磁导率分别为 $\varepsilon_1=\varepsilon_r\varepsilon_0$ 和 $\mu_1=\mu_r\mu_0$，其中 ε_r 和 μ_r 为相对介电常数和磁导率，两者与折射率 $\tilde{n}$ 的关系为 $\tilde{n}=\sqrt{\varepsilon_r\mu_r}$。在光波段，$\mu_r\approx1$，故 $\mu_1\approx\mu_0$，$\tilde{n}=\sqrt{\varepsilon_r}$。为方便描述问题，设入射结构光场的坐标系与球形粒子的坐标系完全重合，即在轴正入射。根据式(8-125)和式(8-126)，入射光场($\boldsymbol{E}^{\mathrm{inc}}$，$\boldsymbol{H}^{\mathrm{inc}}$)可以采用第一类球矢量波函数展开为

$$\boldsymbol{E}^{\mathrm{inc}}=\sum_{n=1}^{\infty}\sum_{m=-n}^{n}\left[a_{mn}\boldsymbol{M}_{mn}^{(1)}(k_0r,\theta,\phi)+b_{mn}\boldsymbol{N}_{mn}^{(1)}(k_0r,\theta,\phi)\right] \tag{8-158}$$

$$\boldsymbol{H}^{\mathrm{inc}}=\frac{k_0}{\mathrm{i}\omega\mu_0}\sum_{n=1}^{\infty}\sum_{m=-n}^{n}\left[a_{mn}\boldsymbol{N}_{mn}^{(1)}(k_0r,\theta,\phi)+b_{mn}\boldsymbol{M}_{mn}^{(1)}(k_0r,\theta,\phi)\right] \tag{8-159}$$

式中，a_{mn} 和 b_{mn} 为入射结构光场的展开系数；$k_0=\omega\sqrt{\varepsilon_0\mu_0}=2\pi/\lambda_0$ 为入射结构光场在自由空间中的传播常数，ω 和 λ_0 为入射结构光场的角频率和波长。

与入射场的展开不同，散射场的展开需要采用第三类球矢量波函数，可写为

$$\boldsymbol{E}^{\mathrm{sca}}=\sum_{n=1}^{\infty}\sum_{m=-n}^{n}\left[c_{mn}\boldsymbol{M}_{mn}^{(3)}(k_0r,\theta,\phi)+d_{mn}\boldsymbol{N}_{mn}^{(3)}(k_0r,\theta,\phi)\right] \tag{8-160}$$

$$\boldsymbol{H}^{\mathrm{sca}}=\frac{k_0}{\mathrm{i}\omega\mu_0}\sum_{n=1}^{\infty}\sum_{m=-n}^{n}\left[c_{mn}\boldsymbol{N}_{mn}^{(3)}(k_0r,\theta,\phi)+d_{mn}\boldsymbol{M}_{mn}^{(3)}(k_0r,\theta,\phi)\right] \tag{8-161}$$

式中，c_{mn} 和 d_{mn} 为散射场的展开系数。

球形粒子内部场($\boldsymbol{E}^{\mathrm{int}}$，$\boldsymbol{H}^{\mathrm{int}}$)的展开与入射场类似，可采用第一类球矢量波函数展开为

$$\boldsymbol{E}^{\text{int}}=\sum_{n=1}^{\infty}\sum_{m=-n}^{n}\left[e_{mn}\boldsymbol{M}_{mn}^{(1)}(k_0 r,\theta,\phi)+f_{mn}\boldsymbol{N}_{mn}^{(1)}(k_0 r,\theta,\phi)\right] \tag{8-162}$$

$$\boldsymbol{H}^{\text{int}}=\frac{k_1}{i\omega\mu_1}\sum_{n=1}^{\infty}\sum_{m=-n}^{n}\left[e_{mn}\boldsymbol{N}_{mn}^{(1)}(k_1 r,\theta,\phi)+f_{mn}\boldsymbol{M}_{mn}^{(1)}(k_1 r,\theta,\phi)\right] \tag{8-163}$$

其中，$k_1=\omega\sqrt{\varepsilon_1\mu_1}$，$e_{mn}$ 和 f_{mn} 为内场展开系数。

在球形粒子的表面施加电磁场连续性边界条件，即要求电磁场在球表面上的切向分量连续

$$\begin{cases}E_\theta^{\text{inc}}+E_\theta^{\text{sca}}=E_\theta^{\text{int}},\ E_\phi^{\text{inc}}+E_\phi^{\text{sca}}=E_\phi^{\text{int}}\\ H_\theta^{\text{inc}}+H_\theta^{\text{sca}}=H_\theta^{\text{int}},\ H_\phi^{\text{inc}}+H_\phi^{\text{sca}}=H_\phi^{\text{int}}\end{cases},\ r=a \tag{8-164}$$

将式(8－158)～(8－163)中电磁场的切向分量代入式(8－164)，应用 $\mu_1\approx\mu_0$，得到

$$a_{mn}k_1\psi_n(k_0 a)+c_{mn}k_1\xi_n^{(1)}(k_0 a)=e_{mn}k_0\psi_n(k_1 a) \tag{8-165}$$

$$b_{mn}k_1\psi_n'(k_0 a)+d_{mn}k_1\xi_n'^{(1)}(k_0 a)=f_{mn}k_0\psi_n'(k_1 a) \tag{8-166}$$

$$a_{mn}\psi_n'(k_0 a)+c_{mn}\xi_n'^{(1)}(k_0 a)=e_{mn}\psi_n'(k_1 a) \tag{8-167}$$

$$b_{mn}\psi_n(k_0 a)+d_{mn}\xi_n^{(1)}(k_0 a)=f_{mn}\psi_n(k_0 a) \tag{8-168}$$

其中，$\psi_n(r)=r\mathrm{j}_n(r)$，$\xi_n^{(1)}(r)=r\mathrm{h}_n^{(1)}(r)$，$\psi_n'(r)$和 $\xi_n'^{(1)}(r)$是对 $\psi_n(r)$和 $\xi_n^{(1)}(r)$求导。

联立式(8－165)～(8－168)得到散射场的展开系数

$$c_{mn}=\frac{k_0\psi_n(k_1 a)\psi_n'(k_0 a)-k_1\psi_n'(k_1 a)\psi_n(k_0 a)}{k_1\xi_n^{(1)}(k_0 a)\psi_n'(k_1 a)-k_0\xi_n'^{(1)}(k_0 a)\psi_n(k_1 a)}a_{mn} \tag{8-169}$$

$$d_{mn}=\frac{k_0\psi_n'(k_1 a)\psi_n(k_0 a)-k_1\psi_n(k_1 a)\psi_n'(k_0 a)}{k_1\xi_n'^{(1)}(k_0 a)\psi_n(k_1 a)-k_0\xi_n^{(1)}(k_0 a)\psi_n'(k_1 a)}b_{mn} \tag{8-170}$$

将散射场的展开系数 c_{mn} 和 d_{mn} 代入式(8－165)和式(8－166)，便可以得到内场的展开系数 e_{mn} 和 f_{mn}。进一步将 e_{mn} 和 f_{mn} 及球矢量波函数的具体展开式代入式(8－162)和式(8－163)，便可以计算得到球形粒子的内场。同理，将散射场的展开系数 c_{mn} 和 d_{mn} 以及球矢量波函数的具体展开式代入式(8－160)和式(8－161)，便可以计算得到散射场。以散射电场为例，有

$$E_r^{\text{sca}}=\sum_{n=1}^{\infty}\sum_{m=-n}^{n}d_{mn}n(n+1)\frac{\mathrm{h}_n^{(1)}(k_0 r)}{k_0 r}\mathrm{P}_n^m(\cos\theta)\exp(im\phi) \tag{8-171}$$

$$E_{\theta}^{\text{sca}} = \sum_{n=1}^{\infty}\sum_{m=-n}^{n}\left\{\begin{array}{l} d_{mn}\dfrac{1}{k_0 r}\dfrac{\mathrm{d}[k_0 r \mathrm{h}_n^{(1)}(k_0 r)]}{\mathrm{d}(k_0 r)}\tau_n^m(\cos\theta)+ \\ \mathrm{i}c_{mn}\mathrm{h}_n^{(1)}(k_0 r)m\pi_n^m(\cos\theta)\end{array}\right\}\exp(\mathrm{i}m\phi) \tag{8-172}$$

$$E_{\phi}^{\text{sca}} = \sum_{n=1}^{\infty}\sum_{m=-n}^{n}\left\{\begin{array}{l} \mathrm{i}d_{mn}\dfrac{1}{k_0 r}\dfrac{\mathrm{d}[k_0 r \mathrm{h}_n^{(1)}(k_0 r)]}{\mathrm{d}(k_0 r)}m\pi_n^m(\cos\theta)- \\ c_{mn}\mathrm{h}_n^{(1)}(k_0 r)\tau_n^m(\cos\theta)\end{array}\right\}\exp(\mathrm{i}m\phi) \tag{8-173}$$

对于远场区域来说，$k_0 r \gg k_0 a$，Hankel 函数可以近似表示为

$$\mathrm{h}_n^{(1)}(k_0 r)\sim(-\mathrm{i})^{n+1}\frac{\exp(\mathrm{i}k_0 r)}{k_0 r},\quad \frac{\mathrm{dh}_n^{(1)}(k_0 r)}{\mathrm{d}(k_0 r)}\sim(-\mathrm{i})^{n}\frac{\exp(\mathrm{i}k_0 r)}{k_0 r} \tag{8-174}$$

由式(8－174)可以得到以下近似表达式

$$k_0 r \mathrm{h}_n^{(1)}(k_0 r)\sim(-\mathrm{i})^{n+1}\exp(\mathrm{i}k_0 r),\quad \frac{\mathrm{d}[k_0 r\mathrm{h}_n^{(1)}(k_0 r)]}{\mathrm{d}(k_0 r)}\sim(-\mathrm{i})^{n}\exp(\mathrm{i}k_0 r) \tag{8-175}$$

将式(8－175)代入场强分量表达式(8－171)～(8－173)，得到

$$E_{r,\,\text{far}}^{\text{sca}}=0 \tag{8-176}$$

$$E_{\theta,\,\text{far}}^{\text{sca}}=\frac{\exp(\mathrm{i}k_0 r)}{k_0 r}\sum_{n=1}^{\infty}\sum_{m=-n}^{n}[d_{mn}\tau_n^m(\cos\theta)+c_{mn}m\pi_n^m(\cos\theta)](-\mathrm{i})^n\exp(\mathrm{i}m\phi) \tag{8-177}$$

$$E_{\phi,\,\text{far}}^{\text{sca}}=\mathrm{i}\frac{\exp(\mathrm{i}k_0 r)}{k_0 r}\sum_{n=1}^{\infty}\sum_{m=-n}^{n}[d_{mn}m\pi_n^m(\cos\theta)+c_{mn}\tau_n^m(\cos\theta)](-\mathrm{i})^n\exp(\mathrm{i}m\phi) \tag{8-178}$$

于是远场条件下的散射电场为

$$\boldsymbol{E}_{\text{far}}^{\text{sca}}=E_{\theta,\,\text{far}}^{\text{sca}}\hat{\boldsymbol{\theta}}+E_{\phi,\,\text{far}}^{\text{sca}}\hat{\boldsymbol{\phi}} \tag{8-179}$$

8.2.4 算例

下面给出的算例中，入射结构光场的波长 $\lambda=0.6\ \mu\text{m}$，极化参数$(p_x, p_y)=(1, 0)$，即 x-线性极化，均匀介质球形粒子的半径和折射率分别为 $a=1.0\ \mu\text{m}$ 和 $\tilde{n}=1.33$。入射结构光场的坐标系与球形粒子的坐标系完全重合，即在轴正入射。图 8.6 给出的是基模高斯光束入射下球形粒子内场和近表面场的强度分布，其中光束束腰半径 $w_0=1.0\lambda_0$。从图 8.6 中可以看出，基模高斯光束经过球形粒子后，在前向散射区域产生高强度的汇聚。

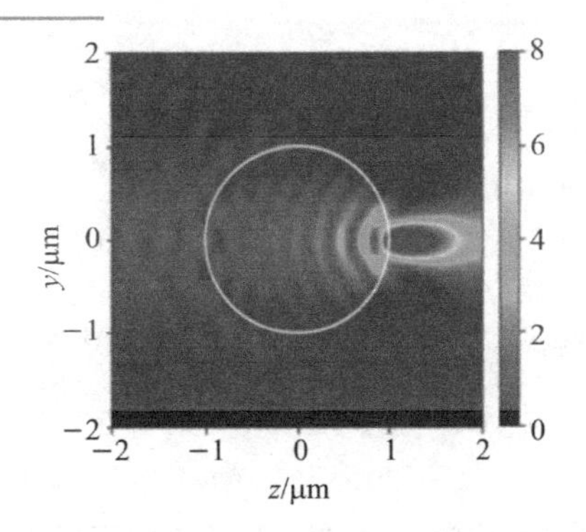

图 8.6　基模高斯光束入射下球形粒子内场和近表面场的强度分布

图 8.7 给出的是不同阶数厄米-高斯光束入射下球形粒子内场和近表面场的强度分布，其中光束束腰半径 $w_0=1.0\lambda_0$。图(a)中，$m=0$，$n=0$；图(b)中，$m=0$，$n=1$；图(c)中，$m=0$，$n=2$；图(d)中，$m=1$，$n=0$；图(e)中，$m=1$，$n=1$；图(f)中，$m=1$，$n=2$；图(g)中，$m=2$，$n=0$；图(h)中，$m=2$，$n=1$；

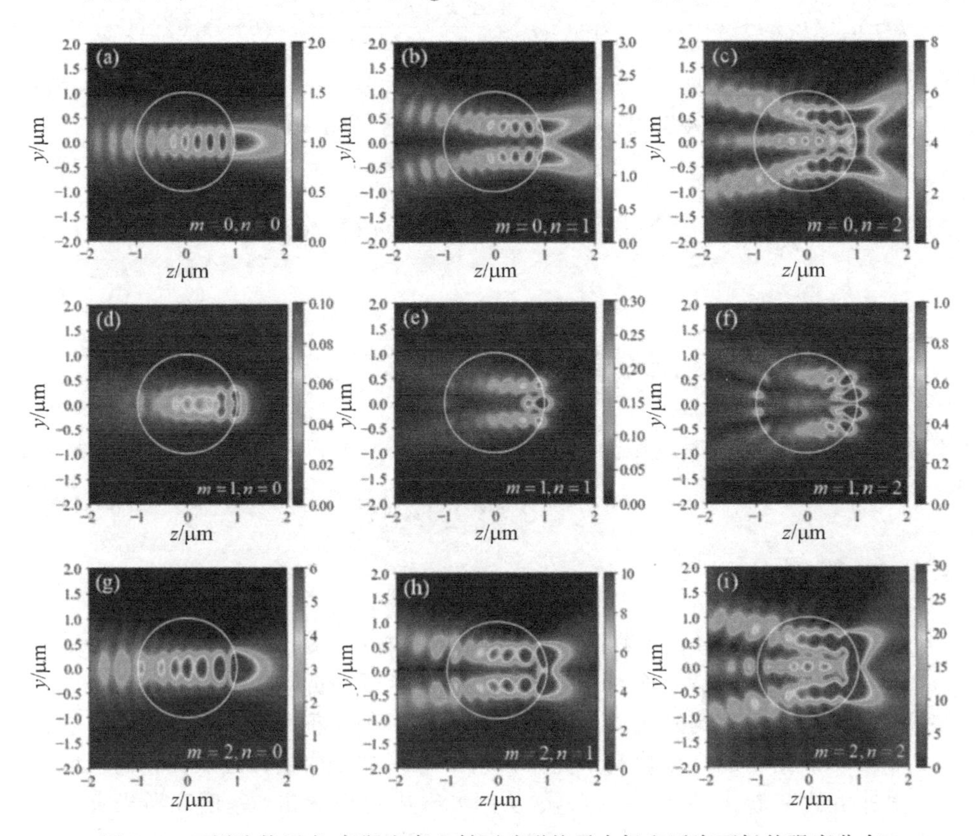

图 8.7　不同阶数厄米-高斯光束入射下球形粒子内场和近表面场的强度分布

图(i)中，$m=2$，$n=2$。从图 8.7 中可知，厄米-高斯光束聚焦在前向方向，内场强度分布呈现出明显的驻波模式，偶数阶次的厄米-高斯光束内部和近表面场的强度远大于奇数阶次光束的内场和近场强度。此外，当光束阶数增加时，厄米-高斯光束聚焦区域的数量和范围均增加。

图 8.8 给出了不同拓扑荷数和束腰半径的拉盖尔-高斯光束入射下球形粒子内场和近表面场的强度分布，其中 $p=0$。图(a)中，$l=0$，$w_0=1.0\lambda_0$；图(b)中，$l=1$，$w_0=1.0\lambda_0$；图(c)中，$l=2$，$w_0=1.0\lambda_0$；图(d)中，$l=1$，$w_0=0.5\lambda_0$；图(e)中，$l=1$，$w_0=1.5\lambda_0$；图(f)中，$l=1$，$w_0=3.0\lambda_0$。从图 8.8 中可知，当光束束腰半径 $w_0=1.0\lambda_0$，拓扑荷数 $l=1$ 或 2 时，内场和近表面场的电场强度呈现出双曲线分布，光束经折射后，最强散射区域出现在球形粒子的前向方向，如图 8.8(b)和(c)所示。从图 8.8 中还可以看出，内场展现出明显的驻波现象，这是由于入射光束和反向散射光束的相干叠加所形成的。当 $w_0<1.0\lambda_0$ 时，光强最大位置位于粒子内部中心附近；当 $w_0\geqslant1.0\lambda_0$ 时，光强最大位置位于粒子外部前向方向。

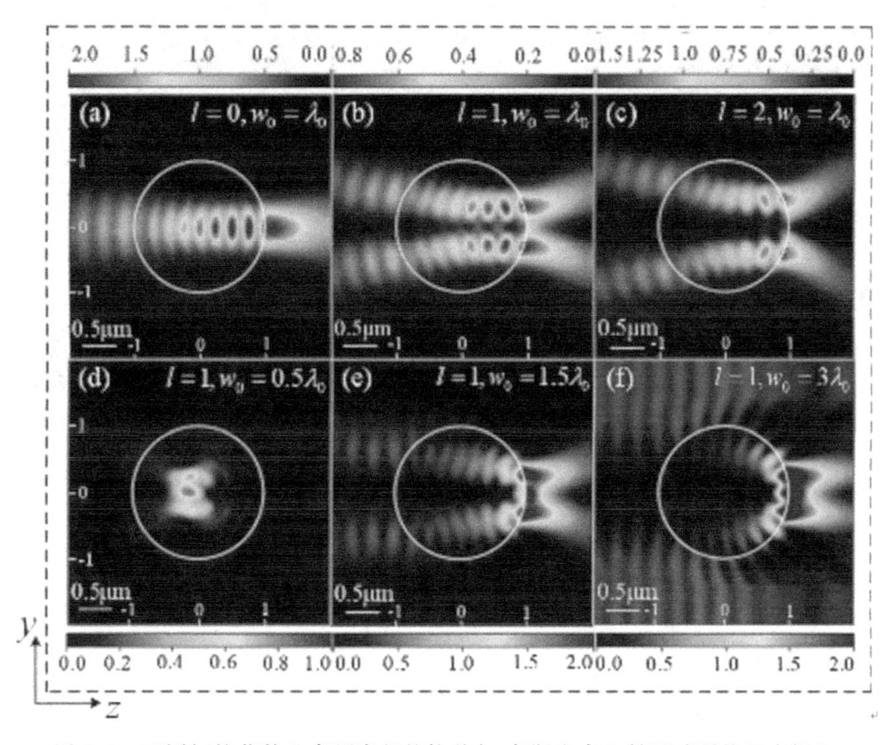

图 8.8　不同拓扑荷数和束腰半径的拉盖尔-高斯光束入射下球形粒子内场和近表面场的强度分布

图 8.9 给出了不同拓扑荷数和半锥角的贝塞尔光束入射下球形粒子内场和近表面场的电场强度分布。图(a)中，$l=0$，$\theta_0=20°$；图(b)中，$l=1$，$\theta_0=20°$；图(c)中，$l=2$，$\theta_0=20°$；图(d)中，$l=1$，$\theta_0=15°$；图(e)中，$l=1$，$\theta_0=30°$；图(f)中，$l=0$，$\theta_0=45°$。从图 8.9 中可知，对于不携带轨道角动量的贝塞尔光束，即 $l=0$，其焦场主要集中在 y 轴上。通过比较图 8.9(b)、(c)与图 8.8(b)、(c)可以看出，携带轨道角动量的贝塞尔光束入射下球形粒子的内场和近表面场的强度分布与拉盖尔-高斯光束入射时的情形类似。从图 8.8(b)、(c)中还可以观察到，贝塞尔光束半锥角 θ_0 的增加使得强度分布区域的直径和相应射流的面积减小。

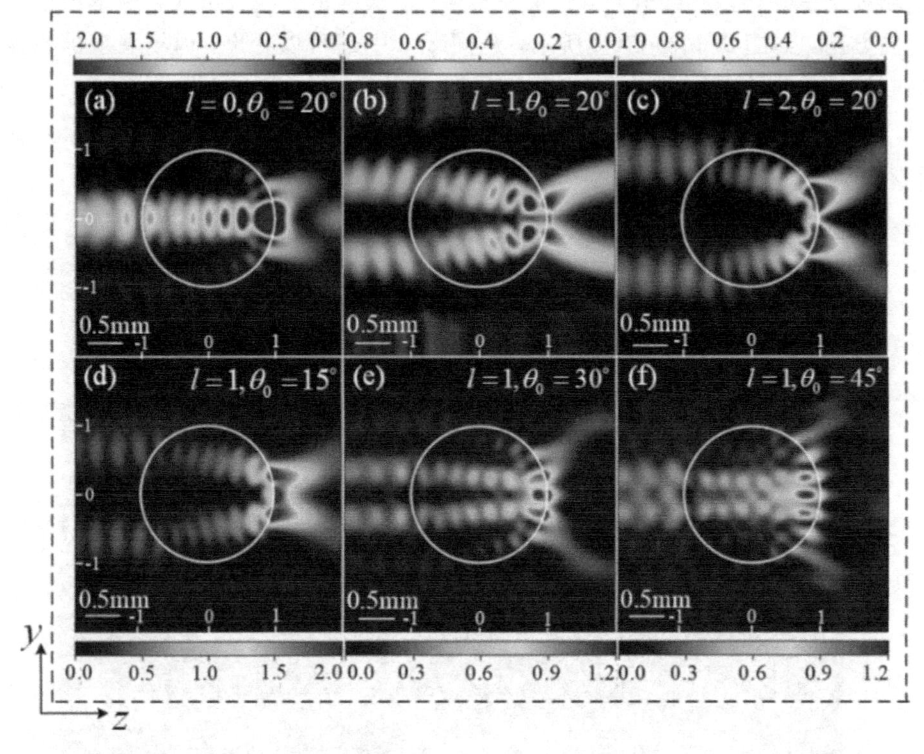

图 8.9　不同拓扑荷数和半锥角的贝塞尔光束入射下球形粒子内场和近表面场的强度分布

图 8.10 给出了不同衰减因子和尺度参数的艾里光束入射下球形粒子内场和近表面场的强度分布。图(a)中，$a_0=0.1$，$w_x=w_y=0.5\lambda_0$；图(b)中，$a_0=0.5$，$w_x=w_y=0.5\lambda_0$；图(c)中，$a_0=1.0$，$w_x=w_y=0.5\lambda_0$；图(d)中，$a_0=0.1$，$w_x=w_y=0.8\lambda_0$；图(e)中，$a_0=0.1$，$w_x=w_y=1.5\lambda_0$；图(f)中，$a_0=0.1$，$w_x=w_y=3.0\lambda_0$。从图 8.10 中可以看出，光束经过球形粒子后，在球形粒子

上形成较强的光束射流，表明大部分光束能量向前集中。值得注意的是，艾里光束的能量在折射后向特定方向衍射，如图 8.10(a)～(c)所示。此外，当截断因子 a_0 从 $a_0=0.1$ 增加到 1.0 时，光束射流的强度先减小后略有增加。此外，前向散射区域的电场强度随着尺度参数 w_x 和 w_y 的增加而增加。

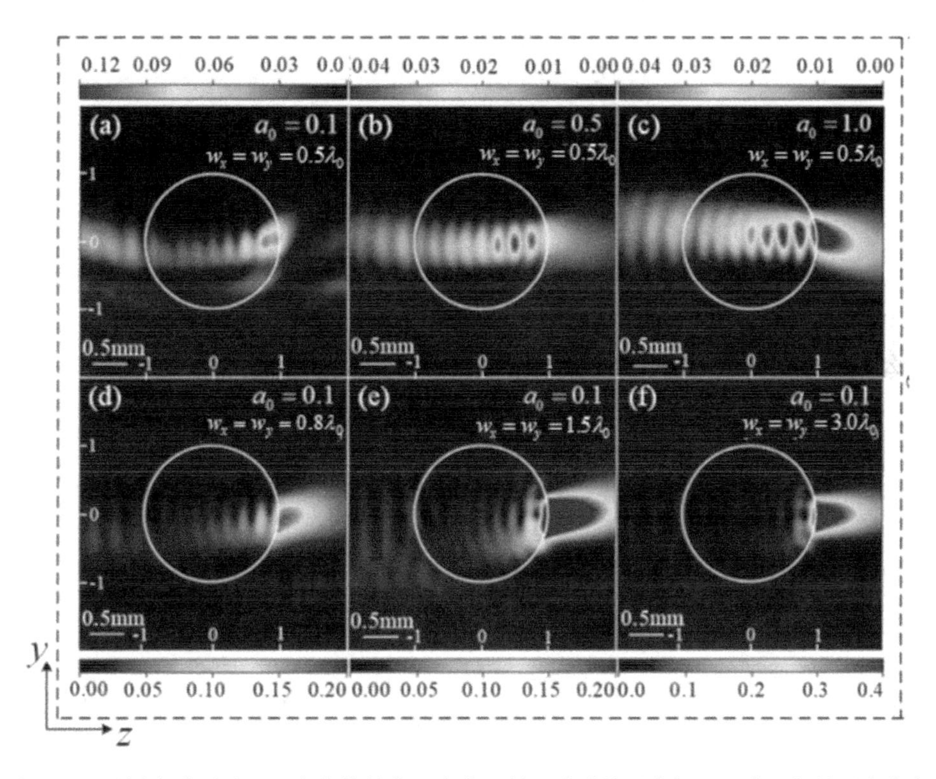

图 8.10　不同衰减因子和尺度参数的艾里光束入射下球形粒子内场和近表面场的强度分布

8.3　结构光场与非球形粒子的相互作用理论

对于结构光场与非球形粒子相互作用问题的求解，通常需要采用数值方法。一种比较有效的数值方法是基于面积分方程的矩量法。相对于其他方法，基于面积分方程的矩量法具有如下优点：能够很方便地从平面波推广到任意入射的结构光场；面积分方程的表示形式使得求解区域仅限于微粒表面或分界面，极大地降低了未知量的个数；在处理边界结构非常复杂的微粒时更加灵活；通过建立适当的格林函数自动满足索莫菲辐射条件，具有很高的计算精度。

8.3.1 矩量法的基本原理

矩量法是用于求解积分方程的一种数值技术。对于电磁场而言，积分方程通常可以写成如下形式的算子方程

$$\boldsymbol{L\Phi}=\boldsymbol{g} \tag{8-180}$$

式中，$\boldsymbol{L}$ 为一线形算子，$\boldsymbol{g}$ 为已知函数，$\boldsymbol{\Phi}$ 为待求的未知函数。一般要获得式(8-180)的精确解是非常困难的，除非 $\boldsymbol{L}$ 为非常简单的线形算子。为了获得式(8-180)的数值解，将 $\boldsymbol{\Phi}$ 在 $\boldsymbol{L}$ 的定义域内展开成一组矢量基函数的线性表示，即

$$\boldsymbol{\Phi}=\sum_{i=1}^{N}x_i\boldsymbol{f}_i \tag{8-181}$$

式中，N 为展开项的个数，x_i 是展开系数，$\boldsymbol{f}_i$ 是矢量基函数。如果令 $N\to\infty$，那么得到的就是精确解 $\boldsymbol{\Phi}$，但这在实际计算中是无法实现的，因此必须进行截断，即取有限项数，此时得到的就是 $\boldsymbol{\Phi}$ 的近似解。将式(8-181)代入式(8-180)中，再利用算子的线性性质，可得

$$\sum_{i=1}^{N}x_i\boldsymbol{Lf}_i=\boldsymbol{g} \tag{8-182}$$

然后选取一组测试函数$\{\boldsymbol{w}_1, \boldsymbol{w}_2, \cdots, \boldsymbol{w}_N\}$，用每一个测试函数与式(8-182)作内积得到

$$\sum_{i=1}^{N}x_i\langle\boldsymbol{w}_i, \boldsymbol{Lf}_i\rangle=\langle\boldsymbol{w}_i, \boldsymbol{g}\rangle \tag{8-183}$$

式中，$i=1, 2, \cdots, N$。式(8-183)可写成如下的矩阵形式

$$\begin{bmatrix}\langle\boldsymbol{w}_1, \boldsymbol{Lf}_1\rangle & \langle\boldsymbol{w}_1, \boldsymbol{Lf}_2\rangle & \cdots & \langle\boldsymbol{w}_1, \boldsymbol{Lf}_N\rangle\\ \langle\boldsymbol{w}_2, \boldsymbol{Lf}_1\rangle & \langle\boldsymbol{w}_2, \boldsymbol{Lf}_2\rangle & \cdots & \langle\boldsymbol{w}_2, \boldsymbol{Lf}_N\rangle\\ \vdots & \vdots & & \vdots\\ \langle\boldsymbol{w}_N, \boldsymbol{Lf}_1\rangle & \langle\boldsymbol{w}_N, \boldsymbol{Lf}_2\rangle & \cdots & \langle\boldsymbol{w}_N, \boldsymbol{Lf}_N\rangle\end{bmatrix}\begin{Bmatrix}x_1\\ x_2\\ \vdots\\ x_N\end{Bmatrix}=\begin{Bmatrix}\langle\boldsymbol{w}_1, \boldsymbol{g}\rangle\\ \langle\boldsymbol{w}_2, \boldsymbol{g}\rangle\\ \vdots\\ \langle\boldsymbol{w}_N, \boldsymbol{g}\rangle\end{Bmatrix} \tag{8-184}$$

或更紧凑地写为

$$[\boldsymbol{A}]\{\boldsymbol{x}\}=\{\boldsymbol{b}\} \tag{8-185}$$

其中，$[\boldsymbol{A}]$是一个 $N\times N$ 的方阵，$\{\boldsymbol{x}\}$是 $N\times 1$ 的未知向量，$\{\boldsymbol{b}\}$表示已知向量。矩阵$[\boldsymbol{A}]$和已知向量$\{\boldsymbol{b}\}$的元素可以表示为

$$A_{ij}=\langle w_i, Lf_j\rangle \tag{8-186}$$

$$b_i=\langle w_i, g\rangle \tag{8-187}$$

矩量法的一个关键步骤就是基函数和测试函数的选取。对于面积分方程的求解，Rao、Wilton 和 Glisson 在 1982 年就提出了至今仍被广泛使用的 RWG 基函数。该基函数实际上是一种变形了的脉冲基函数，其精妙之处在于将基函数定义在具有公共边的相邻三角形面元上。

如图 8.11 所示，与第 i 条边相对应的 RWG 基函数定义为

$$\boldsymbol{f}_i(\boldsymbol{r})=\begin{cases}\dfrac{l_i}{2A_i^+}\boldsymbol{\rho}_i^+=\dfrac{l_i}{2A_i^+}(\boldsymbol{r}-\boldsymbol{r}_i^+), & \boldsymbol{r}\in T_i^+\\ \dfrac{l_i}{2A_i^-}\boldsymbol{\rho}_i^-=\dfrac{l_i}{2A_i^+}(\boldsymbol{r}_i^- -\boldsymbol{r}), & \boldsymbol{r}\in T_i^-\\ 0, & \text{其他}\end{cases} \tag{8-188}$$

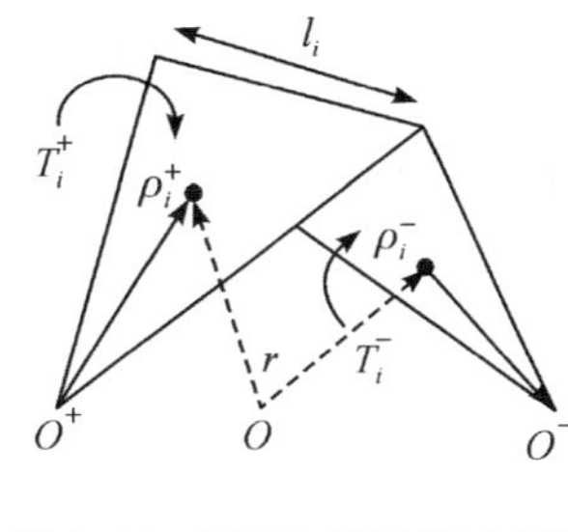

图 8.11　RWG 基函数示意图

其中，l_i 为三角形对 T_i^+ 和 T_i^- 公共边的长度，A_i^+ 和 A_i^- 分别为两个三角形的面积，$\boldsymbol{\rho}_i^+$ 为 T_i^+ 上 l_i 所对应顶点 O^+ 到任一点的矢量，$\boldsymbol{\rho}_i^-$ 为 T_i^- 内任一点到 l_i 所对应顶点 O^- 的矢量，$\boldsymbol{r}_i^\pm$ 分别为 $O^\pm$ 的坐标，$\boldsymbol{r}$ 为原点到面元上任一点的位置矢量。与面电荷密度相关的基函数的散度可以表示为

$$\nabla\cdot\boldsymbol{f}_i(\boldsymbol{r})=\begin{cases}\dfrac{l_i}{A_i^+}, & \boldsymbol{r}\in T_i^+\\ -\dfrac{l_i}{A_i^-}, & \boldsymbol{r}\in T_i^-\\ 0, & \text{其他}\end{cases} \tag{8-189}$$

由 RWG 基函数的定义式可以看出，$T_i^\pm$ 上的电流取向与 $\boldsymbol{\rho}_i^\pm$ 一致，说明 $T_i^\pm$ 上与 l_i 正交的电流为常数，在跨越 l_i 时具有连续性。另外，由于代表电流方向的 $\boldsymbol{\rho}_i^\pm$ 不可能在除公共边 l_i 之外的 $T_i^\pm$ 的其他边上有正交分量，因此在其他边上没有垂直于 $T_i^\pm$ 边界的电流分量，也就没有线电荷积累。由式(8-189)可知，RWG 基函数的散度在相邻三角形单元上均为常数。由于电流的散度代表电荷密度，也表示 $T_i^\pm$ 上电荷密度为均匀分布，且总电荷量为零。这表明没有电荷的积累，保证了相邻三角形两边电流的连续性。

8.3.2　非球形粒子面积分方程的建立与离散

不失一般性，下面以如图 8.12 所示的具有任意形状的均匀各向同性介质粒子为例，给出面积分方程的建立过程。设粒子位于介电常数和磁导率分别为 ε_0 和 μ_0 的自由空间中，粒子的介电常数和磁导率分别为 $\varepsilon_1=\varepsilon_r\varepsilon_0$ 和 $\mu_1\mu_r\mu_0$，

ε_r 和 μ_r 分别为相对介电常数和磁导率，相应的折射率 $n=\sqrt{\varepsilon_r\mu_r}$，粒子的边界面为 S。根据等效原理可知，粒子外部的散射场可等效为 S 上的等效源在均匀介质 ε_0、μ_0 中产生的场。这组等效源满足

$$\boldsymbol{M}=\boldsymbol{E}_0\times\hat{\boldsymbol{n}}_0 \tag{8-190}$$

$$\boldsymbol{J}=\hat{\boldsymbol{n}}_0\times\boldsymbol{H}_0 \tag{8-191}$$

其中，$\hat{\boldsymbol{n}}_0$ 为由粒子内指向粒子外的边界法向单位矢量；$\boldsymbol{E}_0$ 和 $\boldsymbol{H}_0$ 分别为粒子外在边界 S 上总的电场和磁场，可表达为

$$\boldsymbol{E}_0=\boldsymbol{E}^{\text{inc}}+\boldsymbol{E}_0^{\text{sca}} \tag{8-192}$$

$$\boldsymbol{H}_0=\boldsymbol{H}^{\text{inc}}+\boldsymbol{H}_0^{\text{sca}} \tag{8-193}$$

其中，$\boldsymbol{E}^{\text{inc}}=\hat{\boldsymbol{x}}E_x+\hat{\boldsymbol{y}}E_y+\hat{\boldsymbol{z}}E_z$，$\boldsymbol{H}^{\text{inc}}=\hat{\boldsymbol{x}}H_x+\hat{\boldsymbol{y}}H_y+\hat{\boldsymbol{z}}H_z$，$(E_x, E_y, E_z)$ 和 (H_x, H_y, H_z) 为入射结构光场的电磁场分量(典型结构光场的电磁场分量表达式见第 4 章)；$\boldsymbol{E}_0^{\text{sca}}$ 和 $\boldsymbol{H}_0^{\text{sca}}$ 为粒子外部的散射场，可表示为

$$\boldsymbol{E}_0^{\text{sca}}=Z_0\boldsymbol{L}_0(\boldsymbol{J})-\boldsymbol{K}_0(\boldsymbol{M}) \tag{8-194}$$

$$\boldsymbol{H}_0^{\text{sca}}=\boldsymbol{K}_0(\boldsymbol{J})+\frac{1}{Z_0}\boldsymbol{L}_0(\boldsymbol{M}) \tag{8-195}$$

其中，$Z_0=\sqrt{\mu_0/\varepsilon_0}$，积分算子 $\boldsymbol{L}_0$ 和 $\boldsymbol{K}_0$ 定义为

$$\boldsymbol{L}_0(\boldsymbol{X})=\mathrm{i}k_0\iint_S\left[\boldsymbol{X}(\boldsymbol{r}')+\frac{1}{k_0^2}\nabla\nabla'\cdot\boldsymbol{X}(\boldsymbol{r}')\right]G_0(\boldsymbol{r}, \boldsymbol{r}')\mathrm{d}S' \tag{8-196}$$

$$\boldsymbol{K}_0(\boldsymbol{X})=-\iint_S\boldsymbol{X}(\boldsymbol{r}')\times\nabla G_0(\boldsymbol{r}, \boldsymbol{r}')\mathrm{d}S' \tag{8-197}$$

其中，$k_0=\omega\sqrt{\varepsilon_0\mu_0}$；$G_0(\boldsymbol{r}, \boldsymbol{r}')$ 为自由空间 ε_0、μ_0 中的标量格林函数，表示为

$$G_0(\boldsymbol{r}, \boldsymbol{r}')=\frac{\exp(\mathrm{i}k_0|\boldsymbol{r}-\boldsymbol{r}'|)}{4\pi|\boldsymbol{r}-\boldsymbol{r}'|} \tag{8-198}$$

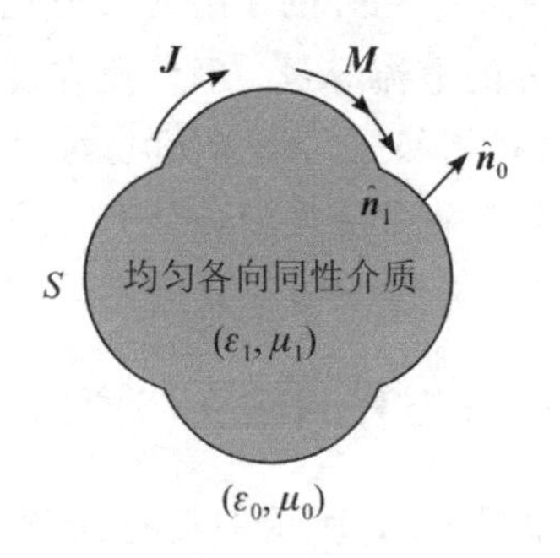

图 8.12　均匀各向同性介质粒子散射问题的等效原理图

由于粒子为均匀介质体，且内部不存在外加源，因此粒子内部的场也可用一组 S 上的等效源来表达。设这组等效源为 $\boldsymbol{J}'$和 $\boldsymbol{M}'$，则 $\boldsymbol{J}'$和 $\boldsymbol{M}'$满足

$$\boldsymbol{M}'=\boldsymbol{E}_1\times\hat{\boldsymbol{n}}_1 \tag{8-199}$$

$$\boldsymbol{J}'=\hat{\boldsymbol{n}}_1\times\boldsymbol{H}_1 \tag{8-200}$$

其中，$\hat{\boldsymbol{n}}_1=-\hat{\boldsymbol{n}}_0$ 为由粒子外指向粒子内的边界法向单位矢量，$\boldsymbol{E}_0$ 和 $\boldsymbol{H}_0$ 分别为粒子内在边界 S 上的电场和磁场。根据介质交界面上电场和磁场的连续性条件可知，$\boldsymbol{J}'=-\boldsymbol{J}$，$\boldsymbol{M}'=-\boldsymbol{M}$，于是粒子内部的场 $\boldsymbol{E}_1$ 和 $\boldsymbol{H}_1$ 便可表达为

$$\boldsymbol{E}_1=Z_1\boldsymbol{L}_1(-\boldsymbol{J})-\boldsymbol{K}_1(-\boldsymbol{M}) \tag{8-201}$$

$$\boldsymbol{H}_1=\boldsymbol{K}_1(-\boldsymbol{J})+\frac{1}{Z_1}\boldsymbol{L}_1(-\boldsymbol{M}) \tag{8-202}$$

其中，$Z_1=\sqrt{\mu_1/\varepsilon_1}$，积分算子 $\boldsymbol{L}_1$ 和 $\boldsymbol{K}_1$ 表示为

$$\boldsymbol{L}_1(\boldsymbol{X})=\mathrm{i}k_1\iint_S\left[\boldsymbol{X}(\boldsymbol{r}')+\frac{1}{k_1^2}\nabla\nabla'\cdot\boldsymbol{X}(\boldsymbol{r}')\right]G_1(\boldsymbol{r},\boldsymbol{r}')\mathrm{d}S' \tag{8-203}$$

$$\boldsymbol{K}_1(X)=-\iint_S\boldsymbol{X}(\boldsymbol{r}')\times\nabla G_1(\boldsymbol{r},\boldsymbol{r}')\mathrm{d}S' \tag{8-204}$$

其中，$k_1=\omega\sqrt{\varepsilon_1\mu_1}$，$G_1(\boldsymbol{r},\boldsymbol{r}')$为均匀介质 ε_1、μ_1 中的标量格林函数，表示为

$$G_1(\boldsymbol{r},\boldsymbol{r}')=\frac{\exp(\mathrm{i}k_1|\boldsymbol{r}-\boldsymbol{r}'|)}{4\pi|\boldsymbol{r}-\boldsymbol{r}'|} \tag{8-205}$$

将式(8-194)和式(8-195)分别代入式(8-192)和式(8-193)，并施加边界条件，可得到介质外表面的电场积分方程(EFIE_0)和磁场积分方程(MFIE_0)。

EFIE_0：

$$Z_0\boldsymbol{L}_0(\boldsymbol{J})-\boldsymbol{K}_0(\boldsymbol{M})-\hat{\boldsymbol{n}}_0\times\boldsymbol{M}=-\boldsymbol{E}^{\mathrm{inc}} \tag{8-206}$$

MFIE_0：

$$\hat{\boldsymbol{n}}_0\times\boldsymbol{J}+\boldsymbol{K}_0(\boldsymbol{J})+\frac{1}{Z_0}\boldsymbol{L}_0(\boldsymbol{M})=-\boldsymbol{H}^{\mathrm{inc}} \tag{8-207}$$

这里省略了方程左右两端应该同时出现的切向单位矢量，因为这并不会影响数值结果。对式(8-201)和式(8-202)施加边界条件，便可得到粒子内表面的电场积分方程(EFIE_1)和磁场积分方程(MFIE_1)。

EFIE_1：

$$Z_1\boldsymbol{L}_1(\boldsymbol{J})-\boldsymbol{K}_1(\boldsymbol{M})-\hat{\boldsymbol{n}}_1\times\boldsymbol{M}=0 \tag{8-208}$$

MFIE_1：

$$\hat{\boldsymbol{n}}_1\times\boldsymbol{J}+\boldsymbol{K}_1(J)+\frac{1}{Z_1}\boldsymbol{L}_1(\boldsymbol{M})=0 \tag{8-209}$$

从介质外表面的两个方程 $EFIE_0$ 和 $MFIE_0$ 中选出一个，再从介质内表面的两个方程 $EFIE_1$ 和 $MFIE_1$ 中选出一个，组成方程组便能确定未知数 $\boldsymbol{J}$ 和 $\boldsymbol{M}$。但是该方式给出的方程组在实际计算中会有问题，为了有效地进行求解，可以基于上面的电磁场积分方程建立性能更可靠的方程组，其中使用最为广泛的便是 PMCHW 混合积分方程。PMCHW 混合积分方程由 Poggio、Miller、Chang、Harrington、Wu 等共同提出，其基本思路是分别将介质表面两侧的切向电场积分方程进行组合，即 $EFIE_0+EFIE_1$，将切向磁场积分方程进行组合，即 $MFIE_0+MFIE_1$，从而得到关于等效电磁流 $\boldsymbol{J}$ 和 $\boldsymbol{M}$ 的方程组。具体地说，就是将式(8-206)加上式(8-208)，将式(8-207)加上式(8-209)，并利用关系式 $\hat{\boldsymbol{n}}_1=-\hat{\boldsymbol{n}}_0$，得到 PMCHW 混合积分方程

$$[Z_0\boldsymbol{L}_0(\boldsymbol{J})+Z_1\boldsymbol{L}_1(\boldsymbol{J})]+[-\boldsymbol{K}_0(\boldsymbol{M})-\boldsymbol{K}_1(\boldsymbol{M})]=-\boldsymbol{E}^{\text{inc}} \tag{8-210}$$

$$[Z_0\boldsymbol{K}_0(\boldsymbol{J})+Z_0\boldsymbol{K}_1(\boldsymbol{J})]+\left[\boldsymbol{L}_0(\boldsymbol{M})+\frac{Z_0}{Z_1}\boldsymbol{L}_1(\boldsymbol{M})\right]=-Z_0\boldsymbol{H}^{\text{inc}} \tag{8-211}$$

需要注意的是，在推导式(8-211)的过程中，为了使离散后得到的阻抗矩阵元素具有相同的数量级，将该方程的两端同时乘以波阻抗 Z_0。

PMCHW 混合积分方程通过对介质表面内外电场和磁场积分方程进行合理组合，克服了内谐振问题，计算准确。但是，通过该方程所构造的阻抗矩阵条件数较差，迭代求解往往需要较多的迭代步数和求解时间。在求解较大尺寸粒子散射问题时，可采用电磁流混合积分方程(JMCFIE)。该方程通过对介质表面内外电场和磁场积分方程进行合理组合，得到具有良好条件数的算子方程形式。同时该方程也克服了内谐振问题，计算准确，加快了迭代求解的收敛性。

构造 JMCFIE 混合积分方程的基本思路是，首先建立介质表面内、外的电流混合积分方程(JCFIE)和磁流混合积分方程(MCFIE)

$JCFIE_t$：

$$c\,EFIE_t+(1+c)Z_0\hat{\boldsymbol{n}}_t\times MFIE_t \tag{8-212}$$

$MCFIE_t$：

$$cZ_0\,MFIE_t-(1-c)\hat{\boldsymbol{n}}_t\times EFIE_t \tag{8-213}$$

这里 $t=0, 1$，其中 $t=0$ 表示介质内，$t=1$ 表示介质外；c 是组合系数，通常取 $c=0.5$；波阻抗 Z_0 的引入是为了使 EFIE 部分和 MFIE 具有相同的量纲。将式(8-206)和式(8-207)代入式(8-212)得到介质外表面的 $JCFIE_0$ 为

JCFIE$_0$：

$$Z_0[c\boldsymbol{L}_0(\boldsymbol{J})+(1-c)\hat{\boldsymbol{n}}_0\times\widetilde{\boldsymbol{K}}_0(\boldsymbol{J})]+\left[-c\,\widetilde{\boldsymbol{K}}_0(\boldsymbol{M})+(1-c)\frac{Z_0}{Z_1}\hat{\boldsymbol{n}}_0\times\boldsymbol{L}_0(\boldsymbol{M})\right]$$

$$=-c\boldsymbol{E}^{\text{inc}}-(1-c)Z_0\hat{\boldsymbol{n}}_0\times\boldsymbol{H}^{\text{inc}} \tag{8-214}$$

这里$\widetilde{\boldsymbol{K}}_t(\boldsymbol{X})=\hat{\boldsymbol{n}}_t\times\boldsymbol{X}+\boldsymbol{K}_t(\boldsymbol{X})$。同理，将式(8 - 208)和式(8 - 209)代入式(8 - 212)得到介质内表面的 JCFIE$_1$ 为

JCFIE$_1$：

$$[cZ_1\boldsymbol{L}_1(\boldsymbol{J})+(1-c)Z_0\hat{\boldsymbol{n}}_1\times\widetilde{\boldsymbol{K}}_1(\boldsymbol{J})]+\left[-c\widetilde{\boldsymbol{K}}_1(\boldsymbol{M})+(1-c)\frac{Z_0}{Z_1}\hat{\boldsymbol{n}}_1\times\boldsymbol{L}_1(\boldsymbol{M})\right]=0 \tag{8-215}$$

类似地，将式(8 - 206)～(8 - 209)代入式(8 - 213)可得到介质外表面的 MCFIE$_0$ 和内表面的 MCFIE$_1$

MCFIE$_0$：

$$Z_0[c\,\widetilde{\boldsymbol{K}}_0(\boldsymbol{J})-(1-c)\hat{\boldsymbol{n}}_0\times\boldsymbol{L}_0(\boldsymbol{J})]+\left[c\,\frac{Z_0}{Z_0}\boldsymbol{L}_0(\boldsymbol{M})+(1-c)\hat{\boldsymbol{n}}_0\times\widetilde{\boldsymbol{K}}_0(\boldsymbol{M})\right]$$

$$=-cZ_0\boldsymbol{H}^{\text{inc}}+(1-c)\hat{\boldsymbol{n}}_0\times\boldsymbol{E}^{\text{inc}} \tag{8-216}$$

MCFIE$_1$：

$$[cZ_0\widetilde{\boldsymbol{K}}_1(\boldsymbol{J})-(1-c)Z_1\hat{\boldsymbol{n}}_1\times\boldsymbol{L}_1(\boldsymbol{J})]+\left[c\,\frac{Z_0}{Z_1}\boldsymbol{L}_1(\boldsymbol{M})+(1-c)\hat{\boldsymbol{n}}_1\times\widetilde{\boldsymbol{K}}_1(\boldsymbol{M})\right]=0 \tag{8-217}$$

类似于 PMCHW 混合积分方程的构造方式，将介质表面两侧的 JCFIE 进行组合：JCFIE$_0$ + JCFIE$_1$；介质表面两侧的 MCFIE 进行组合：MCFIE$_0$ + MCFIE$_1$，便可得到 JMCFIE 混合积分方程

$$\{c[Z_0\boldsymbol{L}_0(\boldsymbol{J})+Z_1\boldsymbol{L}_1(\boldsymbol{J})]+(1-c)[Z_0\hat{\boldsymbol{n}}_0\times\widetilde{\boldsymbol{K}}_0(\boldsymbol{J})+Z_0\hat{\boldsymbol{n}}_1\times\widetilde{\boldsymbol{K}}_1(\boldsymbol{J})]\}+$$
$$\left\{c[-\boldsymbol{K}_0(\boldsymbol{M})-\boldsymbol{K}_1(\boldsymbol{M})]+(1-c)\left[\frac{Z_0}{Z_0}\hat{\boldsymbol{n}}_0\times\boldsymbol{L}_0(\boldsymbol{M})+\frac{Z_0}{Z_1}\hat{\boldsymbol{n}}_1\times\boldsymbol{L}_1(\boldsymbol{M})\right]\right\}$$
$$=-c\boldsymbol{E}^{\text{inc}}-(1-c)Z_0\hat{\boldsymbol{n}}_0\times\boldsymbol{H}^{\text{inc}} \tag{8-218}$$

$$\{c[Z_0\boldsymbol{K}_0(\boldsymbol{J})+Z_0\boldsymbol{K}_1(\boldsymbol{J})]+(1-c)[-Z_0\hat{\boldsymbol{n}}_0\times\boldsymbol{L}_0(\boldsymbol{J})-Z_1\hat{\boldsymbol{n}}_1\times\boldsymbol{L}_1(\boldsymbol{J})]\}+$$
$$\left\{c\left[\frac{Z_0}{Z_0}\boldsymbol{L}_0(\boldsymbol{M})+\frac{Z_0}{Z_1}\boldsymbol{L}_1(\boldsymbol{M})\right]+(1-c)[\hat{\boldsymbol{n}}_0\times\widetilde{\boldsymbol{K}}_0(\boldsymbol{M})+\hat{\boldsymbol{n}}_1\times\widetilde{\boldsymbol{K}}_1(\boldsymbol{M})]\right\}$$
$$=-cZ_0\boldsymbol{H}^{\text{inc}}+(1-c)\hat{\boldsymbol{n}}_0\times\boldsymbol{E}^{\text{inc}} \tag{8-219}$$

对比式(8 - 210)、式(8 - 211)和式(8 - 218)、式(8 - 219)可以发现，当组合系数取 $c=1.0$ 时，JMCFIE 方程便退化为 PWCHW 方程。

为了采用矩量法离散上面所建立的面积分方程，将均匀粒子的表面剖分成许多小三角形。采用 RWG 基函数，等效电磁流 $\boldsymbol{J}$ 和 $\boldsymbol{M}$ 可表示成

$$\boldsymbol{J}=\sum_{i=1}^{N}\boldsymbol{f}_iJ_i \tag{8-220}$$

$$\boldsymbol{M}=\sum_{i=1}^{N}\boldsymbol{f}_iM_i \tag{8-221}$$

其中，N 表示粒子表面剖分成三角形后的边总数，$\boldsymbol{f}_i$ 是 RWG 基函数，J_i 和 M_i 为等效电磁流的展开系数。将式(8-220)、式(8-221)代入式(8-210)，取 $\boldsymbol{f}_i$ 作为试函数，得到

$$Z_0[P_0^{\mathrm{TE}}]\{J\}+Z_1[P_1^{\mathrm{TE}}]\{J\}-[Q_0^{\mathrm{TE}}]\{M\}-[Q_1^{\mathrm{TE}}]\{M\}=\{b^{\mathrm{TE}}\} \tag{8-222}$$

其中：

$$P_{t,\,ij}^{\mathrm{TE}}=\iint_S\boldsymbol{f}_i\cdot\boldsymbol{L}_t(\boldsymbol{f}_j)\mathrm{d}S\quad(t=0,\ 1) \tag{8-223}$$

$$Q_{t,\,ij}^{\mathrm{TE}}=\iint_S\boldsymbol{f}_i\cdot\boldsymbol{K}_t(\boldsymbol{f}_j)\mathrm{d}S\quad(t=0,\ 1) \tag{8-224}$$

$$b_i^{\mathrm{TE}}=-\iint_S\boldsymbol{f}_i\cdot\boldsymbol{E}^{\mathrm{inc}}\mathrm{d}S \tag{8-225}$$

将式(8-220)、式(8-221)代入式(8-211)，并取 $\boldsymbol{f}_i$ 作为试函数，得到

$$Z_0[P_0^{\mathrm{TH}}]\{J\}+Z_0[P_1^{\mathrm{TH}}]\{J\}+\frac{Z_0}{Z_0}[Q_0^{\mathrm{TH}}]\{M\}+\frac{Z_0}{Z_1}[Q_1^{\mathrm{TH}}]\{M\}=\{b^{\mathrm{TH}}\} \tag{8-226}$$

其中：

$$P_{t,\,ij}^{\mathrm{TH}}=Q_{t,\,ij}^{\mathrm{TE}}=\iint_S\boldsymbol{f}_i\cdot\boldsymbol{K}_t(\boldsymbol{f}_j)\mathrm{d}S\quad(t=0,\ 1) \tag{8-227}$$

$$Q_{t,\,ij}^{\mathrm{TH}}=P_{t,\,ij}^{\mathrm{TE}}=\iint_S\boldsymbol{f}_i\cdot\boldsymbol{L}_t(\boldsymbol{f}_j)\mathrm{d}S\quad(t=0,\ 1) \tag{8-228}$$

$$b_i^{\mathrm{TH}}=-\iint_S\boldsymbol{f}_i\cdot\boldsymbol{H}^{\mathrm{inc}}\mathrm{d}S \tag{8-229}$$

联立式(8-222)和式(8-226)，便可得到 PMCHW 混合积分方程离散后的矩阵方程

$$\begin{bmatrix}Z_{JJ}^{\mathrm{TP}} & Z_{JM}^{\mathrm{TP}}\\ Z_{MJ}^{\mathrm{TP}} & Z_{MM}^{\mathrm{TP}}\end{bmatrix}\begin{Bmatrix}J\\ M\end{Bmatrix}=\begin{Bmatrix}b_J^{\mathrm{TP}}\\ b_M^{\mathrm{TP}}\end{Bmatrix} \tag{8-230}$$

其中：

$$[Z_{JJ}^{\mathrm{TP}}]=Z_0[P_0^{\mathrm{TE}}]+Z_1[P_1^{\mathrm{TE}}] \tag{8-231}$$

$$[Z_{JM}^{\mathrm{TP}}]=-[Q_0^{\mathrm{TE}}]-[Q_1^{\mathrm{TE}}] \tag{8-232}$$

$$[Z_{MJ}^{\mathrm{TP}}]=Z_0[Q_0^{\mathrm{TH}}]+Z_0[Q_1^{\mathrm{TH}}] \tag{8-233}$$

$$[Z_{MM}^{\mathrm{TP}}]=\frac{Z_0}{Z_0}[Q_0^{\mathrm{TH}}]+\frac{Z_0}{Z_1}[Q_1^{\mathrm{TH}}] \tag{8-234}$$

$$\{b_J^{\mathrm{TP}}\}=\{b^{\mathrm{TE}}\},\ \{b_M^{\mathrm{TP}}\}=Z_0\{b^{\mathrm{TH}}\} \tag{8-235}$$

JMCFIE 方程的离散类似于 PWCHW 方程的离散，将式(8-220)、式(8-221)代入式(8-218)，取 $\boldsymbol{f}_i$ 作为试函数，得到

$$\begin{aligned}&cZ_0[P_0^{\mathrm{TE}}]\{J\}+cZ_1[P_1^{\mathrm{TE}}]\{J\}+(1-c)Z_0[P_0^{\mathrm{NH}}]\{J\}+(1-c)Z_0[P_0^{\mathrm{NH}}]\{J\}-\\&c[Q_0^{\mathrm{TE}}]\{M\}-c[Q_1^{\mathrm{TE}}]\{M\}+(1-c)\frac{Z_0}{Z_0}[Q_0^{\mathrm{NH}}]\{M\}+(1-c)\frac{Z_0}{Z_1}[Q_1^{\mathrm{NH}}]\{M\}\\&=c\{b^{\mathrm{TE}}\}-(1-c)Z_0\{b^{\mathrm{NH}}\}\end{aligned} \tag{8-236}$$

其中：

$$P_{t,ij}^{\mathrm{NH}}=-\iint_S\hat{\boldsymbol{n}}_t\times\boldsymbol{f}_i\cdot[\hat{\boldsymbol{n}}_t\times\boldsymbol{f}_j+\boldsymbol{K}_t(\boldsymbol{f}_j)]\mathrm{d}S\quad(t=0,1) \tag{8-237}$$

$$Q_{t,ij}^{\mathrm{NH}}=-\iint_S\hat{\boldsymbol{n}}_t\times\boldsymbol{f}_i\cdot\boldsymbol{L}_t(\boldsymbol{f}_j)\mathrm{d}S\quad(t=0,1) \tag{8-238}$$

$$b_i^{\mathrm{NH}}=-\iint_S\hat{\boldsymbol{n}}_0\times\boldsymbol{f}_i\cdot\boldsymbol{H}^{\mathrm{inc}}\mathrm{d}S \tag{8-239}$$

将式(8-220)、式(8-221)代入式(8-219)，并取 $\boldsymbol{f}_i$ 作为试函数，得到

$$\begin{aligned}&cZ_0[P_0^{\mathrm{TH}}]\{J\}+cZ_0[P_1^{\mathrm{TH}}]\{J\}-(1-c)Z_0[P_0^{\mathrm{NE}}]\{J\}-(1-c)Z_1[P_0^{\mathrm{NE}}]\{J\}+\\&c\frac{Z_0}{Z_0}[Q_0^{\mathrm{TH}}]\{M\}+c\frac{Z_0}{Z_1}[Q_1^{\mathrm{TH}}]\{M\}+(1-c)[Q_0^{\mathrm{NE}}]\{M\}+(1-c)[Q_1^{\mathrm{NE}}]\{M\}\\&=c\{b^{\mathrm{TH}}\}+(1-c)Z_0\{b^{\mathrm{NE}}\}\end{aligned} \tag{8-240}$$

其中：

$$Q_{t,ij}^{\mathrm{NE}}=P_{t,ij}^{\mathrm{NH}}=-\iint_S\hat{\boldsymbol{n}}_t\times\boldsymbol{f}_i\cdot[\hat{\boldsymbol{n}}_t\times\boldsymbol{f}_j+\boldsymbol{K}_t(\boldsymbol{f}_j)]\mathrm{d}S\quad(t=0,1) \tag{8-241}$$

$$P_{t,ij}^{\mathrm{NE}}=Q_{t,ij}^{\mathrm{NH}}=-\iint_S\hat{\boldsymbol{n}}_t\times\boldsymbol{f}_i\cdot\boldsymbol{L}_t(\boldsymbol{f}_j)\mathrm{d}S\quad(t=0,1) \tag{8-242}$$

$$b_i^{\mathrm{NE}}=-\iint_S\hat{\boldsymbol{n}}_0\times\boldsymbol{f}_i\cdot\boldsymbol{E}^{\mathrm{inc}}\mathrm{d}S \tag{8-243}$$

联立式(8-236)和式(8-240)，便可得到 JMCFIE 混合积分方程离散后的矩阵方程

$$\begin{bmatrix}Z_{JJ}^{\mathrm{TJ}} & Z_{JM}^{\mathrm{TJ}}\\ Z_{MJ}^{\mathrm{TJ}} & Z_{MM}^{\mathrm{TJ}}\end{bmatrix}\begin{Bmatrix}J\\ M\end{Bmatrix}=\begin{Bmatrix}b_J^{\mathrm{TJ}}\\ b_M^{\mathrm{TJ}}\end{Bmatrix} \tag{8-244}$$

其中：

$$[Z_{JJ}^{\mathrm{TJ}}]=cZ_0[P_0^{\mathrm{TE}}]+cZ_1[P_1^{\mathrm{TE}}]+(1-c)Z_0[P_0^{\mathrm{NH}}]+(1-c)Z_0[P_0^{\mathrm{NH}}] \tag{8-245}$$

$$[Z_{JM}^{\mathrm{TP}}]=-c[Q_0^{\mathrm{TE}}]-c[Q_1^{\mathrm{TE}}]+(1-c)\frac{Z_0}{Z_0}[Q_0^{\mathrm{NH}}]+(1-c)\frac{Z_0}{Z_1}[Q_1^{\mathrm{NH}}] \tag{8-246}$$

$$[Z_{MJ}^{\mathrm{TP}}]=cZ_0[P_0^{\mathrm{TH}}]+cZ_0[P_1^{\mathrm{TH}}]-(1-c)Z_0[P_0^{\mathrm{NE}}]-(1-c)Z_1[P_1^{\mathrm{NE}}] \tag{8-247}$$

$$[Z_{MM}^{\mathrm{TP}}]=c\frac{Z_0}{Z_0}[Q_0^{\mathrm{TH}}]+c\frac{Z_0}{Z_1}[Q_1^{\mathrm{TH}}]+(1-c)[Q_0^{\mathrm{NE}}]+(1-c)[Q_1^{\mathrm{NE}}] \tag{8-248}$$

$$\{b_J^{\mathrm{TJ}}\}=c\{b^{\mathrm{TE}}\}-(1-c)Z_0\{b^{\mathrm{NH}}\} \tag{8-249}$$

$$\{b_M^{\mathrm{TJ}}\}=c\{b^{\mathrm{TH}}\}+(1-c)Z_0\{b^{\mathrm{NE}}\} \tag{8-250}$$

另外，为了进一步改善阻抗矩阵的条件数，还可以将式(8-230)和式(8-244)中的未知量 M 除以波阻抗 Z_0，而与 M 相关的阻抗矩阵元素乘以 Z_0。

8.3.3 阻抗矩阵元素的计算与矩阵方程的求解

面积分方程离散化为矩阵方程后，所面临的问题是如何快速有效地求解这一矩阵方程。求解矩阵方程的方法一般分为两类：直接法和迭代法。直接法主要有高斯消去法、LU 分解法等。对未知量为 N 的问题，采用直接法求解时，存储量需求为 $O(N^2)$量级，计算量需求为 $O(N^3)$量级。当 N 增大时，直接法求解矩阵方程的存储量和计算量需求增长比较快。直接法不太适用于求解较大尺寸粒子，而需要采用迭代法求解。适合于求解矩阵方程的迭代法主要有共轭梯度法、双共轭梯度法、广义最小残差迭代方法等。与直接法相比，迭代法虽然不能减小存储量需求，但其计算量可减小为 $O(N^2)$。如果在迭代方法中应用高效的数值方法，如矩阵稀疏化方法，则计算量和存储量可以进一步降低。在众多矩阵稀疏化方法中，多层快速多极子方法因其计算效率高、结果精确而得到了广泛的应用。

求解矩阵方程之前，需要计算阻抗矩阵的元素。这些元素的计算精度对整个矩量法的最终精度尤为重要。从上面给出的阻抗矩阵元素表达式可以看出，计算矩阵元素时需要做双重的面积分运算，并且被积函数含有格林函数。对于这些复杂的积分，由于没有相应的解析积分方法，因此必须采用近似的数值积分方法。常用的数值积分为高斯积分法。所谓高斯积分法，就是在单元内选择某些积分点，求出被积函数在这些积分点上的数值，然后乘以适当的权系数并求和，就可得到积分值。

我们考虑单个三角形区域上的面积分

$$\iint_{\Delta} \boldsymbol{f}(\boldsymbol{r})\mathrm{d}S \tag{8-251}$$

式中，$\boldsymbol{f}(\boldsymbol{r})$为被积函数，$\Delta$ 表示积分区域为三角面元。如图 8.13 所示，在三角形内任取一点 P，分别连接 P 点和三角形的三个顶点 1、2、3，于是原三角形被分割为三个小三角形。设原三角形的面积为 A，则三个小三角形的面积分别为 A_1、A_2 和 A_3。当 $A_i(i=1, 2, 3)$的值给定时，可以唯一地确定 P 点的位置，取

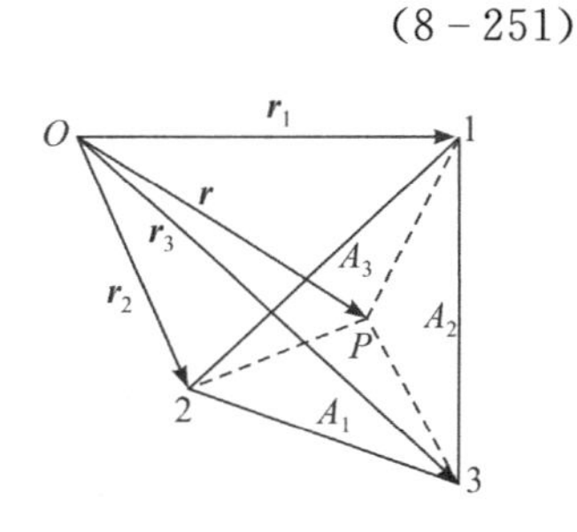

图 8.13　三角形面积坐标系

$$\xi=\frac{A_1}{A},\ \eta=\frac{A_2}{A},\ \zeta=\frac{A_3}{A} \tag{8-252}$$

这里 ξ，η，ζ 称为三角形的面积坐标，它们是三角形固有的局部坐标。因为

$$A_1+A_2+A_3=A \tag{8-253}$$

所以

$$\xi+\eta+\zeta=1 \tag{8-254}$$

可见 ξ_1、ξ_2 和 ξ_3 三者是线性相关的，只要其中两个确定，第三个就能求出。通过坐标变换，可推导出三角形区域内任意一点 P 的位置矢量可以表示为

$$\boldsymbol{r}=\xi\boldsymbol{r}_1+\eta\boldsymbol{r}_2+\zeta\boldsymbol{r}_3 \tag{8-255}$$

式中，$\boldsymbol{r}$ 表示点 P 的位置矢量，$\boldsymbol{r}_1$、$\boldsymbol{r}_2$、$\boldsymbol{r}_3$ 分别为三角形三个顶点 1、2、3 的位置矢量。因此，被积函数 $f(\boldsymbol{r})$随变量 $\boldsymbol{r}$ 的变化转为随变量 ξ，η，ζ 的变化。运用高斯数值积分规则，式(8-251)所示的数值积分可以通过下面的求和公式计算

$$\iint_{\Delta} \boldsymbol{f}(\boldsymbol{r})\mathrm{d}S = A\sum_{i=1}^{n} w_i \boldsymbol{f}(\xi_i\boldsymbol{r}_1+\eta_i\boldsymbol{r}_2+\zeta_i\boldsymbol{r}_3) \tag{8-256}$$

这里，n 为采样点的数目；ξ_i，η_i，ζ_i 表示采样点的面积坐标；w_i 称为加权系数。表 8.1 和表 8.2 列出了本文中用到的三角形区域上 3 点和 7 点高斯积分的面积坐标和加权系数，其中取样点全都在三角形的内部，而不在顶点和边上。

表 8.1　3 点高斯积分的面积坐标和加权系数

i	ξ_i	η_i	ζ_i	w_i
1	0.166 666 6	0.166 666 6	0.666 666 6	0.333 333 3
2	0.166 666 6	0.666 666 6	0.166 666 6	0.333 333 3
3	0.666 666 6	0.166 666 6	0.166 666 6	0.333 333 3

表 8.2　7 点高斯积分的面积坐标和加权系数

i	ξ_i	η_i	ζ_i	w_i
1	0.333 333 3	0.333 333 3	0.333 333 3	0.225 000 0
2	0.059 615 9	0.470 142 1	0.470 142 1	0.132 394 1
3	0.470 142 1	0.059 615 9	0.470 142 1	0.132 394 1
4	0.470 142 1	0.470 142 1	0.059 615 9	0.132 394 1
5	0.797 427 0	0.101 286 5	0.101 286 5	0.125 939 2
6	0.101 286 5	0.797 427 0	0.101 286 5	0.125 939 2
7	0.101 286 5	0.101 286 5	0.797 427 0	0.125 939 2

当场点 $\boldsymbol{r}$ 和源点 $\boldsymbol{r}'$相距较远时，阻抗矩阵的双重面积分可以使用定义在三角形上的高斯积分数值计算。一般来说，内外层面积分都采用三点高斯积分，精度就足够了。但是，当源点与场点距离较近时，阻抗矩阵表达式中的积分核中就包含了格林函数 $G(\boldsymbol{r},\boldsymbol{r}')$和格林函数的导数$\nabla G(\boldsymbol{r},\boldsymbol{r}')$，因此被积函数变化剧烈。尤其是当源点与场点重合时，被积函数为奇异函数。此时传统的数值积分方法已不再适用，需要特殊的处理方法来求解此类奇异性积分问题。积分方程奇异性的处理是矩量法中最重要也是最为困难的，它直接关系到数值计算结果的准确性。对面积分方程而言，需要处理的奇异积分项主要有以下三种类型。

$$\mathrm{I}_1=\iint_S\iint_{S'}G\mathrm{d}S'\mathrm{d}S \tag{8-257}$$

$$\mathrm{I}_2=\iint_S\iint_{S'}\boldsymbol{f}_i\cdot\boldsymbol{f}_jG\mathrm{d}S'\mathrm{d}S \tag{8-258}$$

$$\mathrm{I}_3=\iint_S\iint_{S'}(\boldsymbol{f}_i\times\hat{\boldsymbol{n}})\cdot(\boldsymbol{f}_j\times\nabla G)\mathrm{d}S'\mathrm{d}S \tag{8-259}$$

第二种类型的积分 I_1 可分成两部分

$$\mathrm{I}_1=\iint_{S'}\iint_{S'-S_0}G\mathrm{d}S'\mathrm{d}S+\iint_S\iint_{S_0}G\mathrm{d}S'\mathrm{d}S \tag{8-260}$$

这里 S_0 表示奇异点附近比较小的区域。式(8-260)右边的第一项称为主值积分，第二项称为奇异点残留项。因为式(8-260)中的被积函数为一阶奇异，所以奇异点残留项的值为零。为了用数值方法计算式(8-260)中的主值积分，可将格林函数 G 写成两项

$$G=\frac{1}{4\pi R}(\mathrm{e}^{\mathrm{i}kR}-1)+\frac{1}{4\pi R} \tag{8-261}$$

于是积分式 I_1 可以分为两部分，即 $\mathrm{I}_1=\mathrm{I}_{11}+\mathrm{I}_{12}$。其中：

$$\mathrm{I}_{11}=\iint_S\iint_{S'-S_0}\left[\frac{1}{4\pi R}(\mathrm{e}^{\mathrm{i}kR}-1)\right]\mathrm{d}S'\mathrm{d}S \tag{8-262}$$

$$\mathrm{I}_{12}=\frac{1}{4\pi}\iint_S\iint_{S'-S_0}\frac{1}{R}\mathrm{d}S'\mathrm{d}S \tag{8-263}$$

将式(8-262)中的积分核用泰勒级数展开，可得到

$$\mathrm{I}_{11}=\iint_S\iint_{S'-S_0}\left[-\frac{k^2}{8\pi}R-\mathrm{i}\frac{k}{24\pi}(k^2R^2-6)\right]\mathrm{d}S'\mathrm{d}S \tag{8-264}$$

类似地，第二种类型的奇异积分可以写成 $\mathrm{I}_2=\mathrm{I}_{21}+\mathrm{I}_{22}$。其中：

$$\mathrm{I}_{21}=\iint_S\iint_{S'-S_0}\boldsymbol{f}_i\cdot\boldsymbol{f}_j\left[-\frac{k^2}{8\pi}R-\mathrm{i}\frac{k}{24\pi}(k^2R^2-6)\right]\mathrm{d}S'\mathrm{d}S \tag{8-265}$$

$$\mathrm{I}_{22}=\frac{1}{4\pi}\iint_S\iint_{S'-S_0}\boldsymbol{f}_i\cdot\boldsymbol{f}_j\frac{1}{R}\mathrm{d}S'\mathrm{d}S \tag{8-266}$$

可以看出积分式 I_{11} 和 I_{21} 中的积分函数已为连续变化，且没有奇异性，可以采用高斯积分数值计算。而积分式 I_{12} 和 I_{22} 可以采用后面介绍的半解析半数值的方法计算。

第三种类型的奇异积分处理比较复杂，因为其涉及格林函数的导数，将会导致高阶奇异点。类似于积分式 I_1，也可将 I_3 写成两部分

$$\mathrm{I}_3=\iint_S\iint_{S'-S_0}(\boldsymbol{f}_i\times\hat{\boldsymbol{n}})\cdot(\boldsymbol{f}_j\times\nabla G)\mathrm{d}S'\mathrm{d}S+\iint_S\iint_{S_0}(\boldsymbol{f}_i\times\hat{\boldsymbol{n}})\cdot(\boldsymbol{f}_j\times\nabla G)\mathrm{d}S'\mathrm{d}S \tag{8-267}$$

其中，第一项称为主值积分项，第二项称为奇异点残留项，其值不为零，因为 ∇G 导致了高阶奇异点。当 $S_0\to 0$ 时，有

$$\iint_{S_0}\boldsymbol{f}_j\times\nabla G\mathrm{d}S'\approx\frac{\Omega}{4\pi}\hat{\boldsymbol{n}}\times\boldsymbol{f}_j \tag{8-268}$$

式中，Ω 是 S_0 所展立体角。对于常见光滑曲面 $\Omega=2\pi$，于是积分式 I_3 可改写为

$$\mathrm{I}_3=\iint_S\iint_{S'-S_0}(\boldsymbol{f}_i\times\hat{\boldsymbol{n}})\cdot(\boldsymbol{f}_j\times\nabla G)\mathrm{d}S'\mathrm{d}S-\frac{1}{2}\iint_S(\hat{\boldsymbol{n}}\times\boldsymbol{f}_i)\cdot(\hat{\boldsymbol{n}}\times\boldsymbol{f}_j)\mathrm{d}S \tag{8-269}$$

将 ∇G 表示成

$$\nabla G=-\frac{1}{4\pi}\frac{\boldsymbol{R}}{R^{3}}(-\mathrm{i}kR+1)\mathrm{e}^{\mathrm{i}kR} \tag{8-270}$$

其中，$\boldsymbol{R}=\boldsymbol{r}-\boldsymbol{r}'$。这里也将$\nabla G$分成两项

$$\nabla G=\frac{1}{4\pi}\frac{\boldsymbol{R}}{R^{3}}\left[(1-\mathrm{i}kR)\mathrm{e}^{\mathrm{i}kR}+1+\frac{1}{2}k^{2}R^{2}\right]-\frac{1}{4\pi}\frac{\boldsymbol{R}}{R^{3}}\left(1+\frac{1}{2}k^{2}R^{2}\right) \tag{8-271}$$

将式(8-271)代入式(8-269)，得到

$$I_{3}=I_{31}+I_{32}+I_{33}+I_{34} \tag{8-272}$$

其中：

$$I_{31}=\frac{1}{4\pi}\iint_{S}\iint_{S'-S_0}(\boldsymbol{f}_i\times\hat{\boldsymbol{n}})\cdot(\boldsymbol{f}_j\times\boldsymbol{R})\frac{1}{R^{3}}\left[(1-\mathrm{i}kR)\mathrm{e}^{\mathrm{i}kR}+1+\frac{1}{2}k^{2}R^{2}\right]\mathrm{d}S'\mathrm{d}S \tag{8-273}$$

$$\mathrm{I}_{32}=-\frac{1}{4\pi}\iint_{S}\iint_{S'-S_0}(\boldsymbol{f}_i\times\hat{\boldsymbol{n}})\cdot(\boldsymbol{f}_j\times\boldsymbol{R})\frac{1}{R^{3}}\mathrm{d}S'\mathrm{d}S \tag{8-274}$$

$$\mathrm{I}_{33}=-\frac{k^{2}}{8\pi}\iint_{S}\iint_{S'-S_0}(\boldsymbol{f}_i\times\hat{\boldsymbol{n}})\cdot(\boldsymbol{f}_j\times\boldsymbol{R})\frac{1}{R}\mathrm{d}S'\mathrm{d}S \tag{8-275}$$

$$\mathrm{I}_{34}=-\frac{1}{2}\iint_{S}(\hat{\boldsymbol{n}}\times\boldsymbol{f}_i)\cdot(\hat{\boldsymbol{n}}\times\boldsymbol{f}_j)\mathrm{d}S \tag{8-276}$$

应用泰勒级数展开，积分式 I_{31} 可以改写为

$$\mathrm{I}_{31}=\frac{1}{4\pi}\iint_{S}\iint_{S'-S_0}(\boldsymbol{f}_i\times\hat{\boldsymbol{n}})\cdot(\boldsymbol{f}_j\times\boldsymbol{R})\left[\frac{k^{4}R}{8}\left(1-\frac{k^{2}R^{2}}{18}\right)-\mathrm{i}\frac{k^{3}}{3}\left(1-\frac{k^{2}R^{2}}{10}\right)\right]\mathrm{d}S'\mathrm{d}S \tag{8-277}$$

由此可见，I_{31} 中无奇异点，可以采用高斯积分法计算其积分；积分式 I_{34} 也无奇异点，可以采用高斯积分直接数值计算。剩下的问题就是如何计算积分式 I_{12}、I_{22}、I_{32}、I_{32} 和 I_{33}。为了便于描述，首先将这些积分式写成内外层积分开的形式。式(8-263)可以直接改写成

$$\mathrm{I}_{12}=\frac{1}{4\pi}\iint_{S}\left(\iint_{S'-S_0}\frac{1}{R}\mathrm{d}S'\right)\mathrm{d}S \tag{8-278}$$

将 $\boldsymbol{f}_j$ 的具体表达式代入式(8-266)，得到

$$\mathrm{I}_{22}=\mathrm{sign}(\pm)\frac{l_j}{2A_j^{\pm}}\frac{1}{4\pi}\iint_{S}\iint_{S'-S_0}\boldsymbol{f}_i\cdot(\boldsymbol{r}'-\boldsymbol{r}_j^{\pm})\frac{1}{R}\mathrm{d}S'\mathrm{d}S \tag{8-279}$$

式中，$\mathrm{sign}(\pm)=\pm1$。设 $\boldsymbol{r}_0$ 是场点 $\boldsymbol{r}$ 在源区三角形积分区域所在平面的投影点，则 $\boldsymbol{r}'-\boldsymbol{r}_j^{\pm}$ 可以表示成

$$\boldsymbol{r}'-\boldsymbol{r}_j^{\pm}=(\boldsymbol{r}'-\boldsymbol{r}_0)+(\boldsymbol{r}_0-\boldsymbol{r}_j^{\pm}) \tag{8-280}$$

于是式(8-279)便可改写成

$$\mathrm{I}_{22}=\mathrm{sign}(\pm)\ \frac{l_j}{2A_j^{\pm}}\frac{1}{4\pi}\iint_S \boldsymbol{f}_i\cdot(\boldsymbol{r}_0-\boldsymbol{r}_j^{\pm})\left(\iint_{S'-S_0}\frac{1}{R}\mathrm{d}S'\right)\mathrm{d}S+$$
$$\mathrm{sign}(\pm)\ \frac{l_j}{2A_j^{\pm}}\frac{1}{4\pi}\iint_S \boldsymbol{f}_i\cdot\left(\iint_{S'-S_0}\frac{\boldsymbol{r}'-\boldsymbol{r}_0}{R}\mathrm{d}S'\right)\mathrm{d}S \tag{8-281}$$

将 $\boldsymbol{f}_n$ 和 $\boldsymbol{R}$ 的具体表达式代入式(8－274)，得到

$$\mathrm{I}_{32}=-\mathrm{sign}(\pm)\ \frac{l_j}{2A_j^{\pm}}\frac{1}{4\pi}\iint_S\iint_{S'-S_0}(\boldsymbol{f}_i\times\hat{\boldsymbol{n}})\cdot[(\boldsymbol{r}'-\boldsymbol{r}_j^{\pm})\times(\boldsymbol{r}-\boldsymbol{r}')]\frac{1}{R^3}\mathrm{d}S'\mathrm{d}S \tag{8-282}$$

类似于式(8－280)，将式(8－282)中的 $\boldsymbol{r}'-\boldsymbol{r}_j^{\pm}$ 表示成

$$\boldsymbol{r}'-\boldsymbol{r}_j^{\pm}=(\boldsymbol{r}'-\boldsymbol{r})+(\boldsymbol{r}-\boldsymbol{r}_j^{\pm}) \tag{8-283}$$

则

$$(\boldsymbol{r}'-\boldsymbol{r}_j^{\pm})\times(\boldsymbol{r}-\boldsymbol{r}')=(\boldsymbol{r}-\boldsymbol{r}_j^{\pm})\times(\boldsymbol{r}-\boldsymbol{r}') \tag{8-284}$$

这里应用了恒等式$(\boldsymbol{r}'-\boldsymbol{r})\times(\boldsymbol{r}-\boldsymbol{r}')=0$。进一步将 $\boldsymbol{r}-\boldsymbol{r}'$表示成

$$\boldsymbol{r}-\boldsymbol{r}'=(\boldsymbol{r}-\boldsymbol{r}_0)-(\boldsymbol{r}'-\boldsymbol{r}_0) \tag{8-285}$$

将式(8－285)代入式(8－282)，得到

$$\mathrm{I}_{32}=-\mathrm{sign}(\pm)\ \frac{l_j}{2A_j^{\pm}}\frac{1}{4\pi}\iint_S(\boldsymbol{f}_i\times\hat{\boldsymbol{n}})\cdot(\boldsymbol{r}-\boldsymbol{r}_0)\left(\iint_{S'-S_0}\frac{1}{R^3}\mathrm{d}S'\right)\mathrm{d}S+$$
$$\mathrm{sign}(\pm)\ \frac{l_j}{2A_j^{\pm}}\frac{1}{4\pi}\iint_S(\boldsymbol{f}_i\times\hat{\boldsymbol{n}})\cdot\left(\iint_{S'-S_0}\frac{\boldsymbol{r}'-\boldsymbol{r}_0}{R^3}\mathrm{d}S'\right)\mathrm{d}S \tag{8-286}$$

类似地，式(8－275)可改写为

$$\mathrm{I}_{33}=-\mathrm{sign}(\pm)\ \frac{l_j}{2A_j^{\pm}}\frac{k^2}{8\pi}\iint_S(\boldsymbol{f}_i\times\hat{\boldsymbol{n}})\cdot(\boldsymbol{r}-\boldsymbol{r}_0)\left(\iint_{S'-S_0}\frac{1}{R}\mathrm{d}S'\right)\mathrm{d}S+$$
$$\mathrm{sign}(\pm)\ \frac{l_j}{2A_j^{\pm}}\frac{k^2}{8\pi}\iint_S(\boldsymbol{f}_i\times\hat{\boldsymbol{n}})\cdot\left(\iint_{S'-S_0}\frac{\boldsymbol{r}'-\boldsymbol{r}_0}{R}\mathrm{d}S'\right)\mathrm{d}S \tag{8-287}$$

改写后的积分式(8－278)、式(8－281)、式(8－286)和式(8－287)可以采用半解析半数值的方法计算。具体地说，就是内层面积分采用解析的方法计算，外层面积分采用高斯积分直接数值计算。一般来说，外层面积分采用七点高斯积分，精度就足够了。内层面积分的解析表达式分别为

$$\iint_{S'-S_0}\frac{1}{R}\mathrm{d}S'=\sum_{i=1}^{3}\left[P_i^0\ln\frac{R_i^++l_i^+}{R_i^-+l_i^-}-d\left(\arctan\frac{P_i^0l_i^+}{(R_i^0)^2+|d|R_i^+}-\arctan\frac{P_i^0l_i^-}{(R_i^0)^2+|d|R_i^-}\right)\right] \tag{8-288}$$

$$\iint_{S'-S_0}\frac{1}{R^3}\mathrm{d}S'=\sum_{i=1}^{3}\frac{1}{d}\left[\arctan\frac{P_i^0l_i^+}{(R_i^0)^2+|d|R_i^+}-\arctan\frac{P_i^0l_i^-}{(R_i^0)^2+|d|R_i^-}\right](d\neq0)$$
$$\iint_{S'-S_0}\frac{1}{R^3}\mathrm{d}S'=-\sum_{i=1}^{3}\left[\frac{l_i^+}{P_i^0R_i^+}-\frac{l_i^-}{P_i^0R_i^-}\right](d=0) \tag{8-289}$$

$$\iint_{S'-S_0} \frac{\boldsymbol{r}'-\boldsymbol{r}_0}{R} \mathrm{d}S' = \frac{1}{2}\sum_{i=1}^{3}\hat{\boldsymbol{m}}_i\left[(R_i^0)^2\ln\frac{R_i^+ + l_i^+}{R_i^- + l_i^-} + l_i^+R_i^+ - l_i^-R_i^-\right] \tag{8-290}$$

$$\iint_{S'-S_0} \frac{\boldsymbol{r}'-\boldsymbol{r}_0}{R^3} \mathrm{d}S' = -\sum_{i=1}^{3}\hat{\boldsymbol{m}}_i\ln\frac{R_i^+ + l_i^+}{R_i^- + l_i^-} \tag{8-291}$$

式(8-288)～(8-291)中的各个参量如图8.14所示，$\boldsymbol{r}_0$ 为场点 $\boldsymbol{r}$ 在源区三角形积分区域所在平面的投影点；$R_i^{\pm}$ 为场点到源区三角形各条边两个顶点的距离；R_i^0 为场点到源区三角形各条边的垂直距离；d 为场点到源区三角形的距离；$P_i^{\pm}$ 为场点在源区三角形的投影点到各条边的两个顶点的距离；

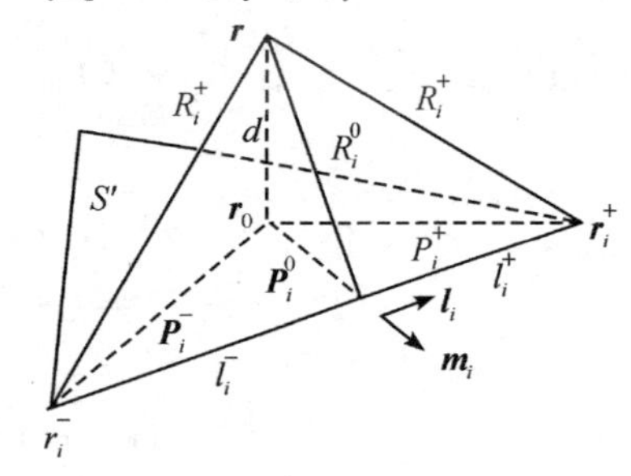

图8.14 场点在源点所在三角面元上的投影

P_i^0 为场点在源点所在三角面元上的投影点到各条边的垂直距离；$l_i^{\pm}$ 为在源区三角形上过投影点向各边作垂线，垂足点到该边两个顶点的距离；沿着各边逆时针方向为 $\boldsymbol{l}_i$ 的正方向，垂直于各边向外的方向为 $\boldsymbol{m}_i$ 的正方向。当 $R_i^{\pm}+l_i^{\pm}=0$ 时，$f_i=\ln(R_i^+ + l_i^+)/(R_i^- + l_i^-)$ 奇异，此时因为 R_i^0，P_i^0 也为零，式(8-288)和式(8-290)中的 f_i 与 R_i^0 或 P_i^0 相乘仍可算，值为零。式(8-291)中的 $\hat{\boldsymbol{m}}_i f_i$ 与共用此边的另一个三角形的对应量抵消，也可以处理。图8.14中各个参量的值可以通过引入局部坐标系的概念来计算。设源区三角形的三个顶点按逆时针方向编号为1、2、3，其在全局坐标系中的位置矢量为 $\boldsymbol{r}_1$、$\boldsymbol{r}_2$、$\boldsymbol{r}_3$。知道三个顶点的坐标，便可计算出其对边的长度 l_1、l_2、l_3 和三角形的面积 A_m。

为了便于计算，在源区三角形中，以编号为1的顶点为坐标原点建立如图8.15所示的局部坐标系 uvw。局部坐标系中三个方向的单位矢量定义如下

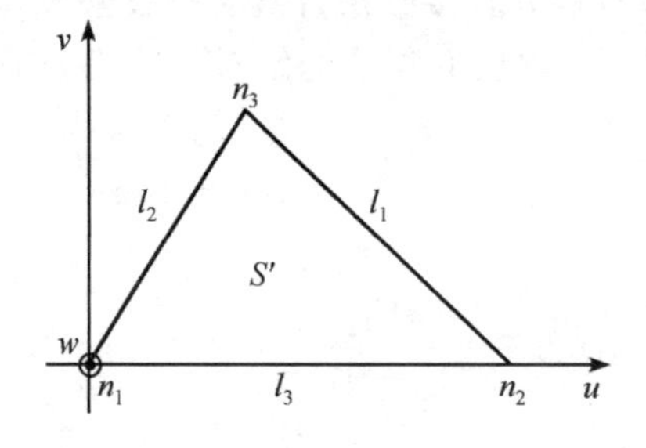

图8.15 源点所在三角面元上的局部坐标系

$$\hat{\boldsymbol{u}}=\frac{\boldsymbol{r}_2-\boldsymbol{r}_1}{l_3},\ \hat{\boldsymbol{v}}=\hat{\boldsymbol{w}}\times\frac{\boldsymbol{r}_2-\boldsymbol{r}_1}{l_3},\ \hat{\boldsymbol{w}}=\frac{(\boldsymbol{r}_2-\boldsymbol{r}_1)\times(\boldsymbol{r}_3-\boldsymbol{r}_1)}{2A_m} \tag{8-292}$$

由此可确定三个顶点的局部坐标为 $n_1=(0,\ 0,\ 0)$，$n_2=(l_3,\ 0,\ 0)$，$n_3=(u_3,\ v_3,\ 0)$，其中 $u_3=(\boldsymbol{r}_3-\boldsymbol{r}_1)\cdot\hat{\boldsymbol{u}}$，$v_3=2Am/l_3$。对于给定的场点 $\boldsymbol{r}$，其局部坐标 $(u_0,\ v_0,\ w_0)$ 可以按照如下关系式得到

$$\begin{bmatrix}u_0\\v_0\\w_0\end{bmatrix}=\begin{bmatrix}\hat{\boldsymbol{u}}\\\hat{\boldsymbol{v}}\\\hat{\boldsymbol{w}}\end{bmatrix}\cdot(\boldsymbol{r}-\boldsymbol{r}_1) \tag{8-293}$$

很明显，$(u_0,\ v_0,\ 0)$ 为投影点 $\boldsymbol{r}_0$ 的局部坐标，而 $|w_0|$ 便为场点到源区三角形的距离，即 $d=|w_0|$。图 8.15 中其他参量的值可按照如下公式计算

$$l_1^-=-\frac{(l_3-u_0)(l_3-u_3)+v_0v_3}{l_1} \tag{8-294}$$

$$l_1^+=-\frac{(u_3-u_0)(u_3-l_3)+v_3(v_3-v_0)}{l_1} \tag{8-295}$$

$$l_2^-=-\frac{u_3(u_3-u_0)+v_3(v_3-v_0)}{l_2} \tag{8-296}$$

$$l_2^+=\frac{u_0u_3+v_0v_3}{l_2} \tag{8-297}$$

$$l_3^-=-u_0,\ l_3^+=l_3-u_0 \tag{8-298}$$

$$P_1^0=\frac{v_0(u_3-l_3)+v_3(l_3-u_0)}{l_1} \tag{8-299}$$

$$P_2^0=\frac{u_0v_3-v_0u_3}{l_2} \tag{8-300}$$

$$P_3^0=v_0 \tag{8-301}$$

$$P_1^-=\sqrt{(l_3-u_0)^2+v_0^2} \tag{8-302}$$

$$P_1^+=\sqrt{(u_3-u_0)^2+(v_3-v_0)^2} \tag{8-303}$$

$$P_2^-=P_1^+,\ P_2^+=\sqrt{u_0^2+v_0^2} \tag{8-304}$$

$$P_3^+=P_1^-,\ P_3^-=P_2^+ \tag{8-305}$$

$$R_i^0=\sqrt{d^2+(P_i^0)^2} \tag{8-306}$$

$$R_i^\pm=\sqrt{d^2+(P_i^\pm)^2} \tag{8-307}$$

8.3.4　非球形粒子散射场的计算

求得粒子表面上的等效电磁流 $\boldsymbol{J}$ 和 $\boldsymbol{M}$ 后，空间中任何一处的散射场可由

式(8－194)和式(8－195)计算。将式(8－196)和式(8－197)代入式(8－194)和式(8－195)，得到

$$\boldsymbol{E}_0^{\text{sca}}=\mathrm{i}k_0Z_0\iint_S\left[\boldsymbol{J}(\boldsymbol{r}')+\frac{1}{k_0^2}\nabla\nabla'\cdot\boldsymbol{J}(\boldsymbol{r}')\right]G_0(\boldsymbol{r},\boldsymbol{r}')\mathrm{d}S'+\iint_S\boldsymbol{M}(\boldsymbol{r}')\times\nabla G_0(\boldsymbol{r},\boldsymbol{r}')\mathrm{d}S' \tag{8-308}$$

$$\boldsymbol{H}_0^{\text{sca}}=-\iint_S\boldsymbol{J}(\boldsymbol{r}')\times\nabla G_0(\boldsymbol{r},\boldsymbol{r}')\mathrm{d}S'+\mathrm{i}\frac{k_0}{Z_0}\iint_S\left[\boldsymbol{M}(\boldsymbol{r}')+\frac{1}{k_0^2}\nabla\nabla'\cdot\boldsymbol{M}(\boldsymbol{r}')\right]G_0(\boldsymbol{r},\boldsymbol{r}')\mathrm{d}S' \tag{8-309}$$

若计算远场，根据远场条件，$r\gg r'$ 且 $r\gg\lambda$，式(8－308)和式(8－309)可以写为更简明的近似表达式。如图 8.16 所示，在远场条件下，场点到源点的距离可近似为

$$|\boldsymbol{r}-\boldsymbol{r}'|\approx r-\boldsymbol{r}'\cdot\hat{\boldsymbol{r}} \tag{8-310}$$

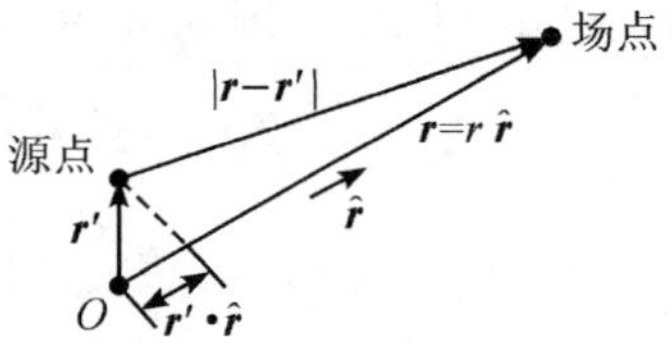

图 8.16 远场条件下场点到源点的距离

于是，格林函数可近似地表达成

$$G(\boldsymbol{r},\boldsymbol{r}')\approx\frac{\exp(\mathrm{i}k_0r)}{4\pi r}\exp(-\mathrm{i}k_0\hat{\boldsymbol{r}}\cdot\boldsymbol{r}') \tag{8-311}$$

在球坐标系下，对(8－311)式求梯度，略去高阶量 $1/r^2$ 项，可得

$$\nabla G=\frac{\exp(\mathrm{i}k_0r)}{4\pi r}\nabla[\exp(-\mathrm{i}k_0\hat{\boldsymbol{r}}\cdot\boldsymbol{r}')]+\exp(-\mathrm{i}k_0\hat{\boldsymbol{r}}\cdot\boldsymbol{r}')\nabla\left[\frac{\exp(\mathrm{i}k_0r)}{4\pi r}\right]\approx\mathrm{i}kG_0\hat{\boldsymbol{r}} \tag{8-312}$$

可见，对于远场区，式(8－312)中的算子∇可替换为

$$\nabla\rightarrow\mathrm{i}k\hat{\boldsymbol{r}} \tag{8-313}$$

于是，由式(8－308)和式(8－309)，可得到远场条件下的散射场

$$\boldsymbol{E}_{\text{far}}^{\text{sca}}=\mathrm{i}k_0Z_0\frac{\exp(\mathrm{i}k_0r)}{4\pi r}\iint_S(1-\hat{\boldsymbol{r}}\hat{\boldsymbol{r}})\cdot\boldsymbol{J}(\boldsymbol{r}')\exp(-\mathrm{i}k_0\hat{\boldsymbol{r}}\cdot\boldsymbol{r}')\mathrm{d}S'+\mathrm{i}k_0\frac{\exp(\mathrm{i}k_0r)}{4\pi r}\iint_S\hat{\boldsymbol{r}}\times\boldsymbol{M}(\boldsymbol{r}')\exp(-\mathrm{i}k_0\hat{\boldsymbol{r}}\cdot\boldsymbol{r}')\mathrm{d}S' \tag{8-314}$$

$$\boldsymbol{H}_{\text{far}}^{\text{sca}}=-\mathrm{i}k\frac{\exp(\mathrm{i}k_0r)}{4\pi r}\iint_S\hat{\boldsymbol{r}}\times\boldsymbol{J}(\boldsymbol{r}')\exp(-\mathrm{i}k_0\hat{\boldsymbol{r}}\cdot\boldsymbol{r}')\mathrm{d}S'+\mathrm{i}\frac{k_0}{Z_0}\frac{\exp(\mathrm{i}k_0r)}{4\pi r}\iint_S(1-\hat{\boldsymbol{r}}\hat{\boldsymbol{r}})\cdot\boldsymbol{J}(\boldsymbol{r}')\exp(-\mathrm{i}k_0\hat{\boldsymbol{r}}\cdot\boldsymbol{r}')\mathrm{d}S' \tag{8-315}$$

通过引入球坐标系中的单位并矢$\overline{\overline{\boldsymbol{I}}}=\hat{\boldsymbol{r}}\hat{\boldsymbol{r}}+\hat{\boldsymbol{\theta}}\hat{\boldsymbol{\theta}}+\hat{\boldsymbol{\phi}}\hat{\boldsymbol{\phi}}$，并根据矢量恒等式 $\hat{\boldsymbol{r}}\times\hat{\boldsymbol{\theta}}=\hat{\boldsymbol{\phi}}$ 和 $\hat{\boldsymbol{r}}\times\hat{\boldsymbol{\phi}}=-\hat{\boldsymbol{\theta}}$，式(8－314)和式(8－315)可改写为

$$\boldsymbol{E}_{\text{far}}^{\text{sca}}=\mathrm{i}k_0\frac{\exp(\mathrm{i}k_0 r)}{4\pi r}\iint_S\begin{bmatrix}Z_0(\hat{\boldsymbol{\theta}}\hat{\boldsymbol{\theta}}+\hat{\boldsymbol{\phi}}\hat{\boldsymbol{\phi}})\cdot\boldsymbol{J}(\boldsymbol{r}')-\\(\hat{\boldsymbol{\theta}}\hat{\boldsymbol{\phi}}-\hat{\boldsymbol{\phi}}\hat{\boldsymbol{\theta}})\cdot\boldsymbol{M}(\boldsymbol{r}')\end{bmatrix}\exp(-\mathrm{i}k_0\hat{\boldsymbol{r}}\cdot\boldsymbol{r}')\mathrm{d}S' \tag{8-316}$$

$$\boldsymbol{H}_{\text{far}}^{\text{sca}}=\mathrm{i}k_0\frac{\exp(\mathrm{i}k_0 r)}{4\pi r}\iint_S\begin{bmatrix}(\hat{\boldsymbol{\phi}}\hat{\boldsymbol{\theta}}-\hat{\boldsymbol{\theta}}\hat{\boldsymbol{\phi}})\cdot\boldsymbol{J}(\boldsymbol{r}')+\\\dfrac{1}{Z_0}(\hat{\boldsymbol{\theta}}\hat{\boldsymbol{\theta}}+\hat{\boldsymbol{\phi}}\hat{\boldsymbol{\phi}})\cdot\boldsymbol{M}(\boldsymbol{r}')\end{bmatrix}\exp(-\mathrm{i}k_0\hat{\boldsymbol{r}}\cdot\boldsymbol{r}')\mathrm{d}S' \tag{8-317}$$

远区散射场得到后，便可以计算微分散射截面(DSCS)。微分散射截面定义为

$$\sigma=\lim_{r\to\infty}4\pi r^2\left|\frac{\boldsymbol{E}_{\text{far}}^{\text{sca}}}{\boldsymbol{E}^{\text{inc}}}\right|^2 \tag{8-318}$$

其中，当 $\varphi=0°$时，σ 对应 E-面；当 $\varphi=90°$时，σ 对应 H-面。

8.3.5　算例

下面给出的数值计算结果中，入射光束的波长取 $\lambda=632.8\ \text{nm}$，极化参数$(p_x,\ p_y)=(1,\ 0)$，即 x-线性极化，椭球粒子的长半轴和短半轴分别为 $a=2.0\lambda$ 和 $b=1.0\lambda$。图 8.17 给出的是基模高斯光束入射下均匀介质椭球粒子的微分散射截面，其中椭球粒子的折射率为 $\tilde{n}=1.55$。从图 8.17 可以看出，随着束腰半

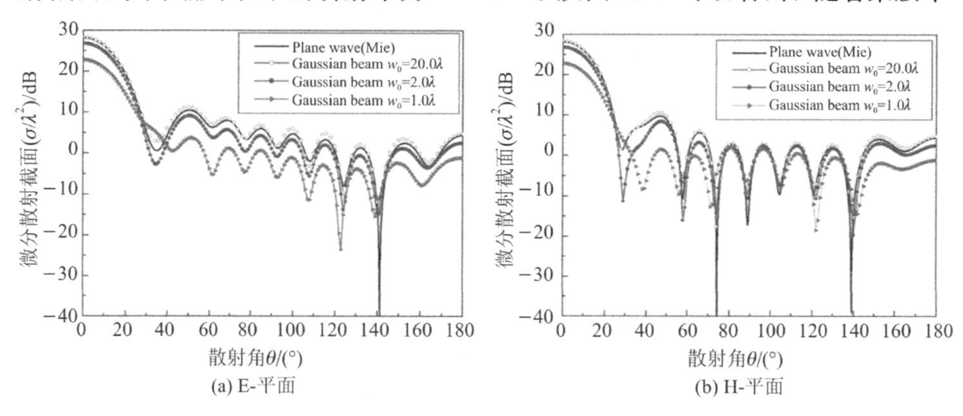

图 8.17　基模高斯光束入射下均匀介质椭球粒子的微分散射截面

径的增大，基模高斯光束入射时微分散射截面慢慢趋近于平面波入射时的微分散射截面。当束腰半径取到 $w_0=20.0\lambda$ 时，对应的微分散射截面已经和平面波入射时的微分散射截面完全重合。

图 8.18 给出的是厄米-高斯光束入射下椭球粒子的微分散射截面，光束束腰半径 $w_0=2\lambda$，椭球粒子的复折射率为 $\tilde{n}=1.365+i1.41\times10^{-4}$，阶数取 $(m, n)=(1, 1)$、$(m, n)=(0, 1)$ 和 $(m, n)=(1, 0)$ 三种情形。图 8.19 给出的是拉盖尔-高斯光束入射下椭球粒子的微分散射截面，光束束腰半径 $w_0=2\lambda$，椭球粒子的折射率与图 8.18 中的取值一致，模式数取 $(p, l)=(0, 1)$ 和 $(p, l)=(0, 2)$ 两种情形。

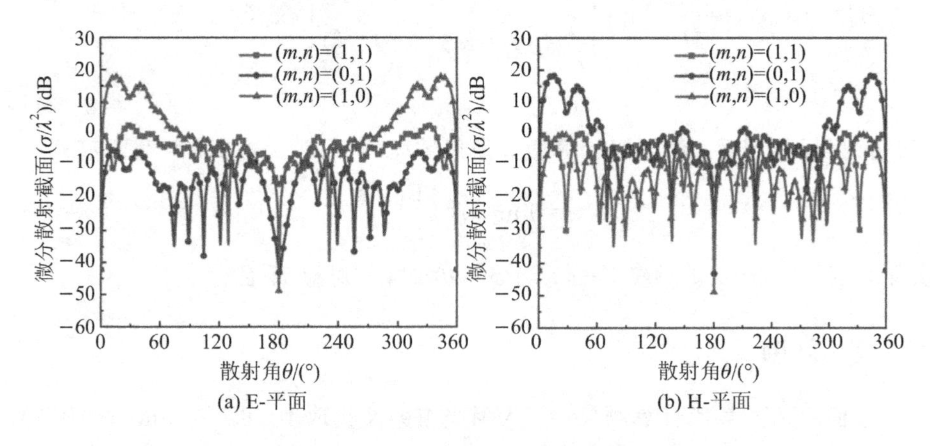

图 8.18　厄米-高斯光束入射下椭球粒子对的微分散射截面

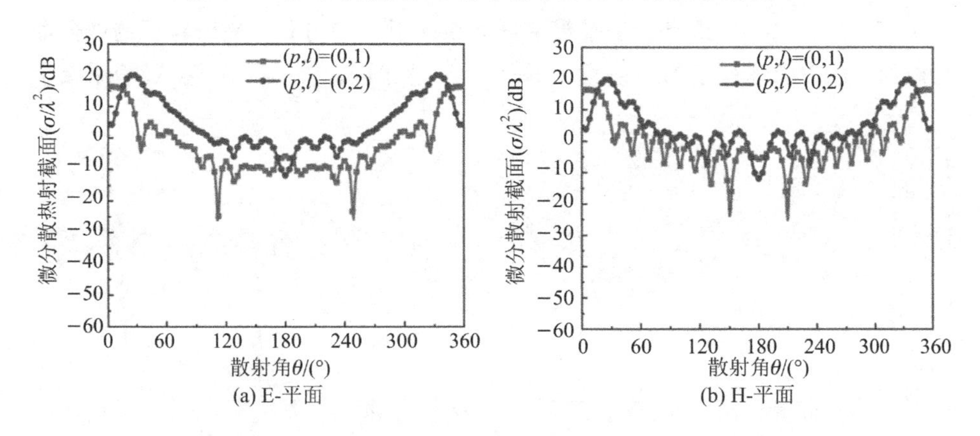

图 8.19　拉盖尔-高斯光束入射下椭球粒子对的微分散射截面

图 8.20 给出的是贝塞尔光束入射下椭球粒子的微分散射截面，光束的半锥角 $\beta=15°$，椭球粒子的复折射率为 $\tilde{n}=1.65$，阶数取 $m=1$、$m=2$ 和 $m=3$

三种情形。图 8.21 给出的是艾里光束入射下椭球粒子 E-平面上的微分散射截面，光束在最大光强位置处与粒子中心重合，椭球粒子的折射率为 $\tilde{n}=2.0$。图 8.21(a)中，横向比例参数 $w_x=w_y=2.0\lambda$，衰减因子取 $a_0=0.01$、$a_0=0.1$ 和 $a_0=0.2$ 三种情形。图 8.21(b)中，衰减因子 $a_0=0.1$，横向比例参数取 $w_x=w_y=0.5\lambda$、$w_x=w_y=1.0\lambda$ 和 $w_x=w_y=4.0\lambda$ 三种情形。

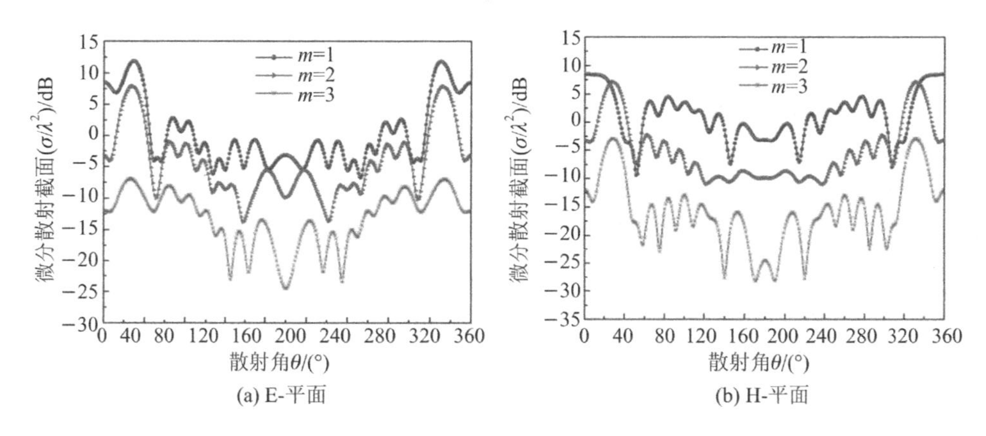

图 8.20　贝塞尔光束入射下椭球粒子对的微分散射截面

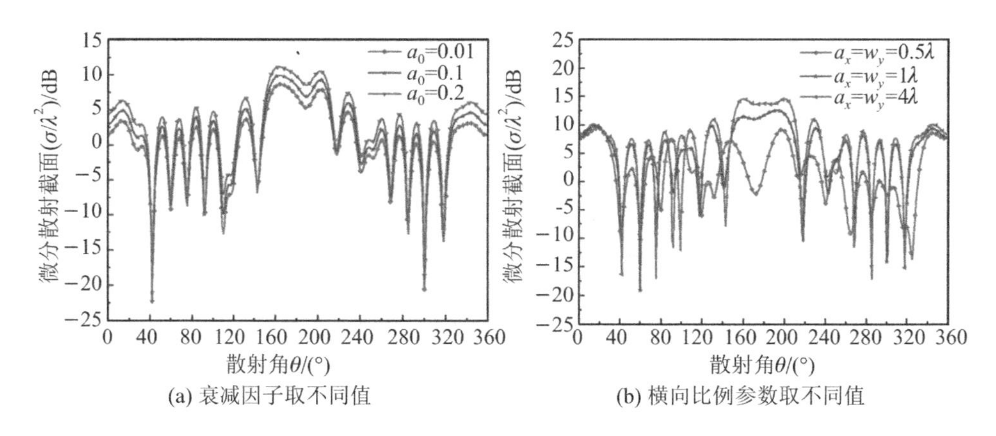

图 8.21　艾里光束入射下椭球粒子对的微分散射截面

参 考 文 献

[1]　崔志伟，韩一平，汪加洁，等. 计算光学：微粒对高斯光束散射的理论与方法[M]. 西安：西安电子科技大学出版社，2017.

[2] 盛新庆. 计算电磁学要论[M]. 2 版. 合肥：中国科学技术大学出版社，2008.

[3] 王一平. 工程电动力学[M]. 西安：西安电子科技大学出版社，2007.

[4] 王竹溪，郭敦仁. 特殊函数概论[M]. 北京：北京大学出版社，2012.

[5] 《常用积分表》编委会. 常用积分表[M]. 2 版. 合肥：中国科学技术大学出版社，2019.

[6] 聂在平，方大纲. 目标与环境电磁散射特性建模型:理论、方法与实现(基础篇)[M]. 北京：国防工业出版社，2009.

[7] 李曼曼. 涡旋矢量光束与微粒相互作用的动力学特性研究[D]. 西安：中国科学院西安光学精密机械研究所，2018.

[8] 崔志伟. 复杂粒子对任意入射高斯波束散射的数值方法研究[D]. 西安：西安电子科技大学，2012.

[9] 于美平. 复杂粒子与矢量涡旋波束的相互作用研究[D]. 西安：西安电子科技大学，2018.

[10] 王举. 复杂海背景下激光束的传输与散射特性研究[D]. 西安：西安电子科技大学，2023.

[11] 惠元飞. 太赫兹结构波束的传输及其散射特性研究[D]. 西安：西安电子科技大学，2023.

[12] 张华永. 典型粒子对高斯波束散射特性的研究[D]. 西安电子科技大学，2008.

[13] 胡俊. 复杂目标矢量电磁散射的高效方法:快速多极子方法及其应用[D]. 成都:电子科技大学，2000.

[14] 姚海英. 介质以及涂覆介质结构电磁散射特性的基础研究:积分方程法及其快速求解[D]. 成都:电子科技大学，2002.

[15] 董健. 边界积分方程及快速算法在分析复杂电磁问题中的研究与应用[D]. 长沙:国防科学技术大学，2005.

[16] 阙肖峰. 导体介质组合目标电磁问题的精确建模和快速算法研究[D]. 成都:电子科技大学，2008.

[17] 盛新庆. 计算电磁学要论[M]. 2 版. 合肥：中国科学技术大学出版社，2008.

[18] 聂在平，方大纲. 目标与环境电磁散射特性建模型:理论、方法与实现(基础篇)[M]. 北京：国防工业出版社，2009.

[19] LEI Z S, CUI Z W, GUO S Y, et al. Optical trapping force and torque on a Rayleigh spheroidal particle by a non-diffracting optical needle[J]. Appl. Phys. B, 2021, 127(11): 146.

[20] CUI Z W, WANG J, MA W Q, et al. Scattering analysis of two-dimensional Airy beams by typical non-spherical particles[J]. Appl. Opt., 2022, 61(28): 8508-8514.

[21] HUI Y F, CUI Z W, HAN Y P. Implementation of typical structured light beams in discrete dipole approximation for scattering problems. J. Opt. Soc. Am. A, 2022, 39(9): 1739-1748.

[22] CUI Z W, GUO S Y, WANG J, et al. Light scattering of Laguerre-Gaussian vortex beams by arbitrarily shaped chiral particles[J]. J. Opt. Soc. Am. A, 2021, 38(8): 1214-1223.

[23] YU M P, HAN Y P, CUI Z W, et al. Scattering of a Laguerre-Gaussian beam by complicated shaped biological cells[J]. J. Opt. Soc. Am. A, 2018, 35(9): 1504-1510.

[24] CUI Z W, HAN Y P. A review of the numerical investigation on the scattering of Gaussian beam by complex particles[J]. Phys. Rep., 2014, 538(2): 39-75.

[25] CUI Z W, HAN Y P, HAN L. Scattering of a zero-order Bessel beam by arbitrarily shaped homogeneous dielectric particles[J]. J. Opt. Soc. Am. A, 2013, 30(10): 1913-1920.

[26] CUI Z W, HAN Y P, ZHANG H Y. Scattering of an arbitrarily incident focused Gaussian beam by arbitrarily shaped dielectric particles[J]. J. Opt. Soc. Am. B, 2011, 28(11): 2625-2632.

[27] SHEN J Q, QIU J C. Beam shape coefficient calculation for a Gaussian beam: localized approximation, quadrature and angular spectrum decomposition methods[J]. Appl. Opt., 2018, 57(2): 302-313.

[28] REN K F, GOUESBET G, GRéHAN G. Integral localized approximation in generalized Lorenz-Mie theory[J]. Appl. Opt., 1998, 37(19): 4218-4225.

[29] GOUESBET G, LETELLIER C, REN K F, et al. Discussion of two quadrature methods of evaluating beam-shape coefficients in generalized Lorenz-Mie theory[J]. Appl. Opt., 1996, 35(9): 1537-1542.

[30] QIU J C, SHEN J Q. Beam shape coefficients calculation for a Gaussian beam: Localized approximation, quadrature and angular spectrum decomposition methods[J]. Appl. Opt., 2018, 57(2): 302-313.

[31] GRÉHAN G, MAHEU B, GOUESBET G. Scattering of laser beams by Mie scatter centers: numerical results using a localized approximation [J]. Appl. Opt., 1986, 25(19): 3539-3548.

[32] GOUESBET G, MAHEU B, GEÉHAN G. Light scattering from a sphere arbitrarily located in a Gaussian beam, using a Bromwich formulation[J]. J. Opt. Soc. Am. A, 1988, 5(9): 1427-1443.

[33] LOCK J A, GOUESBET G. Rigorous justification of the localized approximation to the beam-shape coefficients in generalized Lorenz-Mie theory. I. On-axis beams [J]. J. Opt. Soc. Am. A, 1994, 11(9): 2503-2515.

[34] GOUESBET G, LOCK J A. Rigorous justification of the localized approximation to the beam-shape coefficients in generalized Lorenz-Mie theory [J]. J. Opt. Soc. Am. A, 1994, 11(9): 2516-2525.

[35] GOUESBET G. Validity of the localized approximation for arbitrary shaped beams in the generalized Lorenz-Mie theory for spheres [J]. J. Opt. Soc. Am. A, 1999, 16(7): 1641-1650.

[36] RAO S M, WILTON D R, GLISSON A W. Electromagnetic scattering by surfaces of arbitrary shape [J]. IEEE Trans. Antennas Propag., 1982, 30(3): 409-418.

[37] UMASHANKAR K, TAFLOVE A, RAO S M. Electromagnetic scattering by arbitrary shaped three-dimensional homogeneous lossy dielectric objects [J]. IEEE Trans. Antennas Propag., 1986, 34(6): 758-766.

[38] RAO S M, WILTON D R. E-field, H-field, and combined field solution for arbitrarily shaped three-dimensional dielectric bodies [J]. Electromagnetics, 1990, 10: 407-421.

[39] RAO S M, CHA C C, CRAVEY R L, et al. Wilkes. Electromagnetic scattering from arbitrary shaped conducting bodies coated with lossy materials of arbitrary thickness [J]. IEEE Trans. Antenn. Propag., 1991, 39(5): 627-631.

[40] SHENG X Q, JIN J M, SONG J M, et al. Solution of combined-field integral equation using multilevel fast multipole algorithm for scattering by homogeneous bodies [J]. IEEE Trans. Antennas Propag., 1998, 46(11): 1718-1726.

第9章

结构光场与复杂介质的相互作用理论

具有特殊振幅、相位和偏振态分布的结构光场与手性介质、湍流介质、等离子体介质等复杂介质相互作用的过程中会呈现出一系列新颖的物理效应和现象，在光学测量、光学传感、光通信和光谱学等领域都发挥着重要的作用。本章以携带轨道角动量的拉盖尔-高斯涡旋光束为例，介绍了结构光场与手性介质、湍流介质和等离子体介质等复杂介质相互作用的基本理论。

9.1 结构光场与手性介质的相互作用理论

9.1.1 手性介质的表征

手性是自然界的普遍特征。例如，组成生命体的蛋白质、核酸、多糖和酶等大分子和它们的镜像不能完全重合，这些分子就具有手性；通过人为设计的微米或纳米尺度特征尺寸的螺旋结构也具有手性。微观手性分子或手性微纳结构可构成连续的手性介质。当构成手性介质的手性单元尺寸比感兴趣的电磁波波长小得多时，称为介电型手性介质；反之，称为结构型手性介质。手性介质的典型特征是可以引起入射光场的交叉极化，此特性使得入射到手性介质中的线性极化光场被分裂为两种极化光，即左圆极化光和右圆极化光，这两种极化光在手性介质中具有不同的相速度和传播路径。

手性介质的本构关系可以写为

$$\begin{bmatrix}\boldsymbol{D}\\ \boldsymbol{B}\end{bmatrix}=\begin{bmatrix}\varepsilon_0\varepsilon_\mathrm{r} & \mathrm{i}\kappa_\mathrm{r}\sqrt{\varepsilon_0\mu_0}\\ -\mathrm{i}\kappa_\mathrm{r}\sqrt{\varepsilon_0\mu_0} & \mu_0\mu_\mathrm{r}\end{bmatrix}\begin{bmatrix}\boldsymbol{E}\\ \boldsymbol{H}\end{bmatrix} \tag{9-1}$$

其中，ε_0 和 μ_0 分别为真空中的介电常数和磁导率，ε_r 和 μ_r 分别为手性介质的相对介电常数和磁导率，κ_r 为手性介质的手性参数。当手性参数 $\kappa_\mathrm{r}=0$ 时，手

性介质便退化为一般的非手性各向同性介质，对应的本构关系为 $\boldsymbol{D}=\varepsilon_0\varepsilon_r\boldsymbol{E}$ 和 $\boldsymbol{B}=\mu_0\mu_r\boldsymbol{H}$。

由本构关系式(9-1)可以看出，在手性介质中，电位移矢量和磁感应强度同时受电场和磁场的影响，即手性介质中变化的电场不仅会产生磁场，也会耦合出电场；同样地，磁场的变化会同时产生电场和磁场。

手性介质中右圆偏振光和左圆偏振光折射率的表达式为

$$n_{\pm}=\sqrt{\varepsilon_r\mu_r}\pm\kappa_r=n\pm\kappa_r \tag{9-2}$$

其中，"+"代表右圆偏振，"−"代表左圆偏振。在手性介质中右圆和左圆偏振光的折射率不同，但是却具有相同的波阻抗

$$Z=Z_0\sqrt{\mu_r/\varepsilon_r} \tag{9-3}$$

由式(9-2)可知，即使介质的 ε_r 和 μ_r 同时为正，在 κ_r 参数足够大的情况下，右圆偏振也将激励出正的折射率，而左圆偏振光将激励出负的折射率。

9.1.2 手性介质中结构光场的传输理论

研究手性介质中结构光场的传输问题，一种比较有效的理论是采用柯林斯公式。式(3-64)和式(3-65)给出了直角坐标系和柱坐标系下柯林斯公式的表达式，重写如下

$$E(x,y,z)=\left(-\frac{\mathrm{i}k}{2\pi B}\right)\exp(\mathrm{i}kz)\int_{-\infty}^{+\infty}\int_{-\infty}^{+\infty}E_0(x_0,y_0,0)\times \exp\left\{\frac{\mathrm{i}k}{2B}[A(x_0^2+y_0^2)+D(x^2+y^2)-2(x_0x+y_0y)]\right\}\mathrm{d}x_0\mathrm{d}y_0 \tag{9-4}$$

$$E(r,\varphi,z)=\left(-\frac{\mathrm{i}k}{2\pi B}\right)\exp(\mathrm{i}kz)\int_0^{\infty}\int_0^{2\pi}E_0(r_0,\varphi_0,0)\times \exp\left\{\frac{\mathrm{i}k}{2B}[Ar_0^2+Dr^2-2r_0r\cos(\varphi_0-\varphi)]\right\}r_0\mathrm{d}r_0\mathrm{d}\varphi_0 \tag{9-5}$$

其中，$E_0(x_0,y_0,0)$和$E_0(r_0,\varphi_0,0)$为初始平面上结构光场的表达式，A、B 和 D 为傍轴光学系统的 $ABCD$ 传输矩阵。对于手性介质，$ABCD$ 传输矩阵可以写为

$$\begin{bmatrix}A & B\\ C & D\end{bmatrix}=\begin{bmatrix}1 & z/n_{\pm}\\ 0 & 1\end{bmatrix} \tag{9-6}$$

其中，$n_{\pm}=n\pm\kappa_r$ 分别是右圆偏振光和左圆偏振光场折射率。

将初始平面上结构光场的表达式和手性介质的 $ABCD$ 传输矩阵代入柯林斯光束，便可以得到手性介质中结构光场的传输表达式。以拉盖尔-高斯涡旋光束为例，其初始平面上场的表达式为

$$E_0(r_0,\ \varphi_0,\ 0)=\left(\frac{\sqrt{2}r_0}{w_0}\right)^l \mathrm{L}_p^l\left(\frac{2r_0^2}{w_0^2}\right)\exp\left(\frac{r_0^2}{w_0^2}\right)\exp(\mathrm{i}l\varphi_0) \tag{9-7}$$

式中，$\mathrm{L}_p^l(\cdot)$是缔合拉盖尔多项式，p 和 l 是径向和角向的模数，w_0 为初始平面上光束的束腰半径。

将式(9－7)代入柱坐标系下式(9－5)，利用式(3－85)和式(3－87)，以及 $ABCD$ 矩阵元素的基本关系式 $AD-BC=1$，经整理得到

$$E(r,\ \varphi,\ z)=\left(\frac{\sqrt{2}r}{w_0}\frac{q_0}{Aq_0+B}\right)^l\left(\frac{Aq_0-B}{Aq_0+B}\right)^p \mathrm{L}_p^l\left(2\frac{r^2}{w^2}\right)\exp(\mathrm{i}l\varphi)\times$$
$$\frac{q_0}{Aq_0+B}\exp\left[\frac{\mathrm{i}kr^2}{2}\left(\frac{Cq_0+D}{Aq_0+B}\right)\right]\exp(\mathrm{i}kz) \tag{9-8}$$

式中，$w=w_0\sqrt{A^2-B^2/q_0^2}$，$q_0=-\mathrm{i}z_R$，$z_R=k_0w_0^2/2$，$k_0=2\pi/\lambda_0$，$\lambda_0$ 为光束的波长。

图 9.1 和图 9.2 分别给出了拉盖尔-高斯涡旋光束从自由空间进入手性介质中，左圆和右圆偏振光场传输归一化场强分布图，其中入射光束波长 $\lambda_0=632.8$ nm，$w_0=1.0\lambda_0$，$p=1$，$l=1$，$n=2$，$\kappa=0.3$。分别截取了传播距离 $z=5w_0$，$z=10w_0$，$z=20w_0$，$z=30w_0$ 处的横截面。通过对比图 9.1 和图 9.2 可以发现，在手性介质中左圆极化光场比右圆极化光场衰减得更加迅速。

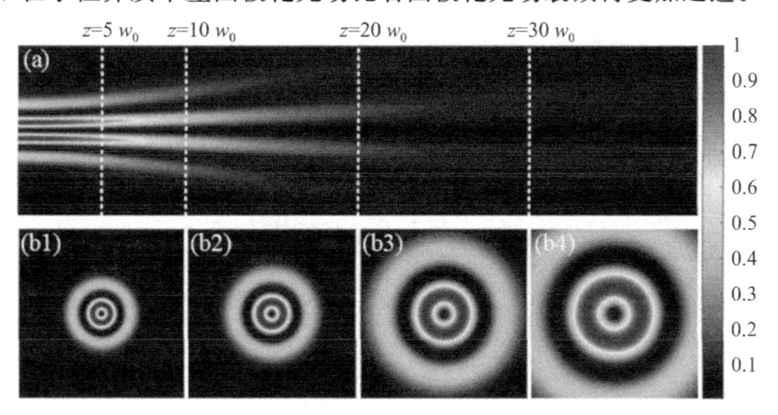

图 9.1　手性介质中左圆极化拉盖尔-高斯光场传输归一化场强分布图

(a)纵向截面分布图，(b1)～(b4)分别为 $z=5w_0$，$z=10w_0$，$z=20w_0$，$z=30w_0$ 处横向截面分布图。

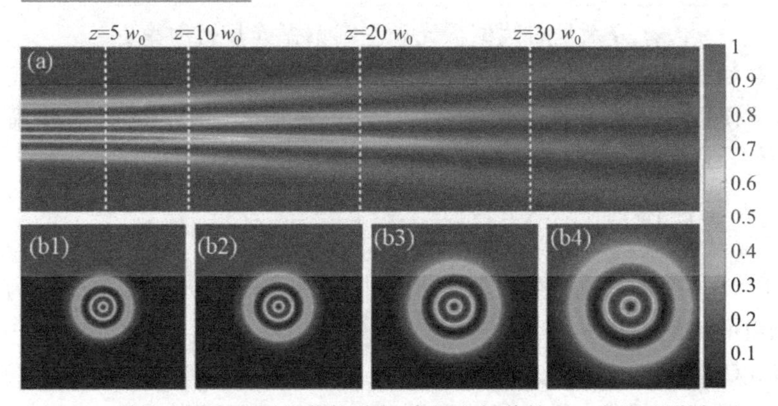

图 9.2　手性介质中右圆极化拉盖尔-高斯光场传输归一化场强分布图

(a)纵向截面分布图，(b1)～(b4)分别为 $z=5w_0$，$z=10w_0$，$z=20w_0$，$z=30w_0$ 处横向截面分布图。

9.1.3　手性介质界面结构光场的反射和折射理论

第5章介绍了结构光场反射和折射的理论模型，下面基于该理论分析手性介质界面拉盖尔-高斯涡旋光束的反射和折射。如图 9.3 所示，一束拉盖尔-高斯光束自空气入射到手性介质界面，空气的介电常数和磁导率为 ε_0 和 μ_0，手性介质的相对介电常数、磁导率和手性参数分别为 ε_r、μ_r 和 κ_r。为方便描述问题，设全局坐标系为(x, y, z)；入射光束所在坐标系为(x_i, y_i, z_i)，入射角为 θ_i；反射光束所在坐标系为(x_r, y_r, z_r)，反射角为 θ_r；手性介质中左圆偏振光所在坐标系为$(x_t^{\mathrm{L}}, y_t^{\mathrm{L}}, z_t^{\mathrm{L}})$，对应的折射角为 θ_1，右圆偏振光所在坐标系为$(x_t^{\mathrm{R}}, y_t^{\mathrm{R}}, z_t^{\mathrm{R}})$，对应的折射角为 θ_2。

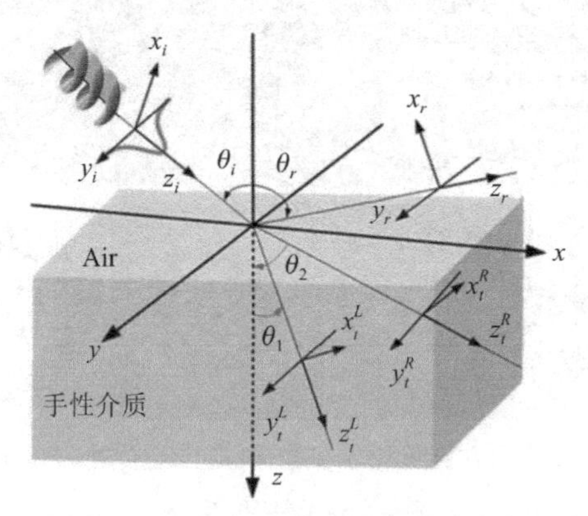

图 9.3　手性介质界面涡旋光束反射和折射示意图

在局域坐标系(x_r, y_r, z_r)中，反射光束的矢量势可以表示为

$$\mathbf{A}_r=[u_r^{\mathrm{H}}(x_r, y_r, z_r)\hat{\boldsymbol{x}}_r+u_r^{\mathrm{V}}(x_r, y_r, z_r)\hat{\boldsymbol{y}}_r]\exp(\mathrm{i}k_r z_r) \tag{9-9}$$

式中，$k_r=k_0$ 为空气中的波数，u_r^{H} 和 u_r^{V} 通过对反射光束角谱进行傅里叶变换得到

$$\begin{bmatrix} u_r^{\mathrm{H}} \\ u_r^{\mathrm{V}} \end{bmatrix}=\int_{-\infty}^{+\infty}\int_{-\infty}^{+\infty}\begin{bmatrix} \tilde{u}_r^{\mathrm{H}}(k_{rx}, k_{ry}) \\ \tilde{u}_r^{\mathrm{V}}(k_{rx}, k_{ry}) \end{bmatrix}\exp\left[\mathrm{i}\left(k_{rx}x_r+k_{ry}y_r-\frac{k_{rx}^2+k_{ry}^2}{2k_r}z_r\right)\right]\mathrm{d}k_{rx}\,\mathrm{d}k_{ry} \tag{9-10}$$

式中，$\tilde{u}_r^{\mathrm{H}}(k_{rx}, k_{ry})$和$\tilde{u}_r^{\mathrm{V}}(k_{rx}, k_{ry})$为反射光束角谱的水平和垂直分量，与入射光束角谱$\tilde{u}_i^{\mathrm{H}}(k_{ix}, k_{iy})$和$\tilde{u}_i^{\mathrm{V}}(k_{ix}, k_{iy})$之间的关系为

$$\begin{bmatrix} \tilde{u}_r^{\mathrm{H}} \\ \tilde{u}_r^{\mathrm{V}} \end{bmatrix}=\begin{bmatrix} r_{pp}-\dfrac{k_{ry}(r_{ps}-r_{sp})\cot\theta_i}{k_0} & r_{ps}+\dfrac{k_{ry}(r_{pp}+r_{ss})\cot\theta_i}{k_0} \\ r_{sp}-\dfrac{k_{ry}(r_{pp}+r_{ss})\cot\theta_i}{k_0} & r_{ss}-\dfrac{k_{ry}(r_{ps}-r_{sp})\cot\theta_i}{k_0} \end{bmatrix}\begin{bmatrix} \tilde{u}_i^{\mathrm{H}} \\ \tilde{u}_i^{\mathrm{V}} \end{bmatrix} \tag{9-11}$$

在计算反射光束角谱时，入射光束角谱应施加相位匹配条件$k_{rx}=-k_{ix}$和$k_{ry}=k_{iy}$。为方便描述问题，记$\tilde{u}_r=\tilde{u}_i(-k_{rx}, k_{ry})$，则$\tilde{u}_i^{\mathrm{H}}=p_x\tilde{u}_r$和$\tilde{u}_i^{\mathrm{V}}=p_y\tilde{u}_r$，$\tilde{u}_r$表达式为

$$\tilde{u}_r=\left[\frac{w_0(ik_{rx}+k_{ry})}{\sqrt{2}}\right]^l\frac{w_0^2}{4\pi}\exp\left[-\frac{w_0^2(k_{rx}^2+k_{ry}^2)}{4}\right] \tag{9-12}$$

当光束从空气入射到手性介质界面时，菲涅尔反射系数r_{pp}、r_{ss}、r_{ps}和r_{sp}的表达式为

$$r_{pp}=-\frac{(1-g^2)\cos\theta_i(\cos\theta_1+\cos\theta_2)-2g(\cos^2\theta_i-\cos\theta_1\cos\theta_2)}{(1+g^2)\cos\theta_i(\cos\theta_1+\cos\theta_2)+2g(\cos^2\theta_i+\cos\theta_1\cos\theta_2)} \tag{9-13}$$

$$r_{ps}=\frac{2\mathrm{i}g\cos\theta_i(\cos\theta_1-\cos\theta_2)}{(1+g^2)\cos\theta_i(\cos\theta_1+\cos\theta_2)+2g(\cos^2\theta_i+\cos\theta_1\cos\theta_2)} \tag{9-14}$$

$$r_{sp}=\frac{-2\mathrm{i}g\cos\theta_i(\cos\theta_1-\cos\theta_2)}{(1+g^2)\cos\theta_i(\cos\theta_1+\cos\theta_2)+2g(\cos^2\theta_i+\cos\theta_1\cos\theta_2)} \tag{9-15}$$

$$r_{ss}=\frac{(1-g^2)\cos\theta_i(\cos\theta_1+\cos\theta_2)+2g(\cos^2\theta_i-\cos\theta_1\cos\theta_2)}{(1+g^2)\cos\theta_i(\cos\theta_1+\cos\theta_2)+2g(\cos^2\theta_i+\cos\theta_1\cos\theta_2)} \tag{9-16}$$

其中，$g=\sqrt{\varepsilon_r/\mu_r}$，$\cos\theta_1=\sqrt{1-\sin^2\theta_i/n_+^2}$，$\cos\theta_2=\sqrt{1-\sin^2\theta_i/n_-^2}$。

已有研究表明，菲涅耳系数是在布儒斯特角附近发生突变的，且需要考虑理论修正。利用泰勒级数一阶近似，可将菲涅尔反射系数r_{pp}、r_{ss}、r_{ps}和r_{sp}展开为

$$r'_{mn}=r_{mn}\left[1+\frac{k_{ix}}{k_0}\frac{\partial \ln r_{mn}}{\partial\theta_i}\right](m=p,\ s;\ n=p,\ s) \tag{9-17}$$

将式(9-17)代入式(9-11)，得到

$$\begin{bmatrix}\tilde{u}_r^{\mathrm{H}}\\ \tilde{u}_r^{\mathrm{V}}\end{bmatrix}=\begin{bmatrix} r_{pp}\left(1-\frac{k_{rx}}{k_0}\frac{\partial \ln r_{pp}}{\partial\theta_i}\right)-\frac{k_{ry}(r_{ps}-r_{sp})\cot\theta_i}{k_0} & r_{ps}\left(1-\frac{k_{rx}}{k_0}\frac{\partial \ln r_{ps}}{\partial\theta_i}\right)+\frac{k_{ry}(r_{pp}+r_{ss})\cot\theta_i}{k_0}\\ r_{sp}\left(1-\frac{k_{rx}}{k_0}\frac{\partial \ln r_{sp}}{\partial\theta_i}\right)-\frac{k_{ry}(r_{pp}+r_{ss})\cot\theta_i}{k_0} & r_{ss}\left(1-\frac{k_{rx}}{k_0}\frac{\partial \ln r_{ss}}{\partial\theta_i}\right)-\frac{k_{ry}(r_{ps}-r_{sp})\cot\theta_i}{k_0}\end{bmatrix}\begin{bmatrix}p_x\tilde{u}_r\\ p_y\tilde{u}_r\end{bmatrix} \tag{9-18}$$

于是有

$$\tilde{u}_r^{\mathrm{H}}=(p_xr_{pp}+p_yr_{ps})\tilde{u}_r-\left(p_xr_{pp}\frac{\partial \ln r_{pp}}{\partial\theta_i}+p_yr_{ps}\frac{\partial \ln r_{ps}}{\partial\theta_i}\right)\frac{1}{k_0}k_{rx}\tilde{u}_r+ \\ [p_x(r_{sp}-r_{ps})+p_y(r_{pp}+r_{ss})]\frac{\cot\theta_i}{k_0}k_{ry}\tilde{u}_r \tag{9-19}$$

$$\tilde{u}_r^{\mathrm{V}}=(p_xr_{sp}+p_yr_{ss})\tilde{u}_r-\left(p_xr_{sp}\frac{\partial \ln r_{sp}}{\partial\theta_i}+p_yr_{ss}\frac{\partial \ln r_{ss}}{\partial\theta_i}\right)\frac{1}{k_0}k_{rx}\tilde{u}_r- \\ [p_x(r_{pp}+r_{ss})+p_y(r_{ps}-r_{sp})]\frac{\cot\theta_i}{k_0}k_{ry}\tilde{u}_r \tag{9-20}$$

将式(9-19)和式(9-20)代入式(9-10)，积分得到

$$u_r^{\mathrm{H}}=(p_xr_{pp}+p_yr_{ps})I_{r1}-\left(p_xr_{pp}\frac{\partial \ln r_{pp}}{\partial\theta_i}+p_yr_{ps}\frac{\partial \ln r_{ps}}{\partial\theta_i}\right)\frac{1}{k_0}I_{r2}+ \\ [p_x(r_{sp}-r_{ps})+p_y(r_{pp}+r_{ss})]\frac{\cot\theta_i}{k_0}I_{r3} \tag{9-21}$$

$$u_r^{\mathrm{V}}=(p_xr_{sp}+p_yr_{ss})I_{r1}-\left(p_xr_{sp}\frac{\partial \ln r_{sp}}{\partial\theta_i}+p_yr_{ss}\frac{\partial \ln r_{ss}}{\partial\theta_i}\right)\frac{1}{k_0}I_{r2}- \\ [p_x(r_{pp}+r_{ss})+p_y(r_{ps}-r_{sp})]\frac{\cot\theta_i}{k_0}I_{r3} \tag{9-22}$$

式中，I_{r1}、I_{r2} 和 I_{r3} 由式(5-283)～(5-285)给出。

将式(9-21)和式(9-22)代入式(9-9)便得到反射光束的矢量势 $\boldsymbol{A}_r$。在洛伦兹规范和傍轴近似条件下，反射光束的电磁场采用矢量势 $\boldsymbol{A}_r$ 可以表示为

$$\boldsymbol{E}_r=\mathrm{i}k_rZ_r\left[u_r^{\mathrm{H}}\hat{\boldsymbol{x}}_r+u_r^{\mathrm{V}}\hat{\boldsymbol{y}}_r+\frac{\mathrm{i}}{k_r}\left(\frac{\partial u_r^{\mathrm{H}}}{\partial x_r}+\frac{\partial u_r^{\mathrm{V}}}{\partial y_r}\right)\hat{\boldsymbol{z}}_r\right]\exp(\mathrm{i}k_rz_r) \tag{9-23}$$

$$\boldsymbol{H}_r=\mathrm{i}k_r\left[-u_r^{\mathrm{V}}\hat{\boldsymbol{x}}_r+u_r^{\mathrm{H}}\hat{\boldsymbol{y}}_r-\frac{\mathrm{i}}{k_r}\left(\frac{\partial u_r^{\mathrm{V}}}{\partial x_r}-\frac{\partial u_r^{\mathrm{H}}}{\partial y_r}\right)\hat{\boldsymbol{z}}_r\right]\exp(\mathrm{i}k_rz_r) \tag{9-24}$$

其中：

$$\frac{\partial u_r^{\mathrm{H}}}{\partial x_r}=(p_x r_{pp}+p_y r_{ps})\frac{\partial I_{r1}}{\partial x_r}-\left(p_x r_{pp}\frac{\partial \ln r_{pp}}{\partial \theta_i}+p_y r_{ps}\frac{\partial \ln r_{ps}}{\partial \theta_i}\right)\frac{1}{k_0}\frac{\partial I_{r2}}{\partial x_r}+$$
$$[p_x(r_{sp}-r_{ps})+p_y(r_{pp}+r_{ss})]\frac{\cot\theta_i}{k_0}\frac{\partial I_{r3}}{\partial x_r} \tag{9-25}$$

$$\frac{\partial u_r^{\mathrm{H}}}{\partial y_r}=(p_x r_{pp}+p_y r_{ps})\frac{\partial I_{r1}}{\partial y_r}-\left(p_x r_{pp}\frac{\partial \ln r_{pp}}{\partial \theta_i}+p_y r_{ps}\frac{\partial \ln r_{ps}}{\partial \theta_i}\right)\frac{1}{k_0}\frac{\partial I_{r2}}{\partial y_r}+$$
$$[p_x(r_{sp}-r_{ps})+p_y(r_{pp}+r_{ss})]\frac{\cot\theta_i}{k_0}\frac{\partial I_{r3}}{\partial y_r} \tag{9-26}$$

$$\frac{\partial u_r^{\mathrm{V}}}{\partial x_r}=(p_x r_{sp}+p_y r_{ss})\frac{\partial I_{r1}}{\partial x_r}-\left(p_x r_{sp}\frac{\partial \ln r_{sp}}{\partial \theta_i}+p_y r_{ss}\frac{\partial \ln r_{ss}}{\partial \theta_i}\right)\frac{1}{k_0}\frac{\partial I_{r2}}{\partial x_r}-$$
$$[p_x(r_{pp}+r_{ss})+p_y(r_{ps}-r_{sp})]\frac{\cot\theta_i}{k_0}\frac{\partial I_{r3}}{\partial x_r} \tag{9-27}$$

$$\frac{\partial u_r^{\mathrm{V}}}{\partial y_r}=(p_x r_{sp}+p_y r_{ss})\frac{\partial I_{r1}}{\partial y_r}-\left(p_x r_{sp}\frac{\partial \ln r_{sp}}{\partial \theta_i}+p_y r_{ss}\frac{\partial \ln r_{ss}}{\partial \theta_i}\right)\frac{1}{k_0}\frac{\partial I_{r2}}{\partial y_r}-$$
$$[p_x(r_{pp}+r_{ss})+p_y(r_{ps}-r_{sp})]\frac{\cot\theta_i}{k_0}\frac{\partial I_{r3}}{\partial y_r} \tag{9-28}$$

式中，$\partial I_{r1}/\partial x_r$、$\partial I_{r1}/\partial y_r$、$\partial I_{r2}/\partial x_r$、$\partial I_{r2}/\partial y_r$、$\partial I_{r3}/\partial x_r$ 和$\partial I_{r3}/\partial y_r$ 由式(5-287)～(5-292)给出。

为方便描述问题，将手性介质中左圆偏振光所在坐标系(x_t^{L}，y_t^{L}，z_t^{L})和右圆偏振光所在坐标系(x_t^{R}，y_t^{R}，z_t^{R})统一写为(x_t，y_t，z_t)。在局域坐标系(x_t，y_t，z_t)中，折射光束的矢量势可以表示为

$$\mathbf{A}_t=[u_t^{\mathrm{H}}(x_t, y_t, z_t)\hat{\boldsymbol{x}}_t+u_t^{\mathrm{V}}(x_t, y_t, z_t)\hat{\boldsymbol{y}}_t]\exp(\mathrm{i}k_t z_t) \tag{9-29}$$

式中，$k_t=n_\pm k_0$，$n_\pm=n\pm\kappa_r$ 为手性介质的折射率，u_t^{H} 和 u_t^{V} 通过对折射光束角谱进行傅里叶变换得到

$$\begin{bmatrix} u_t^{\mathrm{H}} \\ u_t^{\mathrm{V}} \end{bmatrix}=\int_{-\infty}^{+\infty}\int_{-\infty}^{+\infty}\begin{bmatrix} \tilde{u}_t^{\mathrm{H}}(k_{tx}, k_{ty}) \\ \tilde{u}_t^{\mathrm{V}}(k_{tx}, k_{ty}) \end{bmatrix}\exp\left[\mathrm{i}\left(k_{tx}x_r+k_{ty}y_r-\frac{k_{tx}^2+k_{ty}^2}{2k_t}z_t\right)\right]\mathrm{d}k_{tx}\mathrm{d}k_{ty} \tag{9-30}$$

式中，$\tilde{u}_t^{\mathrm{H}}(k_{tx}, k_{ty})$和 $\tilde{u}_t^{\mathrm{V}}(k_{tx}, k_{ty})$为折射光束角谱的水平和垂直分量，与入射光束角谱 $\tilde{u}_i^{\mathrm{H}}(k_{ix}, k_{iy})$和 $\tilde{u}_i^{\mathrm{V}}(k_{ix}, k_{iy})$之间的关系为

$$\begin{bmatrix} \tilde{u}_t^{\mathrm{H}} \\ \tilde{u}_t^{\mathrm{V}} \end{bmatrix}=\begin{bmatrix} t_{pp}-\dfrac{k_{ty}(t_{ps}+\eta t_{sp})\cot\theta_i}{k_0} & t_{ps}+\dfrac{k_{ty}(t_{pp}-\eta t_{ss})\cot\theta_i}{k_0} \\ t_{sp}+\dfrac{k_{ty}(\eta t_{pp}-t_{ss})\cot\theta_i}{k_0} & t_{ss}+\dfrac{k_{ty}(\eta t_{ps}+t_{sp})\cot\theta_i}{k_0} \end{bmatrix}\begin{bmatrix} \tilde{u}_i^{\mathrm{H}} \\ \tilde{u}_i^{\mathrm{V}} \end{bmatrix} \tag{9-31}$$

折射光束角谱由入射光束角谱施加相位匹配条件 $k_{tx}=k_{ix}/\eta$ 和 $k_{ty}=k_{iy}$ 得到。对于左圆极化光，其中 $\eta=\cos\theta_1/\cos\theta_i$；对于右圆极化光，$\eta=\cos\theta_2/\cos\theta_i$。记 $\tilde{u}_t=\tilde{u}_i(\eta k_{tx},k_{ty})$，则 $\tilde{u}_i^{\mathrm{H}}=p_x\tilde{u}_t$ 和 $\tilde{u}_i^{\mathrm{V}}=p_y\tilde{u}_t$，$\tilde{u}_t$ 表达式为

$$\tilde{u}_t=\left[\frac{w_0(-\mathrm{i}\eta k_{tx}+k_{ty})}{\sqrt{2}}\right]^l\frac{w_0^2}{4\pi}\exp\left[-\frac{w_0^2(\eta^2k_{tx}^2+k_{ty}^2)}{4}\right] \tag{9-32}$$

当光束从空气入射到手性介质界面时，对于左圆偏振光，折射系数 t_{pp}^{L}、t_{ps}^{L}、t_{sp}^{L} 和 t_{ss}^{L} 的表达式为

$$t_{pp}^{\mathrm{L}}=\frac{2\cos\theta_i(\cos\theta_i+g\cos\theta_1)}{(1+g^2)\cos\theta_i(\cos\theta_1+\cos\theta_2)+2g(\cos^2\theta_i+\cos\theta_1\cos\theta_2)} \tag{9-33}$$

$$t_{ps}^{\mathrm{L}}=\frac{-2\mathrm{i}\cos\theta_i(g\cos\theta_i+\cos\theta_1)}{(1+g^2)\cos\theta_i(\cos\theta_1+\cos\theta_2)+2g(\cos^2\theta_i+\cos\theta_1\cos\theta_2)} \tag{9-34}$$

$$t_{sp}^{\mathrm{L}}=-\mathrm{i}\frac{2\cos\theta_i(\cos\theta_i+g\cos\theta_1)}{(1+g^2)\cos\theta_i(\cos\theta_1+\cos\theta_2)+2g(\cos^2\theta_i+\cos\theta_1\cos\theta_2)} \tag{9-35}$$

$$t_{ss}^{\mathrm{L}}=-\mathrm{i}\frac{-2\mathrm{i}\cos\theta_i(g\cos\theta_i+\cos\theta_1)}{(1+g^2)\cos\theta_i(\cos\theta_1+\cos\theta_2)+2g(\cos^2\theta_i+\cos\theta_1\cos\theta_2)} \tag{9-36}$$

对于右圆偏振光，折射系数 t_{pp}^{R}、t_{ps}^{R}、t_{sp}^{R} 和 t_{ss}^{R} 的表达式为

$$t_{pp}^{\mathrm{R}}=\frac{2\cos\theta_i(\cos\theta_i+g\cos\theta_2)}{(1+g^2)\cos\theta_i(\cos\theta_1+\cos\theta_2)+2g(\cos^2\theta_i+\cos\theta_1\cos\theta_2)} \tag{9-37}$$

$$t_{ps}^{\mathrm{R}}=\frac{-2\mathrm{i}\cos\theta_i(g\cos\theta_i+\cos\theta_2)}{(1+g^2)\cos\theta_i(\cos\theta_1+\cos\theta_2)+2g(\cos^2\theta_i+\cos\theta_1\cos\theta_2)} \tag{9-38}$$

$$t_{sp}^{\mathrm{R}}=\mathrm{i}\frac{2\cos\theta_i(\cos\theta_i+g\cos\theta_2)}{(1+g^2)\cos\theta_i(\cos\theta_1+\cos\theta_2)+2g(\cos^2\theta_i+\cos\theta_1\cos\theta_2)} \tag{9-39}$$

$$t_{ss}^{\mathrm{R}}=\mathrm{i}\frac{-2\mathrm{i}\cos\theta_i(g\cos\theta_i+\cos\theta_2)}{(1+g^2)\cos\theta_i(\cos\theta_1+\cos\theta_2)+2g(\cos^2\theta_i+\cos\theta_1\cos\theta_2)} \tag{9-40}$$

与反射系数的理论修正类似，将折射系数采用泰勒级数展开，取一级近似，可将式(9-31)写为

$$\begin{bmatrix}\tilde{u}_t^{\mathrm{H}}\\ \tilde{u}_t^{\mathrm{V}}\end{bmatrix}=\begin{bmatrix}t_{pp}\left(1+\frac{\eta k_{tx}}{k_0}\frac{\partial\ln t_{pp}}{\partial\theta_i}\right)-\frac{k_{ty}(t_{ps}+\eta t_{sp})\cot\theta_i}{k_0} & t_{ps}\left(1+\frac{\eta k_{tx}}{k_0}\frac{\partial\ln t_{ps}}{\partial\theta_i}\right)+\frac{k_{ty}(t_{pp}-\eta t_{ss})\cot\theta_i}{k_0}\\ t_{sp}\left(1+\frac{\eta k_{tx}}{k_0}\frac{\partial\ln t_{sp}}{\partial\theta_i}\right)+\frac{k_{ty}(\eta t_{pp}-t_{ss})\cot\theta_i}{k_0} & t_{ss}\left(1+\frac{\eta k_{tx}}{k_0}\frac{\partial\ln t_{ss}}{\partial\theta_i}\right)+\frac{k_{ty}(\eta t_{ps}+t_{sp})\cot\theta_i}{k_0}\end{bmatrix}\begin{bmatrix}p_x\tilde{u}_t\\ p_y\tilde{u}_t\end{bmatrix} \tag{9-41}$$

于是有

$$\tilde{u}_t^{\mathrm{H}}=(p_x t_{pp}+p_y t_{ps})\tilde{u}_t+\left(p_x t_{pp}\frac{\partial \ln t_{pp}}{\partial \theta_i}+p_y t_{ps}\frac{\partial \ln t_{ps}}{\partial \theta_i}\right)\frac{\eta}{k_0}k_{tx}\tilde{u}_t-$$
$$[p_x(t_{ps}+\eta t_{sp})-p_y(t_{pp}-\eta t_{ss})]\frac{\cot\theta_i}{k_0}k_{ty}\tilde{u}_t \tag{9-42}$$

$$\tilde{u}_t^{\mathrm{V}}=(p_x t_{sp}+p_y t_{ss})\tilde{u}_t+\left(p_x t_{sp}\frac{\partial \ln t_{sp}}{\partial \theta_i}+p_y t_{ss}\frac{\partial \ln t_{ss}}{\partial \theta_i}\right)\frac{\eta}{k_0}k_{tx}\tilde{u}_t+$$
$$[p_x(\eta t_{pp}-t_{ss})+p_y(\eta t_{ps}+t_{sp})]\frac{\cot\theta_i}{k_0}k_{ty}\tilde{u}_t \tag{9-43}$$

将式(9-42)和式(9-43)代入式(9-30)，积分得到

$$u_t^{\mathrm{H}}=(p_x t_{pp}+p_y t_{ps})I_{t1}+\left(p_x t_{pp}\frac{\partial \ln t_{pp}}{\partial \theta_i}+p_y t_{ps}\frac{\partial \ln t_{ps}}{\partial \theta_i}\right)\frac{\eta}{k_0}I_{t2}-$$
$$[p_x(t_{ps}+\eta t_{sp})-p_y(t_{pp}-\eta t_{ss})]\frac{\cot\theta_i}{k_0}I_{t3} \tag{9-44}$$

$$u_t^{\mathrm{V}}=(p_x t_{sp}+p_y t_{ss})I_{t1}+\left(p_x t_{sp}\frac{\partial \ln t_{sp}}{\partial \theta_i}+p_y t_{ss}\frac{\partial \ln t_{ss}}{\partial \theta_i}\right)\frac{\eta}{k_0}I_{t2}+$$
$$[p_x(\eta t_{pp}-t_{ss})+p_y(\eta t_{ps}+t_{sp})]\frac{\cot\theta_i}{k_0}I_{t3} \tag{9-45}$$

式中，I_{t1}、I_{t2} 和 I_{t3} 由式(5-294)～(5-296)给出。

将式(9-44)和式(9-45)代入式(9-29)便可得到折射光束的矢量势 $\boldsymbol{A}_t$。在洛伦兹规范和傍轴近似条件下，折射光束的电磁场采用矢量势 $\boldsymbol{A}_t$ 可以表示为

$$\boldsymbol{E}_t=\mathrm{i}k_t Z_t\left[u_t^{\mathrm{H}}\hat{\boldsymbol{x}}_t+u_t^{\mathrm{V}}\hat{\boldsymbol{y}}_t+\frac{\mathrm{i}}{k_t}\left(\frac{\partial u_t^{\mathrm{H}}}{\partial x_t}+\frac{\partial u_t^{\mathrm{V}}}{\partial y_t}\right)\hat{\boldsymbol{z}}_t\right]\exp(\mathrm{i}k_t z_t) \tag{9-46}$$

$$\boldsymbol{H}_t=\mathrm{i}k_r\left[-u_t^{\mathrm{V}}\hat{\boldsymbol{x}}_t+u_t^{\mathrm{H}}\hat{\boldsymbol{y}}_t-\frac{\mathrm{i}}{k_t}\left(\frac{\partial u_r^{\mathrm{V}}}{\partial x_t}-\frac{\partial u_r^{\mathrm{H}}}{\partial y_t}\right)\hat{\boldsymbol{z}}_t\right]\exp(\mathrm{i}k_t z_t) \tag{9-47}$$

其中：

$$\frac{\partial u_t^{\mathrm{H}}}{\partial x_t}=(p_x t_{pp}+p_y t_{ps})\frac{\partial I_{t1}}{\partial x_t}+\left(p_x t_{pp}\frac{\partial \ln t_{pp}}{\partial \theta_i}+p_y t_{ps}\frac{\partial \ln t_{ps}}{\partial \theta_i}\right)\frac{\eta}{k_0}\frac{\partial I_{t2}}{\partial x_t}-$$
$$[p_x(t_{ps}+\eta t_{sp})-p_y(t_{pp}-\eta t_{ss})]\frac{\cot\theta_i}{k_0}\frac{\partial I_{t3}}{\partial x_t} \tag{9-48}$$

$$\frac{\partial u_t^{\mathrm{H}}}{\partial y_t}=(p_x t_{pp}+p_y t_{ps})\frac{\partial I_{t1}}{\partial y_t}+\left(p_x t_{pp}\frac{\partial \ln t_{pp}}{\partial \theta_i}+p_y t_{ps}\frac{\partial \ln t_{ps}}{\partial \theta_i}\right)\frac{\eta}{k_0}\frac{\partial I_{t2}}{\partial y_t}-$$
$$[p_x(t_{ps}+\eta t_{sp})-p_y(t_{pp}-\eta t_{ss})]\frac{\cot\theta_i}{k_0}\frac{\partial I_{t3}}{\partial y_t} \tag{9-49}$$

$$\frac{\partial u_t^{\mathrm{V}}}{\partial x_t}=(p_x t_{sp}+p_y t_{ss})\frac{\partial I_{t1}}{\partial x_t}+\left(p_x t_{sp}\frac{\partial \ln t_{sp}}{\partial \theta_i}+p_y t_{ss}\frac{\partial \ln t_{ss}}{\partial \theta_i}\right)\frac{\eta}{k_0}\frac{\partial I_{t2}}{\partial x_t}+$$
$$[p_x(\eta t_{pp}-t_{ss})+p_y(\eta t_{ps}+t_{sp})]\frac{\cot\theta_i}{k_0}\frac{\partial I_{t3}}{\partial x_t} \tag{9-50}$$

$$\frac{\partial u_t^{\mathrm{V}}}{\partial y_t}=(p_x t_{sp}+p_y t_{ss})\frac{\partial I_{t1}}{\partial y_t}+\left(p_x t_{sp}\frac{\partial \ln t_{sp}}{\partial \theta_i}+p_y t_{ss}\frac{\partial \ln t_{ss}}{\partial \theta_i}\right)\frac{\eta}{k_0}\frac{\partial I_{t2}}{\partial y_t}+$$
$$[p_x(\eta t_{pp}-t_{ss})+p_y(\eta t_{ps}+t_{sp})]\frac{\cot\theta_i}{k_0}\frac{\partial I_{t3}}{\partial y_t} \tag{9-51}$$

式中，$\partial I_{t1}/\partial x_t$、$\partial I_{t1}/\partial y_t$、$\partial I_{t2}/\partial x_t$、$\partial I_{t2}/\partial y_t$、$\partial I_{t3}/\partial x_t$ 和 $\partial I_{t3}/\partial y_t$ 由式(5-299)～(5-304)给出。

基于上面给出的手性介质界面反射和折射拉盖尔-高斯涡旋光束电磁场矢量表达式，图 9.4 给出了不同入射角情形下手性介质界面反射拉盖尔-高斯涡旋光束的电磁场分量强度分布，其中光束的波长 $\lambda=632.8$ nm，束腰半径 $w_0=1.0\lambda$，极化参数 $(p_x, p_y)=(1, i)/\sqrt{2}$，拓扑荷数 $l=2$，手性介质相对介电常数和磁

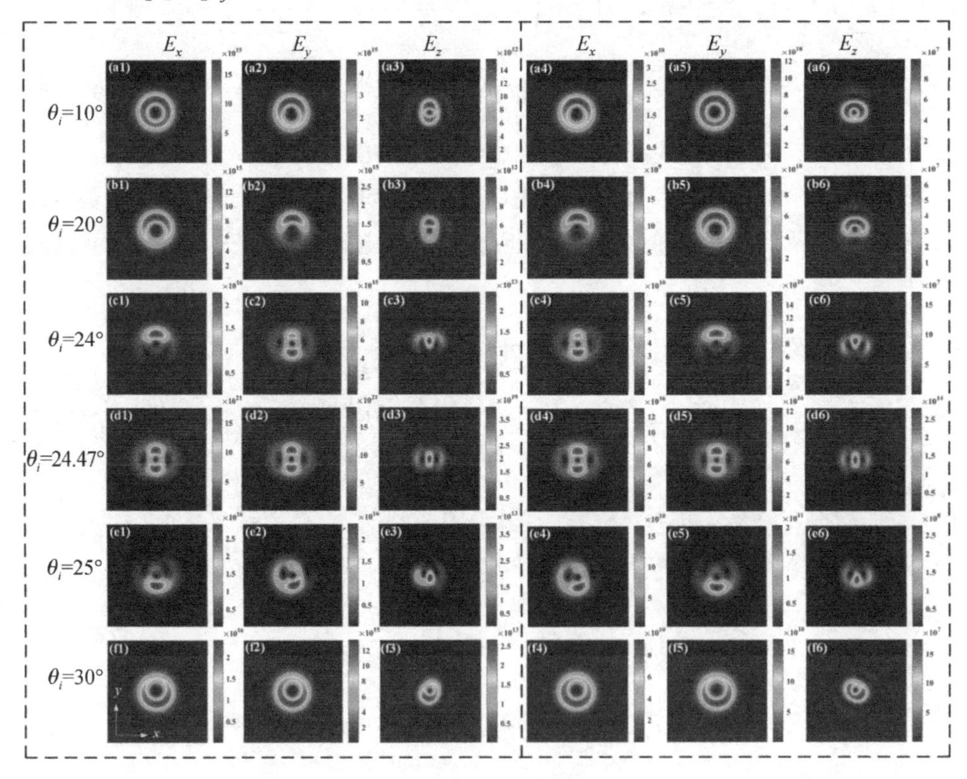

图 9.4　不同入射角情形下手性介质界面反射拉盖尔-高斯涡旋光束的电磁场分量强度分布

导率分别为 $\varepsilon_r=2$ 和 $\mu_r=1$，手性参数 $\kappa_r=1$，布儒斯特角 $\theta_B=24.47°$。从图 9.4 可以看出，入射角对反射光束的电磁场分量强度有显著的影响，且布儒斯特角附件光强会发生突变。

图 9.5 给出了不同入射角情形下手性介质界面折射拉盖尔-高斯涡旋光束的电磁场分量强度分布，其中手性介质中折射光束取左圆偏振光，光束参数和手性介质参数与图 9.4 取值一致。从图 9.5 可以看出，手性介质界面上的折射光场，在入射角不大于布儒斯特角前，电磁场分量的强度分布保持轴对称的状态。在入射角等于布儒斯特角时，磁场三个分量的强度分布变成四个花瓣的形状，在入射角大于布儒斯特角时，电场分量和磁场分量的分布状态趋于相似，都变成了对称的两点形状。由于折射光束取右圆偏振光部分变化不明显，所以这里没有给出。

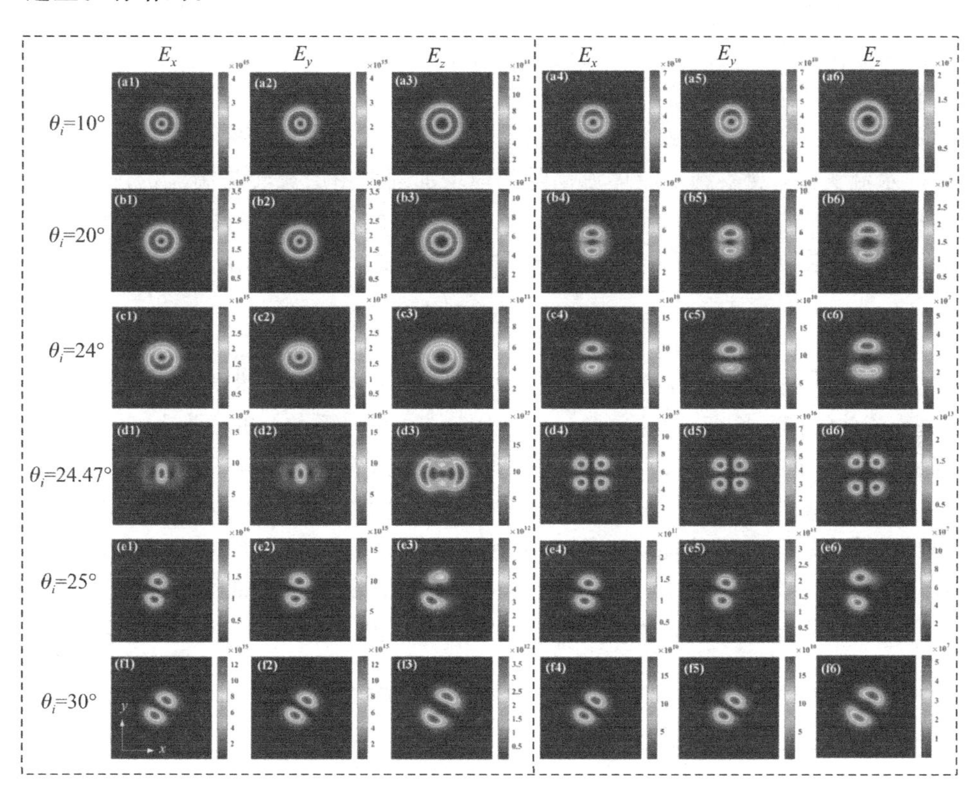

图 9.5　不同入射角情形下手性介质界面折射拉盖尔-高斯涡旋光束的电磁场分量强度分布

9.2　结构光场与湍流介质的相互作用理论

9.2.1　湍流介质的表征

1. 湍流的概念

湍流是流体的一种流动状态。当流速较小时，流体分层流动，互不混合，称为层流；当流速增加到较大时，流线不再清楚可辨，流场中有许多小涡旋，层流被破坏，相邻流层间不但有滑动，还有混合，形成湍流。

虽然湍流总体上满足流体动力学方程——Navier-Stokes 方程，但 Navier-Stokes 方程存在不封闭性的致命弱点，因此难以获得关于湍流运动问题的方程准确解，关于湍流的形成机制至今还未有令人信服的精确描述。19 世纪末，英国物理学家 O. Reynolds 率先开展了有关湍流形成的实验研究，他利用玻璃管中的水流实验，观察到了液体流动随流速增加逐渐由层流转为湍流的现象，并且从不可压缩黏滞流体的 Navier-Stokes 方程出发，给出了判别流体运动状态的参数，即临界 Reynolds 数，通常也称为雷诺数，其定义如下

$$Re=\frac{\rho_R v_R L_R}{\mu_R} \tag{9-52}$$

式中，ρ_R 为流体的密度，单位为 kg/m^3；v_R 为流体的特征速度，单位为 m/s；L_R 为流体的特征长度，单位为 m，μ_R 为流体的黏滞系数，单位为 kg/(m・s)。临界 Reynolds 数对流体运动状态的判断也可通过惯性力和黏滞力之间关系来描述：当 Reynolds 数较小时，流体的黏滞力超过惯性力，流体可能出现的扰动都被黏滞力转化为了热能，流体能维持层流的运动状态；当 Reynolds 数超过临界 Reynolds 数时，惯性力的影响大于黏滞力，流体的能量将持续转移给扰动运动，流体会出现明显的湍流运动。图 9.6 给出了层流与湍流的示意图。

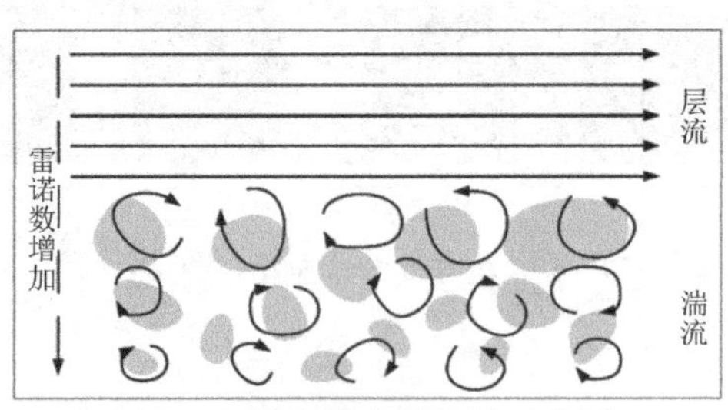

图 9.6　层流湍流转换的示意图

在流体由层流转变为湍流运动的过程中，它的运动状态由原来平稳分层状态演变为一种极其不规则的混乱状态。湍流的形成过程可采用英国物理学家 Richardson 提出的湍流能量级联理论进行解释，该理论认为流体在形成湍流的过程中，随着流速的增加，在达到临界 Reynolds 数时，产生了具有与流体特征尺寸相当的涡旋，而小尺度涡旋总是由大尺度涡旋的不平稳分裂产生的，且分裂过程中没有能量耗散。图 9.7 给出了湍流能量转换的过程：首先，出现与流体特征尺度相当的大尺度涡旋，此时涡旋尺度被称为外尺度 L_0；其次，在这个巨大涡旋中，流体流速较大，具有较大的湍流动能，结构不平稳，会破裂成小尺度涡旋，并把能量传递给它；最后，小尺度涡旋会继续分裂成更小尺度的涡旋，直到当涡旋尺度小于一定尺度时，我们把该临界尺度称为内尺度 l_0。根据该过程可将湍流按涡旋尺寸分为 3 部分，分别是输入区、惯性子区和耗散区。在惯性子区间内，所有的湍流涡旋尺寸满足 $l_0 \ll L \ll L_0$。当最初的能量注入系统后，湍流涡旋的特征尺寸达到外尺度，能量开始级联，大涡旋破碎为小涡旋的同时，能量也传递给小涡旋，直到产生的小涡旋特征尺寸等于内尺度，最后能量耗散。在惯性子区间内，柯尔莫戈洛夫认为，湍流的基本性质在各个方向都相同，即该区域的湍流各向同性；在输入区，湍流涡旋特征尺寸满足 $L > L_0$，该区域内的物理性质表现为非均匀的、各向异性的，能量通常在这一区域传进湍流；在耗散区，湍流涡旋特征尺寸满足 $L < l_0$，能量最终以热量形式耗散。

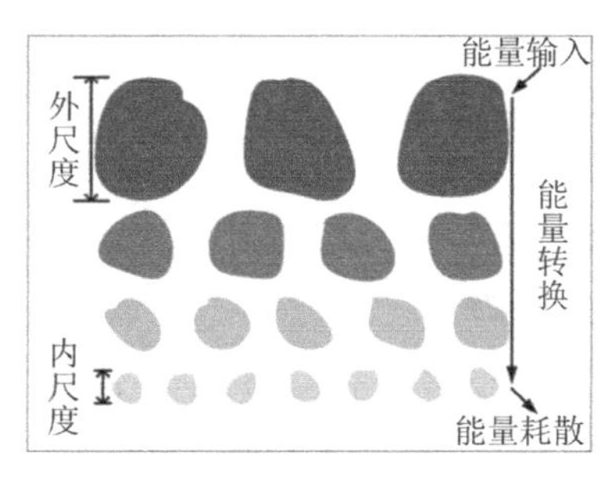

图 9.7　湍流能量转换的示意图

湍流作为一种复杂介质，广泛存在于自然界中。大气湍流和海水湍流是最为典型的湍流介质，两者都具有明显的随机性和非均匀性。在局部大气或海水环境中，受太阳辐射以及人类活动的影响，其内部温度、压强和湿度(盐度)都会发生起伏，引起大气或海水密度的随机变化，导致折射率指数的起伏。在大气或海水湍流中传播的光场，其强度和相位分布受湍流扰动影响会发生随机变化，产生光斑破碎、波束扩展、光斑中心位置的随机偏移、振幅起伏、相位畸变、退偏和退相干等一系列负面效应。

2. 大气湍流

大气层是人类在地球上赖以生存的必要条件之一，也是人类活动最为频繁的区域。大气是由不停运动的气体分子、水分子和气溶胶粒子等构成的混合物，由于太阳辐射对地球表面不同经纬度处加热的差异，地球表面不平整的地形对气流拖曳造成的风速剪切，以及垂直方向存在温度差使气体上升或下沉等多种因素，会使大气产生不规则的随机运动，这就是大气湍流。当大气处于湍流状态时，其运动速度、温度和折射率均随时间和空间随机变化，大气折射率 n 和大气折射率结构常数 C_n^2 是描述大气湍流的基本参数。

大气折射率是由大气温度和压强变化共同决定的，在光学和红外波段，大气折射率 n 可描述为

$$n=1+10^{-6}\left\{m_1(\lambda)\frac{P}{T}[m_2(\lambda)-m_1(\lambda)]\frac{qP}{T\alpha\gamma}\right\} \tag{9-53}$$

式中，P 是大气压强，单位为 hPa；T 是绝对温度，单位为 K；q 是绝对湿度，单位为 g/m^3；常量 α 的值为 0.622；$\gamma=1+0.61q$；函数 $m_1(\lambda)$ 和 $m_2(\lambda)$ 分别定义为

$$m_1(\lambda)=23.7134+\frac{6839.397}{130-\lambda^{-2}}+\frac{45.473}{38.9-\lambda^{-2}} \tag{9-54}$$

$$m_2(\lambda)=64.8731+0.585\,058\lambda^{-2}-0.007\,115\,0\lambda^{-4}+0.000\,885\,1\lambda^{-6} \tag{9-55}$$

考虑到压强在一定区域内的改变较小，基本可以忽略不计，因此大气折射率波动 n' 可以表示为

$$n'=A(\lambda, P, T, q)T'+B(\lambda, P, T, q)q' \tag{9-56}$$

式中，系数 A 和 B 分别定义为

$$A=\frac{\partial n}{\partial T}=10^{-6}\frac{P}{T^2}\left\{m_1(\lambda)+[m_2(\lambda)-m_1(\lambda)]\frac{q}{\alpha\gamma}\right\} \tag{9-57}$$

$$B=\frac{\partial n}{\partial q}=10^{-6}[m_2(\lambda)-m_1(\lambda)]\frac{P}{T\alpha\gamma^2} \tag{9-58}$$

对于惯性子区内的 Kolmogorov 湍流，大气折射率结构常数 C_n^2 可用于定量描述湍流强度，它表征了大气折射率起伏的强弱，定义为

$$C_n^2=\langle[n(\boldsymbol{r}_1)-n(\boldsymbol{r}_2)]^2\rangle r^{-2/3} \tag{9-59}$$

式中，$n(\boldsymbol{r}_1)$ 与 $n(\boldsymbol{r}_2)$ 表示空间中任意两点的折射率，$\langle\cdot\rangle$ 表示系综平均值。与大气折射率结构常数 C_n^2 的定义类似，温度结构常数 C_T^2、绝对湿度结构常数 C_q^2 和温湿度交叉结构常数 C_{Tq} 被定义为

$$C_T^2=\langle[T(\boldsymbol{r}_1)-T(\boldsymbol{r}_2)]^2\rangle r^{-2/3} \tag{9-60}$$

$$C_q^2=\langle[q(\boldsymbol{r}_1)-q(\boldsymbol{r}_2)]^2\rangle r^{-2/3} \tag{9-61}$$

$$C_{Tq}=\langle[T(\boldsymbol{r}_1)-T(\boldsymbol{r}_2)][q(\boldsymbol{r}_1)-q(\boldsymbol{r}_2)]\rangle r^{-2/3} \tag{9-62}$$

根据式(9-60)～(9-62)，大气折射率结构常数 C_n^2 可被定义为 C_T^2、C_q^2 和 C_{Tq} 的函数，即

$$C_n^2=A^2C_T^2+2ABC_{Tq}+B^2C_q^2 \tag{9-63}$$

根据 C_n^2 的大小，可将湍流分为三种类型，分别为 $C_n^2>2.5\times10^{-13}$ 的强湍流，$6.4\times10^{-17}<C_n^2<2.5\times10^{-13}$ 的中湍流和 $C_n^2<6.4\times10^{-17}$ 的弱湍流。

针对陆地大气湍流，折射率结构常数模型主要有 Gurvich 模型、SLC-Day 模型、HV-Night 模型、H-V 5/7 模型和 Modified H-V 模型，其中 H-V 5/7 模型和 Modified H-V 模型是最为常用的模型。

H-V 5/7 模型的表达式为

$$C_n^2(h)=8.2\times10^{-56}\exp(-h/1000)V^2(h)+ 2.7\times10^{-16}\exp(-h/1500)+C_0\exp(-h/100) \tag{9-64}$$

式中，常数 C_0 是地表标准值，为 $4\times10^{-14}\,\mathrm{m}^{-2/3}$；$V(h)$是垂直风速，其值与海拔高度 h 相关，表达式为

$$V(h)=5+30\exp[-(h-9400)^2/4800^2] \tag{9-65}$$

Modified H-V 模型的表达式为

$$C_n^2(h)=8.16\times10^{-54}\exp(-h/1000)h^{10}+ 3.02\times10^{-17}\exp(-h/1500)+1.9\times10^{-15}\exp(-h/100) \tag{9-66}$$

相比于陆地大气湍流，海洋大气湍流更为复杂，温度、风速和湿度等条件的变化均会对海洋大气湍流造成较大改变。同时，受海水的巨大比热容影响，不同季节的海水温度不同，海洋大气湍流也会出现明显的季节性变化，这与陆地大气湍流有些许不同。针对海洋大气湍流，折射率结构常数模型有如下三种。

弱湍流对应的 C_n^2 模型表达式为

$$C_n^2(h)=9.8286\times10^{-18}+7.1609\times10^{-17}\exp(-h/100)+ 1.9521\times10^{-17}\exp(-h/1500) \tag{9-67}$$

中湍流对应的 C_n^2 模型表达式为

$$C_n^2(h)=9.8583\times10^{-18}+4.9877\times10^{-16}\exp(-h/300)+ 2.9228\times10^{-16}\exp(-h/1200) \tag{9-68}$$

强湍流对应的 C_n^2 模型表达式为

$$C_n^2(h)=9.2002\times10^{-18}+9.4387\times10^{-15}\exp(-h/800)+ 6.7328\times10^{-16}\exp(-h/1000) \tag{9-69}$$

对比海洋与陆地大气湍流的折射率结构常数可知，做近似处理后，模型不再考虑温度和压强等因素，仅与海拔高度有关。图 9.8 给出了海洋与陆地大气湍流的折射率结构常数随海拔高度的变化。从图 9.8 可以看到，随着高度的增加，折射率结构常数均会减小。

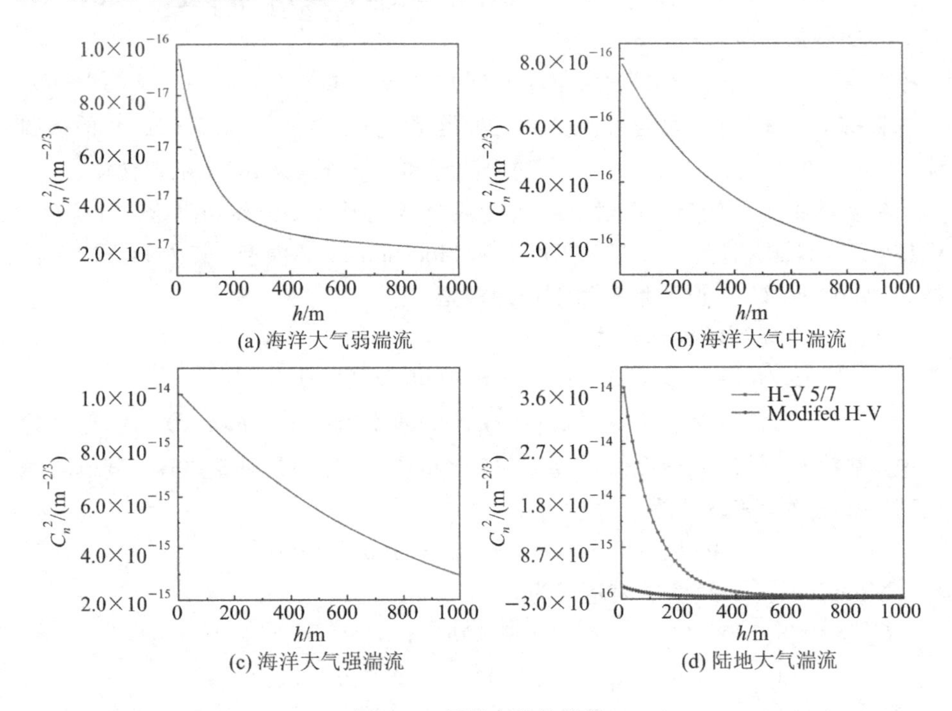

(a) 海洋大气弱湍流　(b) 海洋大气中湍流　(c) 海洋大气强湍流　(d) 陆地大气湍流

图 9.8　折射率结构常数

根据大气湍流能量级联理论，大气湍流是由折射率和尺度大小都不同的湍流涡旋所构成的。从本质上讲，可以通过表征大气折射率起伏的尺度分布规律的功率谱函数来描述大气湍流。折射率功率谱函数 $\Phi_n(\boldsymbol{\kappa})$反映了空间频率 $\boldsymbol{\kappa}$ 各方向分量对折射率起伏的贡献。$\Phi_n(\boldsymbol{\kappa})$可通过对协方差函数 $B_n(\boldsymbol{r})$进行三维傅里叶变换求得

$$\Phi_n(\boldsymbol{\kappa})=\frac{1}{8\pi^3}\iiint B_n(\boldsymbol{r})\exp(-i\boldsymbol{\kappa}\cdot\boldsymbol{r})\mathrm{d}^3\boldsymbol{r} \tag{9-70}$$

在惯性子区间，即在均匀各向同性的条件下，$B_n(\boldsymbol{r})=B_n(r)$，则 $\Phi_n(\boldsymbol{\kappa})$ 的形式可写为

$$\Phi_n(\kappa)=\frac{1}{2\pi^2\kappa}\int B_n(r)\sin(\kappa r)r\,\mathrm{d}r \tag{9-71}$$

使用傅里叶逆变换，$B_n(r)$的形式为

$$B_n(r)=\frac{4\pi}{r}\int\Phi_n(\kappa)\sin(\kappa r)\kappa\,d\kappa \tag{9-72}$$

协方差函数 $B_n(r)$ 与折射率结构函数 $D_n(r)$ 之间满足关系

$$D_n(r)=2[B_n(0)-B_n(r)] \tag{9-73}$$

代入 $B_n(r)$ 后可得

$$D_n(r)=8\pi\int\Phi_n(\kappa)[1-\sin(\kappa r)]\kappa^2\,d\kappa \tag{9-74}$$

Kolmogorov 认为，对于各向同性的湍流，表示折射率起伏的结构函数 $D_n(r)$ 遵循渐进行为

$$D_n(r)=C_n^2r^{2/3} \tag{9-75}$$

式(9-75)也被称为“2/3 次方定律”。基于该定律，Kolmogorov 给出了惯性子区间的折射率功率谱，表达式为

$$\Phi_n(\kappa)=0.033C_n^2\kappa^{-11/3} \tag{9-76}$$

式中，$\kappa=2\pi/L$ 为功率谱波数，且 κ 的取值满足 $2\pi/L_0\ll\kappa\ll2\pi/l_0$。在实际计算中，为了将该功率谱扩展至所有波数范围，一般假定内尺度 l_0 为 0，外尺度 L_0 为无穷大，同时 κ 不能取 0，因为 Kolmogorov 功率谱会在 $\kappa=0$ 时出现奇点且导致积分不能收敛。

在上述分析中，由于 Kolmogorov 功率谱忽略了湍流内外尺度的影响，因此理论模拟与实际测量存在较大的差距。为了符合实际，Tatarskii 引入了高斯函数对 Kolmogorov 功率谱进行修正，即将高波数区域截断，使 Kolmogorov 功率谱被推广到 $2\pi/l_0<\kappa$ 的耗散区。修正后的表达式为

$$\Phi_n(\kappa)=0.033C_n^2\kappa^{-11/3}\exp\left(-\frac{\kappa^2}{\kappa_m^2}\right) \tag{9-77}$$

式中，截止波数 $\kappa_m=5.92/l_0$。同样，Tatarskii 功率谱也不能处理在 $\kappa=0$ 时出现的奇点，在此基础上，Von Karman 做出了进一步修正，将 Kolmogorov 功率谱推广至 $0\leqslant\kappa\leqslant\infty$ 的全部区域，具体表达式为

$$\Phi_n(\kappa)=0.033C_n^2(\kappa^2+\kappa_0^2)^{-11/6}\exp\left(-\frac{\kappa^2}{\kappa_m^2}\right) \tag{9-78}$$

式中，κ_0 的值为 $2\pi/L_0$，该功率谱修正了奇点处的情形。为方便数学计算，苏联科研人员给出了另一种考虑外尺度效应的指数形式功率谱，数学形式为

$$\Phi_n(\kappa)=0.033C_n^2\kappa^{-11/3}\exp\left(-\frac{\kappa^2}{\kappa_m^2}\right)\left[1-\exp\left(-\frac{\kappa^2}{\kappa_0^2}\right)\right] \tag{9-79}$$

图 9.9 给出了不同湍流功率谱模型随波数 κ 取值的变化情况，其中湍流内、外尺度分别取值为 1 cm 和 10 m。从图 9.9 可以观察到，在 $\kappa_0<\kappa<\kappa_m$ 的

区域，几种大气折射率功率谱结果一致，说明在惯性区域内，几种功率谱模型都可以用来描述湍流运动；当 $\kappa_0<\kappa<\kappa_m$ 时，大气湍流处于耗散区域，在该区域的 Tatarskii 谱、修正 Von Karman 谱以及指数谱的谱线走势相同，均随着波数 κ 取值的增大而迅速下降，Kolmogorov 谱和 Von Karman 谱表现为线性下降的趋势。

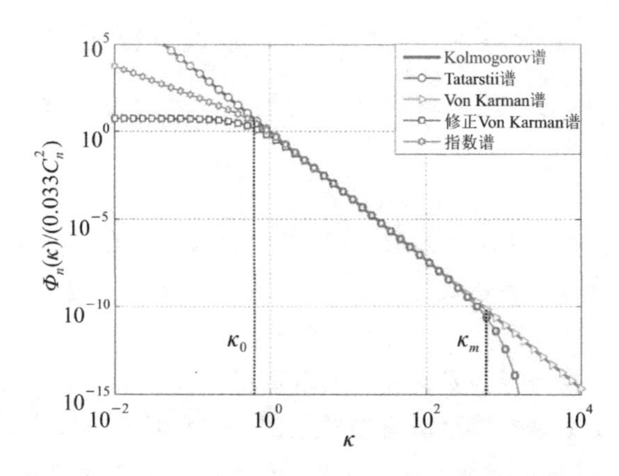

图 9.9　大气折射率起伏功率谱线随 κ 的变化图

虽然 Tatarskii 与 Von Karman 等人对 Kolmogorov 功率谱进行了修正，但这仅仅是在数学意义上使模型成立，却无法从物理上给出功率谱在高波数 $1/l_0$ 附近出现小凸起的解释。为了能够真实有效地表述功率谱随空间频率的起伏变化，Hill 给出了一种和实验数据高度拟合的 Hill 功率谱模型，它包含了在高空间频率处的突变，但是由于其过于精确，不易用来直接表征光束在湍流中的传输，因此在 1992 年，Andrews 在 Hill 数值功率谱的基础上，开发了一种包含内外尺度参数，同时也较好的描述了高波数区域处凸起的修正大气谱。

Hill 功率谱的表达式为

$$\Phi_n(\kappa)=0.033C_n^2\kappa^{-11/3}\{\exp(-1.2\kappa^2 l_0^2)+1.45\exp[-0.97(\ln\kappa l_0-0.452)^2]\} \tag{9-80}$$

修正大气谱的表达式为

$$\Phi_n(\kappa)=0.033C_n^2\left[1+a_1\frac{\kappa}{\kappa_l}+a_2\left(\frac{\kappa}{\kappa_l}\right)^{7/6}\right]\exp(-\kappa^2/\kappa_l^2)/(\kappa^2+\kappa_0^2)^{11/6} \tag{9-81}$$

式中，$a_1=1.802$，$a_2=-0.254$，$\kappa_l=3.3/l_0$。将 $\kappa_l=\kappa_m$，$a_1=a_2=0$ 代入式(9-81)，修正 Hill 谱将退化为 Von Karman 谱；若 $\kappa_0=l_0=0$，式(9-81)可简化为 Kolmogorov 功率谱模型。

为了便于计算，Andrews对修正Hill谱做了类似于指数谱的近似，得到Andrews谱，具体表达式为

$$\Phi_n(\kappa)=0.033C_n^2\kappa^{-11/3}\left[1+a_1\frac{\kappa}{\kappa_l}-a_2\left(\frac{\kappa}{\kappa_l}\right)^{7/6}\right]\exp\left(-\frac{\kappa^2}{\kappa_l^2}\right)\left[1-\exp\left(-\frac{\kappa^2}{\kappa_0^2}\right)\right] \tag{9-82}$$

为了比较不同湍流功率谱模型之间的差异，采用与图9.9相同的仿真参数，得到如图9.10所示的归一化大气折射率功率谱随κl_0变化的曲线图。从图9.10可以明显看出，修正Hill谱和Andrews谱在$0.1<\kappa l_0<10$的范围内，功率谱折射率指数起伏发生了明显的跃变，印证了实验测量数据出现高波数突变的现象，而对于其他五种大气湍流折射率功率谱模型，没有出现折射率起伏突变。

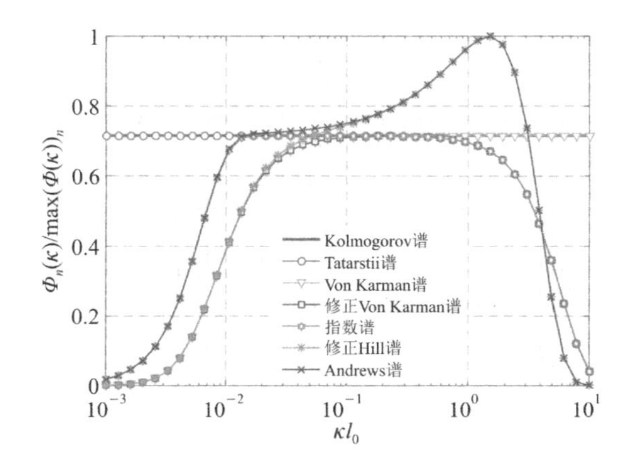

图9.10　归一化大气折射率起伏功率谱线随κl_0的变化图

与陆地大气相比，海洋大气的温度与湿度起伏更为复杂。制约海洋大气湍流研究的主要因素就是过去的探测设备较为落后，针对海面复杂多变的环境无法做到对相关数据的准确测量。近些年来，Yong等人通过将曲线拟合到Hill提出的数值索尔顿海光谱，开发出了一种新的海洋大气折射率功率谱模型，简称为海气谱，其表达形式为

$$\Phi_n(\kappa)=0.033C_n^2\left[1+b_1\frac{\kappa}{\kappa_h}+b_2\left(\frac{\kappa}{\kappa_h}\right)^{7/6}\right]\exp(-\kappa^2/\kappa_h^2)/(\kappa^2+\kappa_0^2)^{11/6} \tag{9-83}$$

式中，$b_1=-0.061$，$\kappa_h=3.41/l_0$，$\kappa_0=2\pi/L_0$。参考前面给出的指数功率谱形式，这里对海气谱也做了指数近似，即

$$\Phi_n(\kappa)=0.033C_n^2\kappa^{-11/3}\left[1+b_1\frac{\kappa}{\kappa_l}-b_2\left(\frac{\kappa}{\kappa_l}\right)^{7/6}\right]\exp\left(-\frac{\kappa^2}{\kappa_h^2}\right)\left[1-\exp\left(-\frac{\kappa^2}{\kappa_0^2}\right)\right] \tag{9-84}$$

以上给出的各种功率谱均能满足 Kolmogorov 湍流理论，在解决实际大气光学传输问题的过程中取得了巨大成功。然而，最近实验结果表明：实际的大气环境并非都能采用上述几种湍流功率谱模型来描述，对流层顶部及同温层大气湍流都与 Kolmogorov 模型不吻合，且当光束沿垂直方向进行传播时，大气湍流表现出较强的 non-Kolmogorov 特征。根据 non-Kolmogorov 湍流理论，对 Kolmogorov 常规功率谱模型进行推广，可以得到广义的湍流功率谱模型，具体表示为

$$\Phi_n(\kappa)=A(\alpha)\tilde{C}_n^2\kappa^{-\alpha} \tag{9-85}$$

式中，α 为功率谱指数，取值范围为 $3<\alpha<5$，$A(\alpha)$为保证折射率功率谱 $\Phi_n(\kappa)$ 与广义折射率结构常数 $\tilde{C}_n^2$ 一致的连续函数，$\tilde{C}_n^2$ 的单位为 $m^{3-\alpha}$，$A(\alpha)$的具体形式为

$$A(\alpha)=\Gamma(\alpha-1)\cos(\alpha\pi/2)/(4\pi^2) \tag{9-86}$$

式中，$\Gamma(\cdot)$是伽马算子。由图 9.11 可知，连续函数 $A(\alpha)$在 α 趋于 3 或 5 时的值为 0，并且，当 $\alpha=11/3$ 时，$A(\alpha)=0.033$，广义折射率结构常数 $\tilde{C}_n^2$ 的单位变为 $m^{-2/3}$，即 $\tilde{C}_n^2=C_n^2$，non-Kolmogorov 湍流功率谱便退化为 Kolmogorov 湍流功率谱。$A(\alpha)$在 $\alpha=4.375$ 附近时，值最大，并在取值区域内沿着两边减小。

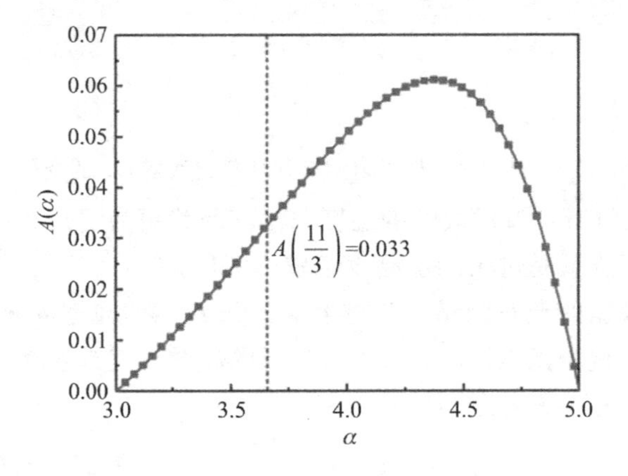

图 9.11　连续函数 $A(\alpha)$随 α 的变化

满足 non-Kolmogorov 湍流理论的海气谱与指数海气谱有以下形式

$$\Phi_n(\kappa)=A(\alpha)\tilde{C}_n^2\left[1+b_1\frac{\kappa}{\kappa_h}+b_2\left(\frac{\kappa}{\kappa_h}\right)^{3-\alpha/2}\right]\frac{\exp(-\kappa^2/\kappa_h^2)}{(\kappa^2+\kappa_0^2)^{\alpha/2}} \tag{9-87}$$

$$\Phi_n(\kappa)=A(\alpha)\widetilde{C}_n^2\left[1-\exp\left(-\frac{\kappa^2}{\kappa_0^2}\right)\right]\left[1+b_1\frac{\kappa}{\kappa_h}+b_2\left(\frac{\kappa}{\kappa_h}\right)^{3-\alpha/2}\right]\frac{\exp(-\kappa^2/\kappa_h^2)}{\kappa^\alpha} \tag{9-88}$$

式中，$\kappa_h=c(\alpha)/l_0$，$\kappa_0=2\pi/L_0$，$c(\alpha)$由系数 b_1 和 b_2 确定，表达形式为

$$c(\alpha)=\left\{\pi A(\alpha)\left[\Gamma\left(\frac{3-\alpha}{2}\right)\frac{3-\alpha}{3}+b_1\Gamma\left(\frac{4-\alpha}{2}\right)\frac{4-\alpha}{3}+b_2\Gamma\left(\frac{12-3\alpha}{4}\right)\frac{4-\alpha}{2}\right]\right\}^{1/(\alpha-5)} \tag{9-89}$$

下面针对上面给出的各功率谱进行数值仿真与分析，比较不同功率谱随波数 κ 的对数以及内外尺度参数的变化。图 9.12 给出的是湍流内尺度参数 $l_0=0.01$ m，外尺度参数 $L_0=10$ m 时的大气湍流折射率功率谱示意图。图 9.12(a)是四种功率谱的对数随 κ 的对数变化，由图可知在 $2\pi/L_0\ll\kappa\ll2\pi/l_0$ 的惯性子区间内，功率谱的取值是完全一致的，在 $\kappa<2\pi/L_0$ 的输入区域内，Kolmogorov 谱与 Tatarskii 谱的下降速度远大于 Von Karman 谱与指数谱，但在 $2\pi/l_0<\kappa$ 的耗散区内，Tatarskii 谱、Von Karman 谱以及指数谱的走势相同，且下降速度大于 Kolmogorov 谱；图 9.12(b)是以 Kolmogorov 谱为基准绘制的归一化折射率功率谱，假定每处 κ 对应的 Kolmogorov 谱的取值为 1，计算其他功率谱在相应 κ 处的结果并与其进行比较。两幅图相互印证，揭示了公式不能体现的功率谱差异。

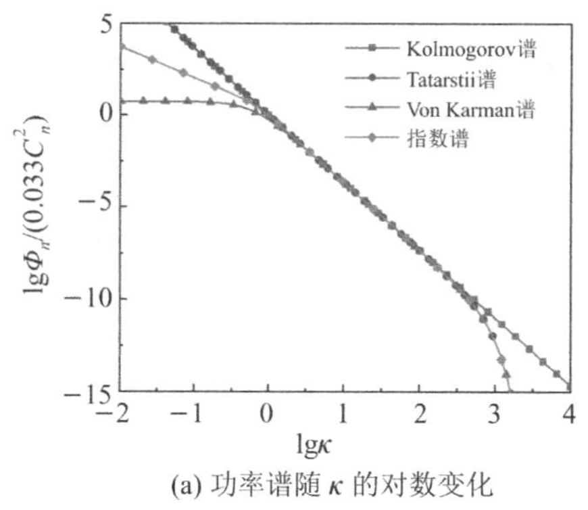

(a) 功率谱随 κ 的对数变化

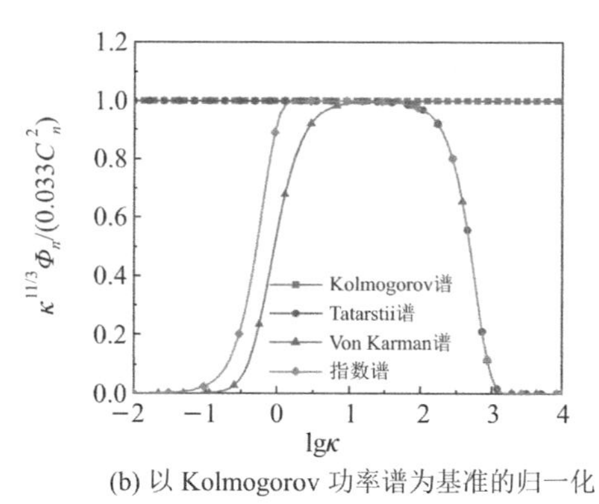

(b) 以 Kolmogorov 功率谱为基准的归一化

图 9.12　大气湍流折射率功率谱

前面提到，在研究要求不高时，可采用修正大气谱研究激光束在海洋大气湍流中的传输，该理论有一定的根据，对比大气谱与海气谱的表达形式，可以推断出它们拥有相似的变化。采用与图 9.12 相同的湍流内外尺度参数，图 9.13 给出了大气谱、指数大气谱、海气谱以及指数海气谱的比较。从图 9.13 可知，当 $\lg(\kappa)<1$ 时，指数修正大气谱与指数海气谱变化趋势一致，修正大气谱与海气

谱变化趋势一致，但是当 $\lg\kappa>1$ 时，修正大气谱与指数修正大气谱变化趋势一致，海气谱与指数海气谱变化趋势一致，这为可以用大气谱近似研究海洋大气湍流中的激光束传输这一理论提供了证明。并且，我们还发现，这四种功率谱均在 $\lg\kappa=2$ 的右方产生明显凸起，是符合实际测量情况的有效物理模型的。

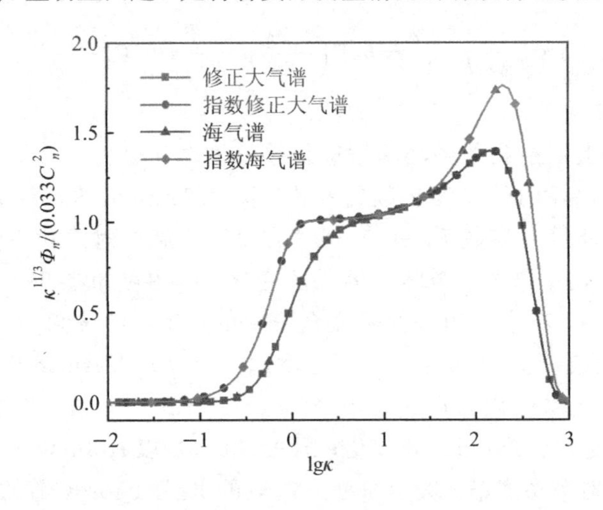

图 9.13　大气谱与海气谱的比较

图 9.14 给出的是不同湍流内外尺度参数对海气谱的影响。从图 9.14 可知，当外尺度参数相同时，随着内尺度参数的增大，功率谱的峰值不变，凸起向低波数区域移动；当内尺度参数相同时，随着外尺度参数的增大，凸起的位置不变，低波数区域的谱值逐渐增大。因此，可以推断当外尺度参数为无穷大时，低波数区域变化趋势与 Kolmogorov 功率谱相同。

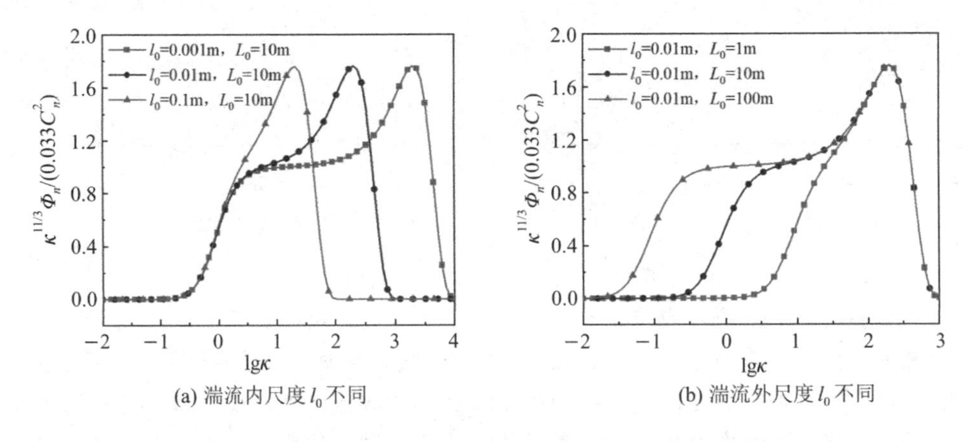

(a) 湍流内尺度 l_0 不同　　(b) 湍流外尺度 l_0 不同

图 9.14　湍流内外尺度对海气谱的影响

3. 海水湍流

类似于大气，海水始终处于不规则且高度不可预知的运动状态。由于海水中存在温度和盐度两种梯度，因此会出现明显的热量交换和溶质扩散运动，且任意时刻任意位置的海水都在做不规则的湍流运动。海水湍流处于一个比大气湍流更加复杂的不平稳流体运动状态：大气湍流主要取决于局部大气的温度随机波动，而海水湍流不仅要考虑局部海水温度的随机波动，而且还要考虑盐度的随机波动。与大气湍流类似，海水湍流也采用功率谱模型来表征。

1978 年，Hill 等提出了四种海水湍流折射率起伏的功率谱模型，但这些模型仅考虑到局部海水温度随机波动或海水盐度变化的影响。针对这一现象，Nikishov 等人在 Hill 海洋功率谱模型的基础上提出了一种能同时兼顾海水温度和盐度波动影响的功率谱解析模型。假设湍流是均匀且各向同性的稳定湍流，Nikishov 海水湍流折射率起伏功率谱表达式为

$$\Phi_n(\kappa)=0.388\times10^{-8}\varepsilon^{-1/3}\kappa^{-11/3}[1+2.35(\kappa\eta)^{2/3}]f(\kappa,\omega,\chi_T) \tag{9-90}$$

$$f(\kappa,\omega,\chi_T)=\frac{\chi_T}{\omega^2}[\omega^2\exp(-A_T\delta)+\exp(-A_S\delta)-2\omega\exp(-A_{TS}\delta)] \tag{9-91}$$

$$\delta=8.284(\kappa\eta)^{4/3}+12.978(\kappa\eta)^2 \tag{9-92}$$

式中，A_T、A_S 和 A_{TS} 为常量，取值分别为 $A_T=1.863\times10^{-2}$，$A_S=1.9\times10^{-4}$，$A_{TS}=9.41\times10^{-3}$。接下来对海水湍流折射率功率谱中出现的其他参量进行介绍。

ε 表示海洋湍流的动能耗散率，用来表征单位时间单位质量的海水湍流动能因为内摩擦转化为分子热运动动能的速率，具体表达式写为

$$\varepsilon=(\nu/2)\langle S_{ij}S_{ij}\rangle \tag{9-93}$$

其中，ν 是运动黏度系数，$S_{ij}=(\partial u_i/\partial x_j+\partial u_j/\partial x_i)$，$i, j=1, 2, 3$，$(u_1, u_2, u_3)$ 分别对应每个正交方向上海水湍流的流速。若海水湍流满足均匀且各向同性的条件，式(9-93)可简写为

$$\varepsilon=(15\nu/2)\langle(\partial u/\partial z)^2\rangle \tag{9-94}$$

海水湍流的动能耗散率取值大小与海水深度直接相关，海水深度越深，ε 取值越小。在海水表面，海水湍流比较活跃，ε 取值可达 $10^{-1}\ \mathrm{m^2\cdot s^{-3}}$，而在深海区域，$\varepsilon$ 取值接近于最小值 $10^{-10}\ \mathrm{m^2\cdot s^{-3}}$，因此 ε 的取值范围为 $10^{-10}\sim10^{-1}\ \mathrm{m^2\cdot s^{-3}}$。

η 表示海水湍流的 Kolmogorov 微尺度，与大气湍流内尺度 l_0 类似，η 与湍流的动能耗散率 ε 以及运动黏度系数 ν 有关，具体关系为

$$\eta=(\nu^3/\varepsilon)^{1/4} \tag{9-95}$$

海水湍流的 Komogorov 尺度取值范围为 $6\times10^{-5}\sim10^{-2}$ m。需要注意的是，当海洋湍流的小尺度涡漩小于 Komogorov 尺度最小值时，η 不再适用，需要采用 η_B(Batchelor 尺度)来描述这一过程，η_B 表示形式为

$$\eta_B=(\nu D^2/\varepsilon)^{1/4} \tag{9-96}$$

Batchelor 尺度取值范围较小，取值范围为 $2\times10^{-6}\sim4\times10^{-4}$ m。

χ_T 表示湍流的温度方差耗散率，用来表征温度随机波动对湍流的影响。χ_T 的数学表达式为

$$\chi_T=2K_T\langle(\partial T'/\partial x)^2+(\partial T'/\partial y)^2+(\partial T'/\partial z)^2\rangle \tag{9-97}$$

式中，K_T 是指湍流温度扩散系数；$T'=T-T_0$ 表示实测温度和平均温度 T_0 的差值，用来表示温度的变化情况。若海水湍流满足各向同性条件，各方向温度梯度一致，则对式(9-97)进行简化可得

$$\chi_T=6K_T\langle(\partial T'/\partial z)^2\rangle \tag{9-98}$$

在海水表面，温度方差耗散率 χ_T 取值可达 $10^{-4}\,\mathrm{K}^2\cdot\mathrm{s}^{-1}$，处于深海区域时，$\chi_T$ 最小值可取 $10^{-10}\,\mathrm{K}^2\cdot\mathrm{s}^{-1}$。当温度方差耗散率取值较大时，表明在浅层海水水域，此时的海水湍流表现出较强的湍流效应。

ω 为温度与盐度导致海洋湍流的比值，用来作为表征温度和盐度对湍流影响相对大小的平衡参数。ω 的数学公式为

$$\omega=\alpha\left(\frac{\mathrm{d}T_0}{\mathrm{d}z}\right)\Big/\beta\left(\frac{\mathrm{d}S_0}{\mathrm{d}z}\right) \tag{9-99}$$

式中，α 和 β 分别表示温度和盐度的系数扩展。温度与盐度起伏平衡参数 ω 的取值范围为 $-5\sim0$，当 $\omega=-5$ 时，表示温度为海洋湍流的主导因素；当 $\omega=0$ 时，表示海水湍流完全由盐度起伏主导。

9.2.2　湍流介质中结构光场的传输理论

1. 随机波动方程

当结构光场在大气湍流中传输时，由于随机介质折射率随空间和时间的随机变化，导致了结构光场振幅和相位的随机波动。从本质上来说，光场在大气湍流场中的传播问题，可以归纳为在湍流场中求解麦克斯韦方程。在均匀、各向同性的非吸收随机介质中，准单色光波动方程为

$$\nabla^2\boldsymbol{E}+k^2n^2(\boldsymbol{r})\boldsymbol{E}+2\,\nabla[\boldsymbol{E}\cdot\nabla\log n(\boldsymbol{r})]=0 \tag{9-100}$$

式中，$\boldsymbol{E}$ 为电场矢量，$\boldsymbol{r}=x\hat{\boldsymbol{x}}+y\hat{\boldsymbol{y}}+z\hat{\boldsymbol{z}}$ 为空间一点的坐标，$n(\boldsymbol{r})$为折射率，k

为波数，∇^2 为拉普拉斯算符。由于光波的波长远小于湍流内尺度，光波的后向散射和极化效应可忽略不计，则式(9－100)中第三项近似为零，波动方程简化为

$$\nabla^2 \boldsymbol{E} + k^2 n^2(\boldsymbol{r}) \boldsymbol{E} = 0 \tag{9-101}$$

电场矢量方程可在三个正交方向上分解为三个独立的标量电场方程。用 $U(r)$ 表示矢量电场的任意一个分量，则随机矢量波动方程式(9－101)可用随机标量亥姆霍兹方程代替

$$\nabla^2 U + k^2 n^2(\boldsymbol{r}) U = 0 \tag{9-102}$$

通常，折射率指数可表示为

$$n(\boldsymbol{r}) = n_0 + n_1(\boldsymbol{r}) \tag{9-103}$$

理论上，此类方程无法给出确定的解析解，但是采用忽略衍射效应的几何光学近似法，通过 Born 近似和 Rytov 近似两个微扰理论可以求得近似解。需要说明的是，Born 近似与 Rytov 近似主要适用于起伏较小的弱湍流以及高斯光束等简单光束。

2. Born 近似理论

Born 近似是将微扰项以加性噪声的形式添加到没有受到扰动的光场上。为便于求解随机波动方程式(9－102)，将折射率的平方项改写成

$$n^2(\rho) = [n_0(\rho) + n_1(\rho)]^2 \approx 1 + 2n_1(\rho), \quad |n_1(\rho)| \ll 1 \tag{9-104}$$

假定光场沿 z 轴正方向传输，在传输距离 $z=L$ 处的总光场可以通过一系列光场叠加得到，即

$$U(\rho) = U_0(\rho) + U_1(\rho) + U_2(\rho) + \cdots \tag{9-105}$$

式中，$U_0(\rho)$ 为不考虑湍流时的未扰动光场，$U_1(\rho)$ 和 $U_2(\rho)$ 分别表示由湍流引起的光场一阶、二阶扰动。弱湍流中，由于 $U_n(\rho)$ 扰动远远小于 $U_{n-1}(\rho)$ 扰动，因此仅考虑一阶扰动也会有不错的近似效果，将式(9－104)与式(9－105)代入式(9－102)中，得到

$$\nabla^2 U_0 + k^2 U_0 = 0 \tag{9-106}$$

$$\nabla^2 U_1 + k^2 U_1 = -2k^2 n_1 U_0 \tag{9-107}$$

$$\nabla^2 U_2 + k^2 U_2 = -2k^2 n_1 U_1 \tag{9-108}$$

该方法的最大优点是把依赖随机系数的齐次方程转化为具备常系数的非齐次方程组，可以求得第 m 阶扰动为

$$U_m(\rho) = \iiint_V G(\rho', \rho)[2k^2 n_1(\rho') U_{m-1}(\rho')] \mathrm{d}V \tag{9-109}$$

式中，格林函数及傍轴近似条件为

$$G(\rho', \rho)=\frac{1}{4\pi|\rho-\rho'|}\exp(\mathrm{i}k|\rho-\rho'|) \tag{9-110}$$

$$|\rho-\rho'|=|L-z|+\frac{|\boldsymbol{r}'-\boldsymbol{r}|^2}{2(L-z)}+\cdots, \quad |\boldsymbol{r}'-\boldsymbol{r}|\ll|L-z| \tag{9-111}$$

将式(9-110)和式(9-111)代入式(9-109)并做近似处理可得

$$U_m(\boldsymbol{r}, L)=\frac{k^2}{2\pi}\int_0^L \mathrm{d}z\iint_{-\infty}^{+\infty}\mathrm{d}^2 r'\exp\left[\mathrm{i}k(L-z)+\frac{\mathrm{i}k|\boldsymbol{r}'-\boldsymbol{r}|^2}{2(L-z)}\right]U_{m-1}(\boldsymbol{r}', z)\frac{n_1(\boldsymbol{r}', z)}{L-z} \tag{9-112}$$

对式(9-112)做三重积分较为困难，可再做如下近似处理

$$U_m(\boldsymbol{r}, L)=\frac{k^2}{2\pi}L\iint_{-\infty}^{+\infty}\mathrm{d}^2 r'\exp\left[\mathrm{i}k(L-z_0)+\frac{\mathrm{i}k|\boldsymbol{r}'-\boldsymbol{r}|^2}{2(L-z_0)}\right]U_{m-1}(\boldsymbol{r}', z_0)\frac{n_1(\boldsymbol{r}', z_0)}{L-z_0} \tag{9-113}$$

式中，$\boldsymbol{r}$ 为场点，$r=\sqrt{x^2+y^2}$，L 为传播距离，$\boldsymbol{r}'$为源点，$r'=\sqrt{x_0^2+y_0^2}$，z_0 为光场出射平面。在该积分公式中，唯一的未知量是位于($\boldsymbol{r}'$, z_0)的 n_1 取值，在微波及其以下频段，n_1 与温度、水气压等有关。

$$n_1=10^{-6}\times\frac{77.6}{T}\times\left(P+\frac{4810e}{T}\right) \tag{9-114}$$

式中，T 为温度，单位为 K；P 为压强，单位为 hPa；e 为水汽压，单位为 hPa。图 9.15 给出了这三个参量在一定区域内均匀随机分布时 n_1 的取值。当 T 为 286～300 K 之间的随机温度，e 为 20～30 hPa 之间的随机水汽压时，n_1 的取值范围为(3.9～4.2)$\times10^{-4}$。

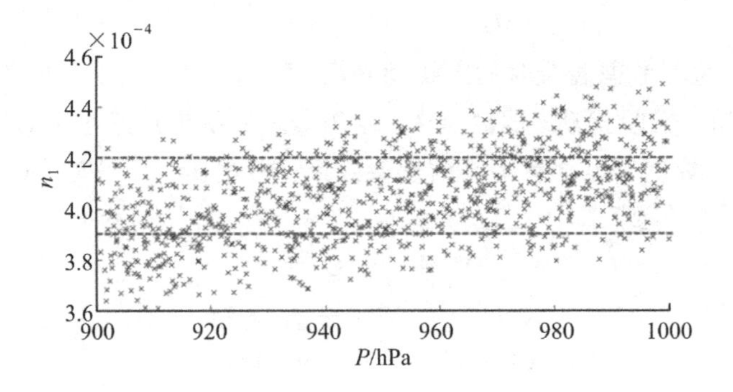

图 9.15　n_1 随压强变化的取值分布

3. Rytov 近似理论

Rytov 近似是弱湍流条件下常用的微扰理论。与 Born 近似不同，Rytov 近似是将微扰项以乘性噪声的形式添加到没有受到扰动的光场上。在 $z=L$ 处的

光场可表示为

$$U(\rho)=U_0(\rho)\exp[\psi(\rho)] \tag{9-115}$$

式中，$\psi(\rho)$为复相位扰动，可展开为多个复相位扰动的和，即

$$\psi(\rho)=\psi_1(\rho)+\psi_2(\rho)+\cdots \tag{9-116}$$

式中，$\psi_1(\rho)$和 $\psi_2(\rho)$是通过 Born 近似求解出的一、二阶复相位扰动项。求解复相位的步骤如下：

首先，定义 Born 近似下的归一化复相位扰动

$$\Phi_m(\rho)=\frac{U_m(\rho)}{U_0(\rho)} \tag{9-117}$$

考虑到 Born 近似的一阶形式与 Rytov 近似的一阶形式完全相等，则有

$$U_0(\rho)\exp[\psi_1(\rho)]=U_0(\rho)+U_1(\rho)=U_0(\rho)[1+\Phi_1(\rho)] \tag{9-118}$$

对式(9-118)两边同时取对数可得

$$\psi_1(\rho)=\ln[1+\Phi_1(\rho)] \tag{9-119}$$

根据数学关系 $\ln(1+x)\approx x$(x 极小)可得

$$\psi_1(\rho)\approx\Phi_1(\rho),\ |\Phi_1(\rho)|\ll 1 \tag{9-120}$$

则复相位扰动项 $\psi_1(\rho)$可表示为

$$\psi_1(\rho)=\frac{k^2}{2\pi}\int_0^L \mathrm{d}z\iint_{-\infty}^{+\infty}\mathrm{d}^2 r'\exp\left[\mathrm{i}k(L-z)+\frac{\mathrm{i}k|\boldsymbol{r}'-\boldsymbol{r}|^2}{2(L-z)}\right]\frac{n_1(\boldsymbol{r}',z)}{L-z}\frac{U_0(\boldsymbol{r}',z)}{U_0(\boldsymbol{r},L)} \tag{9-121}$$

同理，取 Born 近似的二阶形式与 Rytov 近似的二阶形式相等时，有

$$U_0(\rho)\exp[\psi_1(\rho)+\psi_2(\rho)]=U_0(\rho)[1+\Phi_1(\rho)+\Phi_2(\rho)] \tag{9-122}$$

对式(9-122)两边同时取对数可得

$$\psi_1(\rho)+\psi_2(\rho)\approx\Phi_1(\rho)+\Phi_2(\rho)-\frac{1}{2}\Phi_1^2(\rho),\ |\Phi_1(\rho)|\ll 1,\ |\Phi_2(\rho)|\ll 1 \tag{9-123}$$

因为在一阶近似中，已经得到 $\psi_1(\rho)=\Phi_1(\rho)$，所以式(9-123)可进一步写为

$$\psi_2(\rho)\approx\Phi_2(\rho)-\frac{1}{2}\Phi_1^2(\rho) \tag{9-124}$$

又因为 $\Phi_2(\rho)$的表达形式为

$$\Phi_2(\rho)=\frac{k^2}{2\pi}\int_0^L \mathrm{d}z\iint_{-\infty}^{+\infty}\mathrm{d}^2 s\exp\left[\mathrm{i}k(L-z)+\frac{\mathrm{i}k|\boldsymbol{r}'-\boldsymbol{r}|^2}{2(L-z)}\right]\frac{n_1(\boldsymbol{r}',z)}{L-z}\frac{U_1(\boldsymbol{r}',z)}{U_0(\boldsymbol{r},L)} \tag{9-125}$$

将 $\Phi_2(\rho)$与 $\Phi_1(\rho)$代入式(9-124)，即可求得 $\psi_2(\rho)$，其余高阶复相位的求解方法与该流程类似。

4. 广义 Huygens-Fresnel 理论

Huygens-Fresnel 理论是研究光束传输规律的基本理论，适用于所有光束传输过程中的衍射问题。根据 Huygens-Fresnel 理论，源平面上任意位置的光场都可看作为一个球面波的发射源，那么在源平面处的光场可分解成为无数球面波。在接收平面上，任意位置处光场分布都是源平面处发射的所有球面波的叠加。

当光束在自由空间中传输时，接收平面处满足傍轴近似条件的光场可写为

$$E(\boldsymbol{r}, L)=-\frac{\mathrm{i}k\exp(\mathrm{i}kz)}{2\pi z}\iint_{-\infty}^{+\infty}E_0(\boldsymbol{r}_0, 0)\exp\left[\frac{\mathrm{i}k}{2z}(\boldsymbol{r}-\boldsymbol{r}_0)^2\right]\mathrm{d}^2\boldsymbol{r}_0 \tag{9-126}$$

式中，z 为传播距离，$E_0(\boldsymbol{r}_0, 0)$为源平面处的光场，$E(\boldsymbol{r}, z)$为接收平面处的光场，k 为波数。

当光束在湍流介质中传输时，接收平面处满足傍轴近似条件的光场可写为

$$E(\boldsymbol{r}, z)=-\frac{\mathrm{i}k\exp(\mathrm{i}kz)}{2\pi z}\iint_{-\infty}^{+\infty}E_0(\boldsymbol{r}_0, 0)\exp\left[\frac{\mathrm{i}k}{2z}(\boldsymbol{r}-\boldsymbol{r}_0)^2+\psi(\boldsymbol{r}_0, \boldsymbol{r}, z)\right]\mathrm{d}^2\boldsymbol{r}_0 \tag{9-127}$$

式中，$\psi(\boldsymbol{r}_0, \boldsymbol{r}, z)$为球面波经湍流介质引起的随机复相位扰动函数，其表达式为

$$\psi(\boldsymbol{r}_0, \boldsymbol{r}, z)=\chi(\boldsymbol{r}_0, \boldsymbol{r}, z)+\mathrm{i}S(\boldsymbol{r}_0, \boldsymbol{r}, z) \tag{9-128}$$

其中，$\chi(\boldsymbol{r}_0, \boldsymbol{r}, z)$表示振幅起伏，$S(\boldsymbol{r}_0, \boldsymbol{r}, z)$表示相位起伏。式(9-127)被称为广义 Huygens-Fresnel 原理。

针对湍流介质中部分相干光束的传输，广义 Huygens-Fresnel 原理可写为

$$\begin{aligned}W(\boldsymbol{r}_1, \boldsymbol{r}_2, z)=&\frac{k^2}{4\pi^2L^2}\int_{-\infty}^{+\infty}\int_{-\infty}^{+\infty}W_0(\boldsymbol{r}_{10}, \boldsymbol{r}_{20}, 0)\times\\&\exp\left\{\frac{\mathrm{i}k}{2L}[(\boldsymbol{r}_1-\boldsymbol{r}_{10})^2-(\boldsymbol{r}_2-\boldsymbol{r}_{20})^2]\right\}\times\\&\langle\exp[\psi(\boldsymbol{r}_{10}, \boldsymbol{r}_1, L)+\psi^*(\boldsymbol{r}_{20}, \boldsymbol{r}_2, L)]\rangle\mathrm{d}^2\boldsymbol{r}_{10}\mathrm{d}^2\boldsymbol{r}_{20}\end{aligned} \tag{9-129}$$

式中，$W_0(\boldsymbol{r}_{10}, \boldsymbol{r}_{20}, 0)$为源平面处的交叉谱密度函数，$W(\boldsymbol{r}_1, \boldsymbol{r}_2, z)$为接收平面处的交叉谱密度函数。

结合 Rytov 相位结构函数的二次近似，式(9-129)中复随机相位的统计平均项可以写为

$$\begin{aligned}&\langle\exp[\psi(\boldsymbol{r}_{10}, \boldsymbol{r}_1, L)+\psi^*(\boldsymbol{r}_{20}, \boldsymbol{r}_2, L)]\rangle\\=&\exp\left[-\frac{1}{2}D(\boldsymbol{r}_{10}-\boldsymbol{r}_{20}, \boldsymbol{r}_1-\boldsymbol{r}_2)\right]\\=&\exp\left[-\frac{(\boldsymbol{r}_{10}-\boldsymbol{r}_{20})^2+(\boldsymbol{r}_{10}-\boldsymbol{r}_{20})(\boldsymbol{r}_1-\boldsymbol{r}_2)+(\boldsymbol{r}_1-\boldsymbol{r}_2)^2}{\rho_0^2}\right]\end{aligned} \tag{9-130}$$

其中，$D(\boldsymbol{r}_{10}-\boldsymbol{r}_{20}, \boldsymbol{r}_1-\boldsymbol{r}_2)$为球面波结构函数，$\rho_0$ 为对应球面波大气相干长度。

5. 多相位屏理论

采用多相位屏理论模拟光束在湍流介质中传输的基本思想是：将湍流介质看作是由真空环境和等间隔若干独立分布的相位屏构成，且光束在传输过程中，针对设定的真空环境和相位屏对光束的影响分别单独处理，最后将所有的传播响应进行累积的过程。图 9.16 给出了光束在湍流中的传输过程以及将湍流环境等效为湍流相位屏模型的示意图。

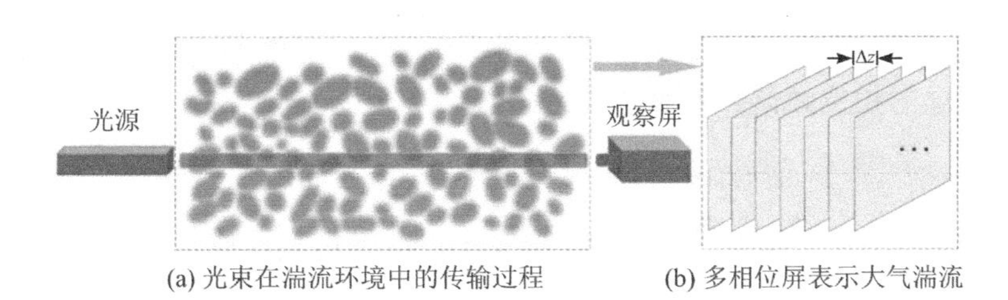

图 9.16　光束在大气湍流环境传输过程示意图

光束在到达第一个相位屏之前，先经历一段自由空间的传输过程，传输到第一个相位屏位置时光场衍化为

$$U_{1-}(x, y)=F^{-1}\{F[U_0(x, y)]U_{\mathrm{prop}}(\kappa_x, \kappa_y)\} \tag{9-131}$$

式中，$U_{\mathrm{prop}}(\kappa_x, \kappa_y)$表示光束在自由空间频域的传输函数，$\kappa_x$、$\kappa_y$ 分别表示在 x 轴和 y 轴的空间频率分量。

当光束到达第一个相位屏并穿过后，光场受湍流随机相位分布影响被附加上新的相位扰动，得到通过相位屏后的光场表达式为

$$U_{1+}(x, y)=U_{1-}(x, y)\exp[\mathrm{i}\beta_1(x, y)] \tag{9-132}$$

式中，$\beta_1(x, y)$表示通过的第一个相位屏的随机相位分布函数。

当光束继续传输，通过下一个相位屏前、后再次执行式(9-131)和式(9-132)运算过程，依次循环迭代，直至通过 M 个相位屏。

下面考虑用功率谱反演法获取相位屏分布函数 $\beta(x, y)$：

首先由大气折射率功率谱 $\Phi_n(\kappa_x, \kappa_y)$得到大气湍流的相位频谱 $\Phi(\kappa_x, \kappa_y)$

$$\Phi(\kappa_x, \kappa_y)=2\pi k^2\Delta z\Phi_n(\kappa_x, \kappa_y) \tag{9-133}$$

式中，Δz 为相邻两相位屏之间的距离。用相位频谱 $\Phi(\kappa_x, \kappa_y)$对复高斯随机矩阵 $H(\kappa_x, \kappa_y)$先进行滤波，再经过傅里叶变换运算，便得到空间域相位屏相位分布函数

$$\beta(x, y)=C\sum_{\kappa_x}\sum_{\kappa_y}H(\kappa_x, \kappa_y)\sqrt{\Phi(\kappa_x, \kappa_y)}\exp[\mathrm{i}(\kappa_x x+\kappa_y y)] \tag{9-134}$$

式中，$\Delta\kappa_x=2\pi/(N\Delta x)$、$\Delta\kappa_y=2\pi/(N\Delta y)$表示频域的网格间距，$C=\sqrt{\Delta\kappa_x\Delta\kappa_y}$用来控制相位屏方差，$N$ 为相位屏所在平面沿着 x 轴或 y 轴分割的网格数，因此相位屏共有 $N\times N$ 个网格；Δx、Δy 表示当对相位屏进行网格划分时的网格间距，当网格均匀划分时，有 $\Delta x=\Delta y$；在空域内坐标(x, y)满足 $x=m\Delta x$，$y=n\Delta y$，频域内(κ_x, κ_y)满足 $\kappa_x=m'\Delta\kappa_x$，$\kappa_y=n'\Delta\kappa_y$，其中 m、n、m'和 n' 均为整数。因此式(9－134)可改写为

$$\beta(m\Delta x, n\Delta y)=\frac{2\pi}{N}\sqrt{\Delta\kappa_x\Delta\kappa_y}\sum_{m'}\sum_{n'}H(m', n')\sqrt{\Phi(m', n')}\exp\left[\mathrm{i}\left(\frac{2\pi mm'}{N}+\frac{2\pi nn'}{N}\right)\right] \tag{9-135}$$

相位屏的相位频谱方差表达式为

$$\sigma^2(m', n')=\left(\frac{2\pi}{N\Delta x}\right)^2\Phi(m', n') \tag{9-136}$$

将式(9－136)代入式(9－135)，得到相位屏随机相位分布函数为

$$\beta(m\Delta x, n\Delta y)=\sum_{m'}\sum_{n'}H(m', n')\sigma(m', n')\exp\left[\mathrm{i}\left(\frac{2\pi mm'}{N}+\frac{2\pi nn'}{N}\right)\right] \tag{9-137}$$

式(9－137)可进一步改写为傅里叶变换形式，得到最终表达形式为

$$\beta(x, y)=[H(\kappa_x, \kappa_y)\sigma(\kappa_x, \kappa_y)] \tag{9-138}$$

根据得到的湍流相位分布函数，对相位屏进行仿真模拟，设置相位屏沿 x 和 y 方向的网格数 $N=1024$，取大气湍流折射率结构常数 $C_n^2=5\times10^{-11}\ \mathrm{m}^{-2/3}$。以式(9－82)给出的 Andrews 大气湍流折射率功率谱为研究对象，得到如图 9.17 所示的湍流相位屏。

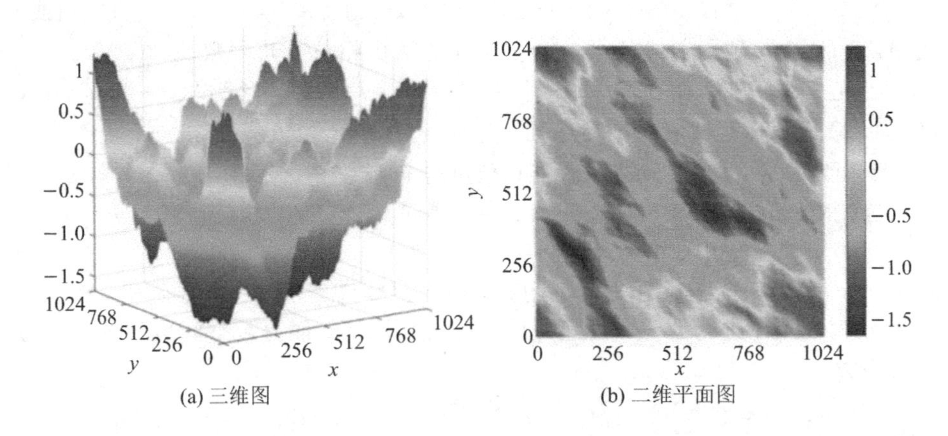

(a) 三维图　　(b) 二维平面图

图 9.17　大气湍流相位屏模拟结果

与构建大气湍流相位屏方式类似，将式(9-90)表示的海水湍流折射率起伏空间功率谱代入式(9-133)，得到海水湍流的相位频谱，按照获取大气湍流随机相位屏分布函数的步骤，最终可以得到海水湍流的相位屏。对海水湍流相位屏仿真模拟参数设置为：相位屏沿 x 和 y 方向的网格数 $N=1024$，温度方差耗散率 $\chi_T=10^{-8}\mathrm{K}^2\cdot\mathrm{s}^{-1}$，动能耗散率 $\varepsilon=10^{-7}\mathrm{m}^2\cdot\mathrm{s}^{-3}$，温度与盐度比值平衡参数 $\omega=-2$，Kolmogorov 微尺度 $\eta=1$ mm。得到如图 9.18 所示的海水湍流相位屏。

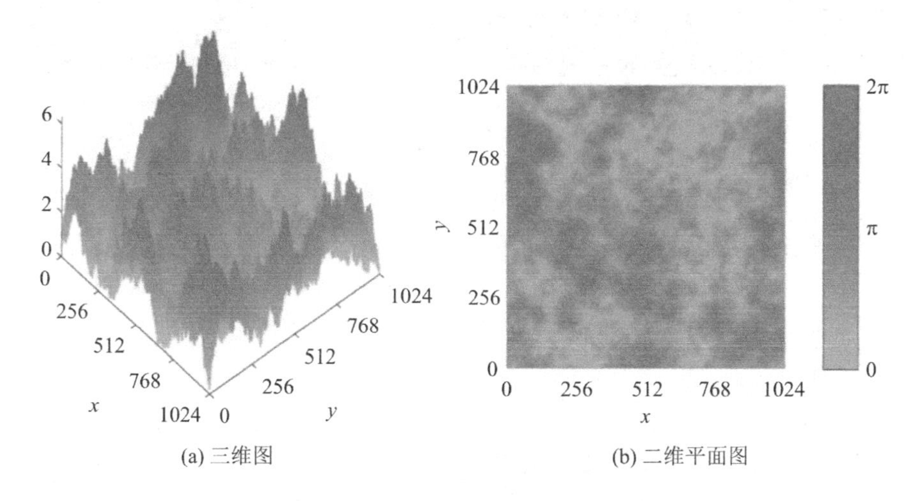

(a) 三维图　(b) 二维平面图

图 9.18　海水湍流相位屏模拟结果

9.2.3　典型湍流介质中结构光场的传输特性分析

下面以拉盖尔-高斯涡旋光束为例，分析典型湍流介质中结构光场的传输特性。

1. 大气湍流中拉盖尔-高斯涡旋光束的传输特性分析

首先采用多相位屏方法对拉盖尔-高斯涡旋光束在大气湍流中的传输进行模拟，其中仿真参数为：相位屏沿着 x 和 y 方向的网格数 $N=1024$，入射光束波长 $\lambda=632.8$ nm，束腰半径 $w_0=50$ mm，湍流折射率结构常数 $C_n^2=5\times10^{-15}\mathrm{m}^{-2/3}$，传输距离 $z=1000$ m，湍流相位屏的个数设为 20 个。图 9.19(a)与(b)分别给出了 $p=0$，$l=+4$ 的径向低阶拉盖尔-高斯光束以及 $p=2$，$l=+4$ 的径向高阶拉盖尔-高斯光束在大气湍流中传输不同距离的归一化光强和相位分布。从图 9.19 可以看出，随着光束传输距离越远，光斑发生展宽现象愈加明显，由于湍流的影响，光斑亮环发生了分裂破碎现象，而且破碎程度随传输距离的增大

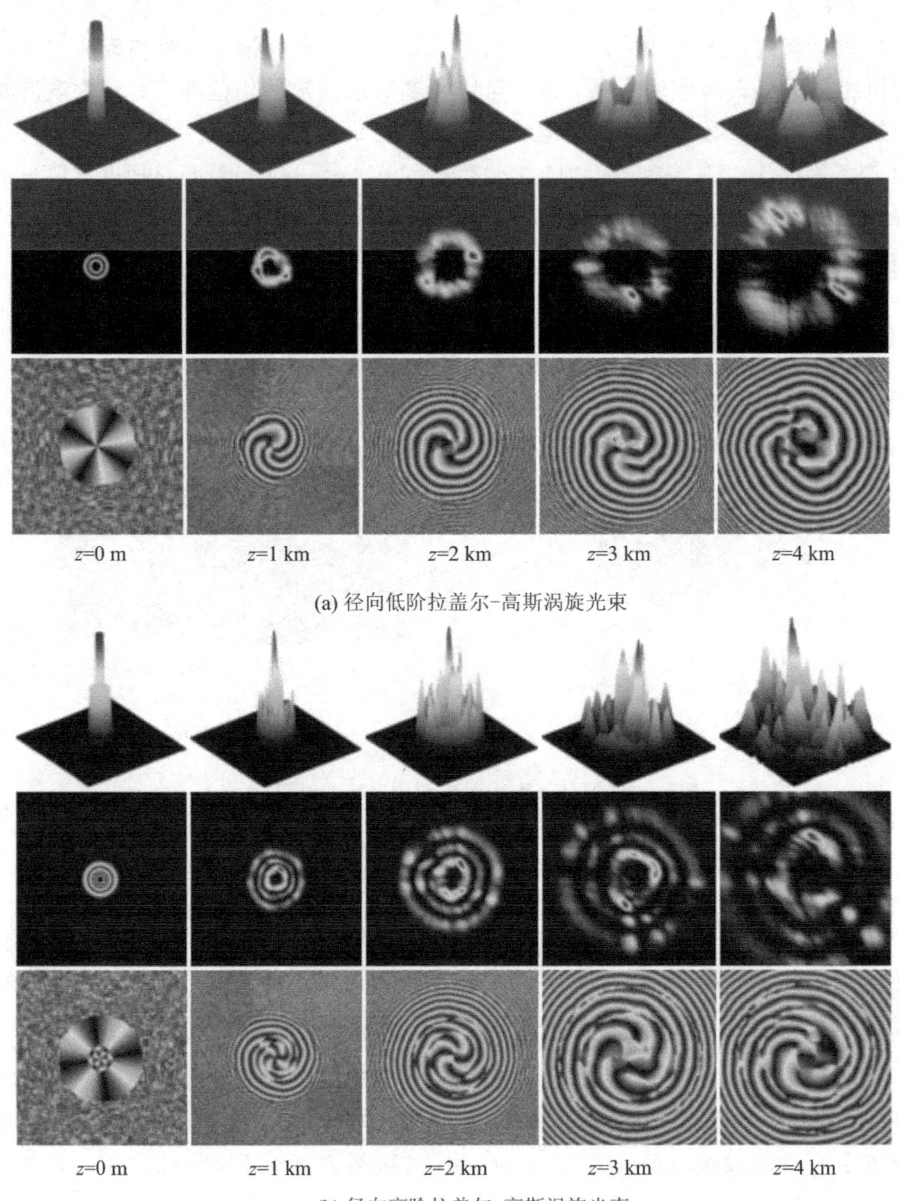

(a) 径向低阶拉盖尔-高斯涡旋光束

(b) 径向高阶拉盖尔-高斯涡旋光束

图 9.19　大气湍流环境不同传输距离拉盖尔-高斯涡旋光束光强和相位分布仿真结果

变得更加剧烈，而且光斑弥散和破裂进一步导致了光强发生衰减。同时还注意到，光束的相位结构随传输距离的增加，等相位线由发射端的直线形衍变为弯曲的螺旋形结构；另外，当光束在大气湍流环境传输时，由于湍流效应的影响，光束的相位发生了畸变，导致相位中心位置分布变得越来越模糊不清，且随着传输距离增大，相位畸变现象愈加明显。通过比较图 9.19(a)与图 9.19(b)发现，径向高阶拉盖尔-高斯涡旋光束在相同传输距离条件下，受湍流影响更严重，尤其是当光束远距离传输时，径向高阶拉盖尔-高斯光束空心的光环结构遭到严重的破坏，已经有明显的亮斑出现，这说明光束不再能较好地保持发射端光源的相位奇异特性，事实上随着传输距离的不断增大，拉盖尔-高斯涡旋光束在大气湍流中传输后会逐渐退化为高斯光束。

为讨论不同湍流强度对拉盖尔-高斯光束传输的影响，分别针对弱湍流、中等强度湍流以及强湍流进行了仿真模拟，得到如图 9.20 所示的结果。由图 9.20 可知，在 $C_n^2=5\times10^{-17}\,\mathrm{m}^{-2/3}$ 的弱湍流环境下，光束光强和相位受湍流影响较弱，接收到的光束基本上保持发射端的光斑形态，光传输系统性能的状态较好；当大气湍流折射率结构常数取值为 $C_n^2=5\times10^{-16}\,\mathrm{m}^{-2/3}$，$C_n^2=5\times10^{-15}\,\mathrm{m}^{-2/3}$，$C_n^2=5\times10^{-14}\,\mathrm{m}^{-2/3}$ 时，即湍流处于中等强度情形，随着湍流强度增大，光斑分裂破碎现象变得越来越明显，相位畸变也逐渐恶化；当 $C_n^2=5\times10^{-13}\,\mathrm{m}^{-2/3}$ 时，光束在强湍流环境传输后，捕获到的光束中心出现明显的亮斑，完全失去了初始光斑的环状形态，此时光束的相位结构已经无法辨识。比较图 9.20(a)

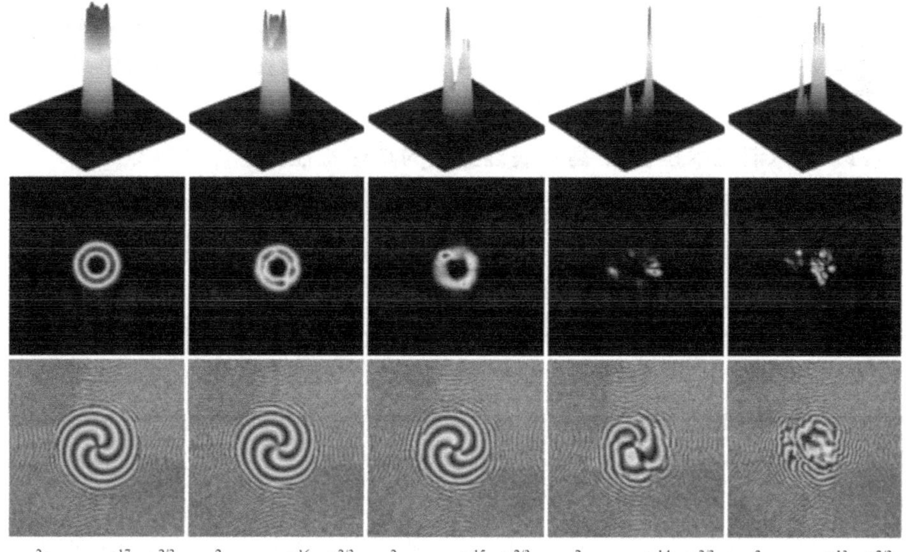

(a) 径向低阶拉盖尔-高斯涡旋光束

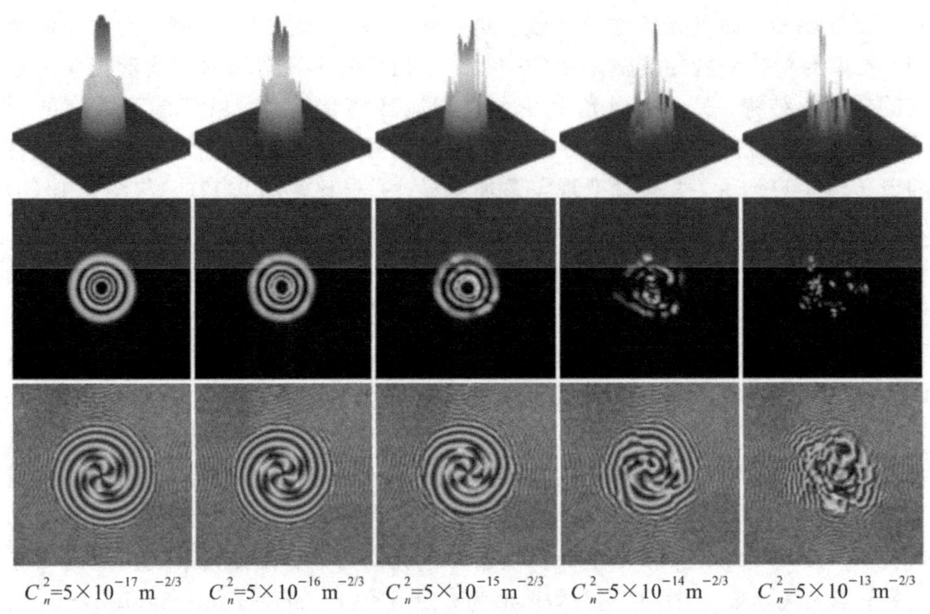

(b) 径向高阶拉盖尔-高斯涡旋光束

图 9.20　大气湍流强度对拉盖尔-高斯涡旋光束光强和相位分布影响仿真结果

和图 9.20(b)发现，对于径向低阶拉盖尔-高斯光束在湍流强度为 $C_n^2=5\times10^{-14}\,\mathrm{m}^{-2/3}$ 的环境中传输，接收到的光斑大致还保留着空心结构，在湍流强度为 $C_n^2=5\times10^{-13}\,\mathrm{m}^{-2/3}$ 时接收光束中心会出现亮斑，而对于 $p\neq0$ 的径向高阶拉盖尔-高斯涡旋光束，在湍流强度取值 $C_n^2=5\times10^{-14}\,\mathrm{m}^{-2/3}$ 时，光束横截面中心光强已开始取得非零值，因此径向低阶拉盖尔-高斯涡旋光束具有更强的抗大气湍流能力。

2. 海水湍流中拉盖尔-高斯涡旋光束的传输特性分析

接下来采用多相位屏的方法对拉盖尔-高斯涡旋光束在海水湍流中的传输进行模拟。由海洋湍流折射率结构起伏空间功率谱表达式可知，海洋湍流的强度主要由参数 χ_T、ε 和 ω 的取值情况决定，因此采用控制变量法依次讨论这几个参数对光传输的影响。仿真参数设置为：$z=50$ m，海洋湍流参数 $\chi_T=10^{-8}\,\mathrm{K}^2\cdot\mathrm{s}^{-1}$，$\varepsilon=10^{-6}\,\mathrm{m}^2\cdot\mathrm{s}^{-3}$，$\omega=-3$，$\eta=1$ mm，其他仿真参数与讨论大气湍流对光束传输影响设置相同。图 9.21 给出了海水湍流温度方差耗散率取不同值时，接收到的拉盖尔-高斯光束传输光强和相位分布。从图 9.21 中可以观察到，光束在海洋湍流中仅仅传输 50 m 光强和相位分布就会受到 χ_T 数值变化的显著影响，说明与大气湍流相比，海洋湍流对光束传输会产生更强的干扰。当湍流的温度方差耗散率数值越接近 $10^{-10}\,\mathrm{K}^2\cdot\mathrm{s}^{-1}$，光束受湍流影响越小；而越靠近

$10^{-4}\,\mathrm{K^2\cdot s^{-1}}$，光强和相位受湍流影响越大，这是 χ_T 取值越大越靠近海水表面的湍流活跃区域，在深海区湍流相对较弱。此外，还注意到随着 χ_T 取值增大，拉盖尔-高斯光束光斑逐渐分裂为不规则形状的散斑，若 χ_T 继续增强，则光强分布将趋向于高斯分布。

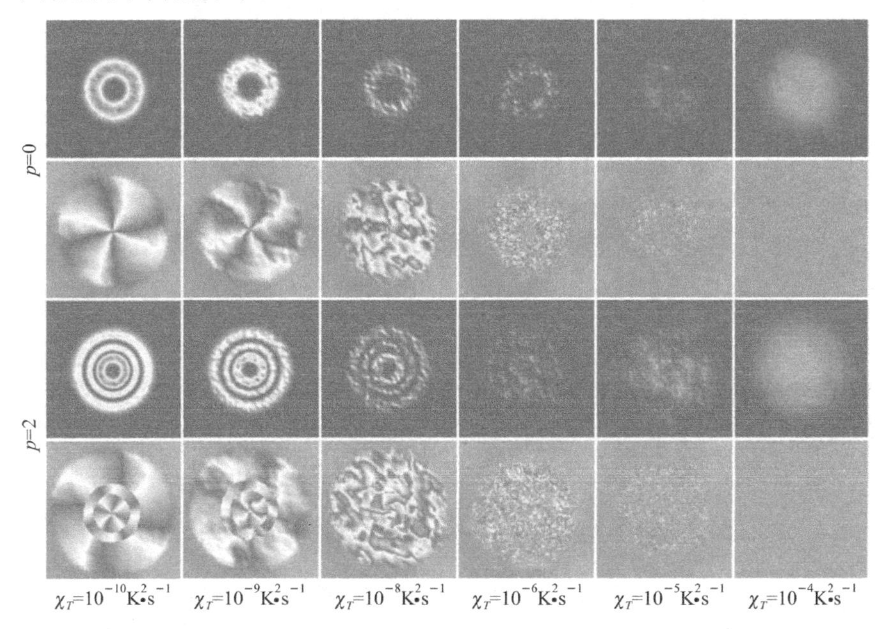

图 9.21　温度方差耗散率对拉盖尔-高斯涡旋光束传输光强和相位的影响

图 9.22 给出了拉盖尔-高斯涡旋光束通过不同取值动能耗散率 ε 对应的海洋湍流环境后的光强和相位分布。由图 9.22 可以看出，同等条件下，ε 取值越大，在接收端观察到的拉盖尔-高斯光束质量越好；反之，光斑变形越来越厉害。当 $\varepsilon\to 10^{-10}\,\mathrm{m^2\cdot s^{-3}}$ 时，光束的相位结构变得模糊不清，螺旋状的相位结构湮没在杂乱无章的相位分布中不可辨识，接收端即使捕获到发射过来的光束也很难再对源光场的相位形貌进行复原。

图 9.23 给出了海洋湍流温度与盐度起伏平衡参数 ω 对拉盖尔-高斯光束传输的影响。从图 9.23 中可以清晰地看到，随着 ω 的增大，拉盖尔-高斯光束受到海洋湍流的影响越来越厉害，当 $\omega\to 0$ 时，光斑发生严重的光强起伏和相位畸变，光斑内部散斑光强逐渐变得密集，整体呈现高斯分布的形态，相位结构受湍流效应影响破碎分裂为微小的斑点，弥散在无规则分布的相位中。结果表明，当 $\omega\to -5$，也就是海洋湍流由温度主导时，对光束传播影响较小，但是当光束在由盐度波动主导的海洋湍流($\omega\to 0$)中传输时，将遭受严重的湍流效应，导致光传播性能急剧下降。

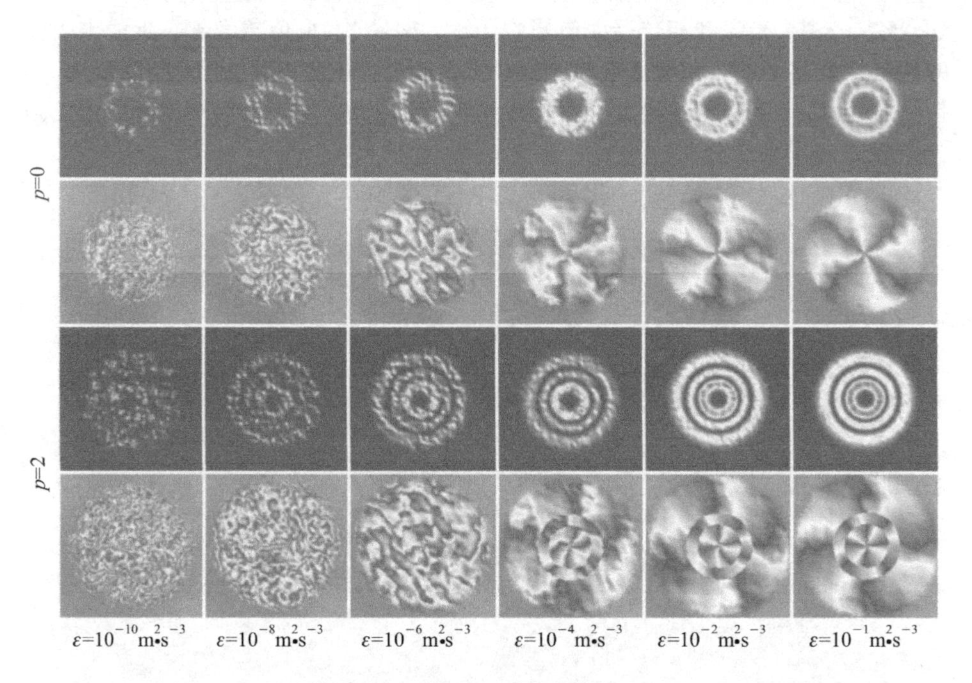

图 9.22　动能耗散率对拉盖尔-高斯涡旋光束传输光强和相位的影响

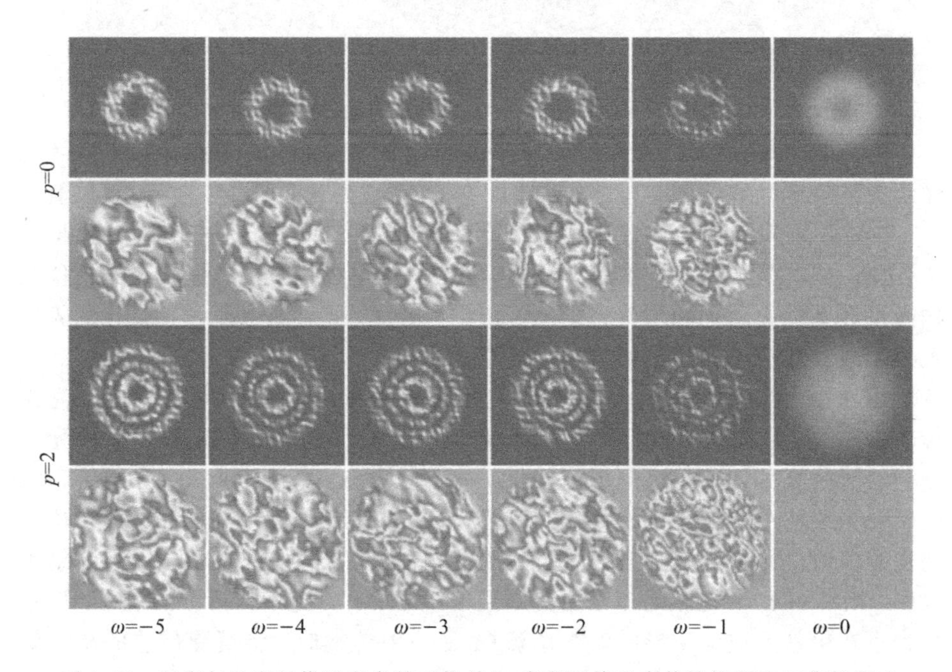

图 9.23　温度与盐度起伏平衡参数对拉盖尔-高斯涡旋光束传输光强和相位的影响

综合分析以上海洋湍流参数对拉盖尔-高斯光束传输光强和相位的影响，反映出：温度方差耗散率 χ_T、温度与盐度波动平衡参数 ω 在参数取值范围内数值越小，以及动能耗散率 ε 取值越大的海洋湍流表现出的湍流强度越小，光束在海洋湍流环境中的传输性能也越稳定。

9.3　结构光场与等离子体介质的相互作用理论

9.3.1　等离子体介质的表征

等离子体是一种整体呈电中性的物质，其中包括阳离子、自由电子、中性粒子等多种不同性质的粒子。等离子体中会产生电磁场，每个带电粒子的运动都会受其影响，这使得等离子体具有一些特殊的性质：① 带电粒子之间的距离非常接近，表现为在带电粒子相互作用的范围内带电粒子的数量平均多于一个，此时带电粒子之间能够相互作用从而产生集体效应；② 德拜长度，即带电粒子的作用尺度，当距离超出特定的球形范围，全体带电粒子对外没有作用，在这一范围内的带电粒子会受到静电作用，符合这个条件的物质被视为准电中性；③ 等离子体频率大于粒子碰撞频率，等离子体频率是指在静电作用下电子发生的振荡频率，该频率必须大于粒子间平均碰撞频率，否则就不能称之为等离子体。

当不考虑等离子体中电子与离子、电子与电子、分子之间的碰撞，并且不考虑磁场作用时，等离子体的等效介电常数为

$$\varepsilon=\varepsilon_0\left(1-\frac{\omega_p^2}{\omega_0^2}\right) \tag{9-139}$$

式中，ε_0 表示真空中的介电常数，$\omega_p=(N_e e^2/m_e\varepsilon_0)^{1/2}$ 表示等离子体频率，ω_0 是入射电磁波的角频率，N_e 是电子的数密度，e 和 m_e 分别是电子电量和质量。

在非磁化、不均匀、碰撞、冷的等离子体中，复相对介电常数可写为

$$\varepsilon_r=1-\frac{\omega_p^2}{\omega_0^2+v_e^2}-\mathrm{i}\,\frac{\omega_p^2 v_e/\omega_0}{\omega_0^2+v_e^2} \tag{9-140}$$

其中，v_e 表示等离子体碰撞频率。

在外加磁场的情况下，等离子体表现为各向异性。设外加磁场方向与 $+z$ 轴方向平行，磁化等离子的复电常数采用张量形式为

$$\varepsilon=\begin{bmatrix}\varepsilon_1 & \mathrm{i}\varepsilon_2 & 0\\ -\mathrm{i}\varepsilon_2 & \varepsilon_1 & 0\\ 0 & 0 & \varepsilon_3\end{bmatrix} \tag{9-141}$$

式中，ε_1、ε_2 和 ε_3 分别定义为

$$\varepsilon_1=\varepsilon_0\left\{1+\frac{\omega_p^2(\omega_0+\mathrm{i}\nu_e)}{\omega_0[\omega_c^2-(\omega_0+\mathrm{i}\nu_e)^2]}\right\} \tag{9-142}$$

$$\varepsilon_2=\varepsilon_0\left[\frac{\omega_p^2\omega_c/\omega_0}{\omega_c^2-(\omega_0+\mathrm{i}\nu_e)^2}\right] \tag{9-143}$$

$$\varepsilon_3=\varepsilon_0\left[1-\frac{\omega_p^2}{\omega_0(\omega_0+\mathrm{i}\nu_e)}\right] \tag{9-144}$$

其中，ν 为电子碰撞频率，$\omega_c=eB_0/m_e$ 为电子回旋频率，B_0 是磁场强度。

9.3.2 等离子体介质中结构光场的传输理论

下面以拉盖尔-高斯涡旋光束为例，介绍基于角谱展开方法和 4×4 传递矩阵理论研究结构光场在非均匀磁化等离子体中的传输问题。如图 9.24 所示，假定拉盖尔-高斯涡旋光束入射到真空-非均匀等离子体板界面，其中，全局坐标系(x，y，z)附着在真空-等离子体板界面上，z 轴垂直指向等离子体层且界面位于 $z=0$ 位置处，入射光束所在坐标系为(x_i，y_i，z_i)，反射光束所在坐标系为(x_r，y_r，z_r)，透射光束所在坐标系为(x_t，y_t，z_t)，且入射、反射和折射光束的中心轴方向分别沿着 z_i 轴、z_r 轴和 z_t 轴。θ_i、θ_r 和 θ_t 分别代表入射角、反射角和折射角。假设将非均匀磁化等离子板分为 N 层，且每层电子数密度相等，h_j 代表第 j 层等离子体板的厚度。

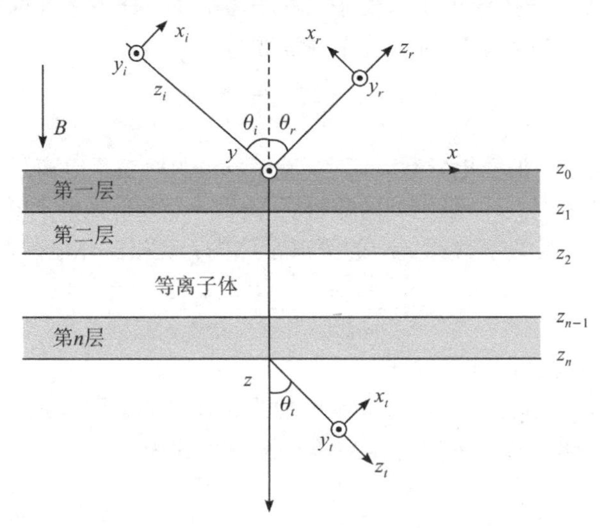

图 9.24 涡旋结构光束入射非均匀磁化等离子体板的模型示意图

在入射坐标系中的源平面上，拉盖尔-高斯涡旋光束的电场表达式为

$$E_i(r_i,\varphi_i,z_i=0)=\left(\frac{\sqrt{2}r_i}{w_0}\right)^l \mathrm{L}_p^l\left(2\frac{r_i^2}{w_0^2}\right)\exp\left(-\frac{r_i^2}{w_0^2}\right)\exp(\mathrm{i}l\varphi_i) \tag{9-145}$$

式中，w_0 为源平面 $z_i=0$ 处的束腰半径，$\mathrm{L}_p^l(\cdot)$为缔合拉盖尔多项式，p 和 l 分别为径向模数和角向拓扑荷数。式(9-145)对应的角谱可写为

$$\widetilde{E}_i(k_i,\phi_i)=(-1)^{p+l}\mathrm{i}^l\exp(\mathrm{i}l\phi_i)\left(\frac{w_0}{\sqrt{2}}\right)^2\left(\frac{k_i}{\sqrt{2}k_0 f}\right)^l\times$$

$$\exp\left(-\frac{k_i^2}{4k_0^2f^2}\right)\mathrm{L}_p^l\left(\frac{k_i^2}{2k_0^2f^2}\right) \tag{9-146}$$

其中，$k_0=2\pi/\lambda_0$ 为真空中的波数，$f=1/(k_0w_0)$为扩展因子。全局坐标系中的波数分量(k_x,k_y,k_z)与局域坐标系$(k_{x\alpha},k_{y\alpha},k_{z\alpha})$之间的关系可描述为

$$\begin{cases} k_x=k_{x\alpha}\cos\theta_\alpha+\sqrt{k_0^2-k_{x\alpha}^2-k_{y\alpha}^2}\sin\theta_\alpha \\ k_y=k_{y\alpha} \\ k_z=-k_{x\alpha}\sin\theta_\alpha+\sqrt{k_0^2-k_{x\alpha}^2-k_{y\alpha}^2}\cos\theta_\alpha \end{cases} \tag{9-147}$$

这里，$\alpha=i$、r、t 分别代表入射光束、反射光束和折射光束局域坐标系。

通过逆向傅里叶变换，局域坐标系中的反射和折射光可表示为

$$E_r(r_r,\varphi_r)=\frac{1}{2\pi}\int_0^\infty\int_0^{2\pi} r\widetilde{E}_i(k_i,\phi_i)\exp[\mathrm{i}k_rr_r\cos(\varphi_r-\phi_r)]\times$$

$$\exp[\mathrm{i}k_{zr}(z_1+z_2)]k_r\mathrm{d}k_r\mathrm{d}\phi_r \tag{9-148}$$

$$E_t(r_t,\varphi_t)=\frac{1}{2\pi}\int_0^\infty\int_0^{2\pi} t\widetilde{E}_i(k_i,\varphi_i)\exp[\mathrm{i}k_tr_t\cos(\varphi_t-\phi_t)]\times$$

$$\exp[\mathrm{i}(k_{zi}z_1+k_{zt}z_3)]k_t\mathrm{d}k_t\mathrm{d}\phi_t \tag{9-149}$$

其中，二重积分函数中的 r 和 t 分别为非均匀磁化等离子体板的反射和透射系数总振幅，z_1、z_2 和 z_3 分别为全局坐标系的坐标原点与入射、反射和透射坐标系坐标原点之间的距离，$k_{z\alpha}=\sqrt{k_\alpha^2-k_{x\alpha}^2-k_{y\alpha}^2}$ 为波数在局域坐标系$(x_\alpha,y_\alpha,z_\alpha)$中的纵向分量，这里 $\alpha=i$、r、t。

将入射光束的角谱表达式(9-146)代入式(9-148)，对 ϕ_r 进行积分，得到

$$E_r(r_r,\varphi_r)=2\pi(-1)^{p+l}\left(\frac{w_0}{\sqrt{2}}\right)^2\exp(-\mathrm{i}l\varphi_r)\int_0^\infty r\left(\frac{k_r}{\sqrt{2}k_0f}\right)^l J_{-l}(k_rr_r)\times$$

$$\exp\left(-\frac{k_r^2}{4k_0^2f^2}\right)\mathrm{L}_p^l\left(\frac{k_r^2}{2k_0^2f^2}\right)\exp[\mathrm{i}k_{zr}(z_1+z_2)]k_r\mathrm{d}k_r \tag{9-150}$$

同样地，将入射光束的角谱表达式(9-146)代入式(9-149)，对 ϕ_t 进行积分，得到

$$E_t(r_t,\varphi_t)=2\pi(-1)^{p+l}\left(\frac{w_0}{\sqrt{2}}\right)^2\exp(\mathrm{i}l\varphi_t)\int_0^{\infty}t\left(\frac{k_t}{\sqrt{2}k_0f}\right)^l J_l(k_tr_t)\times$$
$$\exp\left(-\frac{k_t^2}{4k_0^2f^2}\right)L_p^l\left(\frac{k_t^2}{2k_0^2f^2}\right)\exp[\mathrm{i}(k_{zi}z_1+k_{zt}z_3)]k_t\mathrm{d}k_t \tag{9-151}$$

假定输入和输出区域均为各向同性介质，通过采用 4×4 传递矩阵方法，式(9-150)中的反射系数 r 和式(9-151)中的透射系数 t 可通过传递矩阵导出

$$\begin{cases} r_{\text{TE-TE}}=\left|\dfrac{E_r^{\text{TE}}}{E_i^{\text{TE}}}\right|_{E_i^{\text{TM}}=0}=\dfrac{T_{43}T_{11}-T_{41}T_{13}}{T_{33}T_{11}-T_{13}T_{31}} \\ r_{\text{TE-TM}}=\left|\dfrac{E_r^{\text{TM}}}{E_i^{\text{TE}}}\right|_{E_i^{\text{TM}}=0}=\dfrac{T_{23}T_{11}-T_{21}T_{13}}{T_{33}T_{11}-T_{13}T_{31}} \\ r_{\text{TM-TM}}=\left|\dfrac{E_r^{\text{TM}}}{E_i^{\text{TM}}}\right|_{E_i^{\text{TE}}=0}=\dfrac{T_{33}T_{21}-T_{31}T_{23}}{T_{33}T_{11}-T_{13}T_{31}} \\ r_{\text{TM-TE}}=\left|\dfrac{E_r^{\text{TE}}}{E_i^{\text{TM}}}\right|_{E_i^{\text{TE}}=0}=\dfrac{T_{33}T_{41}-T_{31}T_{43}}{T_{33}T_{11}-T_{13}T_{31}} \end{cases} \tag{9-152}$$

$$\begin{cases} t_{\text{TE-TE}}=\left|\dfrac{E_t^{\text{TE}}}{E_i^{\text{TE}}}\right|_{E_i^{\text{TM}}=0}=\dfrac{T_{11}}{T_{33}T_{11}-T_{13}T_{31}} \\ t_{\text{TE-TM}}=\left|\dfrac{E_t^{\text{TM}}}{E_i^{\text{TE}}}\right|_{E_i^{\text{TM}}=0}=\dfrac{-T_{13}}{T_{33}T_{11}-T_{13}T_{31}} \\ t_{\text{TM-TE}}=\left|\dfrac{E_t^{\text{TE}}}{E_i^{\text{TM}}}\right|_{E_i^{\text{TE}}=0}=\dfrac{-T_{31}}{T_{33}T_{11}-T_{13}T_{31}} \\ t_{\text{TM-TM}}=\left|\dfrac{E_t^{\text{TM}}}{E_i^{\text{TM}}}\right|_{E_i^{\text{TE}}=0}=\dfrac{T_{33}}{T_{33}T_{11}-T_{13}T_{31}} \end{cases} \tag{9-153}$$

其中，总的传递矩阵 $\boldsymbol{T}$ 可表示为

$$\boldsymbol{T}=\boldsymbol{\psi}_t^{-1}\left[\prod_{j=1}^{N}P_j(h_j)\right]\boldsymbol{\psi}_i \tag{9-154}$$

式中，入射，反射以及最终透射区域均在自由空间中，则透射和入射区域切向场部分 $\boldsymbol{\psi}_t^{-1}$ 和 $\boldsymbol{\psi}_i$ 可分别定义为

$$\boldsymbol{\psi}_t^{-1}=\begin{bmatrix} \dfrac{1}{2\cos\theta_t} & \dfrac{1}{2n_t} & 0 & 0 \\ -\dfrac{1}{2\cos\theta_t} & \dfrac{1}{2n_t} & 0 & 0 \\ 0 & 0 & \dfrac{1}{2} & -\dfrac{1}{2n_t\cos(\theta_t)} \\ 0 & 0 & \dfrac{1}{2} & \dfrac{1}{2n_t\cos(\theta_t)} \end{bmatrix} \tag{9-155}$$

$$\boldsymbol{\psi}_i=\begin{bmatrix}\cos\theta_i & -\cos\theta_i & 0 & 0\\ n_i & n_i & 0 & 0\\ 0 & 0 & 1 & 1\\ 0 & 0 & -n_i\cos(\theta_i) & n_i\cos(\theta_i)\end{bmatrix} \tag{9-156}$$

这里，n_i 和 n_t 分别为入射和透射区域的折射率。$P_j(h_j)$描述了平面波在第 j 层的传播，可表示为

$$P_j(h_j)=\beta_0\boldsymbol{I}-\beta_1\boldsymbol{\Delta}_j+\beta_2\boldsymbol{\Delta}_j^2-\beta_3\boldsymbol{\Delta}_j^3 \tag{9-157}$$

其中，$\boldsymbol{I}$ 为 4×4 单位矩阵，系数 $\beta_m(m=0,1,2,3)$可通过扩展方程 $\exp(ik_0\tilde{k}_{zm,j}h_j)$ $(m=1,2,3,4)$来定义，$\tilde{k}_{zm,j}=k_{zm,j}/k_0(m=1,2,3,4)$为归一化波矢的纵向分量，可定义为

$$\begin{cases}\tilde{k}_{z1,j}=[a_1-(a_1^2-a_2)^{1/2}]^{1/2},\ \tilde{k}_{z2,j}=-[a_1-(a_1^2-a_2)^{1/2}]^{1/2}\\ \tilde{k}_{z3,j}=[a_1+(a_1^2-a_2)^{1/2}]^{1/2},\ \tilde{k}_{z4,j}=-[a_1+(a_1^2-a_2)^{1/2}]^{1/2}\end{cases} \tag{9-158}$$

式中，参数 a_1 和 a_2 可写为

$$a_1=-\frac{(\tilde{k}_{x,j}^2+\tilde{k}_{y,j}^2)(\tilde{\varepsilon}_{1,j}+\tilde{\varepsilon}_{3,j})}{2\tilde{\varepsilon}_{3,j}}+\tilde{\varepsilon}_{1,j} \tag{9-159}$$

$$a_2=\frac{\tilde{\varepsilon}_{1,j}(\tilde{k}_{x,j}^4+\tilde{k}_{y,j}^4)+2\tilde{k}_{x,j}^2\tilde{k}_{y,j}^2\tilde{\varepsilon}_{1,j}-(\tilde{k}_{x,j}^2+\tilde{k}_{y,j}^2)(\tilde{\varepsilon}_{1,j}^2-\tilde{\varepsilon}_{2,j}^2)}{\tilde{\varepsilon}_{3,j}}-$$
$$\tilde{k}_{x,j}^2\tilde{\varepsilon}_{1,j}-\tilde{k}_{y,j}^2\tilde{\varepsilon}_{1,j}+\tilde{\varepsilon}_{1,j}^2-\tilde{\varepsilon}_{2,j}^2 \tag{9-160}$$

此外，式(9-157)中的矩阵 $\boldsymbol{\Delta}_j$ 可表示为

$$\boldsymbol{\Delta}_j=\begin{bmatrix}0 & 1-\dfrac{\tilde{k}_{x,j}^2}{\tilde{\varepsilon}_{3,j}} & 0 & \dfrac{\tilde{k}_{x,j}\tilde{k}_{y,j}}{\tilde{\varepsilon}_{3,j}}\\ \tilde{\varepsilon}_{1,j}-\tilde{k}_{y,j}^2 & 0 & j\tilde{\varepsilon}_{2,j}+\tilde{k}_{x,j}\tilde{k}_{y,j} & 0\\ 0 & -\dfrac{\tilde{k}_{x,j}\tilde{k}_{y,j}}{\tilde{\varepsilon}_{3,j}} & 0 & \dfrac{\tilde{k}_{y,j}^2}{\tilde{\varepsilon}_{3,j}}-1\\ j\tilde{\varepsilon}_{2,j}-\tilde{k}_{x,j}\tilde{k}_{y,j} & 0 & \tilde{k}_{x,j}^2-\tilde{\varepsilon}_{1,j} & 0\end{bmatrix} \tag{9-161}$$

其中，$\tilde{\varepsilon}_{1,j}=\varepsilon_{1,j}/\varepsilon_0$，$\tilde{\varepsilon}_{2,j}=\varepsilon_{2,j}/\varepsilon_0$，$\tilde{\varepsilon}_{3,j}=\varepsilon_{3,j}/\varepsilon_0$，$\tilde{k}_{x,j}=k_{x,j}/k_0$，$\tilde{k}_{y,j}=$

$k_{y,j}/k_0$，这里 $k_{x,j}$ 和 $k_{y,j}$ 为波矢在全局坐标系(x, y, z)中的横向分量。

一旦得到反射和透射电场，则归一化的反射和传输功率可写为

$$R = \frac{\int_0^{\infty}\int_0^{2\pi} |E_r(r_r, \varphi_r, z_r)|^2 r_r \mathrm{d}r_r \mathrm{d}\varphi_r}{\int_0^{\infty}\int_0^{2\pi} |E_i(r_i, \varphi_i, z_i)|^2 r_i \mathrm{d}r_i \mathrm{d}\varphi_i} \tag{9-162}$$

$$T = \frac{\int_0^{\infty}\int_0^{2\pi} |E_t(r_t, \varphi_t, z_t)|^2 r_t \mathrm{d}r_t \mathrm{d}\varphi_t}{\int_0^{\infty}\int_0^{2\pi} |E_i(r_i, \varphi_i, z_i)|^2 r_i \mathrm{d}r_i \mathrm{d}\varphi_i} \tag{9-163}$$

故而，归一化的吸收功率为 $A=1-R-T$。

为了得到反射和透射电场的轨道角动量态，需要计算其在螺旋谐波中的投影。根据螺旋谱展开定义，电场$U(r, \phi, z)$可视为多个螺旋谐波 $\exp(\mathrm{i}l\phi)$的叠加

$$U(r, \phi, z) = \frac{1}{\sqrt{2\pi}}\sum_{n=-\infty}^{\infty} s_l(r, z)\exp(\mathrm{i}l\phi) \tag{9-164}$$

其中：

$$s_l(r, z) = \frac{1}{\sqrt{2\pi}}\int_0^{2\pi} U(r, \phi, z)\exp(-\mathrm{i}l\varphi)\mathrm{d}\varphi \tag{9-165}$$

并且模式 l 的能量为

$$W_l = \int_0^{\infty} |s_l(r, z)|^2 r \mathrm{d}r \tag{9-166}$$

然后，单个轨道角动量态的权重可定义为

$$P_l = \frac{W_l}{\sum_{l=-\infty}^{\infty} W_l} \tag{9-167}$$

9.3.3 等离子体介质中结构光场的传输特性分析

基于上面给出的公式，本小节主要分析拉盖尔-高斯涡旋光束在非均匀磁化等离子体板中的反射、透射和吸收特性。采用计算参数为：拉盖尔-高斯涡旋光束频率 $f=0.86$ THz，光束束腰半径 $w_0=1.5\lambda_0$，径向模数 $p=0$，角向模数 $l=2$，入射角 $\theta_i=30°$，磁场强度 $B_0=2\mathrm{T}$，碰撞频率 $\nu=0.1$ THz，$z_1=z_3=0.02$ m，等离子体板厚度 $h=0.1$ m。假定该非均匀磁化等离子体板分为均匀

的三层，且沿着 $+z$ 轴方向，各层的电子数密度 N_e 分别为 $N_e=1\times10^{16}\ \mathrm{m}^{-3}$、$N_e=1\times10^{17}\ \mathrm{m}^{-3}$ 和 $N_e=1\times10^{18}\ \mathrm{m}^{-3}$。

图 9.25 给出了拉盖尔-高斯光束归一化传输和吸收功率随入射光束频率的改变，其中入射光束为 TE 极化。从图 9.25 可以看出，当入射光束频率 f 增加时，归一化传输功率增加，而归一化吸收功率减小。且在高频区域，归一化传输和吸收功率升高或降低的速率有所减缓。此外，当入射光束频率 f 远小于等离子体频率 ω_p 时，仅有极小部分波束能量射入等离子体介质中。

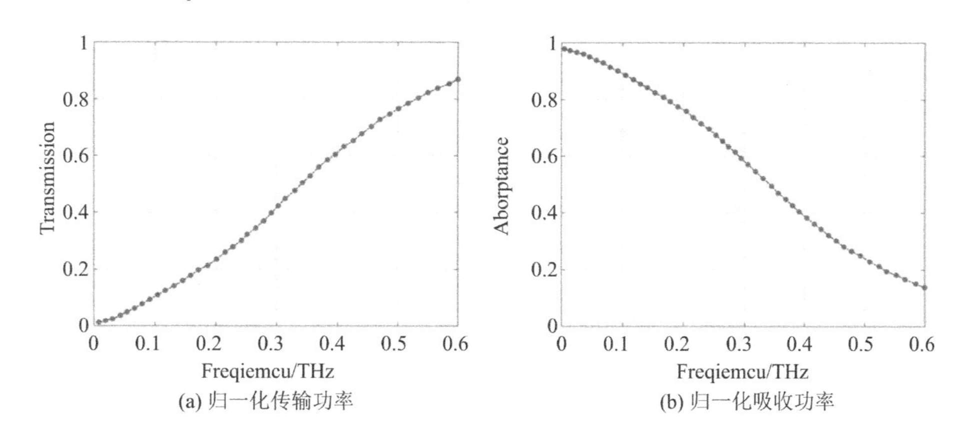

图 9.25　拉盖尔-高斯涡旋光束的归一化传输和吸收功率随入射波束频率的变化曲线

图 9.26 给出了不同极化状态下的拉盖尔-高斯涡旋光束在非均匀磁化等离子体板界面反射场的轨道角动量态分布。从图 9.26 可以观察到，不同极化状态下的主模均为 $l=-2$，与入射波束的拓扑荷数相反，且 TE-TE 极化和 TM-TM 极化的入射波束主模占比约为 0.9，而 TE-TM 极化和 TM-TE 极化波束主模占比为 0.7。极化状态的改变对轨道角动量态有显著的影响，当为交叉极化状态时，分谐波的权重减少。因此，TE-TE 极化和 TM-TM 极化的入射波不容易受到等离子体介质的影响。

图 9.27 给出了不同极化状态下的拉盖尔-高斯光束在非均匀磁化等离子体板中透射场分量的 OAM 态分布。从图 9.27 可以看出，不同极化状态下的主模均为 $l=2$，与入射光束的拓扑荷数一致。通过与图 9.25 相比，可以发现透射光束场分量主模与反射光束场分量主模互为相反数，且透射场主模的比重增加，分谐波的数量和比重均减小。由此可以总结出，与透射光束相比，反射光束的场分量受到较大的扰动。

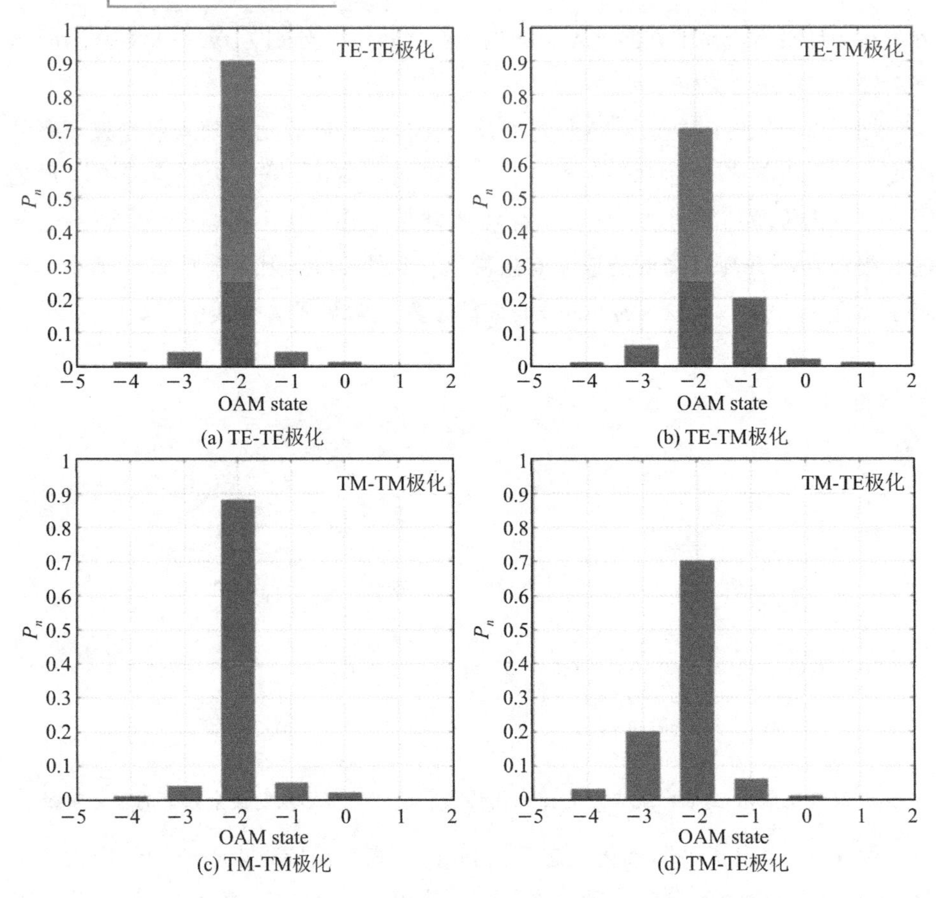

图 9.26 非均匀磁化等离子体板反射场分量的轨道角动量态

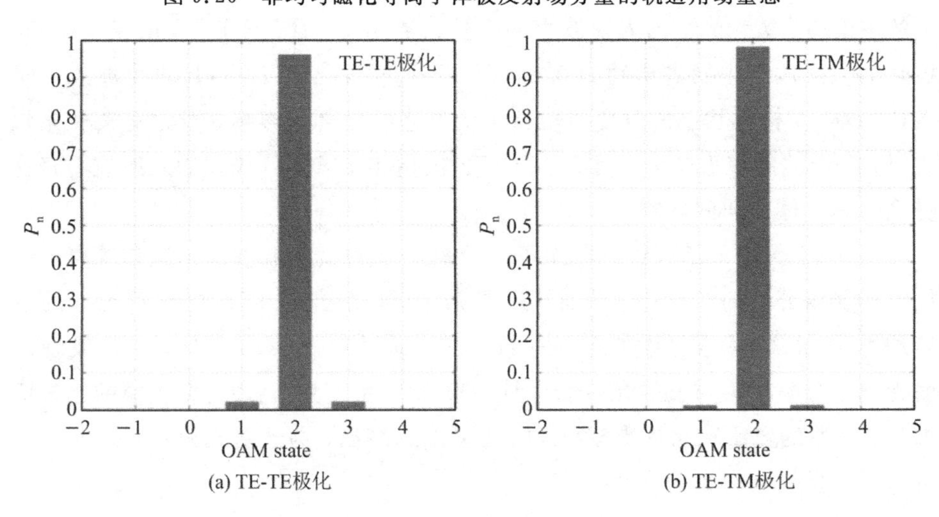

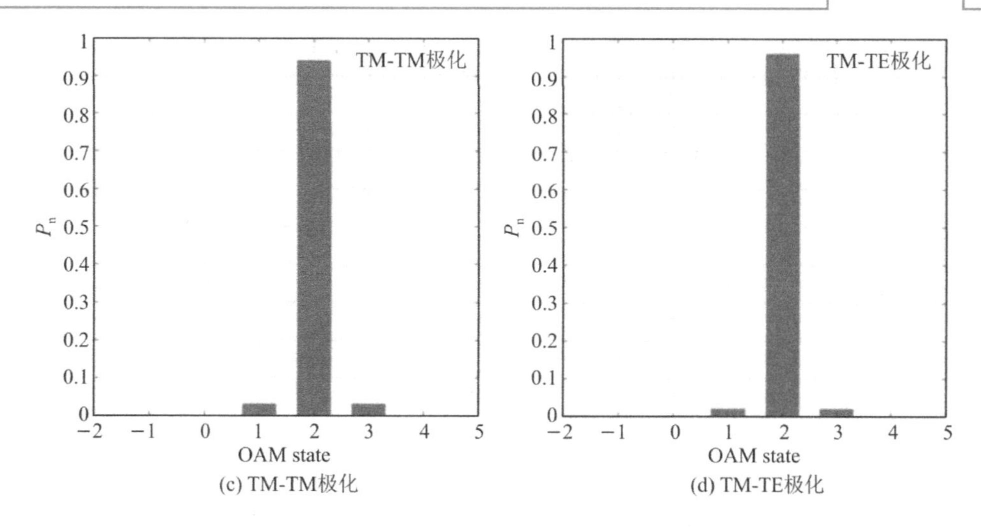

(c) TM-TM极化　(d) TM-TE极化

图 9.27　非均匀磁化等离子体板透射场分量的轨道角动量态

参 考 文 献

[1] 宋攀. 手性介质中结构光场的自旋/轨道角动量及其相互作用研究[D]. 西安：西安电子科技大学，2020.

[2] 郭沈言. 涡旋结构光场与手性物质之间的相互作用研究[D]. 西安：西安电子科技大学，2022.

[3] 张亚琳. 新型光束在湍流大气中的传输特性研究[D]. 西安：华中科技大学，2017.

[4] 程明建. 典型湍流环境中空间结构光场传输特性研究[D]. 西安：西安电子科技大学，2018.

[5] 李永旭. 结构光场的特性及其在光通信中的应用研究[D]. 西安：西安电子科技大学，2020.

[6] 索强波. 涡旋光束在随机介质中的传输特性研究[D]. 西安：西安电子科技大学，2020.

[7] 王举. 复杂海背景下激光束的传输与散射特性研究[D]. 西安：西安电子科技大学，2023.

[8] 丁炜. 太赫兹贝塞尔涡旋波束在磁化等离子体中的传输特性[D]. 西安：西安电子科技大学，2021.

[9] 惠元飞. 太赫兹结构波束的传输及其散射特性研究[D]. 西安：西安电子科技大

学，2023.

[10] STRATIS I G. Electromagnetic scattering problems in chiral media：A review[J]. Electromagnetics，1999，19(6)：547-562.

[11] LI Z F，ALICI K B，COLAK E，et al. Complementary chiral metamaterials with giant optical activity and negative refractive index[J]. Appl. Phys. Lett.，2011，98(16)：161907.

[12] WANG H，ZHANG X. Unusual spin Hall effect of a light beam in chiral metamaterials[J]. Phys. Rev. A，2011，83(5)：2622-2627.

[13] KWON D H，WERNER P L，WERNER D H. Optical planar chiral metamaterial designs for strong circular dichroism and polarization rotation[J]. Opt. Express，2008，16(16)：11802-11807.

[14] ZHUANG F，DU X Y，YE Y Q，et al. Evolution of Airy beams in a chiral medium [J]. Opt. Lett.，2012，37(11)：1871-1873.

[15] LIU X Y，ZHAO D M. Propagation of a vortex Airy beam in chiral medium[J]. Opt. Commun.，2014，321：6-10.

[16] DENG F，YU W H，HUANG J Y，et al. Deng. Propagation of Airy-Gaussian beams in a chiral medium[J]. Eur. Phys. J. D，2016，70(4)：87.

[17] HUA S，LIU Y W，ZHANG H J，et al. Propagation of an Airy-Gaussian-Vortex beam in a chiral medium[J]. Opt. Commun.，2017，388：29-37.

[18] XIE J T，ZHANG J B，YE J R，et al. Paraxial propagation of the first-order chirped Airy vortex beams in a chiral medium[J]. Opt. Express，2018，26(5)：5845-5856.

[19] HUI Y F，CUI Z W，LI Y X，et al. Propagation and dynamical characteristics of a Bessel-Gaussian beam in a chiral medium[J]. J. Opt. Soc. Am. A，2018，35(8)：1299-1305.

[20] VON K T. Progress in the statistical theory of turbulence[J]. P. Nati. Acad. Sci. USA，1948，34(11)：530-539.

[21] HILL R J，CLIFFORD S F. Modified spectrum of atmospheric temperature fluctuations and its application to optical propagation[J]. J. Opt. Soc. Am. A，1978，68(7)：892-899.

[22] WILLIAMS R M，PAULSON C A. Microscale temperature and velocity spectra in the atmospheric boundary layer[J]. J. Fluid Mech.，1977，83(3)：547-567.

[23] CHAMPAGNE F H，FRIEHE C A，LARUE J C，et al. Flux measurements，flux estimation techniques，and fine-scale turbulence measurements in the unstable surface layer over land[J]. J. Atmos. Sci.，1977，34(3)：515-530.

[24] HILL R J，CLIFFORD S F. Modified spectrum of atmospheric temperature

fluctuations and its application to optical propagation[J]. J. Opt. Soc. Am. A, 1978, 68(7): 892-899.

[25] JIANG Y S, WANG S H, ZHANG J H, et al. Spiral spectrum of Laguerre-Gaussian beam propagation in non-Kolmogorov turbulence[J]. Opt. Commun., 2013, 303: 38-41.

[26] SEDMAK G. Implementation of fast-Fourier-transform-based simulations of extra-large atmos-pheric phase and scintillation screens[J]. Appl. Opt., 2004, 43(23): 4527-4538.

[27] CARBILLET M, RICCARDI A. Numerical modeling of atmospherically perturbed phase screens: new solutions for classical fast Fourier transform and Zernike methods[J]. Appl. Opt., 2010, 49(31): G47-G52.

[28] HILL R J. Models of the scalar spectrum for turbulent advection[J]. J. Fluid Mech., 1978, 88(3): 541-562.

[29] NIKISHOV V V, NIKISHOV V I. Spectrum of turbulent fluctuations of the sea-water refraction index[J]. Int. J. Fluid Mech. Res., 2000, 27(1): 82-98.

[30] THORPE S A. The turbulent ocean [M]. Cambridge: Cambridge University Press, 2005.

[31] HE Q, TURUNEN J, FRIBERG A T, et al. Propagation and imaging experiments with gaussian Schell-model beams[J]. Opt. Commun., 1988, 67(4): 245-250.

[32] LIU Y D, GAO C Q, GAO M W, et al. Coherent-mode representation and orbital angular momentum spectrum of partially coherent beam[J]. Opt. Commun., 2008, 281: 1968-1975.

[33] CHENG M J, GUO L X, LI J T, et al. Propagation of an optical vortex carried by a partially coherent Laguerre-Gaussian beam in turbulent ocean[J]. Appl. Opt., 2016, 55(17): 4642-4648.

[34] ALPERIN S N, NIEDERRITER R D, GOPINATH J T, et al. Quantitative measurement of the orbital angular momentum of light with a single, stationary lens[J]. Opt. Lett., 2016, 41(21): 5019-5022.

[35] PATERSON C. Atmospheric turbulence and orbital angular momentum of single photons for optical communication[J]. Phys. Rev. Lett., 2005, 94(15): 153901.

[36] LI H Y, LIU J W, DING W, et al. Propagation of arbitrarily polarized terahertz Bessel vortex beam in inhomogeneous unmagnetized plasma slab[J]. Phys. Plasma, 2018, 25 (12): 123505.

[37] LI H Y, DING W, LIU J W, et al. Propagation of a terahertz Bessel vortex beam through a homogeneous magnetized plasma slab[J]. Wave. Random Complex, 2022,

32(3)：1535-1550.

[38] LI H Y, TONG J C, DING W, et al. Transmission characteristics of terahertz Bessel vortex beams through a multi-layered anisotropic magnetized plasma slab[J]. Plasma Sci. Technol., 2022, 24 (3)：035004.

第 10 章

结构光场与粗糙海面的相互作用理论

本章从构建粗糙海面模型的基本方法出发，介绍了重构海面的海谱函数和方向谱函数，给出了复杂海面的建立与离散步骤，着重阐述了结构光场入射下粗糙海面的反射和散射理论，分析了光场反射功率与海面散射截面随光场入射角、光场类型以及光场位置等参量的变化。

10.1 粗糙海面的建模理论

10.1.1 典型海谱函数

在对粗糙海面进行建模时，研究人员通常把海面的模拟看作是一个随机过程，用到的参量有表征海面高度起伏的概率密度函数、高度起伏均方根、相关函数以及高斯函数等。其中，作为描述海面的基本模型，海谱反映了海浪能量在波长和传播方向上的统计分布，它是海面高度起伏相关函数的傅里叶变换。自 20 世纪以来，伴随着众多海洋工作者对随机海浪的大量观测与研究，海谱的表达形式不断修正，现有文献中提供的各种海谱表达式大多为半经验、半理论的结果，下面主要介绍一些常见海谱模型。

1. JONSWAP 谱模型

JONSWAP 谱是在 1968 年进行的“联合北海波项目”系统测量的基础上提出的国际标准海洋谱，其谱函数主要由风速、谱峰因子以及重力加速度等参数决定。该谱函数的一维形式为

$$S(\omega)=\frac{ag^{2}}{\omega^{5}}\exp\left[-\frac{5}{4}\times\left(\frac{\omega_{p}}{\omega}\right)^{4}\right]\gamma^{\exp\left[-\frac{(\omega-\omega_{p})^{2}}{2\sigma^{2}\omega_{p}^{2}}\right]} \tag{10-1}$$

式中，a 为无因次能量尺度参数；g 为当地的重力加速度，通常取 9.8 m/s^2；ω_p 为峰值频率；γ 为谱峰因子，取值为相同风速下谱峰值 $E_{\max}$ 与 PM 谱的谱峰值 $E_{\max}^{\mathrm{PM}}$ 间的比值。根据 JONSWAP 实验中测量的数据，γ 的取值范围为 1.5～6.0，通常取其平均值为 3.3，σ 为峰形参量，其值由 ω 和 ω_p 共同决定，对应关系为

$$\sigma=\begin{cases}0.07, & \omega\leqslant\omega_p\\ 0.09, & \omega>\omega_p\end{cases} \tag{10-2}$$

其余各参量具体形式为

$$a=0.076\left(\frac{gF}{U_{10}^2}\right)^{-0.22} \tag{10-3}$$

$$\omega_p=22\left(\frac{U_{10}F}{g^2}\right)^{-0.33} \tag{10-4}$$

其中，F 为风区，指海风以恒定速度吹过的海面区域，单位为 km；U_{10} 是指海面上空 10 m 处的平均风速，单位为 m/s。

根据式(10-1)，图 10.1 给出了在风速、风区和谱峰因子分别取不同数值情况下，JONSWAP 功率谱随频率变化的关系曲线。图 10.1(a)中谱峰因子取 3.3，风区为 40 km；图 10.1(b)中谱峰因子取 3.3，风速为 5 m/s；图 10.1(c)中风区为 20 km，风速为 5 m/s。由图 10.1(a)和图 10.1(b)可知，随着风速和风区的增加，谱线下方的面积逐渐增大，并且，谱峰逐渐向低频方向移动；由图 10.1(c)可知，谱峰因子主要用于修正功率谱形状，谱峰因子越大，海浪谱能量越集中且谱峰越尖锐。总览这三幅图可知，JONSWAP 功率谱只有主峰，没有次峰，且谱能量主要集中在主峰处。

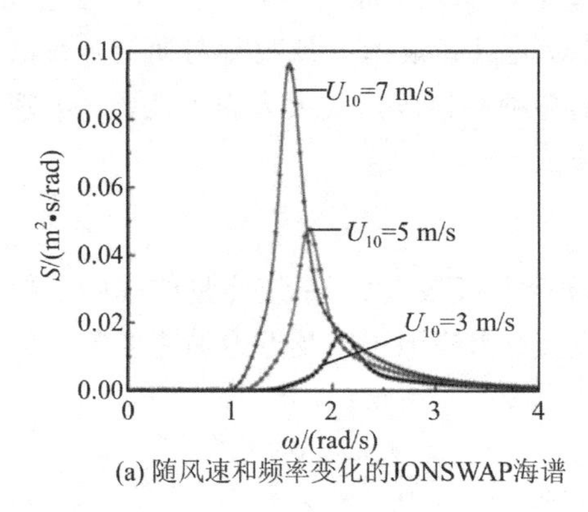

(a) 随风速和频率变化的JONSWAP海谱

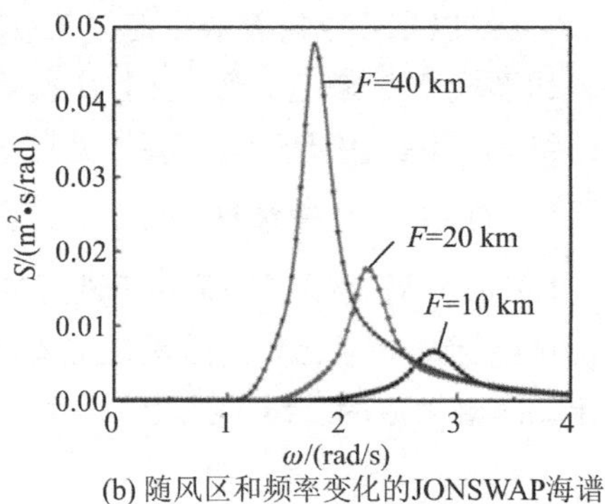

(b) 随风区和频率变化的JONSWAP海谱

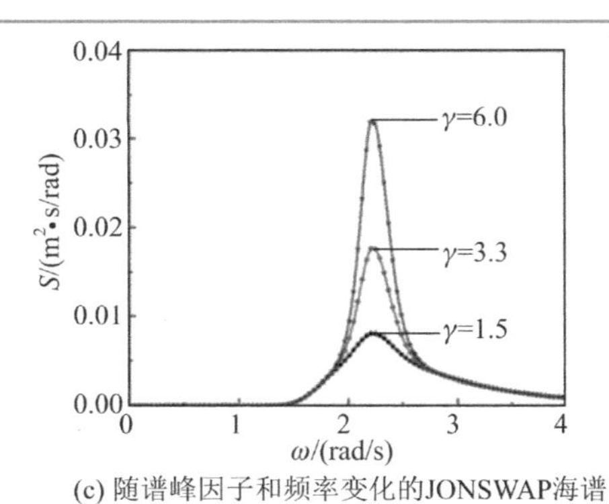

(c) 随谱峰因子和频率变化的JONSWAP海谱

图 10.1　一维 JONSWAP 海谱

2. Pierson-Moskowitz 谱模型

Pierson-Moskowitz(PM)谱是 Pierson 和 Moskowitz 在 1964 年对北大西洋的实测资料进行分析后得出的海谱模型。与 JONSWAP 谱不同，PM 谱是通过充分成长的风浪观测谱拟合得到的，它是一种稳态海谱，其谱函数主要由风速决定。该功率谱的一维形式为

$$S(\omega)=\frac{\alpha g^2}{\omega^5}\exp\left[-\beta\left(\frac{g}{U_{19.5}\omega}\right)^4\right] \tag{10-5}$$

式中，常量参数 α 和 β 的取值分别为 $\alpha=8.1\times10^{-3}$，$\beta=0.74$；g 是重力加速度，取值为 9.8 m/s^2；$U_{19.5}$ 表示海面上空 19.5 m 处的风速。对于深海海域，存在的色散关系为

$$\omega=\sqrt{gk} \tag{10-6}$$

又因为海浪谱波数 k 与空间角频率 ω 存在关系

$$S(k)\mathrm{d}k=S(\omega)\mathrm{d}\omega \tag{10-7}$$

所以，PM 谱可改写为波数形式

$$S(k)=S(\omega)\frac{\mathrm{d}\omega}{\mathrm{d}k}=\frac{1}{2}S(\omega)\sqrt{\frac{g}{k}} \tag{10-8}$$

$$S(k)=\frac{\alpha}{2k^3}\exp\left(-\frac{\beta g^2}{k^2U_{19.5}^4}\right) \tag{10-9}$$

图 10.2 给出了 $U_{19.5}$ 取不同值时，PM 谱随空间角频率变化的曲线。从图 10.2 可以看出，同 JONSWAP 谱一样，PM 谱的能量也是集中在较小的频率范围内，随着风速 $U_{19.5}$ 的增大，谱峰急剧升高并愈发尖锐，且海浪能量增大。

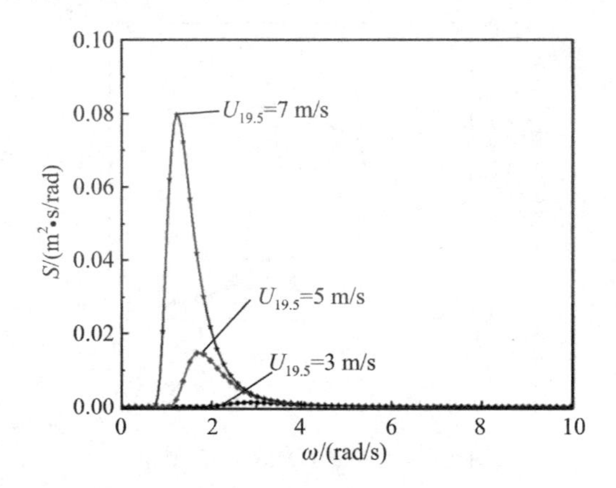

图 10.2　随风速和频率变化的一维 PM 海谱

3. A. K. Fung 谱模型

A. K. Fung 谱是包含重力波谱和张力波谱的完全海谱，它是由 Pierson 在 1982 年基于 PM 谱和张力波谱提出的半经验海谱模型。该谱函数的一维形式为

$$S(k)=\begin{cases}S_1(k),\ k<0.04\ \text{rad/cm}\\ S_2(k),\ k>0.04\ \text{rad/cm}\end{cases} \tag{10-10}$$

式中，当 $k<0.04$ rad/cm 时，采用重力波谱形式；当 $k>0.04$ rad/cm 时，采用张力波谱形式；当 $k=0.04$ rad/cm 时，两者谱密度相同，$S_1(k)$与 $S_2(k)$的具体形式为

$$S_1(k)=\frac{1.4\times10^{-3}}{k^3}\exp\left(-\frac{0.74g^2}{U_{19.5}^4k^2}\right) \tag{10-11}$$

$$S_2(k)=0.875(2\pi)^{p-1}\left(1+\frac{3k^2}{k_m^2}\right)g^{(1-p)/2}\left[k\left(1+\frac{k^2}{k_m^2}\right)\right]^{-(1+p)/2} \tag{10-12}$$

式中，k_m 的值为 3.62 rad/cm，$p=5-\lg U_*$，U_* 表示摩擦风速，高度为 h cm 处的风速与摩擦风速之间的关系为

$$U_h=\frac{U_*}{0.4}\ln\left(\frac{h}{0.684/U_*+4.28\times10^{-5}U_*^2-0.0443}\right) \tag{10-13}$$

图 10.3 给出的是随摩擦风速和波数变化的一维 A. K. Fung 海谱图。从图 10.3 可以看出，随着摩擦风速的增加，海浪谱的谱峰向低频方向偏移且上升，原因是重力波谱在低波数范围内受摩擦风速影响较大。类似地，在高波数范围内，张力波谱随风速的增加有轻微增大趋势。

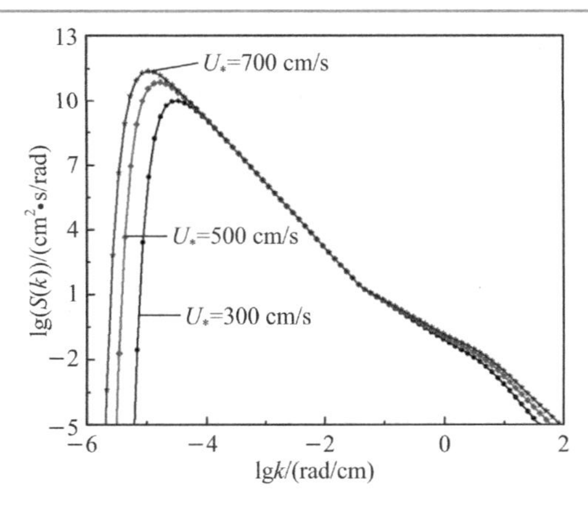

图 10.3　随摩擦风速和波数变化的一维 A. K. Fung 海谱

10.1.2　典型的方向谱函数

上一小节给出了几种常见海谱的一维表达形式，而实际海浪是三维多向的不规则波，所以一维海谱不能充分描述海浪的几何特性，需要引入方向分布函数来描述海浪相对于方向角的能量分布。为方便起见，我们认为频率和方向角对能量分布的影响相互独立，因此可以将不同的海谱函数与方向分布函数结合起来，即二维海谱可用以下形式表示

$$S(\omega,\ \theta)=S(\omega)G(\theta) \tag{10-14}$$

式中，$G(\theta)$为方向分布函数，$S(\omega,\ \theta)$为方向谱函数，由角频率 ω 和方向角 θ 共同确定。已知方向分布函数表示海浪波能量在不同角度的分布情况，因此需要满足归一化条件，即

$$\int_{-\pi/2}^{\pi/2} G(\theta)\mathrm{d}\theta=1 \tag{10-15}$$

在一些情况下，积分在[$-\pi$, π]范围内同样成立。下面给出了几种常用的方向分布函数。

1. 光易型方向分布函数

针对 JONSWAP 二维海谱，常采用光易型分布函数，其表达形式为

$$G(\theta)=D_0(s)\left|\cos\frac{\theta-\theta_{\mathrm{sea}}}{2}\right|^{2s}\left(-\frac{\pi}{2}\leqslant\theta\leqslant\frac{\pi}{2}\right) \tag{10-16}$$

式中，θ_{sea} 是海浪传播的主方向，$D_0(s)$是由方向分布集中度参数 s 确定的系数，具体形式为

$$D_0(s)=\frac{1}{\pi}2^{2s-1}\,\frac{\Gamma^2(s+1)}{\Gamma(2s+1)} \tag{10-17}$$

式中，Γ(·)是伽马函数。

图 10.4 给出了海浪传播主方向 $\theta_{sea}=0$，集中度参数 s 取不同值时，光易型分布函数关于 θ 变化的曲线。由图 10.4 可知，集中度参数 s 的取值越大，能量越集中分布在主方向范围内，而主方向两侧的波能则迅速减小，因此在模拟三维海面时，应根据海浪的衰减距离选取适当的集中度参数。

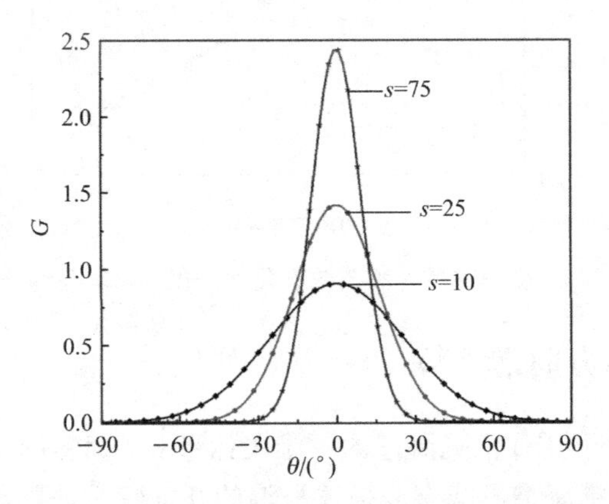

图 10.4 随集中度参数变化的光易型分布函数曲线

以 JONSWAP 海谱函数和光易型分布函数为例，根据式(10-14)，二维海浪的方向谱可以表示为

$$S(\omega,\theta)=\frac{ag^2}{\omega^5}\exp\left[-\frac{5}{4}\times\left(\frac{\omega_p}{\omega}\right)^4\right]\gamma^{\exp\left[-\frac{(\omega-\omega_p)^2}{2\sigma^2\omega_p^2}\right]}D_0(s)\left|\cos\frac{\theta-\theta_{sea}}{2}\right|^{2s} \tag{10-18}$$

图 10.5 给出了方向谱函数的三维视图，其中令谱峰因子 γ 为 3.3，风区 F 为 20 km，风速 U_{10} 为 10 m/s，海浪主方向为 0°，集中度参数 s 分别取 10 和 25。

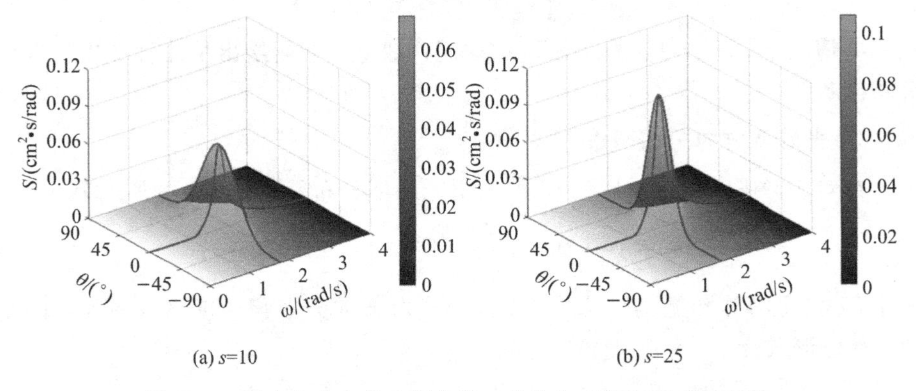

图 10.5 随方向分布集中度参数 s 变化的二维 JONSWAP 谱

由图 10.5 中的两条辅助线可知，角频率与方向角对方向谱函数的影响各自独立，而且对于衰减距离比较长或者比较短的海浪，应分别选择较大和较小的集中度参数。

2. cos-2s 型方向分布函数

针对 PM 二维海谱，常采用 cos-2s 型方向分布函数，其表达式为

$$G(\theta)=\frac{\cos^2(\theta-\theta_{\text{wind}})}{\pi} \tag{10-19}$$

式中，θ_{wind} 代表风向，与光易型分布函数相比，cos-2s 型分布函数由于仅由自变量 θ 决定，所以不能较好的表征衰减距离不同的海浪。根据式(10-14)，二维 PM 海谱的形式为

$$S(\omega, \theta)=\frac{\alpha g^2}{\omega^5}\exp\left[-\beta\left(\frac{g}{U_{19.5}\omega}\right)^4\right]\frac{\cos^2(\theta-\theta_{\text{wind}})}{\pi} \tag{10-20}$$

3. 双边角度方向分布函数

对于 A. K. Fung 二维海谱，虽然没有特别适合的方向分布函数，但采用双边角度分布函数却有较好的二维效果，其表达式为

$$G(k, \theta)=\frac{1}{2\pi}\{1+\Delta(k)\cos[2(\theta-\theta_{\text{wind}})]\} \tag{10-21}$$

可以看出，它和前两种方向函数不同，值受到波数 k 与方向角 θ 两个变量的控制。式(11-21)中，θ_{wind} 为风向角，$\Delta(k)$的具体形式如下

$$\Delta(k)=\tanh\left\{\frac{\ln 2}{4}+4\left[\frac{c(k)}{c(k_p)}\right]^{2.5}+0.13\frac{U_*}{c(k_m)}\left[\frac{c(k_m)}{c(k)}\right]^{2.5}\right\} \tag{10-22}$$

式中，k_p 为谱峰处对应的波数，U_* 为摩擦风速，$c(k)$为波数 k 对应的相速度，表达式为

$$c(k)=\sqrt{\frac{g}{k}\left(1+\frac{k^2}{k_m}\right)} \tag{10-23}$$

10.1.3　粗糙海面的建模

海面在稳定的海况下具有随机性，通过二维海谱函数，可以建立随机粗糙海面的几何模型。通常模拟粗糙海面有线性叠加法和线性滤波法两种方法。

1. 线性叠加法

线性叠加法又称双叠加法，该方法将随机海面看成是无限多个波高不同，周期不同，相位不同，以及运动方向不同的余弦波叠加。设任意时刻 t，坐标为(x, y)处的海面高度为 $H(x, y, t)$，根据线性叠加法原理，具备三维高度的海面可定义为

$$H(x, y, t)=\sum_{m=1}^{M}\sum_{n=1}^{N}a_{mn}\cos[k_m(x\cos\theta_n+y\sin\theta_n)-\omega_m t+b_{mn}] \tag{10-24}$$

式中，M 和 N 分别表示角频率和方向角的离散数量。对于角频率 ω，设海谱的能量主要集中在$[\omega_{start}, \omega_{end}]$内，忽略频谱内能量较少的高频与低频部分，将区间$[\omega_{start}, \omega_{end}]$进行 M 等分，每一等份的宽度 $d\omega=(\omega_{end}-\omega_{start})/M$；对于方向角 θ，将传播主方向 θ_{sea} 两侧 $-\pi/2\sim\pi/2$ 的区间$[-\pi/2+\theta_{sea}, \pi/2+\theta_{sea}]$进行 N 等份，每一等份的宽度为 $d\theta=\pi/N$。k_m 和 ω_m 表示第 m 个角频率下的海浪波数与频率，θ_n 表示第 n 个方向角，a_{mn} 和 b_{mn} 表示第 m 个角频率，第 n 个方向角下的振幅和相位角，各参量具体形式如下

$$\omega_m=\frac{\omega_x+\omega_{x+1}}{2} \tag{10-25}$$

$$\theta_n=\frac{\theta_x+\theta_{x+1}}{2} \tag{10-26}$$

$$k_m=\omega_n^2/g \tag{10-27}$$

$$a_{mn}=\sqrt{2S(\omega_m, \theta_n)d\omega d\theta} \tag{10-28}$$

$$b_{mn}=\text{rand}(0, 2\pi) \tag{10-29}$$

式中，海浪波相位角 b_{mn} 是在$[0, 2\pi]$范围内均匀分布的随机数，通常可在 matlab 中采用 rand()函数来实现。上述公式及分析给出了采用双叠加法生成三维海面的原理，根据采取的海谱函数和方向分布函数，使用计算机对相关参数进行离散并仿真，即可得到三维多向不规则海面的高度分布数据。选取 JONSWAP 谱与光易型分布函数，建立横向尺度为 100 m×100 m，谱峰因子 γ 为 3.3，风区为 20 km，风速 U_{10} 为 5 m/s，时刻 t 为 0，集中度参数 s 为 25 的三维海浪，结果如图 10.6 所示。

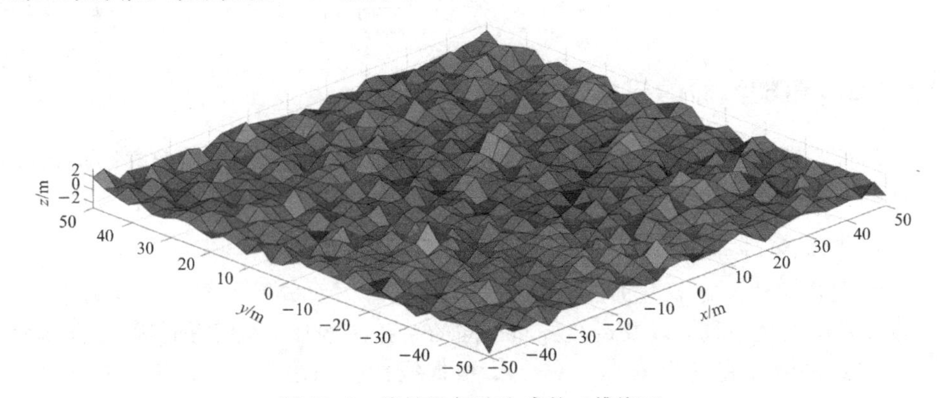

图 10.6　线性叠加法生成的二维海面

受计算机硬件影响，该海面较为粗糙，对其进行插值处理可得到如图 10.7 所示的良好海面模型。

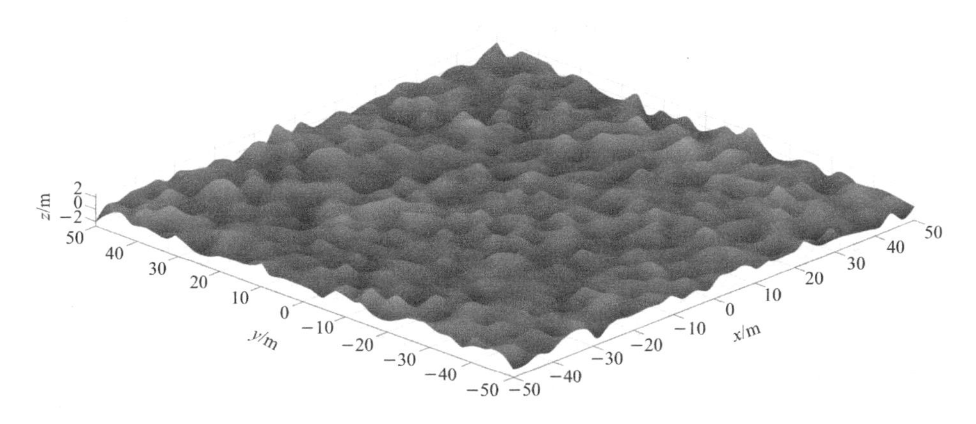

图 10.7　插值拟合后的二维海面

2. 线性滤波法

线性滤波法又称为蒙特·卡罗方法(Monte Carlo)，其核心思想是将海谱在频域进行滤波。具体步骤为：先对白噪声进行傅里叶变换，用海谱进行滤波处理；再进行逆傅里叶变换，获得随机海面的高度起伏函数。海面任意一点的高度定义为

$$H(x, y)=\frac{1}{L_xL_y}\sum_{m=-M/2}^{M/2-1}\sum_{n=-N/2}^{N/2-1}F(k_m, k_n)\exp[\mathrm{i}(k_mx+k_ny)] \tag{10-30}$$

式中，L_x 与 L_y 为海面在 x 方向与 y 方向的长度，M 和 N 为海面在 x 方向与 y 方向的等分数，Δx 和 Δy 为等分距离，存在关系 $L_x=M\Delta x$，$L_y=N\Delta y$，$x=(m-1)\Delta x$ 和 $y=(n-1)\Delta y(m=-M/2+1, \cdots M/2, n=-N/2+1, \cdots N/2)$，其余参量形式为

$$F(k_m, k_n)=2\pi[L_xL_yS(k_m, k_n)]^{1/2}\exp(\mathrm{i}\omega_{m,n}t)\times\begin{cases}\dfrac{[N(0, 1)+\mathrm{i}N(0, 1)]}{\sqrt{2}} & (m\neq 0 \text{ 或 } M/2, n\neq 0 \text{ 或 } N/2)\\ N(0, 1) & (m=0 \text{ 或 } M/2, n=0 \text{ 或 } N/2)\end{cases} \tag{10-31}$$

$$k_m=2\pi m/L_x \tag{10-32}$$

$$k_n=2\pi m/L_y \tag{10-33}$$

$$S(k_m, k_n)\mathrm{d}k_m\mathrm{d}k_n=S(\omega, \theta)\mathrm{d}\omega\mathrm{d}\theta \tag{10-34}$$

$$\omega_{m,n}^2 = g\sqrt{k_m^2 + k_n^2} \tag{10-35}$$

式(10-31)中，$S(k_m, k_n)$是以波数为自变量的二维功率谱，$N(0, 1)$是在区间[0, 1]内满足正态分布的随机数。要求只有 $H(x, y)$的结果为实数时值才有意义，因此，必须满足 $F(k_m, k_n) = F^*(-k_m, -k_n)$和 $F(k_m, -k_n) = F^*(-k_m, k_n)$的变换。

10.1.4　粗糙海面的离散

通过线性叠加法与线性滤波法，可以建立有效的随机二维粗糙海面。研究结构光场与粗糙海面的相互作用，还需要对插值拟合后的二维随机海面进行离散化处理。如图 10.8(a)所示，以 100 m×100 m 的海域范围为例，将横向尺度均分为 100 等份，按照先横轴再纵轴的方式对点进行标号，每个点按照(x, y, z)的格式记录点的空间坐标信息，每三个点组成一个三角面元，每个面元再以逆时针顺序记录点的编号。通过该操作可以获取两个文件，一个记录三角面元的节点编号，一个记录节点的坐标信息。图 10.8(b)和 10.8(c)分别是存储节点信息与面元信息的数据文件格式。根据这两个数据文件，可以重建与实际海面误差较小且可进行数值计算的海面模型。

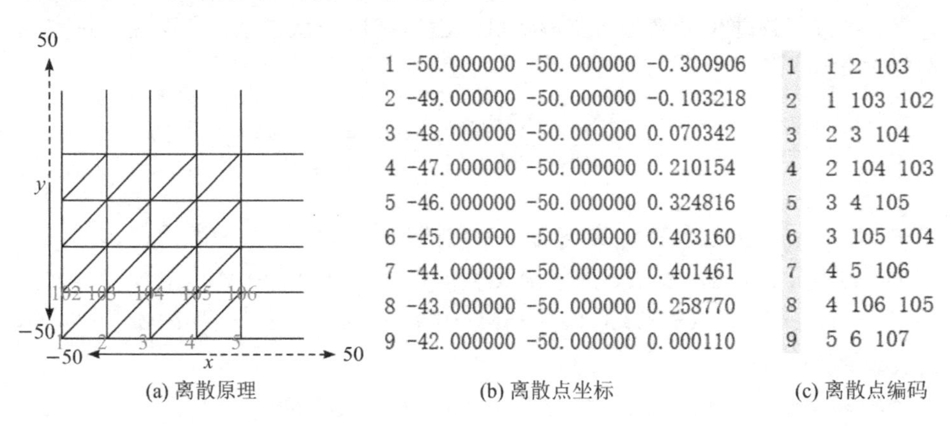

(a) 离散原理

1	-50.000000	-50.000000	-0.300906
2	-49.000000	-50.000000	-0.103218
3	-48.000000	-50.000000	0.070342
4	-47.000000	-50.000000	0.210154
5	-46.000000	-50.000000	0.324816
6	-45.000000	-50.000000	0.403160
7	-44.000000	-50.000000	0.401461
8	-43.000000	-50.000000	0.258770
9	-42.000000	-50.000000	0.000110

(b) 离散点坐标

1	1	2	103
2	1	103	102
3	2	3	104
4	2	104	103
5	3	4	105
6	3	105	104
7	4	5	106
8	4	106	105
9	5	6	107

(c) 离散点编码

图 10.8　二维海面离散

图 10.9 给出了海面上空 10 m 处的风速 U_{10} 分别为 5 m/s 和 10 m/s 的情况，通过对比可知随着风速的增大，海面波动的频率会更加剧烈。当风速较小时，海面状态相对比较平稳，起伏的幅度小，局部变化快，海浪衰减距离短，整体的高度范围处于 2 m 以下，随着风速的增大，海面的垂直起伏越发明显，且较大起伏出现的数量远高于风速较小的情况，局部变化慢，海浪衰减距离长，整体的高度范围处于 5 m 以下。

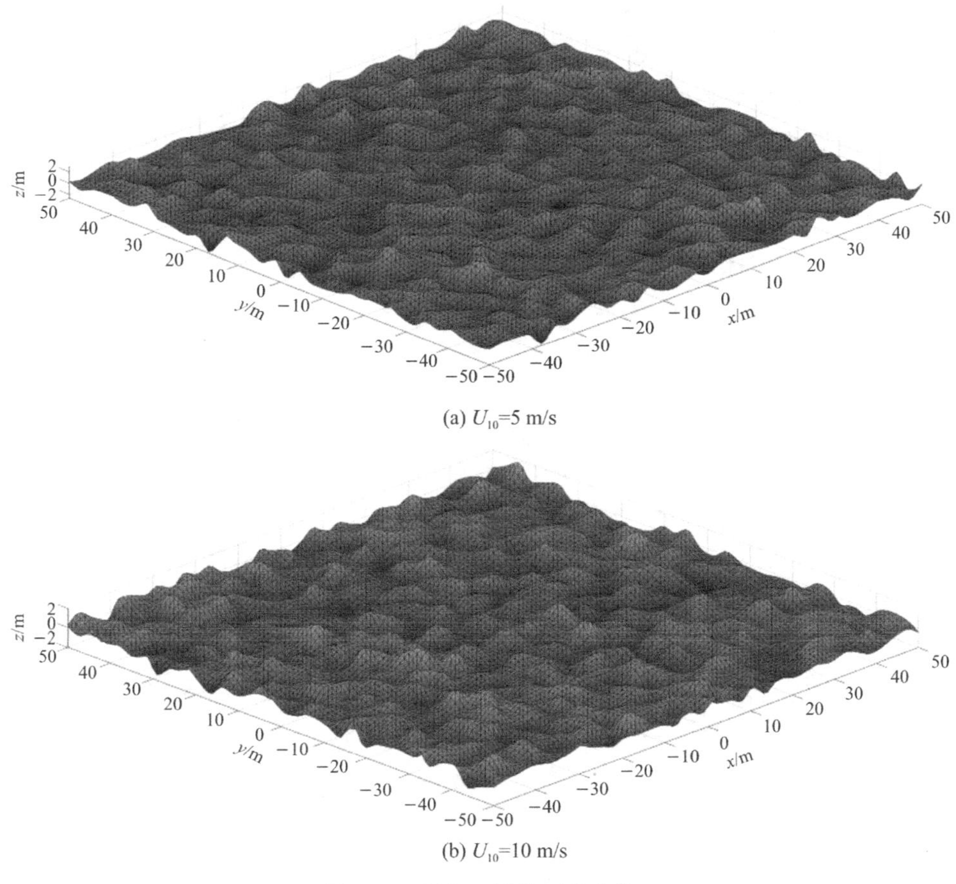

(a) U_{10}=5 m/s

(b) U_{10}=10 m/s

图 10.9　随机二维海面的离散

10.2　结构光场入射下粗糙海面的反射理论

10.2.1　粗糙海面与光束坐标系间的变换

理论求解结构光场入射下粗糙海面的反射问题，首先需要建立粗糙海面与入射光束坐标系之间的变换关系，基本的思路是：将光束离散为许多光线的集合，根据每条光线传播到海面的几何位置，应用几何光学原理和菲涅尔定律计算光线入射处面元反射的光线方向和光强，建立起基模高斯光束对复杂海面反射的数学模型。通过统计三维空间内反射光线的方向和光强，对其叠加即可得到粗糙海面上方反射光的空间分布。

将模拟的随机海面离散成许多三角形小面元，当面元足够小时，可将面元视作理想平面，然后以这些相互独立的面元为反射面计算激光束的海面反射。先建立海面坐标系，三角面元的节点编号及节点坐标通过数据文件获得，再建立局部坐标系。如图 10.10 所示，三角面元的三个节点按照逆时针法则为 $N_1(x_1, y_1, z_1)$，$N_2(x_2, y_2, z_2)$ 和 $N_3(x_3, y_3, z_3)$，$\boldsymbol{U}_n(x_n, y_n, z_n)$为面元的法向单位矢量，$\boldsymbol{U}_i(x_i, y_i, z_i)$为光线的入射方向单位矢量，$(\theta_i, \varphi_i)$表示入射光线的天顶角和方位角，$\boldsymbol{U}_r(x_r, y_r, z_r)$为光线的反射方向单位矢量，$(\theta_r, \varphi_r)$表示反射光线的天顶角和方位角，$\theta_\omega$ 为入射方向矢量或反射方向矢量与面元法向量的夹角。

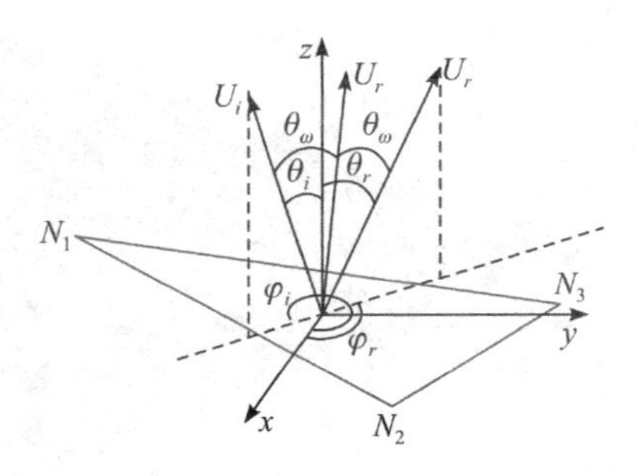

图 10.10　三角面元坐标系及各参量表示

图 10.10 中各参量满足关系如下

$$\begin{bmatrix} x_n \\ y_n \\ z_n \end{bmatrix} = \begin{bmatrix} (y_2-y_1)(z_3-z_1)-(z_2-z_1)(y_3-y_1) \\ (z_2-z_1)(x_3-x_1)-(x_2-x_1)(z_3-z_1) \\ (x_2-x_1)(y_3-y_1)-(y_2-y_1)(x_3-x_1) \end{bmatrix} / \text{mod} \tag{10-36}$$

$$\begin{bmatrix} x_i \\ y_i \\ z_i \end{bmatrix} = \begin{bmatrix} \sin\theta_i\cos\varphi_i \\ \sin\theta_i\sin\varphi_i \\ \cos\theta_i \end{bmatrix} \tag{10-37}$$

式(10-36)和式(10-37)给出了全局坐标系下的面元法向量和入射光线方向矢量计算方法。通过镜面反射定律，可计算出相应的反射光线方向矢量，具体公式如下

$$\boldsymbol{U}_i = 2(\boldsymbol{U}_r \cdot \boldsymbol{U}_n)\boldsymbol{U}_n - \boldsymbol{U}_r \tag{10-38}$$

$$\boldsymbol{U}_r \cdot \boldsymbol{U}_n = \sqrt{\frac{1+\sin\theta_i\sin\theta_r\cos(\varphi_i-\varphi_r)+\cos\theta_i\cos\theta_r}{2}} \tag{10-39}$$

通过式(10-36)～(10-39)和面元的节点坐标信息，可以求得任意一个三角面元在任意一条入射光线下的反射情况。如图 10.11 所示，当结构光束照到复杂海面上时，受光束发散角的影响，仅能照亮部分区域的离散面元，且在实际情况中，复杂海面由于海浪之间的高度差，存在入射光线不能照到面元或是反射后的光线不能向海面上空传输的情况，对于这些无法为最后的三维空间光强分布产生贡献的三角面元，在计算时应该舍去。

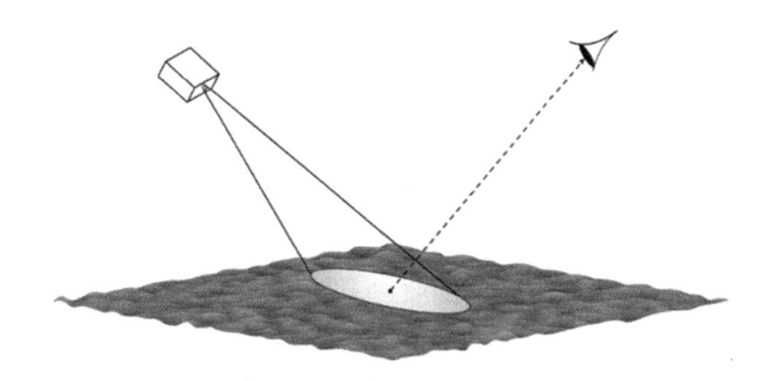

图 10.11 结构光束照射海面与接收的示意图

对此，我们引入了交互概率密度函数 Q，定义为光源对面元是否照亮的阴影函数 S 和面元的反射光线是否能被接收的隐藏函数 H 的乘积，即 $Q=S\cdot H$，函数具体表达形式为

$$S(\boldsymbol{U}_i, \boldsymbol{U}_n)=\begin{cases}0 & \boldsymbol{U}_i\cdot\boldsymbol{U}_n\leqslant 0\\1 & \boldsymbol{U}_i\cdot\boldsymbol{U}_n>0\end{cases} \tag{10-40}$$

$$H(\boldsymbol{U}_r, \boldsymbol{z})=\begin{cases}0 & \boldsymbol{U}_r\cdot\boldsymbol{z}\leqslant 0\\1 & \boldsymbol{U}_r\cdot\boldsymbol{z}>0\end{cases} \tag{10-41}$$

严格来讲，阴影函数 S 不仅仅是入射光线的单位方向矢量 $\boldsymbol{U}_i$ 和面元的单位法向矢量 $\boldsymbol{U}_n$ 的函数，还与入射光束的扩散角 θ 有关，θ 用于确定面元是否处于光束的照射范围内。如图 10.12 所示，全局坐标系下的激光器坐标 A，面元的中心坐标 B 和光束主轴照射到海面的位置坐标 C 构成了一个三角形，A' 为光束发射器在海面的垂直投影，AC 为激光束主轴光线，与 z 轴的夹角为 θ_i，BC 所在位置为海平面，即 $z_b=z_c=0$，AB 表示扩散光线，AB 与 AC 之间的夹角为扩散光线与光束主轴间的夹角 θ_c。

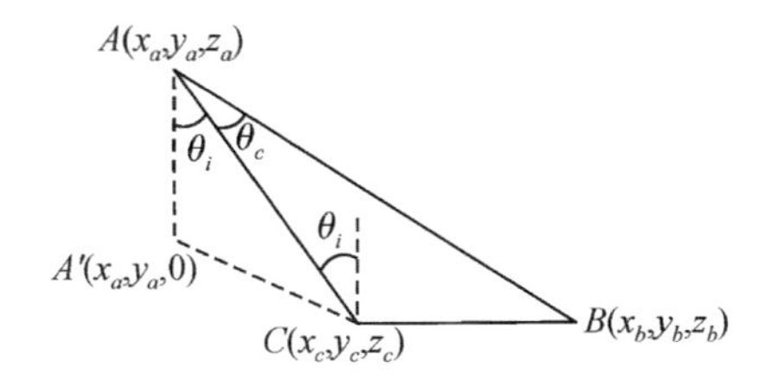

图 10.12 光束发射器与面元的三维空间分布

图 10.12 中，A 和 B 的坐标信息为已知量，其余各参量具体形式为

$$A'C=z_a/\tan(90°-\theta_i) \tag{10-42}$$

$$x_c=A'C\cos\varphi_i+x_a \tag{10-43}$$

$$y_c = A'C\sin\varphi_i + y_a \tag{10-44}$$

$$AB = \sqrt{(x_b - x_a)^2 + (y_b - y_a)^2 + (z_b - z_a)^2} \tag{10-45}$$

$$AC = \sqrt{(x_c - x_a)^2 + (y_c - y_a)^2 + (z_c - z_a)^2} \tag{10-46}$$

$$BC = \sqrt{(x_c - x_b)^2 + (y_c - y_b)^2 + (z_c - z_b)^2} \tag{10-47}$$

$$\cos\theta_c = (AC^2 + AB^2 - BC^2)/(2AC \cdot AB) \tag{10-48}$$

当 $\theta_c < \theta$ 时，面元处于激光束的照射范围内，因此对函数 S 的形式进行改写，修正后为

$$S(\boldsymbol{U}_i, \boldsymbol{U}_n, \theta_c) = \begin{cases} 0 & (\boldsymbol{U}_i \cdot \boldsymbol{U}_n \leqslant 0) \\ 1 & (\boldsymbol{U}_i \cdot \boldsymbol{U}_n > 0 \text{ 或 } \theta_c < \theta) \end{cases} \tag{10-49}$$

综上所述，任意一个有效三角面元的几何光线反射问题已得到解决，但还需要计算给定光束发射器位置发射出的基模高斯光束在面元上的光场强度。前文中已经给出了基模高斯光束的光场强度标量场表达形式，但其所处坐标系为自身的光场坐标系，且传播方向沿 z 轴正方向，因此需要进行坐标变换以满足海面全局坐标系情况。如图 10.13 所示，左上方为基模高斯光束的光场坐标系 $Ouvw$，束腰中心为海面坐标系下的坐标 $O(x_0, y_0, z_0)$，右下方为海面坐标系 $Oxyz$，中心坐标为 $O(0, 0, 0)$，现在需要将任意一个海面坐标系下的坐标转换为光场坐标系下的值。

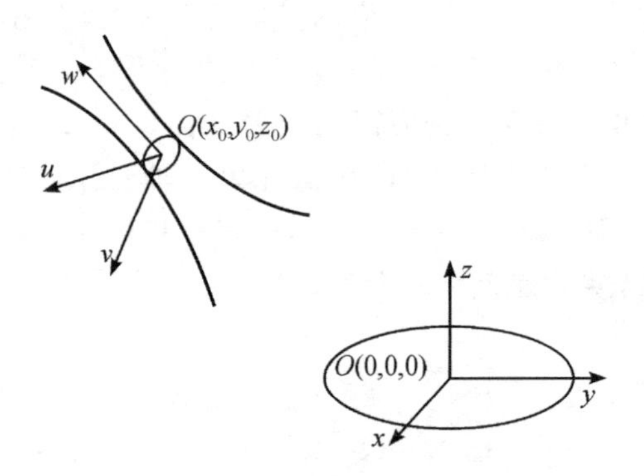

图 10.13　光场坐标系与海面坐标系的示意图

为了给出简洁清晰的步骤，引入了一个和海面坐标系有着相同坐标原点的光场坐标系 $Ou'v'w'$，通过旋转此坐标系使其与海面坐标系重合，规定旋转角度为与坐标轴正方向的夹角。

如图 10.14(a)所示，以 w' 轴为中心旋转轴旋转角度 α，使 v' 轴处于 xOy 平面，得到图 10.14(b)；以 v' 轴为中心旋转轴旋转角度 β，使 w' 轴与 z 轴重合，得到图 10.14(c)；最后，以 w' 为中心旋转轴旋转角度 γ，使 $Ou'v'w'$ 坐标

系与$Oxyz$坐标系重合，得到图10.14(d)，α、β和γ称为旋转欧勒角。

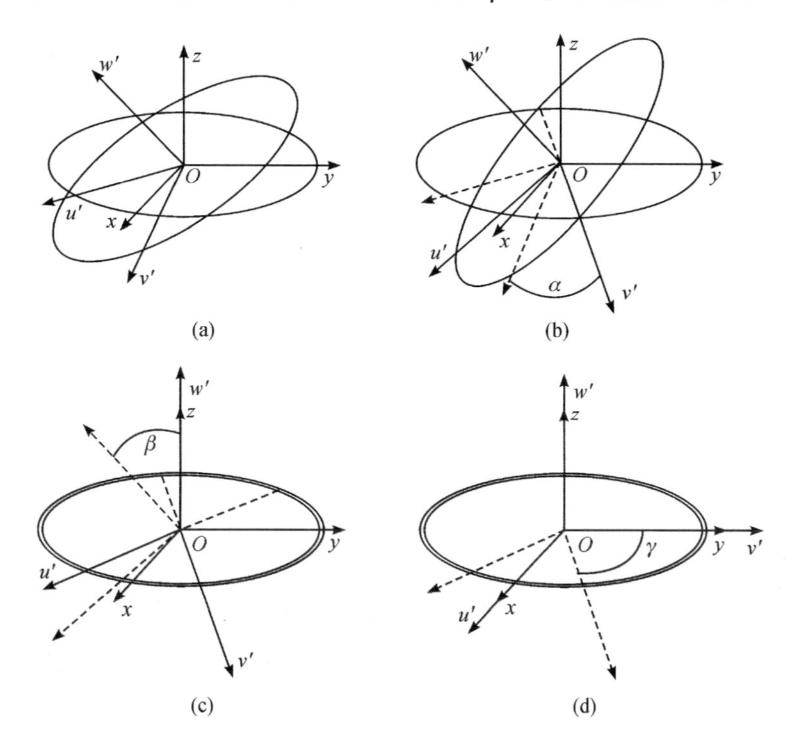

图10.14　坐标系$Ou'v'w'$向$Oxyz$转换的步骤

根据上述流程，$Ou'v'w'$坐标系与$Oxyz$坐标系间的转换关系可用矩阵形表达式为

$$\begin{bmatrix} x \\ y \\ z \end{bmatrix} = \boldsymbol{T} \begin{bmatrix} u' \\ v' \\ w' \end{bmatrix} \tag{10-50}$$

式(10-50)中，转换矩阵$\boldsymbol{T}$可用欧勒角表示为

$$\boldsymbol{T} = \begin{bmatrix} \cos\alpha & -\sin\alpha & 0 \\ \sin\alpha & \cos\alpha & 0 \\ 0 & 0 & 1 \end{bmatrix} \begin{bmatrix} \cos\beta & 0 & \sin\beta \\ 0 & 1 & 0 \\ -\sin\beta & 0 & \cos\beta \end{bmatrix} \begin{bmatrix} \cos\gamma & -\sin\gamma & 0 \\ \sin\gamma & \cos\gamma & 0 \\ 0 & 0 & 1 \end{bmatrix} \tag{10-51}$$

则$Ouvw$坐标系与$Oxyz$坐标系之间的转换关系满足

$$\begin{bmatrix} u \\ v \\ w \end{bmatrix} = \boldsymbol{T}^{-1} \begin{bmatrix} x \\ y \\ z \end{bmatrix} - \begin{bmatrix} x_0 \\ y_0 \\ z_0 \end{bmatrix} \tag{10-52}$$

以基模高斯光束为例，在坐标系(u, v, w)中，其标量场表达式为

$$E(u, v, w)=\frac{1}{1+\mathrm{i}w/z_R}\exp\left[-\frac{(u^2+v^2)/w_0^2}{1+\mathrm{i}w/z_R}\right]\exp(\mathrm{i}kw) \quad (10-53)$$

式(10-53)中，(u, v, w)通过海面坐标系坐标(x, y, z)和坐标变换关系获得。根据该变换方法，可以计算光束在海面坐标系下任意位置，任意方向入射到海面任一点处的标量场光场强度。图 10.15 给出了光束发射器高度在海面上方 100 m 处，光束入射方位角 φ_i 为 0°，入射天顶角 θ_i 分别为 0°、30°和 45°时基模高斯光束在平静海面的强度分布。调整光束发射器水平面的位置，使强度最大值处于海域中心附近，可以看出，随着 θ_i 的增大，光强在海面的分布区域沿 x 负半轴移动，验证了坐标系变换理论的正确性，为后续研究光束斜入射情形奠定了基础。

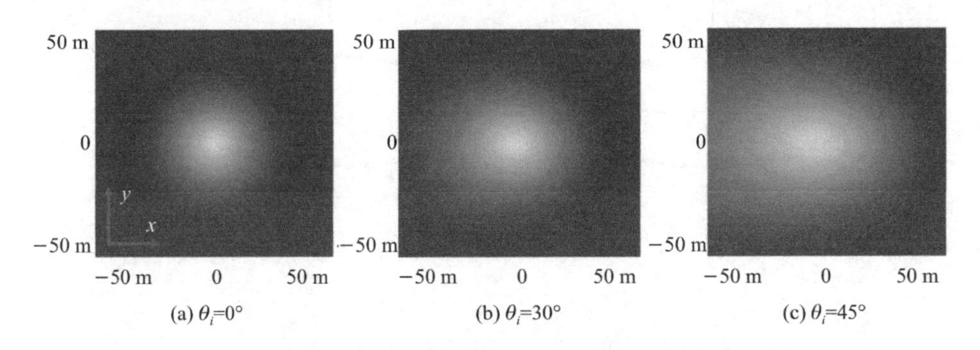

图 10.15 不同 θ_i 下基模高斯光束在平静海面的分布

10.2.2 反射辐射率与反射功率的求解

基模高斯光束在时间为 t、坐标为(u, v, w)处的辐照度可写为

$$I(u, v, w, t)=\frac{1}{1+\mathrm{i}w/z_R}\exp\left[-\frac{(u^2+v^2)/w_0^2}{1+\mathrm{i}w/z_R}\right]P(t) \quad (10-54)$$

考虑功率不随时间 t 变化的情形，式(10-54)可简写为

$$I(u, v, w)=\frac{1}{1+\mathrm{i}w/z_R}\exp\left[-\frac{(u^2+v^2)/w_0^2}{1+\mathrm{i}w/z_R}\right]P \quad (10-55)$$

从海面上任一点反射回来的光束辐射 $L_r(\theta_r, \varphi_r, x, y, z)$可用以下近似方程来计算

$$L_r(\theta_r, \varphi_r, x, y, z)\approx\frac{\rho(\theta_\omega)QI(x, y, z)}{4(\cos\theta_n)^3\cos\theta_\omega} \quad (10-56)$$

式中，$\rho(\theta_\omega)$为入射角 θ_ω 对应的海面反射率，Q 为交互概率密度函数，I 为激

光束在(x, y, z)处的辐照度，θ_n 为面元法向量与 z 轴的夹角。通常，平静无风的海面可视为镜面，反射遵循菲涅尔定律。为方便起见，令 θ_1 为入射角，θ_2 为折射角，大气折射率为 n_1，海水的折射率为 n_2，则菲涅尔反射系数在垂直方向与水平方向的分量分别为

$$\rho_{\parallel}=\frac{n_2\cos\theta_1-n_1\cos\theta_2}{n_2\cos\theta_1+n_1\cos\theta_2} \tag{10-57}$$

$$\rho_{\perp}=\frac{n_1\cos\theta_1-n_2\cos\theta_2}{n_1\cos\theta_1+n_2\cos\theta_2} \tag{10-58}$$

则反射率为

$$\rho=\frac{|\rho_{\perp}|^2+|\rho_{\parallel}|^2}{2} \tag{10-59}$$

对于粗糙海面而言，海面被剖分为若干个三角面元，每个面元可视为平面，这些面元的线度远大于入射激光束的波长，菲涅尔反射定律仍然适用。图 10.16 给出了海水折射率 $n_2=1.33$ 的平静海面反射率。由图 10.16 可知，在入射角 $\theta_1<50°$时，反射率较小，且值变化缓慢；在 $\theta_1>50°$时，随着入射角的增大，反射率急剧变大，光束出现掠射情形。

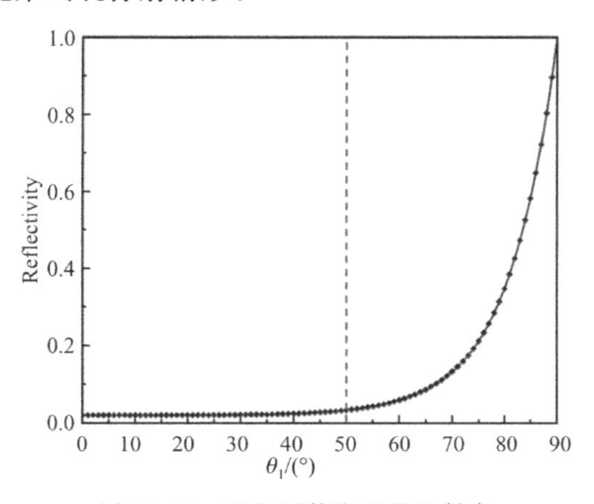

图 10.16　理想平静海面的反射率

通过反射辐射率，可以计算出到达探测器的反射光束总功率。首先，将面元对应的反射辐射率乘以垂直于传感器观察方向的面元面积，得到每个面元的强度值为

$$I_r(\theta_r, \varphi_r, x, y, z)=L_r(\theta_r, \varphi_r, x, y, z)\cos\theta_l \mathrm{d}A \tag{10-60}$$

式中，$\mathrm{d}A$ 为面元面积，θ_l 为面元中心处的法线与面元和探测器连线所成的夹角。通过探测器的孔径 d_{det} 和探测器到达面元的距离 r 可计算探测器相对于面元的立体角 Ω_D，将强度值 I_r 与立体角 Ω_D 相乘可得到探测器在该三角面元上

检测到的光束功率

$$\Omega_D = \frac{\pi(d_{\det}/2)^2}{r^2} \tag{10-61}$$

$$P_r(\theta_r, \varphi_r, x, y, z) = I_r(\theta_r, \varphi_r, x, y, z)\Omega_D \tag{10-62}$$

再将全部有效面元对探测器的贡献进行叠加，可得到探测器接收的反射光束总功率

$$P_{total} = \sum_{n=1}^{N} P_r(\theta_r, \varphi_r, x, y, z) \tag{10-63}$$

式中，N 表示有效三角面元的数量。

10.2.3　算例分析

图 10.17 给出了风速 U_{10} 为 5 m/s、剖分精度 0.05 m、海浪传播主方向为 0°、入射天顶角 θ_i 为 0°、入射方位角 φ_i 为 0°、光束发射器坐标(0，0，50 m)、

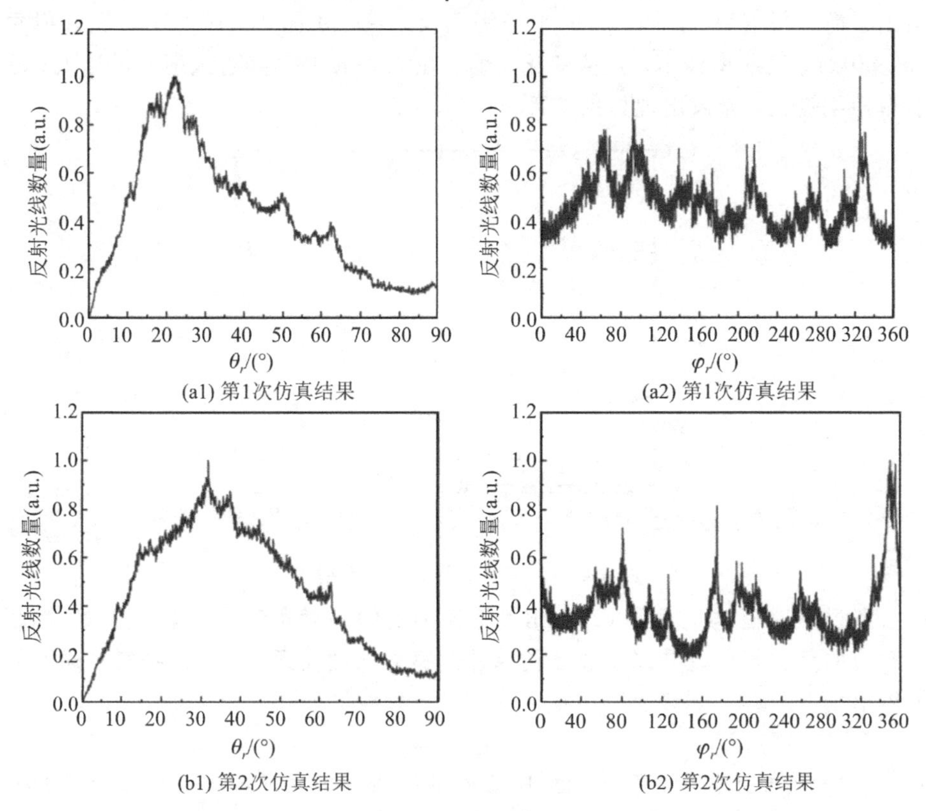

图 10.17　反射光线在三维空间分布的归一化仿真

光束扩散角 40°时的 2 次反射光线分布仿真计算结果。后续计算中，光束扩散角不再改变。从反射天顶角来看，在 10°～50°的范围内反射光线较为集中；从反射方位角来看，除了一些角度，其余各个方向的反射分布都较为平均。综合来看，风速为 5 m/s 时，海面高度起伏变化较低，遮挡效应较弱，参考文献可知，该模型可以有效反映反射光线在复杂海面上方三维空间中的分布。

如图 10.18 所示为 100 m×100 m 的海域在风速分别为 5 m/s、10 m/s 和 20 m/s 时的反射辐射率归一化分布，光束发射器所处位置为海面坐标系下(0，0，100 m)处，光束沿 z 轴负半轴射向海面。可以看出，随着风速的增加，且海面粗糙度增大的同时，面元之间的遮挡效应增强，而反射辐射率的分布越发分散且部分区域几乎不存在反射辐射率。

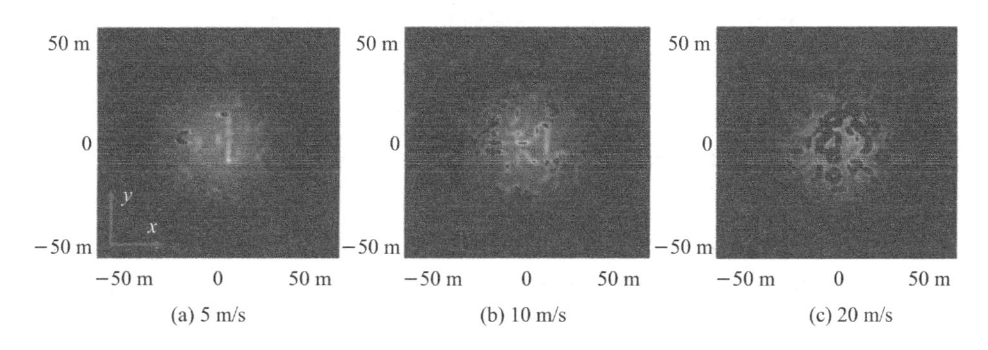

图 10.18　不同风速海面对基模高斯光束的反射辐射率分布

图 10.19 给出了反射光束总功率在不同因素影响下随 x 轴变化的归一化曲线。图 10.19(a)中，取图 10.18 的参数设置条件，令探测器与光束发射器处于同一高度并由 x 负半轴向正半轴方向移动。计算探测器对基模高斯光束在不同风速海面上生成光斑测得的功率，做归一化处理后可知，随着风速的增加，探测到的功率整体下降，且离光斑越远，功率越低。值得注意的是，在风速为 5 m/s 和 10 m/s 的条件下，功率在 $x=75$ m 左右处会出现相交。这是由于风速越大，部分面元坡度也越大，入射光线在照射到此类面元上后以较大的天顶角反射出，对于在 x 轴上移动的探测器而言，离中心越远，相对海面坐标系的天顶角也越大，即反射光线可以以直射的方式进入探测器。图 10.19(b)中，改变入射天顶角 θ_i 的取值，可以发现，随着入射天顶角的增大，反射光束总功率的最大值向着 x 负半轴偏移，结合图 10.18 与图 10.19 的结论，进一步说明了海面建模理论的可行性与正确性。

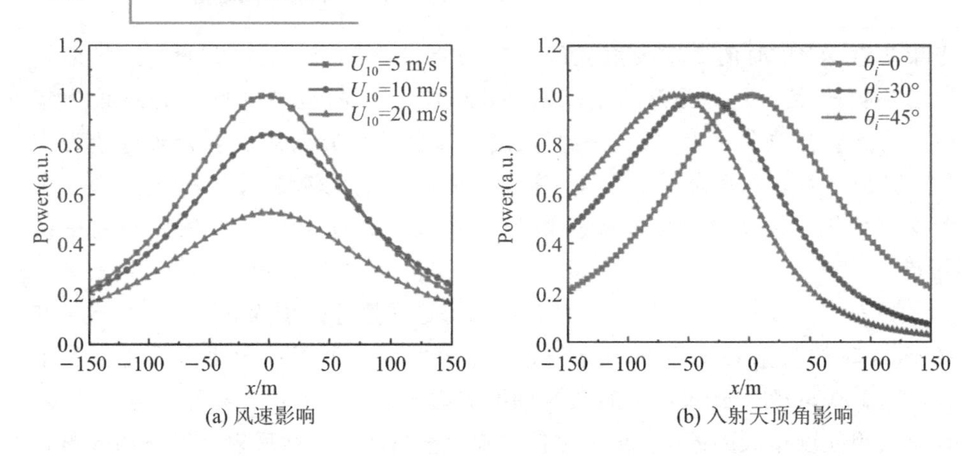

(a) 风速影响　　(b) 入射天顶角影响

图 10.19　反射光束功率随 x 轴变化的归一化曲线

图 10.20 和图 10.21 给出了厄米-高斯光束和拉盖尔-高斯光束的反射参量归一化仿真图，参数设置为：海面风速为 5 m/s，厄米-高斯光束的 $w_0=2\lambda$，m 和 n 分别取值为 $m=1$，$n=1$、$m=0$，$n=1$ 和 $m=1$，$n=0$，拉盖尔-高斯光束的 $w_0=2\lambda$，$p=1$，l 分别为 0 和 2，其余参数设置与图 10.18 相同。由图 10.20(a)和 10.21(a)可以看出，处于该风速下，海面基本为平静状态，反射辐射率分布较为集中，能体现出 $m=1$，$n=1$ 时的厄米-高斯光束和 $p=1$，$l=0$ 的拉盖尔-高斯光束的分布特性；图 10.20(b)和 10.21(b)中，厄米-高斯光束以 $m=0$，$n=1$ 的情形为标准进行归一化，拉盖尔-高斯光束则以 $l=0$ 时为标准归一化，可以看出，反射激光总功率的大小受光束自身参数影响较大，而且归一化处理后的探测器接收功率与使用基模高斯光束时基本一样，说明该现象可能具有普遍性，即当光束垂直入射时，在光斑正上方可测得最大的反射激光功率。

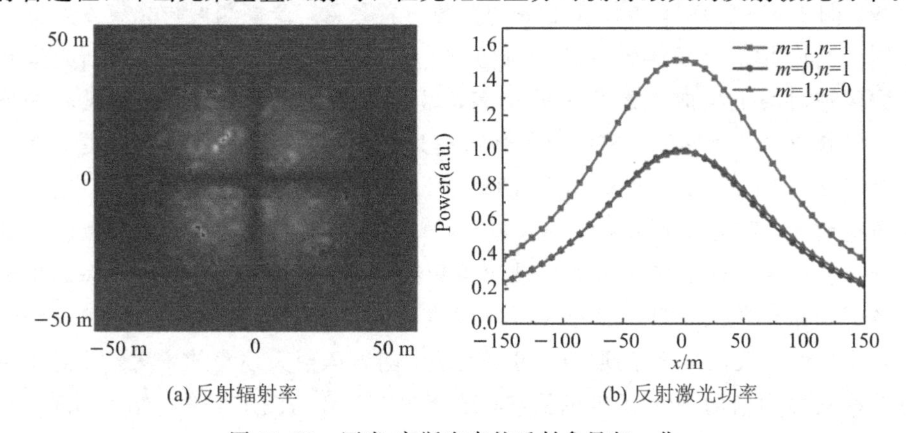

(a) 反射辐射率　　(b) 反射激光功率

图 10.20　厄米-高斯光束的反射参量归一化

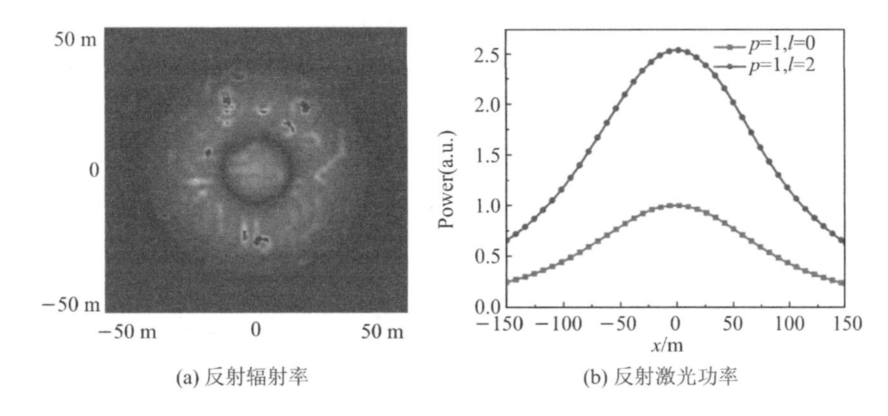

(a) 反射辐射率　　(b) 反射激光功率

图 10.21　拉盖尔-高斯光束的反射参量归一化

10.3　结构光场入射下粗糙海面的散射理论

10.3.1　基尔霍夫近似法的基本理论

在有关粗糙海面散射问题的分析方法中，基尔霍夫近似法和物理光学法等高频近似方法是使用最为广泛的。其矢量表达形式依赖于矢量格林第二定理，即矢量场的散度在体积上的体积分等于矢量场在该体积对应闭合曲面上的面积分。

$$\iiint \nabla\cdot \boldsymbol{F}\mathrm{d}V=\oint\!\!\oint \boldsymbol{F}\cdot \mathrm{d}S=\oint\!\!\oint \boldsymbol{F}\cdot \hat{\boldsymbol{n}}\mathrm{d}S \tag{10-64}$$

设矢量 $\boldsymbol{F}$ 存在以下两种形式

$$\boldsymbol{F}=\boldsymbol{A}\times\nabla\times\boldsymbol{B} \tag{10-65}$$

$$\boldsymbol{F}=\boldsymbol{B}\times\nabla\times\boldsymbol{A} \tag{10-66}$$

将式(10-65)和式(10-66)分别代入式(10-64)，可得

$$\iiint \nabla\cdot (\boldsymbol{A}\times\nabla\times\boldsymbol{B})\mathrm{d}V=\oint\!\!\oint (\boldsymbol{A}\times\nabla\times\boldsymbol{B})\cdot \hat{\boldsymbol{n}}\mathrm{d}S \tag{10-67}$$

$$\iiint \nabla\cdot (\boldsymbol{B}\times\nabla\times\boldsymbol{A})\mathrm{d}V=\oint\!\!\oint (\boldsymbol{B}\times\nabla\times\boldsymbol{A})\cdot \hat{\boldsymbol{n}}\mathrm{d}S \tag{10-68}$$

将式(10-67)和式(10-68)应用矢量恒等式

$$\nabla\cdot(\boldsymbol{a}\times\nabla\times\boldsymbol{b})=(\nabla\times\boldsymbol{a})\cdot(\nabla\times\boldsymbol{b})-\boldsymbol{b}\cdot[\nabla\times(\nabla\times\boldsymbol{a})] \tag{10-69}$$

得到

$$\iiint (\nabla\times \boldsymbol{A})\cdot(\nabla\times \boldsymbol{B})-\boldsymbol{B}\cdot(\nabla\times\nabla\times \boldsymbol{A})\mathrm{d}V=\oiint(\boldsymbol{B}\times\nabla\times \boldsymbol{A})\cdot\hat{\boldsymbol{n}}\mathrm{d}S \tag{10-70}$$

$$\iiint (\nabla\times \boldsymbol{B})\cdot(\nabla\times \boldsymbol{A})-\boldsymbol{A}\cdot(\nabla\times\nabla\times \boldsymbol{B})\mathrm{d}V=\oiint(\boldsymbol{A}\times\nabla\times \boldsymbol{B})\cdot\hat{\boldsymbol{n}}\mathrm{d}S \tag{10-71}$$

用式(10－70)减去式(10－71)，可得

$$\iiint [\boldsymbol{A}\cdot(\nabla\times\nabla\times \boldsymbol{B})-\boldsymbol{B}\cdot(\nabla\times\nabla\times \boldsymbol{A})]\mathrm{d}V=\oiint(\boldsymbol{B}\times\nabla\times \boldsymbol{A}-\boldsymbol{A}\times\nabla\times \boldsymbol{B})\cdot\hat{\boldsymbol{n}}\mathrm{d}S \tag{10-72}$$

令矢量 $\boldsymbol{A}$ 为电场 $\boldsymbol{E}$，矢量 $\boldsymbol{B}$ 为并矢格林函数点乘任意常矢量 $\overline{\overline{\boldsymbol{G}}}(\boldsymbol{r},\boldsymbol{r}')\cdot\boldsymbol{a}$，其中，并矢格林函数 $\overline{\overline{\boldsymbol{G}}}(\boldsymbol{r},\boldsymbol{r}')$满足方程

$$\nabla\times\nabla\times\overline{\overline{\boldsymbol{G}}}-k^2\overline{\overline{\boldsymbol{G}}}=\overline{\overline{\boldsymbol{I}}}\delta(\boldsymbol{r}-\boldsymbol{r}') \tag{10-73}$$

$$\overline{\overline{\boldsymbol{G}}}=\left(\overline{\overline{\boldsymbol{I}}}+\frac{1}{k^2}\nabla\nabla\right)G \tag{10-74}$$

式(10－73)和式(10－74)中，$\boldsymbol{r}'$为源点，$\boldsymbol{r}$ 为场点，G 是标量格林函数，$\overline{\overline{\boldsymbol{I}}}$ 是单位并矢，$\nabla\nabla$为并矢微分算子，具体形式分别为

$$\overline{\overline{\boldsymbol{I}}}=\begin{bmatrix}1 & 0 & 0\\ 0 & 1 & 0\\ 0 & 0 & 1\end{bmatrix} \tag{10-75}$$

$$\nabla\nabla=\begin{bmatrix}\dfrac{\partial^2}{\partial x^2} & \dfrac{\partial^2}{\partial x\partial y} & \dfrac{\partial^2}{\partial x\partial z}\\ \dfrac{\partial^2}{\partial y\partial x} & \dfrac{\partial^2}{\partial y^2} & \dfrac{\partial^2}{\partial y\partial z}\\ \dfrac{\partial^2}{\partial z\partial x} & \dfrac{\partial^2}{\partial z\partial y} & \dfrac{\partial^2}{\partial z^2}\end{bmatrix} \tag{10-76}$$

考虑一个无源的封闭区域，则 $\overline{\overline{\boldsymbol{G}}}\cdot\boldsymbol{a}$ 满足

$$\nabla\times\nabla(\overline{\overline{\boldsymbol{G}}}\cdot\boldsymbol{a})-k^2(\overline{\overline{\boldsymbol{G}}}\cdot\boldsymbol{a})=(\overline{\overline{\boldsymbol{I}}}\cdot\boldsymbol{a})\delta(\boldsymbol{r}-\boldsymbol{r}')=\boldsymbol{a}\delta(\boldsymbol{r}-\boldsymbol{r}') \tag{10-77}$$

电场 $\boldsymbol{E}$ 满足矢量波动方程

$$\nabla\times\nabla\times\boldsymbol{E}-k^2\boldsymbol{E}=0 \tag{10-78}$$

将电场和并矢格林函数代入式(10－72)后可得

$$\begin{aligned}&\iiint \boldsymbol{E}\cdot[\nabla\times\nabla\times(\overline{\overline{\boldsymbol{G}}}\cdot\boldsymbol{a})]-(\overline{\overline{\boldsymbol{G}}}\cdot\boldsymbol{a})\cdot(\nabla\times\nabla\times\boldsymbol{E})\mathrm{d}V\\ &=\oiint[(\overline{\overline{\boldsymbol{G}}}\cdot\boldsymbol{a})\times\nabla\times\boldsymbol{E}-\boldsymbol{E}\times\nabla\times(\overline{\overline{\boldsymbol{G}}}\cdot\boldsymbol{a})]\cdot\hat{\boldsymbol{n}}\mathrm{d}S\end{aligned} \tag{10-79}$$

将式(10－79)简化后得到

$$\boldsymbol{E}^s(\boldsymbol{r})\cdot\boldsymbol{a}=\iint[(\overline{\overline{\boldsymbol{G}}}\cdot\boldsymbol{a})\times\nabla\times\boldsymbol{E}(\boldsymbol{r}')-\boldsymbol{E}(\boldsymbol{r}')\times\nabla\times(\overline{\overline{\boldsymbol{G}}}\cdot\boldsymbol{a})]\cdot\hat{\boldsymbol{n}}\mathrm{d}S' \tag{10-80}$$

式中，∇作用于 $\boldsymbol{r}'$变量，表明区域 V 的散射场可通过电场在分界面的值及其导数进行计算，对式(10－80)右边进行展开可得

$$\boldsymbol{E}^s(\boldsymbol{r})\cdot\boldsymbol{a}=\iint\mathrm{i}\omega\mu\left(G+\frac{1}{k^2}\nabla\nabla G\right)[\hat{\boldsymbol{n}}\times\boldsymbol{H}(\boldsymbol{r}')]\cdot\boldsymbol{a}-\nabla G\times[\boldsymbol{E}(\boldsymbol{r}')\times\hat{\boldsymbol{n}}]\cdot\boldsymbol{a}\mathrm{d}S' \tag{10-81}$$

消去单位常矢量 $\boldsymbol{a}$，可得

$$\boldsymbol{E}^s(\boldsymbol{r})=\iint\mathrm{i}\omega\mu G[\hat{\boldsymbol{n}}\times\boldsymbol{H}(\boldsymbol{r}')]+\frac{\mathrm{i}\omega\mu}{k^2}\nabla\nabla G[\hat{\boldsymbol{n}}\times\boldsymbol{H}(\boldsymbol{r}')]-\nabla G\times[\boldsymbol{E}(\boldsymbol{r}')\times\hat{\boldsymbol{n}}]\mathrm{d}S' \tag{10-82}$$

将式(10－82)第二项进行展开，可得

$$\iint\frac{\mathrm{i}\omega\mu}{k^2}\nabla\nabla G[\hat{\boldsymbol{n}}\times\boldsymbol{H}(\boldsymbol{r}')]dS'=-\frac{\mathrm{i}\omega\mu}{k^2}\oint\nabla G\boldsymbol{H}(\boldsymbol{r}')\cdot\hat{\boldsymbol{l}}\mathrm{d}C'-\iint\nabla G[\hat{\boldsymbol{n}}\cdot\boldsymbol{E}(\boldsymbol{r}')]\mathrm{d}S' \tag{10-83}$$

式(10－83)中，$\hat{\boldsymbol{l}}$ 是沿曲线 C'的切向单位矢量，将式(10－83)代入式(10－82)后可得

$$\begin{aligned}\boldsymbol{E}^s(\boldsymbol{r})=&\iint\mathrm{i}\omega\mu G[\hat{\boldsymbol{n}}\times\boldsymbol{H}(\boldsymbol{r}')]-\nabla G[\hat{\boldsymbol{n}}\cdot\boldsymbol{E}(\boldsymbol{r}')]-[\hat{\boldsymbol{n}}\times\boldsymbol{E}(\boldsymbol{r}')]\times\\&\nabla G\mathrm{d}S'-\frac{\mathrm{i}\omega\mu}{k^2}\oint\nabla G\boldsymbol{H}(\boldsymbol{r}')\cdot\hat{\boldsymbol{l}}\mathrm{d}C'\end{aligned} \tag{10-84}$$

采用 Stocks 定理和远区格林函数近似表达式

$$\iint(\nabla\times\boldsymbol{A})\cdot\mathrm{d}\boldsymbol{S}=\oint\boldsymbol{A}\cdot\mathrm{d}\boldsymbol{l} \tag{10-85}$$

$$G(\boldsymbol{r},\boldsymbol{r}')=\frac{\exp(\mathrm{i}kr)}{4\pi r}\exp(-\mathrm{i}\boldsymbol{k}_s\cdot\boldsymbol{r}') \tag{10-86}$$

式(10－84)最后一项可展开为

$$\begin{aligned}&\frac{\mathrm{i}\omega\mu}{k^2}\oint\nabla G\boldsymbol{H}(\boldsymbol{r}')\cdot\hat{\boldsymbol{l}}\mathrm{d}C'\\&=\frac{1}{\omega\varepsilon}\frac{\exp(\mathrm{i}kr)}{4\pi r}\boldsymbol{k}_s\iint[-\mathrm{i}\boldsymbol{k}_s\times\boldsymbol{H}(\boldsymbol{r}')-\mathrm{i}\omega\varepsilon\boldsymbol{E}(\boldsymbol{r}')]\exp(-\mathrm{i}\boldsymbol{k}_s\cdot\boldsymbol{r}')\cdot\hat{\boldsymbol{n}}\mathrm{d}S'\end{aligned} \tag{10-87}$$

将式(10－87)代入式(10－84)，合并得到

$$\boldsymbol{E}^s(\boldsymbol{r})=\mathrm{i}k\ \frac{\exp(\mathrm{i}kr)}{4\pi r}\iint\hat{\boldsymbol{k}}_s\times[\hat{\boldsymbol{n}}\times\boldsymbol{E}(\boldsymbol{r}')]\exp(-\mathrm{i}\boldsymbol{k}_s\cdot\boldsymbol{r}')\mathrm{d}S'-\mathrm{i}k\ \frac{\exp(\mathrm{i}kr)}{4\pi r}\iint\eta\hat{\boldsymbol{k}}_s\times\{\hat{\boldsymbol{k}}_s\times[\hat{\boldsymbol{n}}\times\boldsymbol{H}(\boldsymbol{r}')]\}\exp(-\mathrm{i}\boldsymbol{k}_s\cdot\boldsymbol{r}')\mathrm{d}S' \tag{10-88}$$

应用矢量叉乘的分配法则，式(10-88)可改写为

$$\boldsymbol{E}^s(\boldsymbol{r})=\mathrm{i}\boldsymbol{k}_s\ \frac{\exp(\mathrm{i}kr)}{4\pi r}\times\iint\{\hat{\boldsymbol{n}}\times\boldsymbol{E}(\boldsymbol{r}')-\eta\hat{\boldsymbol{k}}_s\times[\hat{\boldsymbol{n}}\times\boldsymbol{H}(\boldsymbol{r}')]\}\exp(-\mathrm{i}\boldsymbol{k}_s\cdot\boldsymbol{r}')\mathrm{d}S' \tag{10-89}$$

下面给出 $\hat{\boldsymbol{n}}\times\boldsymbol{E}(\boldsymbol{r}')$与 $\hat{\boldsymbol{n}}\times\boldsymbol{H}(\boldsymbol{r}')$的详细表达形式。

如图 10.22 所示，令 $\hat{\boldsymbol{p}}$ 为垂直于入射面向外的单位矢量，$\hat{\boldsymbol{q}}$ 为平行于入射面的单位矢量，$\hat{\boldsymbol{n}}$ 为面元法向单位矢量，$\hat{\boldsymbol{k}}_i$ 为入射方向单位矢量，$\hat{\boldsymbol{k}}_r$ 为反射方向单位矢量，则 $\hat{\boldsymbol{p}}$、$\hat{\boldsymbol{q}}$ 和 $\hat{\boldsymbol{k}}_i$ 构成正交坐标系，它们之间满足以下关系

$$\hat{\boldsymbol{p}}=\frac{\hat{\boldsymbol{k}}_i\times\hat{\boldsymbol{n}}}{|\hat{\boldsymbol{k}}_i\times\hat{\boldsymbol{n}}|} \tag{10-90}$$

$$\hat{\boldsymbol{q}}=\hat{\boldsymbol{k}}_i\times\hat{\boldsymbol{p}} \tag{10-91}$$

$$\hat{\boldsymbol{k}}_i=\hat{\boldsymbol{p}}\times\hat{\boldsymbol{q}} \tag{10-92}$$

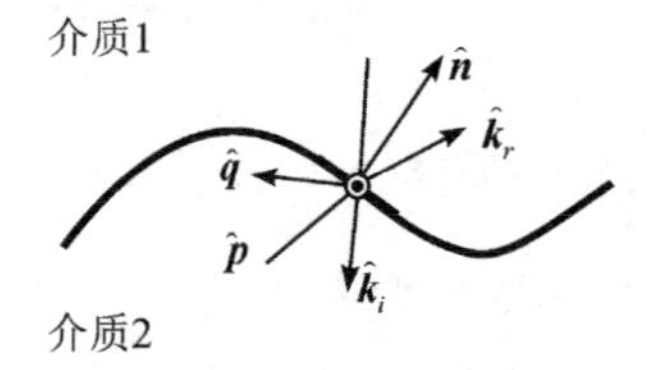

图 10.22 海面坐标系的几何示意图

令入射电场为 $\boldsymbol{E}^i$，入射磁场为 $\boldsymbol{H}^i$，极化方式任意，则求解入射电磁场在局部坐标系中的垂直极化分量步骤为，先将入射电场在全局坐标系下求解极化，再在局部坐标系中取垂直分量，求解水平极化分量步骤相同。若令 $\boldsymbol{E}_\rho$ 为极化电场，则入射电场垂直极化分量 $\boldsymbol{E}^i_\perp$ 和水平极化分量 $\boldsymbol{E}^i_\parallel$ 分别为

$$\boldsymbol{E}^i_\perp=(\boldsymbol{E}_\rho\cdot\hat{\boldsymbol{p}})\hat{\boldsymbol{p}} \tag{10-93}$$

$$\boldsymbol{E}^i_\parallel=(\boldsymbol{E}_\rho\cdot\hat{\boldsymbol{q}})\hat{\boldsymbol{q}} \tag{10-94}$$

同理，入射磁场垂直极化分量 $\boldsymbol{H}^i_\perp$ 和水平极化分量 $\boldsymbol{H}^i_\parallel$ 分别为

$$\boldsymbol{H}_{\perp}^{i}=(\boldsymbol{E}_{\rho}\cdot\hat{\boldsymbol{p}})\frac{1}{\eta}\hat{\boldsymbol{q}} \tag{10-95}$$

$$\boldsymbol{H}_{\parallel}^{i}=-(\boldsymbol{E}_{\rho}\cdot\hat{\boldsymbol{q}})\frac{1}{\eta}\hat{\boldsymbol{p}} \tag{10-96}$$

当满足镜面反射时，入射方向 $\hat{\boldsymbol{k}}_i$ 与反射方向 $\hat{\boldsymbol{k}}_r$ 满足关系

$$\hat{\boldsymbol{k}}_r=\hat{\boldsymbol{k}}_i-2\hat{\boldsymbol{n}}(\hat{\boldsymbol{n}}\cdot\hat{\boldsymbol{k}}_i) \tag{10-97}$$

由此，可得反射电磁场分量分别为

$$\boldsymbol{E}_{\perp}^{r}=\rho^{\perp}(\boldsymbol{E}_{\rho}\cdot\hat{\boldsymbol{p}})\hat{\boldsymbol{p}} \tag{10-98}$$

$$\boldsymbol{E}_{\parallel}^{r}=\rho^{\parallel}[\hat{\boldsymbol{k}}_i-2\hat{\boldsymbol{n}}(\hat{\boldsymbol{n}}\cdot\boldsymbol{k}_i)]\times(\boldsymbol{E}_{\rho}\cdot\hat{\boldsymbol{q}})\hat{\boldsymbol{p}} \tag{10-99}$$

$$\boldsymbol{H}_{\perp}^{r}=\frac{1}{\eta}\rho^{\perp}[\hat{\boldsymbol{k}}_i-2\hat{\boldsymbol{n}}(\hat{\boldsymbol{n}}\cdot\boldsymbol{k}_i)]\times(\boldsymbol{E}_{\rho}\cdot\hat{\boldsymbol{p}})\hat{\boldsymbol{p}} \tag{10-100}$$

$$\boldsymbol{H}_{\parallel}^{r}=-\frac{1}{\eta}\rho^{\parallel}(\boldsymbol{E}_{\rho}\cdot\hat{\boldsymbol{q}})\hat{\boldsymbol{p}} \tag{10-101}$$

根据式(10－98)～(10－101)，可求得总切向电磁场为

$$\begin{aligned}\hat{\boldsymbol{n}}\times\boldsymbol{E}&=\hat{\boldsymbol{n}}\times(\boldsymbol{E}_{\parallel}^{i}+\boldsymbol{E}_{\perp}^{i}+\boldsymbol{E}_{\parallel}^{r}+\boldsymbol{E}_{\perp}^{r})\\&=(1+\rho^{\perp})(\boldsymbol{E}_{\rho}\cdot\hat{\boldsymbol{p}})(\hat{\boldsymbol{n}}\times\hat{\boldsymbol{p}})-(1-\rho^{\parallel})(\hat{\boldsymbol{k}}_i\cdot\hat{\boldsymbol{n}})(\boldsymbol{E}_{\rho}\cdot\hat{\boldsymbol{q}})\hat{\boldsymbol{p}}\end{aligned} \tag{10-102}$$

$$\begin{aligned}\hat{\boldsymbol{n}}\times\boldsymbol{H}&=\hat{\boldsymbol{n}}\times(\boldsymbol{H}_{\parallel}^{i}+\boldsymbol{H}_{\perp}^{i}+\boldsymbol{H}_{\parallel}^{r}+\boldsymbol{H}_{\perp}^{r})\\&=-(1+\rho^{\parallel})(\boldsymbol{E}_{\rho}\cdot\hat{\boldsymbol{q}})(\hat{\boldsymbol{n}}\times\hat{\boldsymbol{p}})-(1-\rho^{\perp})(\hat{\boldsymbol{k}}_i\cdot\hat{\boldsymbol{n}})(\boldsymbol{E}_{\rho}\cdot\hat{\boldsymbol{p}})\hat{\boldsymbol{p}}\end{aligned} \tag{10-103}$$

将切向电磁场式(10－102)和式(10－103)代入式(10－89)中，即可求解海面上空任意处的散射场。在特定方向上，散射截面的数学表达式定义为

$$\sigma=\lim_{r\to\infty}4\pi r^2\left|\frac{\boldsymbol{E}^s}{\boldsymbol{E}^{\mathrm{inc}}}\right|^2 \tag{10-104}$$

10.3.2　算例分析

下面以 JONSWAP 谱为例，分析结构光场入射下粗糙海面的散射特性。算例中均为风速较低、海面起伏较平缓的情形，海面尺寸为 $20\lambda\times20\lambda$。在未明确参量变化的情况下，各参量默认设置如下：光束的极化方式为 x 线性极化，束腰半径 w_0 为 2λ，入射高度 h 为海面上空 100λ 处，入射方位角 $\varphi_i=0°$，入射天顶角 $\theta_i=30°$，计算 E 面的散射截面。

图 10.23 给出了基模高斯光束入射下粗糙海面的散射截面。其中，图 10.23(a)是基模高斯光束距离海面足够远情形下的结果，图中无符号的曲线为文献中给出的粗糙海面对平面波的散射截面，有符号的曲线为基模高斯光束距离海面足够远情形下的散射截面，从图中可以看出，两种情形的结果趋势一致，证明了程序的正确性；图 10.23(b)计算了粗糙海面对光束分别在 E 面与 H 面的散射截面，容易看出，对于 x 线性极化的光束，E 面的散射截面具备一定的规律性，而 H 面的散射截面除了随散射角度的变化有值的起伏外，基本看不出其他明显的规律。

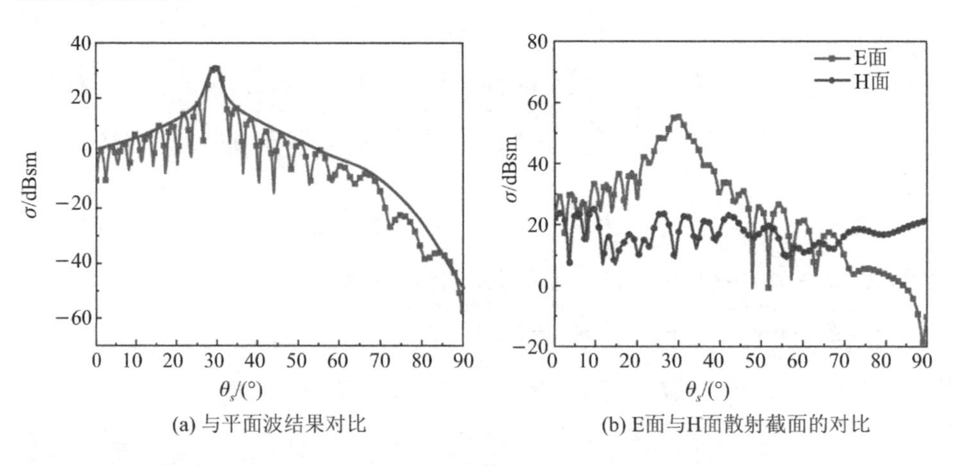

(a) 与平面波结果对比　　(b) E面与H面散射截面的对比

图 10.23　粗糙海面对基模高斯光束的散射截面

基模高斯光束的各参数变化对粗糙海面散射截面的影响如图 10.24 所示。图 10.24(a)给出的是入射天顶角 θ_i 分别为 0°、30°和 45°时的散射截面，从图中可以看出，随着 θ_i 的改变，散射截面峰值对应的散射角 θ_s 也发生了变化，比如 θ_i 为 0°时，峰值对应的散射角 θ_s 是 0°，其他的入射天顶角也满足该规律，可推断出在粗糙海面对基模高斯光束的散射中，后向散射截面是最大的。图 10.24(b)给出的是不同极化基模高斯光束入射下粗糙海面的散射截面，从图中可以看出，在散射角 $\theta_s<50°$ 时，x 线性极化与左圆极化下的基模高斯光束对海面的散射截面基本无差距，但在散射角 $\theta_s>50°$ 时，随着散射角 θ_s 的增大，左圆极化与 x 线性极化下的散射截面差值逐渐增大。图 10.24(c)给出的是基模高斯光束入射高度 h 对粗糙海面散射截面的影响，不难发现，在光束与海面间的距离较近时，即 h 分别为 10λ 和 100λ，散射截面的差距整体不是很大，只是 $h=100\lambda$ 的曲线起伏更为剧烈，但当光束离海面距离较远时，散射截面的值整体减小。图 10.24(d)给出的是基模高斯光束束腰半径 w_0 对粗糙海面散射截面的影响，结果表明束腰半径的改变不会影响曲线的变化趋势，但随着束腰半

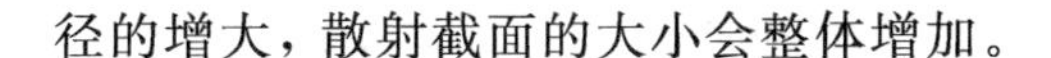

径的增大，散射截面的大小会整体增加。

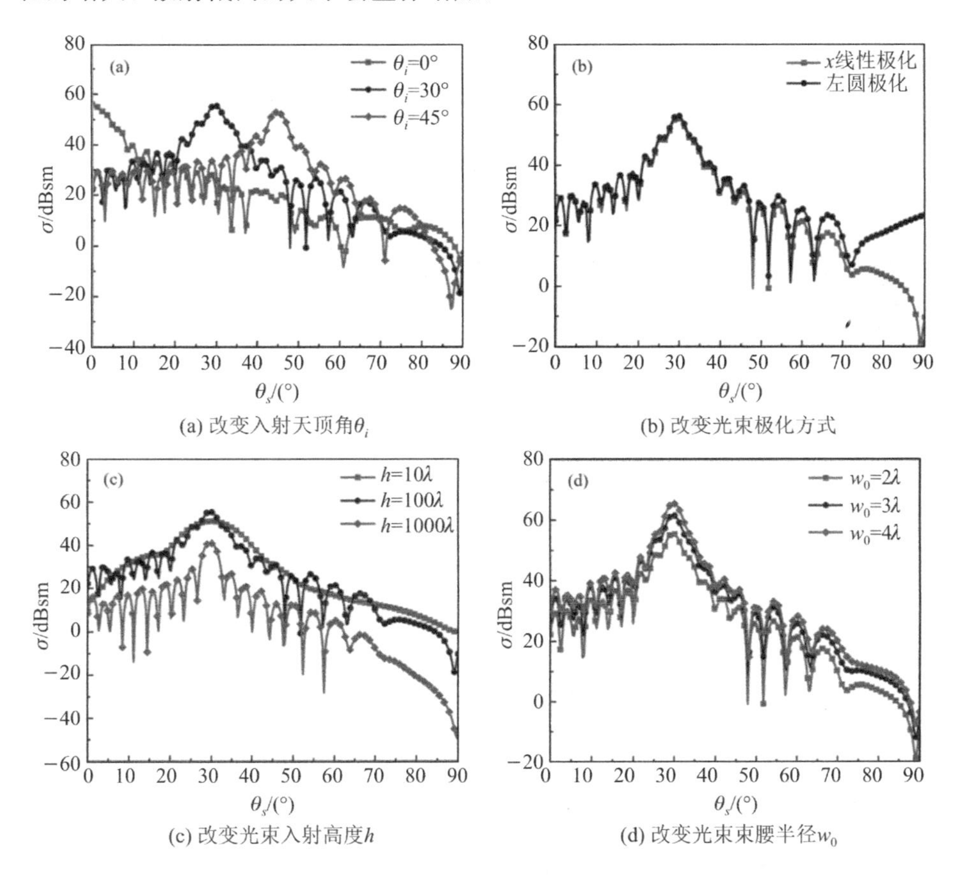

(a) 改变入射天顶角θ_i　　(b) 改变光束极化方式

(c) 改变光束入射高度h　　(d) 改变光束束腰半径w_0

图 10.24　基模高斯光束参数变化对海面散射的影响

图 10.25 给出了厄米-高斯光束和拉盖尔-高斯光束入射下粗糙海面的散射截面。图 10.25(a)中，厄米-高斯光束的入射天顶角 $\theta_i=30°$，入射方位角 $\varphi_i=0°$，束腰半径 $w_0=2\lambda$，极化方式为 x 线性极化。图 10.25(a)比较了厄米-高斯光束的 m 和 n 分别取值为 $m=1$，$n=1$、$m=0$，$n=1$ 和 $m=1$，$n=0$ 这三种情形下的散射截面。结果表明，$m=1$，$n=0$ 对应的散射截面是最大的。值得注意的是，在散射角 $\theta_s=30°$时，散射截面的值突然下降，这与基模高斯光束有所不同，原因是厄米-高斯光束的光场强度最大值并不在光束中心。图 10.25(b)中，拉盖尔-高斯光束的入射天顶角 $\theta_i=30°$，入射方位角 $\varphi_i=0°$，束腰半径 $w_0=2\lambda$，极化方式为 x 线性极化。图 10.25(b)中比较了拉盖尔-高斯光束的模式数取 $p=1$，$l=0$ 和 $p=1$，$l=2$ 两种情形下的散射截面。从图 10.25(b)可知，拓扑荷数 l 较大的散射截面整体更大，$l=2$ 对应的散射截面在 $\theta_s=30°$时出现下降，

但 $l=0$ 时却没有，这是因为 $l=0$ 对应的拉盖尔-高斯光束中心存在明亮的光斑，但 $l=2$ 对应的光束中心却是一个暗斑，由此可见，光束的参数变化对光束的性质起着决定性的作用。

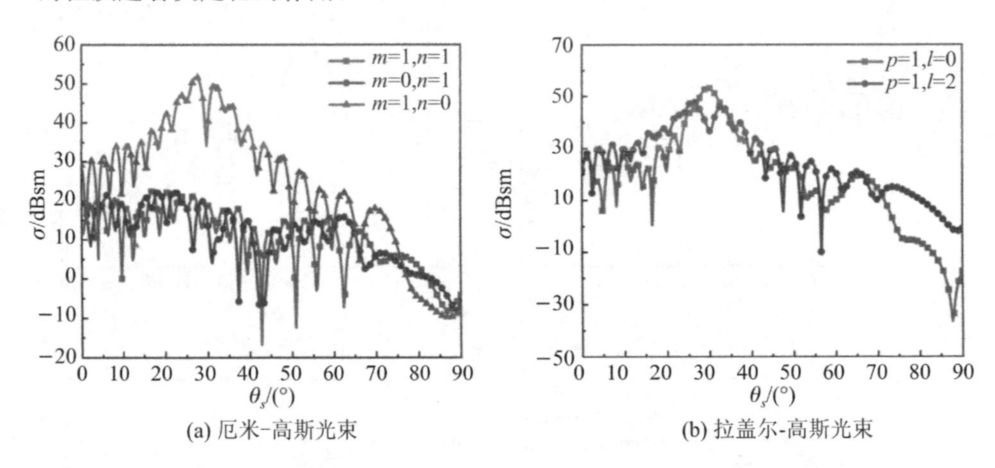

图 10.25 复杂海面对厄米-高斯光束和拉盖尔-高斯光束的散射截面

参考文献

[1] 王举. 复杂海背景下激光束的传输与散射特性研究[D]. 西安：西安电子科技大学，2023.

[2] 任新成. 粗糙面电磁散射及其与目标的复合散射研究[D]. 西安：西安电子科技大学，2008.

[3] 许小剑，李晓飞. 时变海面雷达目标散射现象学模型[M]. 北京：国防工业出版社，2013.

[4] 金亚秋，刘鹏，叶红霞. 随机粗糙面与目标复合散射数值模拟理论与方法[M]. 北京：科学出版社，2008.

[5] 王蕊，郭立新，张策. 油膜覆盖的非线性海面电磁散射多普勒谱特性研究[J]. 物理学报，2018，67(22)：221-231.

[6] 任新成，郭立新. 基于改进二维分形海面模型的分层海面电磁散射分析[J]. 上海航天，2009，26(4)：1-6.

[7] 王运华，郭立新，吴振森. 改进的二维分形模型在海面电磁散射中的应用[J]. 物理学报，2006，55(10)：5191-5199.

[8] 夏明耀，伍振兴. 基于单积分方程矩量法的海洋表面微波散射模拟[J]. 电子学报，

2005，33(3)：385-388.

[9] 何姿，陈如山. 三维随机粗糙海面与舰船的复合电磁特性的高频方法分析研究[J]. 雷达学报，2019，8(3)：318-325.

[10] MOSKOWITZ L. Estimates of the power spectrums for fully developed seas for wind speeds of 20 to 40 knots[J]. J. Geophys. Res.，1964，69(24)：5161-5179.

[11] PIERSON W J，MOSKOWITZ L. A proposed spectral form for fully developed wind seas based on the similarity theory of S. A. Kitaigorodskii[J]. J. Geophys. Res.，1964，69(24)：5181-5190.

[12] FUNG A，LEE K A. semi-empirical sea-spectrum model for scattering coefficient estimation[J]. IEEE J. Oceanic Eng.，1982，7(4)：166-176.

[13] PIERSON W J，WILLARD J. A unified mathematical theory for the analysis，propagation，and refraction of storm generated ocean surface waves[M]. New York：New York University，1952.

[14] FUNG A K，CHEN M F. Numerical simulation of scattering from simple and composite random surfaces[J]. J. Opt. Soc. Ame. A，1985，2(12)：2274-2284.

[15] THORSOS E I . The validity of the Kirchhoff approximation for rough surface scattering using a Gaussian roughness spectrum[J]. J. Acoust. Soc. Am.，1998，83(1)：78-92.

[16] TOPORKOV J V，G S. Brown Numerical simulations of scattering from time-varying，randomly rough surfaces[J]. IEEE T. Geosci. Remote. S.，2000，38(4)：1616-1625.

[17] RINO C L，CRYSTAL T L，KOIDE A K，et al. Numerical simulation of backscatter from linear and nonlinear ocean surface realizations[J]. Radio Sci.，1991，26(1)：51-71.

[18] MANDELBROT B B. The fractal geometry of nature[M]. New York：WH Freeman，1982.

[19] OZGUN O，KUZUOGLU M. A domain decomposition finite-element method for modeling electromagnetic scattering from rough sea surfaces with emphasis on near-forward scattering [J]. IEEE T. Anten. Propag.，2019，67(1)：335-345.

[20] SORIANO G，GUéRIN C A. A cutoff invariant two-scale model in electromagnetic scattering from sea surfaces[J]. IEEE Geosci. Remote S.，2008，5(2)：199-203.

[21] DONG C L，MENG X，GUO L X，et al. 3D sea surface electromagnetic scattering prediction model based on IPSO-SVR[J]. Remote Sens. Basel，2022，14(18)：4657.

[22] XIA M Y，CHAN C H，LI S Q，et al. An efficient algorithm for electromagnetic scattering from rough surfaces using a single integral equation and multilevel sparse-matrix canonical-grid method [J]. IEEE T. Anten. Propag.，2003，51(6)：

1142-1149.

[23] LI X F, XU X J. Scattering and Doppler spectral analysis for two-dimensional linear and nonlinear sea surfaces[J]. IEEE T. Geosci. Remote S., 2010, 49(2): 603-611.

[24] LI Z, JIN Y Q. Bistatic scattering and transmitting through a fractal rough surface with high permittivity using the physics-based two-grid method in conjunction with the forward-backward method and spectrum acceleration algorithm[J]. IEEE T. Anten. Propag., 2002, 50(9): 1323-1327.